JN301217

建設技術者のための
地形図読図入門

第3巻　段丘・丘陵・山地

鈴木隆介著

古今書院

Introduction to Map Reading for Civil Engineers

Volume 3   Terraces, Hills and Mountains

Takasuke Suzuki
*Professor, Institute of Geosciences,
Faculty of Science and Engineering,
Chuo University, Tokyo*

**2000
Kokon Shoin, Publishers, Tokyo**

第3巻　段丘・丘陵・山地　目　次

第11章　段　丘―――555

11.1　段丘の一般的性質・・・・・・・・557
  A．段丘の特質・・・・・・・・・・557
    (1) 段丘の定義
    (2) 段丘の形成過程の概要
    (3) 段丘各部の意義と諸元
    (4) 段丘構成物質
    (5) 段丘面の区分と相互関係
  B．段丘の分類・・・・・・・・・567
    (1) 段丘の地形場による分類
    (2) 段丘面の形成過程による分類
    (3) 段丘の内部構造による分類
    (4) 段丘化の根源的原因による分類
    (5) 段丘面の新旧による分類
  C．段丘の自然災害と建設工事・・・・580
    (1) 段丘の地盤条件と地下水
    (2) 段丘における自然災害
    (3) 段丘における建設工事の諸問題
  D．読図による段丘の区分法・・・・586
    (1) 段丘面と段丘崖の読図での着眼点
    (2) 読図による段丘面区分の練習

11.2　河成段丘・・・・・・・・・591
  A．河成段丘の特質・・・・・・・591
    (1) 河成段丘の読図における着眼点
    (2) 形成中の河成段丘
    (3) 本流と支流による河成段丘の区別
    (4) 段丘を刻む本流と支流の相互関係
  B．河成段丘の読図例・・・・・・598
    (1) 河成堆積段丘の読図例
    (2) 河成侵蝕段丘の読図例
    (3) 局所的原因による河成段丘の読図例
    (4) 広域的な段丘面の分布

11.3　海成段丘・・・・・・・・・625
  A．海成段丘の特質・・・・・・・625
    (1) 海成の堆積段丘と侵蝕段丘
    (2) 海成段丘の読図における着眼点
  B．海成段丘の読図例・・・・・・627

11.4　サンゴ礁段丘と湖成段丘・・・637
  A．サンゴ礁段丘・・・・・・・637
    (1) サンゴ礁段丘の特質
    (2) サンゴ礁段丘の読図例
  B．湖成段丘・・・・・・・・・642
    (1) 湖成段丘の特質
    (2) 湖成段丘の読図例

第11章の文献・・・・・・・・・650

第12章　丘陵と山地の一般的性質―――651
  A．丘陵と山地の一般的差異・・・・653
    (1) 丘陵と山地の定義および用語法
    (2) 丘陵と山地の基本的特徴とその差異
  B．丘陵と山地の形成過程・・・・・662
    (1) 段丘から丘陵さらに山地への地形変化
    (2) 丘陵と山地の増高過程
    (3) 丘陵と山地の解体過程
  C．侵蝕階梯・・・・・・・・・666
    (1) 侵蝕輪廻説と侵蝕階梯
    (2) 侵蝕階梯の読図例
    (3) 老年期的山地と丘陵との形態的差異
    (4) 侵蝕輪廻の中断・活性化で生じる地形種
  D．丘陵と山地の地形計測・・・・・682
  E．丘陵と山地における自然災害と
　　建設工事・・・・・・・・・683

第12章の文献・・・・・・・・・684

第13章　河谷地形―――685

13.1　河谷と流域の一般的性質・・・・687
  A．河谷の発達・・・・・・・・・687
    (1) 河谷の定義
    (2) 河谷の発生
    (3) 河谷の成長
  B．河谷と流域の分類法・・・・・・695
  C．穿入蛇行谷と直線谷・・・・・・696
    (1) 穿入蛇行谷
    (2) 直線谷
  D．河谷各部の形態・・・・・・・711
    (1) 河川の合流形態
    (2) 河谷の横断形

ii 目次

　　　E. 河系模様・・・・・・・・・716
　　　F. 流域の地形量とその相互関係・・・722
　　　　(1) 流域の規模と形態
　　　　(2) 谷密度
　　　　(3) 河谷の流路網に関する法則
　13.2 河系異常・・・・・・・・・・731
　　　A. 河系異常の意義・・・・・・・731
　　　B. 河系異常の読図例・・・・・・732
　　　　(1) 対接峰面異常
　　　　(2) 転向異常
　　　　(3) 屈曲度異常
　　　　(4) 谷底幅異常
　　　　(5) 谷中分水界（谷頭異常）
　　　　(6) 流路幅異常
　　　　(7) 河床縦断形異常
　　　第13章の文献・・・・・・・・・749

第14章　斜面発達 ───── 751

　　　A. 斜面，斜面発達および斜面過程・・753
　　　　(1) 斜面の定義
　　　　(2) 斜面発達と斜面過程
　　　B. 斜面の分類・・・・・・・・・754
　　　　(1) 斜面の形態的分類
　　　　(2) 地形物質による斜面分類
　　　　(3) 地形場による斜面分類
　　　　(4) 形成順序による斜面分類
　　　C. 斜面過程・・・・・・・・・・765
　　　　(1) 斜面過程とその変数
　　　　(2) 斜面各部の斜面過程と一般的特徴
　　　D. 斜面発達モデル・・・・・・・768
　　　　(1) 単純な斜面発達モデルとその実証
　　　　(2) 長期的な斜面発達モデル
　　　E. 斜面発達速度・・・・・・・・770
　　　　(1) 岩盤斜面の減傾斜速度
　　　　(2) 斜面縦断形各部の比高構成比の変化
　　　　(3) 斜面発達の定量的経験モデル
　　　第14章の文献・・・・・・・・・776

第15章　集団移動地形（集動地形）───── 777

　15.1 集団移動地形の概説・・・・・・779
　　　A. 集団移動の定義と関連用語・・・779
　　　　(1) 集団移動の定義
　　　　(2) 集団移動の関連用語
　　　B. 集団移動の大分類と一般的性質・・780
　　　　(1) 集団移動の大分類
　　　　(2) 集団移動の一般的な制約要因
　　　　(3) 集団移動の発生域・移動域・定着域
　　　　(4) 等価摩擦係数と超過移動距離
　　　C. 集団移動地形の特質・・・・・・784
　　　　(1) 集団移動地形の大分類
　　　　(2) 集団移動地形の時空的変化
　　　D. 集団移動の建設技術的問題・・・787
　　　　(1) 集団移動による自然災害
　　　　(2) 集団移動地形と建設工事
　15.2 匍行と麓屑面・・・・・・・・789
　　　A. 匍行・・・・・・・・・・・789
　　　　(1) 匍行の定義
　　　　(2) 匍行の証拠
　　　　(3) 匍行の原因と地形過程
　　　B. 麓屑面・・・・・・・・・・790
　　　　(1) 麓屑面の特徴
　　　　(2) 麓屑面の読図例
　15.3 落石地形・・・・・・・・・・793
　　　A. 落石・・・・・・・・・・・793
　　　　(1) 落石と落石地形の定義
　　　　(2) 落石の誘因と移動様式
　　　B. 崖錐・・・・・・・・・・・795
　　　　(1) 崖錐の形態的特徴
　　　　(2) 落石多発地区で崖錐のない地形場
　　　　(3) 崖錐の地盤，水文条件と土地利用
　　　　(4) 落石地形の読図例
　15.4 崩落地形・・・・・・・・・・801
　　　A. 崩落・・・・・・・・・・・801
　　　　(1) 崩落と崩落地形の定義
　　　　(2) 崩落の誘因と移動様式
　　　B. 崩落地形・・・・・・・・・803
　　　　(1) 崩落崖と崩落地
　　　　(2) 崩落堆
　　　　(3) 崩落地形の読図例
　15.5 地すべり地形・・・・・・・・811
　　　A. 地すべり・・・・・・・・・811
　　　　(1) 地すべりと地すべり地形の定義
　　　　(2) 地すべりの発生機構とその制約要因
　　　　(3) 地すべりの移動状態

B．地すべり地形 ・・・・・・・813
　　　　(1) 地すべり地形の各部の定義
　　　　(2) 地すべり地形の地形量
　　　　(3) 地すべり地形の一般的特徴
　　　　(4) 地すべり地形の類型
　　　　(5) 地すべり地形の階層的分類
　　　　(6) 地すべり地形の安定性
　　　　(7) 地すべり地形の対比
　　C．地すべり地形の読図例 ・・・・824
　　　　(1) 地すべり地形の読図手順
　　　　(2) 地すべり地形の基本的類型の読図例
　　　　(3) 地すべり堆と河川との関係
　　　　(4) 岩石海岸の地すべり地形
　　　　(5) 地すべり地帯と非地すべり地帯
　　　　(6) 地すべりの新旧の判別
　15.6　土石流地形 ・・・・・・・・・849
　　A．土石流 ・・・・・・・・・・849
　　　　(1) 土石流の定義と概要
　　　　(2) 土石流の発生・流動・定着様式
　　B．土石流地形 ・・・・・・・・851
　　　　(1) 土石流谷
　　　　(2) 土石流堆と土砂流原
　　　　(3) 沖積錐
　　　　(4) 土石流定着地形の残存しない地形場
　　　　(5) 土石流地形の読図例
　15.7　陥没地形と沈下地形 ・・・・・・861
　　A．陥没地形 ・・・・・・・・・861
　　　　(1) 陥没地形の形成過程と特徴
　　　　(2) 陥没地形の読図例
　　B．沈下地形 ・・・・・・・・・863
　　　　(1) 地盤沈下地形
　　　　(2) 荷重沈下地形
　　第 15 章の文献 ・・・・・・・・・866

第 16 章　差別削剥地形 ―――――――867
　　A．差別削剥の概説 ・・・・・・・869
　　　　(1) 差別削剥地形の定義と用語法
　　　　(2) 差別削剥の機構
　　　　(3) 削剥過程における風化の役割
　　　　(4) 削剥における風化限定と運搬限定
　　　　(5) 差別削剥地形の特徴
　　　　(6) 差別削剥地形の建設技術上の意義
　　B．堆積岩の差別削剥地形 ・・・・・881
　　　　(1) 堆積岩と褶曲構造
　　　　(2) 成層岩の傾斜を反映した差別削剥地形
　　　　(3) 堆積岩の強度と透水性を反映した差別削剥地形
　　　　(4) 石灰岩の溶蝕地形（カルスト）
　　C．深成岩と半深成岩の削剥地形 ・・・910
　　　　(1) 底盤と岩株の削剥地形
　　　　(2) 岩脈の差別削剥地形
　　　　(3) 蛇紋岩の差別削剥地形
　　D．変成岩の差別削剥地形 ・・・・・921
　　　　(1) 広域変成岩の差別削剥地形
　　　　(2) 接触変成岩の差別削剥地形
　　　　(3) 圧砕変成岩の差別削剥地形
　　E．地形の逆転 ・・・・・・・・・927
　　　　(1) 地形の逆転とその原因
　　　　(2) 地形の逆転の読図例
　　第 16 章の文献 ・・・・・・・・・932

第 17 章　寒冷地形 ―――――――――933
　　　　(1) 寒冷地形の概説
　　　　(2) 寒冷地形の読図例
　　第 17 章の文献 ・・・・・・・・・942

全4巻の目次概要

第1巻　読図の基礎
　序　章　最初の問題 ・・・・・・・・・・ 1
　第1章　読図の目的と論理 ・・・・・・・ 7
　第2章　地形の成因 ・・・・・・・・・・ 37
　第3章　地形の区分・分類・発達史 ・・・ 101
　第4章　読図の手順 ・・・・・・・・・・ 169

第2巻　低地
　第5章　低地の一般的性質 ・・・・・・・ 201
　第6章　河成低地 ・・・・・・・・・・・ 221
　第7章　海成低地 ・・・・・・・・・・・ 403
　第8章　砂丘 ・・・・・・・・・・・・・ 483
　第9章　湖成低地と泥炭地 ・・・・・・・ 509
　第10章　複成低地 ・・・・・・・・・・・ 531

第3巻　段丘・丘陵・山地
　第11章　段丘 ・・・・・・・・・・・・・ 555
　第12章　丘陵と山地の一般的性質 ・・・ 651
　第13章　河谷地形 ・・・・・・・・・・・ 685
　第14章　斜面発達 ・・・・・・・・・・・ 751
　第15章　集団移動地形 ・・・・・・・・・ 777
　第16章　差別削剝地形 ・・・・・・・・・ 867
　第17章　寒冷地形 ・・・・・・・・・・・ 933

第4巻　火山・変動地形と応用読図
　第18章　火山地形 ・・・・・・・・・・・ 943
　第19章　変動地形 ・・・・・・・・・・・ 1073
　第20章　紛らわしい地形の比較 ・・・・ 1155
　第21章　大縮尺図の読図 ・・・・・・・ 1169
　第22章　地形災害の読図 ・・・・・・・ 1207
　第23章　建設計画と読図 ・・・・・・・ 1241
　第24章　読図演習問題 ・・・・・・・・ 1275
あとがき ・・・・・・・・・・・・・・・・ 1300
採録地形図索引 ・・・・・・・・・・・・・ 1304
総索引 ・・・・・・・・・・・・・・・・・ 1309

本書の引用法の例

本書の全4巻は有機的に結合しているので，本文を通し頁で，図表も通し番号にしてあるから，引用される場合は以下のようにして頂けると幸いです．

1) 各巻を個別に引用の場合：
鈴木隆介 (1997)「建設技術者のための地形図読図入門，
　第1巻：読図の基礎」：古今書院，pp. 1-200.
鈴木隆介 (1998)「建設技術者のための地形図読図入門，
　第2巻：低地」：古今書院，pp. 201-554.
鈴木隆介 (2000)「建設技術者のための地形図読図入門，
　第3巻：段丘・丘陵・山地」：古今書院，pp. 555-942.
鈴木隆介 (2004)「建設技術者のための地形図読図入門，
　第4巻：火山・変動地形と応用読図」：古今書院，
　pp. 943-1322.

2) 全4巻を一括して引用の場合：
鈴木隆介 (1997～2004)「建設技術者のための地形図読図入門，
　(全4巻)」，古今書院，pp. 1-1322.

3) 英文で全4巻を引用の場合
Suzuki, T. (1997～2004) *Introduction to Map Reading for Civil Engineers*, 4 volumes, Kokon Shoin, Publishers, Tokyo, 1322 p.

各巻を個別に引用の場合は，1) に倣う．

Introduction to Map Reading for Civil Engineers

Takasuke Suzuki (Chuo University, Tokyo)

Contents

Volume 1 Geomorphological Basis for Map Reading (pp. 1–200, published in 1997)

Chapter	Title	Page
	Prologue: The first questions	1
1	Purpose and logic of map reading	7
2	Geomorphological processes - general	37
3	Division, classification and history of landforms	101
4	Procedure for map reading - general	169

Volume 2 Plains (pp. 201–554, in 1998)

5	General properties of plains	201
6	Fluvial plains	221
7	Coastal landforms and coral reef	403
8	Sand dune	483
9	Lacustrine plains and peatlands	509
10	Compound plains	531

Volume 3 Terraces, Hills and Mountains (pp. 555–942, in 2000)

11	Terrace	555
12	General properties of hills and mountains	651
13	River valley	685
14	Slope development	751
15	Mass-movement landforms	777
16	Differentially denudated landforms	867
17	Landforms in cold climate	933

Volume 4 Volcanoes, Tectonic Landforms and Applied Map Reading

(pp. 943–1322, in 2004)

18	Volcanoes	943
19	Tectonic landforms	1073
20	Comparison of confusing landforms	1155
21	Map reading for large-scale maps	1189
22	Map reading for geomorphic disasters	1207
23	Construction planning and map reading	1241
24	Exercises in map reading	1275
	Map index	1304
	Index	1309

第11章　段　丘

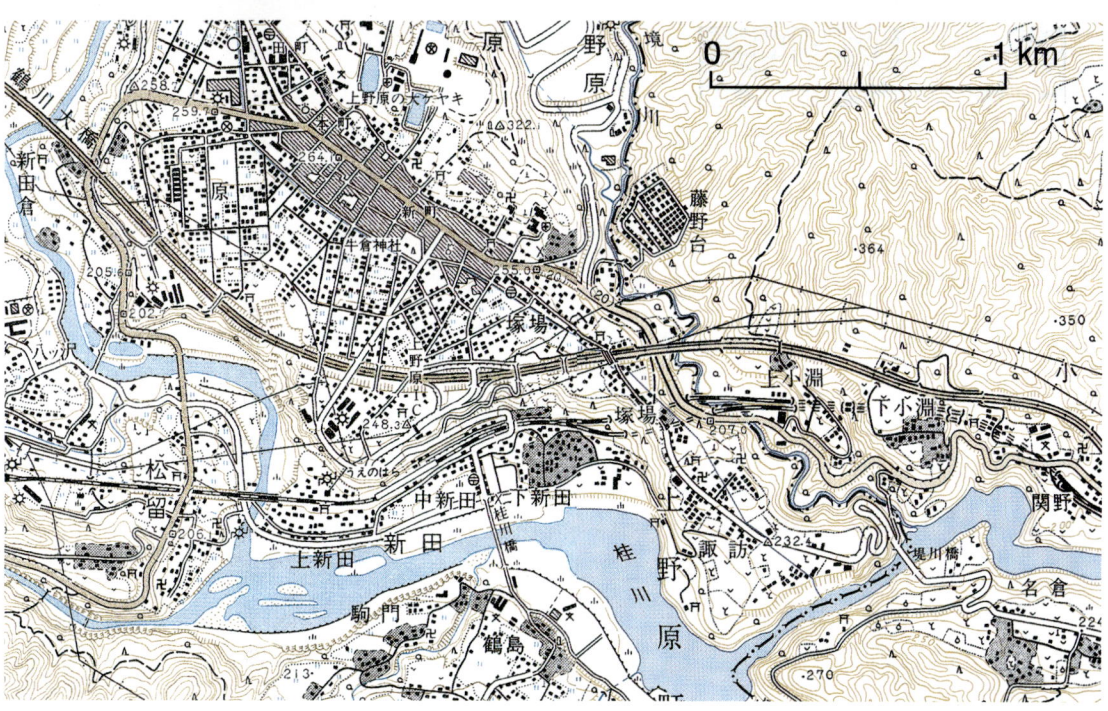

第11章 段丘

東京をはじめ大阪，名古屋，仙台，金沢など日本の大都市は，下町とよばれる低地と上町あるいは山ノ手とよばれる高台の両方に広がっている場合が多い．そのような高台を段丘（または台地）とよぶ．丘陵と山地の河谷や海岸地方には，数段の段丘が階段状に連なり，その平坦地（段丘面）には集落，水田，畑などが広がり，それを囲む急斜面（段丘崖）には森林や竹林が美しい緑の額縁をなしている．段丘は日本の国土面積の約11%を占め，約13%の低地とならんで，日本における重要な生産・生活の場であり，したがって集落や交通路も多く，建設技術者にとってなじみの深い地形であろう．

段丘は，低地の離水で形成された地形種であるから，低地に比べると地形変化つまり自然災害の少ない安定な土地である．しかし段丘でも，各種の土工やトンネル，ダムなどの建設工事において留意すべき問題は少なくない．個々の段丘の建設技術的観点からの性質は，その段丘の原形となった低地の特質とその段丘化の過程を強く反映している．とくに砂礫段丘（堆積段丘）と岩石段丘（侵蝕段丘）の差異は建設技術者にとって極めて重要である．両者の判別には，第2巻で述べた低地に関する理解が基礎的知識として不可欠である．そこで，本章では段丘の形成過程および内部構造に重点をおいて段丘の読図法を述べる．

口絵写真と地形図（前頁）の解説

写真（アジア航測株式会社撮影・提供）は，山梨県から神奈川県に流下する桂川沿岸に発達する河成段丘群を下流から上流に向かって撮影したものである．写真中央部の橋梁が地形図（2.5万「上野原」〈東京15-3〉平6修正および「与瀬」〈東京15-1〉平6修正）の堤川橋である．

段丘面（写真では黄褐色）は畑や住宅地となっており，それを縁取る段丘崖および段丘開析谷の谷壁斜面は森林になっている．写真の範囲の段丘面は，上野原の市街地のある段丘面を最上位面として，少なくとも5段に区分される．鉄道（中央本線）は低い段丘面を走っているため，高い段丘をトンネルで通過している．高速道路（中央道）は丘陵斜面の基部を走り，多数の長大な切取・盛土法面と高架橋をもち，上野原では段丘面を両切で通過している．段丘における切取やトンネル掘削では，段丘堆積物の厚さとそれに対する構造物の相対的高さが問題となる．その予測に必要な砂礫段丘，岩石段丘および谷側積載段丘の区別は2.5万地形図の広域的読図で比較的に容易である．

11.1 段丘の一般的性質

A. 段丘の特質

(1) 段丘の定義

　低地が離水し，河川侵蝕または海岸侵蝕によって開析されたために〈形成過程〉，一方ないし四方を崖または急斜面で縁取られ，周囲より不連続的に高い平坦地をもつ階段状ないし卓状になった高台〈形態的特徴〉を段丘（terrace）とよぶ（図11.1.1）．段丘の平坦地すなわち過去の低地の残片を段丘面（terrace surface）とよび，段丘面を囲む崖または急斜面を段丘崖（terrace scarp, terrace cliff）とよぶ（☞図11.1.3）．

　段丘とほぼ同義の用語として台地（upland または plateau）があり，段丘面および段丘崖に対応する用語として台地面（upland surface）および台地崖（upland scarp, upland cliff）がある．段丘と台地は本質的には同じ地形過程で形成された地形種である．しかし慣習的には，断面形をみたとき，一方に低く他方に高くなる階段状の高台を段丘とよぶ（図11.1.1の左方）．河谷ぞい（☞第11章口絵）や岩石海岸の背後に広く発達する階段状の高台が段丘の好例である．それに対して，周囲を崖に囲まれた卓状の広い高台を台地とよんでいる（図11.1.1の右方）．下総台地，常総台地などが台地の好例である．しかし，たとえば東京の山の手や武蔵野の高台を武蔵野段丘とも武蔵野台地ともよぶように，地形学者の間でも段丘と台地が混用されることがある．一つの地形種に二つの用語が混用されるのは好ましくないが，慣習を変えるのは難しい．

　本書では，総称用語としては段丘を用い，その形態・発達状態によって，台地という用語も慣習に従って用いる．ただし，狭義の段丘と台地は本質的に同じであるから，以下の記述の段丘を台地と読み替えても，その逆でも差しつかえない．

　低地の形成過程は多種多様であり，それに対応して異なった特徴をもつ低地（地形種）が形成される（☞表5.1.1）．それらが離水したものをすべて段丘とよんでもよい．しかし，普通には，過去の水面に関連して形成された低地すなわち河成低地，海成低地（含む浅海底），湖成低地（含む湖底）およびサンゴ礁が段丘面になったものだけ

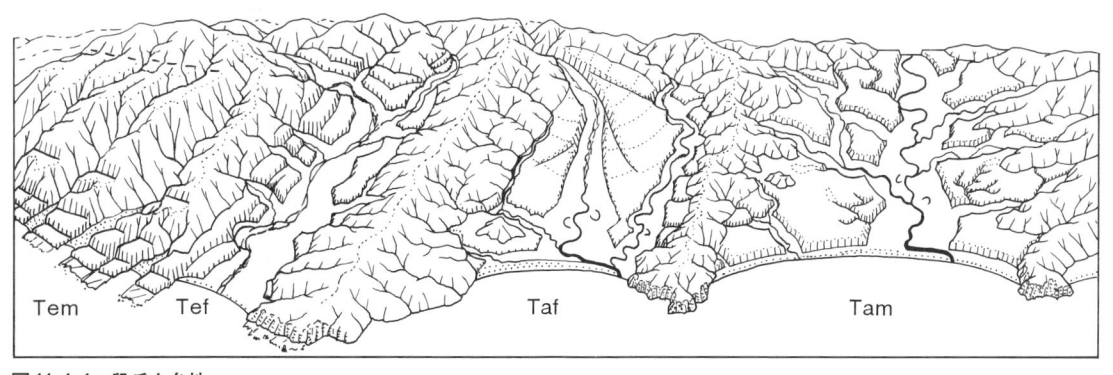

図11.1.1　段丘と台地
段丘と台地はほぼ同義であるが，慣習的には図の左方から中央部に描かれた階段状の高台が段丘とよばれ，図の右方のような卓状の高台が台地とよばれる．図の左方から右方へと，Tem：海成侵蝕段丘群，Tef：河成侵蝕段丘群，Taf：河成堆積段丘群および Tam：海成堆積段丘群，のそれぞれ発達する流域または地域を示す．

を段丘とよんでいる．本書もこの慣習に従う．なぜなら，たとえば広義の低地に含められる崖錐や沖積錐の侵蝕された段丘状の地形まで含めると，段丘の一般的性質の理解において混乱を生じるからである．

段丘に類似した高台は，火山地形（例：火砕流台地，☞p. 1031）や集団移動地形（例：地すべり堆，☞p. 842），差別侵蝕地形（例：地層階段，☞p. 894），溶蝕地形（例：石灰華段丘，☞p. 905）などにもみられる．しかし，それらは，低地を段丘化させる特別の原因（☞図 11.1.10）が生起しなくても，河川や海によって必然的に侵蝕されて段丘状になる運命をもち，低地起源の段丘とは本質的に異なるから，普通は段丘に含めない．

(2) 段丘の形成過程の概要

段丘の形成過程は多種多様である（☞図 11.1.10）．ここでは段丘という地形種の概念を理解するために，臨海の河成堆積低地が離水（☞p. 58）して段丘化する場合（図 11.1.2）を例として，段丘の基本的な形成過程を概観しておこう．

河成堆積低地は，河川の運搬した砕屑物（礫，砂，泥）が堆積して形成された低地である（☞pp. 213～214）．低地は，百年に1回程度の頻度で起こる大出水や暴浪のときに冠水するような（☞p. 203），相対的に低くて，平滑な土地である（図 11.1.2 の 1）．

しかるに，地盤の隆起運動や氷河性海面変動などの，段丘形成の根源的原因（☞図 11.1.10）が発生して，海面が陸地に対して相対的に低下すると，河口部および海底が離水して陸地になり，かつての沖合に新しい河口をもつ延長川（☞p. 276）が生じ（図 11.1.2 の 2），侵蝕基準面（☞p. 665）が低下する．堆積低地よりも，その沖合の海底は一般に急勾配である（例：☞図 10.0.9）．したがって，延長川は過去の河川よりも大きな掃流力（☞p. 225）を獲得するから，新しい河口で下方侵蝕（下刻ともいう：☞p. 51）をするよう

になり，急勾配の早瀬または滝を形成する．それらの上流端つまり遷急点（☞p. 106）は上流に向かって移動し（頭方侵蝕とよぶ：☞p. 51），低地を下刻し，侵蝕谷を形成していく（図 11.1.2 の 2 の K 点）．その侵蝕谷の深さがその河川の大出水時における水位上昇高よりも大きければ，侵蝕谷に刻まれた低地はもはや冠水しなくなる．つまり，その部分の低地は河川から離水し，段丘化する（図 11.1.2 の 2）．

一方，新しい海岸では，相対的に低下した海面からの水深に対応して海岸侵蝕と海底侵蝕が始まり，海蝕崖が形成される．そのため，過去の低地は，海蝕崖を隔てて海に面することになるので，暴浪時にも冠水しなくなり，海からも離水し，段丘化する（図 11.1.2 の 3）．このように離水した低地のうち，河川侵蝕および海岸侵蝕から取り残された残片の平坦地が段丘面であり，河川侵蝕崖（谷壁斜面）および海蝕崖が段丘崖である．

段丘を刻む侵蝕谷では河川の側刻（☞p. 51）による谷壁斜面（段丘崖）の後退に伴って谷底侵蝕低地（☞p. 387）が形成され，また海蝕崖（段丘崖）の後退に伴って海成侵蝕低地（☞p. 462）が形成される．それらの低地が再び上述の過程を経て段丘化すると，2段の段丘になる．さらに同様の過程が繰り返して起こると，階段状に何段もの段丘群が生じる．したがって，数段の段丘面がある場合には，特別の場合（例：断層運動で変位した場合）を除き，高い段丘面ほど古い時代に形成されたものである（☞図 11.1.4）．

段丘面と段丘崖は，段丘化の後に本流および支流の形成した河谷によって，分断されていく．そのように，地形面（☞p. 139）が新しい河谷の形成に伴って刻まれて分断し，解体されていく過程を開析（dissection）とよぶ．地形面を刻む侵蝕谷をとくに開析谷（dissected valley）とよび，段丘のそれを段丘開析谷とよぶ．

低地の形成過程は侵蝕・堆積・サンゴ定着など様々であるが，どの場合でも段丘の形成過程は以

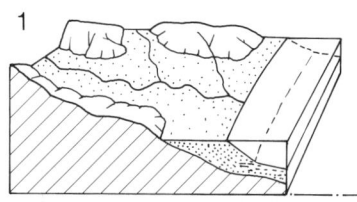

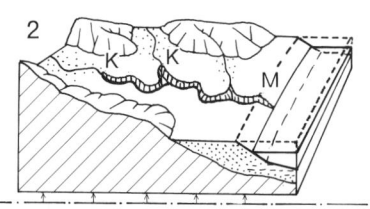

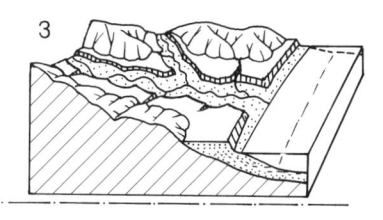

図 11.1.2　段丘の形成過程（臨海の河成堆積段丘の場合）
1：河成堆積低地の形成期：打点域が低地であり，自然条件下では百年に1回くらいの頻度で冠水する．
2：段丘の形成初期：①段丘化の根源的原因の発生（たとえば矢印の長さに相当する地盤の隆起）と②それに起因する低地の離水，沖合へ移動した新河口（M）までの延長川の形成，河川の下方侵蝕と頭方侵蝕の復活（Kは滝や早瀬の遷急点）ならびに③海岸侵蝕の復活（＝段丘崖の形成＝旧低地面の離水＝旧低地の段丘面化）．打点域はまだ段丘化していない低地である．
3：段丘の縮小期：新しい谷底侵蝕低地と海成侵蝕低地（打点域）の形成に伴う段丘崖の後退と段丘面の縮小ならびに段丘開析谷の発達による段丘面の分断．

上のような三段階すなわち，
① 低地（後の段丘面）の形成，
② 段丘化（離水）の根源的原因の発生，
③ 河川の下方侵蝕または海岸侵蝕による低地の段丘化（段丘面と段丘崖の分化），

という，時代的には三時期の，また地形過程（☞p.50）では異式の，まったく異なる三つの段階に区別される．

このように複数の地形過程で形成された地形種を本書では複成地形とよぶが（☞p.133），段丘は複成地形の好例である（☞表3.2.3）．また，個々の段丘面は旧低地の残片であるから，その平坦さと広がり，形成営力と形成過程の同一性，形成期の同時性，整形物質の均質性の諸点において典型的な地形面である．

段丘は，その形成過程の複合性と地形面としての特質のゆえに，多くの地学現象の理解にとって有用な地形種である．たとえば応用地形学の観点（☞表1.2.6）では，段丘という"地形"を使って，その広域的な地形発達史を論拠に，段丘の内部構造を理解し，さらには地殻変動，氷河性海面変動，気候変化，古環境といった過去の地学現象を遡知（☞p.137）している．しかし，その論理を強化するためには，段丘の諸種の地形量と形成過程そのものに関する種々の地形学公式（☞p.97）の確立が不可欠である．

(3) 段丘各部の意義と諸元

段丘は，①段丘面，②段丘崖および③段丘開析谷という，形成時代と形成過程の異なる三つの基本的な形態要素（☞p.46）で構成され，それぞれが独立の地形種であり，その総体としての段丘は複成地形種である．したがって，これら三種の地形種の諸特徴を認定することによって，段丘面の区分，段丘の形成過程，さらには建設工学的に問題となる段丘の内部構造，地下水のあり方，災害のあり方，建設工事上の留意点などを推論することができる．これらの特質は2.5万地形図の読図でも定性的に推論され，個々の段丘に関する野外調査の急所が予測される．

段丘の形態的特徴は，上記三つの基本的形態要素について，地形相と地形量（☞p.46）で記述される．地形相については，段丘面，段丘崖および段丘開析谷に関する段丘面区分図（一種の主題地形学図：☞p.151，例：☞図11.1.21），横断面図（☞図4.3.13および図11.1.22）および縦断面図（一般に投影断面図：☞図4.3.16および図11.1.22）で表現される．地形量については，測量または地形図上での地形計測によって求めた諸元で記述される．その記述に必要な段丘各部の名称（図11.1.3）と意義および諸元（図11.1.4）の計測法ならびに段丘構成物質について，基本的な概念を以下に解説する．

(a) 段丘面

段丘面は過去の低地の残片である．ゆえに，段丘面は，局地的にみればほぼ平坦であるが，広域的にみると河成低地起源ならば河川の下流に，海成低地起源ならば海に向かって，それぞれ緩傾斜している．

段丘面には，低地時代に形成された諸種の微地形類（単式地形群）が残存していることがある．自然堤防，後背低地，流路跡地，浅い谷，凹地，凸地（小丘），浜堤，堤間湿地などがその例である．また，低地時代または段丘化の後に形成された崖錐，沖積錐，地すべり堆，砂丘などの，河成・海成以外の地形種が段丘面に重なっていることがある．さらに，段丘化の際やその後に起きた地殻変動によって段丘面が変位していることもある．それらの認定法については後に順に述べる．

(b) 段丘崖

1）後面段丘崖と前面段丘崖

すべての段丘崖は侵蝕過程で形成された侵蝕崖である（図11.1.2）．段丘面が2段以上発達している場合には，一つの段丘面の後面（高い方）と前面（低い方）の両方に段丘崖がある．前者を後面段丘崖（back scarp of terrace）とよび，後者を前面段丘崖（fore scarp of terrace）とよぶことにする（新称：図11.1.3）．

一つの段丘は，形態的には段丘面とその前面段丘崖をセットとして認識される階段状の地形種である（図11.1.3の太線の断面の部分）．しかし，形成時代の点では，段丘面と後面段丘崖（あるいは山地・丘陵斜面または海崖）が本質的には（後の変形はあるが）同じ時代に形成され（図11.1.3の太破線の断面の部分），前面段丘崖は下位の段丘面（あるいは低地）と同じ時代に形成されたものである．つまり，一つの段丘の前面段丘崖はそれに接する下位の段丘にとっては後面段丘崖である．

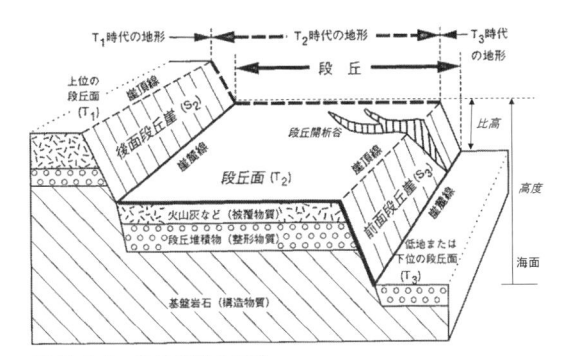

図11.1.3 段丘各部の名称

2）段丘崖の崖頂線と崖麓線

段丘崖の頂部の遷急線および麓部の遷緩線を，それぞれ段丘崖の崖頂線（scarp-top line）および崖麓線（scarp-foot line）とよぶ（新称：図11.1.3）．両者は次のように別の意味をもつ．

崖麓線は，図11.1.4のd_2-d_3間のように直下位の段丘面に接することが多いが，d_1-d_2間のように数段も下位の段丘面または現成の低地に接することもある．後者の場合（d_1-d_2間）には，かつては中位段丘（Tm）の前面段丘崖の崖麓線はどこでも下位段丘面（Tl）に接していたのであるが，現在の河川の側刻によって下位段丘の一部が削り取られ，さらに中位段丘の一部（d_1-d_2間）も側刻された，と解釈する．海成段丘でも同様のことがある．このように，段丘崖は場所によって高さも形成時代も著しく異なり，地形面としての性質（とくに同時性）をもたないので，原則として固有名詞では命名しない（☞p.139，例外：国分寺崖線，☞p.615）．なお，崖麓線が海，河川および現成の低地に接している段丘崖を'現成の段丘崖'とよぶ．

後面段丘崖の崖麓線は，河成段丘では過去の河成低地の山麓線であり，海成段丘では海岸線（汀線）である．よって，崖麓線の平面形態は，それに接する段丘面の形成過程，すなわち旧低地が堆積低地と侵蝕低地のいずれであるかを判定し，それに基づいて段丘の内部構造を推論するのに極め

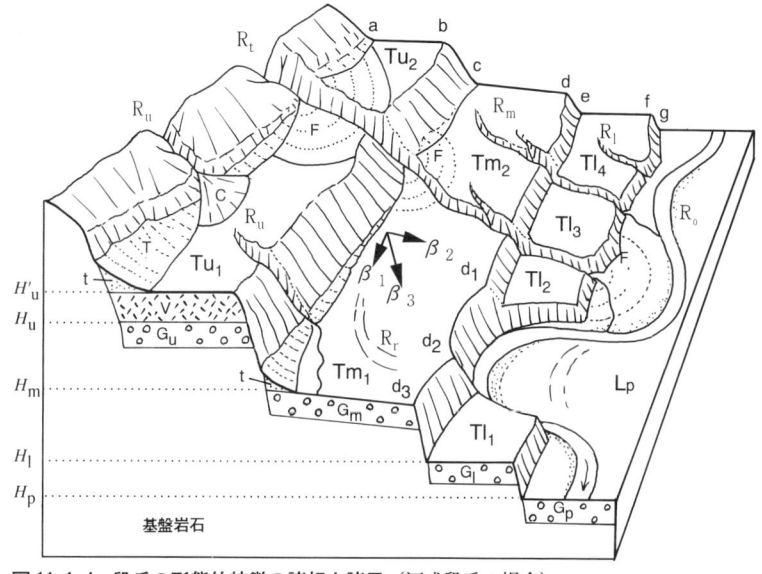

図 11.1.4 段丘の形態的特徴の諸相と諸元（河成段丘の場合）

$Tu \cdot Tm \cdot Tl$：上位・中位・下位段丘面．添字は各段丘面の断片を示す．
a：山麓線．c, e, g：段丘崖の崖麓線．
b, d, f：段丘崖の崖頂線．
Lp：現成の河成低地．T：崖錐，C：沖積錐，F：支流の扇状地．
R_0：本流，R_t：古い支流とその段丘開析谷，$R_u \cdot R_m \cdot R_l$：上位・中位・下位の段丘形成後に生じた河川とその段丘開析谷，R_r：流路跡地．
$H_u \cdot H_u'$：上位段丘面の実質高度・名目高度．$H_m \cdot H_l \cdot H_p$：中位段丘面・下位段丘面・現成低地の実質高度．
$h_u (= H_u - H_p)$ と $h_u' (= H_u' - H_p)$：現河床から上位段丘面までの実質比高と名目比高．中位・下位段丘でも同様．
$\beta_1, \beta_2, \beta_3$：中位段丘面の縦断勾配，横断勾配および最大勾配ならびにそれらの傾斜方向．
G_u, G_m, G_l, G_p：上位，中位，下位の段丘および低地の堆積物，V：火山灰層，t：崖錐堆積物．

て重要である．また，崖麓線の高度分布は地殻変動や海面変動を考察するのに重要な意味をもつ（☞図 11.1.11）．そのため，海成段丘崖の崖麓線はとくに旧汀線（former shoreline）とよばれる．

一方，崖頂線の位置と平面形は，その段丘崖の形成後における斜面発達や段丘開析谷の発達のために，古い段丘ほど著しく変形し，初生的形態が失われている．ゆえに，段丘の形成過程を推論するための形態的特徴としては，崖頂線はあまり重要な意味をもたない．

以上のように，一つの段丘面の形成過程（つまり旧低地の形成過程）を考察する場合には，その前面段丘崖は無意味であり，後面段丘崖（旧山麓線や海岸線）の性質が重要である．ただし，段丘崖の開析程度や段丘崖における斜面発達（☞p. 771），さらには段丘構成物質の理解，つまり建設工学的に段丘崖の安定性（☞図 11.1.18）を理解するためには，前面段丘崖の比高とその崖頂線の平面的形態も重要な意味をもつ．

ゆえに，段丘面区分図において個々の段丘面の範囲を描くときには，その後面段丘崖の崖麓線を太線で明示し，前面段丘崖の崖頂線および段丘開析谷の谷壁斜面頂部の遷急線を細線または破線で示すのが望ましい（☞図 11.1.19 の D および図 11.3.11）．なぜならば，段丘面の外縁を同じ太さの線で描くと，どの部分が有意義な崖麓線であるかが分からないからである．

3）段丘崖の縦断形の経時的変化

現成の段丘崖は急傾斜で，とくに基盤岩石の露出する段丘崖は垂直ないしオーバーハングしていることもある．段丘崖の基部が離水すると，段丘崖での種々の物質移動によって，一般に段丘崖は減傾斜する．そのため，古い段丘崖ほど一般に緩傾斜である．このような段丘崖縦断形の経時的変化すなわち段丘崖の斜面発達については第 14 章で詳述する．

(c) 段丘開析谷

段丘開析谷を形成した河川には，大別すると，段丘化の前から存在したもの（例：図 11.1.4 の R_0 と R_t）と段丘化の後に発達したもの（例：図 11.1.4 の R_u, R_m および R_l）がある．前者は，河成段丘では過去の低地を形成した河川とその支流であり，海成段丘では延長川である．いずれも段丘面の背後の山地，丘陵や古い段丘に発源する外来河川（☞p. 746）である．後者は，段丘形成後

に段丘面または段丘崖に発源して生じた河川であり，いわば域内河川（☞p. 747）である．これには，①段丘面上の浅い谷（流路跡地など）に発源する名残川および②段丘崖での崖端泉や不整合泉（☞図6.1.54）における頭部侵食で発達した河川がある．同一地域では，上位の段丘ほど，多くの深い段丘開析谷に刻まれているので，その段丘面は断片的である（例：図11.3.11）．

段丘開析谷の谷壁斜面も段丘崖とよばれる．しかし，その斜面は，段丘形成における崖麓線の意義という観点では，海成段丘ではほとんど意味がなく（海蝕崖が重要），また河成段丘でも域内河川による谷壁斜面はほとんど意味がない．そこで本書では，段丘開析谷の谷壁斜面のうち，その基部に下位の段丘面が接していれば，その後面段丘崖とよぶが，そうでない場合には単に段丘開析谷の谷壁斜面とよぶことにする．

段丘面には低地時代に形成された浅い谷（流路跡地など）がしばしば残存している．普通は，その下流端が前面段丘崖に切断されている場合には段丘面に一括する（例：☞図11.2.18の名残川）．明瞭な遷急点をもってその下流が深く掘れこんだ谷になっていれば，その下流の部分を段丘開析谷として扱う．しかし，その区分は難しい．

(d) 段丘の諸元

1) 段丘面の傾斜（勾配）

段丘面はほぼ平坦であるが，必ずしも水平面ではない．よって，段丘面の傾斜方向と傾斜角を特定する必要がある．河成段丘面では，それを形成した河川の上流から下流へ大局的にみた方向を縦断方向とよび，その傾斜角を縦断傾斜（図11.1.4のβ_1），それに直交方向の傾斜を横断傾斜（β_2）とそれぞれよぶ．最大傾斜（β_3）の方向は，一般に縦断方向に一致するが，斜交する場合も多い．海成段丘面では，旧汀線に直交する方向を縦断方向とよび，最大傾斜方向もそれに一致する場合が多い．なお，段丘面の縦断傾斜は，河床勾配や海底勾配と同様に，縦断勾配ともよばれる．

このような一般的傾向と異なって，河成段丘面が上流に向かって傾斜（低下）していたり（例：☞図11.2.31），海成段丘面が内陸に向かって傾斜している場合（例：☞図11.2.34の茨城県南部）には，その現象を地形面の逆傾斜（reversely inclining）とよぶ．逆傾斜は段丘面形成後の変動変位や被覆物質の堆積などの特別の地形過程に起因するので重要な現象である．

2) 段丘面の高度と比高

段丘面の高度（altitude of terrace surface）とは地形学的には後面段丘崖の崖麓線の海抜高度をさす．その高度の決定は意外に難しく，古い段丘ほど困難である．その理由は，前述のような，①段丘面の傾斜方向の多様性，②旧低地時代の微地形類の存在，③段丘面形成後に生じた崖錐，沖積錐，地すべり堆，砂丘などを構成する堆積物や火山灰層（例：関東ローム層）の被覆，④段丘面の分断（以上，図11.1.4），⑤地殻変動による段丘面の変位変形，などである．

段丘形成の根源的原因（☞図11.1.10）を究明するためには，過去の低地の高度が段丘化以降にどのように変化したか（または変化しなかったか）を知ることが重要である．そこで，地形学では段丘面の高度とは，旧低地堆積物（段丘堆積物）の堆積面の高度，しかも段丘面の横断方向で最も高い所つまり後面段丘崖の崖麓線の高度（図11.1.4のH_u）と定義される．

被覆堆積物がある場合には，実際の地表面としての段丘面の高度を名目高度（nominal altitude）とよび，段丘堆積物の堆積面（＝被覆堆積物の基底）の高度を段丘面の実質高度（real altitude）とよんで区別する（図11.1.4）．堆積による河床の上昇量や地殻変動の変位量を議論するときは，実質高度を問題とする．

読図や空中写真の判読だけでは，狭い地域ではほぼ一様の厚さをもって段丘面を被覆する風成火山灰の有無すら知ることができず，実質高度はわ

からない．ゆえに，読図を扱う本書では，個々の段丘面の後面段丘崖の崖麓線の名目高度を単に段丘面の高度とよぶことにする．

段丘の比高(ひこう)(relative height of terrace)とは普通は，段丘崖の比高ではなくて，段丘面の比高をさす（図11.1.4）．比高の基準としては，下位の段丘面，現成の低地，河床，湖面あるいは海面が用いられる．よって，比高の記載ではその基準を明記し，また高度と同様に名目比高と実質比高とを区別して明示する．ただし，段丘崖の斜面発達を考察する場合には，段丘面の比高ではなくて，段丘崖の比高（一つの段丘崖の崖麓線と崖頂線との比高）が問題となる（☞p.771）．

3) 段丘面の幅

段丘面の幅(width of terrace surface)としては，河成段丘では本流の大局的な流向に直交方向（横断方向）の幅を，海成段丘では縦断方向の幅を採用する．段丘面の幅が，一つの地域において大局的にみたとき，新旧の段丘同士で著しく異なっていたり，同一時代の段丘面なのに上流から下流へ，あるいは汀線方向で著しく変化している場合には，旧低地の発達を支配した諸要因（☞図5.1.7，表5.1.3，図6.3.10，図7.1.9）の地理的および経時的な差異に起因する．

たとえば，ある地域に数段の段丘面が発達し，そのうちの一つの段丘面の幅が特段に大きければ，その段丘面の形成時代が最も長期におよび，その間は地殻変動や海面変動がほとんど起こらなかった安定期であったことを示唆する（例：☞図11.3.11のⅢ）．侵蝕低地起源の一つの段丘面の幅が地理的に異なれば，基盤岩石の強度を反映した差別侵蝕の結果であると解される（☞pp.389〜393）．段丘開析谷の幅についても同様である．

4) 段丘の開析度

段丘開析谷の発達によって，一般に古い段丘ほど著しく開析されている．その開析程度つまり段丘面の残存程度を段丘の開析度(かいせきど)(dissection ratio of terrace)とよぶ．ある地域または区間に分断されながら発達する同一時代の段丘の開析度 (R_d, %) は次のように定義される．

$$R_d = \left(\frac{A_i - A_r}{A_i}\right) \times 100 \quad (11.1.1)$$

ここに，A_r＝残存している段丘面の総面積，A_i＝開析谷の発達以前の段丘面の発達範囲の全面積である．後者については，前面段丘崖が初生時には直立していたと仮定して，後面段丘崖の崖麓線と前面段丘崖の崖麓線に囲まれた範囲とする．どちらの崖麓線も開析谷の発達で分断されており，その復旧に誤差を伴うので，開析度の大きな古い段丘ほど計測結果に個人差が増すのは避けられない（例：☞図11.3.13）．

(4) 段丘構成物質

段丘全体の構成物質は，下位から上位へと，①構造物質としての基盤岩石，②整形物質としての段丘堆積物，そして③被覆物質としての各種の堆積物（火山灰層，崖錐堆積物，沖積錐堆積物，砂丘砂など）に区別される（図11.1.3）．ただし，被覆物質は，一般に古い段丘面ほど厚いが，存在しないことも少なくない（☞図11.1.6）．サンゴ礁段丘ではサンゴ礁石灰岩が段丘面の整形物質である．これらの構成物質の性質は，単に段丘の形成過程の考察ばかりでなく，以下のように建設技術的にも極めて重要である．

(a) 段丘堆積物

段丘面は，一般に非固結の砕屑性堆積物（礫，砂，泥の層または互層）で構成（整形）されている．その堆積物は過去の低地堆積物であるが，段丘を扱うときには段丘堆積物(だんきゅうたいせきぶつ)(terrace deposit, terrace sediment)と言い換えられる．段丘堆積物は，ほぼ水平に堆積し，段丘面の平坦さを決定しているので，段丘面の整形物質（☞pp.66〜67)である（☞図2.3.4，表2.3.1）．なお，侵蝕段丘の段丘堆積物は，一般に約3m以下と薄いので，沖積薄層(ちゅうせきはくそう)(ベニア，veneer of alluvium)

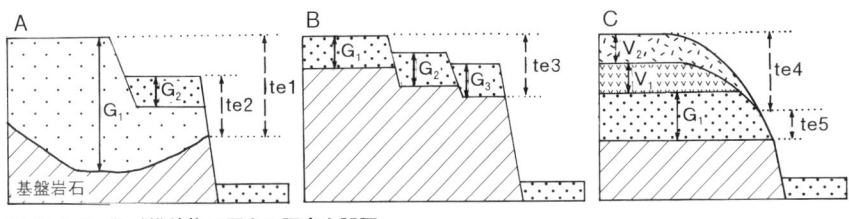

図 11.1.5 段丘堆積物の厚さの認定と誤認
図中の実線矢印が真の層厚であり，破線矢印は誤認された層厚である．
A：フィルトップ段丘とフィルストラス段丘の場合：
　te1：フィルトップ堆積物（G_1）の最大層厚の過小認定，te2：類似する新旧堆積物（G_1 と G_2）の混同．
B：比高の小さなストラス段丘群の場合：
　te3：新旧堆積物（G_1，G_2 と G_3）の混同による層厚の過大認定．
C：火山灰層（V_1 と V_2）の段丘崖への「垂れ下がり」被覆の場合：
　te4：被覆の誤認による火山灰層（V_2）の層厚の過大評価，te5：段丘堆積物（G_1）の層厚の過小評価．

とよび，また一般に礫層であるから日本では段丘礫層とよぶことがある．段丘堆積物の特徴とその読図による推論法は次のようである．

1) 段丘堆積物の厚さと粒径

段丘堆積物の厚さと粒径ならびにそれらの段丘内部における変化は，旧低地の形成過程を反映しており（☞図 11.1.9），段丘の建設技術的問題を支配する（☞図 11.1.18）．段丘堆積物および被覆物質は前面段丘崖や段丘開析谷の谷壁斜面での露頭（露出）で観察される．しかし，少数地点の小面積の露頭で観察することが多いので，その層厚がしばしば誤認される（図 11.1.5）．この種の誤認を避けるためには，広域的な調査，とくに段丘開析谷での観察が大切であり，観察地点と段丘崖との位置関係に留意する．

読図によって段丘堆積物の厚さと粒径を推論するためには，段丘の諸形態とくに段丘面の分布と縦断勾配，後面段丘崖（または山麓線）の平面形，前面段丘崖での「がけ（岩）」と「がけ（土）」記号，段丘開析谷の発達状態，さらに土地利用などの諸特徴と段丘面となった旧低地の形成過程との関係（☞表 11.1.3 および図 11.1.9）を論拠とする．ゆえに，その推論には，本書の第 2 巻で述べた低地に関する知識が不可欠である．

たとえば，河成段丘堆積物の粒径は，低地河川の縦断勾配と河床堆積物の粒径との関係（☞表 6.1.1）を論拠に（変動変位がないと仮定して），段丘面の縦断勾配と現河床勾配との関係から推論される．海成段丘では，それが海成侵蝕低地起源であれば薄い礫層であり，海成堆積低地起源であれば，砂層と泥層の互層に礫層や貝殻層を挟んでいる可能性が強く，また砂丘堆積物に被覆されていることもある．

2) 段丘堆積物の風化

低地が段丘化すると，地下水位が低下する．そのため，低地時代には水で飽和されて軟弱地盤をなしていた泥質堆積物と有機質堆積物（泥炭）は，含水比の低下に伴って，一般に固くなる（N 値が増す）．一方，礫層や砂層では，段丘化に伴う含水比の低下による物性の変化は小さく，一般に非固結のままである．しかし，水で飽和されていた時（低地時代）には還元状態にあって青色ないし青灰色を示した堆積物も，段丘化に伴って，空気と接して酸化しはじめ，黄色ないし褐色となり，さらに風化が進むと赤褐色となり，ついには礫が粘土化することさえある．このように風化で脆性化あるいは粘土化した礫は腐り礫とよばれる．その種の風化礫層は現河床から数十 m の比高をもつ高くて古い段丘でしばしばみられる．

(b) 基盤岩石

段丘堆積物は段丘面の基本的形態を決定している整形物質である．その下位にあって，段丘の構造物質（☞表 2.3.1）をなす岩石を段丘堆積物の基盤岩石（bedrock）とよぶ．基盤岩石といえば普通には固結した岩盤を指すが，非固結堆積物の場合（例：図 11.1.5 の A の G_2 に対する G_1）もあ

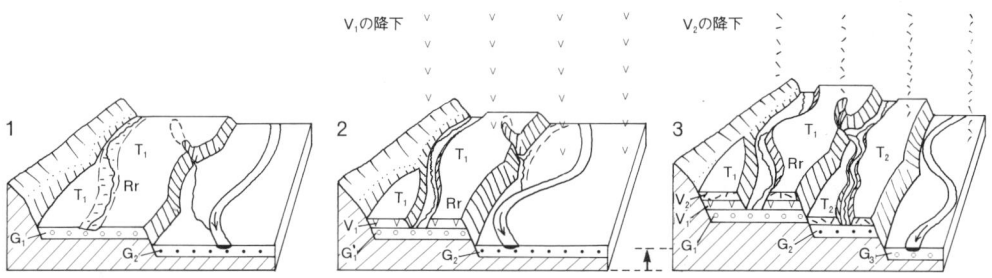

図 11.1.6 段丘面を被覆する降下火砕物質と'ローム段丘'(久保，1988，の着想による)
1：降下火砕物質(火山灰，軽石，スコリアなど)の降下前の地形であり，段丘面に名残川(R_r)がある．
2：降下火砕物質(V_1)は段丘面(T_1)には堆積するが，現成低地および名残川ぞいでは水流で除去され堆積しない．
3：段丘面(T_2)の形成後の降下火砕物質(V_2)の降下・堆積．上位の段丘(T_1)ほど被覆物質が厚くなり，名残川は谷を形成し，その両岸が'ローム段丘'になる．

る(☞図 6.3.5)．

基盤岩石が固結岩か非固結堆積物であるかの，読図による区別は極めて難しい．「がけ(岩)」と「がけ(土)」の記号は重要な目安になる．しかし，後者は軟岩の露岩および低い段丘崖の表現にも使用されるので，その記号だけで非固結堆積物とみなすのは危険である．たとえば，図 6.3.6 の岩木川ぞいの「がけ(土)」の段丘崖は図 6.3.8 のように種々の固結岩(ただし，軟岩)で構成されており，段丘堆積物の厚さは 3 m 以下である．

段丘崖を構成する成層岩(堆積岩など)の相対傾斜(受け盤か流れ盤か)は段丘崖の安定性を強く制約する(☞図 14.0.14)．よって，読図でも，現成段丘崖の傾斜の，河川両岸における非対称性を論拠に相対傾斜を推論できる場合もある(例：☞図 14.0.23)．ただし，河川両岸における段丘面の非対称的分布は必ずしも地層の傾斜方向を示唆しない(例：☞図 11.2.10)．

侵蝕低地を構成していた基盤岩石も，段丘面の離水直後から風化し始める．古い段丘の基盤岩石ほど，その風化帯は厚い(☞図 16.0.11)．

(c) 降下火砕堆積物と段丘との関係

日本には火山が多いので，火山の風下側(主に東側)に分布する段丘では，降下火砕堆積物(火山灰，スコリア，軽石など)が段丘堆積物を数 m〜数十 m もの厚さで被覆していることがある．約 1 万年より古いものは風化して赤色ないし褐色に粘土化している．この種の風化火山灰は関東地方では赤土とか関東ロームとよばれる．

降下火砕物質は，降雪と同じように，あらゆる地物を被覆して堆積する．しかし，低地では，細粒の降下火砕物質は河流や海の波や流れによって容易に運搬・除去されるので，堆積しない(図 11.1.6 の 2)．段丘面では流水がないから，降下火砕物質は段丘堆積物を被覆して堆積するので(図 11.1.6 の 2)，火砕物質の降下が多く起こるほど，また上位の古い段丘面ほど，厚い降下火砕堆積物に被覆されることになる．このことが火山灰層序学的方法による段丘面の対比の根本原理である(☞p. 144)．なお，段丘面上でも，名残川ぞいでは細粒の降下火砕物質が除去され，堆積しないので，ローム段丘(図 11.1.6 の 2 と 3 の R_r の両岸)が形成される(☞p. 578)．

(5) 段丘面の区分と相互関係

(a) 段丘面の対比・区分・命名法

ある地域に断片的に分布する段丘面群を対比(☞p. 140)して，同時代の段丘面ごとに区別する作業を段丘面区分(division of terrace surfaces)という．たとえば，図 11.1.4 では，段丘面は 3 段に区分される．段丘面の対比は，段丘面

の高度・連続性・開析度，段丘堆積物，被覆堆積物（とくに火山灰）などの，段丘の諸属性を利用して行なわれる（☞pp. 140～147）．

区分された段丘面群ごとに固有名詞を与えて，特定する．その命名法に規約はないが，普通には高い方から低い方に上位段丘面（簡単に上位面ともいう．以下同じ），中位段丘面，下位段丘面などとよぶ．段数の多い地域では，第1段丘面（単に第1面ともいう．以下同じ），第2面，第n面と命名することもある．しかし，このような抽象的命名は，離れた地域の段丘面を対比するとき混乱を生じる．そこで，各時代の段丘面に存在する主要な地名を付して，武蔵野面とか，立川面，拝島面などと命名する．この場合，広範囲に分布する段丘面に対しては広域的地名を採用し，狭い範囲の段丘面については小さな地名（ただし，2.5万地形図の地名）を採用する（☞p. 139）．

(b) 段丘面の連続性と不連続性の表現法

段丘面は，当初は一続きの地形面であったが，後に段丘開析谷の発達や地殻変動によって分断されている．分離している個々の段丘面の形成時期に関する連続性および相互関係は次のような用語（新称を含む）で表現される（図 11.1.7）．

1) 連続：低地時代に一連の同時面であった段丘面の関係を連続とよび，次の二つに分ける．

① 完全連続型：段丘開析谷などに分断されていない状態．相接する二つの低地（たとえば，本流と支流の低地あるいは扇状地と蛇行原）が同時期に形成されたものであれば，両者の関係は完全連続である（例：B_1 と B_2）．

② 分断連続型：完全連続であったが，段丘開析谷に分断されている状態（例：A_1 と A_2）．

2) 並行不連続：新旧（上下）の段丘面の関係を不連続という．両者の縦断曲線がほぼ並行な関係を並行不連続という（例：A 群と B 群）．

3) 交叉不連続：新旧の段丘面の縦断曲線が交叉する関係であり，次の二つの場合がある．

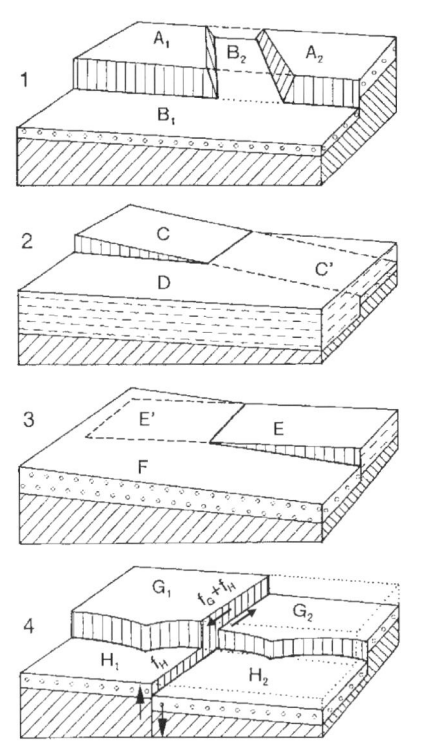

図 11.1.7 段丘面の連続性と不連続性
連続（=），不連続（古い面＞新しい面），非連続（同時面の高い面⊆低い面）をそれぞれカッコ内の記号で示す．
1：連続（完全連続型：$B_1 = B_2$，分断連続型：$A_1 = A_2$），平行不連続（A＞B）
2：収斂交叉型不連続（C＞D，ただし，C=C′）
3：発散交叉型不連続（E＞F，ただし，E=E′）
4：非連続（$G_1 ⊆ G_2$，$H_1 ⊆ H_2$，ただし，G＞H）
f：断層（f_G と f_H はそれぞれ G 面と H 面の形成後の断層崖を示す．左横ずれ変位の矢印は省略）

① 収斂交叉型：縦断曲線が下流に至るほど接近して収斂する関係．上流部では古い段丘面が新しい段丘面より高いが，下流部では逆に後者に被覆されていることがある（例：C と D）．

② 発散交叉型：縦断曲線が下流に至るほど離れて発散する関係．上流部では古い段丘面が新しい段丘面に覆われることがある（例：E と F）．一つの流域で，収斂型と発散型の両者が出現することもある（例：局所的な変動段丘）．

4) 非連続：かつては連続であった同時代の段丘面が断層運動によって切断されて，断層崖を境に異なる高度をもつ状態をいう（例：G_1 と G_2 および H_1 と H_2）．

B. 段丘の分類

段丘は，その属性を分類基準にして，様々に分類される（表11.1.1）．段丘は複成地形種であるから，単位地表面（☞表3.1.3）よりもさらに複雑に，一つの段丘が何通りにも呼称される．これは不合理のようであるが，個々の段丘の特質を明確に表現するためである．個々の基準で分類された段丘の意味は以下のようである．

(1) 段丘の地形場による分類

段丘は，周囲の河川，海および湖に対して相対的にどのような位置に発達するかによって，
1) 河岸段丘（river terrace），
2) 海岸段丘（coastal terrace），
3) 湖岸段丘（lake-side terrace），

に三大別される．これらの用語は，段丘面の形成過程という成因的な意味はなく，単に水面に対する相対位置（地形場）を表す記述用語である．

地形場は，低地の形成営力を支配するので，たとえば河岸段丘であれば河成段丘である可能性が大きい．そのため，河岸段丘および海岸段丘という用語がそれぞれ河成段丘および海成段丘と同義で使用されることもあるが，この混用は避けるべきである．なぜなら，河岸と海岸の範囲を厳密に特定するのは困難であるし，また段丘の存在する場所と段丘面および前面段丘崖の形成過程とは必ずしも即応していないからである（図11.1.8）．

地形図に表現されない段丘として，沈水段丘（drowned terrace：海底または湖底に沈んだ過去の段丘），埋没段丘（buried terrace：地下に埋もれている過去の段丘）および洞内段丘（石灰洞内の段丘）などがある．それらは読図できないが，段丘の説明のために表11.1.1に示す．

(2) 段丘面の形成過程による分類

(a) 段丘面の形成営力による分類

段丘面の初生的な形態つまり旧低地を形成した地形営力によって，段丘は，
1) 河成段丘（fluvial terrace），
2) 海成段丘（marine terrace），
3) 湖成段丘（lacustrine terrace），
4) サンゴ礁段丘（coral reef terrace），

に大別される（表11.1.1および表11.1.2）．

読図によって，これらを判別するための最も重

表11.1.1 多様な分類基準による段丘の分類例（日本の場合）

分類基準		分類名称の例
発達位置の地形場		河岸段丘，海岸段丘，湖岸段丘，沈水段丘，埋没段丘，洞内段丘
段丘面	形成営力	河成段丘，海成段丘，湖成段丘，サンゴ礁段丘
	形成過程	堆積段丘，侵蝕段丘，サンゴ礁段丘
段丘堆積物	意義	フィルトップ段丘，フィルストラス段丘，ストラス段丘
	厚さ	砂礫段丘，谷側積載段丘，岩石段丘，サンゴ礁段丘
段丘化の原因	広域的	変動段丘，氷河性海面変動段丘，気候段丘，重合段丘
	局所的	局地的変動段丘，河川争奪段丘，生蛇行段丘，流路短縮段丘など
河床・海面からの比高		最上位段丘，上位段丘，中位段丘，下位段丘，最下位段丘など
形成時代		更新世段丘（洪積台地），完新世段丘（沖積段丘）
相対年代		高位段丘，中位段丘，低位段丘
新旧段丘群の相互配置		対性段丘群，非対性段丘群，斜交段丘群

注：火砕流台地，熔岩台地，熔岩流台地などの火山地形，土石流堆，地すべり堆などの集団移動地形，地層階段などの差別侵蝕地形，石灰華段などの溶蝕地形でも段丘（台地）状の地形が形成されるが，普通はそれらを段丘に含めない．世界には上記以外の大規模な段丘もある（例：黄土侵蝕段丘，氷河成段丘，開析ペディメント）．

要な着眼点は，低地の場合と同様に，後面段丘崖の①崖麓線の平面形態ならびに②河川，海岸線および湖岸線に対する一般的な伸長方向である（図11.1.8）．

河成段丘は，①段丘面の大局的な傾斜方向（縦断方向），②段丘面に接する山麓線または後面段丘崖の一般的方向が，その付近の主要河川（厳密には低地を形成した河川）の一般的方向にほぼ一致している段丘である．

海成段丘は，①段丘面の最大傾斜方向が海岸線にほぼ直交し，②段丘面に接する山麓線または後面段丘崖の一般的方向が，その付近の海岸線の一般的方向に一致している段丘である．湖成段丘は，海成段丘における特徴のうち海岸線を湖岸線に置き換えればよい．また，サンゴ礁段丘も海成段丘とほぼ同様である．

注意すべきことは，段丘面と前面段丘崖の形成営力が異なる場合である．たとえば，海岸に発達していても，図11.1.8において，$T2_f$の段丘面は河成であるが，その前面段丘崖の一部が海成であるし，逆に$T3_m$の段丘面は海成で，その前面段丘崖の一部が河成である．同様の論理は，本流と支流のそれぞれが形成した河成の段丘面および段丘崖の区別（☞図11.2.6）にも適用される．

(b) 段丘面の平坦化の過程による分類

段丘面となった旧低地の形成過程（平坦化の過程）によって，段丘は，

1) 堆積段丘 (accumulation terrace, fill t.),
2) 侵蝕段丘 (erosional terrace),
3) サンゴ礁段丘 (coral reef terrace),

に三大別される（表11.1.2）．

これら3種は，低地の場合と同様に，形成営力

表11.1.2 段丘面（過去の低地）の初生的な形成過程による段丘の分類*

低地			段丘		
大分類	中分類	小分類	小分類	中分類	大分類
堆積低地	河成堆積低地	谷底堆積低地	谷底堆積段丘	河成堆積段丘	堆積段丘
		支谷閉塞低地	谷側積載段丘		
		扇状地	扇状地段丘		
		蛇行原	蛇行原段丘		
		三角州	三角州段丘		
	海成堆積低地 浅海底堆積面	堤列低地	離水堤列平野	海成堆積段丘	
		海岸平野	離水海岸平野		
	湖成堆積面	湖成堆積低地	湖成低地段丘	湖成堆積段丘	
		堆積湖棚	堆積湖棚段丘		
		湖底平原	湖底平原段丘		
侵蝕低地	河成侵蝕低地	谷底侵蝕低地	谷底侵蝕段丘	河成侵蝕段丘	侵蝕段丘
		侵蝕扇状地	侵蝕扇状地段丘		
	海成侵蝕低地 浅海底侵蝕面	傾斜波蝕面	離水波蝕面	海成侵蝕段丘	
		波蝕棚	離水波蝕棚		
	湖底侵蝕面	侵蝕湖棚	侵蝕湖棚段丘	湖成侵蝕段丘	
サンゴ礁			離水サンゴ礁およびサンゴ礁段丘		

*：主として日本に発達する段丘を示す．

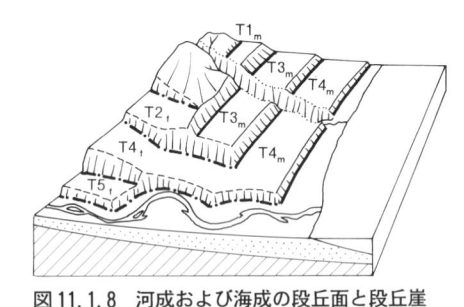

図11.1.8 河成および海成の段丘面と段丘崖
太実線と一点破線はそれぞれ海蝕崖と河川側刻崖の崖麓線，細実線，破線および点線はそれぞれ海蝕崖，河川側刻崖および段丘開析谷斜面の崖頂線である．T1～T5は段丘面の名称であり，添字のmとfはそれぞれ海成段丘面と河成段丘面を示す．段丘とその後面段丘崖は形成営力も形成時代も同じである．

と形成過程を組み合わせて，大・中・小分類される（表11.1.2）．ただし，段丘化すると旧低地の認定が困難な場合が多いので，小分類名はあまり使用されない．つまり，段丘の最も一般的な分類は形成営力と形成過程を組み合わせた中分類であるから，それらの諸特徴を表11.1.3に総括しておく．なお，湖成段丘は海成段丘とほぼ同じであるから，この表では省略してある．

表 11.1.3 主要な形成過程で分類された段丘の諸特徴の比較（日本の場合）

		河成段丘		海成段丘		サンゴ礁段丘
		河成堆積段丘	河成侵蝕段丘	海成堆積段丘	海成侵蝕段丘	
段丘面	段丘面になる前の低地	河成堆積低地	河成侵蝕低地	海成堆積低地または浅海底堆積面	海成侵蝕低地（波蝕面）	サンゴ礁の礁原
	縦断傾斜方向	本流の下流方向	本流の下流方向	海に向かう方向	海に向かう方向	海に向かう方向
	微地形[*1]	流路跡地, 自然堤防, 浅い凹地	名残川, 流路跡地, 礫堆	浜堤, 堤間低地, 古砂丘, 浅い凹地	露岩の小丘, 湿地	露岩の小丘, 礁嶺, 凹地
後面段丘崖または山麓線	形成過程	山地・丘陵斜面または河川侵蝕崖	河川側刻崖	山地・丘陵斜面または海蝕崖	海蝕崖	礁斜面
	伸長方向	不規則	本流河川と同方向	不規則	海岸線にほぼ並行	海岸線にほぼ並行
	平面的屈曲	入り組みに富む. 島状丘陵を囲む	弧状, 直線状, 蛇行状	入り組みに富む. 島状丘陵を囲む	弧状, 直線状	海側に凸の弧状, 直線状
前面段丘崖の「がけ（土）」と「がけ（岩）」の記号		（土）はあるが,（岩）はない	（岩）はあるが, 低い場合は（土）	（土）はあるが,（岩）はない	（岩）はあるが, 低い場合は（土）	（岩）はあるが,（土）はない
段丘開析谷		少ない, 浅い	崖麓の名残川起源	鹿角状の河系模様	平行状の延長川	ほとんどない
段丘堆積物	堆積過程	河成堆積	河成堆積	海成堆積	海成堆積	海底堆積
	層厚	厚い（約5m以上）が, 場所的変化大	薄く場所的変化小（約3m以下）	厚い（約5m以上）が, 場所的変化大	薄く場所的変化小（約2m以下）	極めて薄い
	粒径	礫層, 砂層, 泥層とそれらの互層. 稀に泥炭層	礫層（一般に大礫を含み粗粒）, 越流堆積物の砂層	砂層と泥層の互層. 礫層は少ない. 稀に貝殻層と泥炭層	礫層, 砂層. 稀に局所的な泥炭層, 貝殻層	主にサンゴ礁石灰岩質の礫層, 砂層, 貝殻層
基盤岩石		各種の岩石	軟岩〜中硬岩：硬岩地域では段丘面の幅が狭い	各種の岩石	軟岩〜中硬岩：硬岩地域では広い段丘は発達しない	サンゴ礁石灰岩が整形物質であり, その下位に各種の岩石
地下水（水位と水量）[*2]		深い, 多い	浅い, 少ない	深〜浅, 少ない	浅い, 少ない	全くない

[*1]：表示の地形種が常に存在するわけではない. [*2]：厚いローム層に被覆された段丘では稀に宙水（☞p.582）が点在する.

(3) 段丘の内部構造による分類

(a) 段丘堆積物の意義による分類

段丘面（旧低地）の形成における段丘堆積物の意義に着目すると（村田, 1936; Howard, 1959), 段丘は次の3種に大別される（図11.1.9).

1) フィルトップ段丘

厚い堆積物（厚さ約5m以上）の堆積面つまり堆積低地を段丘面とするものをフィルトップ段丘 (filltop terrace) とよぶ. 堆積段丘がこれに相当し, 砂礫堆積面段丘, 埋積物頂面段丘ともいう. 谷底堆積低地, 扇状地などの河成堆積低地と海成堆積低地に起源をもつ段丘がフィルトップ段丘である（例：☞図11.2.8).

2) フィルストラス段丘

フィルトップ段丘が侵蝕されて形成された侵蝕段丘をフィルストラス段丘 (fillstrath terrace) とよび, 砂礫侵蝕段丘 (fill-cut t.) ともいう. その段丘面の整形物質としての薄い段丘礫層とその下位に, フィルトップ段丘を構成する厚い堆積物が構造物質として存在するため, 段丘全体が非固結堆積物で構成されている（例：☞図11.2.11). 両堆積物が類似し, 区別の困難なこともある.

3) ストラス段丘

侵蝕低地起源のため段丘堆積物が薄く（約3m以下の礫層), 段丘内部の大部分が基盤岩石で構成されているものをストラス段丘 (strath terrace) または岩石侵蝕面段丘 (rock-cut t.) ともよぶ（例：☞図11.2.17).

(b) 段丘堆積物の厚さによる分類

段丘内部に占める段丘堆積物の割合, つまり段

丘崖の比高に対する段丘堆積物の厚さの比によって，個々の段丘は次の4種に大別される（図11.1.9）．

1) 砂礫段丘

段丘内部が一般に5m以上（しばしば数十m）の厚い非固結の段丘堆積物で構成されているものを砂礫(されき)段丘 (sediment terrace, fill terrace) とよぶ．これは"砂礫"段丘と総称されるが，その段丘堆積物は礫層，砂層，泥層またはそれらの互層である．海岸平野起源の段丘（例：関東平野の台地）では細砂，シルトなどの細粒物質が卓越する．砂礫段丘は，上述の形成過程で細分すれば，フィルトップ段丘およびフィルストラス段丘に区別される．

2) 谷側積載段丘

これはフィルトップ段丘の亜種であるが，とくに建設工学的に問題の多い内部構造をもつので，注意を喚起するため本書では地形種の一つに昇格させておく．フィルトップ段丘が段丘化するとき，河川の下刻位置は必ずしも段丘堆積物の最大層厚部に一致するとは限らず，かつての谷壁斜面の基部（基盤岩石）を下刻し，そこに幅の狭い峡谷を形成することがある．そこでは，前面段丘崖の大部分が基盤岩石で構成され，その上に薄い段丘堆積物が重なっているから，ストラス段丘つまり岩石段丘のようにみえる（図11.1.9の2）．

この現象は谷側積載(こくそくせきさい)（valley-side superposition）とよばれ（Cotton, 1952），その部分の段丘は谷側積載段丘(こくそくせきさいだんきゅう)（valley-side superposition terrace）とよばれる（貝塚, 1952）．この種の内部構造をもつ段丘は海成堆積段丘でも形成される．

要するに，基盤岩石の表面の起伏に対して河川がどの位置を下刻するかによって，一つのフィルトップ段丘が，前面段丘崖をみる限り，部分的に砂礫段丘にも岩石段丘にもみえるし，段丘内部に埋没谷が隠れていることもある（図11.1.9の2'）．ゆえに，一つの河川ぞいでは谷側積載段丘とフィルトップ段丘が交互に現れる．

この種の段丘は一様な内部構造をもたず，ある水平断面でみたとき，非固結堆積物と固結した基盤岩石が交錯して存在するから，いわば砂礫岩石交錯段丘とよんでもよかろう．よって，トンネルやダムの建設では，谷側積載段丘の存否に特段の

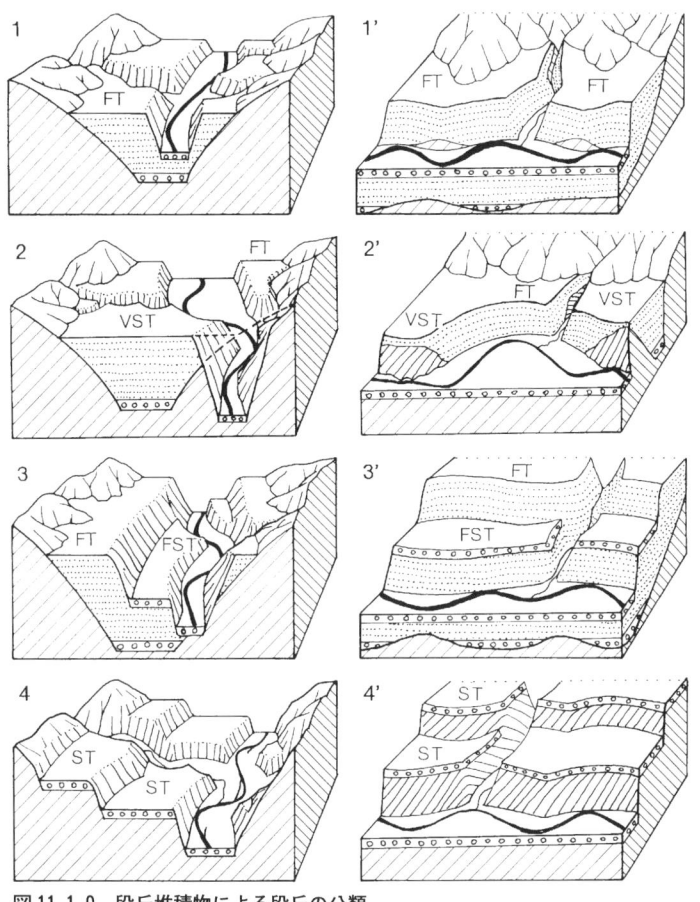

図11.1.9 段丘堆積物による段丘の分類
1：フィルトップ段丘（砂礫段丘），FT.
2：谷側積載段丘（フィルトップ段丘の亜種），VST.
　谷側積載段丘の部分（峡谷）と砂礫段丘の部分との谷底低地幅の差異に注意．
3：フィルストラス段丘（砂礫段丘），FST.
4：ストラス段丘（岩石段丘），ST.
1'～4'は段丘崖を正面からみた模式図：段丘堆積物と基盤岩石の存在状態に注意．

表11.1.4 段丘堆積物の意義，段丘面の形成過程および段丘構成物質による段丘分類の関係

段丘堆積物の意義による分類	低地の形成過程による分類	段丘構成物質による分類
フィルトップ段丘	堆積段丘	砂礫段丘
		谷側積載段丘
フィルストラス段丘	侵蝕段丘	砂礫段丘
ストラス段丘	侵蝕段丘	岩石段丘
サンゴ礁段丘	付着段丘	岩石段丘

注意を要する（☞図11.1.18，図23.0.24）．

谷側積載段丘は谷口より上流の河成堆積段丘にしばしばみられる．とくに，支流の堆積物（扇状地堆積物など）によって本流が片側に偏流した場合（☞図6.1.50および図6.2.56のC）に発達する例（☞図11.2.10）が多い．

段丘を刻む河谷の幅は，谷側積載段丘の部分で狭く，砂礫段丘の部分（フィルトップ段丘の中央部）で広くなっている（☞図11.2.19）．この現象は表成谷（☞p.733）である．つまり，谷側積載段丘を刻む峡谷は，剝離型表成谷の好例であり，フィルトップ段丘に随伴して1本の河谷の数ヶ所に形成される．

3）岩石段丘

段丘堆積物が薄く（一般に約3m以下），しかも礫層を主体とし，段丘内部および段丘崖の大部分が固結した基盤岩石で構成されているものを岩石段丘（bedrock terrace, rock-cut terrace）とよぶ（図11.1.9の4および4'）．これは河成侵蝕低地および海成侵蝕低地の段丘化した侵蝕段丘（＝ストラス段丘）である．岩石段丘でも横断幅が広い場合には，段丘礫層の上位に，越流堆積物（☞図6.3.4）の砂やシルトの薄層（厚さ約1m以下の沖積薄層☞p.389）が重なり，水田や畑の耕土の母材になっている場合が多い．

4）サンゴ礁段丘

これはサンゴ礁の離水した段丘である．離水サンゴ礁（emergent coral reef：☞p.474）とサンゴ礁段丘（coral reef terrace）はほぼ同義に使用されるが，前者は離水した直後の低いものをさす．その段丘面と段丘崖はサンゴ礁石灰岩で構成されている．その上に非固結堆積物（石灰岩質の砂礫や貝殻）が薄く重なっていることもあるが，それは整形物質ではなく被覆物質として扱うべきであろう．

以上に述べた段丘堆積物に関連する種々の分類の相互関係を整理すると，表11.1.4のようである．これらの他に，特殊な段丘としてローム段丘がある（☞p.578）．また，諸外国には，上記のものとは異なった段丘構成物質をもつ段丘もある．中国黄土高原はその好例で，風成の黄土（レス）で構成され，フィルトップ段丘およびフィルストラス段丘に相当する広大な段丘がみられる．

(4) 段丘化の根源的原因による分類

低地が段丘に成り変わるためには，低地の離水と河川や海の'侵蝕復活'（revival of erosion）が不可欠である．侵蝕復活とは，河川過程では堆積または側方侵蝕から下方侵蝕に転じることであり，海岸過程では過去の海面に対応した堆積または海岸・浅海底侵蝕から，海面の相対的低下（海退）で生じた新しい汀線および水深に対応して新たな海岸・海底侵蝕が再開することである．

河川および海の下方侵蝕は無限に続くわけではなく，下限がある．その下限の最低高度または深度を侵蝕基準面（☞p.665）とよぶ．河川では海面，海では波浪作用限界深度（☞p.410）がそれぞれ侵蝕基準面である．よって，侵蝕基準面の相対的低下があれば，一般に侵蝕復活が起こる．

侵蝕基準面の相対的低下（海退）は地殻変動による隆起運動や氷河性海面変動による海面低下などによって広域的に起こる．しかし，それに伴う低地の段丘化が流域全体に及ぶとは限らない．たとえば，内陸の盆地や湖沼沿岸では，局地的侵蝕基準面をなす盆地尻川や湖尻川（☞p.280）の侵蝕復活がない限り，海退の影響はなく，低地は段丘化しない．

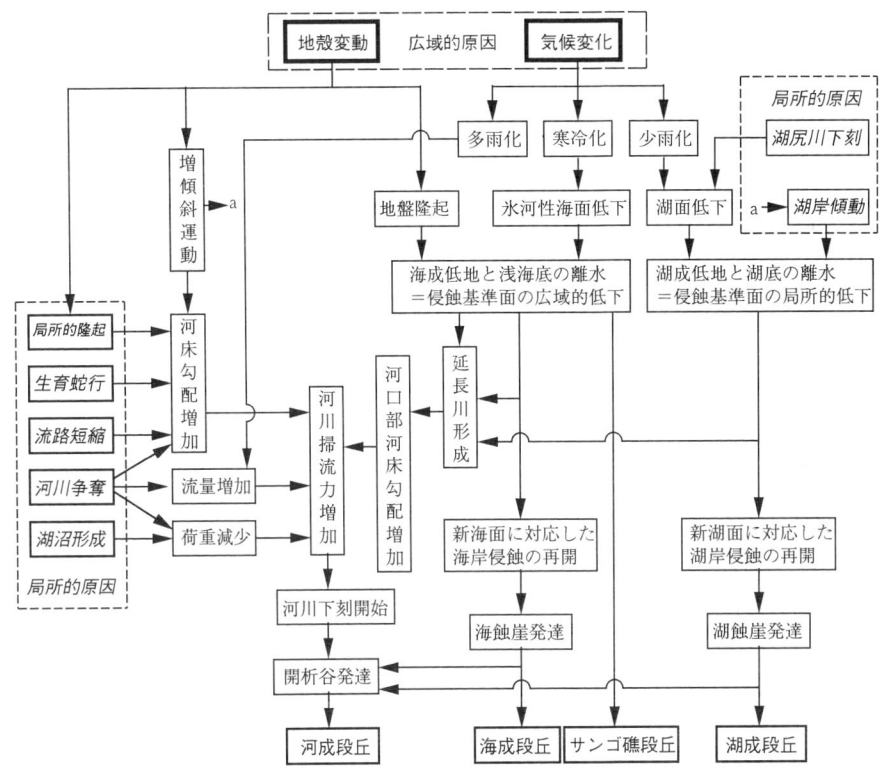

図 11.1.10 段丘形成の根源的原因とそれに由来する諸現象の変化の概念的関係
一つの根源的原因の発生に起因して順に起こる地形営力，地形場および地形過程の変化を矢印で示してある．ここでは地殻変動と気候変化を広域的原因の根源とし，またそれらと直接的な関係のないものを局所的原因として斜体文字で示す．

逆に，侵蝕基準面の低下が無くても，侵蝕復活が起こり，段丘が局所的に形成されることがある．たとえば，河川では何らかの原因による河床勾配または流量の増加あるいは荷重の減少に伴って，掃流力（☞式 6.1.5）または流体力（☞式 6.1.6）が増加すると，下方侵蝕が始まる．

かくして，侵蝕復活は，その根源となる原因（つまり低次営力）から連鎖的に発生する高次営力のいくつか（☞図 2.3.1）とそれらに起因する地形場の変化の重合によってもたらされる．その重合を概念的に要約すると，図 11.1.10 のようである．

このような諸現象の重合における種々の組み合わせによって，段丘の形成過程はいくつかの系に分けられる．以下には，それらの系を広域的と局所的とに大別して，形成過程による段丘の分類とその意味を概観する．

(a) 広域的原因による段丘

1) 変動段丘

地殻変動による広域的あるいは局所的な地盤の隆起あるいは増傾斜に起因する侵蝕復活による段丘を変動段丘（tectonic terrace）と総称することにする．変動段丘の用語を河成段丘に限定する考えもあるが，その必要はない．なぜなら，地盤の隆起による海退で侵蝕基準面が低下するので，前述（☞p.558 と図 11.1.2）の過程で，海成段丘も河成段丘も形成されるからである．大地震の際に隆起した離水波蝕棚は変動段丘の好例である．隆起を伴う大地震が間欠的に繰り返し起こると，

大地震と大地震の間に海成低地が形成されるので，大地震の回数に対応した数段の海成段丘群が形成され，古い段丘面ほど高くなる（例：☞図5.1.6）.

地殻変動による隆起量およびその累積量は一般に地域的に異なるので，同一時代に形成された低地の段丘面であっても，変動段丘の高度（旧汀線高度）は広域的に一様ではない．たとえば，日本で約12万年前の間氷期に形成された海成低地の段丘化した海成段丘面をみると，かつては同じ高さであった旧汀線高度が地域によって数mから200m以上もの広範囲に異なっている（図11.1.11）.

流域の下流部より上流部で隆起量の大きな増傾斜運動が起こると，河床勾配が増加するので，侵蝕復活が起こる．増傾斜運動が断続的に起こると，河床からの段丘面の比高は上流ほど大きいので，収斂交叉型の段丘群が形成される．

流域の一部が隆起すると，その地区の低地だけが局所的に段丘化する（☞図11.1.15の1）．逆に，上流側の沈降つまり減傾斜運動が起こると，堆積過程が進行し，段丘は形成されない．

2）氷河性海面変動段丘

氷河性海面変動（☞p. 58 および pp. 535-537）によって侵蝕基準面が相対的に低下したために生じた段丘を氷河性海面変動段丘（glacial eustatic terrace）とよぶことにする．氷河性海面変動による海面低下および海面上昇はそれぞれ土地の隆起および沈降と同じ効果を陸上に与える．間氷期（海進期・海面上昇期）には，海水が陸上の谷に侵入して入江をつくり，そこに河成堆積低地や海成堆積低地が形成される．また，その海水準に対応した水深の位置に海成侵蝕低地（波蝕面）および浅海底堆積面が形成される．氷期（海退期・海面低下期）には侵蝕基準面が低下するから，そ

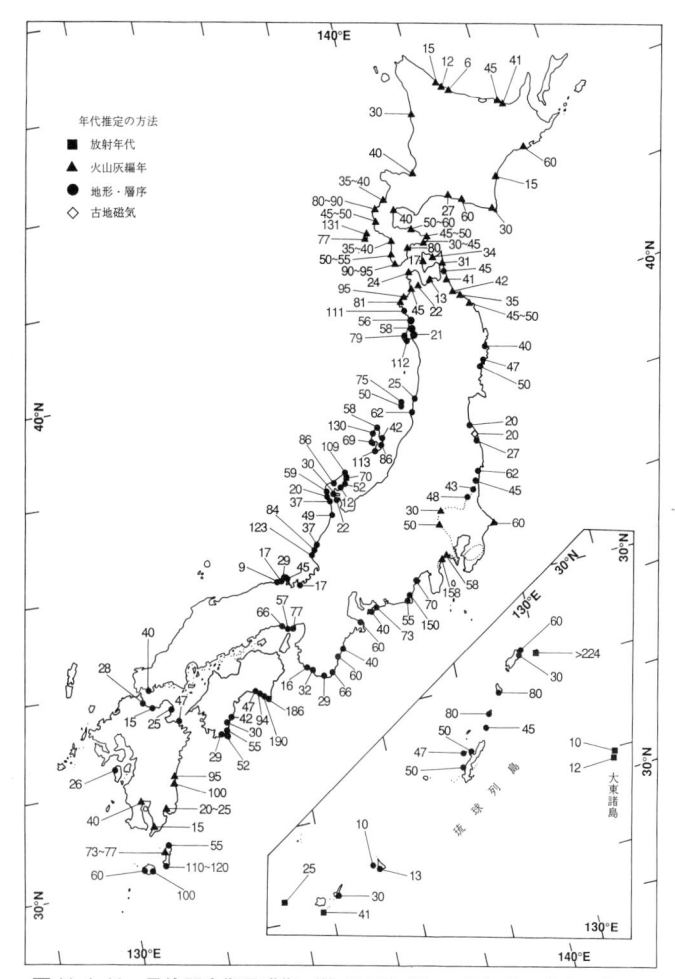

図11.1.11　最終間氷期最盛期（約12万年前）の旧汀線の高度分布
（単位：m）　(Ota and Omura, 1991)

れらの低地や浅海底が離水し，それらが河川や海の侵蝕復活で段丘になる（☞図10.0.6）．このような，氷河性海面変動のサイクルだけで形成された臨海堆積低地起源のフィルトップ段丘はサラッソスタティック段丘（thalassostatic terrace）とよばれる（Zeuner, 1959）．

氷河性海面変動は世界中の海で一様に起こるから，同一の間氷期に生じた海成段丘であれば，世界中どこでも同じ旧汀線高度をもつはずである．また，氷期と間氷期が繰り返して起こり，しかもその間の海面の低下量と上昇量がいつでも同じであるならば（☞図10.0.2, 図11.1.14），氷期に形成された開析谷が次の間氷期の低地堆積物で埋

積され，その低地の高さは前の間氷期の段丘面と一致するはずである．もしそうならば，新旧の段丘面はほぼ同じ高さになるから，一つの地域に古いものほど高位置を占める新旧数段の海成段丘面群が存在するはずがない（☞図11.1.13のB）．

言い換えると，海成段丘の形成を氷河性海面変動だけで説明しようとすると，間氷期と氷期の間で変動する海水の総量は時間の経過とともに減少しなければならないが，その証拠はない．また，同時期の段丘面でも高度が異なることを説明できない（図11.1.11）．かくして，数段の海成段丘面が形成されるためには，氷河性海面変動だけでなく，地盤の隆起が不可欠である．

氷河性海面変動によって変化する海面高度は，現在の海面を基準にすると，間氷期でプラス数m，氷期でマイナス約100m程度である（☞図10.0.3と図10.0.4）．したがって，海抜高度数十m以上の盆地底（例：長野盆地）や湖沼（例：琵琶湖）では，氷河性海面変動に伴う段丘は形成されていないと考えられる．

3）気候段丘

大規模な気候変化に伴って形成された河成堆積段丘を気候段丘（climatic terrace）とよぶ．第四紀には大規模な気候変化つまり気温や雨量の変化に起因して，高緯度および高山地域では，氷河の消長をはじめ，山地斜面での植生被覆，岩屑生産量，河川への岩屑供給量，河川の流量・河況などが表11.1.5のように変化したと考えられている．氷期と間氷期の自然環境がこの表のように変化すると，気候段丘が次のように形成される．

氷期には，山地とくに高山では植生が少なく，それに凍結融解が加わって，岩盤の風化が進み，斜面で岩屑が多量に生産される．その岩屑はソリフラクション（☞p.937），霜柱クリープ，あるいは土石流などによって山地河川の谷底に供給される．氷期には雨量が少なかったので，河川は多量の粗粒物質を運搬するための流体力を保持するのに急勾配でなければならず（☞式6.1.6），そ

表11.1.5 日本における氷期と間氷期の自然環境の相対的差異（貝塚，1998，などによる．仮説を含む）

		氷期（寒冷期）	間氷期（温暖期）
気候	気温	低温	温暖
	雨量	少雨	多雨
	降水強度	弱い	強い
	台風頻度	少ない	多い
	湿度	乾燥	湿潤
植生被覆		低温少雨のために少ない	温暖湿潤のために多い
斜面での風化・集団移動・土砂生産		植生が少なく，凍結融解過程のために多い	植生被覆のために少ない
氷河過程		高山で発生	発生しない
周氷河過程		広範囲で発生	高山地域のみ発生
河川過程	上流部*	供給土砂量が多いので，堆積	供給土砂量が少ないので，下刻
	下流部*	河床が急勾配になるから，下刻	河床が緩勾配になるから，堆積
海水準		低下	上昇

＊：上流部と下流部の境界は定義されていない．

れでも土砂輸送が困難であるから，上流部の谷底に急勾配の河成堆積低地を形成する．

間氷期になると，気温が上昇し，雨量も増加するので，山地斜面で植生が回復し，そのため岩屑生産量および河川への岩屑供給量が減少する．一方，河川流量の増加のために，河川は掃流力を増し，氷期の谷底堆積低地を下刻して，フィルトップ段丘を形成する．その河川の河床勾配はフィルトップ段丘面の縦断勾配より小さいから，両者の比高は上流ほど大きくなる．

気候変化は氷河性海面変動も起こす．そこで，気候段丘と氷河性海面変動段丘の形成過程を組み合わせて，一つのモデル（図11.1.12）が提唱された（Dury, 1959）．それによると，上流域に高山地域をもつ大河川の流域では，間氷期から氷期を経て後氷期（現在）までの間に，河谷，河成堆積低地および河成堆積段丘が次のように形成されたという．

間氷期には，海面が相対的に高かったので，河床縦断面および河成低地は緩勾配であった（図

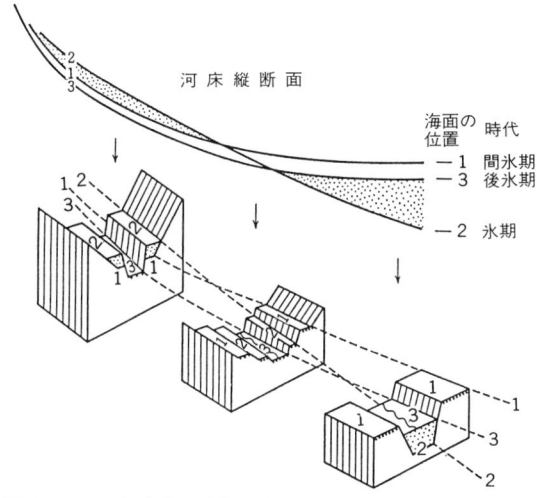

図 11.1.12 間氷期・氷期・後氷期における河川の堆積・侵蝕による河成段丘形成のモデル (Dury, 1959, を基に貝塚, 1977, の説明)

11.1.12の1, 例：☞図10.0.6のa). 氷期になると, 海面低下に伴って侵蝕復活が起こり, 河床縦断面は急勾配になり, 下流部の低地は段丘化した (図11.1.12の2, 例：☞図10.0.6のb). 一方, 土砂生産の多い高山地域では, 前述の気候段丘の形成過程によって, 斜面から河谷に多量の砂礫が供給され, 上流部に急勾配の河成堆積低地を形成した. したがって, 間氷期と氷期の河床縦断面は, 上流部では収斂交叉型を示し, 下流部では発散交叉型を示して斜交する.

後氷期になると, 海面上昇に伴って下流部では段丘を刻んでいた河谷が沈水し, 河成堆積低地が形成され, 河床縦断面は緩勾配となった (図11.1.12の3, 例：☞図10.0.6のc). 一方, 上流部では氷期の谷底堆積低地が, 前述の理由で河川に下刻され, フィルトップ段丘 (谷側積載段丘を含む) になった. よって, 氷期と後氷期の河床縦断面も斜交する.

中緯度の大陸東岸に位置している日本では, 氷期においても氷河に被覆されたのは本州中部以北の高山地帯のみであった. その周囲では周氷河過程が進行し, 各種の小規模な周氷河地形が形成された (☞第17章). したがって, 上記のモデルに適合しそうな事例が, 中部地方以北の, 上流部に高度約2000m以上の山地をもつ流域にみられる. よって, このモデルはもっともらしいが, いくつかの問題が残されている.

そもそも表11.1.5の自然環境などの差異については, 現段階では日本でも世界でも定量的資料に乏しく, 多くの推測・推論を含む. また, このモデルでは, 再び間氷期になると, 氷河性海面変動段丘と同様に, 氷期のフィルトップ段丘を形成した開析谷は埋没するはずである. よって, このモデルだけでは, 一つの地域における数段の段丘の存在を説明できない. このモデルはまだ「風吹けば」式のお話に近いのである.

なお, 海面変動は氷河性ばかりでなく, 多様な原因で起こる (☞図10.0.5). また, 多雨期から少雨期へという大規模な乾燥気候化によって, 乾燥地域の湖沼では (日本にはないが), 湖面が低下し, 湖成段丘が生じる.

4) 重合段丘

一つの地域に発達する複数段の段丘群は, 上位の段丘面ほど古いことは確実である. この事実に関する古典的説明は, その根源的原因を地盤の間欠的隆起に求めてきた. しかし, たとえば数段の幅広い海成フィルトップ段丘群を説明するためには,「沈降→堆積低地形成→隆起→フィルトップ段丘形成」というサイクルが段丘の数だけ繰り返し, かつ後続のサイクルの沈降量は前のサイクルの隆起量より小さくなければならない. つまり, 長期的には隆起傾向にあるが, その間に数回の小規模な沈降期があった, というわけである.

この説明は, 氷河性海面変動だけによる説明と同様の, ご都合主義である. なぜならば, 氷河性海面変動は隆起・沈降と同じ効果を海岸付近の地形発達に与えるからである. よって, 広域的に発達する数段の段丘群は, 実際には地殻変動と気候変化という根源的原因の合成によって, 次のように形成されたと考えられるようになった.

臨海地域における地形発達に与える氷河性海面

変動と地殻変動の効果を合成すると，次の3類型に大別される（図11.1.13）．数十万年という長期間にわたって，隆起傾向にある地域では，古い段丘ほど高位置を占める数段の段丘が発達する（図11.1.13のA）．地殻変動がほとんど起こらない安定地域では，氷河性海面変動による新旧の段丘面が同じ高さになるから，数段の段丘群は発達しない（B）．逆に，沈降地域では，古い段丘面は新しい堆積物に被覆されて埋没段丘となるので，陸上には段丘が発達しない（C）．

このような合成効果を念頭に，次のような氷河性海面変動と定速隆起運動の合成モデルが提唱された（吉川ら，1964）．図11.1.14はそのモデルを一般化したものである．

このモデルでは三つの仮定，すなわち①氷期と間氷期の繰り返しによる氷河性海面変動は図11.1.14の右側のように，サイクル的であった（氷河性海面変動量一定の仮定），②広い海成堆積低地は間氷期（海進期）に形成された（堆積低地の形成期の仮定），③地盤の隆起は長期間にわたり，一定速度（図11.1.14では過去30万年間に1 m/1000年）でほぼ定常的に継続していた（隆起速度一定の仮定），を前提とする．

これらの仮定が成り立てば，間氷期に形成された海成堆積低地は氷期に向かって海面が低下するために段丘化し，その間にも段丘面は地盤の隆起運動によって過去の高さよりも上昇する．したがって，その段丘面は次の間氷期の海面上昇でも水没することはない．かくして，間氷期に対応する海成堆積段丘面が古いものほど高い位置に存在することになる（図11.1.14の左側）．仮定②の隆起運動は，完全に一定速度でなく，一回に数mという小規模な隆起が間欠的に起きたとしても（例：大地震ごとの隆起：☞p. 1078），それらを数万年という長期間について平均化したときほぼ定常的で（著しく間欠的でなく）ほぼ一定であればよい．

このように，複数の根源的原因の重合によって形成された段丘は，地形種の形成過程における複合性という観点（☞表3.2.3）では重合地形であるから，それを本書では**重合段丘**（complex terrace）と総称する．

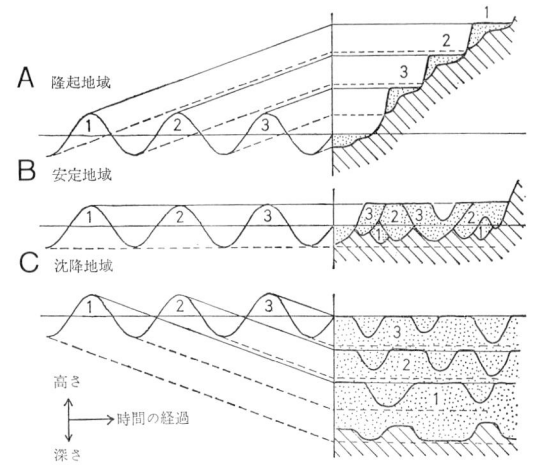

図11.1.13 氷河性海面変動と広域的変動変位の合成による臨海地域の地形発達の3区分（菊地，1974）
図左方の曲線は海面高度の時間的変化であり，1, 2, 3は3回の海面上昇期（間氷期）の海面の高さを示す．その高さから実線で結ばれた図右方には，それぞれの時期の堆積物と堆積面が数字で示されている．同様に，海面低下期（氷期）の対応が破線で示されている．

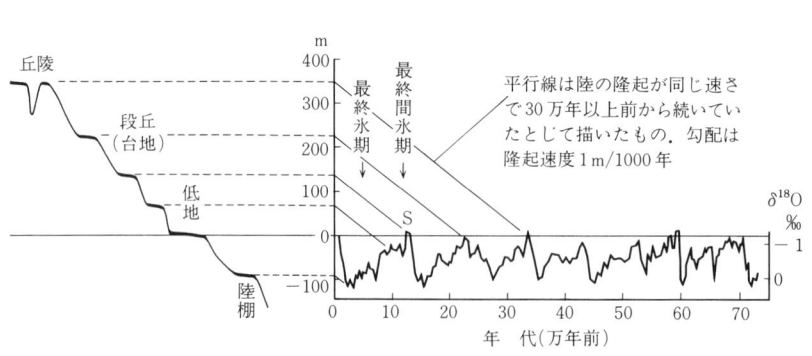

図11.1.14 氷河性海面変動と隆起運動による重合段丘の形成（貝塚，1992）
右側は深海底コアに含まれる有孔虫の殻の酸素同位体^{18}O濃度（δ^{18}O）の過去70万年間の変化を示し，左側はその変化を氷河性海面変動とみなし，それと一定速度（1 m/1000年）の隆起運動との重合によって形成された海岸段丘の高度を示す．

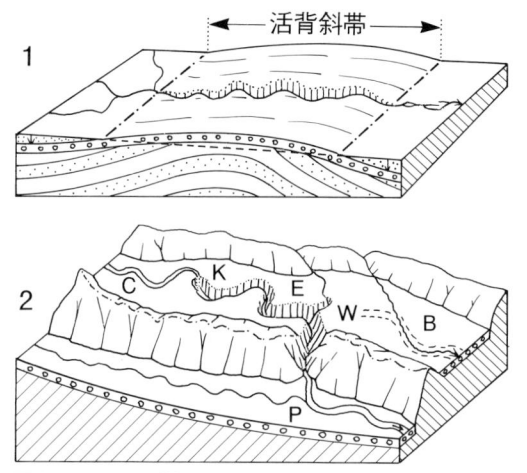

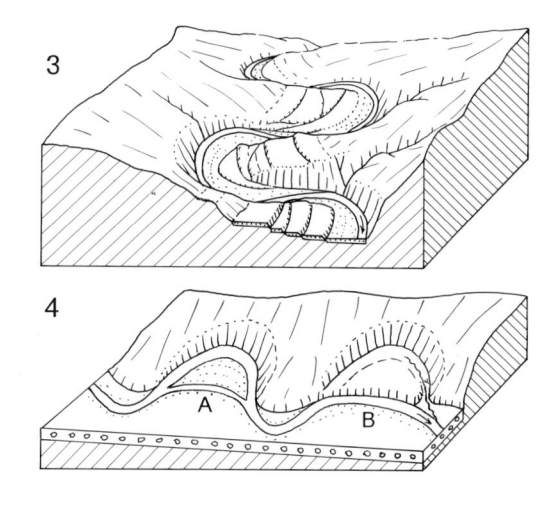

図 11.1.15 局所的原因による段丘の 4 例
1：局所的隆起，2：河川争奪（C：被奪河川，K：遷急点，E：争奪の肘，W：風隙，B：斬首河川，P：争奪河川），3：生育蛇行，4：流路短縮（A：早瀬切断の前，B：早瀬切断の後），にそれぞれ起因する段丘．

日本の海岸地方に広域的に発達する段丘群のほとんどは氷河性海面変動と隆起運動による重合段丘であると考えられている（☞図 10.0.3）．

(b) 局所的原因による段丘

局所的原因で形成された段丘は相互にあるいは広域的原因による段丘と対比できない場合が多い．この種の段丘は主に河成段丘にみられ，以下のように分類される．

1）局所的変動変位に起因する段丘

河川を横断する方向に伸びる活断層運動または活背斜運動によって，低地の一部が隆起すると，その地域だけ河川が下刻し，そこに段丘が形成される（図 11.1.15 の 1，例：☞図 11.2.31）．この種の段丘を刻む本流はしばしば穿入蛇行を示し，先行谷（☞p.733）を形成する．

2）河川争奪に起因する段丘

河川の争奪（☞p.737）が起こると，争奪された河川の谷底低地のうち，争奪地点より上流側は下刻されて段丘化する（図 11.1.15 の 2，例：☞図 13.2.10）．下流側でも争奪によって上流を失った無能川が細粒物質のみを運搬して，谷底低地を下刻し，それを低い段丘にする．一方，争奪した河川では，流量増加と荷重増加のために，一般に争奪地点からその河川の谷口までは下刻が進み，谷口から下流では堆積が進む．

3）生育蛇行に起因する段丘

生育蛇行（☞p.696）している河川では，下刻と共に蛇行流路の振幅拡大と湾曲回転（☞図 6.1.50）が起こることが多いので，滑走部に段丘面相互間の比高の小さな段丘が数段も発達することがある（図 11.1.15 の 3）．段丘崖は一般に攻撃部に向かって凸な平面形をもつ（例：☞図 11.2.27）．このような段丘を生育蛇行段丘とよぶことにする．生育蛇行段丘は一般に岩石段丘であり，段丘礫層は約 2 m 以下と薄い．隣り合う滑走部でも，蛇行移動や下刻が同時に起こるとは限らないから，滑走部ごとに段丘面の段数や横断幅が異なる．ゆえに，この種の段丘面の高度や河床からの比高に基づく対比は難しい．

4）流路短縮に起因する段丘

蛇行流路で，蛇行頸状部の切断（☞図 13.1.13）や網状流路での大規模な早瀬切断といった流路の短縮（☞図 6.1.50）が起こると，その短縮部で河床勾配が増加する．そのため，短縮部で下刻が進み，そこから上流部の一部が段丘化する．短縮された旧流路跡地も段丘化するため，蛇行滑走部も段丘化する（図 11.1.15 の 4）．低地河川の自

由蛇行流路でも，人工的捷水路を掘削すると，その上流部分で下刻，下流部分で堆積が起こる．このような段丘を流路短縮の原因によって区別し，蛇行切断段丘および早瀬切断段丘とよぶことにする．

この種の段丘は，河谷内でも形成されるが，生育蛇行段丘とは逆に，過去の蛇行流路の攻撃部側に発達し，前面段丘崖は段丘面側に凹んだ弧状の平面形をもち，段丘面の数は少ない．後面段丘崖の基部には，旧流路跡地が弧状の細長い低所として残存し，そこに名残川が存在する場合が多い（例：☞図11.2.30）．

5) 湖尻川の下刻に起因する段丘

湖尻川（☞p.280）が湖尻を下刻し，湖面が低下すると，湖成低地が段丘化して，湖成段丘となる（例：☞図11.4.11と図11.4.12）．また，流入河川も海面低下の場合と同じように侵蝕復活して河成段丘を形成する．

6) 湖沼形成に起因する下流域の段丘

天然ダムによって湖沼が形成されると，湖沼での堆積のために，湖尻川となった河川では荷重が減少するので，河川の流体力が増加し，侵蝕復活がおこり，谷底低地が段丘化する．人工ダム下流での河床低下（例：☞pp.241〜247）はこれと同じ現象である（好例：☞p.1262）．

7) 扇状地の特殊な段丘化

扇状地は縦断勾配が大きく，また扇状地の河川は網状流路をもち，その河床変動は大きい．よって，流体力の僅かな変化によって，扇頂溝が深く下刻され，古い扇状地が段丘化する．扇状地起源の段丘は，段丘面の交叉状態によって，後述（☞pp.604〜606）のように4種に類型化される．

本流と支流との相対的関係によって，支流の形成した扇状地の末端部が本流によって大規模に側刻されて急崖になると（☞図6.2.56のD），合流点での支流の河床勾配が増加するから，支流は扇状地を下刻して段丘化することがある（例：☞図11.2.7）．

8) ローム段丘

ローム層（火山灰などの風化した降下火砕堆積物）だけで構成された前面段丘崖をもつ段丘は日本でローム段丘と通称される．その成因について次のような名残川起源説（久保，1988）がある．

段丘化の初期から存在していた名残川は，その流量が小さく，かつ段丘面と同じ緩勾配であるから，掃流力および流体力（式6.1.5および6.1.6）が小さいので，細粒の降下火砕物質を侵蝕・運搬できるが，かつての本流が運搬した粗粒の段丘堆積物（砂礫）を侵蝕・運搬できない．したがって，火山灰が長期間（数千年〜数万年）にわたり少しずつ断続的に降り注ぐ地域では，火山灰は名残川両岸の段丘面には次第に厚く堆積するが，名残川ぞいのには堆積しない（☞図11.1.6の2）．そのため，名残川の谷底低地には段丘堆積物が露出し，その両岸に火山灰だけで構成された谷壁（段丘崖）をもつ河谷が形成される．この河谷はすでに堆積していた降下火砕物質を下刻して形成されたのではなく，両岸だけに降下火砕物質が堆積することによって（いわば降下火砕物質に埋め残されて）生じた谷と考えられる．この種の谷は，ローム層の厚さに相当する深さをもつが，一般に浅い（例：☞図11.2.22の浅い谷）．ただし，ローム層の強度は小さいので，ローム段丘の前面段丘崖も掃流力の小さな名残川に側刻される（☞式6.3.1）．

(5) 段丘面の新旧による分類

1) 新旧の段丘の差異

一つの地域に隣接して発達する段丘群では，一般に高い段丘面ほど古い．新旧の段丘は種々の点で異なる（表11.1.6）．これらの差異を論拠とすれば，少し離れた段丘相互の新旧も判別できる．例外は地殻変動などによる変位や支流に由来する被覆堆積物による変形を示唆する．

2) 形成時代と相対位置

段丘はその形成時代によって洪積台地とか沖積段丘などとよばれてきた．しかし，地質時代の名

表 11.1.6 新旧の河成・海成段丘の一般的差異

		新しい段丘ほど	古い段丘ほど
段丘面	現河床からの比高または高度	低い	高い（例外：埋没段丘および沈水段丘）
	残存状態および連続性	広く，広範囲に連続し，流路跡地などの旧低地の原形が保存されている	狭く，段丘開析谷で分断され，旧低地の原形が失われている
	段丘開析谷	少なく，短く，幅が狭く，浅い	多く，長く，幅が広く，深い
	旧低地時代に形成された単式低地の残存状態	流路跡地，自然堤防，後背低地，浜堤，堤間湿地，岩島などがある	不明瞭
段丘崖	縦断形と傾斜	崖頂線と崖麓線がともに明瞭で，急斜面の直線斜面に近い	頂部は凸形斜面で，崖頂線が不明瞭．中部は直線斜面．基部は凹形斜面で，崖麓線が不明瞭
	侵蝕谷・ガリーの発達状態	少なく，短い，深浅多様	多く，長く，深い
	起こりやすい集団移動の様式	崩落（落石，岩盤崩壊），地すべり	匍行，地すべり
	植生被覆	露岩が多く，自然林や竹林，耕地は稀	露岩が少なく，人工林や畑，桑畑，稀に水田
段丘堆積物	現成堆積物との比較	粒径・岩質がほぼ同じ	粒径・岩質が異なることもある
	風化程度と土壌の厚さ	新鮮〜弱風化．土壌は薄い	中風化〜強風化（腐れ礫を含む）．土壌は厚い
	段丘堆積物基底の基盤岩石の風化状態	薄い	厚い
	後背斜面または支流に由来する被覆堆積物の形成した地形種の被覆状態	少ない：小規模な崖錐，沖積錐，支流の扇状地が被覆する	多い：麓屑面，崖錐，沖積錐，地すべり堆，支流の扇状地が被覆する
	降下火砕堆積物（テフラ）の被覆	ないか，あっても薄い	厚く，古い風化火山灰（ローム層）もある．ただし，火山の風上地域や遠隔地域にはない

称について近年の学界では，洪積世および沖積世はそれぞれ更新世および完新世とよばれる（☞p. 81）．よって，これらは更新世段丘および完新世段丘とよぶべきであろう（☞p. 223）．

かつて主として地質学者の慣習であったが，日本の新旧の段丘群を三大別して，高位段丘（主要河川からの比高が約 60 m 以上，関東地方での例：多摩面），中位段丘（約 50〜30 m，例：下末吉面）および低位段丘（約 30 m 以下，例：立川面）と総称し，それぞれ更新世中期，更新世後期および更新世最末期に形成されたと考えられてきた．しかし，同一時代の段丘面でも高度や河床からの比高は地殻変動の地域的差異を反映して地域的に著しく異なっており（☞図 11.1.11），段丘面の形成時代と比高は即応していない．よって，慣習的に形成時代を暗示する高位・中位・低位段丘という用語を使用せずに，地域ごとに上位・中位・下位という相対位置の記載用語で呼称する方が誤解されない．

新旧の段丘群は，各地域の地形発達史を反映して，河川の横断・縦断方向での分布や相互間の比高が一様でないことがある．そのような事象を記述する用語として，次の用語がある．

同じ時代の段丘面が河川両岸に発達（残存）している場合を対性段丘（paired terraces, matched terraces, matching terraces）とよぶ．広域的に河川の片岸に偏在する場合を非対性段丘（unpaired terraces, unmatched terraces）とよぶ．生育蛇行段丘は非対性段丘の好例である．また，大規模な非対称谷では，流域高度の高い側から流出する支流群が扇状地を形成し，非対性段丘を形成していることがある（例：図 11.2.7 を含む伊那谷および図 11.2.10）．

段丘面群の投影縦断曲線を描いたとき，それらが収斂交叉型および発散交叉型（☞図 11.1.7）を示す段丘群は一括して斜交段丘（crossing terraces, intersected terraces）とよばれる．高山地域をもつ流域では一般に，間氷期から現在までに形成された河成段丘群が斜交段丘を示す（☞図 11.1.12）．

C. 段丘の自然災害と建設工事

段丘は，低地とは異なって，高燥であり，洪水や高潮によって冠水することもなく，地下水位も深く，一般に軟弱地盤もないから，居住地としても各種の建設工事の場としても問題は少ない．しかし，段丘の内部構造と建設工事の種類および場所との組み合わせによっては，難工事を招く場合もあるし，自然災害に対して危険な場所もある（☞表11.1.7および図11.1.18）．

その組み合わせは，段丘堆積物の薄い岩石段丘（侵蝕段丘）と厚い砂礫段丘（主に堆積段丘）とで著しく異なっている．谷側積載段丘は局所的に岩石段丘と砂礫段丘のいずれかの性質が交互に表れると考えてよい．湖成段丘は主として堆積段丘である．サンゴ礁段丘は，被覆堆積物がほとんど存在せず，また地下水も存在しないという特徴があるが，それ以外の点では海成岩石段丘と同様である．

建設技術的にとくに重要なことは，段丘の内部構造と段丘各部に対する構造物の位置の関係である．そこで，表11.1.7および図11.1.18には，前面段丘崖の比高に比べて十分に幅の広い段丘面を想定して，その段丘面のうち後面段丘崖の崖麓部，段丘面の中央部，前面段丘崖の頂部，前面段丘崖，および現成段丘崖の基部，段丘開析谷などに段丘各部を区分し，それぞれの位置（地形場）において問題となる一般的な事項を要約してある．ただし，個々の段丘では，段丘の新旧，諸元，地形場によって，諸事象の表れ方が異なるので，地形過程一般に関する基礎知識を背景に，その土地条件を総合的に考えるべきである．

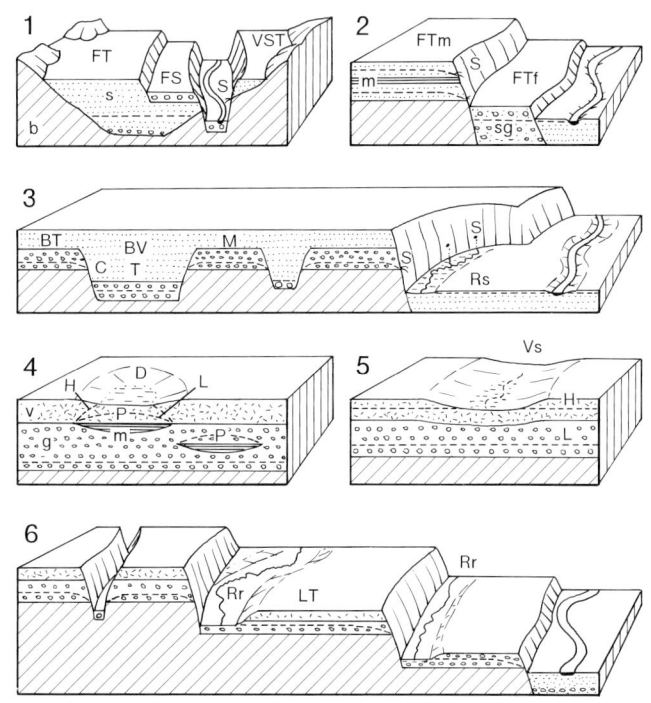

図 11.1.16　段丘と地下水の関係の概念図
破線は自由（不圧）地下水の地下水面を示す．
H・L：高水位期・低水位期の地下水面，S：湧水，C：地下水瀑布，T：地下水谷，M：地下水堆，P：宙水．
1：河成のフィルトップ段丘（FT），谷側積載段丘（VST）およびフィルストラス段丘（FS），
2：海成フィルトップ段丘（FTm）と河成砂礫段丘（FTf），
3：埋没段丘（BT）と埋没谷（BV）をもつフィルトップ段丘．Rs：湧泉川，
4：厚いローム層に被覆された段丘上の浅い凹地（D）と宙水（P），
5：厚いローム層に被覆された段丘上の浅い谷（Vs）と地下水面，
6：岩石段丘と地下水面．LT：ローム段丘，Rr：名残川．
g：礫層，sg：砂礫層，s：砂層，m：泥層，v：被覆火山灰層（ローム層），b：基盤岩石．

(1) 段丘の地盤条件と地下水

段丘の地盤条件と地下水のあり方は砂礫段丘と岩石段丘とで著しく異なる（☞表11.1.3）．段丘堆積物の厚さとその場所的変化は，図11.1.9のように，段丘堆積物の意義と段丘開析谷の位置によって著しく異なる．段丘堆積物の粒径は旧低地の形成過程を考察することによって推論される（☞表11.1.2および表11.1.3）．段丘堆積物の基底には，基盤岩石の風化帯がある．その風化帯の厚さは古い段丘の場合ほど厚い（☞図16.0.11）．

段丘の地下水は一般に少なく，深い．それは，

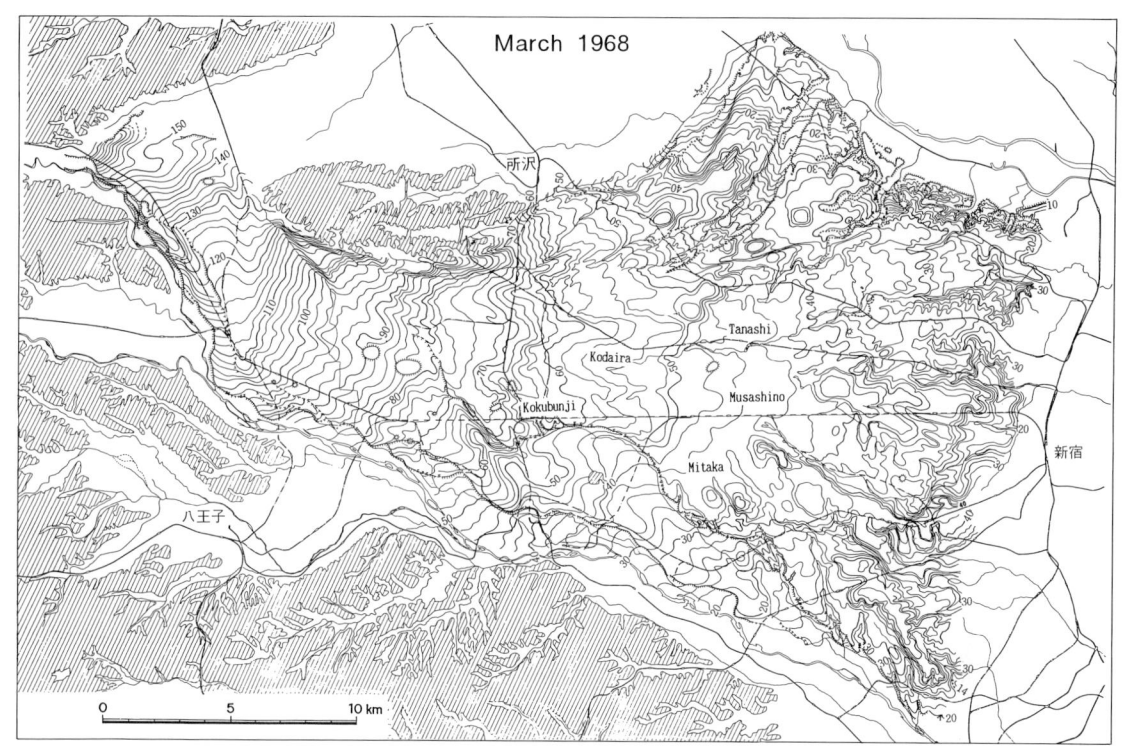

図 11.1.17　武蔵野段丘における地下水面等高線図（1968年3月）(Hosono, 1993, に地名を補記)
等高線は2m間隔．斜線部：丘陵，空白部：未調査域．

段丘では，地下水の供給域面積が小さく，周囲を段丘崖で囲まれ，また段丘堆積物の透水性が一般に高いからである．個々の段丘における地下水のあり方は段丘の内部構造および周囲の地形と密接な関係があり（図11.1.16），建設工事において重要であるから，少し詳しく述べておこう．

段丘の自由（不圧）地下水は，段丘堆積物を帯水層とし，その基底部を流れ，地下水面は基盤岩石の起伏にほぼ相似の起伏をもつことが多い（図11.1.17）．しかし，基盤起伏や難透水層の存在を反映して，地下水面が谷状に低い地下水谷（groundwater trench），逆に局所的に高まっている地下水堆（goundwater mound）や落差をもつ地下水瀑布（groundwater cascade）が存在することもある．

段丘崖では段丘堆積物と基盤岩石との境界面から地下水が湧出する（不整合泉：☞図6.1.54）．フィルトップ段丘内部の埋没谷を段丘崖や段丘開析谷が横断する所では，とくに多量の地下水が湧出し，崖端泉（☞図6.1.54）を形成し，そこから崖端侵蝕で段丘開析谷が地下水流の上流に向かって成長していることもある（例：図11.2.16のフンベの滝）．

新旧の段丘間，段丘開析谷で分断された段丘間ならびに段丘と周囲の低地の間では，地下水面は段丘崖で不連続である．ただし，フィルトップ段丘とフィルストラス段丘および低地の間では自由地下水面は連続している．

低地に比べて，段丘の地下水は流量が少なく，また一般に流速が大きいので，一度枯渇すると，復元に時間がかかる．逆に，段丘礫層に比べて透水係数の小さなローム層に厚く被覆されている段丘では，ローム層の下に埋没している流路跡地や浅い谷において，梅雨や集中豪雨による地下水位上昇に伴って，自由地下水が一時的かつ局所的に被圧地下水になる場合がある．

このような地下水のあり方のために，段丘における農業開発，とくに水田開発には人工的灌漑水路が必要であり，武蔵野段丘の玉川用水とその支用水をはじめ，近世以降，全国各地で段丘に灌漑用水路が建設されてきた．しかし，広大な段丘の中央部に，江戸時代にも小集落がオアシスのように点在することがあった．それは，宙水とよばれる局所的な地下水体の存在のためである．

宙水（perched water）は，厚さ数m以上のローム層に被覆されている段丘において，段丘堆積物の内部またはその上面に点在する局所的な地下水体である（山本，1983）．これは，自由地下水の主体（本水とよぶ）と分離し，その上方の浅い位置にあって，面積0.1～1 km²程度の，ほぼ円形の平面形をもつ地下水体であり，水量と水質が季節的に変化する．宙水は本水より10 mも浅いことがあり，複数層に分離していることもある．

宙水は，砂礫層の間に難透水性の泥層（シルト層や粘土層）がレンズ状に存在し，それに支えられて形成されている．そのようなレンズ状の泥層は，段丘堆積物の形成過程を論拠とすれば，過去の後背湿地や流路跡地の越流堆積物あるいは海成低地における各種の凹地堆積物と考えられる．なお，関東ローム層も宙水の帯水層である．

宙水のある地区では，ほぼ円形または不定形の浅い凹地（☞p. 617）が段丘面に存在する場合が多い．その凹地は豪雨時には冠水し，湿地や永続的あるいは間欠的な池沼をなすこともある（例：☞図11.2.24，図11.3.8）．ゆえに，その場所に井戸を掘って宙水を取水し，それを飲料水とする古い集落が成立したのであろう．今では，そのような凹地は都市化につれていち早く手放される（例：☞図11.2.25と図11.2.21中西部の新町三丁目の高校用地）．農家の方々こそ一番"地形をよく見ている"（☞本書「まえがき」第1行）．

(2) 段丘における自然災害

段丘面は離水した地形であるから，それを形成した河川による洪水災害および高潮災害を受けることはない（表11.1.7）．しかし，段丘開析谷を形成していない支流による洪水や土石流に起因する災害が起こる．段丘面上の流路跡地や浅い凹地では集中豪雨で冠水することもある．また，低い海岸段丘では津波災害を受けることがある．

段丘面背後の山腹斜面あるいは後面段丘崖からの崩落や地すべりによる災害を受けることは決して稀ではない（例：図15.5.4）．前面段丘崖の基部が河川側刻や海岸侵蝕を受けている現成段丘崖では，ノッチの形成によって偏圧地形が形成され，段丘崖の崩落や地すべりが発生し，段丘面が消失する（図11.1.18）．砂礫段丘において埋没谷が段丘崖に露出する場合（☞図11.1.9の2）には，基盤岩石の表面をすべり面とする地すべりまたは崩落が起こりやすい．砂礫層に泥質層が夾在する場合も同様である．しかし，前面段丘崖の崩落や地すべりによる段丘面の消失範囲を予測する経験式はまだ確立されていない．

(3) 段丘における建設工事の諸問題

段丘は，低地に比べると，建設工事上の問題は極めて少ない．新旧の段丘では，古い段丘ほど一般に安定している（表11.1.7）．しかし，段丘堆積物の基底部や段丘崖に近接した地区では，上述のような自然災害のほかに，建設工事を制約する諸問題も多い（図11.1.18）．

(a) 切取と開削

一つの地域には一般に数段の段丘が発達している．そのため，上下の段丘間あるいは上位の段丘を通過するための道路や鉄道の新設・拡幅などに関連して，段丘崖を切り取ったり，段丘中央部を開削したりする土工事は少なくない．岩石段丘では，後面段丘崖からの段丘堆積物の落石のほか，切取法面が急傾斜した地層の流れ盤斜面に相当する場合には崩落や層面すべりに留意する．砂礫段丘では，段丘堆積物の落石，さらには地すべりを

11.1 段丘の一般的性質

表 11.1.7 段丘各部に特有の自然災害[*1]の種類と発生頻度の予測例（日本の場合）

主な地形種			河川災害[*2]				海岸災害[*3]						集団移動災害[*4]				その他	
			鉄砲水	外水氾濫	内水・湛水	河岸侵蝕	高波	高潮	津波	飛砂	漂砂	海岸侵蝕	匍行	崩落	地すべり	土石流	地盤沈下	地盤液状化
砂礫段丘[*5]	段丘面[*6]	山麓部	1	0	0	0	0	0	1	0	0	0	5	1	1	1	0	0
		後面段丘崖の麓部	0	0	0	0	0	0	1	0	0	0	5	1	1	0	0	0
		段丘面中央部	0	0	0	0	0	0	1	0	0	0	0	0	0	0	1	1
		前面段丘崖の頂部	0	0	0	0	0	0	0	1	1	0	1	3	2	0	0	0
		微低地・凹地	0	4	4	0	0	0	1	0	0	0	0	0	0	0	1	1
	段丘崖[*7]	古期の段丘崖	0	0	0	0	0	0	0	0	0	0	5	0	0	0	0	0
		中期の段丘崖	0	0	0	0	0	0	0	0	0	0	5	0	0	0	0	0
		現成の段丘崖	1	5	0	3	5	5	2	1	5	5	5	5	3	0	0	0
		段丘開析谷の谷壁	1	5	0	3	0	0	0	0	0	0	5	5	3	1	0	0
岩石段丘	段丘面[*6]	山麓部	1	0	0	0	0	0	1	0	0	0	5	1	1	1	0	0
		後面段丘崖の麓部	0	0	0	0	0	0	1	0	0	0	5	1	1	1	0	0
		段丘面中央部	0	0	0	0	0	0	1	0	0	0	0	0	0	0	0	0
		前面段丘崖の頂部	0	0	0	0	0	0	0	1	1	0	1	3	2	0	0	0
		微低地・凹地	0	4	4	0	0	0	1	0	0	0	0	0	0	0	0	0
	段丘崖[*7]	古期の段丘崖	1	4	0	1	1	1	1	0	1	1	5	0	0	0	1	1
		中期の段丘崖	0	4	4	0	0	0	0	0	0	0	0	0	0	0	5	3
		現成の段丘崖	1	5	0	3	5	5	2	1	5	5	5	5	3	0	0	0
		段丘開析谷の谷壁	1	5	0	3	0	0	0	0	0	0	5	5	3	1	0	0
サンゴ礁段丘[*7]			0	0	0	0	0	0	1	0	0	1	0	0	0	0	0	0

[*1]：直接的な気象・地震・火山災害を除く．
[*2]：河成段丘面を形成した本流による河川災害を示す．本流による河川災害が起こらなくても，背後の山地斜面から流出する小支流による河川災害が起こることがある．
[*3]：海成・河成を問わず，臨海の段丘全般を対象とする海岸災害を示す．
[*4]：背後の山地斜面と後面段丘崖で発生する災害も対象とする．ただし，山麓部は離麓距離が背後斜面の比高以下の範囲である．
[*5]：砂礫段丘の段丘堆積物は礫，砂，泥の単層または互層の場合がある．
[*6]：段丘崖の比高に比べて数十倍の横断幅をもつ段丘面を対象とする．
[*7]：現成段丘崖の基部が河川または海に接している場合について，発生頻度が予想されている．
　表中の数字は，防災工が皆無の場合に，個々の地形種の形成に関与した地形過程によって発生しえる自然災害の種別とその発生頻度を次の6段階に大別して示す．5：毎年発生，4：十年に1回程度発生，3：数十年に1回程度発生，2：数百年に1回程度発生，1：地形場によって発生することがある，0：発生しない．海岸災害は，それぞれの地形種が海に接している場合を示す．

誘発することがある．したがって，段丘崖の自然勾配より急な法面で放置するのは危険で，適切な法面安定工事が不可欠である．段丘礫層の基底にまで及ぶ大規模な開削は，地下水位の低下を招き，酸欠の危険性を生じることがある．

(b) 盛土と基礎

盛土や重量構造物の基礎地盤として，岩石段丘面は一般にまったく問題はない．ただし，前面段丘崖が軟岩の流れ盤斜面になっている地区において，前面段丘崖の崖頂部に大規模な盛土や重量構造物（例：橋脚）の基礎を建設すると，段丘崖が崩壊することがある．砂礫段丘では，さらにその危険性が増すので，精査を要する．

河成段丘面には，旧流路跡地の名残川ぞいに低湿地があり，また上位の段丘を刻む段丘開析谷を埋める過去の谷底堆積低地，とくに支谷閉塞低地には泥炭を含む軟弱地盤がしばしば存在するので，

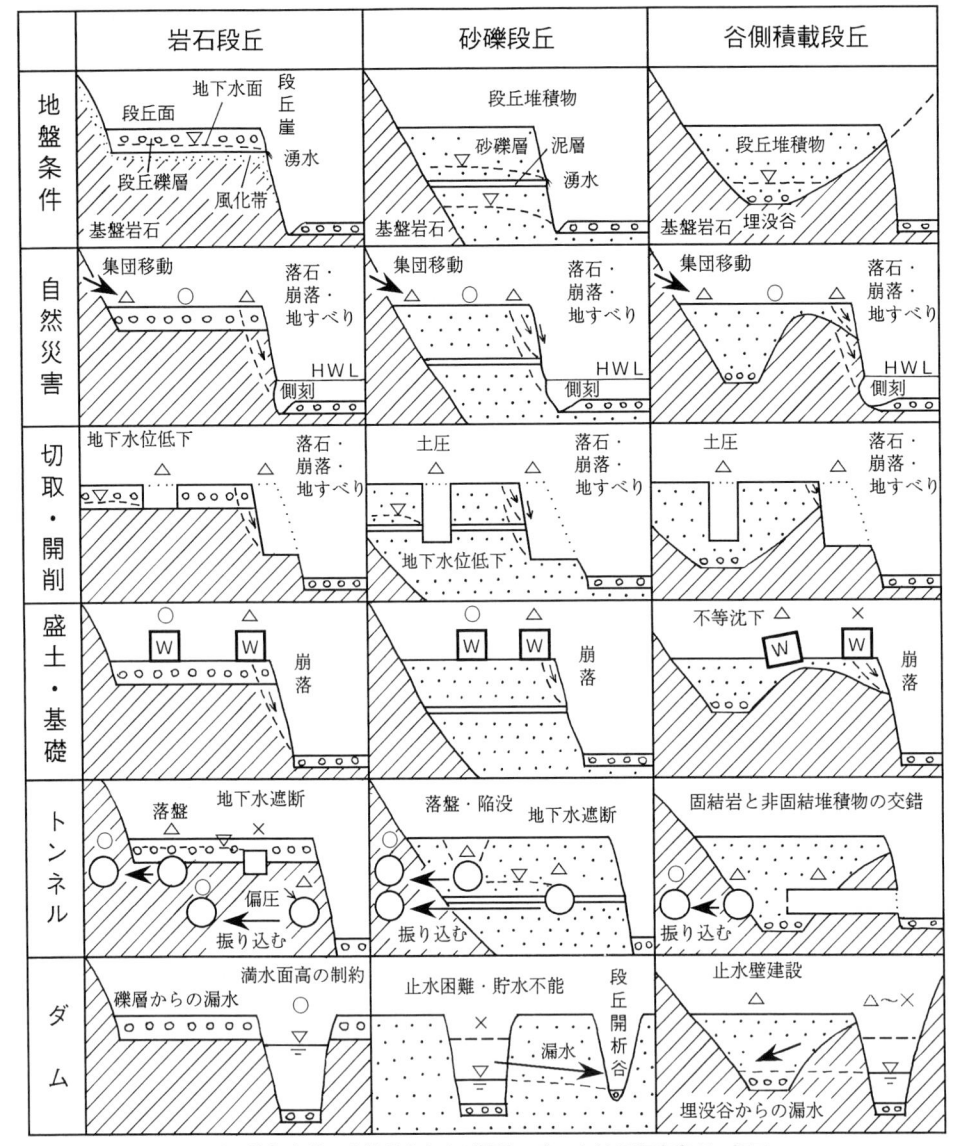

図 11.1.18 3種の段丘の地盤条件，自然災害および建設工事における留意事項の概要
図中の記号は，個々の建設工事の相対的難易度であり，○：とくに問題はない，△：要注意，×：極めて困難，をそれぞれ示す．段丘各部に対する構造物の位置に注意．W：人工的荷重．

盛土計画には精査を要する．ローム段丘では，風化火山灰の支持力が小さいので，重量構造物の基礎はローム層の下位の段丘礫層に求める．段丘堆積物が非固結の砂層や泥層の場合にはその下位の礫層や基盤岩石に基礎を求める必要がある．

特殊な事例であるが，関東ローム層で被覆された広大な武蔵野段丘では，近世の新田開発に際して，厚さ約10 mの関東ローム層の下位の段丘礫層まで縦坑をほり，その巨礫を採掘して建設材料として販売したため，地下に多数の空洞が形成された事例がある．それを知らずに建設した重量建造物の基礎が陥没したことがある．よって，古い街道ぞいでは，この種の人工的空洞の存否を確かめる必要がある．

(c) トンネル

　数段の段丘が発達する地区では，道路や鉄道を建設するために，上位の段丘の内部にトンネルを掘ることが少なくない．砂礫段丘では，段丘堆積物が非固結であるから，トンネル掘削に伴って落盤が起こり，大きな余掘りを生じ，天然アーチが形成されないので，トンネル掘削は極めて困難である．ゆえに，砂礫段丘では，シールド掘削工法または開削によってトンネルを建設するのが適切である．谷側積載段丘では，基盤岩石と非固結砂礫層が交互に切羽に露出するので（図 11.1.18），掘削工法の選定に留意する．なお，薬液注入は地下水汚染を招くことがある．

　岩石段丘でも，もしトンネル天端が段丘堆積物の基底部に位置するならば，砂礫段丘と同様に余掘り，落盤，地下水湧出を招く．地山の被りが薄い場合には，両切りで切通しをつくるか，開削工法でトンネルを建設する．最適の方法は，段丘背後の基盤岩石からなる地山へトンネルを'振り込む'のが良い．トンネルが前面段丘崖に近接し過ぎると，偏圧をうけることがある．とくに河川攻撃部の現成の前面段丘崖では，河川側刻に伴う段丘崖の崩壊に起因する偏圧地形の形成に伴ってトンネル変状を招くこともある．このような危険性は砂礫段丘ではさらに著しいので，なるべく基盤岩石からなる地山に'振り込む'のが適切である．

　段丘面の最大傾斜方向と直交する方向にトンネルを掘削する場合には，地下水に対して特段の注意が必要である．段丘堆積物を横断する深度にトンネルを建設すると，そのトンネルが地下水に対して地下ダムの役割を果たすので，地下水位の上昇とそれに伴う湧水や水圧上昇に起因する種々の災害を生じる．たとえば，関東ローム層に被覆された武蔵野段丘を横断する JR 武蔵野線のトンネルは，段丘礫層を流れる地下水を堰き止める方向に建設されたので，前述の理由により，新小平駅での地下水圧上昇による路盤の変形や西国分寺駅付近で段丘開析谷の谷底における地下水の湧水事故を起こした（☞ p.615）．

　読図では推論不能であるが，臨海地域の堆積低地の地下には，氷期の海面低下期に形成された段丘が埋没段丘として存在することがある（例：東京湾の沿岸）．埋没段丘は比較的に良好な地盤であるが，堆積低地は軟弱地盤である場合が多い．よって，両者の境界部を横断する地下構造物（例：低地や海底のトンネル）では支持力の不均等により，不等沈下の起こる可能性がある．

(d) ダムと池敷

　河成段丘を刻む本流の谷には，各地でダムが建設されている．上位と下位の段丘にまたがるダムが建設される場合も少なくない（例：☞図 6.3.16a の大倉ダム）．段丘堆積物は非固結堆積物であるから，透水性が大きい．よって，岩石段丘の場合でも，ダムの満水面高は段丘堆積物の基底高度（基盤岩石の上限高度）に制約される．段丘面よりも高い満水面を得るには，段丘堆積物の部分に止水工と側堤が必要となる．とくに，一見，岩石段丘に見えても，谷側積載段丘の場合があるので（例：☞図 23.0.4），埋没谷の位置と規模を確認するために，段丘の内部構造の広域的な精査が不可欠である．

　砂礫段丘を開析する河谷でのダム建設は，漏水の止水対策に難工事を強いられるので，不可能ないし極めて困難である．ただし，砂礫段丘の開析谷の谷底が，その段丘を分水界とし，その背後に隣接する低地または段丘開析谷の谷底より低ければ，それより低い満水面をもつダムは建設できる（例：☞図 11.2.14）．

　池敷に上位の段丘がある地域においては，その段丘堆積物についても調査が必要である．とくに，池敷の分水界に旧河谷の河川争奪や断層運動などに起因する風隙（☞ p.744）のある場合には，そこに埋没谷を埋める旧河床堆積物が存在することが多いので，その止水も問題となる（例：☞図 13.2.11 の道場南方）．

D. 読図による段丘の区分法

段丘の読図の第1歩は，段丘面，段丘崖および段丘開析谷の認定である．それらの境界は段丘面を囲む傾斜変換線であり，具体的には段丘崖の崖頂線と崖麓線（または山麓線）つまり遷急線と遷緩線である．両者は次の諸事項を読図し，それらの一つまたは複数の特徴を組み合わせることによって比較的容易に認定される．

その際の着眼点は地形断面図を描く場合（☞pp. 194～199）とまったく同じである．実際に地形断面図を描かないと，崖頂線と崖麓線の位置が特定できないこともある．以下，河成段丘の模式図（図11.1.19）と具体例（図11.1.20）を用いて着眼点を述べる．海成段丘および湖成段丘でも基本的には同様であるが，サンゴ礁段丘では少し違う（☞p. 637）．

(1) 段丘面と段丘崖の読図での着眼点

1) 等高線の配置

高度の異なる2本以上の等高線が密接して並走し（地形図上では黒っぽく見える：図11.1.19ではb-c間およびd-e間，以下同じ），その左右に等高線距離の広い地区があるとき（地形図上では白っぽく見える：a-b間とc-d間），前者は平面的には細長い急傾斜地であるから段丘崖であり，後者は平坦地であって，高い側の平坦地は段丘面であり，低い側の平坦地は下位の段丘面または現成の低地である（以下同じ）．

2本以上の等高線が密接もせず，並走もしていない場合でも，全体的に平坦な土地なのに数本の等高線がクランク形に屈曲し，いくつかの屈曲部が直線状または弧状に連なっている場合（例：f-g間とh-i間）は低い段丘崖である．

2) 崖記号

線状に伸びる崖記号が描かれ，その両側（つまり上下）に平坦地がある場合，崖記号は急傾斜の段丘崖を示す．崖記号の示す段丘崖は上記の等高線の配置で示される緩傾斜な段丘崖に移り変わることが多い．

崖記号は「がけ（岩）」と「がけ（土）」の2種の記号で区別される（☞図1.1.3）．前者は硬岩で構成されていると考えてよいが，後者は非固結堆積物の場合と軟岩で構成されている場合の両方があることに注意しよう（☞p. 391とp. 565）．また「がけ（土）」の記号は，露岩地でなくても，低くて急傾斜の段丘崖（一般に約5m以下）を示す場合（例：h-i間）にも用いられる．

3) 土地利用と地類界

段丘面は一般に耕作地（畑，水田，果樹園，桑畑など）および集落になっていることが多いが，段丘崖は林地，竹林，桑畑などである場合が多い．低くて緩傾斜の段丘崖は等高線や崖記号で示されていない場合が少なくないが，広い水田地帯に細長く伸びる畑，林や竹林帯，あるいは弧状の農業水路や農道の存在から段丘崖を推論できる（☞図11.2.4の通山付近）．水田や畑（段丘面）と林や竹林（段丘崖）との地類界（点線）は傾斜変換線（崖頂線，崖麓線または崖錐や沖積錐の末端線）にほぼ一致する場合が多い．

弧状の低い段丘崖の崖下には，それに並走する細長い水田帯または等高線の湾入で示される低地帯がしばしばみられる（例：☞図11.2.17）．それらは段丘面の低地時代における流路跡地で，そこに名残川またはそれに由来する段丘開析谷が発達する場合もある．

4) 道路と鉄道

段丘崖を横切る古い道や小さな道は，段丘崖の崖頂部と崖麓部で屈曲し，ジグザグあるいはクランク形に屈曲したり，片切片盛で段丘崖の傾斜を克服している．鉄道や主要自動車道が段丘崖を横断する地区では，上位の段丘面から段丘崖では両切りで（比高の大きい段丘崖ではトンネル），そして下位の段丘面では盛土で，それぞれ路盤が建設されている（☞図11.2.4）．

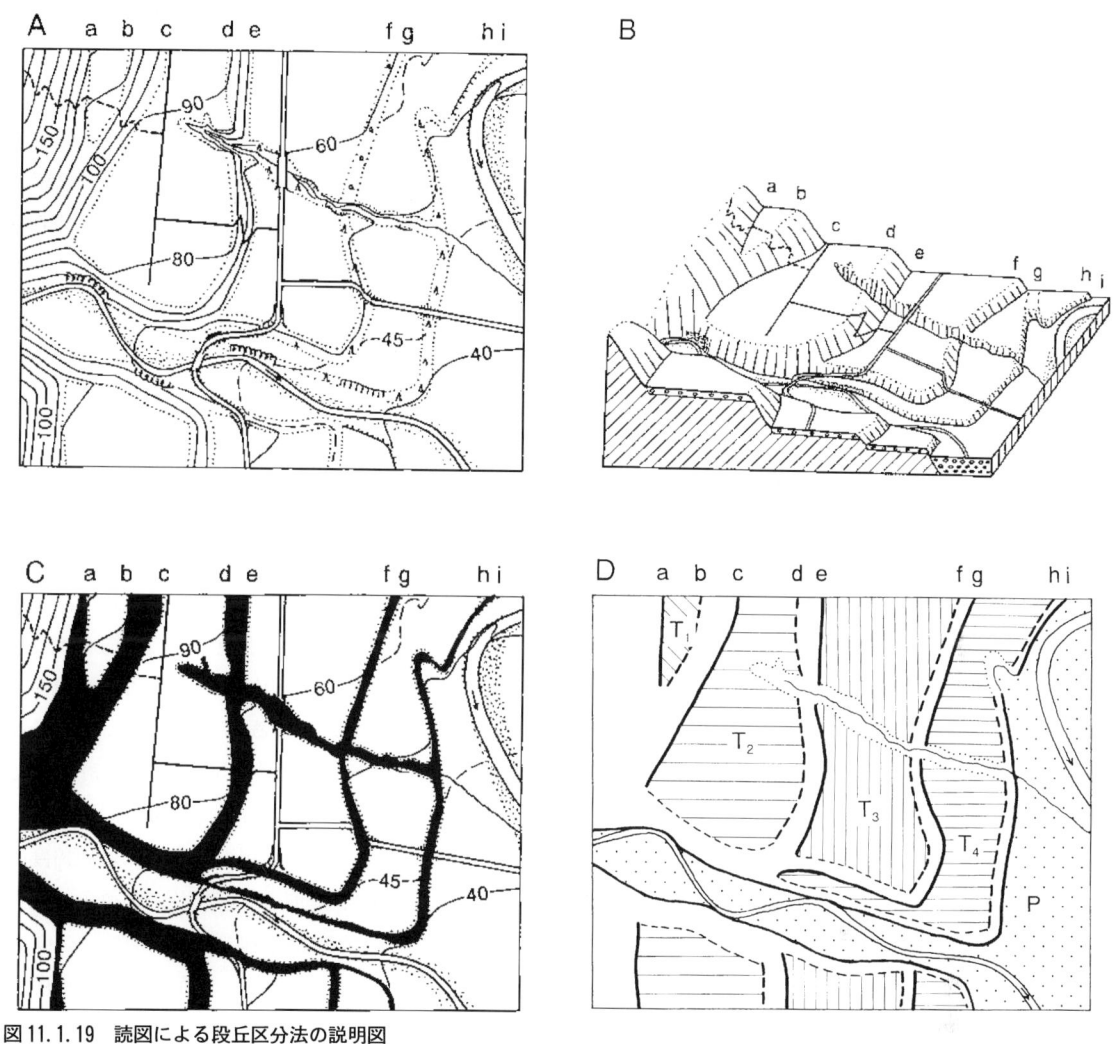

図 11.1.19 読図による段丘区分法の説明図
A: 地形図で着目すべき記号 (等高線, がけ記号, 土地利用, 地類界, 交通路, 河川記号など), B: 鳥瞰図, C: 急崖と急斜面のみの着色図, D: 段丘面区分図 (T_1: 最上位段丘面, T_2: 上位段丘面, T_3: 中位段丘面, T_4: 下位段丘面, P: 現成谷底低地. 太実線: 有意義な段丘崖麓線, 破線: 初生的な段丘崖頂線, 点線: 後生的な段丘崖頂線 (段丘開析谷の谷壁崖頂線).

　段丘面は平坦であるから, 道路および鉄道は一般に直線的である. 低位の段丘面が上位の段丘の両側に分離している地区では, 主として前者を走る路線が後者をトンネルで通過している (例: ☞図 11.2.30 および第 11 章の口絵写真と地形図).

　道路や鉄道は, 段丘開析谷の幅が狭いものであれば橋梁で横断しているが, 幅が広いと上流側に迂回している (例: ☞図 11.2.4 の清津川橋). ただし, 高速道路や新幹線は, 線形確保のため, 幅数百 m の開析谷を長大橋で横断している (例:

☞図 11.2.19). 比高数 m の低い段丘崖では, その崖頂線または崖麓線ぞいに, しばしば農道がある. その道路は弧状または直線的であり, それを横切る等高線は屈曲している.

5) 崖麓線付近の被覆地形

　山麓線や崖麓線にそって背後の山地・丘陵斜面や段丘崖からの供給物質による堆積地形がしばしば存在する (例: ☞図 11.2.17). 落石による崖錐 (☞p.798), 土石流による沖積錐 (☞p.860), 支流の形成した小型扇状地がその例である. これ

らの地形種のために，本来の崖麓線の認定はしばしば困難である．これらは上位の段丘面ならびに比高の大きい段丘崖の崖麓に多い．

段丘面を被覆する崖錐は後面段丘崖の崖麓線に並走する等高線で表され，一般に凹形直線斜面（☞図 14.0.1）である．沖積錐と小型扇状地は，支流の谷口に同心円的な等高線群で示され，凹形尾根型斜面（☞図 14.0.1）である．これらの地形種は，本流の形成した本来の段丘面より急傾斜であり，段丘面の一般的傾斜方向および崖麓線の伸長方向とは異なった方向に傾斜しているから，それらの末端線は遷緩線である．ただし，段丘面の低地時代に形成された崖錐や沖積錐の末端部が当時の河川で側刻されて低い急崖になっていることもある（例：☞図 11.2.17）．

段丘面とそれを被覆した地形種では，土地利用が異なり，両者の境界線は地類界となっている．一般に，後者が畑，果樹園，桑畑であり，段丘面が水田，あるいは後者が林地で，段丘面が水田，畑，果樹園，桑畑の組み合わせの場合が多い．

以上の諸特徴を組み合わせて総合的に読図すれば，段丘面の範囲の認定は比較的に容易である．それでもなお困難なときは，著者が学生時代に'段丘面を着色せよ'という先生に逆らって編み出した'秘手'の一つだが，逆に地形図で段丘崖とおぼしき細長い急傾斜部（急崖，急斜面と開析谷）をとにかく色鉛筆で全部塗りつぶしてしまう（図 11.1.19 の C）．そうすると，段丘面の部分が白く浮かび上がり，段丘面の分布と段丘面上の等高線だけが見えるから，段丘面の高度を読みやすくなり，対比が容易になる．

(2) 読図による段丘面区分の練習

以上に述べた段丘の諸特徴と上記の読図上の着眼点を念頭において，読図による段丘面の区分と対比について，地形図（図 11.1.20）で練習しておこう．この練習をしておけば，以下の読図例の理解は容易になろう．

【練習 11・1・1】 まず美里別川の本流を青鉛筆で追跡しよう．その際，等高線が本流を横切る地点とその高度を鉛筆で小さく書いておく．

本流は蛇行しているが，図の範囲での一般的な流下方向線として，図西部の標高点 95（美里別西中の神社近く）と図東南部の標高点 75 を通る直線を図全域に延長して鉛筆で引いておこう．同様に，その一般的な流下方向線に直交する方向として，図南西隅の三角点 192.5 とその北方の三角点 110.3 を通る直線を引いておこう．

この練習で，美里別川が西から東に流れ，その両岸に数段の段丘の発達していることが読図されよう．そこで，つぎに段丘面区分に入る．

【練習 11・1・2】 図西部（高圧線の西側）に太点線で示した傾斜変換線（遷急線，遷緩線および崖記号）に習って，図の全域について段丘崖および段丘開析谷と認定できる部分（崖および急傾斜面）を，図 11.1.19 の C のように，色鉛筆ですべて着色（薄い色が良い）してみよう．等高線が接近していなくても，平坦地で直角に近い角度で等高線が急に曲がる地点を確認し，それらの地点を破線で結んで傾斜変換線（不明なら：☞図 3.1.3～図 3.1.5）を認定しよう．不明瞭な所は着色せずに残しておく．「がけ（岩）」の記号は紫色のような濃色で着色しておく．

【練習 11・1・3】 各段丘面の高度（崖麓線の高度）を可能な限り多くの地点で読む．崖錐などの被覆や名残川の発達などで崖麓線が不明瞭な場合には，後面段丘崖の一般的伸長方向に対して直交方向に段丘面上を走る等高線のうち，最下流端の高度を読む．つぎに，その地点から直交方向（美里別川の一般的な流下方向線に直交する方向）の美里別川の河床高度を読んで，現河床からの各段丘面の比高を求める．河床高度は，練習 11・1・1 で書いておいた等高線高度を比例配分（1～2 m 単位の目分量で十分）する．

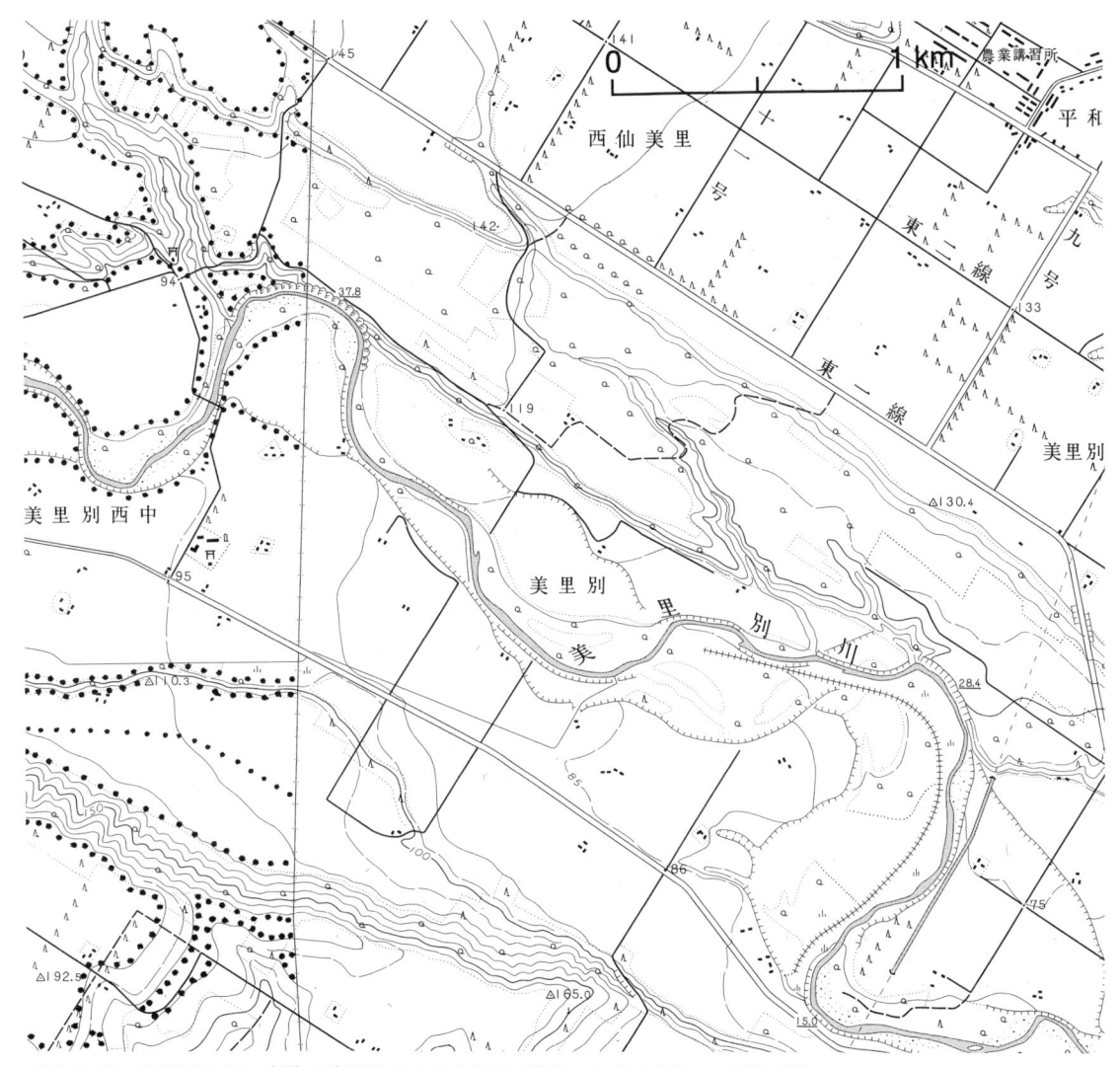

図 11.1.20 段丘面の区分と対比の練習図 (2.5万「本別」〈帯広6-3〉平4部修) 太点線を補記.

【練習 11・1・4】 現河床からの比高が最大の段丘面を第1面と仮称して，比高の大きい順に第n面まで命名し，その番号（例：①，②，③）を段丘面に記す．その際，美里別川の左右両岸での高度差が2m内外であれば，同時面と解して同じ名称にしておく．

【練習 11・1・5】 練習11・1・1で引いた横断方向線を断面線として地形断面図を描こう（参考：☞図4.3.12と図4.3.13）．また，一般的な流下方向線を投影線として，練習11・1・3で書いた各段丘面の崖麓線の高度を投影し，段丘面の投影縦断面図を描いてみよう（☞図4.3.16）．これらの図は，練習11・1・4で困難であった段丘面の対比を助け，その再検討・修正に役立つであろう．

【練習 11・1・6】 段丘面の勾配および後面段丘崖の崖麓線の平面形，露岩記号，段丘開析谷などを論拠に，各段丘面の内部構造が図11.1.9のどの型であるか，また段丘堆積物の主要な粒径（礫，砂，泥の3区分で可）を推論してみよう．

590　第11章　段　丘

　以上のような練習を数回すれば，比高の正確な読みや断面図の描画などをしなくても，段丘の区分・対比と内部構造の概要を数秒という瞬間的な読図だけで推論できるようになる．図11.1.20に関する著者の読図による段丘面区分を図11.1.21に示す．また，その論拠とした段丘面の横断面図と投影縦断面図を図11.1.22に示す．これらの読図結果によると，つぎの事象がわかる．

　① 図の範囲だけでみると，段丘面は10段に区分される．第9面と第10面は美里別川の左右両岸に分布するが，それらより上位の各段丘面は片岸にのみ非対称的に発達する．

　② 各段丘面は大局的には美里別川と同方向に傾斜する．しかし，第1面から第4面の縦断勾配は現河床よりも緩勾配であり，第6面から第10面へと低い段丘面ほど現河床勾配に近づく勾配をもつ．ただし，第5面は短いので考察不能である．

　③ 第6面と第7面の後面段丘崖の崖麓線は滑らかで直線的であるが，第8面以下では下位の段丘面ほど崖麓線がいくつかの弧状線となり，現河川の屈曲度に近づく．第5面以上は図の範囲では分布が狭いので，この種の考察は不能である．

　④ 第6面を刻む段丘開析谷は，その弧状の平面形からみて，名残川にそう谷と解されるが，前面段丘崖から伸長した短い崖端侵蝕谷もある．

　⑤ 崖記号をみると，「がけ（岩）」は現河床左岸（崖高37.8の段丘崖付近）の一カ所にしかみられない．「がけ（土）」の記号のうち，現河床左岸の崖高28.4の段丘崖，道路の切取法面（3カ所）および段丘開析谷の谷壁頂部における記号は段丘堆積物の存在を示すが，それら以外の地区の記号は比高約10 m以下の低くて急な段丘崖の表現に用いられている可能性もある．

　⑥ 第7面と第8面の後面段丘崖の崖麓には，広い崖錐，沖積錐ないし超小型扇状地の緩傾斜面が発達するが，これは後面段丘崖の比高が大きいからであろう．

　以上のことから，'さらに広範囲の読図が望ま

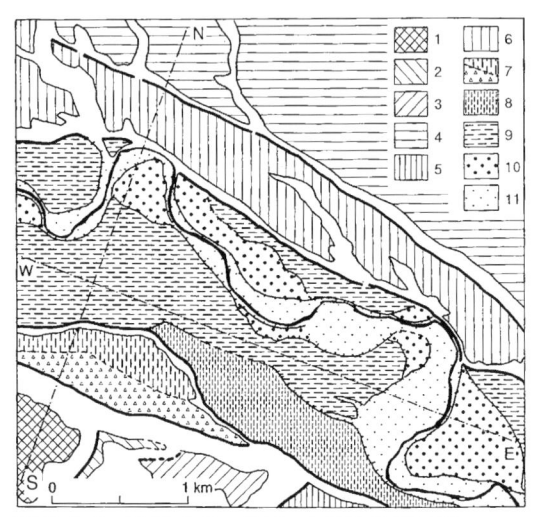

図11.1.21　図11.1.20の読図による段丘面区分図
1〜10：第1〜第10段丘面を示す．ただし，7の△印は崖錐などの被覆地形を示す．11：河成侵蝕低地．1点破線は図11.1.22の横断面線と投影縦断面線を示す．段丘崖の崖麓線を太線で，崖頂線を細線で，両者の接近したものを櫛線で示す．

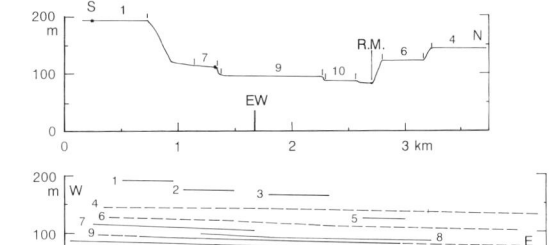

図11.1.22　図11.1.21の段丘群の横断面図（上）と投影縦断面図（下）
断面線を図11.1.21に示す．数字は段丘面の名称番号．下図では第10段丘面を省略．実線は右岸，破線は左岸の段丘面をそれぞれ示す．

しいが，図の範囲を読図する限り，また前述の段丘の一般的性質を論拠とすると（このような釈明的表現は，当然であるから，本書では特段のことがない限り以下省略）'，この地域の段丘はいずれも基本的には砂礫段丘であり，しかもフィルストラス段丘であると推論される．段丘堆積物は主として礫層であろう．ただし，第6面以下の段丘は局所的に谷側積載段丘の性質をもち，段丘礫層の薄い地区が存在するであろう．

11.2 河成段丘

A. 河成段丘の特質

(1) 河成段丘の読図における着眼点

河成段丘は，過去の河成低地を段丘面とする段丘であるから，元の低地の形成過程による分類に対応して河成堆積段丘と河成侵蝕段丘に大別される．さらに，前者は谷底堆積低地，支谷閉塞低地，扇状地，蛇行原および三角州に，また後者は谷底侵蝕低地と侵蝕扇状地に，それぞれ起源をもつ段丘に細分される（☞表11.1.2）．これらの読図による判別では，第6章で述べた河成低地の性質に関する知識が不可欠である．要するに，個々の河成段丘面が過去にどのような性質の河成低地であったか，を常に考えるわけである．

このような段丘面の形成過程による分類（☞表11.1.2）を論拠に，河成段丘をフィルトップ段丘（砂礫段丘），谷側積載段丘，フィルストラス段丘（砂礫段丘），ストラス段丘（岩石段丘）のいずれかに分類すれば（☞図11.1.9），図11.1.18にまとめた個々の段丘における建設工事上の留意事項が推論される．

河成段丘の読図における一般的手順と基本的な着眼点を要約すると次のようである．

① 段丘面の形成過程の推論では，段丘開析谷がないものとして（谷を埋めて），段丘化以前の旧低地の地形種（☞表11.1.2）を考察する．

② 堆積段丘と侵蝕段丘の判別では，段丘面の背後の山麓線および後面段丘崖の崖麓線の平面形状に注目する（論拠の例：☞表11.1.3，表5.1.2，図6.3.1）．

③ 岩石段丘と砂礫段丘の判別では，上記②に加えて，前面段丘崖の崖記号に着目する．「がけ（岩）」であれば，そこに硬岩が露出し，崖記号の頂部が前面段丘崖の崖頂線に接していれば，岩石段丘であって，そこでの段丘堆積物は礫層であり，その厚さは約3m以下とみなして大過はない．「がけ（土）」の場合は，砂礫段丘の場合と軟岩の侵蝕岩石段丘の場合があり，また比高約十m以下の低くて急傾斜の段丘崖の場合もある．それらの読図による区別は困難であるが，一般に「がけ（土）」の平面形が滑らかな直線または弧をなす場合は砂礫段丘であり，屈曲の著しい場合は岩石段丘である場合が多い．

④ 段丘面の縦断勾配は段丘堆積物の粒径を示唆するから（論拠の例：☞表6.1.1，表6.2.2，表6.2.3），投影縦断勾配に着目する．

⑤ 段丘面上の微地形類は土地利用の差異で推論できる．たとえば流路跡地と名残川ぞいの低所は細長い水田帯で，旧後背低地は広い水田であり，自然堤防は桑畑や普通畑になっている．ただし，大規模な農地改良地区では土地利用による判別は困難ないし不可能である．

⑥ 段丘開析谷のうち段丘内部に発源するものは流路跡地の名残川起源のものが多い．段丘開析谷は，同じ時代の段丘であれば一般に，岩石段丘で多く，深いが，砂礫段丘では少なく，浅く，その崖頂線が不明瞭である．

⑦ 本流と支流がそれぞれ形成した段丘面と段丘崖は，図11.1.8における海を本流に置き換えた場合と同様の論理で区別される．

⑧ 段丘を被覆する崖錐，沖積錐，小型扇状地（いずれも畑地が多い）の末端線は土地利用界と等高線で推論する（☞表15.1.2）．

⑨ 段丘化の根源的原因（☞図11.1.10）の推論には，数枚の地形図についての広域的な読図が必要である．

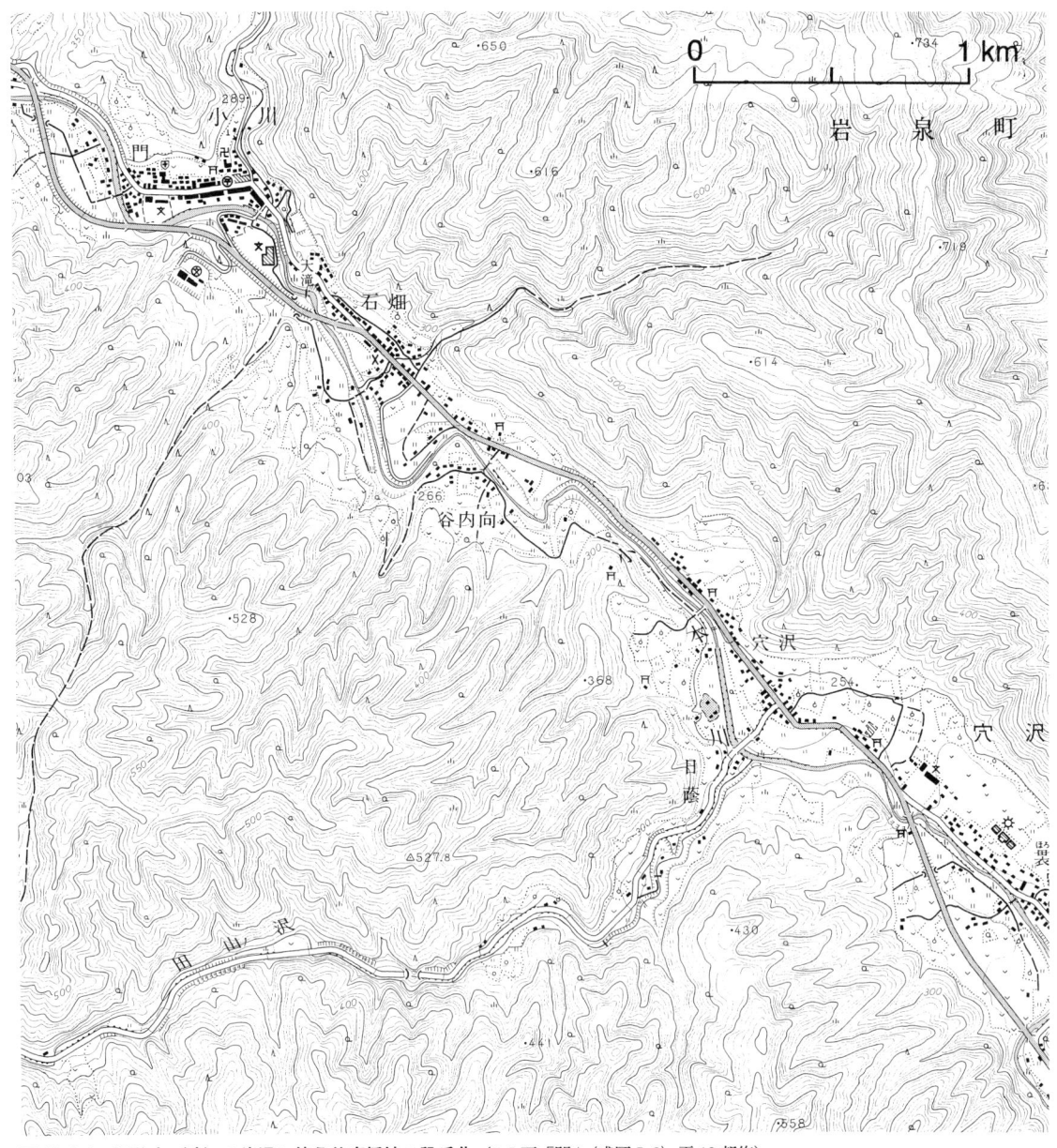

図11.2.1 遷移点（滝）の後退に伴う谷底低地の段丘化（2.5万「門」〈盛岡5-2〉平10部修）

(2) 形成中の河成段丘

図11.2.1には，山地を刻む小本川ぞいの谷底に平坦地がある．その平坦地のうち，大滝から上流（門付近）では左右両岸に谷底低地が発達しているが，それと完全連続型（☞図11.1.7）の段丘面が大滝の下流両岸に発達している．また，小本川の支流の田山ノ沢の下流部には，日蔭の南西に滝の記号がある．その滝より上流では幅の狭い谷底低地が発達するが，滝より下流の両岸には段丘がある．二つの滝より下流にのみ発達する段丘面を下位段丘面と仮称する（図11.2.2）．

下位段丘面の前面段丘崖は「がけ（土）」の記号で示されている．しかし，以下の事柄からみて，

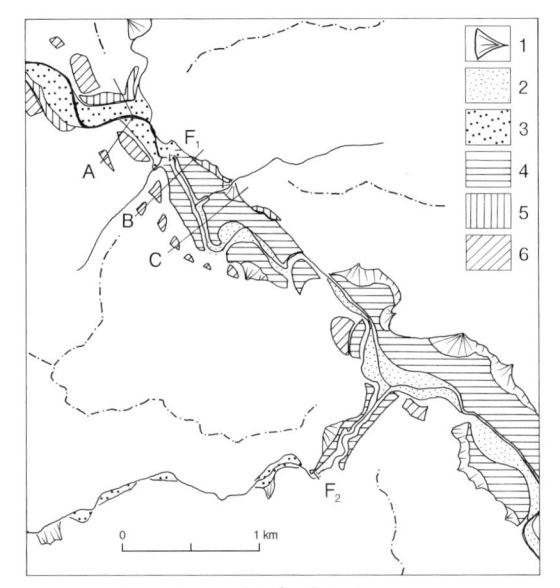

図 11.2.2　図 11.2.1 の読図成果概要図
1：沖積錐・崖錐，2：大滝の後退後に形成された現成谷底低地，3：大滝の形成以前から存在していた現成谷底低地，4：大滝の後退に伴って 3 の谷底低地が段丘化した下位段丘面，5：大滝の形成以前から存在した中位段丘面群，6：上位段丘面，F_1：大滝，F_2：田山ノ沢の滝，1 点破線：主要分水界．

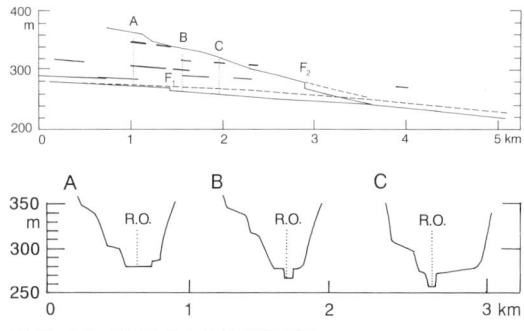

図 11.2.3　図 11.2.1 の地形断面図
上：投影縦断面図，下：横断面図．数字は図 11.2.2 の凡例と同じ．断面線の位置を図 11.2.2 に示す．R.O.：小本川．

下位段丘は河成岩石段丘であると解される．

① 滝の成因（☞ p.749）は多様であるが，上記二つの滝は河川の下刻によって生じた遷移点（滝頭が遷急点で，滝壺が遷緩点であり，両者を一括して遷移点とよぶ：☞ p.106）である．しかるに，非固結堆積物は河川によって容易に侵蝕されてしまうので，堆積低地を刻む河川には滝が形成されない．よって，この地区の谷底低地は基本的には侵蝕低地であり，その遷移点（滝）の上流への後退（頭方侵蝕）によって，谷底低地が段丘化したことを示す．

② 大滝付近では，両岸に下位段丘面よりも高い（古い）段丘面（上位段丘面と仮称）が大滝の上流から下流に連続的に発達している（図 11.2.2）．しかるに，大滝が岩石制約（例：抵抗力の異なる岩盤の差別侵蝕）によって形成されたものであれば，上位段丘の形成にも岩石制約が関与したであろうから，大滝付近を境に上位段丘面の縦断勾配も不連続になる可能性があるが，そうなってはいない（図 11.2.3）．

③ 大滝の両岸に谷底低地および下位段丘面が発達するので，大滝は谷側積載（☞ 図 11.1.9）による基盤岩石の露出に起因するものではない．

④ 下位段丘面は崖錐や沖積錐に被覆されているが，それらがなくて山麓線の明瞭な地区において，現河床から下位段丘面までの比高を読むと，石畑で約 10 m，穴沢で約 10 m である．前面段丘崖の比高はさらに小さいので，大滝の高さは約 5 m 内外であろう（図 11.2.3）．

⑤ 谷内向付近から下流では小本川の側刻により，現成の谷底侵蝕低地が形成されている．

小本川と田山ノ沢の合流点から大滝および日蔭南西の滝までの流路長は，それぞれ 2.3 km と 0.8 km である．つまり，大きな河川ほど遷移点の上流への後退が早く，段丘化も早いことを示唆する．ゆえに，谷底低地を刻む大河川の本流には，顕著な滝（例：阿武隈川の乙字滝，片品川の吹割滝など少数）はめったに存在しない．

この事例のように，遷移点の後退により，谷底低地が下流から上流へと刻まれ，しだいに段丘化していく．その段丘化は本流で始まり，支流では小さい支流ほど本流より遅れて始まる．一方，海成段丘の場合には，地盤の広域的隆起によって同時に，汀線方向でみたとき，広域的に海底面や波蝕棚が段丘化する．ただし，海成段丘の開析谷の形成は，河成段丘の場合と同じで，外来河川（延長川）の本流ぞいが最も早い．

図 11.2.4 本流と支流による河成段丘 (2.5万「大割野」〈高田 6-2〉昭 49 修正)

(3) 本流と支流による河成段丘の区別

　幅広い河谷には，本流と支流の形成した段丘面が複雑に交錯して発達することがある．そのような場合，段丘面とその後面段丘崖を形成した河川は同じであるが，前面段丘崖を形成した河川が同じとは限らず，別の河川（本流または支流）または海の場合もある．その区別には，図 11.1.8 の右側の海を本流に見立てれば，海成段丘と河成段丘の区別法と同様の論理で，段丘面の縦断傾斜方向と後面段丘崖の崖麓線の伸長方向に基づいて容易に区別される．その練習をしておこう．

【練習 11・2・1】　図 11.2.4 で，段丘崖と認定できる崖および急傾斜面を，図 11.1.19 の C のように，すべて着色（薄い色が良い）してみよう．その際，信濃川本流と支流の形成した段丘崖および「がけ（岩）」記号を色別しよう．

【練習 11・2・2】　段丘崖に囲まれた白い部分（上

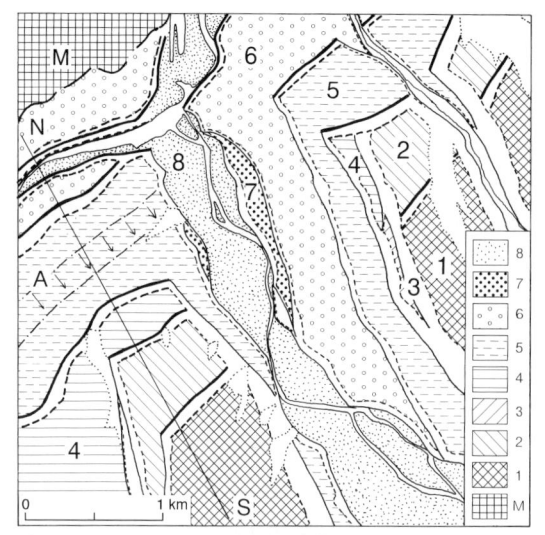

図 11.2.5　図 11.2.4 の読図成果概要図
図中の数字 1〜7：第 1 段丘面〜第 7 段丘面，8：谷底低地，M：丘陵．太線と細線：それぞれ本流と支流の形成した崖麓線，太破線，細破線および点線：それぞれ本流，支流および段丘開析谷の形成した段丘崖の崖頂線，1 点破線と矢印：活背斜軸 (A) とその傾動方向，N–S：図 11.2.6 の地形断面線．芋川新田の局所的な段丘面は凡例では省略．卯の木北東の高度 240 m 内外の第 5 段丘面は変位のため，その対比は不確実．

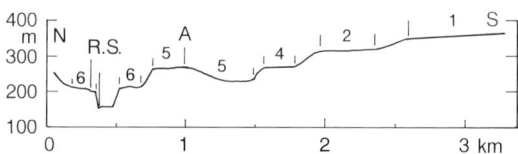

図 11.2.6　図 11.2.5 の断面線 (N–S) にそう地形断面図
図中の数字 (1〜6) は第 1〜第 6 段丘面を示す．R.S.：信濃川．

記の練習で塗り残された部分) が段丘面であるから，各段丘面の後面段丘崖の崖麓線の比高に基づいて，すべての段丘面を対比し，段丘面区分をしてみよう．

　図 11.2.4 では，信濃川とその支流の清津川などにそって，少なくとも 7 段の河成段丘が発達している (図 11.2.5)．本流と支流の形成した同時期の段丘面は，現成の谷底低地と同様に，元は連続していた．その境界を厳密に決めるのは難しい場合もあるが，本流と支流のそれぞれ形成した段丘面が互いに切り合っている．しかし，全体としては，信濃川右岸から流入する清津川などの支流の形成した段丘の末端を本流が '一生懸命に' 側刻しているにも関わらず，支流による堆積低地 (後の段丘) の発達によって，信濃川が左岸に偏流 (☞図 6.1.50) させられている．

　これは支流の供給物質が多いためである．この例のように，本流より支流ぞいに河成段丘が広く発達し，しばしば段数が多いのは，変動変位，差別侵蝕による谷底幅異常，非対称流域での支流の多量堆積 (扇状地形成) などの局所的原因に起因する．

【練習 11·2·3】　図 11.2.5 の個々の段丘面を図 11.1.9 の 4 種の段丘に分類・認定してみよう．また，段丘堆積物の粒径を推論しよう．

　図 11.2.4 の範囲では，後面段丘崖の崖麓線の平面形，段丘面の傾斜，前面段丘崖の「がけ (岩)」記号に着目すると，第 1 面が扇状地起源のフィルトップ段丘で，第 2 面から第 5 面まではフィルストラス段丘で，第 6 面と第 7 面はストラス段丘ないし部分的に谷側積載段丘であると解される．段丘堆積物は，信濃川および清津川が網状流路を示すので，どの段丘でも巨礫層であろう．

　図西部の卯の木北方の三角点 268.0 付近の尾根状の高台は，信濃川とほぼ並走する分水界をもつ．その南側の，石原川ぞいの低所に面する斜面は，他の地区の段丘崖に比べて緩傾斜であり，段丘面にしては急傾斜であり，信濃川に対して逆傾斜 (☞p. 562) している (図 11.2.6)．ゆえに，この高台は第 5 段丘面が段丘化後に活背斜運動 (☞第 19 章) によって変位したのであろう．

【練習 11·2·4】　JR 飯山線の二つの駅の間の路線を，平地，片切，両切，片盛，両盛，トンネル，橋梁の区間にすべて区分しよう．荒屋北方のトンネル区間のうち，「えちごたざわ」駅側でトンネル上部が両切になっている理由を段丘の内部構造との関連で考えてみよう．

(4) 段丘を刻む本流と支流の相互関係

　河成段丘を刻む本流と支流の相互関係において河川災害に関連して重要と思われる次のような現象が各地にみられる．

　図11.2.7は，東西を山地に挟まれた伊那谷の一部である．南流する天竜川は，猿岩付近の顕著な狭窄を除けば網状流路をもち，礫床河川である．天竜川の右岸（西側）には段丘が広く発達している．それらは図の西方の山地から流出する河川の形成した扇状地が段丘化したものである．一方，天竜川の左岸（東側）には，支流の形成した段丘は図北東隅にわずかに見られるに過ぎない．つまり，図の範囲の天竜川は，その西側からの支流が形成した扇状地の発達に伴って，東側の山地側に押しやられて，偏流している．

　それらの段丘のうち，北部の猪ノ沢川，前沢および中央高速道路の注記の南の沢の形成した小型の扇状地は，その末端が天竜川によって側刻されたため，各河川の合流点に遷急点（滝）が生じて，それが上流に後退することによって，各河川が下刻して，段丘化したものである（扇状地の特殊な段丘化：☞p.578）．

　図中央部から南部の段丘は，大沢川，小田切川などによって形成された中型の扇状地の段丘化したものである．それらは天竜川による側刻の影響もあるが，支流自体の側刻によって形成された谷底侵蝕低地を伴っている．猿岩の狭窄では両岸に露岩記号がほぼ連続的にある．したがって，この狭窄に接する部分の段丘は局所的に谷側積載段丘（図11.1.9）であると解される．

　天竜川本流によって形成された段丘面は，猿岩狭窄より上流の右岸（西岸）では表木と下村付近，左岸（東岸）では土蔵付近および田原付近に発達する．狭窄の下流では左岸の大久保付近（右岸の大久保の段丘面は支流の形成した扇状地起源の段丘面）にのみ発達する．いずれも幅狭く，現河床からの比高は約20mである．それらの段丘面は，その後面段丘崖がいずれも滑らかな弧状の側刻崖であるから，フィルストラス段丘（図11.1.9）であろう．

　天竜川ぞいの谷底低地は，猿岩付近の狭窄を挟んで，幅広い上流部と下流部に分かれ，顕著な谷底幅異常（☞p.742）を示す．上流部の低地はほぼ一定の横断幅をもつが，猿岩の狭窄に近づくと急激に幅狭くなり，逆に下流部の低地は下流ほど幅広くなっている．それらの低地に接する段丘の前面段丘崖は弧状の側刻崖であるから，この低地は谷底侵蝕低地の性質をもつであろう．ただし，これらの低地は，扇状地起源の段丘のうち谷側積載段丘でない部分を天竜川が側刻して生じたものであるから，その地盤は厚い砂礫層で構成されている可能性がある（☞図6.3.5）．天竜川ぞいの谷底低地（下小出と下牧北方の支流による小扇状地を除く）には集落が一つもない．それはこの低地（とくに狭窄部より上流）が天竜川の大出水時にはしばしば冠水するためであろう．その証拠に，水田を守る堤防の堤高が狭窄部の上流では4.5mもあるのに，狭窄部の下流では2.8mと低い．

　小田切川ぞいにも，天竜川への合流点付近に狭窄部があって，それより上流ではほぼ一定の幅をもつ谷底侵蝕低地が発達している．この谷底幅異常も，小田切川ぞいの段丘の狭窄部付近だけが谷側積載段丘の性質をもつためであろう．

　図11.2.7にはその狭窄部に露岩記号がない．ところが，現地調査によると（読図を超えているが！），小田切川狭窄部の両岸の谷壁斜面には岩盤（粘板岩の硬岩）が露出しており，この谷底幅異常が岩石制約によるもの（☞図13.2.15の差別侵蝕型の表成谷）であることが確認された．

　図11.2.7に関する上記の記述は本書の初版の記述を全面的に改稿したものである．初版では，地形図の表現に忠実とは言え，小田切川狭窄部に露岩が存在しないことを前提とした著者の，浅はかな読図に基づく苦しまぎれの記述であった．読図の限界でもあるが，現地調査の動機にはなった．

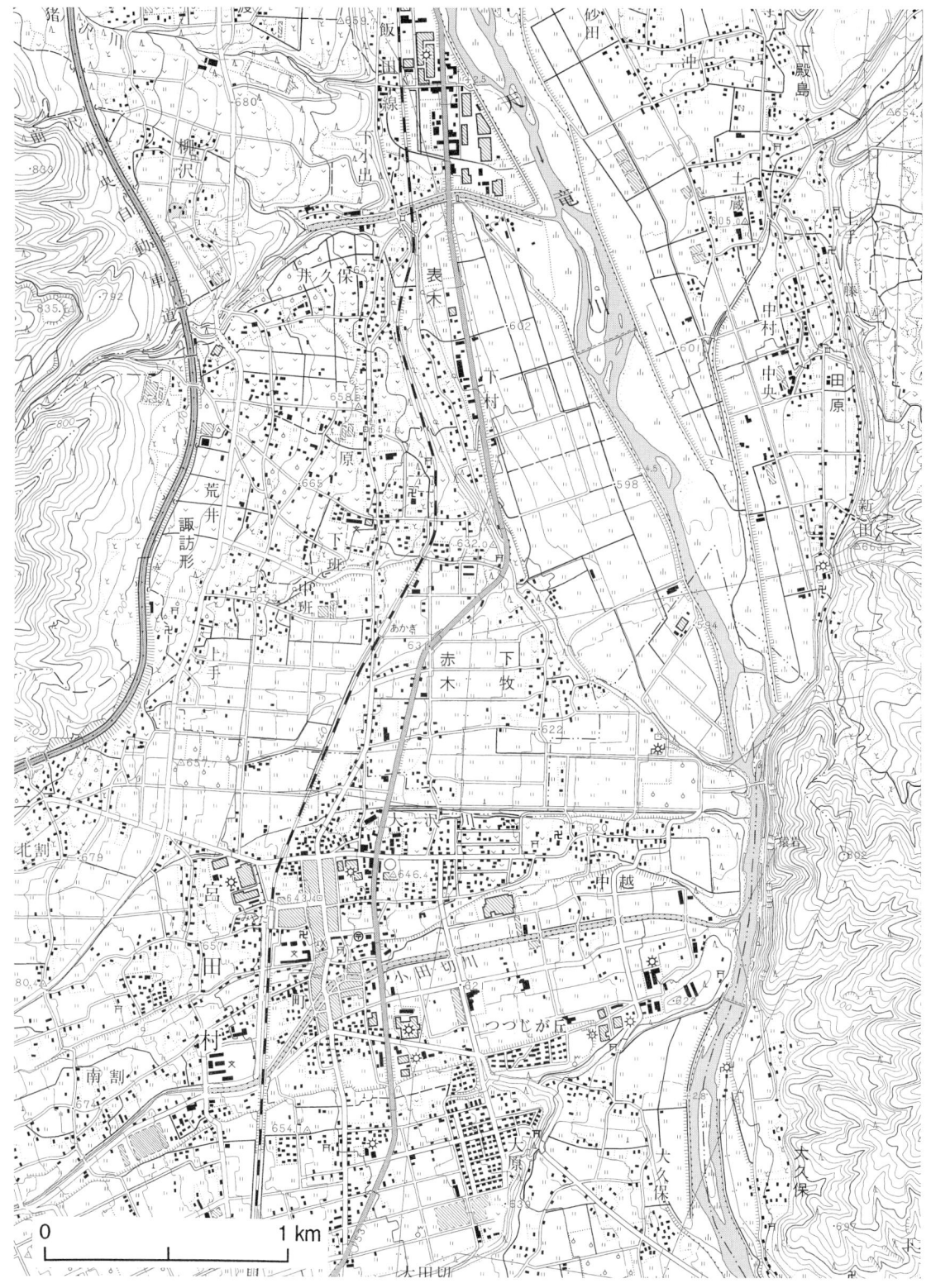

図 11.2.7　段丘を刻む本流と支流の関係（2.5 万「伊那宮田」〈飯田 2-1〉平 13 修測）

B. 河成段丘の読図例

　河成段丘は，一つの流域に河成堆積段丘または河成侵蝕段丘だけが発達することもあるが，両者が併存する場合も多い．前者は砂礫段丘（フィルトップ段丘と谷側積載段丘）であるが，後者には岩石段丘（ストラス段丘）と砂礫段丘（フィルストラス段丘）の両方がある．これらの違いは建設技術的に重要である（☞図11.1.18）．そこで，読図によるそれらの判別を主題として，以下には読図例を河成堆積段丘，河川侵蝕段丘および局所的原因による段丘に大別し，原則として河川の源流部から河谷，谷口を経て海岸に発達する基本的な河成段丘を読図する．

(1) 河成堆積段丘の読図例

1）源流部の河成堆積段丘

　図11.2.8は図3.1.3を含む地域である．標高2,000 m以上の高山地域に，図西部を南流する蒲田川とその支流が深い河谷を形成している．蒲田川源流部は，中崎で合流する右俣谷と左俣谷（中崎山の北西の河谷）の2大支谷をもつ．河川工学や地形学では河川の両岸を上流からみて右岸および左岸とよぶが，支流の河川名では下流からみて，右から合流する支流を右俣・右沢など，左からのものを左股・左沢などとよんでいる．先覚者（後続の登山者も同じ）は河川を上流へ遡行したからであろう．

　蒲田川および右俣谷の左岸には，明瞭な前面段丘崖と背後の山麓線（遷緩線）をもつ段丘が発達している．それらの段丘面は小鍋谷，外ケ谷，兄洗谷など支流の谷に入り組んでいるから，それぞれの支流が形成した堆積段丘面（フィルトップ段丘）であると解される．

　これらの段丘面の元になった谷底堆積低地は，段丘面の勾配と同心円的等高線群からみて，柳谷下流部にみられる沖積錐（☞p. 852）ないし扇状地的な谷底堆積低地であったと解される．復旧図（☞p. 188）の概念で段丘開析谷を埋めて想定すると，小鍋谷両岸，穂高平，鍋平の段丘面はかつては一連の谷底堆積低地であったと解される．その段丘堆積物は，段丘面の縦断勾配からみて（☞表6.1.1），亜角礫ないし亜円礫を主体とする礫層であろう．その厚さは，蒲田川右岸では河床まで岩盤が露出するのに対し，左岸の鍋平の前面段丘崖には「がけ（岩）」がないので，前面段丘崖の比高すなわち最大180 mに相当するであろう．

　外ケ谷の谷口両岸の段丘（標高点1188と神坂の東）は鍋平と中尾の段丘面より一段と高く，外ケ谷の形成した古い沖積錐が蒲田川および兄洗谷で側刻されたものである．中崎山や図東南部の頂部の緩傾斜地は小起伏面とみなされる．

　一方，左俣谷には河成段丘が発達せず，谷底は欠床谷のように狭い．穴毛谷などが沖積錐を形成しているが，それは段丘化していない．

　以上の事実は次のように重要である．高山地域であることを考慮すると，この地域では氷期に氷河が発達したり，少なくとも周氷河過程が起こったであろう（☞p. 936）．とすれば，この地域の段丘は気候段丘（☞p. 574）である，という可能性も考えられる．氷期の山地斜面で生産された多量の岩屑が，左俣谷のようであったV字谷を埋積して，谷底堆積低地を形成し，それが後氷期の雨量増加で侵蝕復活して段丘化したために，現在の谷底勾配は段丘面より急勾配（☞図4.3.16）なのであろうか．もしそうならば，左俣谷にも堆積段丘が発達しているはずである．それが存在しないのは，この地区の段丘は気候段丘ではない，ということになる．この問題を解くには広域の読図が必要であるが，左岸でのみ過去に多量の土石流が発生する地質条件および地形場があったのであろう．多数の砂防堰堤は，現在でも土石流ないしそれに近い河川土砂移動が多発していることを示す．図南西，中尾の京大砂防観測所の研究成果が期待される．

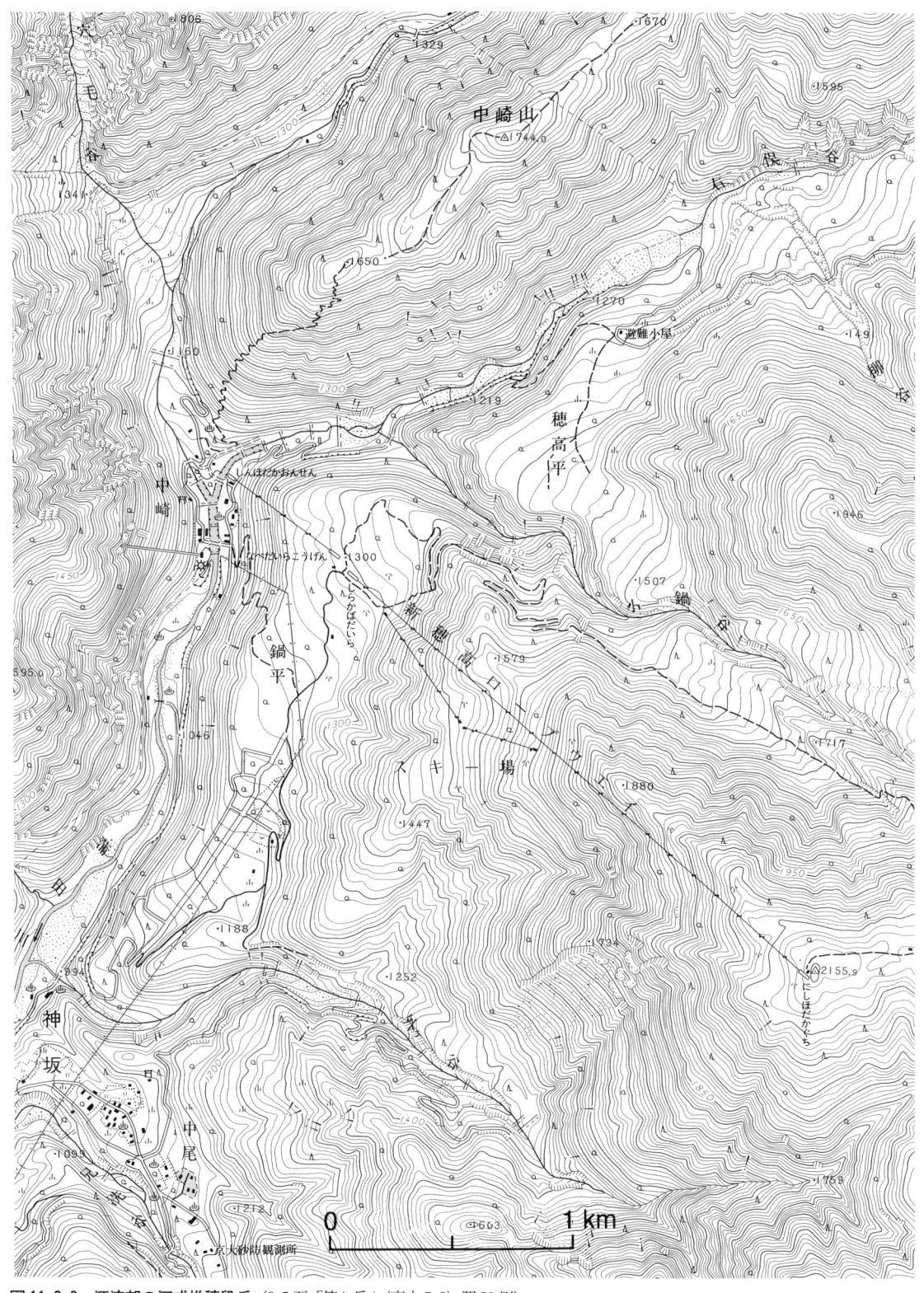

図11.2.8 源流部の河成堆積段丘 (2.5万「笠ヶ岳」〈高山7-3〉昭50測)

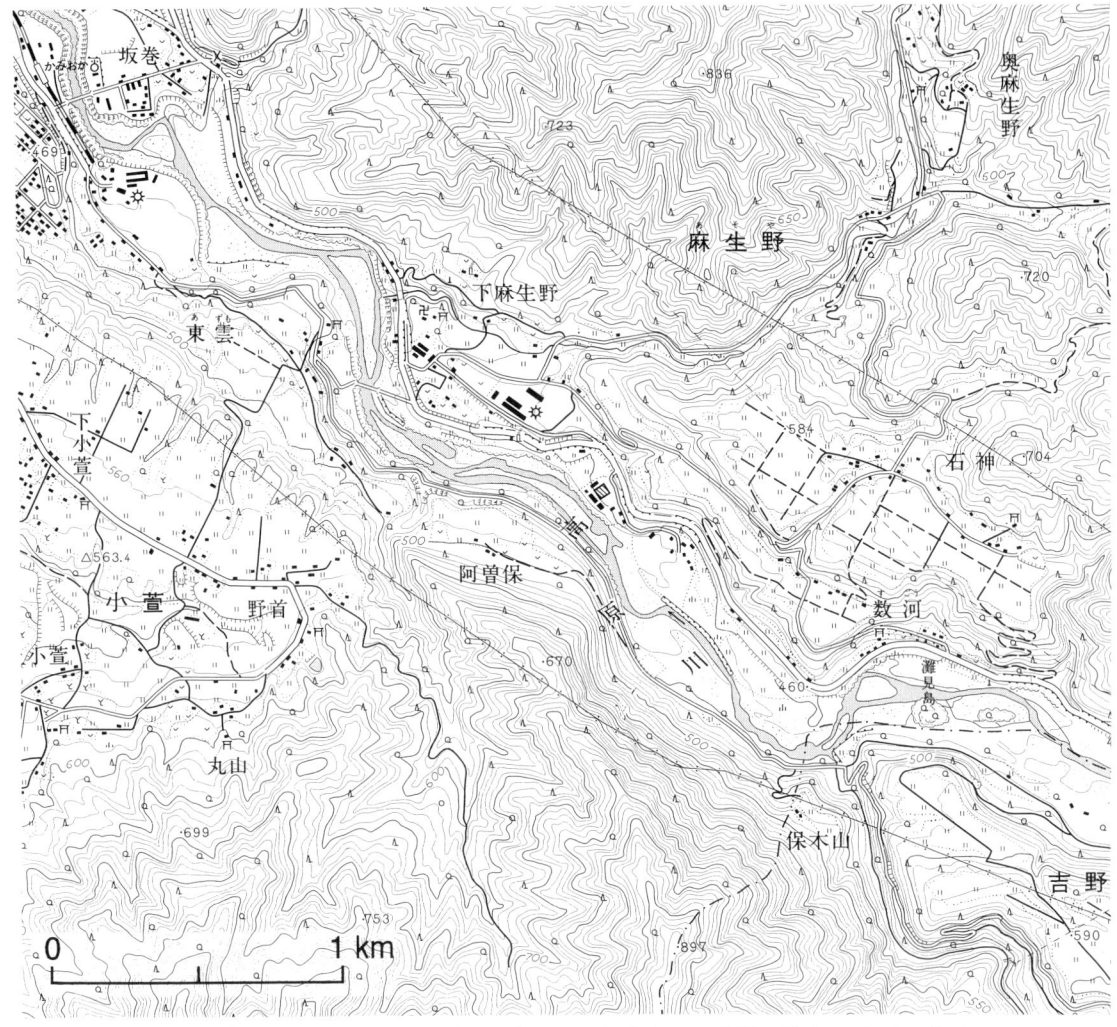

図11.2.9 フィルトップ段丘，フィルストラス段丘およびストラス段丘（2.5万「船津」〈高山11-3〉昭57修測）

2) 谷底堆積低地起源の堆積段丘

図11.2.9の高原川沿岸には，6段の段丘面が発達する．それらを上位から，第1面（現河床からの比高，$h \fallingdotseq 140$ m，例：吉野，石神，下小萱），第2面（$h \fallingdotseq 95$ m，例：吉野北西，保木山），第3面（$h \fallingdotseq 80$ m，例：数河，阿曽保，東雲），第4面（$h \fallingdotseq 50$ m，例：下麻生野南の工場），第5面（$h \fallingdotseq 30$ m，例：坂巻），第6面（$h \fallingdotseq 15$ m，例：東雲の東と北）と仮称する．

第1面は最も広く，高原川両岸に発達し，極めて平坦で，支谷に入り組み，背後の山麓線も入り組み，前面段丘崖は緩傾斜で露岩もないので，谷底堆積低地起源のフィルトップ段丘であろう．

第2面と第3面は高原川に向かって緩傾斜し，分布面積が小さいのでフィルストラス段丘であろう．しかし，第3面の一部（阿曽保）は前面段丘崖に「がけ（岩）」があるので谷側積載段丘であろう．第4面は分布面積が小さいので判別困難である．第5面と第6面は平坦で，前面段丘崖が「がけ（岩）」記号であるから，ストラス段丘（岩石段丘）で，その段丘礫層は厚さ約3 m以下であろう．谷底低地は，高原川の網状流路と河床の露岩（灘見島など）からみて，大出水時には冠水する河成侵蝕低地である．

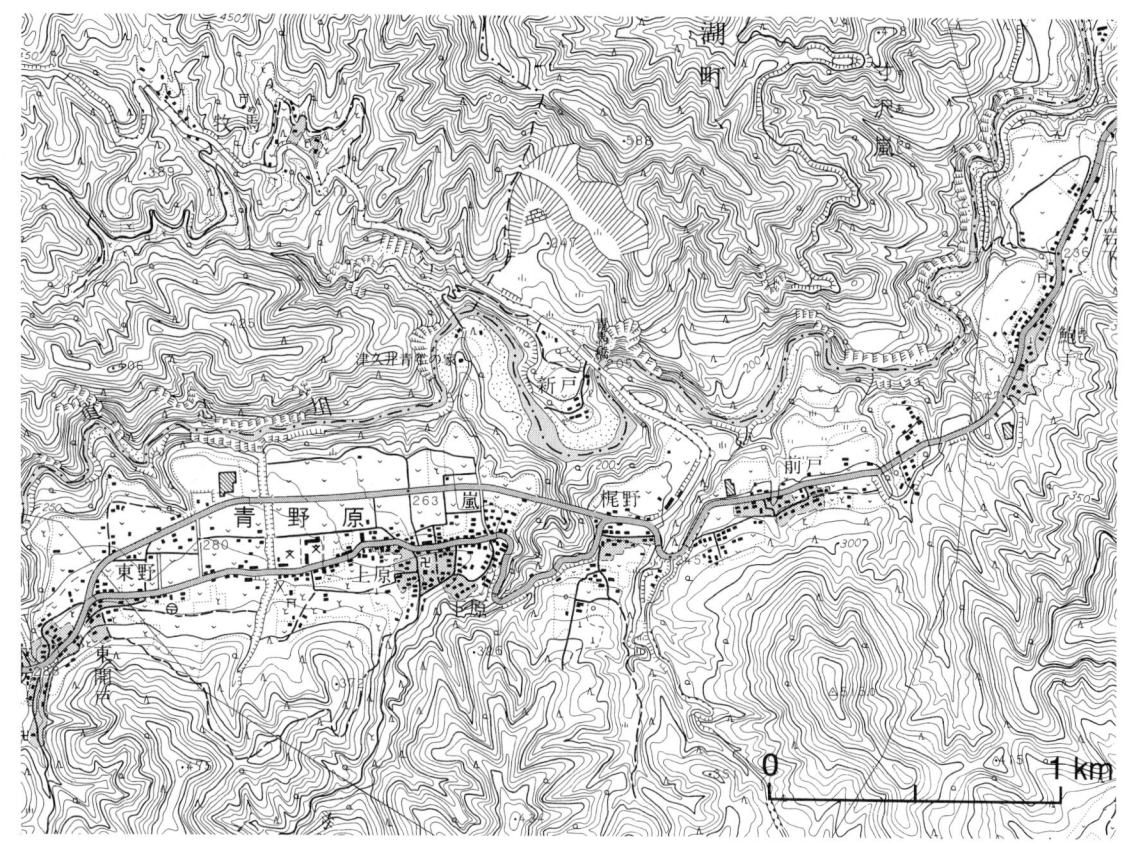

図 11.2.10　谷側積載段丘 (2.5万「青野原」〈東京 15-2〉平 8 部修)

3) 谷側積載段丘

図 11.2.10 の道志川ぞいには, 3 段の段丘面が発達する. それらを上位面 (現河床からの比高, $h \fallingdotseq 80$ m, 例: 青野原), 中位面 ($h \fallingdotseq 50$ m, 例: 前戸北方) および下位面 ($h \fallingdotseq 30$ m, 例: 新戸南方) と仮称する. 上位面は最も広く, 道志川右岸に連続的に発達するが, 左岸では断片的で, 左右両岸に非対称に分布する. 中位面と下位面は断片的であるが, ともに右岸に多く非対称に分布する.

上位面の最大傾斜方向は, 道志川の下流方向ではなく, それに直交的方向である. これは, 上位面の段丘堆積物の少なくとも上部は図南部の山地から流出する支流の堆積物であることを示す.

道志川の河谷は,「がけ (岩)」の記号が両岸にある地区では幅の狭い峡谷をなし, その記号のない地区 (例: 新戸, 前戸付近) では幅が広い. 上位面を刻む外来河川の段丘開析谷は幅広く, その谷壁には「がけ (岩)」の記号がない. 青野原の中央にほぼ直線的なガリーがある.

以上のことから, 上位段丘は谷側積載段丘であり, 中位および下位段丘はフィルストラス段丘であると推論される. 道志川の北方への偏流 (☞図 6.2.56 の C) は, 図南方の山地からの支流の流域面積が北方からの支流のそれよりも大きいことによるのであろう (貝塚, 1952).

【練習 11・2・5】 図 11.2.10 の青野原の「青」の字の北方で両岸に岩壁をもつ道志川峡谷に, 満水面標高 200 m のダムを建設すると仮定して, その地形・地質的問題を予測しよう (☞図 11.1.18, p.1261). 図 11.2.7 の猿岩付近の峡谷についても同様の問題を考えてみよう.

4）扇状地起源の河成堆積段丘

図11.2.11（本書では見開き頁に連続する地形図を同番号のaおよびbで示す）の蛇尾川は，萩平を谷口として顕著な網状流路（平水時は水無川）をもち，両岸に広大な扇状地を形成している．等高線のうち，50mごとの計曲線とそれらの間の25mごとの間曲線を着色しながら読図すると，いわば親子孫の新旧3面（三世代）の扇状地が合成扇状地（☞p.308）を形成し，かつ親子は段丘化していることがわかる．

図の大部分を占める扇状地（右岸では電力中央研究所の実験施設，左岸では黒磯高原ゴルフ場のある地形面：以下，親扇状地と仮称）は，蟇沼大橋左岸付近の段丘（掘削した射撃場らしき施設のある面）を現河床との間に挟んでいるので，段丘化している．萩平の北の段丘も親扇状地面に続く．つまり，親扇状地の現河床に面する急崖は扇頂溝の側壁ではなくて，段丘となった親扇状地の前面段丘崖である．

塩那橋右岸上流（折戸北西）から南南東に塩原ゴルフ場を横切って標高点398.5へと続く急崖がある．これは親扇状地の前面段丘崖であり，下流に至るほどその比高が小さくなる．折戸のある面も段丘化した扇状地（以下，子扇状地とよぶ）であり，その前面段丘崖は上横林に続き，その比高も下流ほど小さくなっている．子扇状地面は蟇沼大橋左岸の段丘面に連続している．塩那射撃場とその対岸で親扇状地と子扇状地の前面段丘崖が屈曲し，蛇尾川ぞいの現成低地はモトクロス場付近から下流で幅広くなり，孫扇状地が拡大される傾向にあることを示す．

親子孫の扇状地面および現河床は，新しいものほど緩勾配であり，典型的な合成扇状地を形成している．親扇状地はフィルトップ段丘（砂礫段丘）であり，扇状地礫層で構成されている．その

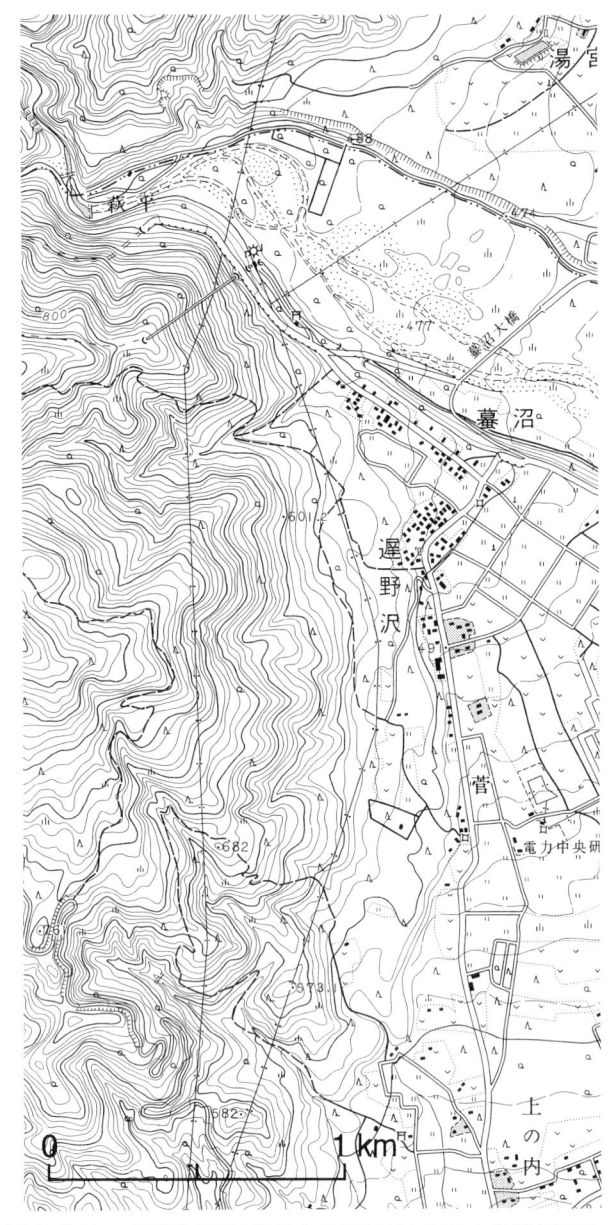

図11.2.11a　扇状地起源の段丘（2.5万「関谷」〈日光3-1〉平6修正）

厚さは，450m等高線についての扇央比高法（☞p.302）によると，30m以上に達するので，親扇状地の前面段丘崖（蟇沼大橋から萩平ではその比高が30〜60m）はすべて礫層で構成されているであろう．ゆえに，蟇沼大橋左岸の段丘および子扇状地はフィルストラス段丘である．かくして，扇状地面のほとんどは畑と林である．ただし，蟇

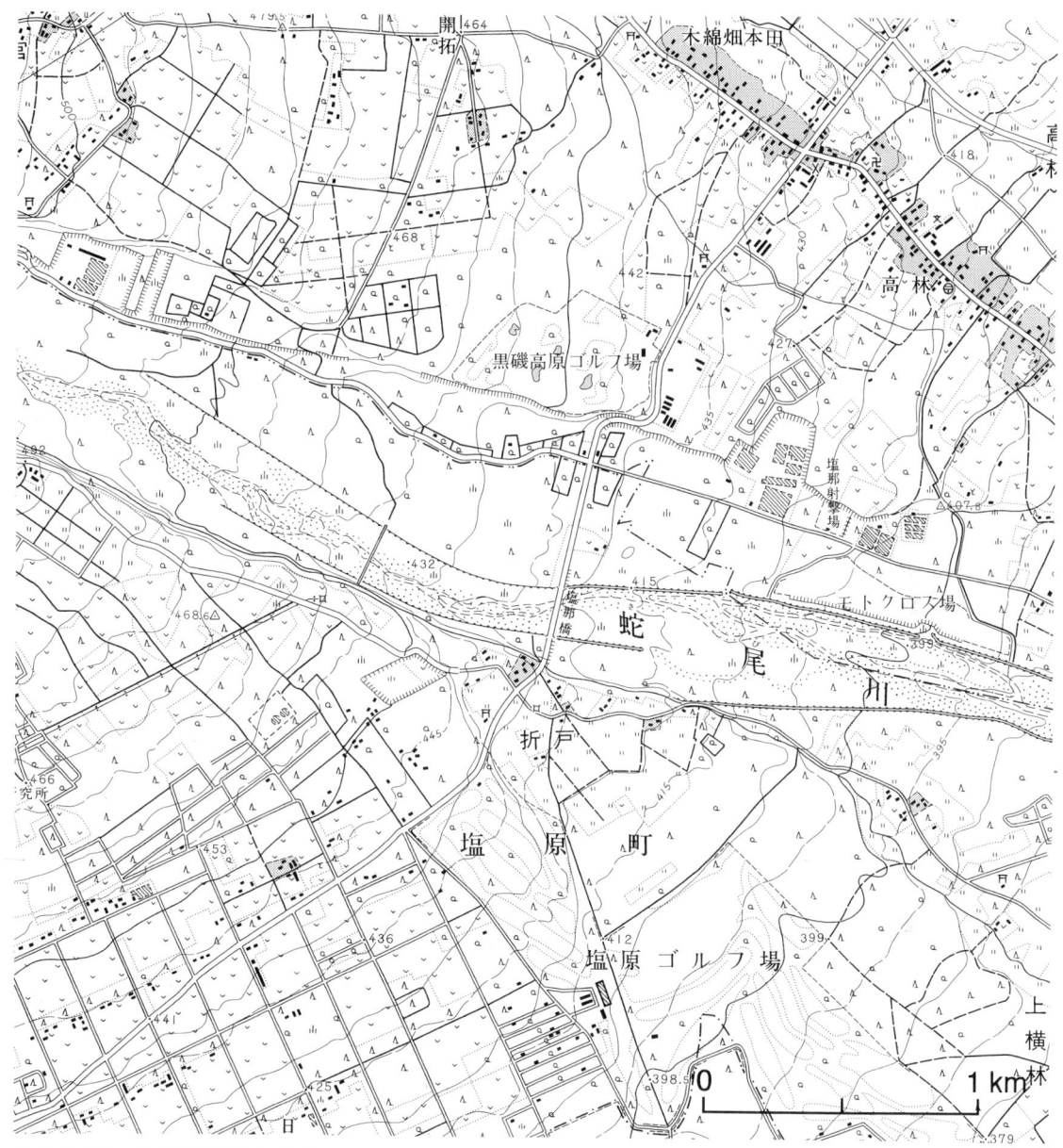

図 11.2.11 b　合成扇状地起源の段丘 (2.5万「関谷」〈日光3-1〉平6修正)

沼，菅，上の内，左岸の湯宮に水田があるのは，扇頂部および扇側部に越流堆積物としての細粒物質が扇状地礫層を被覆しているからであろう（折戸付近の水田も同様）．

図西部，遅野沢付近の山麓部には，南北方向に伸びる1段の細長い段丘があり，それを新旧の沖積錐が被覆している．この段丘は蛇尾川の形成した古い扇状地起源の堆積段丘であろう．

【練習 11・2・6】 図11.2.11bで親子孫の扇状地および蛇尾川河床の一般的な縦断勾配を50m計曲線間で計測し，それぞれの値を表6.2.3の傾斜と表6.1.1の勾配と比較しよう．

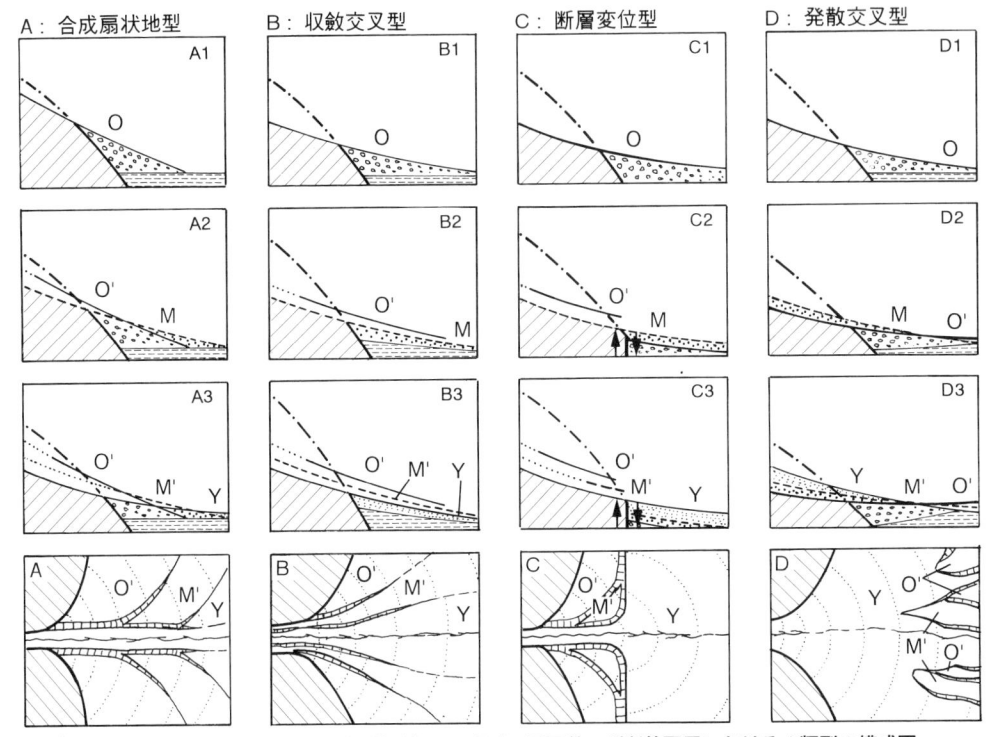

図 11.2.12 同じ河川の形成した扇状地および扇状地起源の段丘の平面的・縦断的配置における 4 類型の模式図

上の 3 段（1〜3）は，古期（太実線）・中期（破線）・新期（細実線）の扇状地の形成期の投影縦断面図である．O・M・Y：古期・中期・新期の扇状地，O′・M′：O・M の段丘化した部分．1 点破線は山地の接峰面の縦断面を示す．それぞれの時代の扇状地堆積物のみが描かれ，その時代の段丘堆積物は省略されている．太矢印の向きは断層運動の変位方向を示す．最下段は現在の平面的配置を示す．各時代の扇頂の位置が類型ごとに異なることに注意．なお，これらの図では，扇状地の末端を側刻する別の河川（または海）の影響は考慮されていない．

5) 新旧の扇状地における交叉現象の類型

扇状地は，急勾配であり，砂礫の堆積が急速で，しかも砂礫の供給源および谷口より下流の堆積場における諸要因（☞図 5.1.7）の影響をもっとも鋭敏に反映する地形種である．したがって，1 本の河川の形成した新旧の扇状地起源の段丘面群は縦断方向にも平面的にも多様な配置を示す．その配置様式は，扇状地の形成される地形場における諸種の地形発達史を示唆するばかりでなく，扇状地河川の特性に反映している．そこで，その配置を類型化すると，四大別される（図 11.2.12）．各類型の特徴と意義は次のようである．

A) 合成扇状地型

この型では，新しい段丘面ほど緩傾斜で，かつその扇頂が谷口から離れて下流側に位置し，合成扇状地を形成している（例：図 11.2.11）．この型は山地側で隆起量の大きい増傾斜的隆起運動の結果であると考えられがちである．しかし，そのような増傾斜運動がなくても，河川の流体力を増加させる原因が発生すれば，合成扇状地が形成される（Lobeck, 1939, p. 243）．

その原因は，①削剥による流域全体の低下，②気候変化や河川争奪による流量の増大，③河床物質の細粒化などである．流体力が増加すれば，小さな河床勾配でも物質運搬が可能になるので，急勾配の扇状地を形成していた河川は侵蝕復活し，扇頂溝を下刻・側刻する．そのため，その下流端を扇頂とする新しくて緩勾配の扇状地が形成される．新しい扇状地は，拡大された古い扇状地の扇頂溝の谷底低地と連続し，全体としてイチョウの葉状の平面形を示す．この型と考えられる例は日本に多い（☞図 6.2.11）．

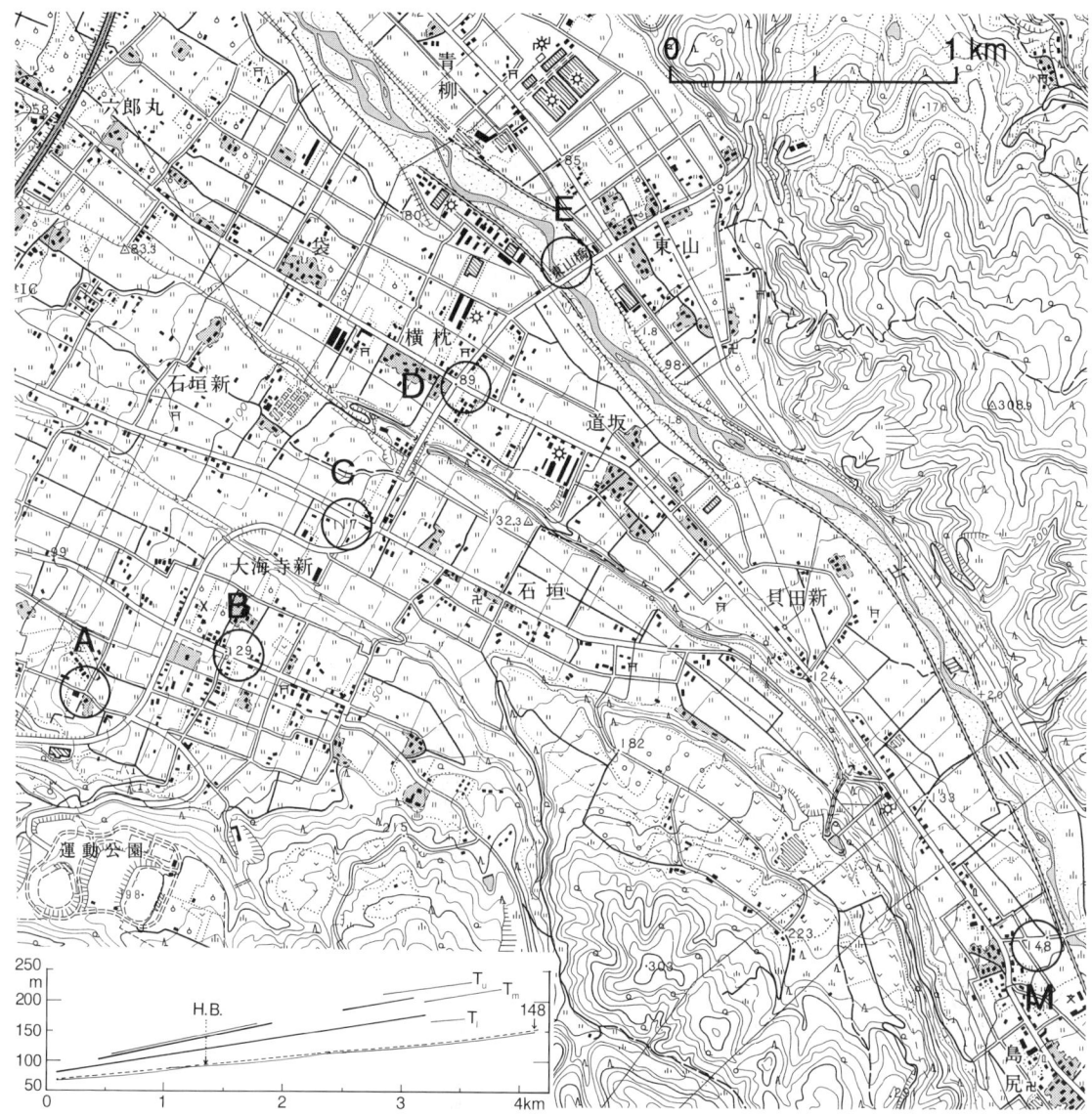

図 11.2.13 扇状地起源の段丘面群の収斂交叉型の配置 (2.5万「魚津」〈富山 12-1〉平 9 修正).
挿入図は図 11.2.13 の段丘面の投影縦断面図である (本文参照). Tu・Tm・Tl:上位・中位・下位段丘面群, H.B.:東山橋. 各段丘面と片貝川河床の投影断面線は, 地形図に補記した谷口 (M:標高点 148) から A〜E の○印の中心を通る直線である.

B) 収斂交叉型

　ほぼ同じ地点(谷口)を扇頂とする扇状地起源の段丘面群と現成の扇状地が古いものほど急勾配で，それらの縦断面が収斂交叉型の不連続(☞図 11.1.7)を示す型である(図 11.2.13).これは増傾斜的隆起運動に起因するほか，海面変動や合成扇状地の形成要因など複数の原因の重合でも形成される.

　収斂交叉型の例を図 11.2.13 に示す.片貝川(網状流路で礫床河川)の沿岸では，左岸にのみ数段の段丘が非対称的に発達している.現成の低地は左右両岸に発達し，扇状地である.左岸の段丘は下位段丘群(例:石垣)，中位段丘群(例:大海寺新とその南方)および上位段丘群(例:野球場などのある断片的段丘群)に大別される.いずれの段丘面も谷口から下流に発達するので，合

成扇状地起源ではない．片貝川の谷口の標高点148から，それぞれの段丘面を縦断するように，放射方向に引いた断面線に投影した段丘面の投影縦断面図（図11.2.13の挿入図）を描くと，上位の段丘面ほど急勾配であり，これらの段丘面群は収斂交叉型を示す．

C) 断層変位型

山麓部に山地側が隆起する変位方向をもつ活断層の走る地域にこの型が発達する．断層崖は，扇状地河川に直交する方向に伸びているので，容易に認定される（☞第19章）．断層が谷口を走る場合には，古い段丘が侵蝕または埋没され，またその断層より下流側では古い扇状地堆積物が新しい扇状地に被覆され，ともに見えないことが多い．

D) 発散交叉型

谷口に現成の扇状地があり，その扇端部に段丘化した古くて緩傾斜の扇状地があって，両者の縦断面が発散交叉型を示す配置型である．この型は，①山地側で隆起量の小さな減傾斜運動，②谷口から離れた部分での局所的な隆起運動（例：☞図11.2.32）に起因し，③広域的な場合としては氷期以降の気候変化と海面変動の重合した気候段丘（☞p.574）もある．特殊例として，火山体の荷重沈下とそれに伴う山麓の隆起によって，放射河川の形成した火山麓扇状地群がこの型である（例：☞p.1052）．

建設技術的に留意すべきことは，現成河川の河床変動特性である．合成扇状地型では親扇状地を刻む部分では下刻（河床低下）が進み，子扇状地の部分では堆積が進む．図11.2.11はその好例で，図の範囲より下流では河床変動が著しく，それが木下（例：1957）の偉大な河川工学研究の発端となった．収斂交叉型では，谷口より上流域を含む全域で河床低下の傾向にある．断層型は日本に極めて多く（例：☞第19章），一般に断層の上流側で下刻，下流側で堆積が顕著である．発散交叉型では，現成扇状地の地区で堆積（河床上昇）傾向にある．

6) 支谷閉塞低地起源の堆積段丘

フィルトップ段丘では，段丘堆積物の高透水性のために，その段丘開析谷にダムを建設するのは一般に不可能である（☞図11.1.18）．しかし，特殊な地形場たとえば支谷閉塞低地を段丘化した支流の河谷では，本流ぞいの低地における地下水面との相対的高度によっては，ダム建設が可能なこともある．

図11.2.14の西部の低地は，庄川の形成した大型扇状地（縦断勾配$=6.8\times10^{-3}$：☞表6.2.2および表6.2.3）である．図東部には，この扇状地よりも約30mほど高い段丘がある．その断面の縦断勾配を段丘崖頂線にそう三角点91.5，80.6および75.9の間で計測すると，それぞれ7.5×10^{-3}と3.7×10^{-3}であり，現成の扇状地とほぼ同等である．ゆえに，この段丘は庄川の形成した扇状地起源のフィルトップ段丘である．その段丘面は，庄川扇状地に面する前面段丘崖の崖頂線で最も高く，東方の和田川に向かって傾斜している．

和田川にそう段丘面が接する丘陵の山麓線は出入りに富み，しかも和田川の谷壁のほとんどが「がけ（土）」の記号で表現されているので，和田川ダム付近の段丘は堆積段丘であろう．和田川の穿入蛇行は，過去に自由蛇行流路をもっていたことを示唆する．以上のことから，和田川にそう段丘面は，庄川の扇状地によって谷口を閉塞された支谷閉塞低地が段丘化したフィルトップ段丘であると解される．

しかるに，ダムサイト付近の40mと50mの等高線からみて，ダムの満水面高は40数mであり，庄川の現成扇状地とほぼ同高であるから，その扇状地との間に高透水性の段丘礫層があっても，ダム水は漏水しないのである．しかし，ダムの満水面高をこれ以上高くすることは困難である（☞図11.1.18）．なお，池敷の地盤が，支谷閉塞低地の堆積物（つまり扇状地堆積物より細粒の泥層を含む可能性あり）で構成されていることも，ダム建設に有利であったと思われる．

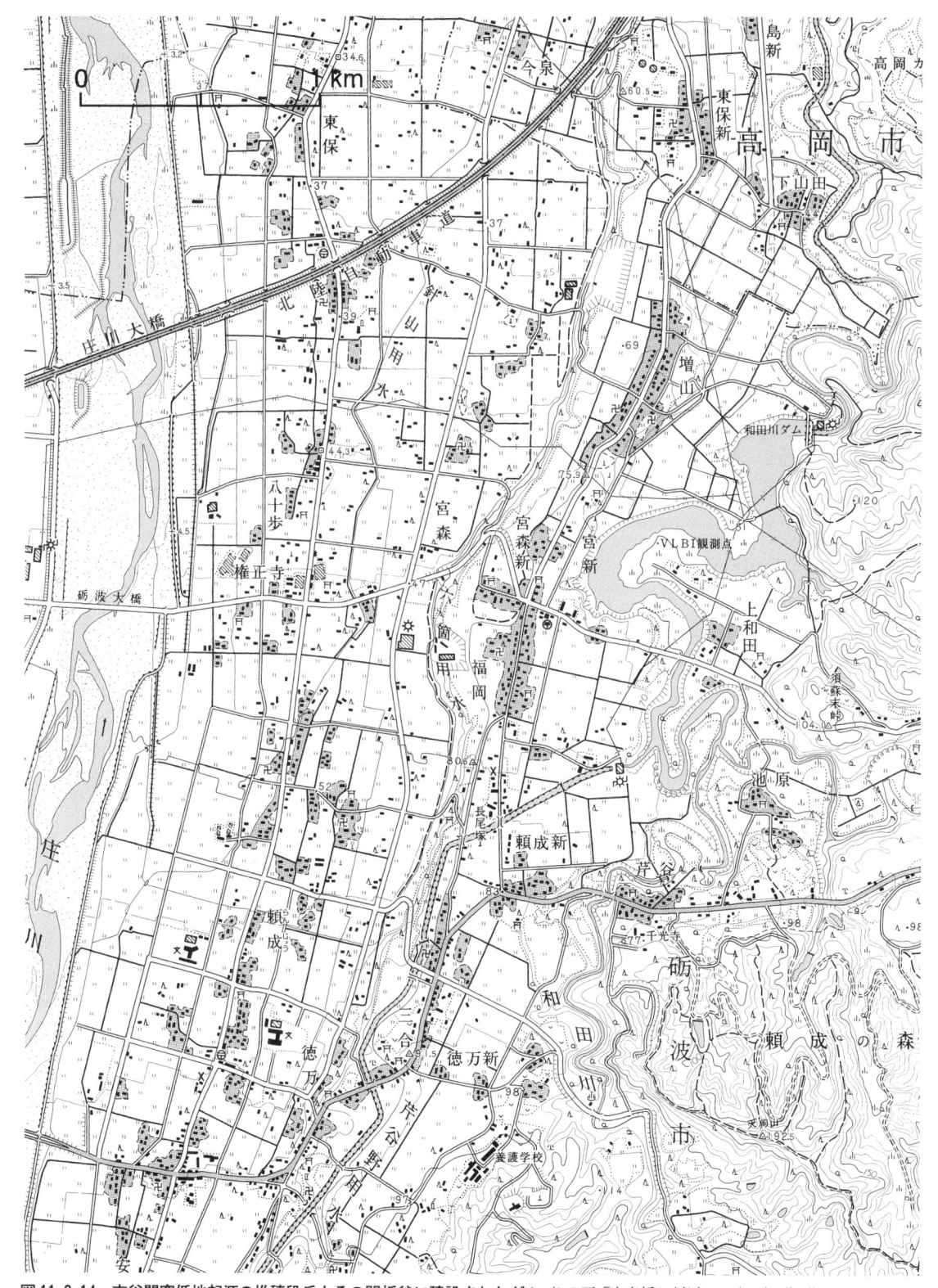

図 11.2.14　支谷閉塞低地起源の堆積段丘とその開析谷に建設されたダム (2.5 万「宮森新」〈高山 13-3〉平 6 修正)

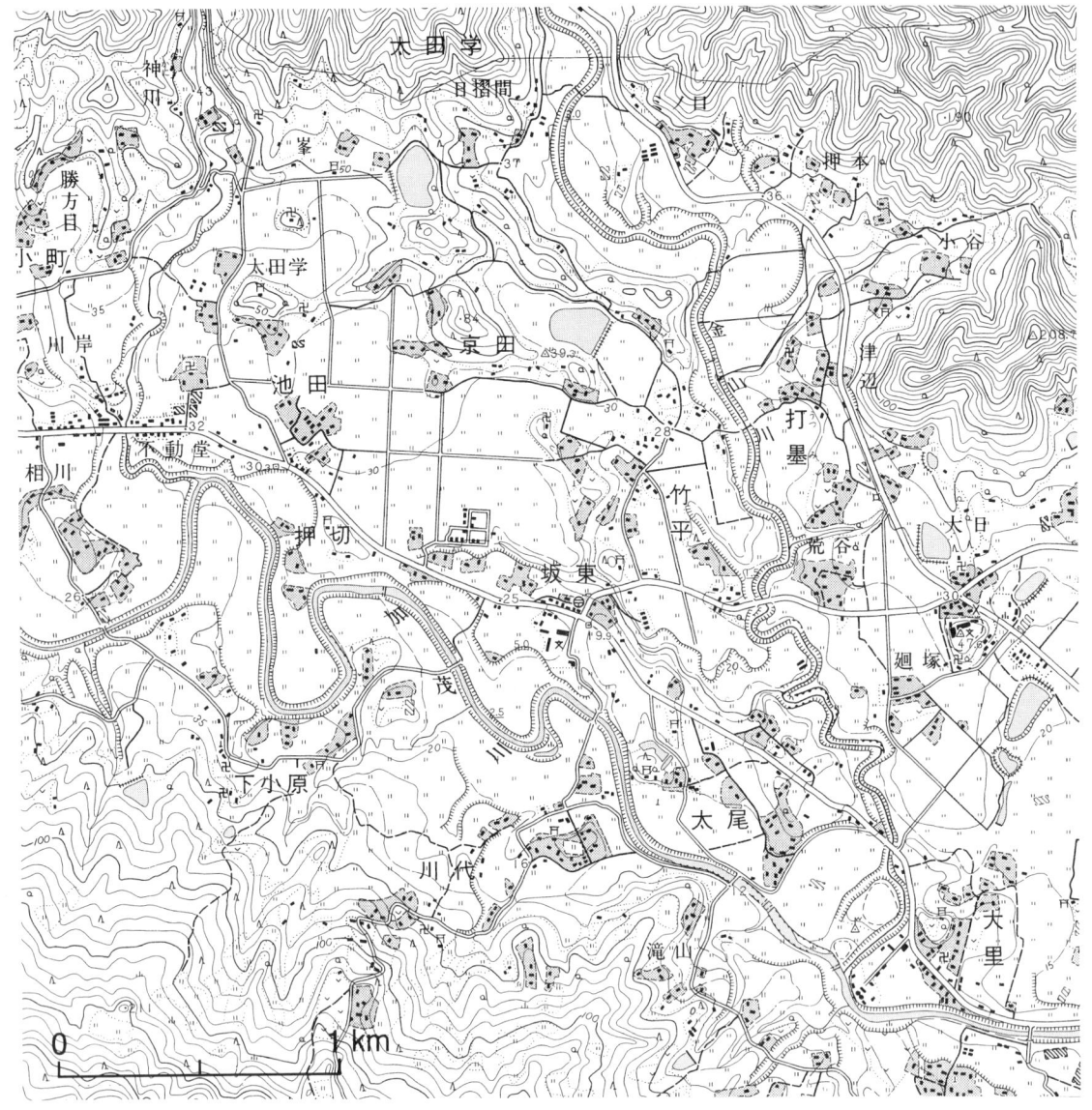

図11.2.15 蛇行原起源の河成堆積段丘（2.5万「鴨川」〈大多喜14-3〉平9部修）

7) 蛇行原起源の河成堆積段丘

図11.2.15の加茂川と金山川ぞいに，「がけ(土)」記号で境された2段の段丘面（上位面および下位面と仮称）が発達している．前面段丘崖の比高は上位面で5 m，下位面で1.5～2.5 mである．上位面は，出入りに富む山麓線と島状丘陵，緩傾斜（約 3×10^{-3}）な縦断勾配，同心性のない等高線配置，過去の自由蛇行流路の蛇行切断を示す分離段丘面の存在などからみて，蛇行原起源のフィルトップ段丘であろう．段丘堆積物は細礫混じり砂層を主体とし，その最大厚さは，段丘面の横断幅（廻塚と滝山の間で約1.1 km）によれば（☞図6.2.46），35 m以下と推定される．下位面は，その後面段丘崖の蛇行，段丘面を刻む掘削蛇行（☞p.696），支流への出入りの乏しさからみて，フィルストラス段丘（一部はストラス段丘）と解される．なお，北部の丘陵の山麓部における直線的な高度変換線は断層の存在を示唆する．

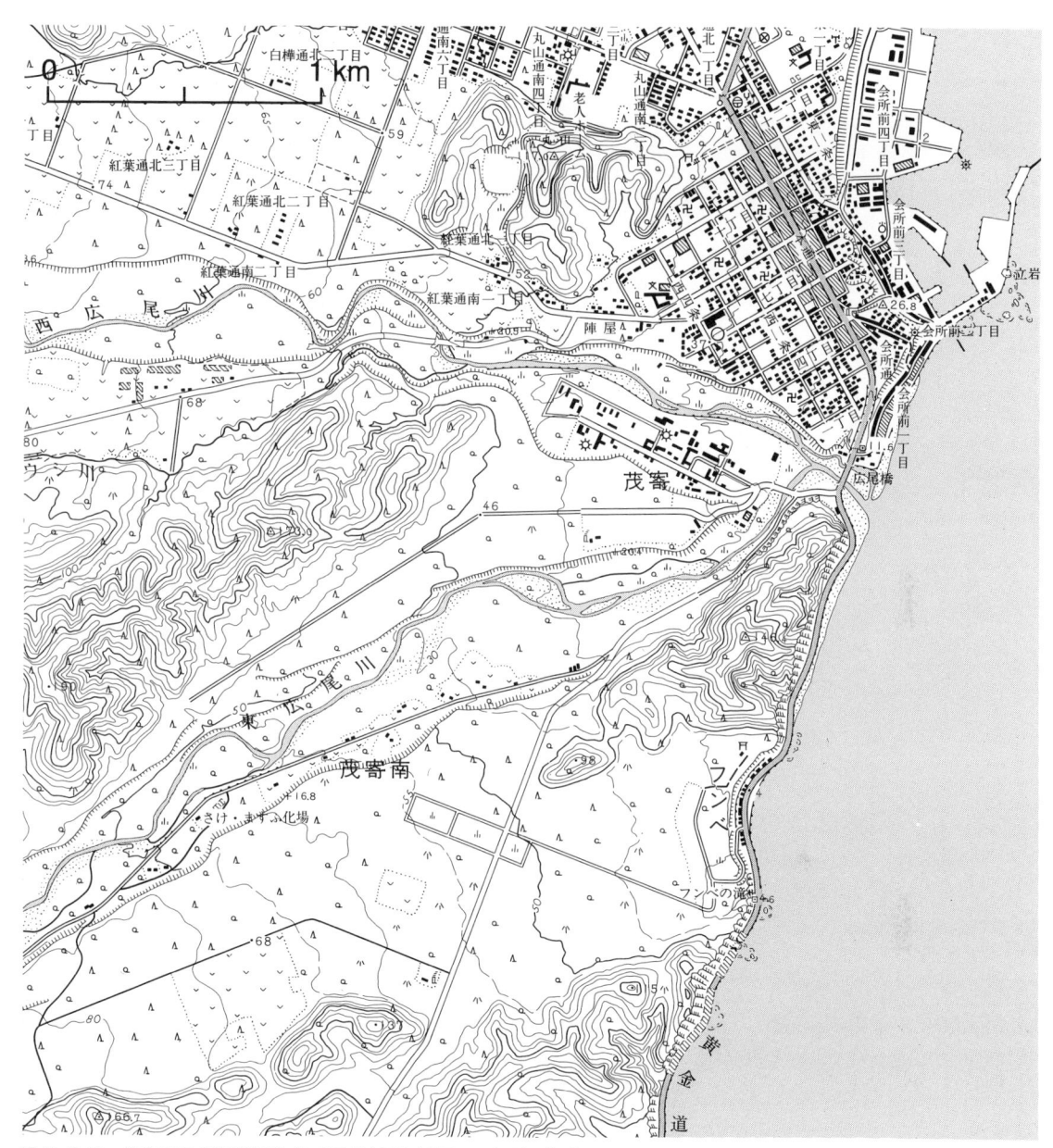

図 11.2.16 臨海の河成堆積段丘 (2.5 万「広尾」〈広尾 11-3〉平 2 修正)

8) 臨海の河成堆積段丘

図 11.2.16 では，東広尾川と西広尾川の両岸に，広い段丘面が，屈曲に富む山麓線に接し，また島状丘陵を囲んでいる．これらの段丘面は，東広尾川右岸でみられる同心円的等高線群の示す扇状地起源の砂礫段丘であるが，海ぞいの前面段丘崖はすべて海蝕崖である．よって，かつては扇状地が海の沖合に広く続いており，その離水で海蝕崖が生じ，同時に東西の広尾川も侵蝕復活して，フィルトップ段丘を形成したと解される．つまり，東西の広尾川は延長川（☞p.276）ではない．フンベの滝は，埋没谷の谷壁に相当する地点に位置し，段丘礫層中の地下水の崖端泉と浅い侵蝕谷に涵養されているので，水量変化が著しいであろう．

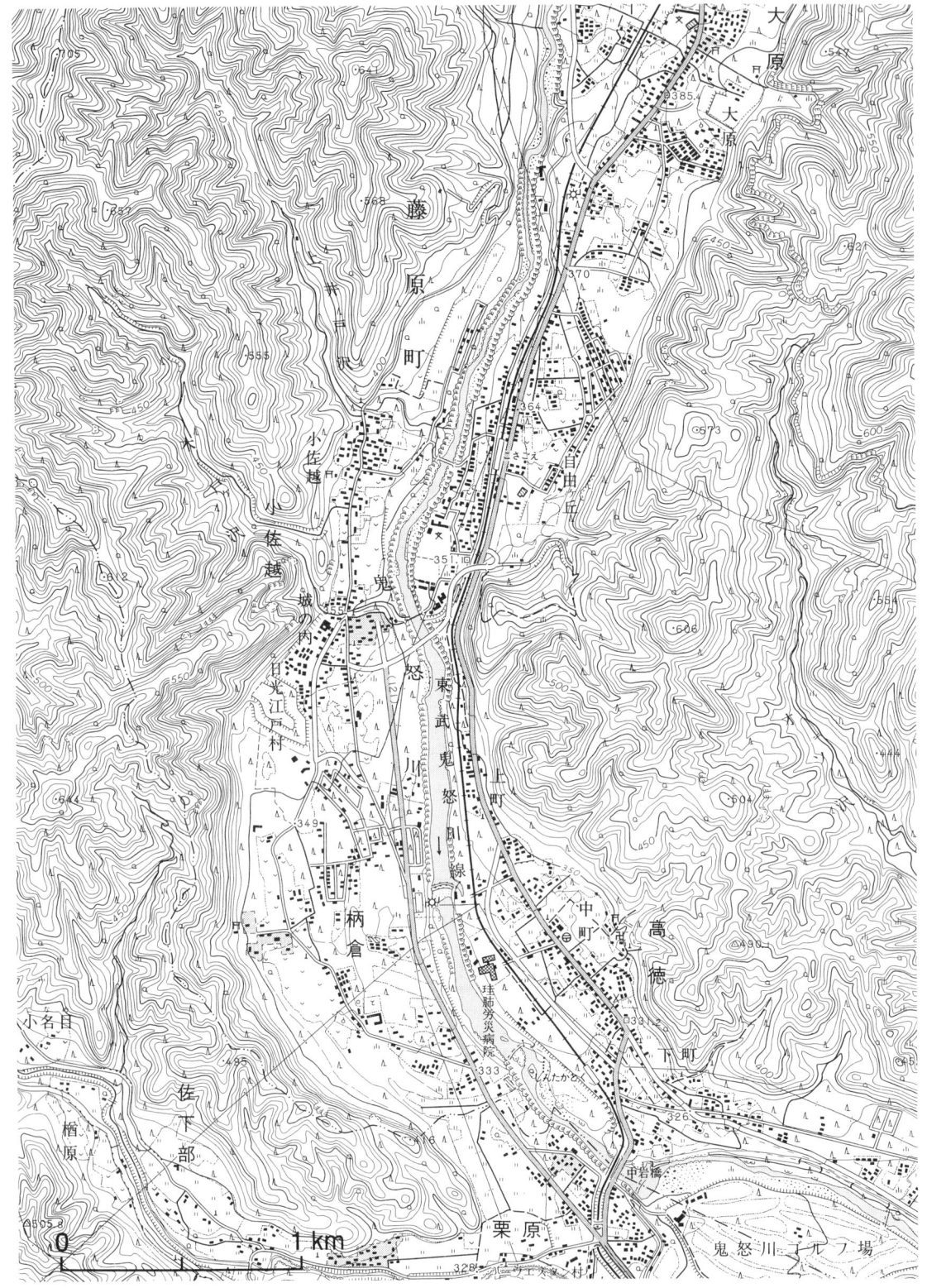

図 11.2.17 谷底侵蝕低地起源の岩石段丘（2.5 万「鬼怒川温泉」〈日光 8-1〉平 2 修正）

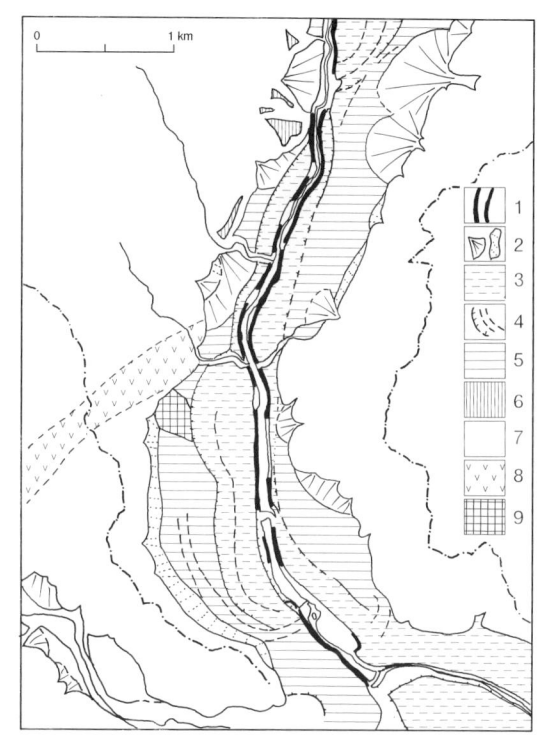

図 11.2.18　図 11.2.17 の読図成果概要図
1：現成段丘崖の「がけ（岩）」，2：沖積錐・崖錐，3：下位段丘面，4：新旧の蛇行痕と名残川の浅い谷，5：中位段丘面，6：上位段丘面，7：山地，8：硬岩で構成される尾根，9：人工改変地．

(2) 河成侵蝕段丘の読図例

河成侵蝕段丘には，ストラス段丘としての岩石段丘ばかりでなく，フィルストラス段丘としての砂礫段丘および谷側積載段丘の 3 種がある．ここでは，建設技術的にとくに注意すべき事柄を重視して読図例を示す．

1) 谷底侵蝕低地起源の河成侵蝕段丘

図 11.2.17 には，鬼怒川両岸に段丘が発達している．段丘面背後の山麓線はスムーズな円弧で，ヒョウタン形に連なっており，図 6.3.14 と良く似ている．

段丘面は 3 段に区分される（図 11.2.18）．両者を境する段丘崖の好例は，鬼怒川右岸の藤原町の注記付近の「がけ（土）」記号の示す低い崖（比高：約 5 m 以下）である．それは小字小佐越の南東の低い崖に連なるが，両者の崖が小佐越で途切れているのは上井戸沢の形成した新しい沖積錐に被覆されているためであろう．その崖は，さらに城の内から柄倉付近へと，等高線の方向急転点で示され，標高点 333 の西に続く．左岸では「こさごえ」駅の東西両側の段丘面の高度差から段丘崖の存在が読図される．

鬼怒川ぞいの前面段丘崖はほぼ連続的（とくに藤原町の注記の北東と城の内の東の狭窄部の間の左岸）な「がけ（岩）」の記号で表現されているので，下位段丘は谷側積載段丘ではないであろう．なお，上位面および下位面には細長い弧状の水田帯があるが，それらは名残川の流路跡地である．

中岩橋から上流の鬼怒川は下位段丘を刻んで峡谷をなし，出水時には二つのダムとは無関係に谷底の全体が冠水する．河床には露岩もあるので，現河床堆積物は厚さ数 m 以下と薄いであろう．

以上のことから，この地域では鬼怒川がまず山地を刻み，側刻して谷底侵蝕低地を形成し，ついで鬼怒川の回春によって上位面が段丘化し，さらに回春があって下位面が段丘化したと解される．どちらも河成侵蝕段丘であり，段丘堆積物は厚さ 3 m 程度の薄い砂礫層であると考えられる．

上位面には，沖積錐（例：左岸の大原付近）と崖錐（例：自由ヶ丘付近，柄倉西方）が被覆している．沖積錐のうち，藤原町の注記付近のものはその末端を下位段丘面の後面段丘崖に切断されている．よって，ほとんどの沖積錐は上位面の離水後に生じたものであろう．

城の内付近で上位面と下位面の段丘面幅が狭いのは，城の内南西方の露岩の多い急峻な尾根がその両側の山地より強抵抗性岩で構成されていると解されるので（☞ p.880），側刻における差別侵蝕の結果であろう（☞ 図 6.3.12）．なお，日光江戸村は上位面より高い階段エプロン状の土地である．これは上位面の背後の弧状側刻崖の山麓線と不調和的であり，沖積錐の切取地としては比高が大き過ぎるので，人工盛土（土捨場？）の造成地であると推論される．

2) 河成侵蝕段丘の段丘面幅の変化

図 11.2.19 を西流する片品川の両岸には，典型的な河成段丘が発達し，6段に大別される（図 11.2.20）．ただし，図南東部の緩斜面をもつ台地は赤城火山の火山斜面である．

片品川の現成の谷底低地は，上流の平出ダム付近，貝野瀬付近，上沼須町付近に狭窄部をもつ．そこでは流路ぞいに「がけ（岩）」の記号がある．一方，狭窄部の間の幅広い低地では，上久屋町の東南を除くと，「がけ（土）」記号がある．つまり，この谷底幅異常（☞p.742）は岩石制約による差別侵蝕の結果である．

最上位の第1面は，片品川両岸に最も幅広く発達し，沼田インターチェンジ北東の三角点 472.9 の島状丘陵を囲む．第1面は，片品川からの比高が上流部で約 160 m，下流部で約 110 m であり，縦断勾配は約 1.6×10^{-2} で小型扇状地（☞表 6.2.3）のそれに類似し，片品川より急勾配である．その前面段丘崖には「がけ（岩）」の記号が各所にみられ，その頂部は段丘面から 10～30 m 下方にある．そのような露岩のある地区は片品川と発知川（図北西部）の狭窄部に対応する位置にある．一方，上久屋町付近の，比高 90 m におよぶ前面段丘崖に地すべり地形や「がけ（土）」記号もみられるので，上久屋町から第1面に至る道路付近は地すべり発生の要注意地区である．

以上のことから，第1面は扇状地起源のフィルトップ段丘で，段丘礫層の最大厚さは約 100 m に達するが，局所的には基盤岩石が浅い位置にまで高くなっており，谷側積載段丘の性質をもつと解される．よって，高速道路の発知川に架かる橋梁は両岸に基盤岩石が露出するが，片品川橋の両端は砂礫地盤であると考えられる．

第2面には水田がないので，フィルストラス段丘であろう．第3面以下の段丘面では，水田が後面段丘崖の崖麓線にそって細長く弧状に分布し，そこが流路跡地であることを示す．第4面以下は大部分がストラス段丘で，その段丘礫層は約 3 m

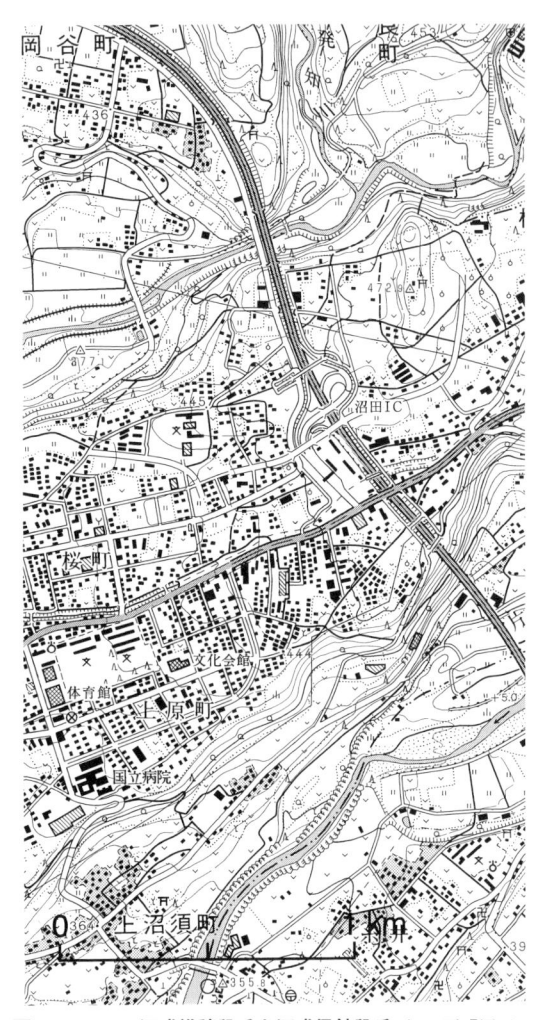

図 11.2.19a　河成堆積段丘と河成侵蝕段丘（2.5万「沼田」〈宇都宮 13-3〉平8修正）

以下であろうが，いずれも局部的に谷側積載段丘の可能性がある．

第3面以下の前面段丘崖には「がけ（岩）」，「がけ（土）」そして等高線だけの地区が交錯するが，片品川河床に崖麓線をもつ現成段丘崖に「がけ（岩）」がある地区ほど，相対的に上位の段丘面の幅が広い．この種の段丘を岩石保護段丘とよぶこともある．逆に「がけ（土）」の地区では下位の段丘面または現成低地の幅が広い．これは谷側積載段丘群の重要な特徴である．ただし，平出ダムは両岸に岩盤の露出する狭窄部に建設されているので，漏水の心配はないであろう．

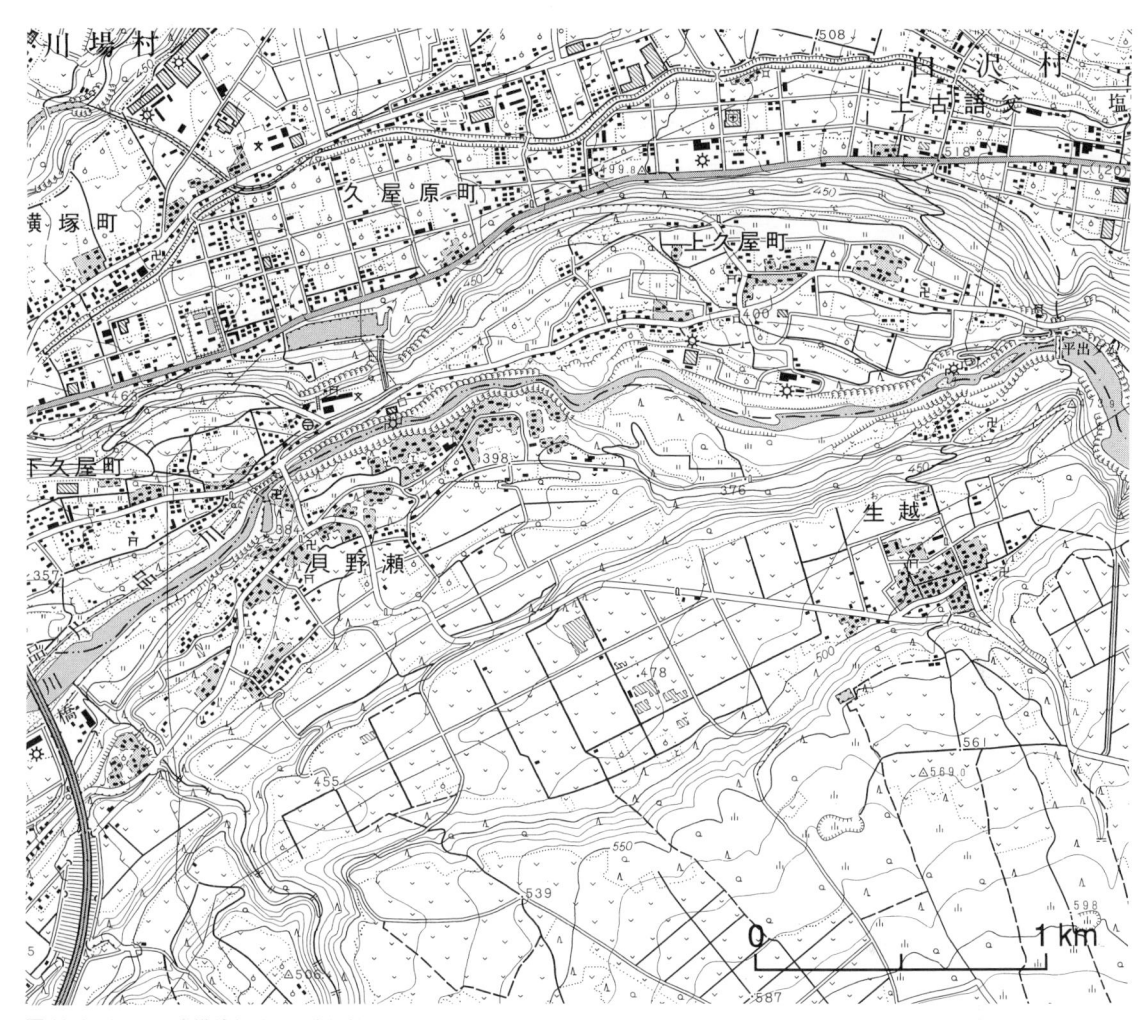

図11.2.19b 河成堆積段丘と河成侵蝕段丘(2.5万「沼田」〈宇都宮13-3〉平8修正)

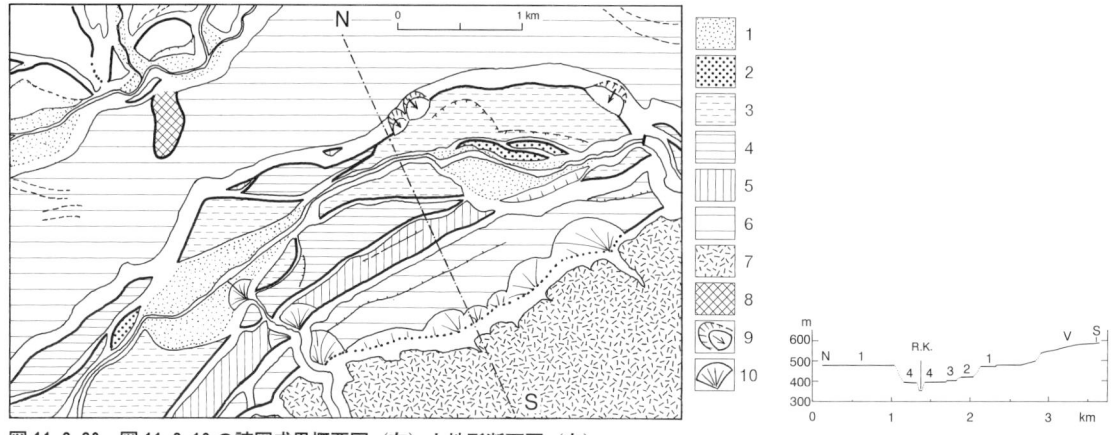

図11.2.20 図11.2.19の読図成果概要図(左)と地形断面図(右)
1：谷底侵蝕低地，2：第5面以下の段丘面，3：第4面，4：第3面，5：第2面，6：第1面，7：火山斜面，8：丘陵，9：地すべり地形，10：沖積錐・崖錐．北西部の段丘面群は未対比で記号省略．太線・細線・櫛線および破線：崖麓線・崖頂線・低い段丘崖および流路跡地．
1点破線：地形断面図の断面線．地形断面図では，1〜4：第1面〜第4面の段丘面，V：火山斜面，R.K.：片品川．

614　第11章　段　丘

図 11.2.21　侵蝕扇状地起源の広い段丘面（2.5万「立川」〈東京10-2〉平10修正）　等高線とその高度を太線で補記.

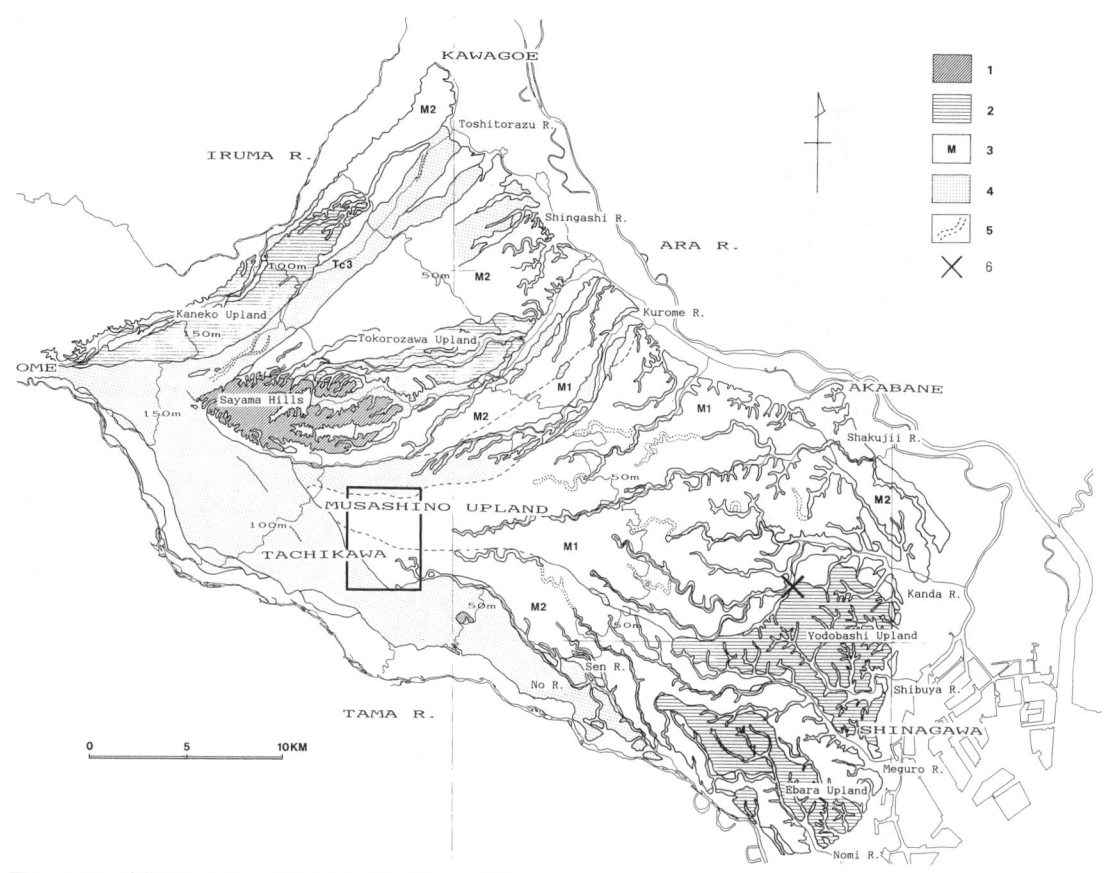

図 11.2.22 武蔵野段丘の段丘面区分 (久保, 1988, に補記)
1：丘陵，2：下末吉面，3：武蔵野面，4：立川面，5：浅い谷，6：東京都庁．黒枠の範囲が図 11.2.21 である．

3) 侵蝕扇状地起源の広い岩石段丘

図 11.2.21 は武蔵野段丘の一部（図 11.2.22 の太線枠内）で，図の範囲の大部分は武蔵野面であり，南部の中央本線「くにたち」駅付近や南東端の武蔵国分寺跡付近が立川面である．立川面の後面段丘崖は延長が長いので（図 11.2.22），とくに国分寺崖線と命名されている．このような崖を関東・東北地方の地元では「ハケ」とよぶ．

武蔵野面には，その最大傾斜方向に流れる名残川起源の浅い谷（例：図北部の青梅街道の北側）とそれらに続く段丘開析谷（例：日立中央研究所を囲む谷）が発達している．しかるに，南北に走る武蔵野線では，中央本線との短絡トンネルの北西側（西恋ケ窪三丁目の「恋ケ窪」の字の地区）および「しんこだいら」駅構内で，梅雨末期に高圧地下水の湧出による浸水および路盤破壊事故が起きた．両地区は地形図（図 11.2.21）の浅い谷ならびに地下水面等高線図（☞図 11.1.17）の地下水谷の位置にある（☞pp. 1198～1199）．

武蔵野段丘（図 11.2.22）は，形成時代の古い方から下末吉面，武蔵野面，立川面などに区分される複数の段丘面で構成され，一括して武蔵野段丘とよばれる．古い面ほど厚い関東ローム層（厚さ：2～10 m）に被覆されている．下末吉面は関東平野に広く分布する海岸平野起源の海成堆積段丘面である（☞図 11.2.34）．武蔵野面は 2～3 面に細分され（図 11.2.22 では M1 と M2 の 2 面に大別），段丘礫層は西方の多摩川から供給されたものであり（東端部を除く），厚さは数 m である．この厚さは図 11.2.22 および図 11.2.34 で

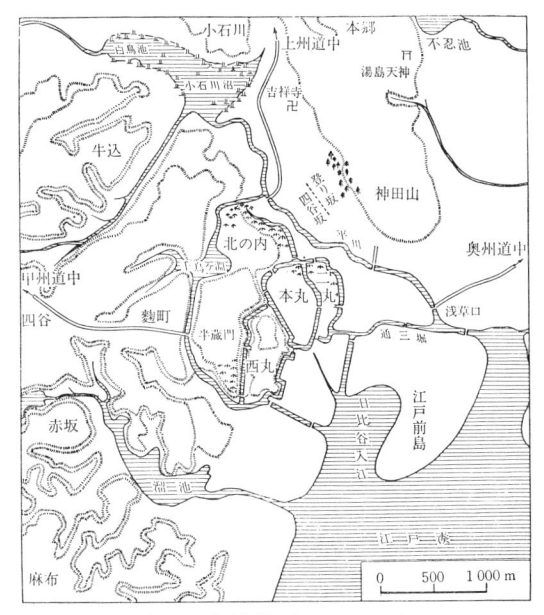

A：第一次建設期の江戸（慶長7年—1602ころ）　　　　B：第四次建設期の江戸（正保元年—1644ころ）

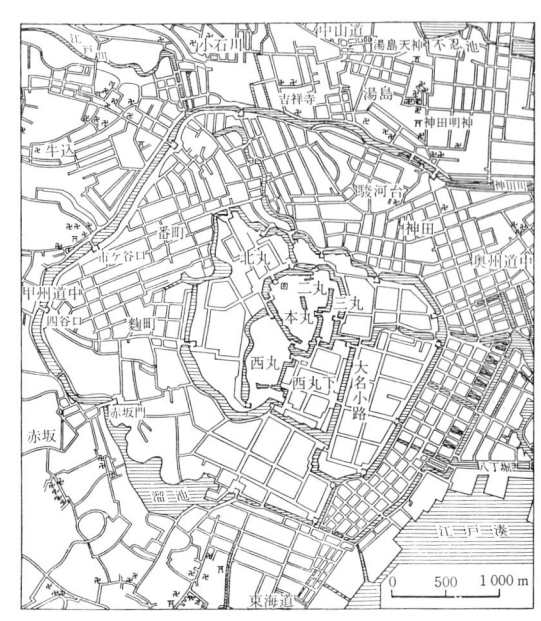

図 11.2.23　江戸城の築城と地形との関係（内藤，1976）

M1面の50m等高線に関する扇央比高法（☞p. 302）で推測した厚さ（約15m）以下であるから，M1面は沖積扇状地ではなくて侵蝕扇状地（☞図 6.3.2）であると解される．

　一般に段丘面，とくに侵蝕段丘面に発達する浅い谷の分布（図11.2.22）と地下水面等高線（☞図11.1.17）はほぼ対応している．たとえば，国分寺崖線ぞいに地下水瀑布があり，段丘崖には段丘礫層下の不整合泉（☞図6.1.54）が連続的に分布する．国立駅東方の国分寺崖線の崖麓線にそう流路跡地の浅い谷は地下水谷になっている．

　以上のことから，上述の武蔵野線にそう湧水事故は，その地区の武蔵野線トンネルが地下ダム（☞図11.1.18）のように，武蔵野面の段丘礫層内の地下水流を遮断する方向と深度に建設されたためであると解される．経済的理由によるのであろうが，段丘礫層の下位の基盤岩石内にトンネルが建設されてあれば，上記のような湧水事故は発生しなかったであろう．

　このような広い段丘における建設計画では，広域的な地形の理解（例：☞図11.2.34）が不可欠である．とくに都市化地域では旧版地形図の併読（例：☞図11.3.8と図11.3.9）が有益である．ちなみに，図11.2.21中央部を東流する玉川上水とその分水の野火止用水（図北西隅）は，地形図の無かった江戸時代に，見事に地形の高所にそって開削されている．これは，"秀でた建設技術者は地形をよく見ている（☞本書の「まえがき」第1行）"ことの好例である．

　そこで，徳川幕府が江戸城の建設にあたって，築城家がどのように"地形をよく見ていたか"を例示する（図11.2.23）．江戸城本丸を囲む幾重もの城堀は，淀橋面（下末吉面の一部）と武蔵野面を刻む段丘開析谷の本谷と支谷を巧みに整形し，ダムに城門を重ね，それらの河間地を開削し（例：半蔵堀，神田山開削），その土砂で支谷閉塞低地（例：小石川沼）や日比谷入江などを埋め立てて城下町とした．明治時代になっても，玉川上水を踏襲した東京水道網の淀橋浄水場（現在の東京都庁付近，図11.2.22）は淀橋面の最高所に建設されていた．ポンプを設置すればどうにでもなるが，自然流下が最善なことは論を待たない．

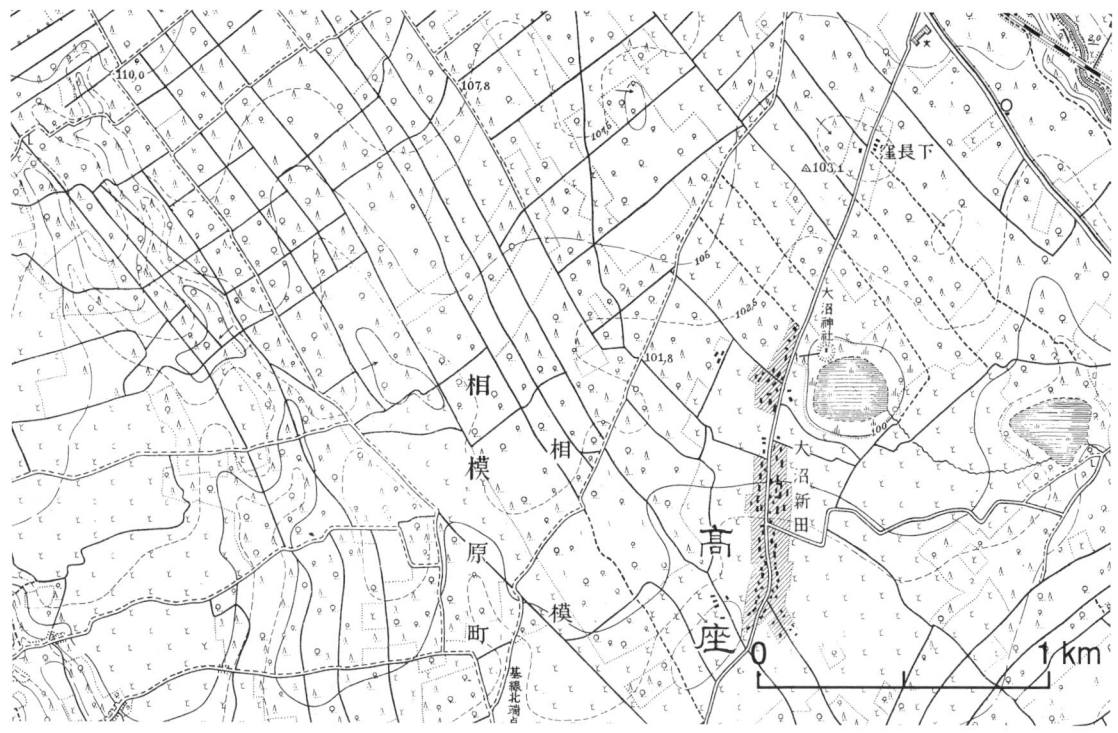

図 11.2.24 段丘面上の浅い凹地（2.5万「原町田」〈東京 11-2〉昭 29 資料修正）

4) 段丘面上の浅い凹地

図 11.2.24 の段丘面（図北東隅および西部の谷に注意）には，大沼神社（土塁に注意）付近とその東方の湿地をはじめ計 8 個の浅い凹地（凹地記号に注意）がある．凹地は，深さ数 m 以下で，楕円形ないし不定形の平面形をもち，段丘面上の浅い谷ぞいに分布する．湿地でない凹地も豪雨時に湛水することもあるが，現在の土地利用（図11.2.25）は図 11.2.24 の凹地に無頓着である．

この種の凹地は厚い風化火山灰層（例：関東ローム層）に被覆された段丘面にしばしば発達し，茨城県では「大足法師（だいだらぼっち）」とよばれる．図 11.2.21 の範囲にも多数の凹地が分布するが，描かれていない．凹地には宙水があり，それを飲料水とする集落（例：図 11.2.24 の下長窪）が広い段丘面にオアシスのように成立していた．凹地の形成過程は，宙水に関連する地下水侵蝕やローム層下に埋もれた流路跡地であろうと考えられている（吉村，1943；谷津，1950）．

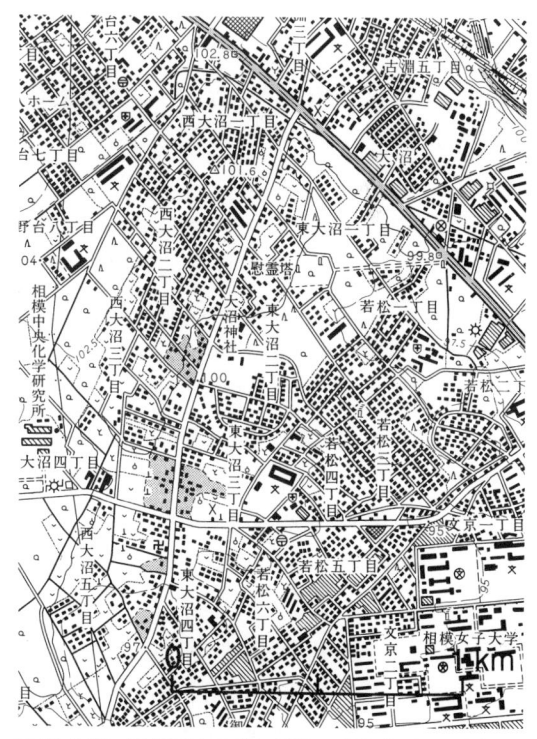

図 11.2.25 段丘面上の浅い凹地の宅地化（2.5万「原町田」〈東京 11-2〉平 5 修正）図 11.2.24 の東部と同範囲．

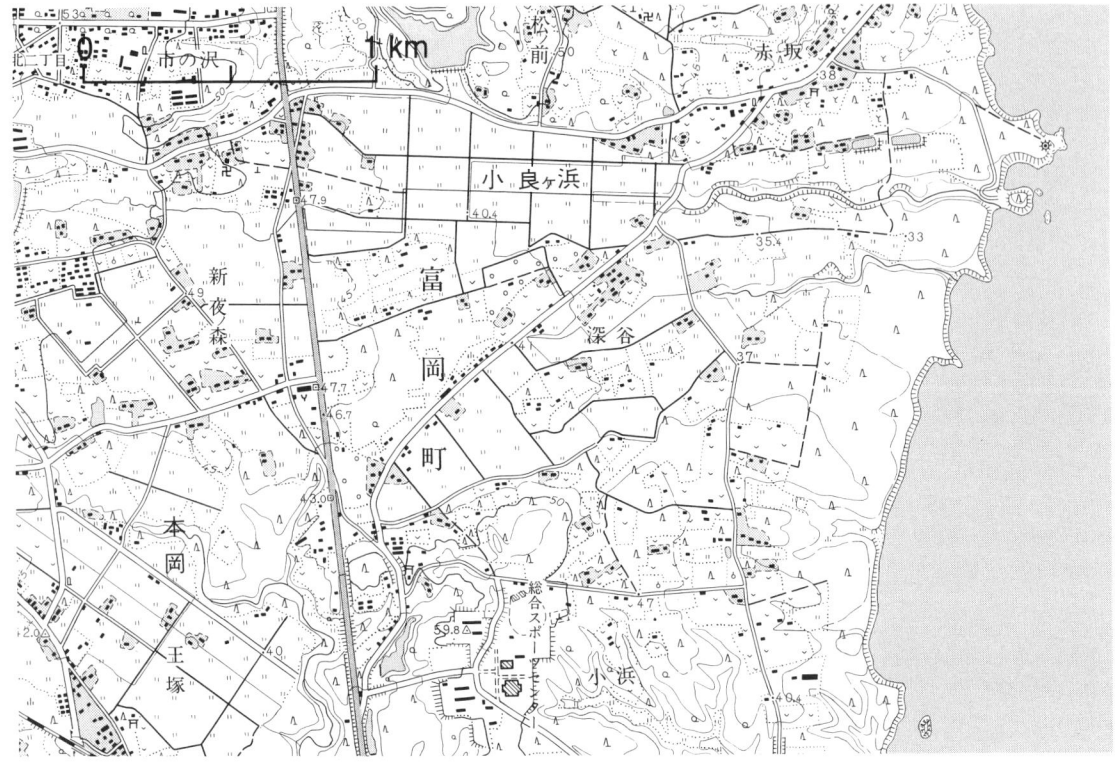

図11.2.26 臨海の河成侵蝕段丘（2.5万「磐城富岡」〈福島4東-4〉昭61修正）

5）臨海の河成侵蝕段丘

図11.2.26の海岸線は屈曲に富み，海蝕崖（比高約30m）が「がけ（土）」の記号で描かれ，波蝕棚はないが，離れ岩がある．よって，海蝕崖は非固結堆積物ではなく軟岩で構成され，この海岸は傾斜波蝕面型（☞図7.3.1）の岩石海岸であると解される．また，図北部（市の沢，松ノ前，赤坂付近）と南東部（小浜付近）の丘陵ないし開析された段丘は支谷の多い侵蝕谷と溜池の存在からみて，軟岩で構成されていると解される．

それらの丘陵に挟まれた平坦地（水田地域）について35，40，45，50m等高線を追跡すると，次のことがわかる．①小良ケ浜と深谷の東方に，海蝕崖と平坦地を刻む2本の開析谷が穿入蛇行しており，その上流端は平坦地に滑らかに接する．②深谷の南には，水田地区と丘陵とを境する山麓線が緩い弧を描いて南西から北東に伸びている．それと対をなすように，小良ケ浜北方の丘陵の山麓線も緩い弧である．それら2本の弧の間では，35〜50m等高線が海に向かって同心円的に張り出している．③本岡と王塚付近は，その北方の45m等高線にそう円弧状の低い段丘崖を境に，新夜ノ森付近より一段低い段丘である．

以上の事実は次のように解釈される．かつて，河川が，軟岩の丘陵を側刻しながら，新夜ノ森から小良ケ浜・深谷付近に侵蝕低地ないし侵蝕扇状地を形成した．その河川が南に転流しかつ侵蝕復活して，本岡付近の侵蝕低地を形成し，その低地は後に段丘化した．このような段丘化に伴って，侵蝕扇状地の両扇側に生じた名残川が海蝕崖から頭方侵蝕して，段丘開析谷を形成した．この解釈が妥当であるとすれば，「富岡町」付近では，厚さ約3m程度の段丘礫層の下位に軟岩が存在するであろう．狭い範囲の読図例であり，いささか難題であるが，この推論の正否は，段丘開析谷での露頭観察で容易に実証されよう．

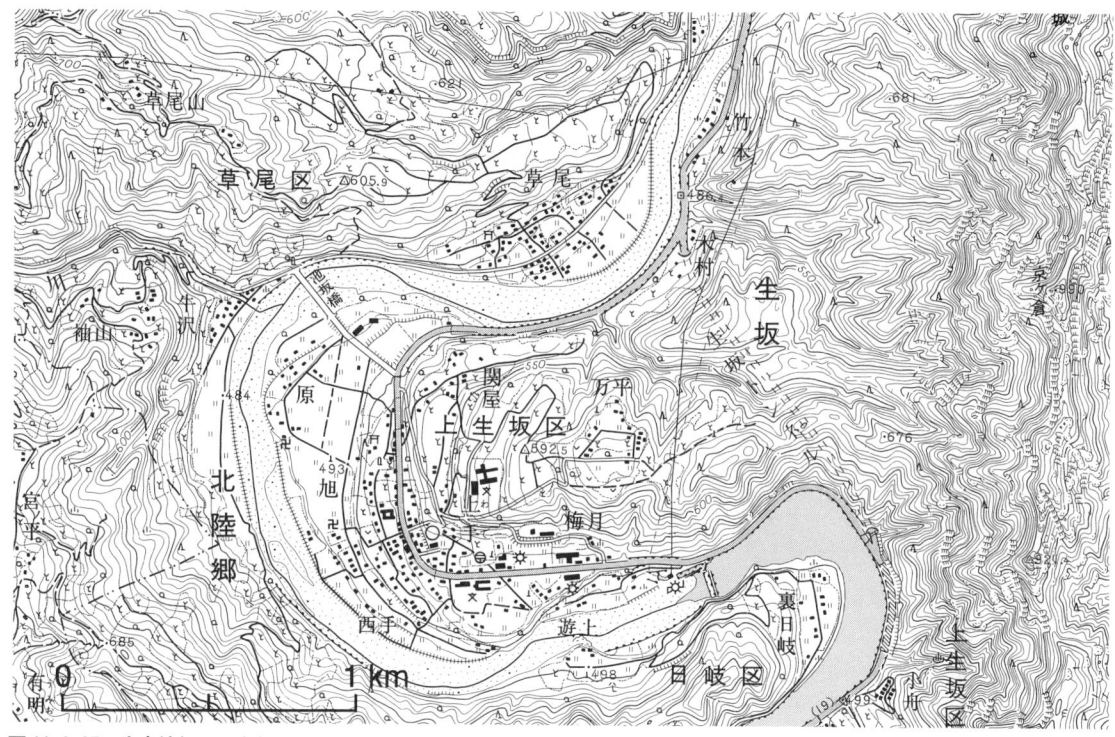

図 11.2.27　生育蛇行の滑走部の段丘面群 (2.5万「信濃池田」〈高山 2-1〉平 2 修正)

(3) 局所的原因による河成段丘の読図例

河川流域で局所的に発生した根源的原因によって，その地区にのみ局所的に形成された数種の段丘がある (☞pp. 577～578)．以下には 3 種を読図し，他種は関連章節で扱う．

1) 生育蛇行段丘

図 11.2.27 の大河川 (犀川) は，河床からの比高約 500 m 内外の丘陵を刻み，顕著な生育蛇行 (☞p. 696) を示す．生育蛇行の滑走部 (裏日岐，上生坂区，草尾) には蛇行流路とほぼ並走する段丘崖をもつ段丘面群が発達する．とくに上生坂区では 14 段もの小さな段丘面群が発達する (図 11.2.28)．これらは，生育蛇行段丘 (☞p. 577) の好例であり，いずれも岩石段丘である．

上生坂区の犀川の生育蛇行は，第 1 面から第 12 面の形成期までは主として振幅増大 (☞図 6.1.37) をしていたが，第 13 面と第 14 面の形成期に湾曲回転を伴うようになった．現在の蛇行曲

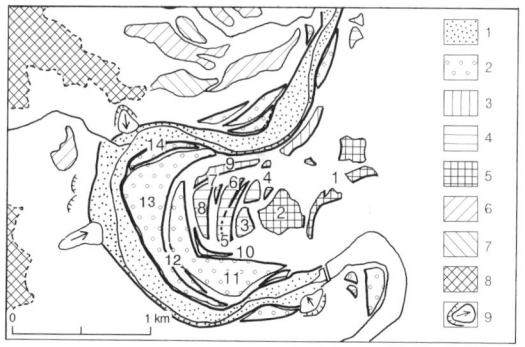

図 11.2.28　図 11.2.27 の読図成果概要図
図中の数字 (1～14)：第 1 段丘面～第 14 段丘面．
凡例　1：現成の谷底低地，2～5：下位，中位，上位，最上位の段丘面群，6 と 7：新旧の支流の段丘面群，8：山頂小起伏面，9：新旧の地すべり地形．

率の最大は池坂橋付近にある．その左岸は，地すべり地形からも明白なように，ダムがなければ，池坂橋左岸付近が最も側刻を受けやすい地区である．ゆえに，河川・斜面災害に対する安全性という観点での架橋適地としては，蛇行流路の転向点 (☞図 6.1.13) が最適であるから，原の寺院付近や草尾の段丘の上流端が適切であろう．

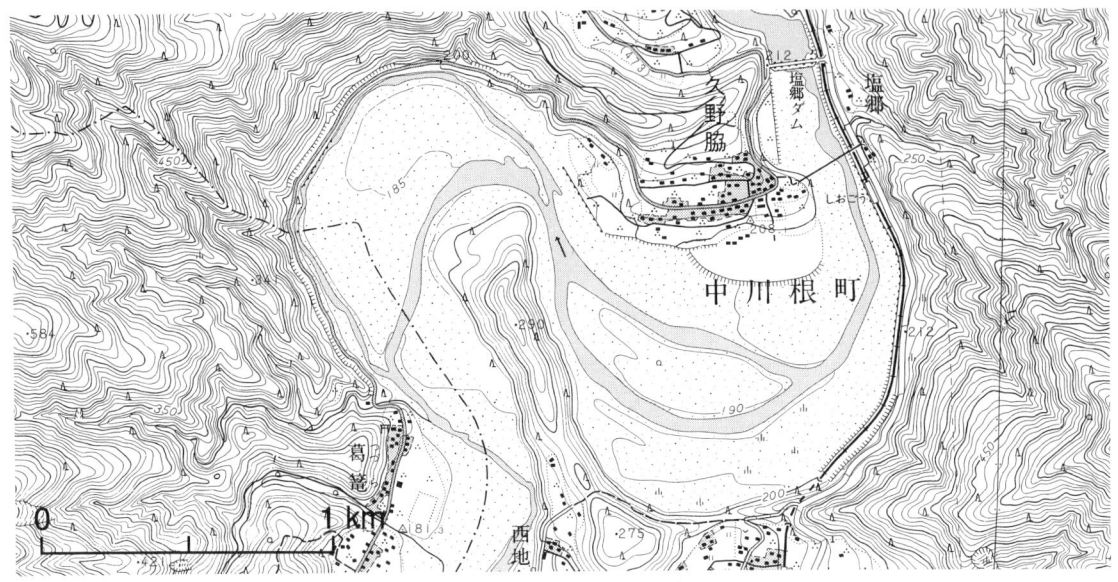

図 11.2.29 穿入蛇行における早瀬切断 (2.5万「家山」〈静岡 15-3〉平 10 修正)

2) 穿入蛇行における早瀬切断段丘

図 11.2.29 の大河川（大井川）は顕著な穿入蛇行（☞p.696）を示し，網状流路と幅広い河川敷をもつ．久野脇には少なくとも 3 段の生育蛇行段丘が発達する．しかし，現河床の網状流路をみると，久野脇の南方と西方の中州を囲む 2 本の流路では，滑走部側の流路が主流路である．そのことは，河床の 190 m および 185 m の等高線を追跡すれば，攻撃部側よりも滑走部側の低水路が中州よりとくに低くなっていることから明白である．このまま主流路が低下し，早瀬切断（☞図 6.1.50）が起これば，攻撃部側は早瀬切断段丘（☞p.578）となり，攻撃部側の流路が放棄されて，その流路跡地に名残川が流れることになろう．塩郷ダムの西方には，その種の段丘と名残川ぞいの段丘開析谷が僅かにみられる．

図 11.2.30 には，信濃川の形成した生育蛇行段丘（上流から川井付近，卵ノ木，牛ヶ島，上村付近など）に加えて，穿入蛇行における早瀬切断に起因する局所的な河成段丘の好例がみられる．川井新田付近では信濃川の早瀬切断がまさに進行中で，攻撃部に名残川が形成中である．

川井新田対岸の攻撃部では低い段丘（標高点 68 付近）がすでに形成され，攻撃部なのに護岸工もない．その背後の塩殿の段丘面では，その後面崖麓線にそって円弧状の水田帯（流路跡地）が学校のある旧中州を囲み，早瀬切断によって段丘化したことを示す．学校裏の「がけ（岩）」記号は，その段丘礫層が 2〜3 m と薄いことを示唆する．

牛ヶ島上流の攻撃部（標高点 60 付近）では，まだ蛇行が振幅拡大の傾向にあるので，右岸に 2 重の護岸堤防がある．上越線は貝之沢南方で段丘内部にトンネルをもつが，その南に両切の線路跡地がある．この線路移動は路線短縮に加えて，信濃川の側刻災害の防止にも有効であろう．牛ヶ島の対岸では標高点 56 の中州の左岸にまさに早瀬切断で放棄されつつある流路（細長い池群と広い河原に注意）とその背後の早瀬切断段丘（道路のある段丘面）がみられる．

北東部の石田川は円弧状で，貝之沢の円弧状の低所から天納南方に流下する小渓流とともに，三角点 161.5 の段丘を囲み，それを蛇行核とする蛇行切断による流路跡地の名残川であろう．石田川ぞいの低い段丘の堆積物は泥質層を挟むであろう．

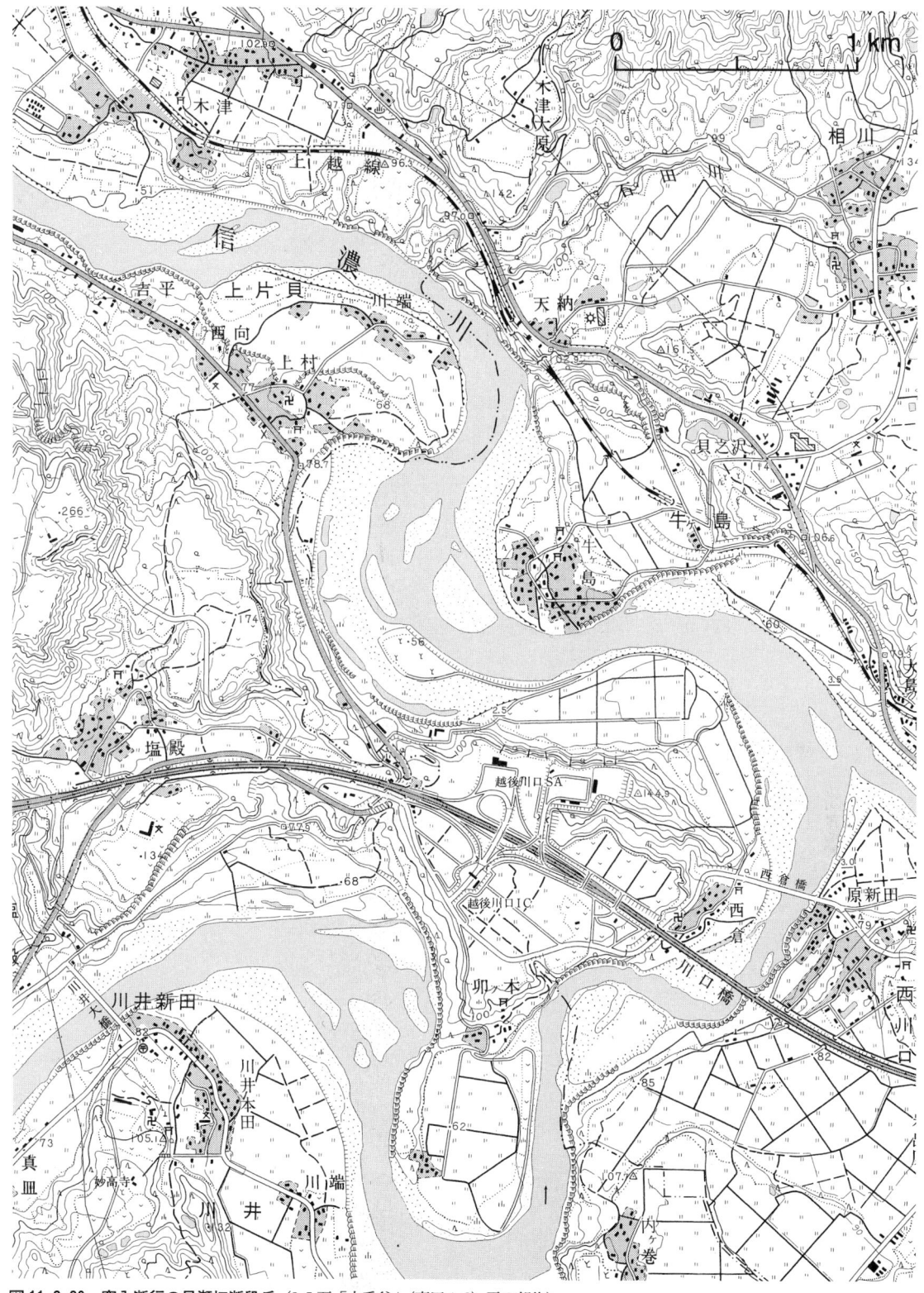

図 11.2.30 穿入蛇行の早瀬切断段丘（2.5万「小千谷」〈高田 1-3〉平 9 部修）

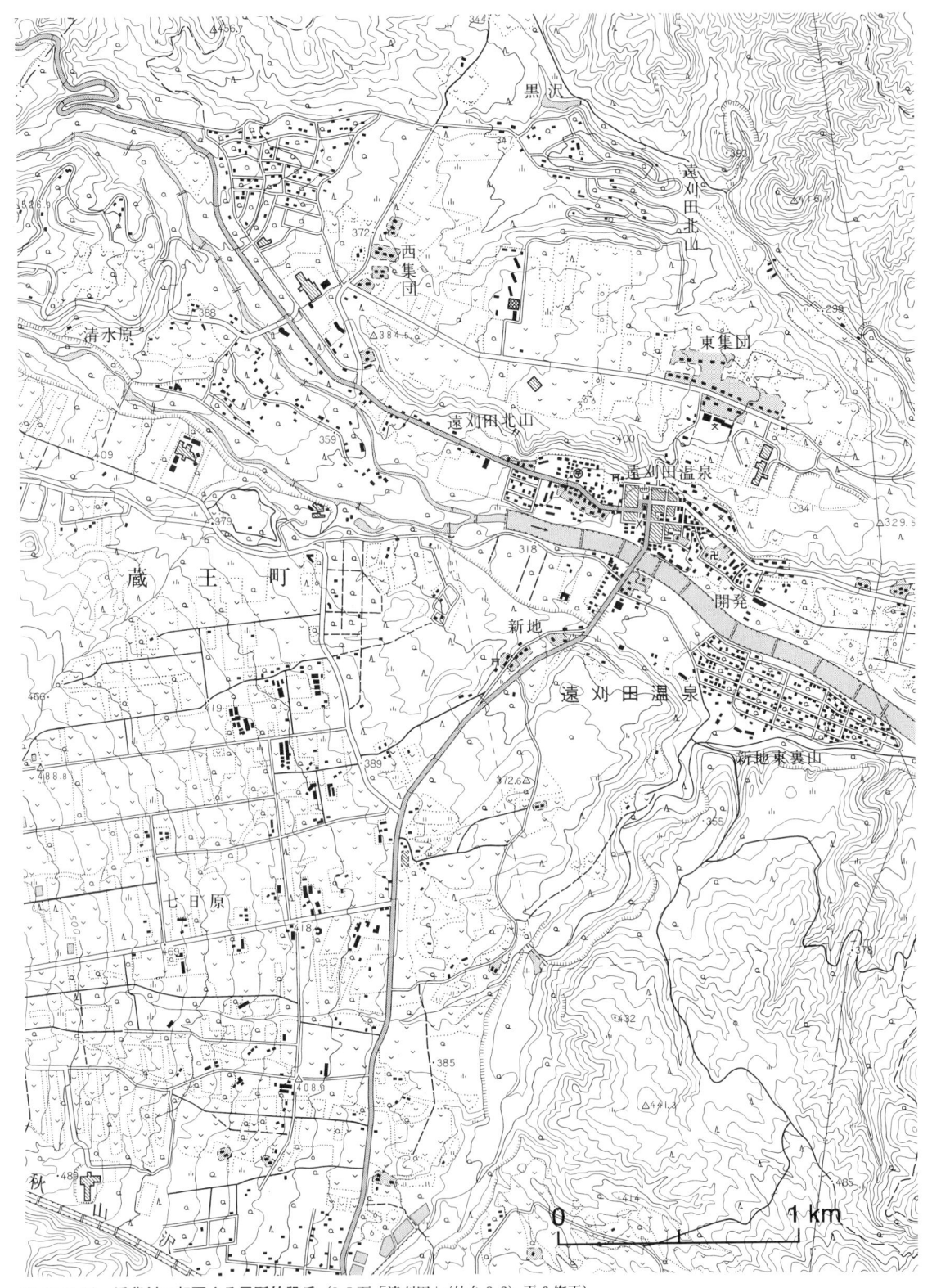

図 11.2.31 活背斜に起因する局所的段丘 (2.5万「遠刈田」〈仙台8-3〉平6修正)

散交叉型の不連続（☞図11.1.7）を示す．遠刈田温泉街の南を東流する主要河川（松川）とその支流は七日原扇状地の扇側・扇端部を側刻して段丘崖を形成している．

松川の北方には，東集団付近の高台がある．その高台の表面は平滑な段丘面（以下，Tmとよぶ）であり，大部分は東に低下するが，東集団と西集団の間の390m閉曲線（滑らかな尾根）から西では西方に傾斜（松川の流向に対して逆傾斜：☞p.562）している（図11.2.33）．この段丘面の南西端には，三角点384.5から標高点400に至る森林帯が，その北側の畑地よりも高く，それを縁取るような細長い段丘面（Tuとよぶ）となっており，西方へ傾斜している．Tmより低い段丘面（一括してTm'とよぶ）が，その北方（黒沢の東南方で東西方向に伸びる高度約350mの島状段丘と段丘面）と南方（遠刈田温泉街の東の小学校付近）にある．

西集団西方には，扇状地的な低い段丘面が発達する．それは上記3段の段丘面の西端に滑らかに接し，枝分かれして，高い段丘面を南北で挟むように東方に低下する．つまり，この扇状地的段丘面は，東集団付近の段丘面よりも急勾配で，それらと発散交叉型不連続（☞p.566）を示す．

以上の事実は次のように解釈される．この地域には七日原扇状地のような河成堆積低地が発達していたが，河川を横断する方向の背斜軸（図11.2.32）をもつ活背斜運動によって，局所的に徐々に隆起したため，その部分だけが段丘化した．その段丘面は背斜軸より上流側では逆傾斜し，下流側では元の傾斜より急傾斜になった．かくして，変位した段丘面とそれより新しい地形面は発散交叉型不連続（☞図11.2.12のD）を示す．

活背斜運動で生じた段丘面は変位の起こった範囲にのみ局所的に発達し，流域全体に形成されることはない．数段の変位した段丘面があり，上位のものほど変位量が大きければ，その変位は継続的に起こっていると解される（☞図19.3.1）．

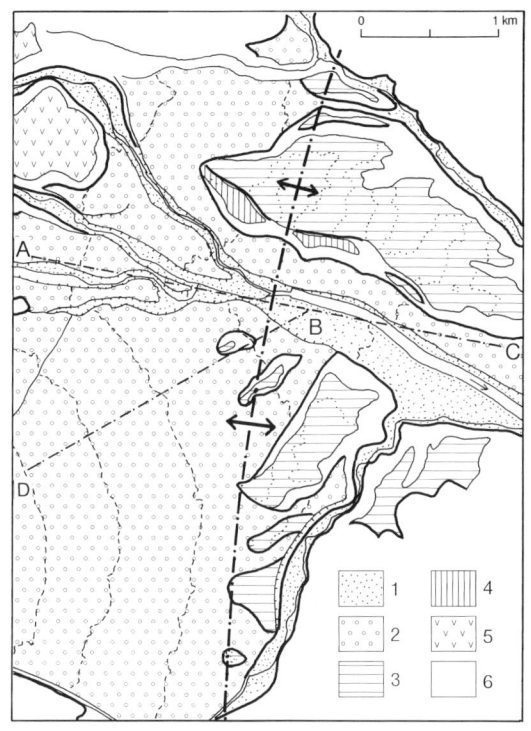

図11.2.32 図11.2.31の読図成果概要図
1：現成の谷底侵食低地，2：低位段丘面群（Tl），3：中位段丘面群（Tm），4：上位段丘面群（Tu），5：火山原面，6：段丘崖などの急斜面および丘陵・山地．
太線・細線：崖麓線・崖頂線，櫛線：低い段丘崖，1点太破線：推定された活背斜軸，1点細破線：図11.2.33の投影地形断面図の断面線．破線と点線：50mと10mごとの等高線．

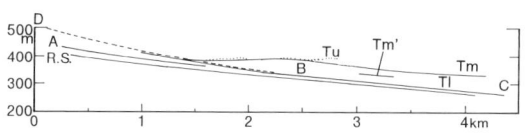

図11.2.33 活背斜運動で変位した段丘面の投影断面図
断面線を図11.2.32に示す．段丘面記号は図11.2.32と同じ．
破線：七日原扇状地，R.S.：松川と上流の澄川の河床．

3）活背斜に起因する河成段丘

図11.2.31西南部の七日原は秋山沢の形成した扇状地である．その扇端部の380m等高線より低い範囲に，扇状地面より高く，より緩傾斜で，かつ扇状地面に南北を挟まれた5個の段丘面ないし低い丘（例：三角点372.6付近）が断片的に南北方向に並んでいる（図11.2.32）．それらの段丘面の西端は七日原扇状地面と滑らかに接し，発

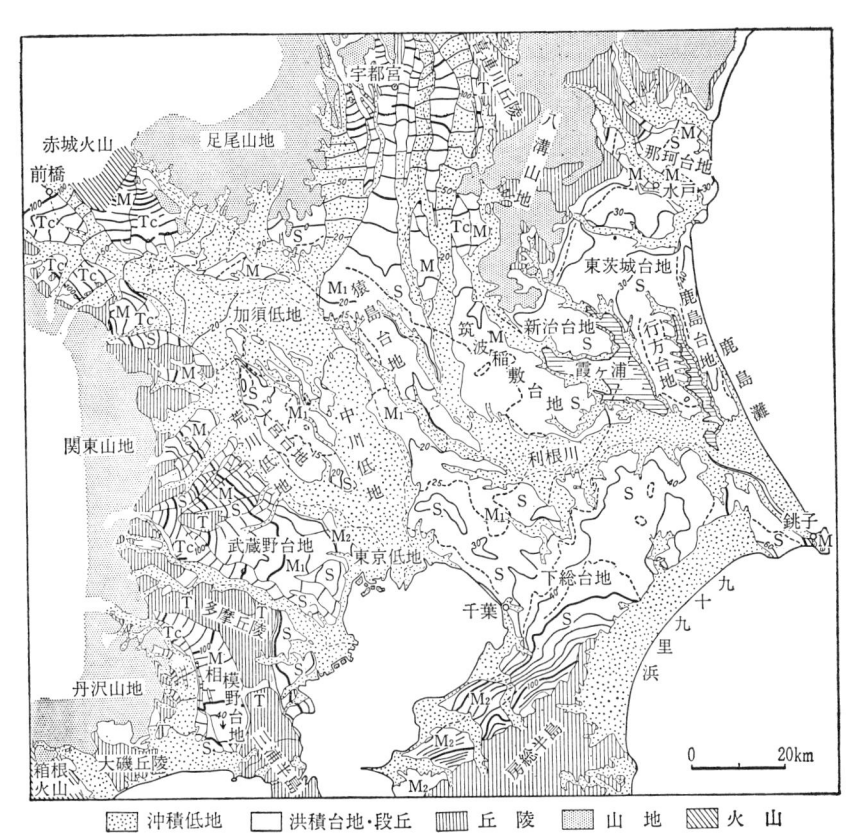

図11.2.34 関東平野の地形面の区分と形態 (貝塚, 1958および1992a)
T：多摩面, S：下末吉面, M：武蔵野面 (M_1はM_2より古い), Tc：立川面.
等高線は幅2km以下の段丘開析谷を埋めた復旧等高線である.

(4) 広域的な段丘面の分布

　段丘の正しい理解には，一つの河川の流域全体や独立した平野の全域について，段丘を区分し，その形成過程や分布を広域的に把握する必要がある．つまり，少なくとも数枚の2.5万地形図を読図したり，現地調査をする．ここでは精査された関東平野を例示する (図11.2.34).

　関東平野は段丘 (台地) と低地で構成されているが，前者のほうが広い．段丘面は古い (高い) 方から多摩面，下末吉面，武蔵野面，立川面の4段に大別され，それぞれはさらに細分されている．それらの形成年代は火山灰層序学の手法でほぼ解明されている (☞図3.3.5)．これらのうち，下末吉面は最終間氷期 (約12万年前) の海面上昇期に形成された浅海底が離水してできた海岸平野起源の海成堆積段丘である．その他の段丘面はいずれも河成段丘であって，河成堆積段丘，河成侵蝕段丘，ローム段丘などに分類されている．

　段丘面の高度分布をみると，大局的には関東平野の中央部 (図では久喜付近) と東京湾北部の二つの中心に向かって，段丘面が周囲からしだいに低下しており，二つの浅い皿のようになっている．これは，二つの盆地を形成するような地殻運動が第三紀末から第四紀を通じて現在まで継続しているためである (詳細：☞p.1152).

【練習 11・2・7】 図11.2.19aの沼田IC付近における高速道路の本線は両切で建設されたが，その開削にあたって地下水に関してどのような事柄が予測されたか．読図結果から推論しよう．

【練習 11・2・8】 図11.2.23に加えて可能なら1万地形図「日本橋」と「新宿」を入手して，半蔵門から時計回りに江戸城の内堀を一周し，段丘面の高度と堀の水面高度を確認しながら，過去の河谷および段丘崖の形態を推論してみよう．

11.3 海成段丘

A. 海成段丘の特質

(1) 海成の堆積段丘と侵蝕段丘

海成段丘は,海成堆積低地と海成侵蝕低地がそれぞれ離水した海成堆積段丘と海成侵蝕段丘に二大別され,さらに旧低地の地形種によって細分される(☞表11.1.2).それらのうち,日本に多い海成段丘は図11.3.1に示す3種である.

建設技術的には,河成段丘の場合(☞図11.1.18)と同様に,砂礫段丘と岩石段丘の違いが最も重要である.前者にはフィルトップ段丘(堆積段丘)とフィルストラス段丘(侵蝕段丘)の区別があるが,後者はストラス段丘(侵蝕段丘)である.海成の堆積段丘と侵蝕段丘の一般的差異は表11.1.3に総括してある.両者の読図による判別は,以下に述べるように,主として旧汀線の平面形,前面段丘崖の崖記号および段丘開析谷の特徴を論拠とする.

旧汀線は,後面段丘崖の崖麓線であり,離水前には同一水準(高度)であった.したがって,旧汀線の平面形および高度は段丘面となった旧低地の形成過程および段丘化後の変形・変位を反映しているので,その認定は極めて重要である.たとえば,連続する海成段丘面(つまり同時面)の旧汀線高度が地域的に明瞭に異なるのは(例:☞図11.3.12),隆起量の異なる差別的な地殻変動の結果であると解釈される.ただし,後面段丘崖からの崩落物質などの被覆のために,旧汀線が不明瞭(遷急線が不明瞭)なこともあり,現地調査でも読図でも認定困難な場合もある.とくに河成堆積低地に連なる堤列低地に起源をもつ海成堆積段丘では困難である.その場合には過去の浜堤の海側

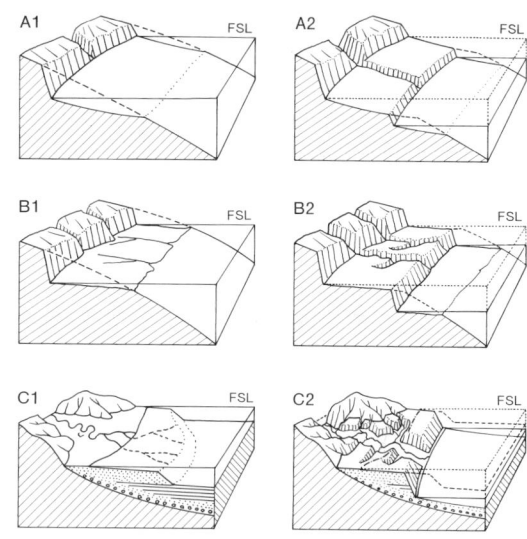

図11.3.1 3種の主要な海成段丘の模式図
A:傾斜波蝕面起源の海成侵蝕段丘
B:波蝕棚起源の海成侵蝕段丘
C:河成・海成堆積低地起源の海成堆積段丘
1:離水前の地形,2:離水後の段丘,破線:それぞれの時代の旧地形の断面,FSL:離水前の海水準,1点破線:海成堆積段丘面上の旧汀線.

基部を旧汀線と解釈する.

海成侵蝕段丘のうち,傾斜波蝕面と波蝕棚にそれぞれ起源をもつもの(図11.3.1のAとB)の区別は一般に難しいが,それぞれの現成海岸における地形の形態的特徴(☞図7.3.1)を念頭において推論する.すなわち,崖麓線の出入りの著しい場合は波蝕棚起源であり,滑らかであれば傾斜波蝕面起源と解して大過はない.プランジング崖型の海岸(☞p.464)は硬岩で構成されているため(☞図7.3.3),海成侵蝕面が形成されないので,そこでの海成侵蝕段丘の発達は稀である.

海成侵蝕段丘の段丘堆積物は主に礫層であり,一般にほぼ一定の厚さで薄い(約3m以下で,皆無のこともある).フィルストラス段丘(砂礫段丘)の場合には整形物質としての段丘堆積物と

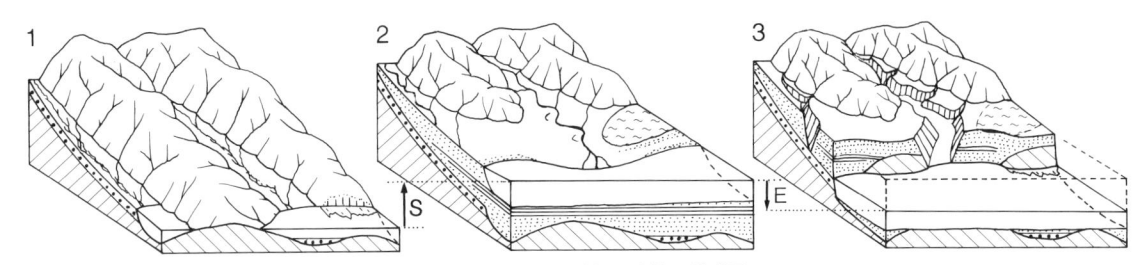

図 11.3.2　海成堆積段丘の形成過程と，それを反映した段丘堆積物の産状の模式図
1：沈水前の地形，2：海成堆積低地の形成（右方の波線部は潟湖），3：海成堆積段丘の形成（離水と海蝕崖および開析谷の発達）と段丘堆積物の産状．S：海面上昇（海進），E：海面低下（海退）．

構造物質としての非固結堆積物の区別が重要である．なお，岩石段丘でも過去の波蝕溝などに非固結堆積物が詰まって堆積している場合もある．

海成堆積段丘の段丘堆積物は，ほぼ水平の砂層を主体とし，それに泥層や薄い細礫層ならびに頂部に泥炭層を挟むことがある．その厚さは，埋積された基盤地形の起伏（例：埋没谷）を反映して，場所によって著しく異なる（図 11.3.2）．そのため，海成堆積段丘の前面段丘崖には，谷側積載段丘と同様に，基盤岩石と非固結堆積物が交錯して存在する場合も少なくない．

(2) 海成段丘の読図における着眼点

海成段丘の読図における着眼点は，以下のように，河成段丘の場合（☞p.591）と基本的には同様であるが，海成段丘に特有の事象もある．

① 等高線，土地利用，植生ならびに交通路の屈曲などに基づいて段丘崖と段丘面を区別し，段丘面を区分する．

② 旧汀線（崖麓線）の高度に基づき，段丘開析谷の両側の段丘面を対比する．上位の段丘ほど古く，また開析が進んでいる．同時面の旧汀線高度が地域的に明瞭に異なるのは地殻変動の影響であるから，その地域的変化傾向を新旧の段丘面について読図し，地殻変動の歴史を推論する．

③ 前面段丘崖における「がけ（岩）」と「がけ（土）」の記号の意味は河成段丘の場合と同じであり，岩石段丘と砂礫段丘の区別に役立つ．

④ 段丘面上の微地形として，海成堆積段丘では過去の浜堤，堤間低地，潟湖跡地，砂丘などがある．海成侵蝕段丘では旧岩礁，離れ岩などがあり，稀に浜堤や砂丘が重なっていることもある．

⑤ 段丘開析谷は，海成堆積段丘ではその平坦性を反映して，直角状（鹿角状）に枝分かれする平面形をもつ場合が多い（例：☞図 11.3.8）．海成侵蝕段丘では延長川起源の直線的な谷が多い．段丘面の内部に発源する開析谷は基盤岩石の物性や地質的不連続面（☞表 2.3.4）を反映していることがある（例：図 11.3.3, 図 7.3.7, 図 7.3.8）．最低位の海成段丘を刻む谷の谷底低地を読図して，それが谷底堆積低地か谷底侵蝕低地かを判別することも，その両側の段丘の性質を理解するために重要である（例：図 11.3.5）．

河成段丘面に多い名残川に相当するような，後面段丘崖下の河川または開析谷は海成段丘では極めて稀である．そのような谷があれば，過去の堤間低地の可能性がある．段丘面上の浅い凹地は海成堆積段丘にも発達するが（例：☞図 11.3.8），海成侵蝕段丘面では，極めて新しい段丘上の旧内縁凹地を除き稀である．

⑥ 海成段丘と紛らわしい非海成の地形種として，河成段丘のほかに，砂丘（例：☞図 11.3.6），地すべり堆（例：☞図 15.5.30），土石流堆（例：☞図 7.3.10），それに火山成段丘（☞p.1031）がある．

B. 海成段丘の読図例

1）海成堆積段丘と海成侵蝕段丘の並存

現在の海水準に対応して海成の堆積低地と侵蝕低地が隣接して発達するから，同一時代の海成堆積段丘面と海成侵蝕段丘面が連続して並存するのは当然である．それを図11.3.3で確かめよう．

海岸線はほぼ直線的である．図の北部の海岸低地は二対の浜堤・堤間湿地で構成され，現成の砂丘（三角点7.9と凹地に注意）もある．低地の幅は黒岩付近から北方で広く，南方で急激に狭く，その境界に黒岩奇岩の離れ岩がある．背後の崖麓線の高度は黒岩付近では約5mと低いのに，北方では10～15mと高い．よって，北部は堆積性の浅海底，南部は傾斜波蝕面のそれぞれ離水した海岸平野（☞図7.2.34）であろう．

低地の背後に，ほぼ一定の旧汀線高度（50 m）をもつ海岸段丘面（下位面と仮称）が連続的に発達する．その後面と前面の段丘崖はほぼ並走しているが，現在の海岸線に対して北部は凹み，南部では海側に張り出している．段丘面の幅は黒岩付近を境に南部より北部で大きく，縦断勾配は北部では極めて緩傾斜で，南部では急傾斜である．段丘開析谷は，北部では長く深く，南部では短く浅い．よって，下位面の黒岩以北は海成堆積段丘（砂礫段丘）で，南部は海成侵蝕段丘（岩石段丘）であろう．この並存は，基盤岩石の抵抗性の差異（北部が軟岩，南部が中硬岩）を反映した岩石制約の結果であろう．このことは，図10.0.26の南北を逆にして本地域と比較すれば，容易に理解されよう．

下位面の背後に高度約90～120 mの上位の段丘面が発達する．上位面は下位面より著しく開析されているが，南部に多く残存している．これは下位段丘および現成低地の発達における岩石制約と調和的である．なお，図中西部の標高点68の段丘面は下位面に続く河成段丘面である．

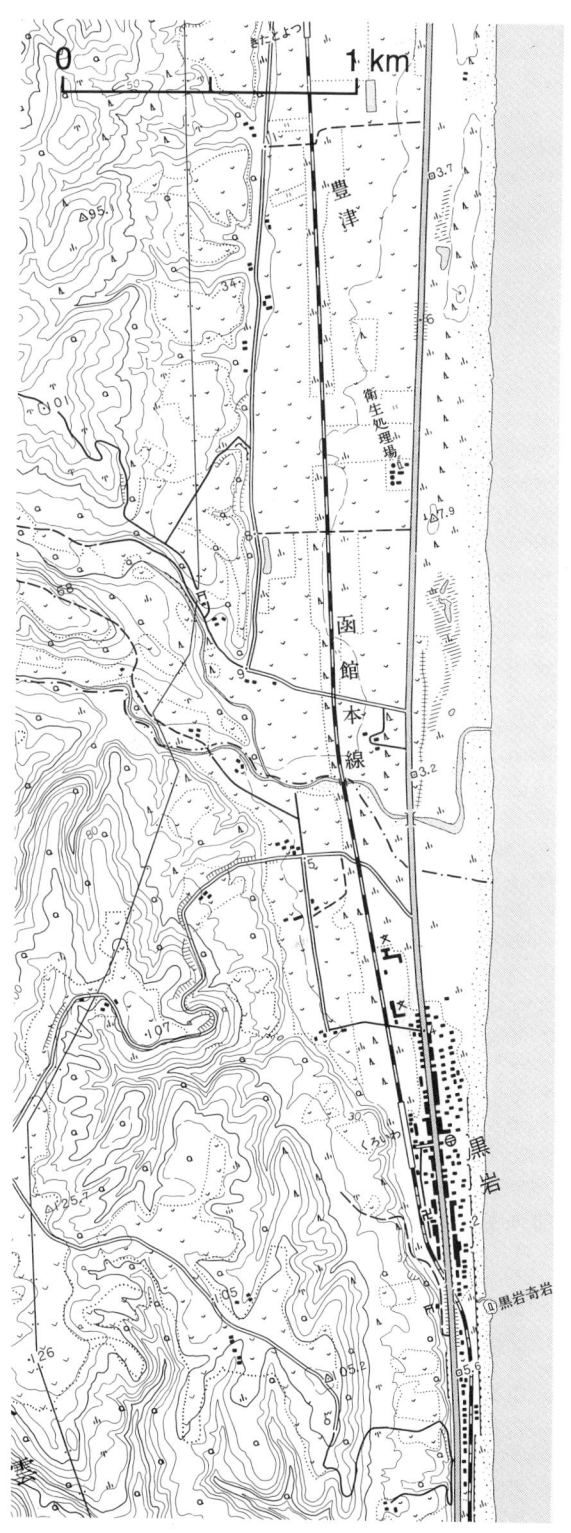

図11.3.3　海成の堆積段丘と侵蝕段丘の並存（2.5万「黒岩」〈室蘭10-4〉昭63修正）方位不問．

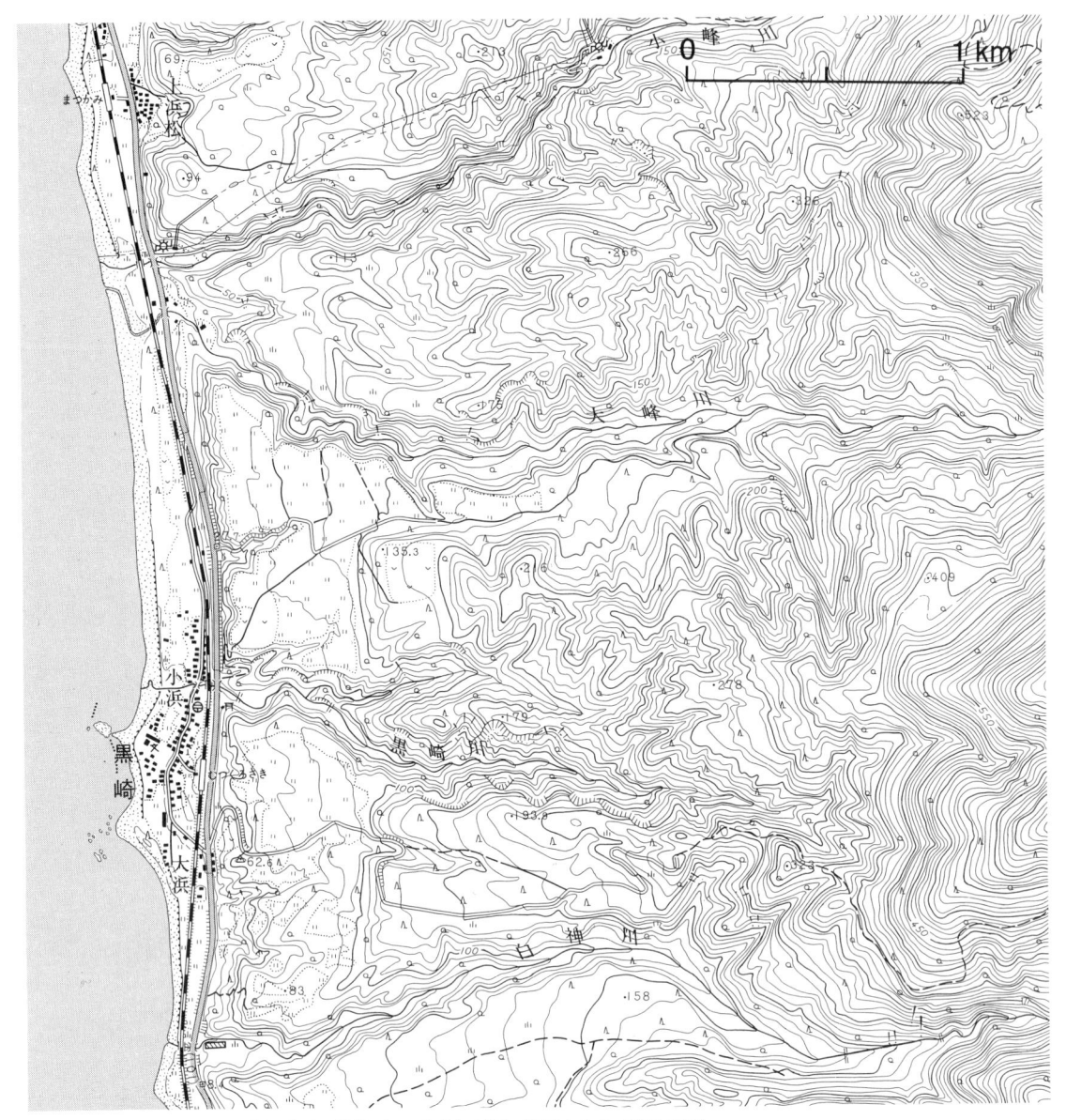

図 11.3.4　海成段丘面と河成段丘面の連続（2.5万「十二湖」〈深浦 1-2・4〉昭 60 修正）

2) 海成段丘と河成段丘の関係

　同時代の海成段丘面と河成段丘面が接続して，一つの地域に発達する例は普通にみられるが，一方が発達していないこともある．海成と河成の段丘は図 11.1.8 に示した概念で区別される．

　図 11.3.4 では，堤列低地（林地：浜堤，水田：堤間低地，黒崎：トンボロ，大浜の 10 m 閉曲線：砂丘）の背後に，2 段の海成段丘面（旧汀線高度：約 90 m と約 130〜150 m，それぞれを下位面および中位面と仮称）が発達する．その背後には，旧汀線高度が約 210 m，約 260 m および約 290 m の上位の段丘面群が断片的に残存する．

　海成段丘を開析する外来河川すなわち小峰川，大峰川，白神川ぞいには，河川に並走する後面段丘崖をもつ河成段丘が発達する．大峰川と白神川の左岸の河成段丘面は共に中位面より低く，下位

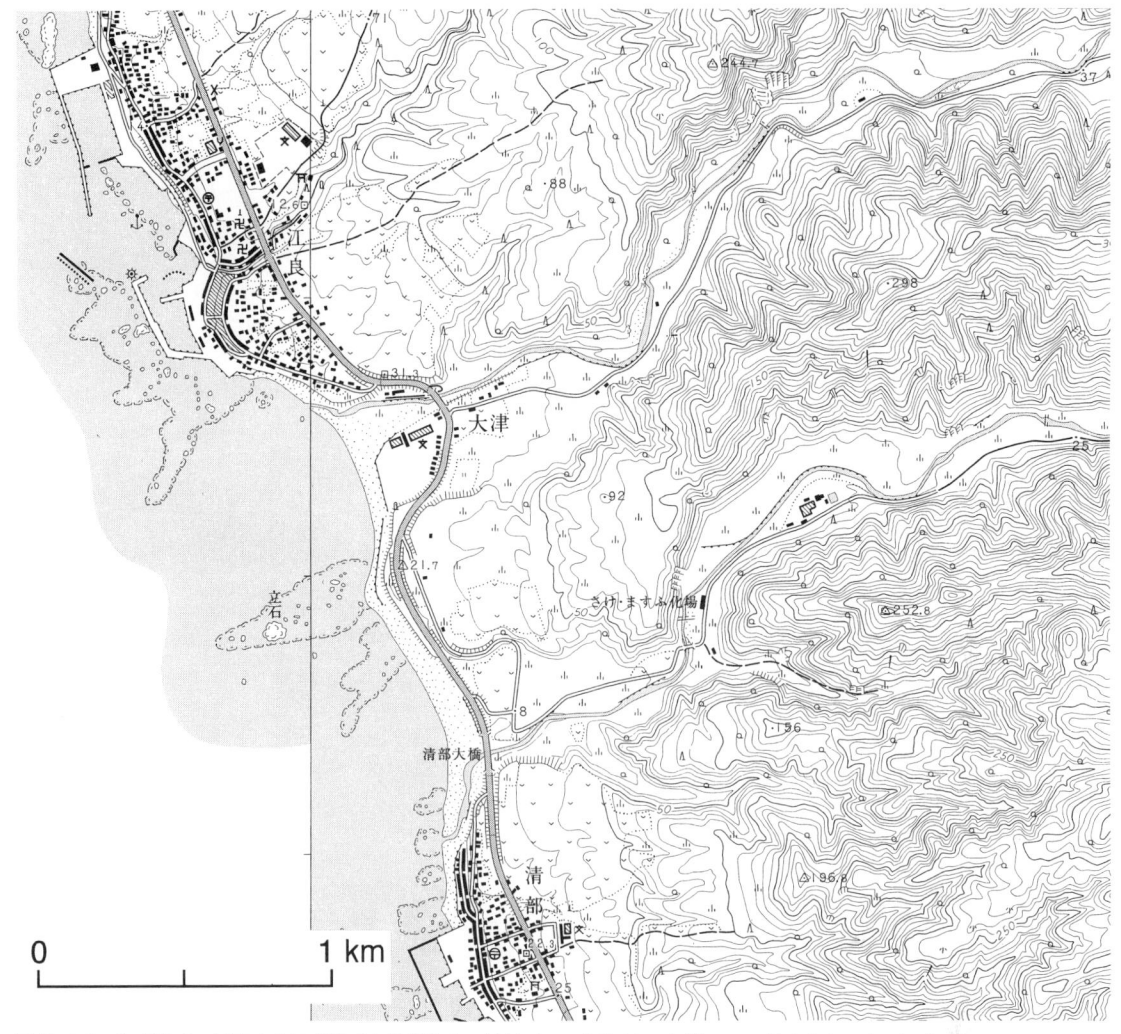

図 11.3.5 海成段丘に対応する河成段丘が発達しない地域（2.5万「江良」〈函館 15-4, 渡島大島 3-2〉平 7 修正）

面と滑らかに連続している．白神川右岸には，高度 130〜200 m の河成段丘が発達し，中位面に滑らかに連続している．これらの河成段丘は，その段丘面が急勾配であることからみて，いずれも礫質の谷底堆積低地が段丘化したものであろう．

図 11.3.5 では，旧汀線高度約 50 m および約 110 m の 2 段の海成段丘が発達し，南東部には 240 m と 310 m の段丘面群が断片的に発達している．これらを横断する 2 本の外来河川（大津と清部大橋の河川）は広い河谷と谷底低地をもつが，その河谷には河成段丘がまったく発達していない．この地域には波蝕棚（上記 2 河川の河口部を除く）と「がけ（岩）」記号がある．一方，図 11.3.4 の地域にそれらがないので，本地域の基盤岩石は中硬岩，後者のそれは軟岩であろう．

海成段丘に対応する河成段丘が発達していないのは，①基盤岩石が波蝕棚の発達する程度の中硬岩であるため，海成侵蝕段丘は発達したが，②河川が小さく急勾配のため，氷期（海面低下期）に深い河谷を形成しても，側刻しなかったため河成段丘を形成せず，③その河谷が後氷期の海面上昇で沈水して，そこに現成の谷底堆積低地が形成された，と解される．つまり，段丘の有無は地形場と基盤岩石の物性に制約される．

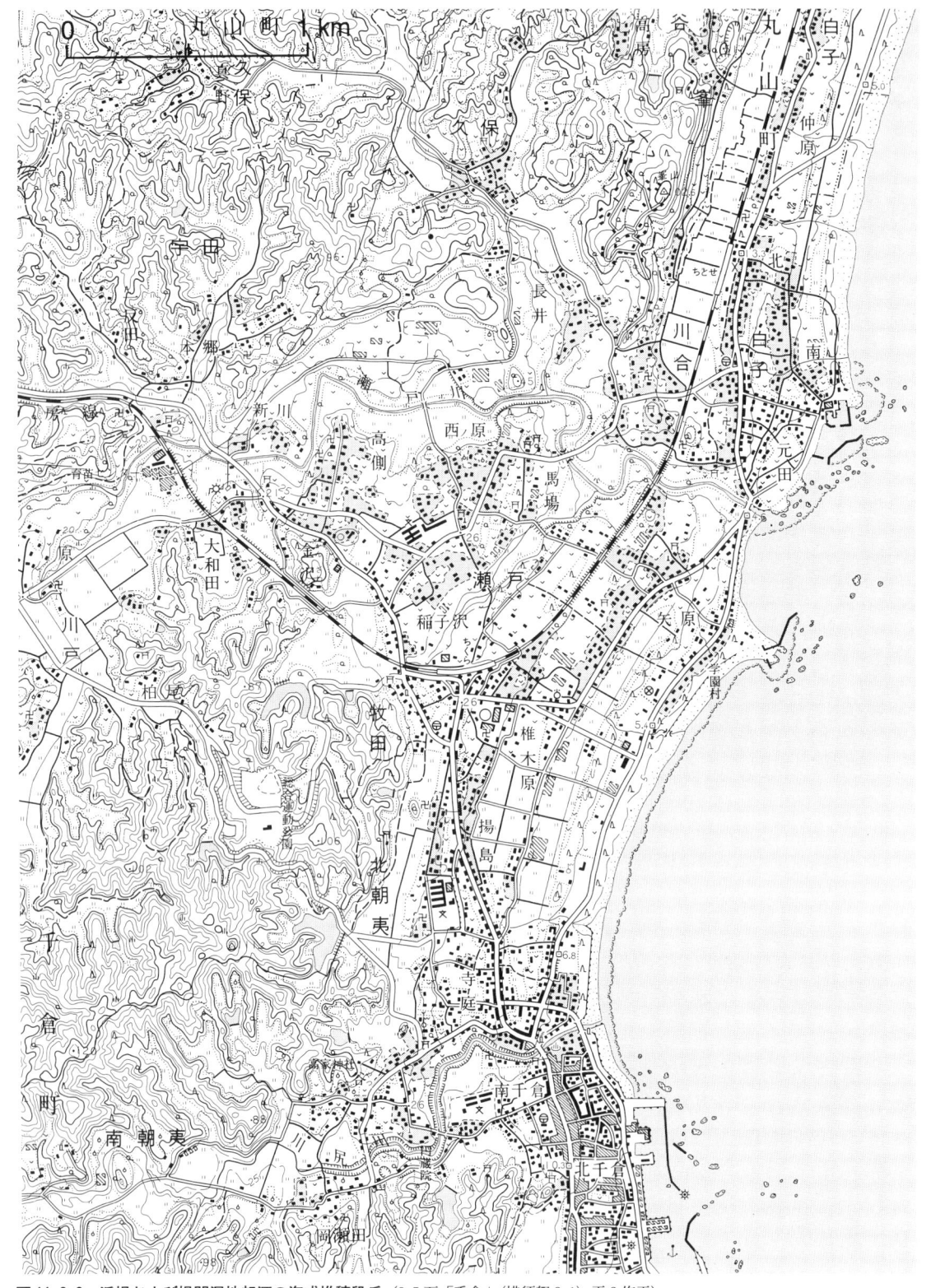

図 11.3.6 浜堤および堤間湿地起源の海成堆積段丘（2.5万「千倉」〈横須賀 3-1〉平 3 修正）

その注記付近から下流では「がけ（土）」記号で示されるように両岸の平坦地を刻んで，それを段丘化しているが，上流では谷底堆積低地を自由蛇行している．瀬戸川の両岸にも段丘があるが，支流は上流に至ると谷底堆積低地を流れている（例：川戸，宇田，久保など）．よって，この地域の河成段丘面は河成堆積低地起源のフィルトップ段丘である．

海岸ぞいを読むと，たとえば「ちくら」駅南方の揚島付近では，海岸から内陸に向かって，次の地形種が現海岸線にほぼ並行して弓状に発達している（図 11.3.7）．①海岸は砂浜海岸であるが，汀線から 20〜60 m 沖合には岩礁が連なり，この海岸では波蝕棚の上に厚さ数 m 以下の堆積物が被覆していることを示す．②水準点のある海岸道路にそって帯状にのびる針葉樹林と畑の地帯は高度 5〜7 m で，平滑であるから浜堤と低い砂丘である．③10 m 等高線の内陸側では高度 10〜15 m で，3 個の 15 m 閉曲線があるから，少なくとも砂丘が被覆している．④その内陸側に一定幅の水田地帯つまり堤間湿地がある．⑤その陸側の 15 m 等高線の内陸側に針葉樹・畑・集落の帯があり，⑥その内側に揚島の水田がある．さらに⑦その内側には再び集落・畑帯があり（高度 20 m 内外），⑧その内陸側に水田帯があって，そこに島状丘陵（寺院の西）がある．つまり，浜堤（および砂丘）と堤間湿地が少なくとも三対ある．図北東部（川合・白子付近）にも浜堤と堤間湿地が三対みられる．

堤列低地の場合（例：☞図 7.2.10）の高度分布に比べると，本地域の浜堤・堤間湿地の列は内陸側のものほど不連続的に高くなっており，しかも瀬戸川や川尻川に開析され，段丘化している．よって，本地域の海岸段丘は堤列低地起源の堆積段丘であり，高度分布を考慮すると 4 段に区分される（図 11.3.7）．瀬戸川と川尻川ぞいの河成段丘はその最上位面に対比されよう．なお，図東南端の北千倉から南方は海成侵蝕段丘であろう．

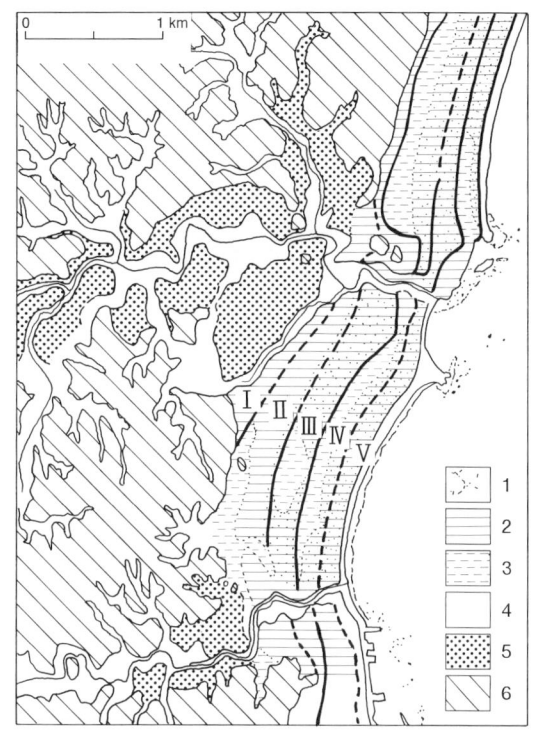

図 11.3.7 図 11.3.6 の読図成果概要図
1：波蝕棚，2：新旧の浜堤と砂丘（打点部は明瞭な砂丘），3：新旧の堤間湿地，4：谷底低地，5：河成堆積段丘，6：丘陵．
Ⅰ：上位面，Ⅱ：中位面，Ⅲ：下位面，Ⅳ：最下位面，Ⅴ：現成の浜堤・砂丘・堤間湿地．
太線：段丘崖麓線（海岸に並走するものはおおむね旧汀線）．

3）浜堤と堤間湿地の離水した海成堆積段丘

複数列の新旧の浜堤と堤間湿地で構成される低地を堤列低地とよぶ（☞p. 430）．堤列低地の発達は緩慢な海退（つまり隆起または海面低下）に起因すると考えられる（☞p. 434）．しかるに，隆起速度の大きい地域では，浜堤などの海岸州が形成される地形場であっても，広い堤列低地が形成されず，間欠的な地震性地殻運動に対応した一対の浜堤と堤間湿地が急激に離水し，河川に開析されて段丘になる．ゆえに，半島先端部などの隆起運動の著しい地域には，幅の広い海成堆積段丘は発達しない．

図 11.3.6 では，山麓線が著しく入り組んでいて，枝分かれした谷底低地が発達し，島状丘陵（例：川合の南に 2 個）も多い．南部の川尻川は，

632 第11章 段　丘

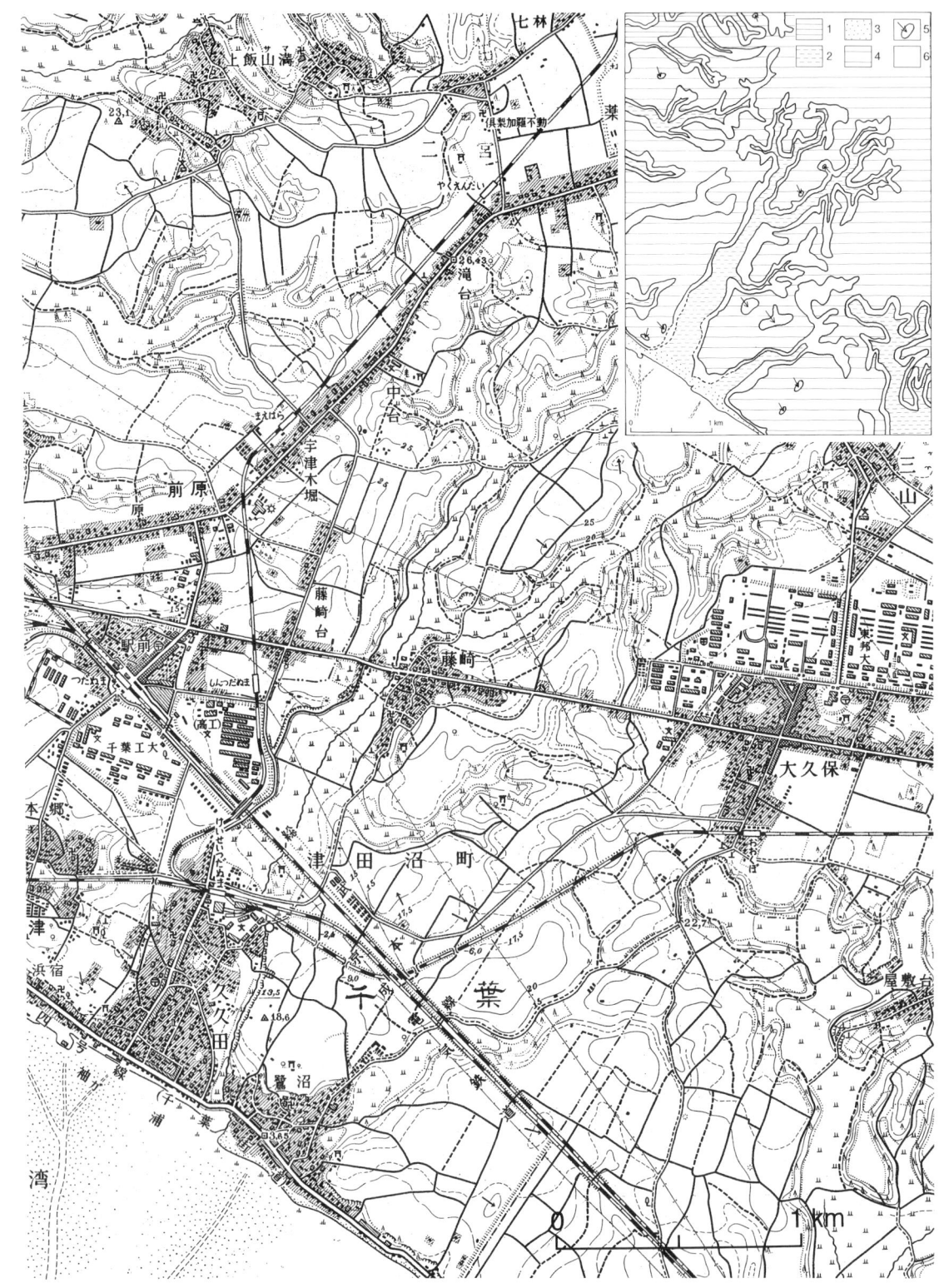

図 11.3.8　海岸平野起源の海成堆積段丘（2.5万「習志野」〈千葉14-4〉昭27修正）と読図成果概要図（挿入図）
1：とくに軟弱な地盤の谷底堆積低地, 2：砂泥質の谷底堆積低地, 3：浜堤, 4：段丘面, 5：浅い凹地, 6：段丘崖と谷壁斜面.

4）海岸平野起源の海成堆積段丘

図 11.3.8 の袖ガ浦海岸は澪（☞p.339）のある干潟である．その背後に，高度約 20～30 m の段丘が発達し，多くの段丘開析谷に刻まれているが，段丘面は一段である．このように階段状でない広大な段丘は，台地ともよばれる．段丘開析谷を認識すると，その地形を把握しやすい．

【練習 11・3・1】 図 11.3.8 で，水田（湿田と北西隅の沼田）および凹地（凹地記号の閉曲線）を色別し，段丘崖を着色しよう（挿入図参照）．

この段丘は広大な下総台地（☞図 11.2.34）のほんの一部であるが，海岸平野起源の海成堆積段丘の種々の特質がみられる．すなわち，①後面段丘崖がこの地域ではみられない．②鹿角状に枝分かれする無従谷的な段丘開析谷が発達し，その谷底は軟弱地盤を示す湿田の堆積低地である．③段丘面は，多数の閉曲線や浅い凹地の示す微起伏をもつが，全体として極めて平坦であり，しかも図の範囲では段丘面は 1 段である．④「がけ（岩）」記号がまったくない．

段丘開析谷の谷底低地は大部分が湿田であり，集落はない．海岸部の久久田と鷺沼の集落は高度 5 m 以上で，背後の谷底低地より高いから（7.5 m と 5 m 等高線に注目），谷底低地を閉塞する浜堤および砂丘に立地しているのであろう．

以上のことから，段丘開析谷は氷期の海面低下期に発達した侵蝕谷が後氷期の海面上昇によって沈水し，その谷口が浜堤で閉塞されて生じた潟湖型の谷底堆積低地である．各地点における谷底堆積物の最大厚さは，図 6.2.46 によると，たとえば「けいせいつだぬま」駅付近では，谷底幅が約 350 m であるから，約 27 m 以下であろう．

図 11.3.9 は図 11.3.8 南部の最新版の地形図である．袖ガ浦海岸の干潟は完全に埋め立てられ，すべて住宅団地になっている．谷底低地も盛土で宅地化され，水田はほんのわずかに残存しているに過ぎない．それらの新興住宅地では，家屋の不等沈下，震災および水災が心配される．

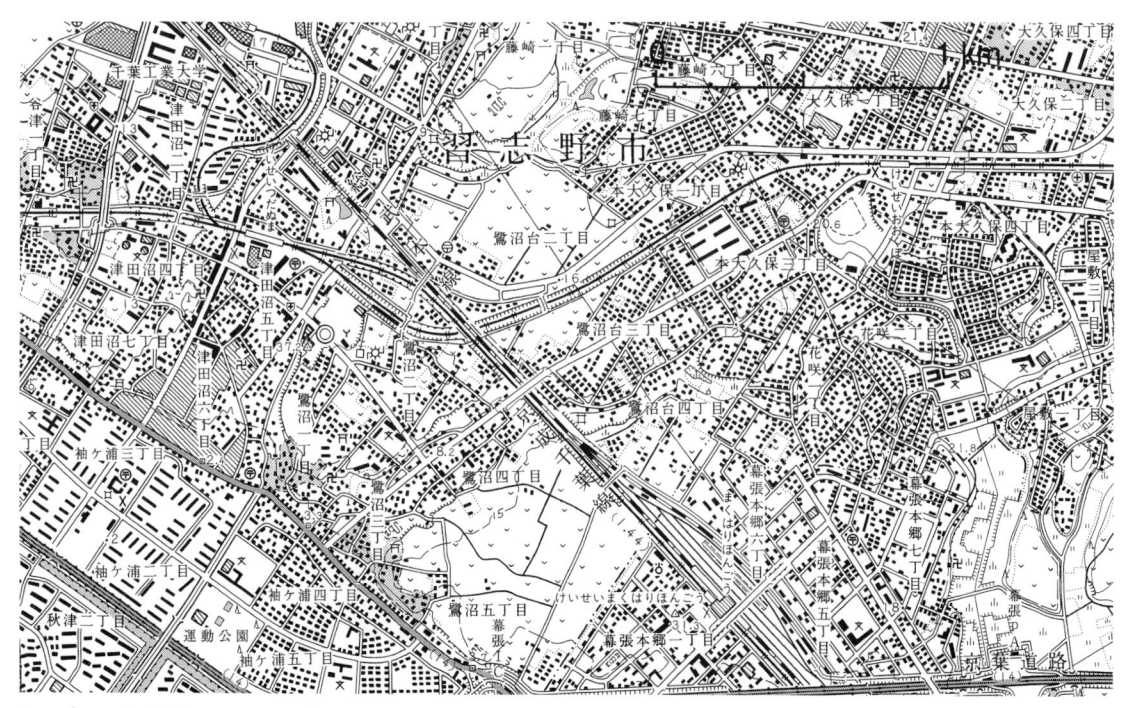

図 11.3.9 海成堆積段丘と段丘開析谷および干潟の都市的利用 （2.5 万「習志野」〈千葉 14-4〉平 9 修正）

図 11.3.10 海成侵蝕段丘群 (2.5 万「河原田」〈長岡 13-1, 9-3〉平 8 修正)

11.3 海成段丘 635

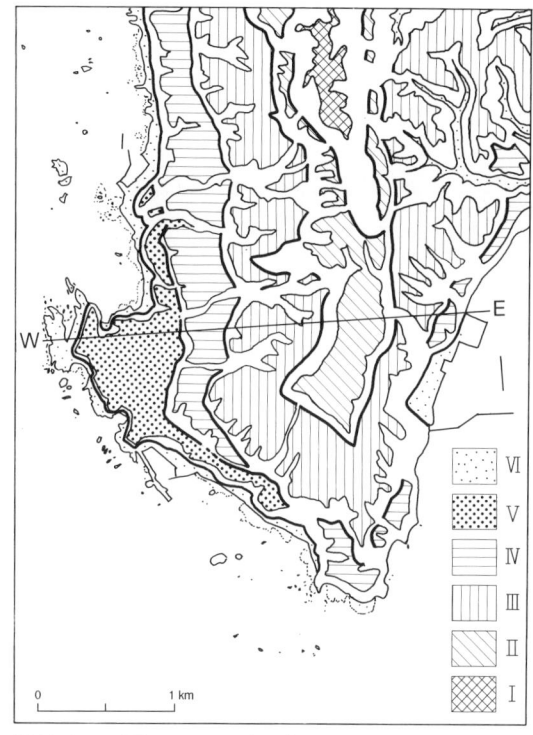

図 11.3.11 図 11.3.10 の読図成果概要図
I〜V：第 I 段丘面〜第 V 段丘面，VI：離水波蝕棚（VI面），太線：旧汀線（後面段丘崖の崖麓線）．E-W：図 11.3.12 の断面線．

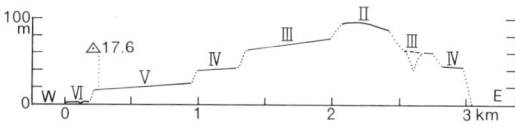

図 11.3.12 地形断面図 記号は図 11.3.11 と同じ．断面線を図 11.3.11 に示す．

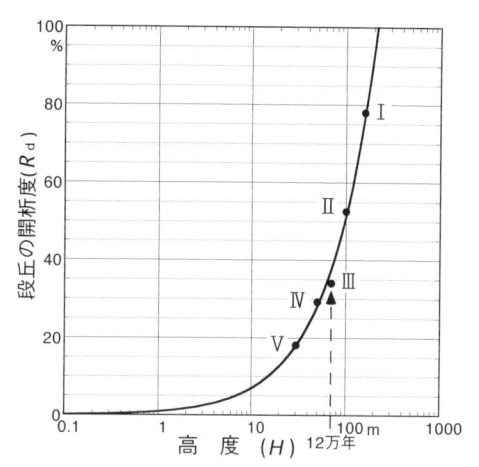

図 11.3.14 図 11.3.11 の各段丘の開析度と旧汀線の高度との関係（著者による）段丘面の記号は図 11.3.11 と同じ．

5）旧汀線の高度分布から推論した地殻変動と海成段丘の開析度

図 11.3.10 では 5 段の海成侵蝕段丘面と離水波蝕棚が区別される（図 11.3.11）．各段丘面ごとに段丘開析谷で分断された旧汀線を結ぶと，各段丘面の形成（隆起）に伴って，この半島が拡大したことを示す．しかるに，第 II 面以下の段丘面は，半島を東西に分ける主分水界の東側より西側で幅広く，第 V 面と離水波蝕棚（第 VI 面）は西側のみに発達し，東西方向で非対称である．この非対称性は，この地域では西海岸は外海に面し，東海岸は湾内に面しているので，少なくとも波浪の侵蝕力の違いを反映しているであろう．

旧汀線高度は第 II 面と第 III 面では西側で高く，第 IV 面と第 V 面では東西でほぼ同じである（図 11.3.12）．よって，第 III 面の離水時には西側で隆起量の大きな差別的隆起が起こり，第 IV 面以降の離水時には一様な隆起であったと解される．

上位の段丘面ほど開析が著しい．そこで，主分水界から西方の地域において，前面と後面の段丘崖がそれぞれ直ぐ上位と下位の段丘面に接している範囲（第 I 面を除く）について，式 11.1.1 (p. 563) で段丘開析を計測し，旧汀線高度との関係をみると（図 11.3.13），次式を得る．

$$R_d = \alpha H^\beta \qquad (11.3.1)$$

ここに，R_d＝段丘開析度（段丘面消失率，％），H＝旧汀線高度 (m)，α (=0.95) と β (=0.87) は定数であり，相関係数（r=0.996）は高い．離水年代は第 III 面（約 12 万年前：Ota and Omura, 1991）のみ知られているに過ぎないが，等速隆起運動を仮定すれば，横軸は時間軸に代えられる．このデータによると，段丘開析速度は高度（時間）とともに小さくなるが，高度 357 m まで隆起した時点で段丘面は消失する．ただし，上式の定数は地形学公式に含まれる諸変数の影響を受けるから，他地域には適用不能である．

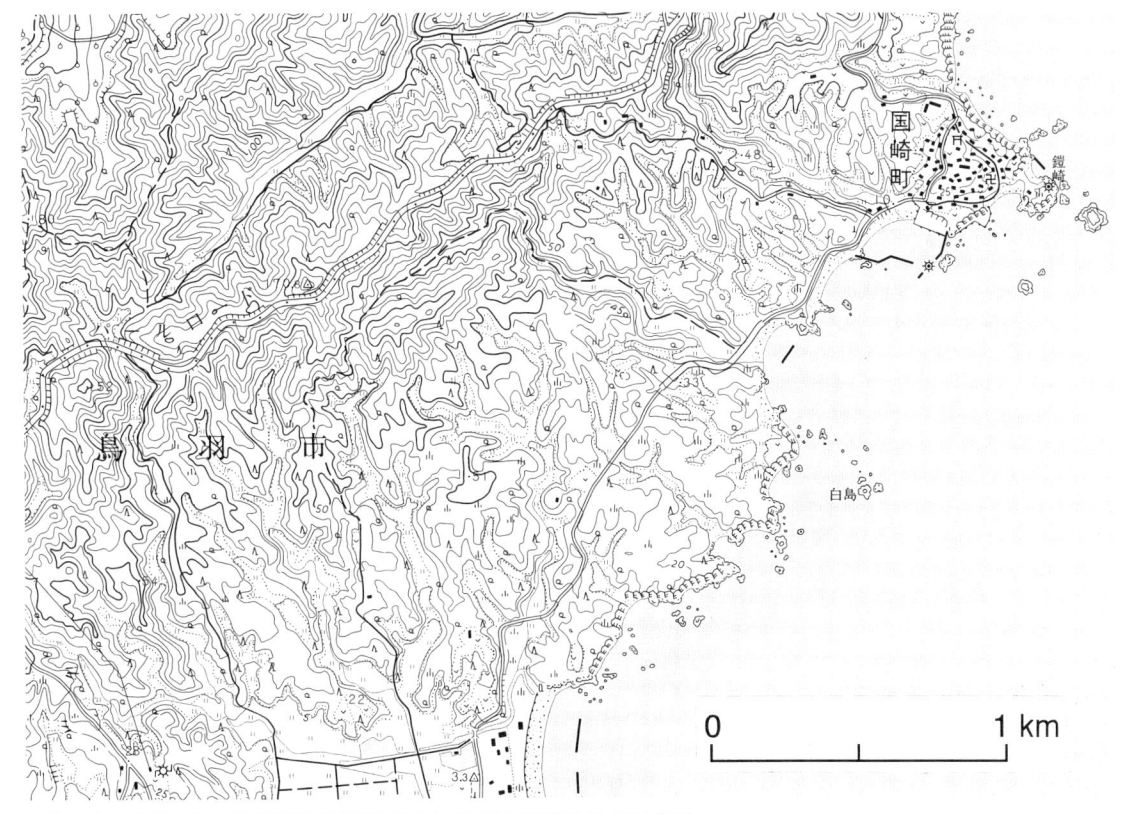

図 11.3.14　開析された海成段丘の旧汀線（2.5万「安乗」〈伊勢 2-2〉平元修正）

6) 開析された海成段丘の旧汀線の復旧

図 11.3.14 の北部，パールロードの南東側の丘陵において 50 m 等高線を追跡すると，北東部（国崎町付近）では高度約 60 m，南西部では約 65 m とほぼ一定高度の遷緩点（☞p. 106）が連続的に発達する．それらを結んだ線は海岸線および南部の低地の山麓線と大局的に並走している．その線より低い海側の地域には，多数の谷で開析された平滑な段丘が発達している．そこで，50 m，40 m，30 m 等高線について，基準幅 500 m の埋積接峰面（☞p. 186）を描くと，上記の遷緩線から海に向かってしだいに緩傾斜となる平滑な接峰面になる．

接峰面の高度分布をもう少し詳細にみると，北東部では高度 30〜40 m，南西部では 40〜50 m の部分がやや急傾斜であり，それ以低の地区は高度 20 m まで緩傾斜である．つまり，この地域の段丘面は 2 段に区分される可能性がある．ただし，下位段丘面の後面段丘崖の崖麓線つまり旧汀線はあまり明瞭ではない．

海岸には比高約 20 m の海蝕崖が発達し，その頂部まで「がけ（岩）」の記号で表現されている．離れ岩や岩礁も多いが，波蝕棚はあまり発達していない．よって，この岩石海岸は傾斜波蝕面型（☞図 7.3.1）で，その構成岩石は中程度の強度をもつであろう（☞図 7.3.3）．したがって，2 段の海成段丘は傾斜波蝕面が離水して生じた海成侵蝕段丘であり，その段丘堆積物は厚さ数 m 以下であろう．2 本の旧汀線が上位面でも下位面でも西南部から北東部に低下していることは，西南部ほど隆起量の大きい差別的な隆起運動が繰り返し起こったためと推論される．上位面は，その開析度からみて，図 11.3.10 の段丘群より古いものと解される．

11.4 サンゴ礁段丘と湖成段丘

A. サンゴ礁段丘

(1) サンゴ礁段丘の特質

1) 離水サンゴ礁とサンゴ礁段丘の定義

暴浪時のみ冠水する程度に離水したサンゴ礁を離水サンゴ礁（emergent coral reef, emerged c. r.）とよび（☞p. 474），本書では低地に含めた．それに対して，百年に1回程度の大暴浪時にも冠水しない程度に，海面に対して十分に高い位置まで離水したものをサンゴ礁段丘（coral reef terrace）と本書ではよぶことにする．なお，隆起サンゴ礁（elevated coral reef, raised c. r.）という用語は地殻変動で隆起したことが明白なものに限定し，離水原因の不明な場合には離水サンゴ礁またはサンゴ礁段丘という記述用語を使用するのがよい．

2) サンゴ礁段丘の形成過程

サンゴ礁は，その形成中から初生的に，ほぼ平坦な礁原と急傾斜の礁斜面で構成された階段状の地形をもつ（☞図7.4.5）．よって，それが離水すれば，必然的に礁原と礁斜面がそれぞれ段丘面と段丘崖に相当する段丘状の地形になる．サンゴ礁の離水は，海成段丘の場合と同様に，地盤の隆起または氷河性海面低下で起こる．サンゴ礁段丘の示す旧汀線は，海水準の優れた指示者であり，その高度分布から地殻変動量が解明される．

3) 微地形類

サンゴ礁段丘には，礁原に発達する種々の微地形類（例：礁嶺起源の細長い高まり，礁池起源の凹地など）や超微地形類（例：ピナックル起源の小突起など）が残存している（☞p. 475および図11.4.1）．普通の海成段丘の場合よりも，それらの微地形類が多く残存しているのは，サンゴ礁段丘が石灰岩で構成されているために，その段丘面と内部には溶蝕によって形成された種々のカルスト地形（☞p. 905）が発達し，表面流や河川による侵蝕・堆積過程による変形をほとんど受けないためである．よって，サンゴ礁段丘では連続的な河谷地形が発達せず，非サンゴ礁段丘の開析谷のような水系を追跡できない（☞図11.4.3）．

4) 地盤と地下水

サンゴ礁段丘は段丘面も段丘崖もサンゴ礁石灰岩で構成されているので，普通構造物の基礎地盤としては特段の問題はない．ただし，凹地の底には，石灰質の砂礫や貝殻の薄層が被覆している．その凹地底に泥層や泥炭層が堆積している場合には浅い池沼が発達する．

カルスト地形（とくに石灰洞）の発達のために，地下水面は深く，洞穴性地下水が存在するだけである．石灰洞には流水があり，その湧水口では多量の地下水が湧出する．地下水面高度はガイベン—ヘルツベルクの法則（☞p. 426）に従うから，地下水の過剰な汲み上げは地下水の塩水化を招く．

5) 土地利用

サンゴ礁段丘の段丘面は主として畑（日本ではサトウキビ畑が多い）と林地である．土壌はテラロッサ（terra rossa）とよばれる赤色土で，石灰岩の溶解のさいに残された非溶解性の水酸化第二鉄を含む粘土質土壌である．カルスト地形の発達のため保水性が極めて低いので，水田はほとんど存在せず，礁池を埋積した泥質物質が存在する場所にのみ分布する．

(2) サンゴ礁段丘の読図例

1) サンゴ礁段丘

図11.4.1（図7.4.7と一部重複）には，裾礁

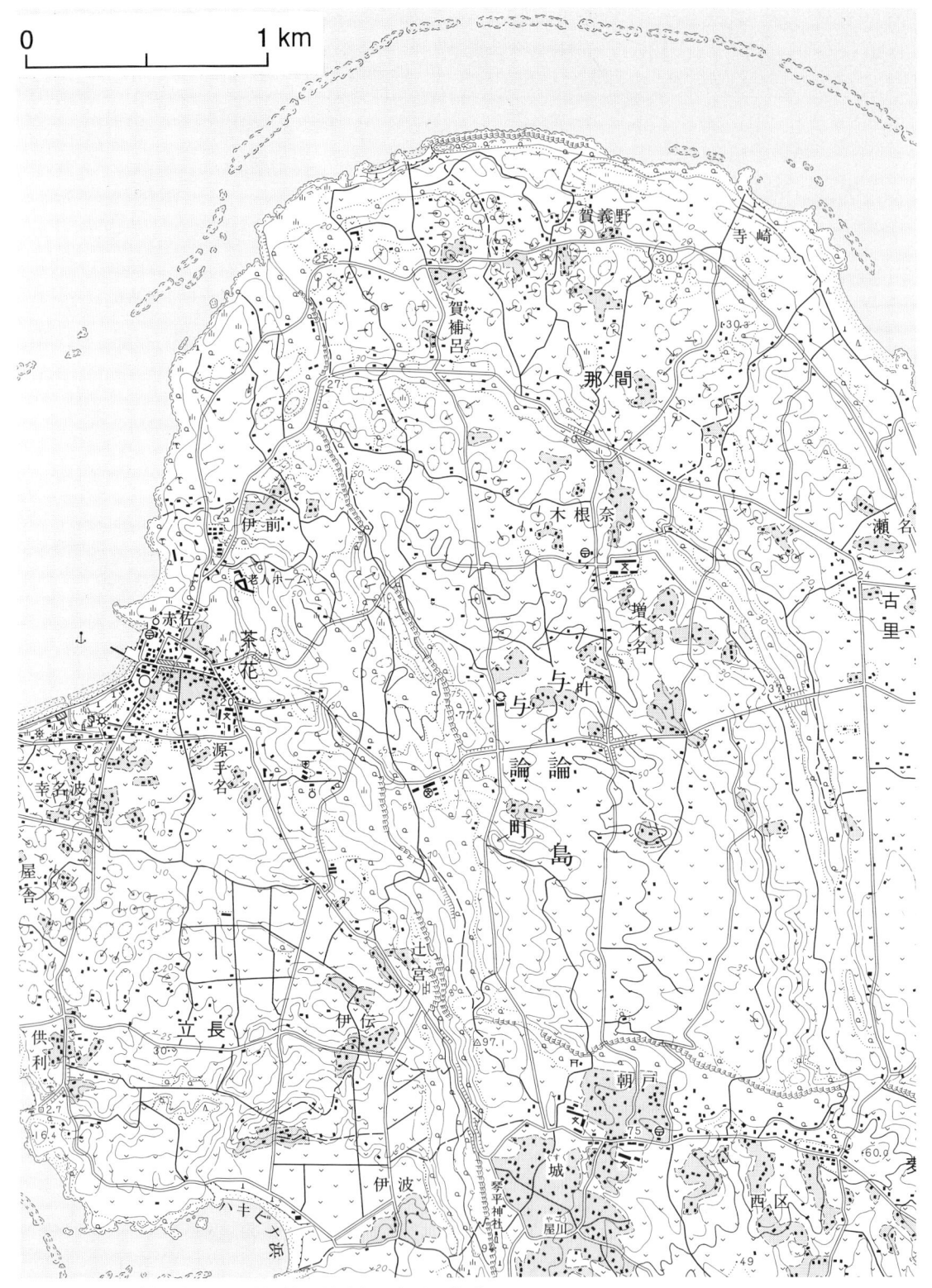

図 11.4.1 サンゴ礁段丘 (2.5 万「与論島」〈与論島 2-2〉昭 57 修正)

11.4 サンゴ礁段丘と湖成段丘　639

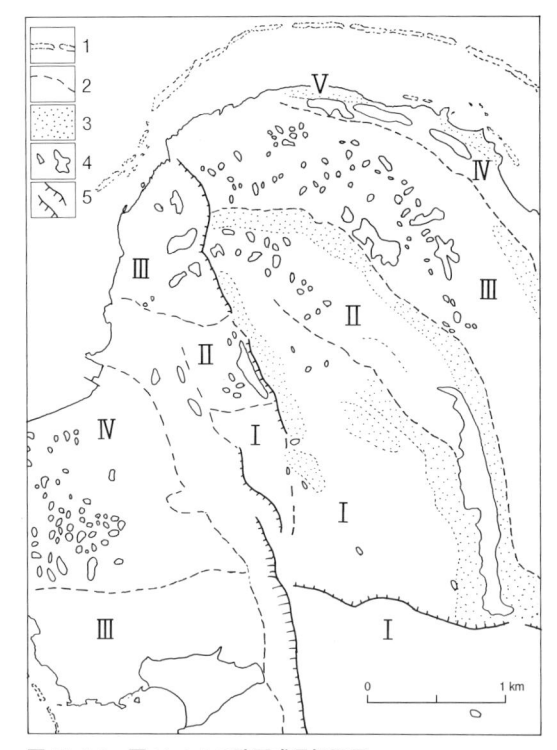

図 11.4.2　図 11.4.1 の読図成果概要図
1：現成サンゴ礁の礁嶺，2：旧汀線および遷緩線，3：古い礁嶺，4：凹地，5：急崖（断層崖）．I〜V：段丘面．

起源の数段のサンゴ礁段丘がみられる．南北の海岸には，現成の裾礁が発達している．図の範囲は，「がけ（岩）」で示される直線的な急崖，すなわち①南東部の朝戸北方で東西方向に伸びる急崖および②北西部から南部にかけて雁行する 3 本の急崖帯を境にして，北東部，南東部および西南部の 3 地域に大区分される（図 11.4.2）．

北東部では，まず，東部の古里の南西の標高点 37.9 付近の，東西方向の道路の両切で明白な幅約 150 m の尾根に着目しよう．この尾根は，北部の賀補呂付近から那間，標高点 37.9 を経て南方へと，ほぼ一定幅で続く．その平面形は円弧状で大局的には島の北海岸の海岸線と並走している．この尾根の内陸側の平坦地（木根奈，増木名など：ここでは凹地を無視して平坦とよぶ）は海側の平坦地（古里，那間など）より高い．よって，この尾根は過去の裾礁を縁取る礁嶺であり，その内陸側の平坦地は礁原であり，両者を一つのセットとして過去の裾礁であったと解される．

このような論理（見方）で過去の裾礁を推論すると，北東部は 5 段のサンゴ礁段丘（上位から下位へと，第 I 面〜第 V 面と仮称）で構成されると解される．第 I 面は島の中央部であり，与論島の注記付近が過去の礁原であって，それを縁取る礁嶺は叶と増木名の間にあり，南東に続く．西端の標高点 77.4 を通る尾根は第 I 面よりさらに古い段丘面の礁嶺かもしれないが，断層で変位した高まりの可能性もある．第 II 面は増木名と木根奈のある地区で，礁嶺は標高点 37.9 を通る尾根である．第 III 面は那間や古里の地区である．その礁嶺はやや不明瞭であるが，瀬名北方や賀義野の東の標高点 30 および西方の標高点 25.2 付近の小突起である．第 IV 面は賀義野北方や寺崎の凹地を含む地区であり，凹地より海側の高まりが礁嶺である．第 V 面は北海岸の高度 5 m 以下の岩礁で，離水サンゴ礁と解してもよかろう．

これら 5 段のサンゴ礁段丘は，同心円的に島の中央から海側へ低い段丘になっている．旧汀線高度は，第 I 面ではやや不明瞭であるが 60〜40 m，第 II 面で 40〜30 m，第 III 面で約 20 m，第 IV 面で約 10 m，第 V 面で約 4 m である．第 I 面と第 II 面では北部が高く南部で低いが，これは差別的な地殻変動の結果であろう．

南東部は上記①の急崖（比高約 10 m）を境に北東部より高い．西部は上記②の 3 本の急崖を境に階段状に北東部より低くなっている．西部のうち，立長より南の地区は北の地区より高く，両者の境界線は東西方向で，北東部と南東部を境する急崖に続く．これらの高度差は各急崖を断層崖とする断層運動の結果であろう（詳細：☞第 19 章）．

島内には大小の浅い凹地が多数ある．小さな円形凹地は溶蝕凹地で，大きな細長い凹地は過去の礁池であろう．南東部および西部の南地区に凹地が存在しない理由は，図の範囲の読図ではわからない．なお，増木名の北東および賀義野の北には，サンゴ礁段丘では極めて稀な水田がある．

2）サンゴ礁段丘と非サンゴ礁性の海成段丘

サンゴ礁段丘と非サンゴ礁段丘を読図で判別する練習をしよう．

【練習 11・4・1】 図 11.4.3 で 50 m ごとの計曲線（太線の等高線）について，谷幅 500 m 以下の埋積接峰面を描いてみよう．また，溜池，凹地および水田を色分けしよう．すべての溜池から下流の水系を追跡してみよう．

図 11.4.3 の南部の鳥島から中央部の五枝松を経て，具志川城跡の南西約 1 km の海岸に至る線をおよその境界線として，その東西で地形が著しく異なる．東部では，高度が約 50 m 以上で，大岳やだるま山のように 200 m を越える丘陵があり，水系が容易に追跡され，溜池が多く，塊状の集落が発達する．それに対して，西部では，高度 50 m 以下で，波状の緩い起伏をもつ段丘面が発達している．

本地域には，顕著な遷緩線を旧汀線とする 5 段の海岸段丘面が発達している．それらを上位のものから第 I 面～第 V 面と仮称する．それぞれの特徴は次のようである．

第 I 面は，大岳付近から北東に伸びる急崖の基部の遷緩線を旧汀線とするものである．旧汀線は約 140 m とほぼ一定の高度をもち，その下方にはやや開析された緩傾斜の段丘面が広がっている．

第 II 面は，だるま山の南方から山里，仲地東方の高度約 100 m の遷緩線を旧汀線とするものである．その旧汀線は仲村渠の北東と具志川の東にみられる高度約 100 m のやや不明瞭な遷急線に連続している．第 II 面は第 I 面よりも緩傾斜で，開析度も低い．

第 III 面は，高度約 75 m の旧汀線をもつものであるが，段丘面は第 II 面より急傾斜で，その前面段丘崖の崖頂線は不明瞭である．

第 IV 面は，高度約 50 m の旧汀線をもち，図の西部の北原方面まで広く発達している．段丘面には大小の凹地および小突起がある．それらの凹地は，比高（深さ）が 20 m 以上および，不定形の平面形をもち，凹地底に池沼が存在しないので，過去の礁池というより，カルスト凹地（ウバーレ）の可能性がある．それらの凹地の周辺の小突起は過去のピナックル（☞p. 476）であろう．

第 V 面は，図北西部の仲間グムイ付近に明瞭に発達し，高度約 25 m の旧汀線をもつ段丘であるが，図南西部では第 IV 面との境界，つまり後面段丘崖が不明瞭である．仲間グムイ付近には過去の礁嶺と解される高まりが，第 V 面の前面段丘崖を縁取っている．南西部の一着島の北方にも，標高点 11 m 付近に過去の礁嶺と解される高まりと，その背後に過去の礁原の凹所がある．その礁嶺は北部のものより低い．

第 V 面より低い地域は，高度 5 m 以下で砂原となっている．これは，その前面に広がる現成のサンゴ礁を被覆する砂礫堆であろう．現成サンゴ礁は北部より南部の海岸で広く発達している．

水系をみると，第 III 面より高い地域では，水系の追跡が容易であるが，第 IV 面以下の地域では，北部の具志川北方および南部の鳥島から東方の地区を除き，明瞭な河谷がなく，水系の追跡が困難である．また，大岳の北と東南に発源する 2 本の河川は仲地の南北を西流するが，仲地の西方および久間地の西方の大きな凹地に流入し，末無川となる．透水性の高い地盤で構成される石灰岩地域には水系が発達せず，人工的な溜池の建設も不可能である．

以上のことから，図の東部は非石灰岩の比較的に透水性の低い中硬岩で構成され，西部は透水性の高いサンゴ礁石灰岩で構成されていると解される．そして，第 I 面，第 II 面および第 III 面をもつ段丘は非サンゴ礁性の海成侵蝕段丘であり，第 IV 面および第 V 面の段丘がサンゴ礁段丘であると解される．水田は非サンゴ礁性の段丘にのみ分布し，サンゴ礁段丘は凹地を含めて大部分が畑（サトウキビ畑など）に利用されている．

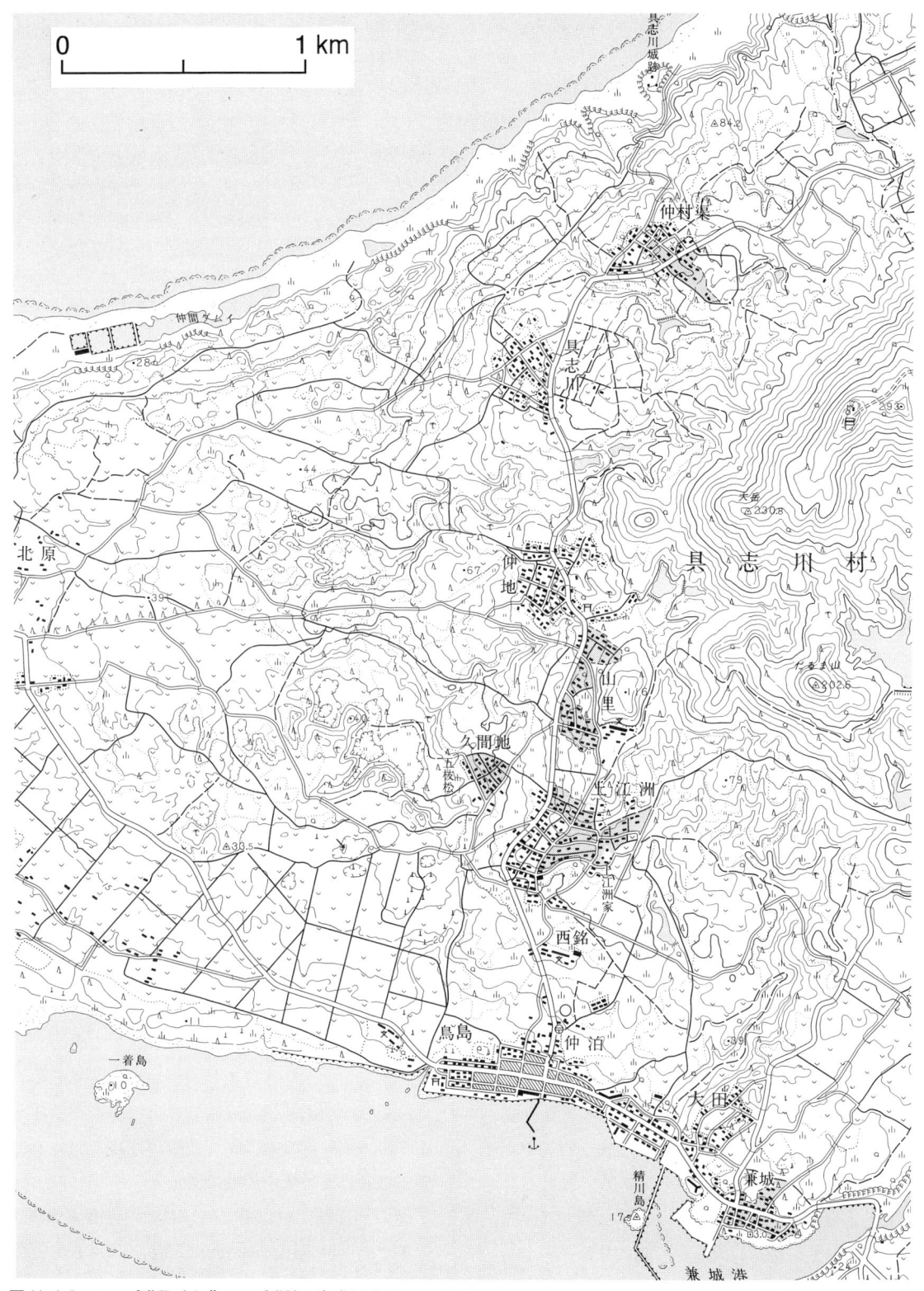

図 11.4.3　サンゴ礁段丘と非サンゴ礁性の海成段丘（2.5万「久米島」〈久米島 10-4, 11-3, 14-2, 15-1〉昭 55 修正）

B. 湖成段丘

(1) 湖成段丘の特質

(a) 湖成段丘の定義と分類

　湖面の低下によって湖成低地および湖底が離水して生じた段丘を湖成段丘（lacustrine terrace）とよぶ．湖成段丘は，段丘面の初生的形成過程によって，①湖成低地起源の段丘（堤列低地起源の海成堆積段丘に相当），②湖棚段丘（海成侵蝕段丘にほぼ相当），③湖底平原起源の段丘（海岸平野起源の海成堆積段丘に相当）に三大別される．なお，湖岸に発達した河成低地が湖面低下に伴って段丘化したものは，段丘面の形成過程で分類すれば河成段丘であるから，湖成段丘に含めない．

(b) 湖成段丘の形成過程と特徴

1) 湖面低下の原因

　湖面低下の原因は排水河川の有無によって異なる．排水河川のある湖では，湖尻川の河床低下によって湖面が低下する．山地や火山地域に局所的に分布する第四紀の湖成堆積物は，地すべり堆や火山噴出物で河川が堰止められた湖沼に由来し，過去の堰止部に峡谷の発達する場合が多い．

　排水河川のない湖では，湖底の堆積や気候変化（流入河川の流量変化，湖面での蒸発量変化）に伴って湖面高度が変動する．乾燥気候化による湖成段丘は，乾燥地域に多いが（例：北アメリカのGreat Salt Lake），第四紀を通じて湿潤気候下にあった日本には存在しない．

　湖を含む地域の一様な隆起運動があっても，湖面が低下しない限り，湖成段丘は形成されない．これは海成段丘との著しい違いである．ただし，差別的地盤運動（傾動：☞p. 1078）が起これば，高度の増加地区に湖成段丘が形成される．

2) 湖岸と湖底の地形

　湖底地形（sublacustrine landform）は，過去の地形図には表現されていなかったので，第9章では解説されていない．近年，主要な湖沼については，湖底地形と底質（bottom quality：水底を構成する物質）を示す湖沼図（図11.4.4）が発行され，最新の地形図には湖底の等深線が描かれるようになったので，ここで概説する．

　湖岸および湖底には湖水の運動（風波と湖流）による湖成地形ならびにそれ以外の地形営力による多様な地形種が存在する（表11.4.1）．湖成地形は，海成地形に類似し，大面積の湖には浜堤，砂嘴やトンボロ（陸繋島）など海成低地と同様の地形種が発達する．しかし，湖では潟湖を除けば，潮汐，うねり，地殻変動，海水面変化の影響はみられず，また風の吹送距離が海に比べて極端に短く，波高も小さい．日本の湖沼は小面積であるから，湖成の地形種は海成のものより小規模である．とくに，浅い沼や池では，波浪が極めて弱いので，湖成地形は極めて小規模である．

　湖の沿岸域（☞図9.1.1）には，水深約15m以浅に，湖棚（littoral shelf）とよばれる階段状の平坦面が発達する（図11.4.4）．湖棚は風波による湖岸および浅い湖底の侵蝕で形成された侵蝕

表11.4.1　湖底および湖岸の地形種の分類

地形場	大分類*	小　分　類
湖底	湖成複式地形	湖棚，湖棚崖，湖底平原
	湖成単式地形	沿岸底州，沿岸溝，湧壺，吸込穴
	河成・海成の堆積地形	水底三角州，澪，潮汐三角州
	沈水地形（複成地形）	沈水谷（湖成谷），沈水三角州，沈水段丘，沈水島，沈水州
湖岸	湖成堆積低地	湖蝕崖，浜堤，堤間湿地，砂嘴，トンボロ（陸繋島）
	複成地形	湖成段丘
	海成地形	海成低地，古い海蝕崖
	風成地形	砂丘
	河成地形	河成低地，河谷，古い谷壁斜面
	集団移動地形	地すべり堆，沖積錐，崖錐
	中地形類	山地，丘陵，火山，段丘，低地

＊：この分類基準は統一的ではない．一つの湖にすべての地形種が存在するわけではなく，湖の形成過程によって異なる．

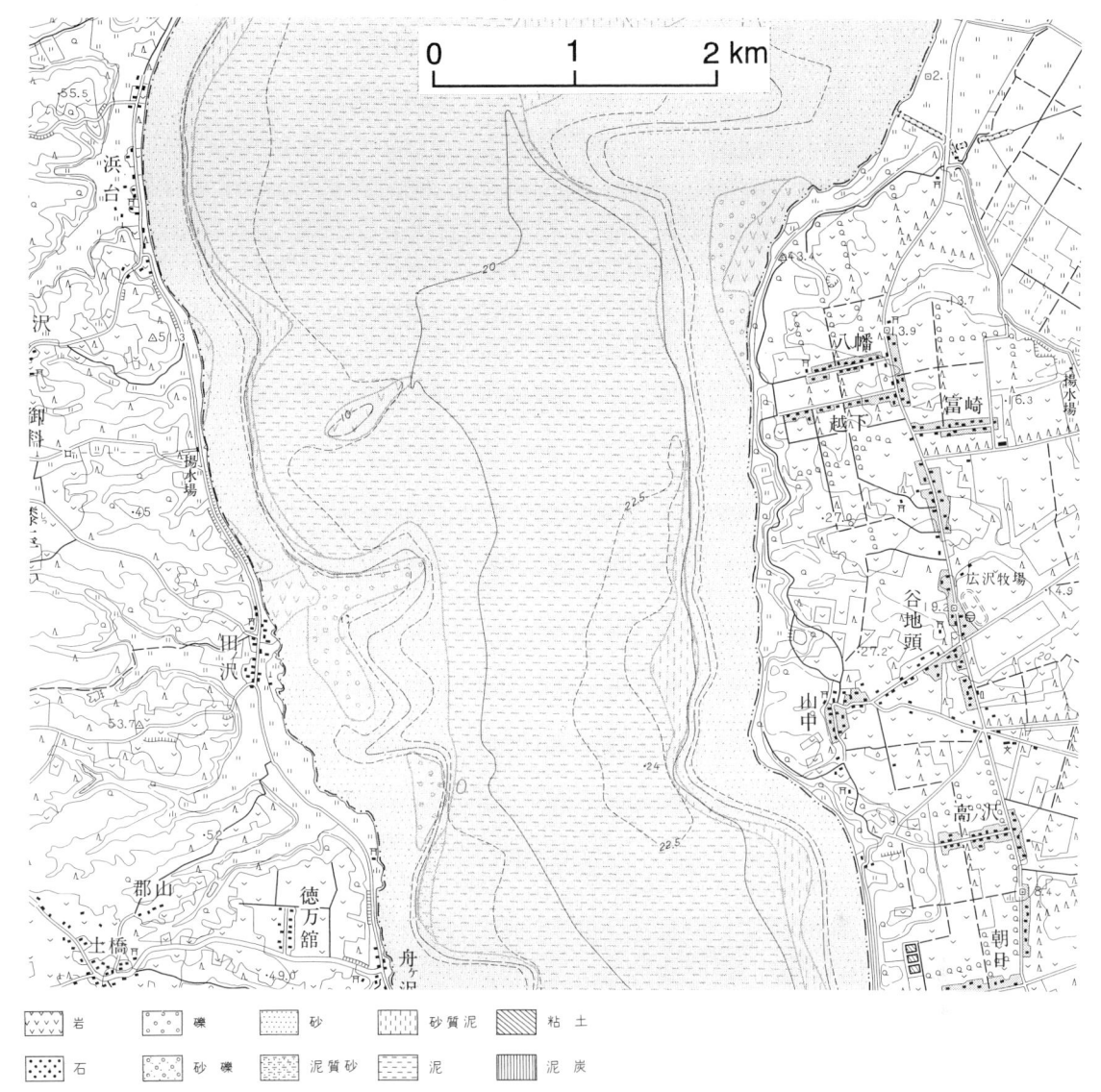

11.4 サンゴ礁段丘と湖成段丘　643

凡例				
岩	礫	砂	砂質泥	粘土
石	砂礫	泥質砂	泥	泥炭

図 11.4.4　湖底地形と底質（1万湖沼図「小川原湖」を5万に編集した「日本の湖沼アトラス」．底質の凡例を付記）
図9.1.5の小川原沼（潟湖）の南方を示す．水深5m以浅の湖棚と比高約10mの湖棚崖が湖岸線にほぼ並行に連続的に発達している．湖棚の幅は400m内外とほぼ一定である．ただし，湖岸線の半島部で，湖心に向かって舌状に拡幅している湖棚は，底質が基盤岩石や礫であるから，波蝕棚および湖底砂嘴であろう．両岸は海岸平野起源の海成堆積段丘で，軟岩ないし非固結堆積岩で構成されている．沈水島もある．5mごとの等深線で表現される規模の沿岸溝，沿岸堤州および浜堤は発達していない．

湖棚とその侵蝕で生産された砂礫の湖流による運搬・堆積によって形成された堆積湖棚に大別される．両者は連続しているので，地形による区別は困難である．湖棚は，①風波と湖流が強く（つまり強い風の吹く大きな湖で），②湖底が緩傾斜で（浅い湖で），③湖岸および湖底が弱抵抗性物質（硬岩でなく，軟岩または非固結堆積物）で構成

されている場合に発達しやすい．日本の湖棚の幅は数m〜400m程度である．湖では潮汐は起こらないので，海の波蝕棚と異なって，湖棚は水面上に現れない．湖棚上には沿岸底州や沿岸溝の発達することもあるが，比高が小さいので，5m間隔の等深線では表現されない．

　湖棚の外縁には，湖棚崖（stepoff）という急

斜面（傾斜30度内外）があり，細砂や泥で被覆されている（図11.4.4）．湖棚崖では，崖頂線は一定深度であるが，崖麓線は一定深度ではない．逆に湖蝕崖では崖頂線の高度は地形場によって多様であるが，崖麓線（湖岸線）の高度は一定である．これは段丘崖の形成過程の判別に役立つ．

湖棚崖の基部から湖底中央部（湖心）へ低下する緩傾斜面ならびに平坦面は一括して湖底平原（central plain）とよばれる．そこには泥質砂や泥が堆積している．

湖底には，過去に大気底で形成された地形が沈水している（例：沈水河谷，沈水段丘，沈水砂州，沈水砂嘴，沈水島）．湖底から地下水が湧き出す湧壺や，湖水が地下水路を経て排水する吸込穴も発達することがあり，ともに火山麓湖に多い．

3）湖成堆積物の特徴

湖成堆積物（lacustrine sediments）は，湖岸から湖心に至るほど一般に礫（角礫を含む）から粗砂，細砂，泥へと細粒になり，湖棲珪藻殻を含有し，葉理をもち，ほぼ水平に堆積し，非固結で，泥炭層に被覆されていることもあり，一般に軟弱地盤である（☞p. 514）．狭い範囲における顕著な粒径変化と葉理の発達は湖成堆積物の特徴であり，河成・海成堆積物との著しい違いである．

4）湖成段丘の特徴

湖成段丘の前面段丘崖は，湖成低地と湖棚の離水した段丘では湖棚崖であり，現在の湖岸線にほぼ並走するが（図11.4.7），湖底平原起源では河川侵蝕崖であり，旧湖岸線とは無関係に蛇行している（図11.4.8）．湖成段丘面は，流入河川ぞいの河成堆積段丘面と連続するが，過去の排水河川ぞいの河成段丘面とは一般に連続していない．

湖棚起源の段丘では一般に，段丘崖の比高が小さく，旧湖岸線も不明瞭であるから，2.5万地形図の読図による認定は困難である．厚い泥質の湖成堆積物で構成される湖成段丘面とくに湖底起源のものには，難透水性のため水田がみられるが，段丘崖では地すべりが発生しやすい．

(2) 湖成段丘の読図例

1）湖棚起源の湖成段丘

図11.4.5の中島は屈斜路湖に浮かぶ後カルデラ火山（☞第18章）であり，成層火山とその古い火口内に生じた熔岩円頂丘で構成されている．中島の山麓部には，成層火山の斜面とは遷緩線で境される緩傾斜面ないし平坦面が発達する．それらは高度150 m内外の上位面と130〜140 mの下位面の2段に区分され，それらの後面の遷緩線が現在の湖岸線とほぼ並走しているので，湖棚起源の湖成段丘面と解される（図11.4.6）．

湖蝕崖の発達する南東岸と南西岸，沖積錐の発達する北東岸ならびに地すべり地形の発達する東岸（標高点291の東）には，湖成段丘と推論されるような平坦面は発達していない．南東岸から南西岸に連続的に発達する湖蝕崖の「がけ（土）」は，その部分が火山砕屑物ないし非固結物質で構成されていることを示唆する．北東岸と西岸に現成の砂嘴が発達している．中島の周囲には水深約5 m以浅の湖棚が発達している．

図11.4.7は図11.4.5の東方の地区であり，屈斜路湖の東岸である．湖岸道路の走る低地は現成の砂嘴および湖棚起源の低い湖岸段丘面である．その背後の地形は，①現在の湖岸線とおおむね並走する明瞭な急崖（等高線125 mと135 mの間），②等高線135 mと140 mの間の広い平坦面，③等高線140 mと150 mの間の緩傾斜面，④高度150 m〜155 mの平坦面に区分される．

①の急崖を除けば，各面の境界線（傾斜変換線）は必ずしも明瞭ではないが，②と④は湖棚起源の湖成段丘面であり，それぞれ中島（図11.4.6）の下位面と上位面に対比されるであろう．①と③は湖棚崖である．ただし，①の急崖は，崖麓線も崖頂線もほぼ一定高度であるが，普通の湖棚（☞図11.4.4）と同様に傾斜30度内外で，崖麓線がやや屈曲し，「がけ（土）」もあるから，湖棚崖が少し湖蝕された湖蝕崖の可能性もある．

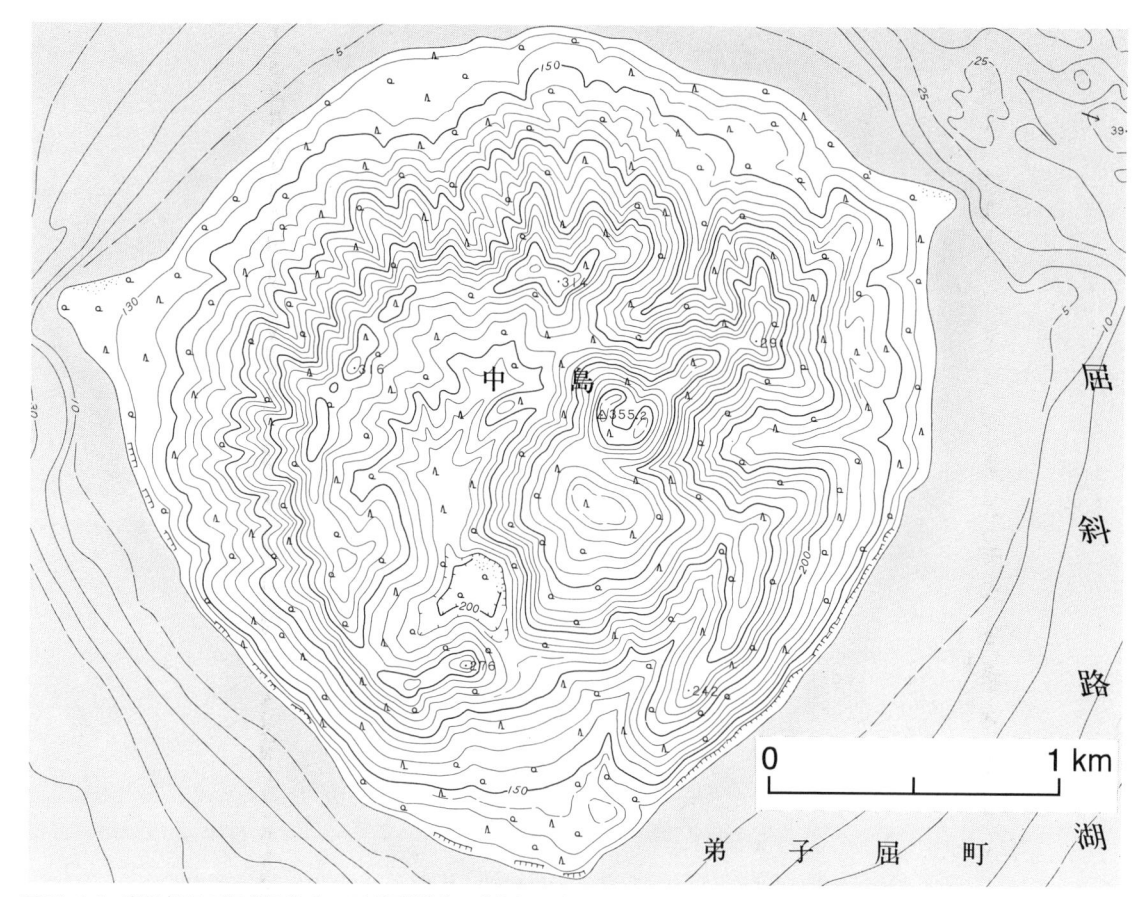

11.4 サンゴ礁段丘と湖成段丘　645

図 11.4.5　湖棚起源の湖成段丘（2.5万「屈斜路湖」〈斜里 11-3〉昭 63 修正）

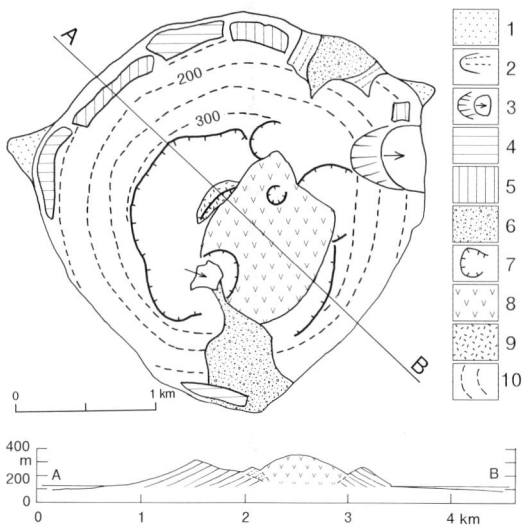

図 11.4.6　図 11.4.5 の読図成果概要図と推定地質断面図
1：砂嘴，2：沖積錐，3：地すべり地形，4：下位湖成段丘面，5：上位湖成段丘面，6：火砕流源，7：火口縁，8：熔岩円頂丘，9：火砕丘，10：成層火山とその復旧等高線（高度 50 m ごと），A-B：断面線．

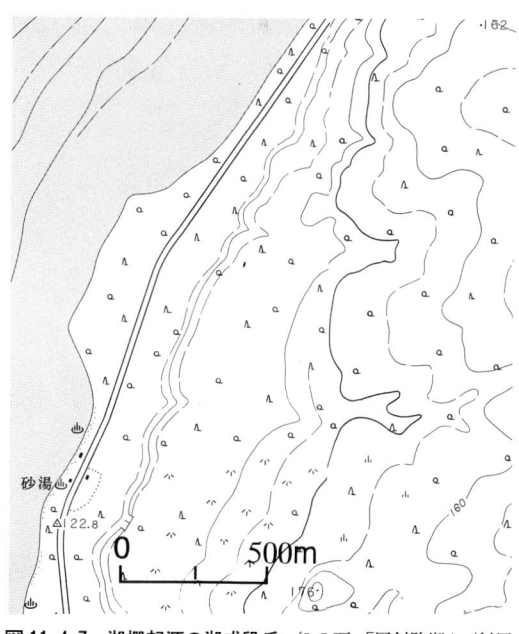

図 11.4.7　湖棚起源の湖成段丘（2.5万「屈斜路湖」〈斜里 11-3〉昭 63 修正・「川湯」〈斜里 11-1〉昭 63 修正）

646　第11章　段　丘

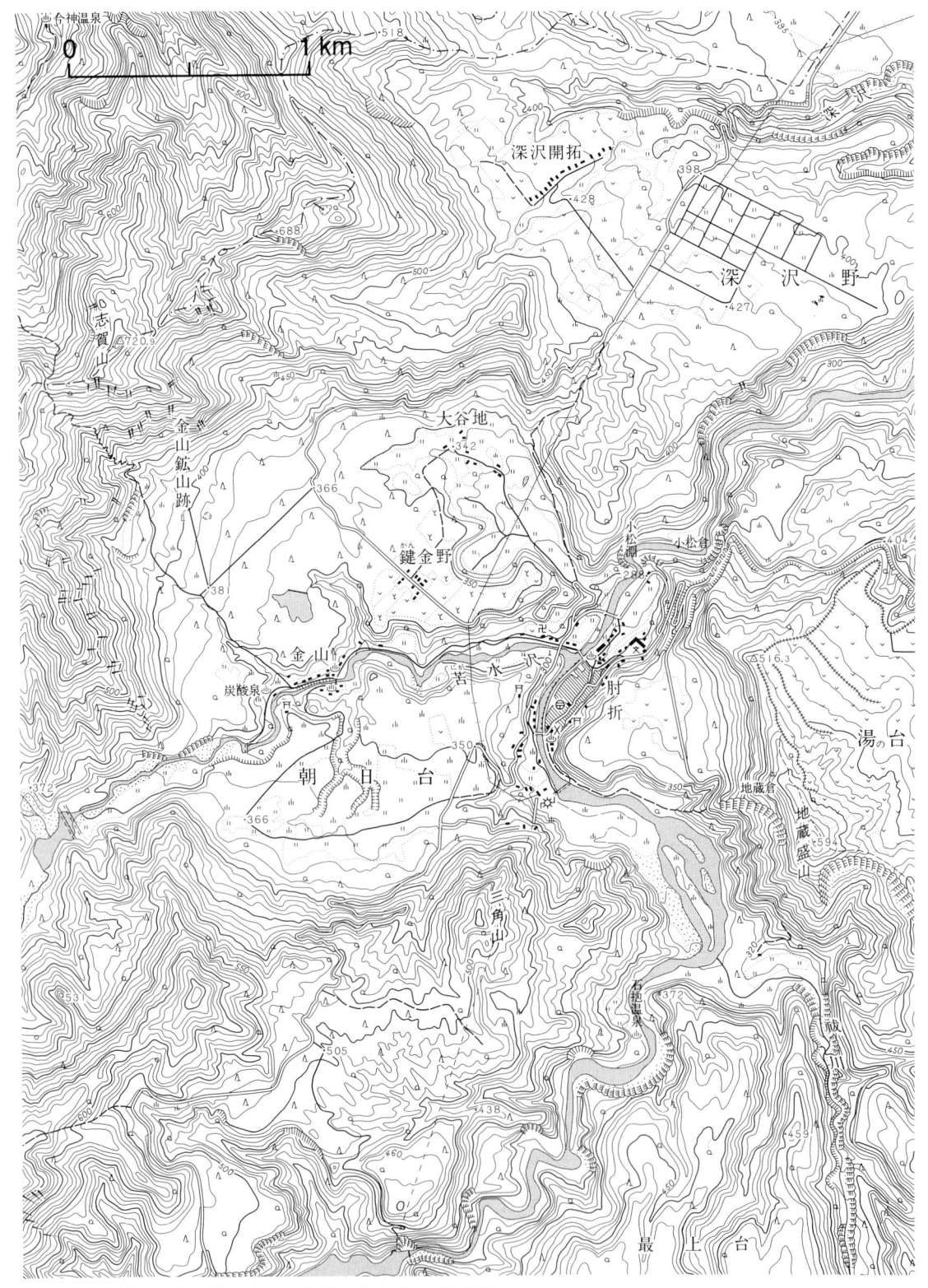

図 11.4.8　湖底起源の湖成段丘（2.5万「肘折」〈仙台13-1〉昭45測）

11.4 サンゴ礁段丘と湖成段丘 **647**

らの段丘堆積物の少なくとも表層部は透水性の低い砂泥物質であることを示唆する．金山の対岸には，段丘崖に小さな地すべり地形がある．

段丘面の後面の崖麓線は，周囲の山地からの崖錐，沖積錐および地すべり堆の被覆によって不明瞭であるが（図11.4.9），全体としては円形（直径約1.9km）であり，それを囲む山地斜面は急傾斜である．つまり，円形の段丘発達地域は全体として洗面器のような形の盆地（以下，肘折盆地と仮称）の底である．

肘折市街地の東にも高度約360〜370mの平坦な段丘面が発達し，朝日台の段丘面に連続する．その東縁には，地蔵倉から北方に円弧状の急崖がある．その基部に崖錐が発達するが，崖麓線は円弧状である．これと銅山川対岸（左岸）の円弧状の谷壁斜面（発電所の上流）とを合わせると，直径約800mの円形盆地にみえる（図11.4.9）．

肘折盆地とこの盆地を囲んで，北東に深沢野，東に湯の台，南に三角山西南方および最上台などの平坦な台地がある．これらの台地面は，銅山川からの比高が150〜200mに達し，肘折盆地底の段丘面よりも100〜200mも高い（図11.4.10）．台地面は大局的にみれば肘折盆地から放射方向に緩傾斜で低下し，後面の山麓線は出入りに富む．台地崖には，ほぼ水平の「がけ（岩）」と「がけ（土）」記号が各所にみられる．台地面は畑，牧草地，林であり，透水性の高いことを示す．水田は深沢野の浅い谷底と農地造成地のみにみられる．これらの事実は，台地の構成物質が透水性の高い硬軟の岩層であり，台地面と同様に緩傾斜していることを示す．

以上の読図結果から，これらの台地面は火砕流台地（☞p.969）であり，肘折盆地は多量の火砕流の噴出後に生じたクラカタウ型カルデラ（☞図18.1.10）と解される．この地域の地形発達史は次の各時期に大別されると推論される．

第1期：現在の高度でいうと，500〜700mの起伏に富む山地が存在していた．

図11.4.9　図11.4.8の読図成果概要図
1：現成谷底低地，2：崖錐・沖積錐，3：地すべり地形，4：河成段丘面群，5：湖成段丘面，6：火砕流台地面，7：カルデラ壁の残片，8：形成初期のカルデラ縁（推定）．M：マール．

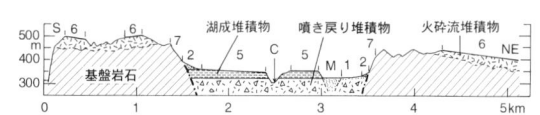

図11.4.10　地形断面図　断面線を図11.4.9に示す．数字は図11.4.9の凡例と同じ．湖成堆積物の厚さは不問．

2）湖底起源の湖成段丘

図11.4.8では，南部から北東部に大河川（銅山川）が穿入蛇行している．その支流の苦水沢両岸には，朝日台と鍵金野の平坦な段丘面（高度約340〜370m）が発達している．段丘面と苦水沢との比高は，段丘面の平坦性を反映して，西端部の約25mから東端部の約50mへとわずか2kmの区間で急増している．

前面段丘崖には「がけ（土）」記号と短い谷が多い．朝日台の水田帯，金山の北の溜池，鍵金野の東方の円形凹所の水田および大谷地付近の水田帯（段丘面より新しい谷底低地）の存在は，これ

第2期：肘折盆地を中心火口とする火山活動が始まり，大規模な火砕流（ここでは軽石流：杉村, 1953）の噴出に伴って肘折カルデラ（カルデラ縁の長径は約2.5km）が形成され，その周囲に既存の山地の相対的低所を埋没しながら火砕流が流下し，火砕流原（☞p.969）を形成した．その際に，火砕流の噴出口は肘折盆地と肘折市街地の東の2カ所に存在した可能性がある．火砕流堆積物は一部で溶結凝灰岩になっているであろう．

火砕流原の形成によって銅山川は堰止められ，銅山川と苦水沢はカルデラに流入し，カルデラ湖を形成した．湖面の高度は火砕流原の高度からみて，最高時には約400m，水深は50m以上であった．その湖底に，火砕流噴出時の噴き戻り堆積物（☞p.1012）や周囲から侵蝕・運搬された軽石や細粒物質が二次的に堆積して，湖成堆積物を形成し，平坦な湖底平原を形成した．

鍵金野の東に直径約300mの円形の凹所があるが，周囲に蛇行河川がないので河成地形ではないであろう．その周囲は平坦な段丘面で，凹所を囲む明瞭な高まりがない．よって，この凹所は，湖水が残っている時代に，水蒸気爆発によって形成されたマール（☞p.962）であろう．肘折や金山の温泉は火山活動の名残である．

第3期：火砕流原は銅山川およびその支流によって比較的短期間に開析されて火砕流台地となった．その台地崖（谷壁）では多数の大規模な地すべりが生じた（☞図15.5.16）．銅山川の下刻によって湖は排水され，湖底平原が銅山川と苦水沢によって開析されて湖成段丘になった．

湖成段丘に連続する河成段丘は下流には存在せず（多数の地すべり地形との混同に注意），上流に散在するにすぎない（図11.4.9）．このことは，湖尻における銅山川の下刻が急速で，カルデラ湖が短命であったことを示唆する．

3）湖尻の下刻と湖成段丘の形成

図11.4.11北部の湖は洞爺湖（カルデラ湖）の南東部であり，壮瞥川で排水されている．壮瞥川

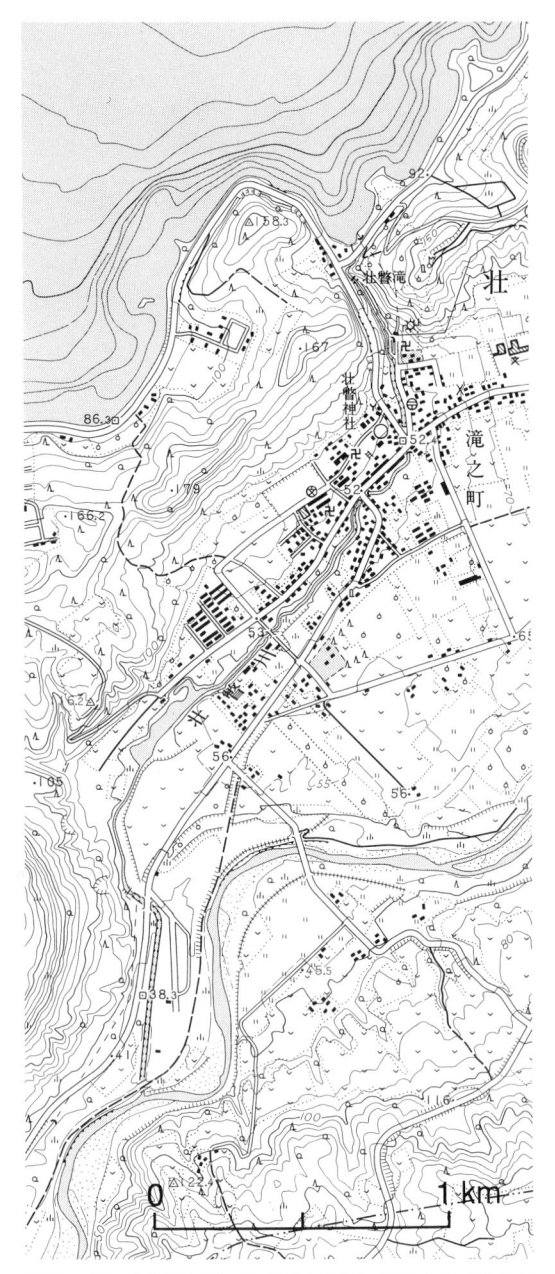

図11.4.11 湖尻の下刻（2.5万「壮瞥」〈室蘭1-2〉昭62修正）

を支流とする河川（長流川）の両岸には少なくとも2段の河成段丘が発達している．

湖尻からわずか約130m下流に壮瞥滝が迫っている．滝壺の高度は約70mで湖面高度（84m：☞図11.4.12）より約14m低いので，壮瞥滝が後退すると，湖水がそれだけ低下するから，湖底

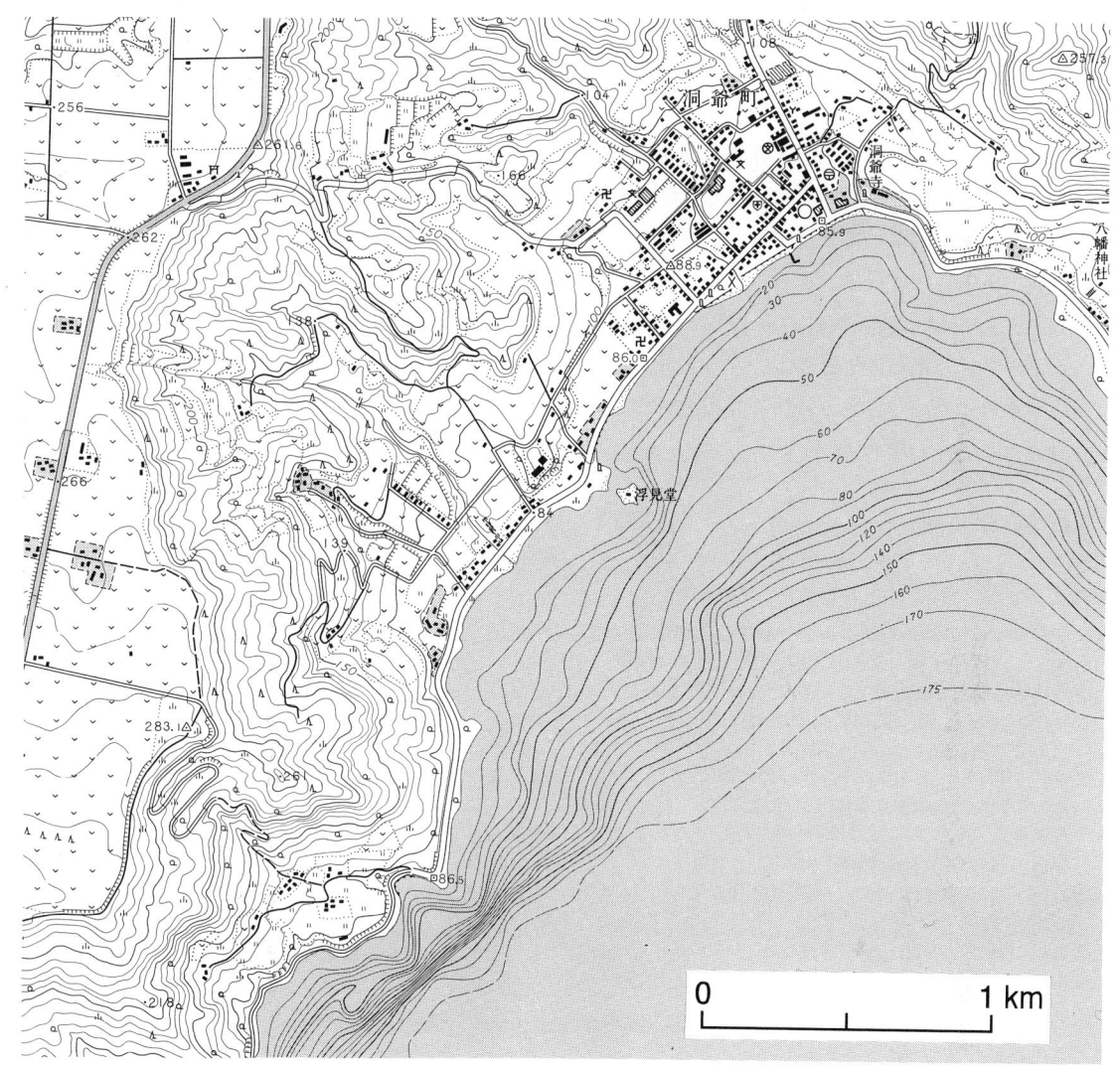

図11.4.12 湖棚起源の湖成段丘（2.5万「洞爺」〈室蘭1-3〉平2部修）

にみられる湖棚（水深10 m以浅）が段丘化する．

　壮瞥滝から下流の約500 mの区間には，湖を囲む丘陵を横切って，峡谷が発達する．その丘陵の主分水界には高度145 m内外の鞍部が3個ある．したがって，洞爺湖が排水され始めた時点における湖尻の高度つまり最高湖面高度は145 m以下であったはずである．壮瞥川峡谷の左岸の斜面形状とくに遷急線の高度をみると，その高度は130 m内外であったと推測される．

　しかるに，図11.4.12に示す洞爺湖の北西岸をみると，130 m等高線が顕著な遷緩線を示し，そ

れと湖岸線との間に3段の湖棚起源の湖成段丘が発達している．上位面は130 mと120 m等高線の間の緩傾斜面ないし平坦面であって，洞爺町の注記の西方や南西方に顕著に発達する．中位面は約115 m〜約100 mの高度をもつ平坦面であり，図の北東部の洞爺寺の東方や南西部に発達する．下位面は高度約90 m〜約85 mであり，洞爺町の市街地などがのる平坦面である．各段丘面を境する段丘崖は急傾斜面ないし急崖となっており，過去の湖棚崖であろう．これらの段丘面は，壮瞥滝付近の峡谷の低下が不連続に3回起こり，それ

ぞれに対応して湖棚が形成され，それらが湖面低下に応じて段丘化したことを示唆する．

　図西部の高度260 m内外の平坦面は洞爺カルデラ形成に関連して形成された火砕流台地面である．カルデラ壁には多くの開析谷がある．湖成段丘の上位面はその開析谷に入り組んでいるので，堆積段丘であると解される．このことは，カルデラ形成後，洞爺湖の湖面が直ちに最高水位の約130 mまで上昇したわけではなく，もっと低かった時代があり，その時代にカルデラ壁の開析が著しく進んだことを示唆する．

第 11 章の文献

参考文献（第1巻と第2巻に掲載の文献を省略）

平井幸弘 (1995)「湖の環境学」：古今書院，186 p.

小池一之・太田陽子編 (1996)「変化する日本の海岸—最終間氷期から現在まで」：古今書院，185 p.

中村和郎・氏家宏・池原貞雄・田川日出夫・堀信行編 (1996)「南の島々」：岩波書店，216 p.

西条八束・阪口豊 (1980) 日本の湖：阪口豊編「日本の自然」：岩波書店, pp. 231-241.

サンゴ礁地域研究グループ編 (1990)「熱い自然—サンゴ礁の環境誌」：古今書院，372 p.

新堀友行・柴崎達雄編 (1971)「第四紀（第2版）」：共立出版，369 p.

東木竜七 (1928) 東京山の手地域における名残川侵蝕谷および崖端侵蝕谷の分布と地形発達史：地理学評論，4, pp. 120-123.

引用文献

Cotton, C. A. (1952) Geomorphology : Christchurch, Whitcombe & Tombs, 505 p.

Dury, G. H. (1959) The Face of the Earth : Penguin Books, 220 p.

Hosono, Y. (1993) The water table in the Tokyo district: Environmental Geology, 21, pp. 22-36.

Howard, A. D. (1959) Numerical system of terrace nomenclature, A critique : Journal of Geology, 67, pp. 239-243.

貝塚爽平 (1952) 道志川の河岸段丘—Valley-side superposition の一例：地理学評論, 25, pp. 242-246.

貝塚爽平 (1958) 関東平野の地形発達史：地理学評論，31, pp. 59-85.

貝塚爽平 (1977)「日本の地形」：岩波書店，234 p.

貝塚爽平 (1992a) 関東の地形・地質と地形面：土と基礎，40, 3, pp. 3-8.

貝塚爽平 (1992b)「平野と海岸を読む」：岩波書店，148 p.

貝塚爽平 (1998)「発達史地形学」：東京大学出版会，286 p.

菊地隆男 (1974) 関東地方の第四紀地殻変動の性格：垣見俊弘・鈴木尉元編，「関東地方の地震と地殻変動」：ラティス, pp. 129-146.

木下良作 (1957) 河床における砂礫堆の形成について——蛇行の実態の一観察：土木学会論文報告集, 42, pp. 1-21.

久保純子 (1988) 相模野台地・武蔵野台地を刻む谷の地形—風成テフラを供給された名残川の谷地形：地理学評論，61A, pp. 25-48.

国土地理院監修 (1991)「日本の湖沼アトラス」, 68 p.

Lobeck, A. K. (1939) Geomorphology : McGraw-Hill, 731 p.

村田貞蔵 (1936) 山形県乱川扇状地の地形学的研究：地理学評論, 12, pp. 1,021-1,044.

内藤昌 (1976) 江戸城物語 (I, II)：土木学会誌, 1976年8月号, pp. 71-78, 1976年9月号, pp. 71-77.

Ota, Y. and Omura, A. (1991) Late Quaternary shorelines in the Japanese Islands : 第四紀研究, 30, pp. 175-186.

杉村新 (1953) 月山東方の軽石流台地：地質学雑誌，59, pp. 89-91.

山本荘毅 (1983)「新版地下水調査法」：古今書院，490 p.

谷津栄寿 (1950) 常陸那珂台地の地下水（第2報）（主として細長き窪地，凹地及び宙水について）：陸水学雑誌，15, pp. 1-6.

吉川虎雄・貝塚爽平・太田陽子 (1964) 土佐湾北東岸の海岸段丘と地殻変動：地理学評論，37, pp. 627-648.

吉村信吉 (1943) 武蔵野台地東部大泉, 保谷付近台地の浅い窪地地形：地理学評論，19, pp. 239-256.

Zeuner, F. E. (1959) The Pleistocene Period, its Climate, Chronology and Faunal Successions : London, Hutchinson & Co., 447 p.

第12章　丘陵と山地の一般的性質

第 12 章 丘陵と山地の一般的性質

　日本は山国である．国土の約7割は広義の山地，すなわち丘陵，山地（狭義）および火山で構成されている（☞図 3.4.3 および表 3.4.1）．これら三者は生い立ちも特質も異なるので（☞表 3.4.2 および pp. 157〜162），建設技術的な留意事項もそれぞれ異なる．この章では丘陵および狭義の山地の一般的性質を概説し，第 13 章〜第 17 章の基礎的知識を提供する．

　丘陵と山地は，内的営力による大地の隆起によって高くなり，外的営力による削剥によって起伏を増した土地（重合地形種）であるから，そこでの地形変化速度は低地や段丘の場合よりも大きい．そのため，斜面および河谷での物質移動が著しく，斜面崩壊（落石，崩落），地すべり，土石流などの集団移動による土砂災害ならびに河谷での侵蝕災害が発生する．それらの災害防止のために，各種の砂防・土木工事が進められている．

　広義の山地は，古来，交通路の障害であったから，多くのトンネルや切取法面，橋梁が建設されてきた．一方では，農林畜産業，鉱工業，水資源，水力発電，観光などの諸点で，山地と丘陵は多くの役割を担っている．近年では，全国の丘陵で，宅地，ゴルフ場，工場用地など各種の土地造成が広域的に進められ，それは山地の山麓部にも波及している．それに伴って，自然の地形変化過程とは異なった様式の，人為的な物質移動が行われ，それに起因する災害も増加しつつある．よって，建設技術者は本章以下で扱う丘陵および山地の一般的な性質を理解し，適切な建設計画の立案および施工に留意すべきである．

口絵写真（前頁）の解説

　写真（アジア航測株式会社撮影・提供）は北アルプスの黒部ダム湖（写真右上方の水面）の上流の急峻な山地とそれを刻む河谷を示す（地形図では5万「立山」〈高山5〉と「槍ケ岳」〈高山6〉の範囲であるが，省略）．写真右上方の最も高い山頂は立山であり，写真左上方の山頂緩傾斜面は五色ケ原である．写真中央の大きな河川の合流点に左方から流れるのが黒部川で，左下から合流するのが東沢谷である．

　この山地は全体として，侵蝕階梯では満壮年期的であり，それを刻む支谷には多数の崩壊地（白色）があって，削剥が活発に進行している．崩壊地での落石や崩落で生産された岩屑は，土石流となって主要な河谷底に運ばれ，河川によって掃流運搬され，ダム湖に堆積している．このような急峻な山地では，落石，崩落および土石流は必然的な削剥過程（自然現象）であって，それらのすべてを防止することは不可能であるし，また無意味である．しかし，急峻な山地斜面における切取を伴う構造物（例：山岳道路）の建設は，削剥過程を促進するので，自然破壊といわれる．

A. 丘陵と山地の一般的差異

(1) 丘陵と山地の定義および用語法

丘陵（hills）と山地（mountains）はどちらも尾根と谷で構成される地域である．両者にはいろいろな違いがあるが（表12.0.1），日常的なイメージでいえば，丘陵は低くて緩傾斜の滑らかな尾根と浅い谷の連なる里山であり（図12.0.1），山地は高くて険しい山々である（図12.0.2）．

そのような高度と形態的特徴（とくに傾斜と起伏量）の違いは，丘陵と山地の生い立ち（地形発達史），成り立ち（構成する地形種），地形物質（岩石物性と地質構造）の違いを反映している．ゆえに，起こりやすい自然災害と建設技術上の留意事項でも丘陵と山地ではかなり異なる．しかし，両者は形態的特徴（例：起伏量）で漸移的な場合も多いので（☞p. 158），1本の境界線で区分することが困難なこともあり，厳密な区分に絶対的な意味はない．

個々の山地全体を表す地域名に付される用語として山脈，山地，高地，高原などが使用されている（例：国土地理院，日本国勢地図帳）．山脈（mountain range）は広範囲（長さ数十km～数百km）にわたって細長く伸びている大起伏の山地である（例：奥羽山脈，日高山脈，ヒマラヤ山脈）．山地（例：関東山地），高地（例：阿武隈高地，飛驒高地）および高原（例：美濃三河高原，吉備高原）は細長くない地域で，おおむねこの順序で高度と起伏量が小さくなっている．頂部に広い小起伏地や平坦地をもつ山地は台地とよばれることもある（例：秋吉台）．登山者には山塊という語も親しまれている（例：丹沢山塊）．

これらの用語を厳密に定義しても重要な意味はない．たとえば，四国山地を四国山脈，また笠置山地を大和高原とよぶように，用語法はかなり曖昧である．諸外国でも同様である．これは山の高低や険しさの表現には感覚の問題が含まれているからである．よって，本書では丘陵および山地を総称語として使用する．

(2) 丘陵と山地の基本的特徴とその差異

丘陵と山地の顕著な差異（表12.0.1）の意味を読図の手順・着眼点という観点から，以下に要約しておこう．なお，この章では主に尾根部の特徴を扱い，河谷の特徴は第13章で述べる．

(a) 形態的特徴

1) 高度分布

丘陵と山地の読図では，まず山頂高度の大局的分布を把握する．そのためには，水面幅の大きい河川を1枚の地形図内で2～3本ぐらい目で追跡し，その流向を知る．1枚の地形図の全域について，主要河川の河間地にある10数個の高い山頂（三角点だけで十分）の高度を読めば，高度分布の大要がわかる．読図レベルでは，主要尾根の高度を頼りに，丘陵では50 m，山地では100 mごとの等高線について，目測（慣れれば定規を当てるまでもない）で基準幅1 km程度の埋積接峰面図（☞図4.3.4）を概念的に描けば，高度分布が明瞭に理解されよう．

計曲線（2.5万地形図では50 mごとの太線の等高線）を着色し，また等高線抜描図，高度帯図，段彩図（☞図4.3.1）を描けばさらによい．必要なら，高度の急傾斜部に直交する方向の地形断面図（☞p. 192）を描く．

2) 尾根線と谷線の平面的配置

尾根（分水界）と谷（水系）を主要なものから小規模なものへと追跡し，それらの全体的な配置に着目する．水系図（☞図4.3.8）や谷密度図（☞図16.0.35）を描けば万全である．大局的な高度分布（接峰面）に対する谷の配置（☞図13.2.1）は，地質構造，断層，地すべり地形などをはじめ，山地・丘陵における諸事象の推論に有力な鍵となる（☞第13章，第15章，第16章）．

表 12.0.1 丘陵と山地（狭義）の一般的差異（日本の場合）

		丘　陵	山　地
形態的特徴	主要尾根の高度	約 500 m 以下	約 500 m 以上
	定高性の見られる距離	約 10 km 以上離れた距離	約 50 km 以上離れた距離
	尾根頂部の横断形	丸味をもつ円頂状が多い．鞍部が多い	尖頂状が多いが，前輪廻地形では円頂状
	平均起伏量	50〜300 m/km² (谷が浅い)	300〜700 m/km² (谷が深い)
	斜面傾斜	20 度以下の緩傾斜地が多い	30 度以上の急傾斜地と急崖が多い
	露岩（がけ記号）	「がけ（土）」が多い．露岩は少ない	「がけ（岩）」と露岩が多い
構成する地形種*	前輪廻地形	山頂小起伏面が多い	山頂小起伏面と山腹小起伏面が断片的に残存
	段丘　河成段丘	主要谷ぞいに数段が広く発達し，一般に最上位は堆積段丘で，中位以下は侵蝕段丘である	主要谷ぞいに発達するが，一般に小面積で断片的に分布し，生育蛇行段丘が多く，対比が困難
	段丘　海成段丘	定高性をもつ主要尾根の頂部にしばしば残存	大規模な尾根の頂部に断片的に残存することがある
	主要河谷（5次以上）の谷底	一般に床谷であり，主要河谷ぞいに侵蝕低地，堆積低地および支谷閉塞低地が発達する	一般に欠床谷であるが，地すべりや土石流による堰止および土石流定着による堆積低地と生育蛇行の滑走部に侵蝕低地がある．支谷閉塞低地は稀
	集団移動地形	地すべり地形，沖積錐，崩落地，麓屑面	大規模な崩落地，沖積錐，地すべり地形，崖錐
	その他	変動地形，断層削剝地形，ケスタ，カルスト地形	変動地形，断層削剝地形，ケスタ，地層階段，カルスト地形，氷河地形，周氷河地形，リニアメント
水文現象	河川（外来河川を除く）	主要な河川は谷底低地を形成し，穿入蛇行している．礫床河川が多いが，巨礫は少ない．岩床河川と角礫床河川もある．高い滝は少ない	主要な河川は顕著に穿入蛇行している．岩床河川，巨大礫を含む角礫床河川と礫床河川が多い．滝と早瀬が多い．水無川もある．丘陵より砂防堰堤が多い
	地下水	自由地下水：裂か泉，洞穴泉のみで少ない．被圧地下水：同斜構造の新第三系の丘陵に豊富	裂か泉，洞穴泉，不整合泉のみで，極めて少なく，採水困難．断層破砕帯ぞいに高圧地下水がある
地質	主要な岩石	第三系と第四系の堆積岩および火山岩，風化花崗岩が多く，軟岩（風化岩を含む）と非固結堆積物が多い．局所的に火山灰層に被覆される	第三系中新統およびそれより古い各種の岩石で，一般に硬岩である．前輪廻地形を除き，火山灰に被覆されていない
	地質構造	緩傾斜な褶曲構造が卓越し，断層は相対的に少ないが，山地または段丘・低地と丘陵の境界部に活断層がしばしば存在する	地層は急傾斜に褶曲し，複雑な構造をもつ．延長の長い直線谷または直線的な山麓線に新旧の断層がしばしば存在する
	風化物質	尾根部や緩傾斜地で厚く，谷壁の急斜面で薄い	山頂および山腹の小起伏面では厚い（まれに数十 m 以上）が，山腹斜面では薄い（数 m 以下）
人文現象**	鉱工業	油田，ガス田，炭田，採石場，土取場，窯業地，小規模なダム	金属鉱山，採石場（とくに石灰岩，花崗岩，蛇紋岩），水力発電所，大規模なダム
	農林牧的土地利用	斜面では林業，畑地，果樹園，桑畑，牧草地．谷底低地に水田（谷津田），農業用溜池	林業が主体，草刈場，小起伏面や地すべり堆に水田と畑，緩傾斜地に畑
	古い集落	段丘面，谷底低地，斜面基部の緩傾斜面（麓屑面）に集落が多く，地すべり堆に小塊村，散村	山頂および山腹の小起伏面に宗教，観光，保養，登山に関連する小集落，地すべり堆および小起伏面に散村，狭い谷底低地に散村
	交通路	道路は多い．短いトンネル，切り通し	道路は少ない．屈曲の多い観光用・林業用道路，長大トンネル，ロープウェイ，ケーブルカー
	都市的土地利用	大規模な宅地造成地，ゴルフ場，墓地	スキー場，緩傾斜地に墓地，土地造成地，ゴルフ場

＊詳細：表 12.0.2 参照．＊＊：北海道では少し異なる．

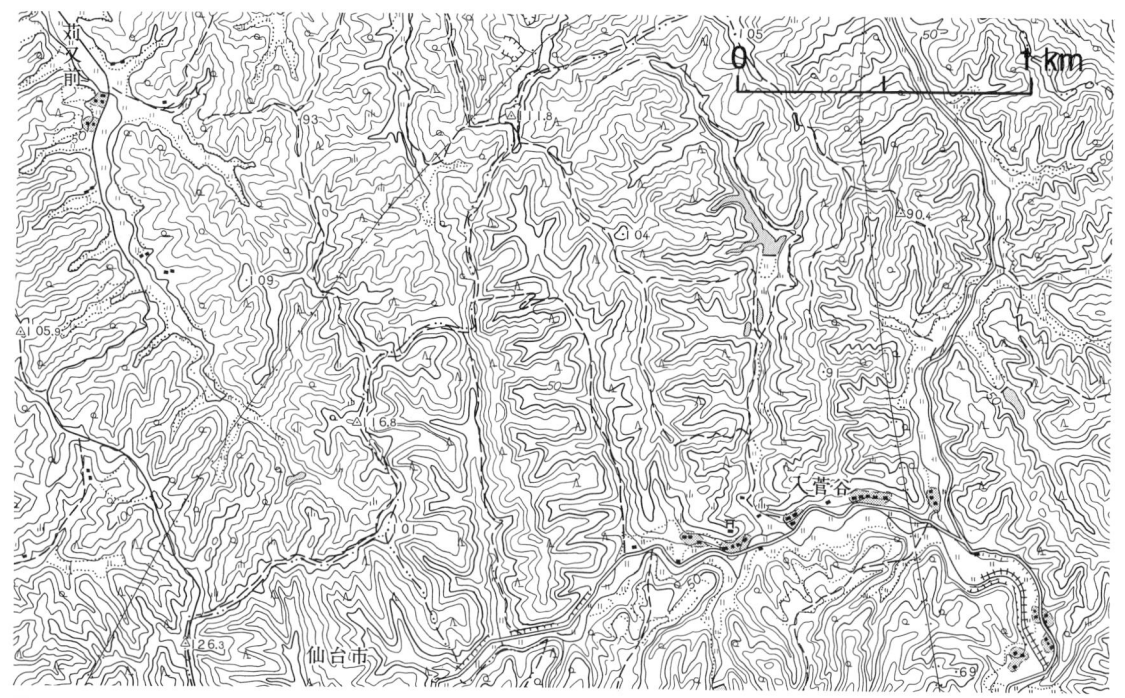

図 12.0.1　丘陵の例　(2.5万「富谷」〈仙台 2-2〉昭 46 修正)　主要尾根の高度は 90〜126 m で定高性があり，主要谷底の高度は約 20〜50 m であり，1 km 方眼の起伏量は約 70 m と小さく，ほぼ一定である．プリズム状ないし円頂状の尾根が発達する．

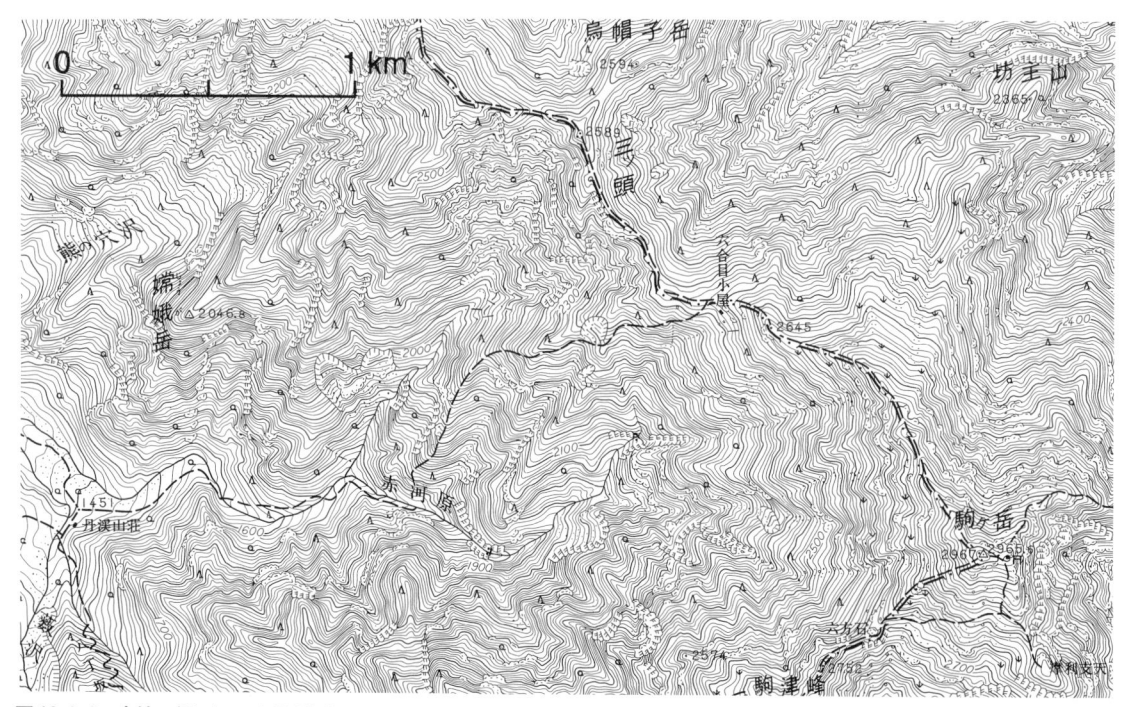

図 12.0.2　山地の例　(2.5万「甲斐駒ヶ岳」〈甲府 14-1〉平 2 修正)　主要尾根の高度は約 2,500〜約 3,000 m，主要谷底（例：赤河原）の高度は約 1,500 m，1 km 方眼の起伏量は 500 m 内外であり，尖頂状尾根をもつ急峻な地形を示す．

3）尾根頂部の横断形

尾根（ridge）の横断面における最高点を結ぶ線つまり尾根線を山稜（ridge line）または稜線とよぶ．山稜の近傍を尾根頂部または稜線部とよぶ．尾根頂部の横断形と縦断形は，岩石物性，地質構造，地形過程，侵蝕階梯，地形発達史を反映しており，重要な形態要素である．しかし，尾根は三次元的に複雑な形態をもち，少数の地形量での表現が困難であるから，横断形と縦断形の地形相で記述される．長大な尾根では区間ごとに異なった類型で記載する．

尾根頂部の横断形は地形相では次のように類型化される（図 12.0.3 および図 12.0.4）．

① 円頂状山稜：山稜の左右両側の斜面が凸形斜面（☞図 14.0.1）で，稜線部が丸味をもち，尾根線が不明瞭である．老年期的な丘陵・山地の頂部や小起伏面に多い．高透水性の岩石で構成される山地や丘陵にもみられる（☞図 16.0.39）．

② プリズム状山稜：両側斜面が傾斜 20～60 度の等斉斜面で，尾根線は明瞭である．壮年期的な侵蝕階梯の丘陵・山地に普通にみられる．

③ 尖頂状山稜：両側斜面が凹形斜面で，尾根線は明瞭である．一般に硬岩で構成され，壮年期的な侵蝕階梯の山地に多い．

④ 台状山稜：断面形が段丘状で，尾根線（分水界）は不明瞭である．頂部に強抵抗性岩のある尾根，前輪廻地形や火山原面の残る尾根，石灰岩尾根などにみられる．

⑤ 非対称山稜：左右両側の斜面傾斜が著しく非対称で，尾根線は明瞭である．侵蝕階梯の異なる流域界，差別削剥地形，崩落・地すべりが山稜部まで及ぶ地区，火山地形などに多い．しばしば非対称谷（☞p.714）と共存し，緩傾斜面より急

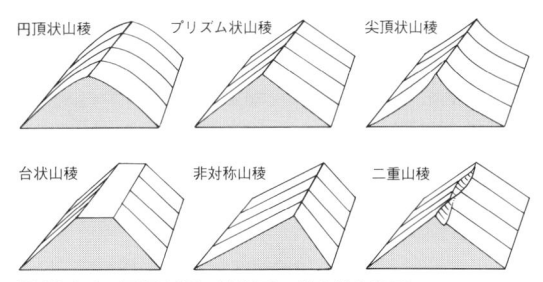

図 12.0.3 尾根頂部の横断形の基本的な類型

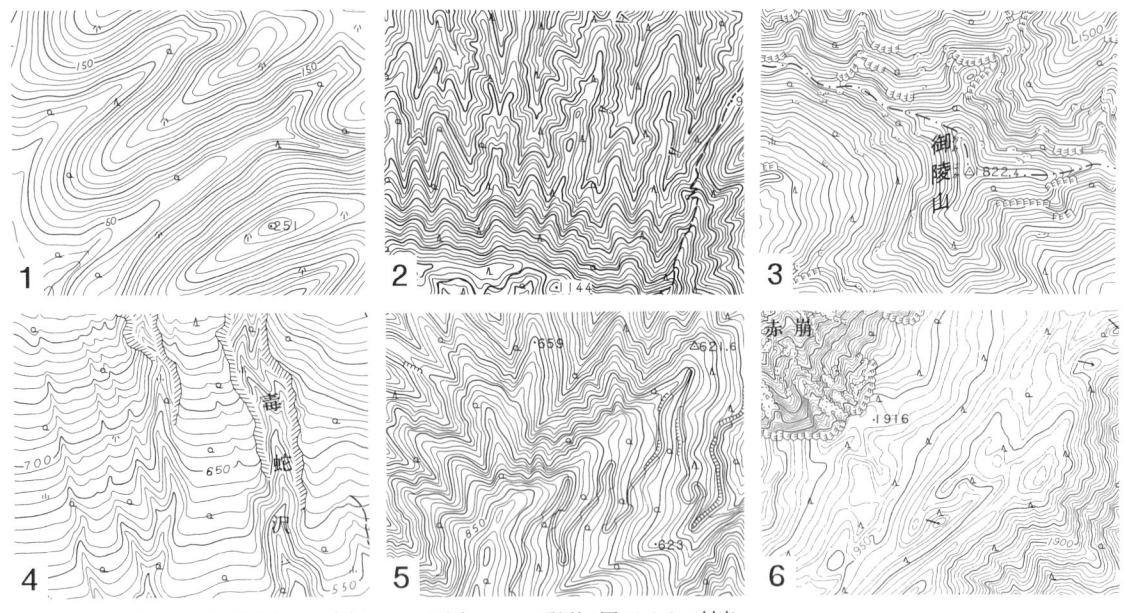

図 12.0.4 尾根横断形の基本類型の実例　2.5 万原寸．1～6 の配列は図 12.0.3 に対応．
1：「安牛」〈天塩 3-1〉昭 54 修正，　2：「上垣内」〈和歌山 8-1〉昭 42 測，　3：「御所平」〈甲府 5-3〉昭 48 測，
4：「岩木山」〈弘前 9-3〉平 6 修正，5：「内田」〈岡山及丸亀 4-1〉昭 59 修正，6：「上河内岳」〈甲府 16-2〉平 10 修正．

傾斜面で削剝速度が大きいので，尾根は緩傾斜面側へ移動し低下する．この現象を不等斜面の法則 (law of unequal slopes) とよぶ (Gilbert, 1877).

⑥ 二重山稜：尾根頂部に稜線方向に伸びる舟底状の細長い凹地または浅い谷があり，その両側にほぼ並走する2本の尾根を二重山稜 (double ridges) とよぶ．3本以上の尾根をもつ多重山稜 (multiple ridges) もある．

4) 尾根の縦断形

山稜はその縦断形によって次のように類型化される（図 12.0.5 および図 12.0.6）.

① 凸形山稜：尾根線が低所に至るほど急傾斜になるもので，下刻の著しい河川に面する地形場でごく普通にみられる．透水性の大きい岩石で構成される尾根にもしばしばみられる．

② 直線状山稜：尾根線の傾斜がほぼ一定で，ごく普通にみられる．

③ 凹形山稜：尾根線が低所に至るほど緩傾斜になり，老年期的な侵蝕階梯の山地に多い．

④ 鋸歯状山稜：稜線ぞいに多数の鞍部と小突起があり，鋸歯状の縦断形を示し，縦走に汗をかく尾根である．これは，尾根を横断する方向の走向と数十度の傾斜をもつ成層岩（堆積岩，変成岩，火山岩）における岩層間，あるいは節理や断層破砕帯の差別侵蝕で生じる．成層岩の傾斜方向と尾根縦断形の凹凸との関係は流れ盤と受け盤の両方の場合がある（☞図 16.0.19）.

⑤ 階段状山稜：水平に近い緩傾斜の互層構造の差別削剝で生じ，強抵抗性岩が急斜面を構成して，地層階段，メーサなどの差別削剝地形（☞図 16.0.28）を形成している．

⑥ うねり状山稜：成層岩で構成され，急傾斜部が強抵抗性岩で，緩傾斜部が弱抵抗性岩で構成されている場合が多い．岩層の傾斜方向と地形との関係は受け盤の場合が顕著である．

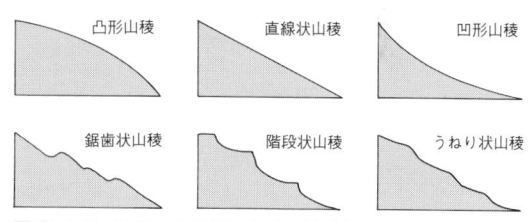

図 12.0.5 尾根の縦断形の基本的な類型

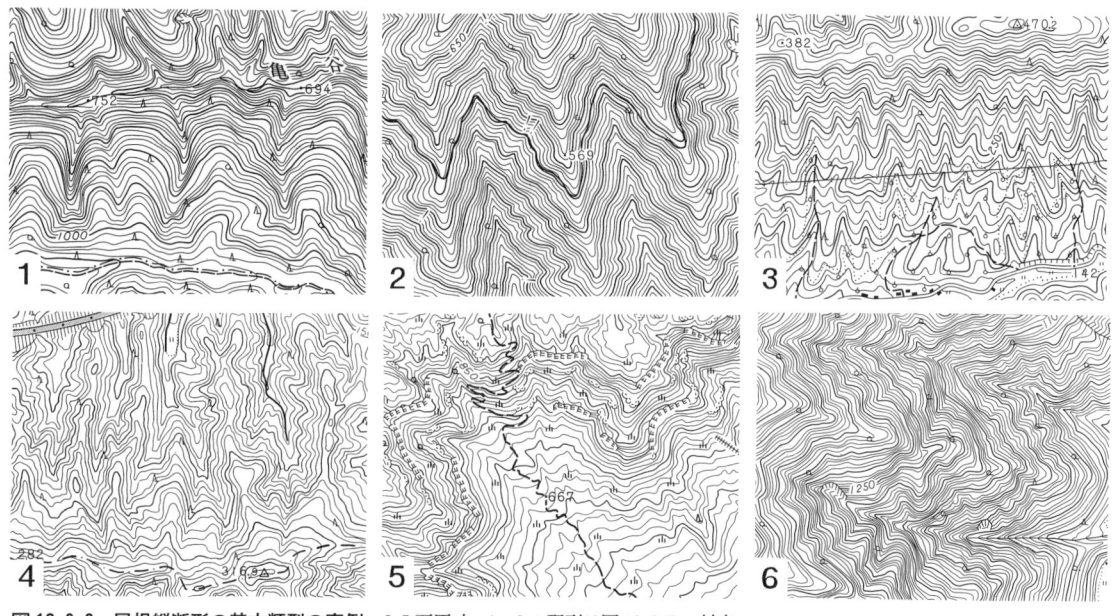

図 12.0.6 尾根縦断形の基本類型の実例 2.5万原寸．1〜6 の配列は図 12.0.5 に対応．
1：「護摩壇山」〈和歌山 8-4〉昭 42 測， 2：「思地」〈高知 11-3〉昭 45 修正， 3：「金屋」〈和歌山 12-4〉昭 43 修正，
4：「国束山」〈伊勢 6-3〉平 9 修正， 5：「坊中」〈大分 15-3〉昭 50 測， 6：「信濃大河原」〈甲府 15-4〉昭 46 測．

5) 山腹斜面

　丘陵と山地の主要な尾根の稜線から低地や段丘面に接する山麓線までの区間，あるいは稜線から谷底までの区間を一括して山腹（mountainside, hillside）とよぶ．山腹にある支尾根や小規模な河谷を含めて，山腹全体を一つの斜面として大局的に扱う場合には，山腹斜面（mountainside slope）または丘陵斜面（hillslope）とよぶ（☞表 14.0.1）．山地の主分水界をなす主山稜と山麓線がおおむね並走している場合（例：☞図 4.2.1）に，両者の間を全体として，たとえば「養老山地の東面の山腹斜面」と表現する．河谷においては「右岸の山腹斜面」とか「源流部の山腹斜面」などと表現する．この場合には山腹斜面を谷壁斜面ともいい，両者はほぼ同義である．つまり，山腹または山腹斜面は地形場を大まかに表現するための用語である．

　山頂や山腹には，全体的な山腹斜面の傾斜と比較して，目立って緩傾斜な小起伏面（☞p.680）や逆に急傾斜地が発達している．それらは傾斜変換線に囲まれている．傾斜変換線は，丘陵および山地の地形発達や地形災害を考察する上で極めて重要であるから，それらを着色しておく．

　山腹斜面には，しばしば「がけ（岩）」や「がけ（土）」の記号で表される急崖，「岩」の露岩，「砂れき地」や「流土」の裸地，「凹地」や「小凹地」などの極微地形，さらに「万年雪」などが存在する（記号：☞図 1.1.2 および図 1.1.3）．それらの分布は山腹斜面の形成過程，基盤岩石の物性，斜面災害などの推論に関連して重要であるから，各記号を別々に着色しておく．

　裸地または植生のほとんどない斜面を裸岩斜面（bare slope）とよび，密な植生に被覆されている斜面を被覆斜面（vegetation-covered slope）とよぶ．裸岩斜面の多い山腹斜面は被覆斜面の多い地区よりも雨水に直接に攻撃されるから，布状侵蝕，リル侵蝕，ガリー侵蝕，落石，崩落が発生しやすく，また土石流の発生源となりやすい．

6) 起伏量

　丘陵と山地との最大の形態的差異は起伏量（relief energy）である．起伏量は，丘陵・山地の侵蝕階梯（☞p.666）を理解し，岩石物性，地質構造などを推論するのに有力な地形量である．そこで，起伏量の概念をまず理解しておこう．

　起伏量は，地表の起伏程度を表す地形量の一つであり，方眼法，円周法，尾根と谷の比高法（☞p.158），接峰面と接谷面の比高法（方眼法と大差はないので説明省略）という4種の異なる定義と方法で地形図上で計測される．

　① 方眼法：地形図に一定面積の方眼，たとえば接峰面図を描く場合と同様に高度成長曲線（☞図 4.3.6）の変曲点に等しい面積の方眼をかけ，各方眼内の最高点と最低点の高度差（比高）を起伏量とする．方眼が大きいほど，起伏量は大きくなる．

　しかし，普通には（本書でも），1 km×1 km の方眼（以下，1 km方眼と略称）を用い，その起伏量が約 300 m 以下であれば丘陵とよび，それ以上ならば山地とよぶ．地形図1枚程度の狭い範囲を扱う場合には，0.5 km方眼も使用される．国土地理院による大起伏山地，中起伏山地，小起伏山地および丘陵の4区分（☞図 3.4.3）は，南北方向1分，東西方向 1.5 分の台形で面積不等の方眼（高緯度地方で小さく，低緯度地方で大きい：中部地方では南北約 1.75 km，東西約 2.25 km）の最高点と最低点の比高を起伏量としている．したがって，1 km方眼の起伏量よりかなり大きな値（とくに大起伏山地）を示す．

　② 円周法：方眼内の最高点を中心にして方眼と同じ面積の円を描いて，円周上の最低点と方眼内の最高点の差を起伏量とする．方眼法より合理的であるが，労力を要するのでこの方法で計測した人（例：谷津, 1950）は少ない．

　起伏量の概念で大起伏，中起伏，小起伏というときのイメージは，普通には図 12.0.7 のようであろう．しかし，起伏量が同じでも，方眼内の地

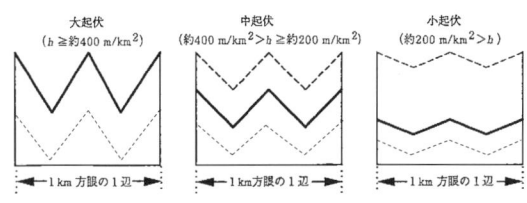

第 12 章　丘陵と山地の一般的性質　659

図 12.0.7　大起伏・中起伏・小起伏の山地のイメージ
　普通は太実線のイメージであるが，高度（縦軸）が大きいほど起伏量（h）が大きいとは限らず，破線のような場合もある．

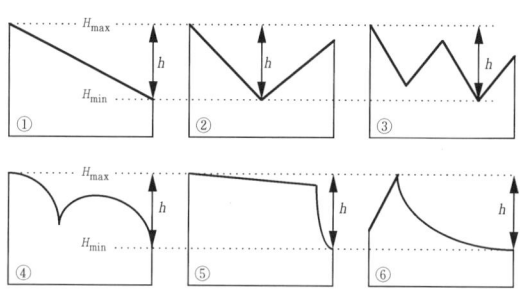

図 12.0.8　起伏量と傾斜・谷密度および起伏状態（凹凸）の関係（基底線は一定方眼の 1 辺を示す）
　起伏量（h：縦の両矢印線），最高点高度（H_{max}）および最低点高度（H_{min}）が同じでも，各方眼内の地表傾斜は谷密度（①〜③）や起伏状態（④〜⑥）で異なる．

表傾斜と微細な起伏状態（凹凸）は多様である．起伏量の大きい地域ほど，急傾斜地の多い傾向はあるが（図 12.0.9），そうでない場合も多い（図 12.0.8）．ゆえに，起伏量および面積の等しい範囲を水平に均して土地造成するとき，その土工量は図 12.0.8 から明らかなように起伏状態によって異なる．起伏量は高度より大きい値にはなりえないが，高度の大きい地域ほど起伏量が大きくなる傾向がある．しかし，ほぼ同じ高度の地域間でも起伏量に著しい差異がみられる場合もある（例：図 12.0.9 の中と下）．

このように，起伏量は土地の傾斜，起伏状態，谷密度などに制約されるので，起伏量の解釈には注意を要する．つまり起伏量については，個々の方眼内の絶対値を問題にするのではなくて，起伏量を適宜に階級区分して各方眼の記号を変えて表現した起伏量図（relief map）を描いて，広域的な分布傾向を把握する必要がある．また，起伏量

大起伏山地
$H_{max} = 2841$ m
$H_{min} = 2200$ m
$h = 641$ m

中起伏山地
$H_{max} = 900$ m
$H_{min} = 580$ m
$h = 320$ m

小起伏山地
$H_{max} = 1050$ m
$H_{min} = 920$ m
$h = 130$ m

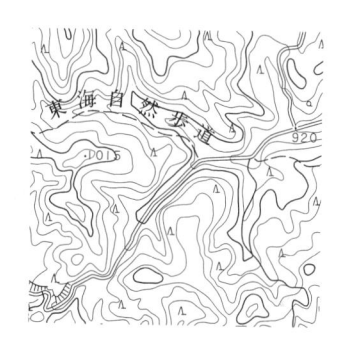

図 12.0.9　大起伏・中起伏・小起伏山地の例
　H_{max} と H_{min} は方眼内のそれぞれ最高点高度と最低点高度であり，h は起伏量であり，$h = H_{max} - H_{min}$ と定義される．
　いずれの地区も同時代の花崗岩（領家花崗岩）で構成されている山地である．地形図はすべて 2.5 万原寸（1 辺 4 cm）で 1 km 方眼を示す．
　上：「空木岳」〈飯田 2-4〉昭 62 修正，中：「根羽」〈豊橋 5-4〉平 9 部修，下：「寧比曽岳」〈豊橋 10-1〉昭 59 修正.

をその方眼の中心における値であると仮定し，等起伏量線（50〜100 m ごと）を描くことも有効である（☞図 16.0.35）．

【**練習 12・0・1**】　図 12.0.1 と図 12.0.2 について，それらの北東角を基点に 1 km（図上 4 cm）の方眼を描き，方眼内の最高点と最低点の高度差から起伏量を求めてみよう（端数方眼は不要）．

表 12.0.2 丘陵と山地を構成する主要な地形種の規模と形成過程とその複合性による分類*

分類基準		初生的な形成過程で分類した地形種の例				
規模	複合性**	変動地形	集団移動地形	広義の河成地形	寒冷地形	溶蝕地形
極微地形類	単成地形群	地割 低断層崖 断層凹地	匍行斜面, 0次谷 崩落地, 土石流堆 地すべり滑落崖・凹凸地	リル, ガリー, 1次谷 滝, 瀬, 淵 渓岸侵蝕崖 自然堤防, 後背低地	周氷河地形 (万年雪地, 雪窪, 雪崩路, 岩塊流な ど)	カレン 羊背岩
微地形類	単式地形群	断層鞍部 断層崖 撓曲斜面	麓屑面 崖錐 一回一連の地すべり地形 沖積錐 二重山稜・凹地	2次以上の河谷, 小型扇状地, 支谷閉塞低地 谷壁斜面 (攻撃斜面, 直走斜面, 滑走斜面)	モレーン 周氷河斜面	ドリーネ 石灰洞
小地形類	複式地形群	三角末端面, オフセット	再活動した地すべり地形 一般	河成低地, 湖沼・湿地, 穿入蛇行谷, 直線谷	カール	ウバーレ ポリエ
	複合地形群	断層線谷 断層線崖 断層角盆地	ケスタ崖, 地すべり地形群	河成段丘, (海成段丘) 遷急線・遷緩線, 侵蝕前線 谷中分水界	U字谷, 懸谷	カルスト尾根
	複成地形群	地塁, 地溝, 傾動山地	開析された地すべり地形 一般	主要な尾根と河谷 前輪廻地形 (小起伏面)	氷河地形一般	カルスト台地
中地形類	重合地形群	一群の丘陵または山地の全体				

* : 日本に多い地形種であるが, そのすべてが示されているわけではない. 地形種ごとの細分類はそれぞれの項を参照.
** : およその「形成過程の複合性 (☞表3.2.3)」を示すが, 規模との対応は漸移的である.

(b) 丘陵と山地を構成する地形種と形成年代

丘陵と山地の各部のうち, 地形種として認定されるものを, それらの規模および形成過程とその複合性によって大別し, 表12.0.2に示す. 個々の地形種については本章および後続の各章で解説する. 丘陵と山地では, それぞれに発達する地形種の種類・残存状態がかなり異なっている (表12.0.1). とくに, 河成地形および集団移動地形の違いが著しい.

日本の地形の5大区分 (☞図3.4.2) の, それぞれの概形が形成され始めた年代 (形成年代) は, 個々の丘陵や山地で異なるが, 最も古い形成年代を概観すると次のようである.

低地：第四紀後氷期以降 (約1.9万年前以降),
段丘：第四紀更新世以降 (約200万年前以降),
丘陵：新第三紀以降 (約2,300万年前以降),
山地：古第三紀以降 (約6,500万年前以降),
火山：新第三紀末以降 (約300万年前以降).

古い時代から陸化した地域ほど, 現在までに生起した地殻変動, 気候変化, 海面変動, さらには各種の外的営力の影響を受けているので, 新旧・多種・多様な地形種が複雑に入り交じって発達・残存している. つまり, 丘陵と山地は全体としては重合地形 (☞表3.2.3) であるから, それらの成因を一元的には表現できない. たとえば, 断層山地といっても, 山地の一面を表現しているに過ぎず, 断層運動で隆起した後に, 河川や集団移動で削剥されており, また過去の海成地形が残存することさえある.

(c) 水文現象
1) 河川

丘陵と山地では, 2.5万地形図で3次谷以上の河谷には, 水線記号の有無に拘わらず, 一般に恒常的な流水がみられる. 1次谷や2次谷では降水時にのみ流水のあるものが多い. 丘陵・山地の河川と河谷地形については第13章で詳述する.

2）地下水

　丘陵と山地は固結岩で構成されている場合が多いので，非固結堆積物で構成される低地や段丘とは地下水の存在状態が異なる．多孔質および割れ目（節理）の多い岩体（例：熔岩，熔結凝灰岩，粗粒火山砕屑岩，石灰岩，砂岩，礫岩）は高透水性であるから，まったく地下水のないことも，逆に岩体全体が水浸しの帯水層になっていることもある．それらの岩層と難透水性岩の境界面や不整合面ならびに節理面や断層破砕帯などの割れ目から裂か水（fissure water）の形で地下水が湧出する．ゆえにトンネル掘削で多量の湧水の有無を生じる．同斜構造（☞図 16.0.16）をもつ新第三系や第四系で構成される丘陵では，被圧地下水が存在することもある．しかし，火山麓のような豊富な湧水は丘陵・山地の山麓では期待されない．

(d) 地質

　丘陵の地質は，ほとんどが第三系および第四系であり，一般に緩傾斜ないし水平の簡単な地質構造をもつ．ただし，広範囲にわたって第三紀より古い時代の各種の岩石（とくに花崗岩，堆積岩）が丘陵を構成している地区もある（例：美濃三河高原，瀬戸内海沿岸）．

　山地は一般に先第三系の堆積岩（中生界および古生界），火成岩（深成岩，半深成岩，古い火山岩）および変成岩で構成される．一般に古い時代の岩石ほど多数の断層に切断され，また古い堆積岩ほど著しく褶曲している．

　削剝に対する抵抗性の異なる岩石が隣接している地域では差別削剝地形が生じるので，読図で地質界線を推論できる場合も多い（☞第 16 章）．しかし，丘陵・山地の多様な形態的特徴は，地形学公式（☞p.97）の観点から明白なように，基盤岩石の性質のみに制約されているわけではない（☞p.134）．そのため，基盤岩石を時代別や岩種別に区分して，それぞれの構成する丘陵・山地の一般的な形態的特徴を総括するのは原理的に不可能である．たとえば，同時代の花崗岩でも，急峻で大起伏の山地もあれば，中起伏の山地あるいは小起伏で緩傾斜な丘陵や準平原遺物を構成していることもある（図 12.0.9）．よって，丘陵・山地の形態的特徴を論拠とする地質（岩質，物性，地質構造，生成時代など）と地質界線の推論は，差別削剝がみられる地区でのみ定性的に可能であって，そうでない地域では不可能である．

(e) 土地利用と植生

1）土地利用

　丘陵の斜面は一般に人工林や採草地であり，緩傾斜地は普通畑，桑畑，果樹園（ミカン，リンゴなど），茶畑，牧場などに利用されている．山麓の麓屑面（☞p.790）に 1 列ないし数列に家屋の並ぶ線状集落がある．水田は細長い樹枝状の谷底低地や支谷閉塞低地，地すべり堆（棚田がある）にみられる．降水量の少ない地域（瀬戸内気候区）や灌漑用水の不足する流域では，谷底に多くの溜池がある．近年では，とくに大都市圏の丘陵で，大規模な切取・盛土による土地造成が進められ，広大な住宅地，学校用地，工場用地，ゴルフ場などの都市的利用が展開し，自然斜面がほとんど消失した丘陵も多い．河谷が廃棄物最終処理場として埋め立てられる例も増加している．

　山地は一般に急傾斜かつ高冷地であるため，自然林が多い．農耕地は，関東地方以南では高度約 1,000 m 以下，東北地方では約 500 m 以下，北海道では約 300 m 以下の地域に分布し，しかも前輪廻地形の小起伏面，地すべり堆，崖錐，沖積錐および谷底低地にのみ散在する．集落と定住家屋は，特例（宗教，観光，観測基地，鉱山，ダム，発電施設など）を除くと，山頂や尾根部には存在せず，小起伏面，地すべり堆および谷底低地に散在するに過ぎない．近年ではダム建設に伴う代替用地として，山地斜面に土地造成された農耕地や宅地も多くなった．しかし，無理な土地造成や山岳道路の建設は土砂災害を招く（☞第 23 章）．

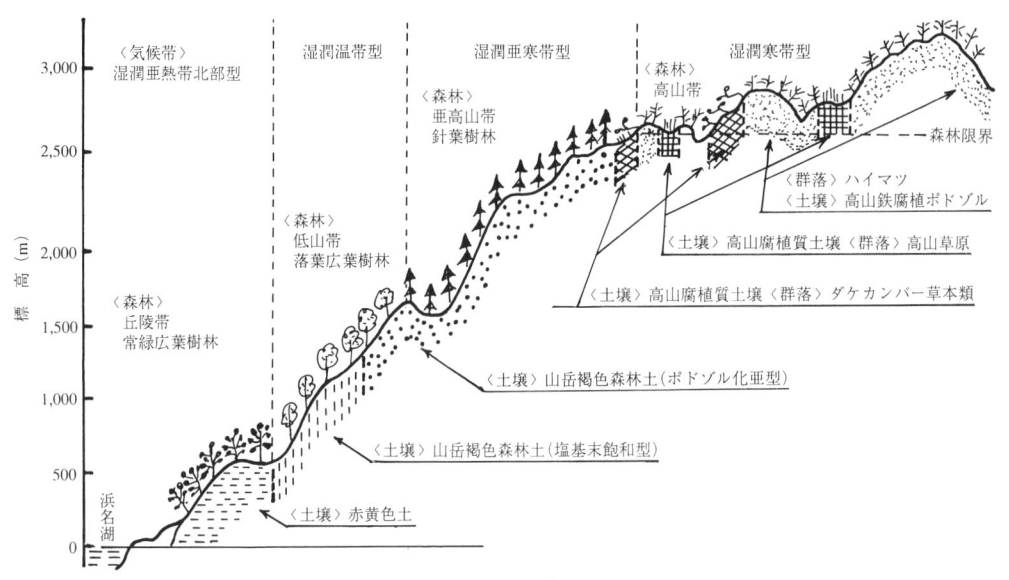

図 12.0.10 赤石山脈南部における気候帯，森林帯，土壌型の垂直分布 (近藤，1967，を塚本，1998，が改変)
実際には森林も土壌も図示できないほど低く，薄い．

2) 植生

自然植生は，気温，雨量，日照量，風速，地下水，土壌厚などを媒介変数として地形（緯度，高度，斜面型，斜面傾斜・方位，地形場）と密接な関係がある．とくに，高度は重要で，高度（つまりは気温と降水量）によって森林帯と土壌型が系統的に変化している（例：図 12.0.10）．

日本では過去に，森林破壊によって植生の希薄になったハゲ山が広く分布していた．大規模な森林破壊は，製塩，タタラ製鉄，製陶，銅精錬などの鉱工業のほか，薪炭，採草，木材採取など農林業に起因する（千葉，1991）．小規模なハゲ山は地震，豪雨などによる多数の崩壊発生や虫害によるマツの枯死でも生じる．ハゲ山では土壌および風化物質が流亡するので，一度ハゲ山になると自然的な植生回復は極めて遅く，人工的に森林復旧をしない限り疎植生で，多くのガリーに刻まれた急峻な裸岩斜面の荒廃地，つまり歩行通過の困難な悪地（badland）のままである（塚本，1998）．

以上のように丘陵と山地では土地利用や植生の読図による土地条件や地盤構成の推論は例外（集団移動地形など）を除き一般に困難である．

B. 丘陵と山地の形成過程

(1) 段丘から丘陵さらに山地への地形変化

"山はなぜ高く，急傾斜なのか"を具体例で考えよう．図 12.0.11 では，五能線の走る海成侵食低地の背後に，高度約 100 m，約 150 m および約 200 m の 3 段の海成侵食段丘面が発達し，この地域が隆起していることを示す．図中央部の標高点 420 や 353 付近から西方の地域（高度約 250〜400 m）は起伏量（尾根と谷の比高）100 m 内外の丘陵である．図東半部の，津梅川と図南部の深い谷をもつ河川の河間地は，両河川からの比高が 300 m 以上で，山地の性質をもつ．兜流山は海から約 3 km しか離れていないのに 737 m もの高度をもつ．これらの丘陵と山地にも，尾根頂部に断片的に小起伏面がある．

この例のように，かつて低地（ここでは海成低地）であった地域が隆起すると，低地は段丘（海成段丘）となる．さらに隆起が継続すると，段丘は高位置を占め，谷によって開析・分断され，つ

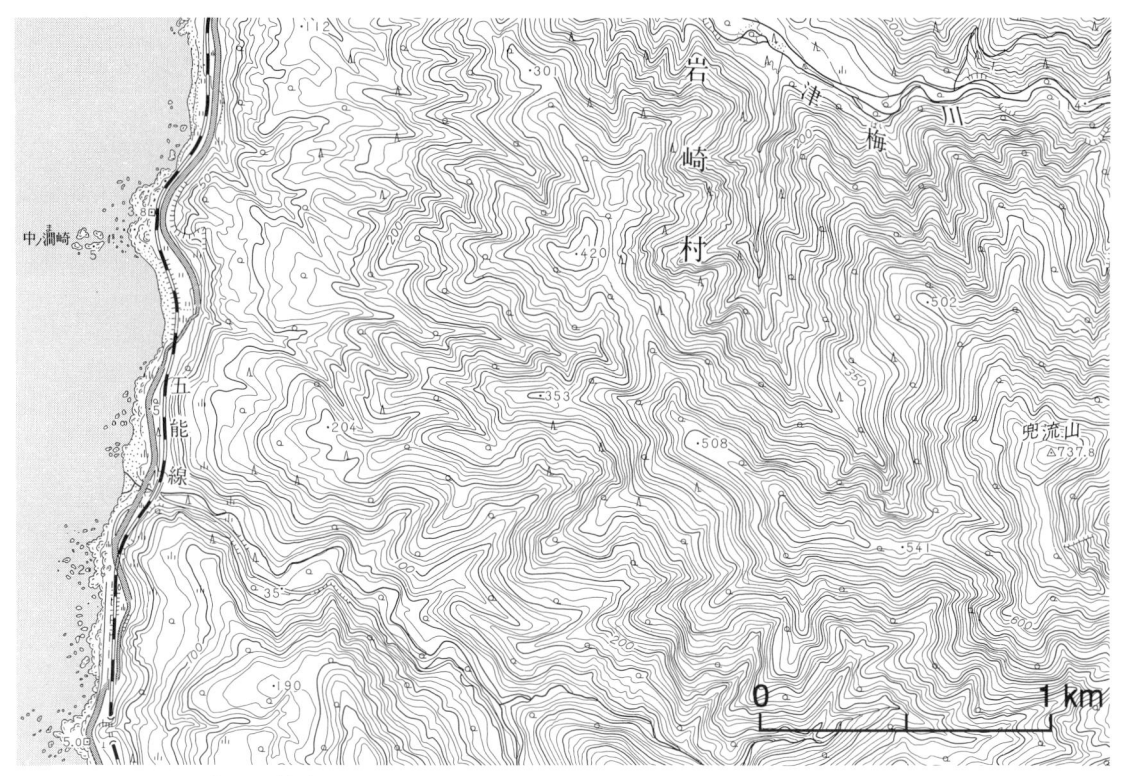

図 12.0.11 段丘，丘陵および山地 (2.5 万「大間越」〈深浦 2-1〉昭 46 測)

いには段丘面が消失し，尾根群とそれを刻む谷の発達する丘陵，さらには山地になる．丘陵や山地にも段丘面の残片があり，そこに海成の段丘堆積物（円礫層など）が残存することもある．たとえば，小佐渡では 572 m もの高所で海成円礫層が発見されている（羽田野，1978）．

丘陵と山地を構成する岩石は，海底で堆積した堆積岩や地下深所で生成した火成岩や変成岩である．これらが高い山地に露出していることは，地殻運動によって土地が隆起したと考えざるを得ない．ところが，土地が隆起しても，河川による開析が進行しない限り，平坦な段丘面が残存するだけで，急峻な尾根や深い谷で特徴づけられる丘陵や山地は形成されない．

このように，地形と地質の両面からみて，丘陵と山地の形成には，土地の隆起運動（増高過程）と開析（解体過程）の両者が不可欠である．そこで，両過程についてもう少し解説しよう．

(2) 丘陵と山地の増高過程

日本列島全体のような広域においては，隆起量に地域的差異があるから（☞図 10.0.1），山地や丘陵の高度も地域的に異なる．つまり，一つの山脈全体を含むような広域的な接峰面の高度分布（例：☞図 4.2.2）は，おおまかに言えば，それぞれの土地の累積隆起量に比例していると考えられている．たとえば，日高，飛驒，木曾，赤石，紀伊，四国，九州の各山脈では，第四紀における隆起量が 1,000 m 以上で，局域的には 1,500 m 以上に達し（☞図 10.0.1），いずれも急峻で高い山地になっている．

そのような高山地域における第四紀の平均隆起速度は 1～2 mm/y である（高い山には 1 年でも早く登れば一汗楽！）．その著しい隆起運動は，地球科学の現代の考え方つまりプレートテクトニクスによれば，日本のような弧状列島ではプレー

トの押し合いによる圧縮応力に起因すると考えられている（☞p.1076）．

隆起運動が無限に続いても，山地は無限に高くなるわけではない．なぜならば，①削剥による山頂や尾根の低下の他に，②アイソスタシー（大地形の高さと地殻の厚さがアセノスフェアの浮力のために均衡する現象：☞p.57 および p.1077），③山体の基盤崩落（大規模な地すべりを含む：☞第15章），④荷重沈下（火山体の自重による沈下：☞p.1051）などの変動変位のために，山が高くなるとそれ自体の荷重で逆に沈降または破壊するからである（☞第19章）．

(3) 丘陵と山地の解体過程

(a) 削剥

外的営力（☞p.61）による物質の除去によって陸地の高度が低下する現象を削剥（denudation）とよぶ．つまり，削剥は，

① 流体（風，降雨，地表水，河流，地下水流，氷河，雪崩，波，流れなど）による侵食，

② 化学的な溶蝕，

③ 集団移動（崩落，地すべり，土石流など），

によって地形物質が除去され，地表が低下する過程の総称である（☞p.53）．その物質除去の成りゆきを削剥過程（denudational process）という．地形種（例：段丘面や火山体）の削剥による解体をとくに開析（dissection）という．

長期的に隆起しつつある地域が，削剥によって開析（起伏増加）され，尾根と谷で構成される丘陵や山地に変化する過程は次のようである．①流水，崩落，地すべりなどによって谷が形成され，②谷壁斜面が急傾斜になると，③そこで集団移動が活発に起こり，④それによって生じた谷型斜面に流水侵食で支谷が形成され，⑤本流の流域面積が拡大し，⑥集団移動で谷底に供給された物質が本流によって除去されるので，⑦本流の下刻が進み，そのため②に戻るといったサイクルが継続する．このことは，流体（つまり風雨，流水）のない月では，集団移動地形（例：崖錐）はあるが，河川侵食に起因するような谷や尾根が存在しないことからも容易に理解されよう．

このように，削剥過程では河川侵食が最も重要であるから，河川侵食を削剥とほぼ同義に用いることもある．しかし，丘陵と山地の解体には河川侵食と集団移動の両者が共に重要である．

(b) 削剥過程の制約要因

任意地点における削剥過程の様式ならびに削剥速度は，地形学公式（☞p.97）で表されるように，地形場，地形営力（この場合は削剥営力），地形物質および時間（削剥継続時間）に制約される．これらの変数の組み合わせは多様であるから，似たような山はあっても，まったく同じ形態と規模の山は地球上に二つとは存在しないのである．

そのような削剥地形の地域的差異に最も強い影響を与えるのは地形物質の性質である．なぜならば，2.5万地形図の1枚分ほどの範囲の丘陵・山地においては，地形場（例：高度，起伏量）がほぼ一様ならば（例：☞図12.0.1の丘陵），長期的（数百年〜数千年）にみると，削剥営力（たとえば，降水量や各河川の流量）と削剥時間はその地域内ではほぼ一様とみなせる．一方，地形物質の抵抗力はほぼ一様なこともあるが（例：花崗岩地域），その程度の範囲でも地点ごとに多様に異なる場合が多い（例：堆積岩地域）．

どのように抵抗力の大きな岩石でも，長期的には削剥される．それは風化（☞p.872）によって岩石の抵抗性が劣化（強度低下，割れ目増加，粒径減少，可溶性増加など）するためである．

かくして，地形物質の物性，風化過程および削剥営力の組み合わせの異なる岩石が隣接している場合には，岩石の間に差別的な削剥過程が進行し，差別削剥地形が形成される．個々の丘陵や山地がそれぞれに異なった形態的特徴をもつのはそのためである．そこで，風化過程および差別削剥地形について第16章で詳しく述べる．

(c) 侵蝕基準面

1) 一般侵蝕基準面

削剝によって「山はどこまで低くなるか」を考えよう．河川や風による侵蝕は海底では起こらない．つまり，すべての侵蝕過程には営力ごとに固有の作用下限高度がある．そのような下限高度を結んで想定した面を侵蝕基準面（base level of erosion）とよぶ．

侵蝕基準面の高度は地形営力ごとに異なる（図12.0.12）．河川侵蝕では海面，氷蝕では雪線（☞p.935），風蝕（☞p.487）では水面，地下水による溶蝕（☞p.905）では地下水面，波浪侵蝕では岩盤侵蝕基準面（☞p.411）がそれぞれ侵蝕基準面である．これら（とくに海面）は，長期的広域的な侵蝕基準面となるので，一般基準面とよばれる．

河川侵蝕に対する侵蝕基準面については次のような考え方もある．海面は確かに侵蝕基準面であるが，河川侵蝕のみによって陸地が海面（ジオイド＝重力の等ポテンシャル面）の高さまで低平化することはあり得ない．なぜなら，河床勾配がゼロに漸近すると，掃流力もゼロに漸近して侵蝕が起こらないからである．

そこで，任意地点における河川侵蝕過程が下刻から側刻に転じ，さらに側刻速度も小さくなって，そこでの河川の供給物質量と除去物質量（☞図5.1.7）が釣り合い，物質が運搬されるだけで，もはや侵蝕も堆積も起こらないため，河道の安定している動的平衡状態（dynamic equilibrium）を仮想する．そのような平衡状態が縦断方向に連続していると仮定しえる区間の河川を平衡河川（graded river）とよぶ．つまり，平衡河川はその支流の侵蝕過程に対して一つの侵蝕基準面と見なされる．平衡河川の縦断形は指数曲線で近似される．なお，大陸内部の乾燥地域では，排水河川のない内陸湖の湖面が流入河川の長期的広域的な侵蝕基準面とみなされる．

雪線の高度は地域的に異なり（☞図17.0.2），

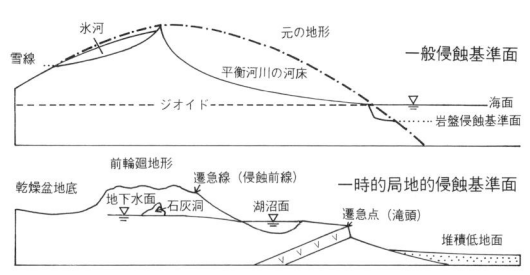

図 12.0.12 一般的な侵蝕基準面（上）と一時的局地的侵蝕基準面（下）

高緯度では海面と一致する．高緯度の海岸では，厚い氷床や谷氷河がその荷重のために海面下まで下刻（過下刻，overdeepening，とよぶ）することがある．

一般基準面の高度は地殻変動や氷河性海面変動によって長期的には変化する．そのため，広域的に侵蝕過程の中断，停止あるいは活性化（回春）が起こり，河川や海の地形過程が経時的に変化する（例：河川の下刻・側刻→堆積→下刻）．

2) 一時的局地的基準面

一般基準面に対して，一時的局地的基準面（temporary and local base level）とよばれる基準面がある．河川侵蝕に対する一時的局地的基準面は，湖沼，堆積低地，段丘面，滝頭（遷急点），侵蝕前線（顕著な遷急線）であり，また支流に対しては本流の河床である（図12.0.12）．これらは長期的には河川の下刻によって消滅する．逆に，地すべり，火山噴火，断層運動などによる天然ダムの形成に伴って，一時的局地的基準面が新たに生じることもある．

集団移動（匍行，崩落，地すべり，土石流など）における下方削剝限界も河川侵蝕における一般基準面および一時的局地的基準面と一致する．ただし，地すべりの場合には，谷底の地下を経て反対側の谷壁斜面の内部に続く地すべり面をもつ場合（末端隆起型の地すべりで，いわば過滑動：☞p.822）や海底地すべりもある．また，現成サンゴ礁は，海蝕されずに成長しつつあるから，一時的局地的基準面と理解されよう．

C. 侵蝕階梯

(1) 侵蝕輪廻説と侵蝕階梯

(a) デービスの侵蝕輪廻説

　東海道新幹線で三島・新富士間から見ると，富士山には谷がほとんど見られず，円錐形の火山体が平滑な斜面で囲まれている．その南の愛鷹山は深い谷に刻まれ，山頂部は凹凸の多い切り立った稜線を示す（☞第10章口絵写真）．東方の箱根山は両者の中間的な山容である．これらはいずれも火山であるが，谷の発達程度（数，深さ）が異なるのは火山の形成年代つまり削剝された年数の違いを反映している（☞図18.3.3）．

　このように，多くの山地を比較して，侵蝕される前の元の地形（原地形，initial landform，という；火山原面はその好例）の残存状態や谷の発達状態が侵蝕継続時間の違いに起因すると考えて，侵蝕による山地の地形変化を時系列として順序だて，山地の侵蝕状態を定性的ながら初めて系統的に説明したのは，アメリカのデービス（W. M. Davis, 1850〜1934）であった．

A：幼年期の地形，曲隆した準平原を示す．鎖線は隆起軸で，それを横切る深い谷は先行谷

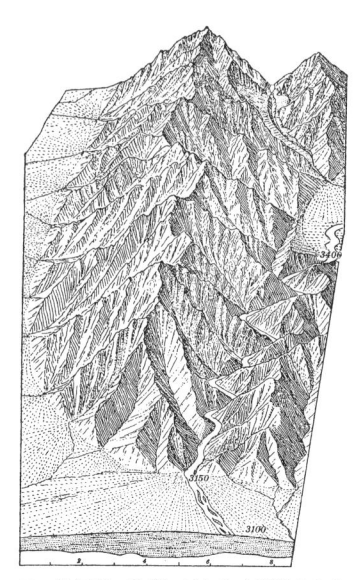

B：壮年期の地形，けわしく開析された高山と山麓の沖積地を示す

C：老年期の従順山地，開析扇状地や段丘の発達がみられる

D：若干のモナドノックのある準平原

図12.0.13　山地の侵蝕輪廻（Davis, 1912）　説明文は平野（1980）による．

　Davis（1912）の考えを要約すると次のようである．①比較的に単純な地質で構成され，かつ比較的に平滑な原地形（例：海底面）が比較的に短期間に隆起して，山地が形成されたと仮定した．②主として河川の侵蝕によって地形が経時的にどのように変化し，山地がどのように解体されていくかを図12.0.13のように総括した．③侵蝕の進行していく各時期（stage）を人生になぞらえて，幼年期（young stage），壮年期（mature s.），老年期（old s.）とよんだ．地形変化のとくに著しい壮年期を早壮年期（early mature stage），満壮年期（full m. s.）および晩壮年期（late m.

表12.0.3 山地の侵蝕階梯とその一般的特徴（日本の場合）

		幼年期	壮年期			老年期
			早壮年期	満壮年期	晩壮年期	
原地形（原面）の残存状態		侵蝕谷の地区より広い面積を占める	侵蝕谷の地区より狭い面積で残存	点在的に残存	原面は残存しない	原面は残存しない
主尾根	縦断形	平滑で高原状	平頂峰が多く，定高性と深い鞍部	鋸歯状で，鞍部があり，凹凸に富む	風波状	うねり状，寝姿状
	横断形	台形，原面は従順	プリズム状	尖頂状	円頂状，従順	円頂状，従順
起伏量		小〜大	大	最大	中	小
侵蝕前線		明瞭	明瞭	不明瞭	不明瞭	ない
谷壁斜面の状態		露岩と崩壊が多い	露岩と崩壊が密集	露岩と崩壊が多い	露岩と崩壊は少ない	露岩はほとんどない
主要河川	河道の平面形	直線状，掘削蛇行	掘削・生育蛇行	生育蛇行	生育蛇行	蛇行する浅い谷
	谷の縦断形	緩勾配〜急勾配	急勾配，大滝	大滝，深い淵，早瀬	浅い淵と瀬	緩勾配
	谷の横断形	浅い谷，V字谷	急なV字谷，欠床谷	V字谷，欠床谷	開いたV字谷，床谷	浅い谷
	河床の状態	岩床河川，巨大岩塊	岩床河川，大岩塊	岩床河川，大岩塊	角礫床〜礫床河川	礫床河川
	主な侵蝕様式	谷頭侵蝕，下刻	谷頭侵蝕，下刻	下刻，側刻	側刻	平衡
	谷密度	大（〜小）	大	最小	中	大
差別削剥地形の発達		不明瞭	出現し始める	顕著	顕著	少ない
風化帯の厚さ		原面で厚い，谷壁では下方ほど薄い	原面を除くと，薄い	極めて薄い	稜線部で厚く，斜面では薄い	稜線部，斜面ともに増加
土地利用		原面に散村，水田，畑，谷壁斜面は自然林	自然林，二次林，地すべり堆に散村，水田，畑	林地，地すべり堆に散村，水田	斜面は林地，地すべり堆に散村，水田，谷底に小集落と田畑	人工林と畑，谷底低地に集落，水田
自然災害を起こす削剥過程		原面では少ない，谷壁斜面で各種の集団移動，下刻	各種の集団移動（特に侵蝕前線の下方で顕著），下刻	各種の集団移動（極めて急速），渓岸侵蝕，下刻	各種の集団移動，渓岸侵蝕	ほとんどない．稀に氾濫
好例の見られる山地		美濃高原，阿武隈山地と北上山地の東部	紀伊山地，飛驒山地，赤石山地，四国山地	丹沢山地，日高山地	八溝山地，足尾山地	北上山地，阿武隈山地北部，三河高原

s.）に区別した．つまり，現実の山地はこのような一連の地形変化の1コマ（いわば人生の記録写真の1枚）を示していると考えた．各時期の特徴を日本（温帯湿潤気候）の場合に当てはめて要約すると表12.0.3のようである．

要するに，侵蝕の進行につれて，原地形が減少し，高度が低下し，尾根は尖頂状から丸味をもつ円頂状になり，谷壁斜面は緩傾斜となり，谷底幅が増加し，河床が緩勾配になっていく，というわけである．ただし，一つの山地ではその中心部よりも周辺部で侵蝕輪廻が早く進行するのはごく普通である．

老年期の山容は全体としておだやかなので従順山地（subdued mountains）とか，従順山形ともよばれる．そこでは，崖や急斜面，尖った尾根やV字形の谷がなく，山稜も山脚も丸味を帯びてなだらかで，起伏も小さく，風化物質が厚い．ただし，起伏の小さい従順な山地は，侵蝕輪廻の末期でなくても，周氷河作用，風化しやすい岩石や透水性の高い軟岩で構成される丘陵や山

地あるいは隆起速度の小さい地域にも形成される．

　半無限の長期間にわたって河川侵蝕が継続すると，山地は完全に解体され，低くなり，河川の一般侵蝕基準面に近づき，最終的には緩傾斜で波状の小さな起伏をもつ平原のような土地になる．そのような土地は準平原（peneplain）とよばれる．準平原にも周囲より一段と高い孤立丘が散在する．それは残丘（monadonock, residual hill）とよばれる．残丘には，広い河間地の中央部で侵蝕から取り残された遠隔残丘（mosore）と強抵抗性岩に起因する堅牢残丘（strong residuals）がある．

　Davis（1889）はこのような侵蝕による一連の地形変化を侵蝕輪廻（cycle of erosion：当初は地理学的輪廻，geographical cycle）とよんだ．さらに，河川侵蝕による侵蝕輪廻（図12.0.13）を湿潤気候下で普遍的に起こるという考え方から正規輪廻（normal cycle）とよんだ．その他に，海蝕輪廻，氷蝕輪廻，乾燥輪廻，カルスト輪廻なども同様に考えられた（Davis, 1912）．

　準平原が隆起すると，河川は侵蝕復活し，再び幼年期・壮年期・老年期という侵蝕輪廻がはじまる．その侵蝕復活を地形の回春（rejuvenation）または'若返り'とよぶ．その若返りで侵蝕輪廻の進行した新しい山地（例：壮年期の山地）に断片的に残存している古い時期の地形を前輪廻地形（topography of previous cycle）とよぶ（例：☞図12.0.16）．ある地域に，異なった時期の地形が同時に存在する地形を全体としては多輪廻地形（poly-cyclic erosional landform）とよぶ（例：図12.0.23）．

　侵蝕輪廻が老年期あるいは準平原まで進行するまでの間に，地殻変動以外の原因によって侵蝕輪廻が加速・減速されたり，中断されたりすることがある．その現象をデービスは事変（accident）とよび，気候事変（climatic accident）と火山事変（volcanic accident）を認識した．

　侵蝕された山地の形態的特徴の場所的差異を制約する基本的な要因として，Davis（1889）は，構造（structure），作用（process）および時間（time）という三つの要因を考えた．それを数式の形で，

　　　　地形＝f（構造，作用，時間），

と書いた概念は20世紀前半に世界的に知られた．しかし，この概念だけでは，用語の定義はともかくとしても，とても地形を説明できないことは明らかである．なぜなら，地形学公式（☞p. 97）の観点では，これは定性的なQ-A-R-T系の認識レベル（☞表2.3.14）である．

　デービスの考え方は，地理的に異なった位置にある侵蝕地形の差異を時系列として整理するというものである．つまり横のものを縦に並べかえて演繹したものであって，同一の山地の地形変化を追跡して帰納したものではない．侵蝕による地形変化はきわめて遅いから，このような演繹的手法（空間時間変換：☞p. 93）も一つの有力な科学的方法である．ただし，20世紀初頭には絶対年代に関する資料は皆無であったから，侵蝕輪廻の各時期に要する時間については定性的にすら言及されていない．これは仕方がない．しかし，山地の侵蝕による解体過程を定性的とはいえ時系列的に認識したことは偉大な業績である．そのため，デービスの侵蝕輪廻説とそれに関連する諸概念は，近代地形学の基礎の一つとなり，しばしばデービス地形学と尊称されてきた．

(b) 最近の侵蝕輪廻説と侵蝕輪廻の制約要因

　デービスの侵蝕輪廻説に対しては，20世紀を通じて今日まで賛否両論があり，いくつかの改良案も提唱されてきた．図12.0.14には，それらの諸説が要約されている（貝塚，1998，に詳しい）．しかし，どの説（モデル）も，方法論的にはデービスと同様の空間時間変換の手法（仮説）を用いており，現状では侵蝕地形の発達に伴って変化する地形量もその変数（とくに時間）もすべて定性的な議論に留まっている．

現実の侵食地形の定量的理解に役立つような、丘陵・山地（三次元の地形）の歴史的な解体過程の一般化が困難なのは、その過程に極めて多くの要因が関与するからである。そのことを地形学公式の変数ごとに簡単に説明しておこう。

1) 地形場の多様性

隆起する前の地形、つまり侵食輪廻の原地形は微起伏地（例：準平原、海岸平野）ばかりとは限らず、多様な起伏形態をもつ丘陵や山地もある。ゆえに、最初の地形、つまり地形場の影響を受けて、河川の侵食速度は隆起の直後から地域的に差異があり、異なった侵食地形が生じる。たとえば、老年期と壮年期の山地が隆起すると、同じ時間が経過してもそれぞれ別の形態をもつ山地になるであろう。それでもなお、最終的にはどこでも準平原になるといっても、それは詭弁ないし無意味である。

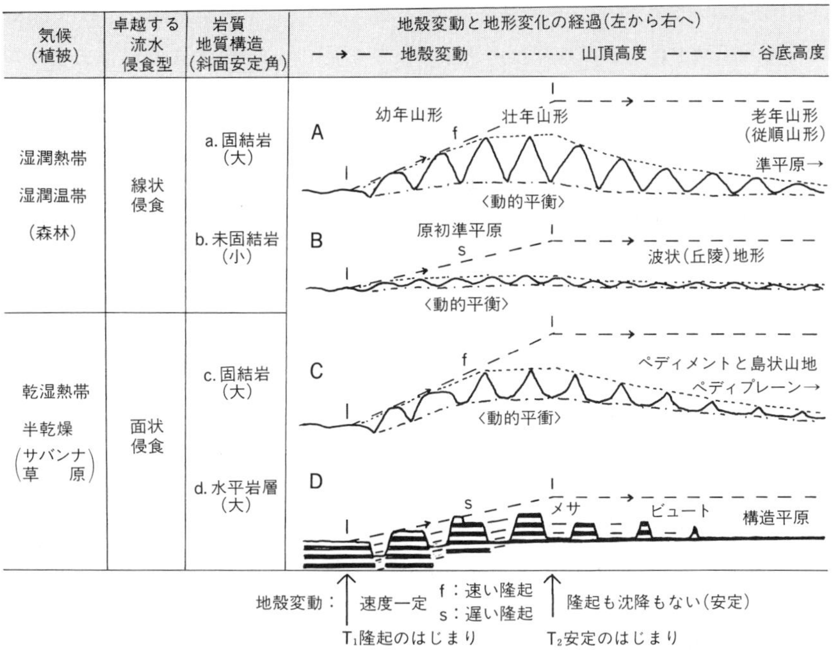

2) 地形営力の経時的変化

日本列島を含む新生代の変動帯（☞p. 1076）では、山地は数百万年の長期間におよぶ継続的な隆起運動によってその高さを与えられた。たとえば、低地や準平原が1 mm/yの平均隆起速度で隆起したとすると、それが1,000 mの高さの山地になるには100万年を要する。100万年もの間には、何回もの氷期と間氷期といった気候変化や氷河性海面変動が起こったし、隆起運動も一定速度というより断続的で急激な断層運動による場合も多い。よって、100万年という短期間でさえ、侵食輪廻の進行が加速・減速されたり、正規輪廻（河蝕輪廻）や氷蝕輪廻が何回も入れ替わった地域もある。しかし、このような地形営力の経時的変化とそれの侵食過程への影響を絶対時間軸で把握するのは容易ではない。

3) 地形物質の多様性

削剥に対する抵抗性の一様な地形物質で構成される広い丘陵や山地はめったにない。そのため、抵抗性の差異を反映して、地域ごとに異なった差別削剥地形（☞第16章）が形成される。ゆえに、一連の丘陵・山地でも地層に対応して壮年期的地形と老年期的地形が並存している（例：☞図16.0.33）。そのような地域では、個々の地区が図12.0.14のAとBのモデルのいずれの発達時期に適合するか、といった議論は無意味である。

図12.0.14 流水による侵食地形の発達史モデル（貝塚、1997）
この図では、典型的な2種の流水環境（気候を反映した線状侵食と面状侵食）、3種の地形物質（岩質と地質構造：固結岩、未〈非〉固結岩、水平岩層）および隆起速度の大小の組み合わせについて、隆起後に地殻変動の安定期があると仮定した場合における山地の解体過程に関する4つのモデル（A, B, C, D）ごとに、山頂高度、谷底高度および山腹斜面の断面形が経時的に変化する様子が模式的に図示されている。ただし、時空間のスケールは定性的で、左から右への時間の流れの間に気候変化や侵食基準面の変化はなく、主要な河川の位置は変わらず、CとDでは急斜面の勾配は不変と仮定されている。

4）時間

　丘陵・山地ではその原地形はもとより，その形成年代を推定するのに役立つ事象が少ない．小起伏面が唯一の原地形と相対年代の指示者であるが，断片的にしか残存しない．そのため，図12.0.14の各モデルには絶対時間軸が与えられていないのである．そこで，原地形および削剥年数の推定が論理的に可能な日本の成層火山について解体程度を計測すると，削剥速度は削剥年数と共に減少し，解体程度は十数万年までは幼年期的で，約百万年後でも晩壮年期的である（☞図18.3.3）．よって，図12.0.14のいずれのモデルが成り立つ場合でも，準平原に至るまでの削剥時間は数百万年〜数千万年におよぶであろう．ちなみに，世界における広域的な地形場ごとの，平均的な削剥速度は10^{-3}〜10^1 cm/yであり，若くて急峻な高山地域ほど大きい．

(c) 侵蝕階梯

　侵蝕輪廻説は以上のように定性的ではあるが，それでもなお，幼年期，壮年期，老年期，準平原という概念と用語は現実の丘陵や山地の侵蝕地形の特徴を概括的に記述するのに便利である．そこで，ある程度の広がりをもつ丘陵・山地の侵蝕状態を単に表現するという意味で，それらの用語が侵蝕階梯（erosional stage）と総称されて，慣用されている．本書でもそれに従う．ただし，これらの用語は侵蝕輪廻説でいう時期あるいは侵蝕地形の変化・発達段階という時系列的な意味をあくまでも含まないものと理解し，すべてに'的'をつける．これは一種の詭弁かも知れないが，侵蝕輪廻の制約要因が多種多様であるから，デービス流の時期と混同しないためである．

(2) 侵蝕階梯の読図例

　一つの山地たとえば丹沢山地をみても，地区によって侵蝕階梯は異なっている．したがって，広い山地全体を一括したり，逆に局所的にみて，その山地が幼・壮・老年期的のどの階梯に属するかを論じるのはあまり意味がない．よって，「丹沢山地は全体として満壮年期的に開析されている」とか，「○○山地の△△川流域は早壮年期的であるが，××川の上流域は老年期的な地形を示す」という表現で，地形の概要を記述するのである．そのような意味での各侵蝕階梯の読図例を示そう．ただし，掲載範囲に図12.0.13および表12.0.3の諸特徴のすべてがみられるとは限らない．

1）幼年期的な山地

　図12.0.15では，木曽川の本流および大沢川などの支流ぞいの急傾斜な谷壁斜面とその上方の緩傾斜な小起伏地との対照が著しい．両者を境する遷急線を図3.1.5の11に習って追跡し，小起伏地の高度分布を三角点と標高点についてみると，小起伏地と木曽川との比高は約350 mに達する．小起伏地の高度は500〜600 mであるが，その起伏形態（緩傾斜で低い尾根，閉曲線で囲まれた緩やかな丘，浅い谷）および土地利用（水田，畑）をみると，老年期末期の山地（☞図12.0.20）ないし準平原（☞図12.0.21）に類似している．よって，この地域では，過去にそのような小起伏地が広がっていたのであるが，地域全体の相対的隆起により，木曽川が回春して，小起伏地を下刻し，さらに支谷の発達によって前輪廻地形が開析されている，と考えられる．

　木曽川の谷底部と両岸の谷壁斜面には岩盤が露出する．笠置ダム付近の右岸に，高度約250 mの遷急線があり，段丘状の緩傾斜面（岩浪付近など）があるが，明瞭な段丘はない．支谷には大洞滝や平瀬滝などの滝もあり，すべて欠床谷（☞図13.1.29）である．つまり，本流および支流は現在でも下刻しつつある．

　以上のように，この地域は幼年期的な山地の一般的特徴（表12.0.3）をもつと解される．この地域の削剥が進めば，前輪廻の小起伏地がしだいに縮小して，次の早壮年期的な地形になると期待される．

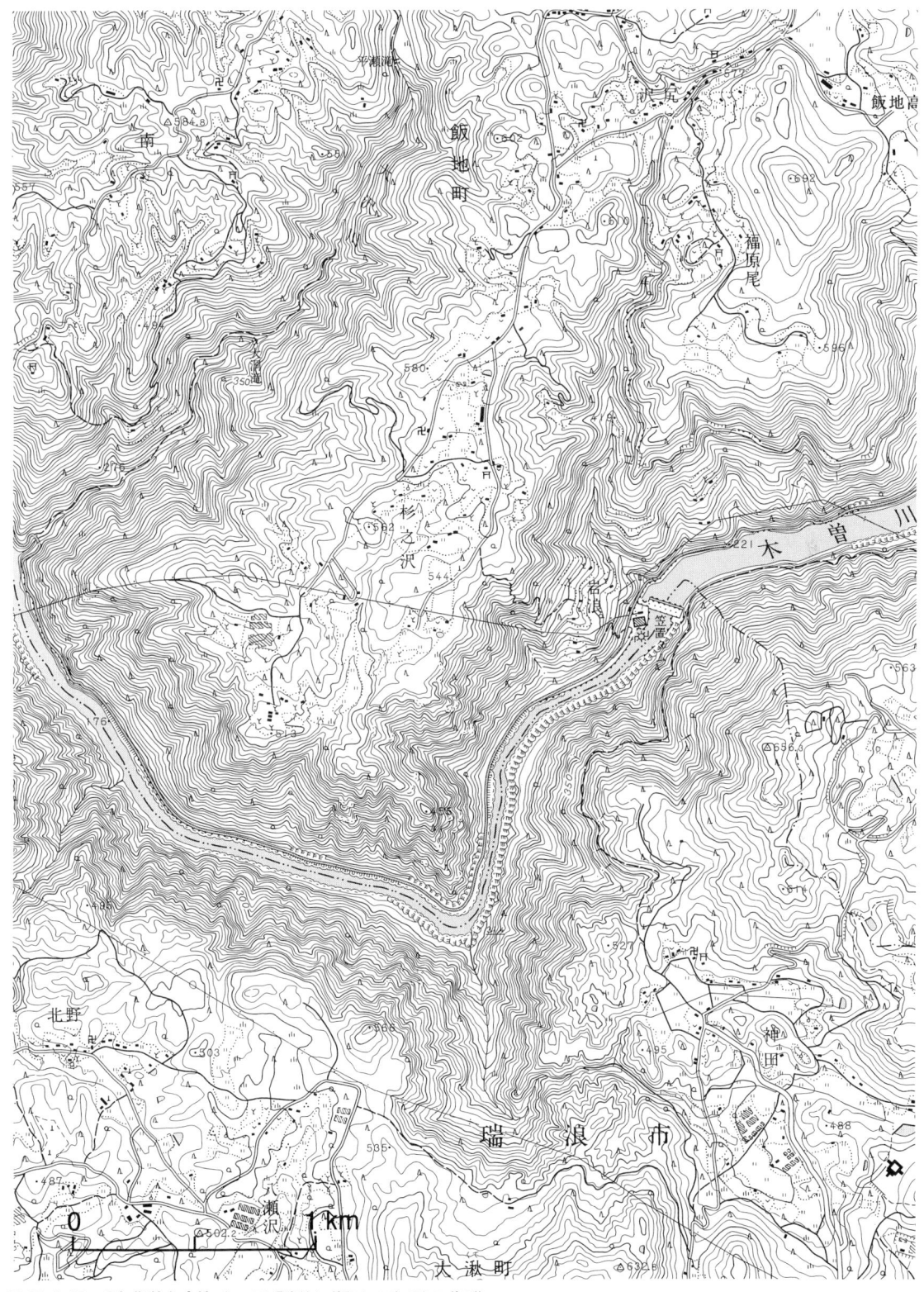

第 12 章　丘陵と山地の一般的性質　　**671**

図 12.0.15　幼年期的な山地（2.5 万「武並」〈飯田 12-3〉昭 63 修正）

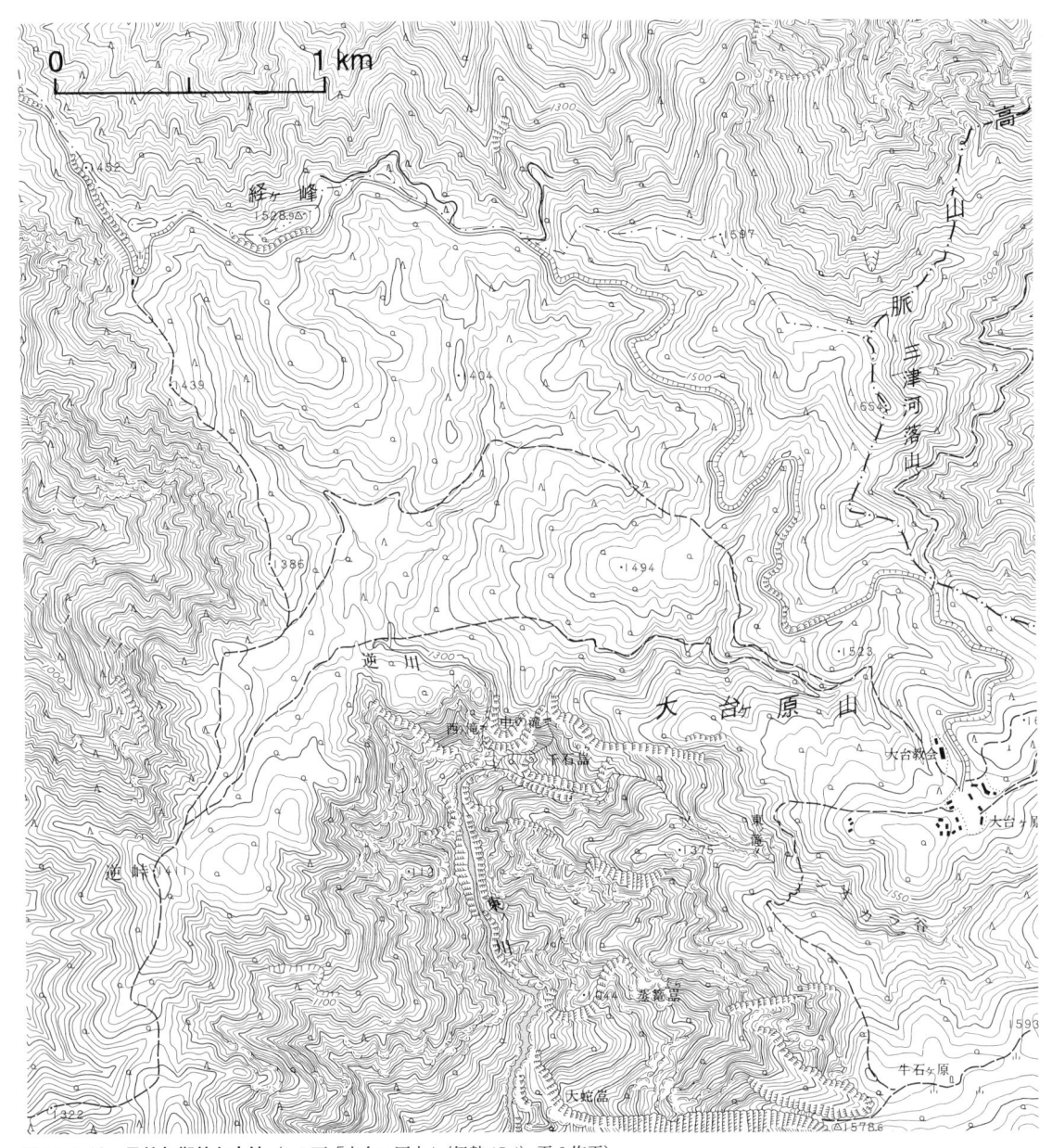

図 12.0.16　早壮年期的な山地（2.5万「大台ヶ原山」〈伊勢 15-4〉平6修正）

2) 早壮年期的な山地

図 12.0.16 中央の，大台ヶ原山と総称される山頂部（牛石ヶ原，大台教会付近，経ヶ峰，逆峠など）は全般に緩傾斜地で，起伏が小さく，丸味をもつ尾根と浅い谷で構成され，老年期的な山地の特徴（例：図 12.0.19）をもつ前輪廻地形である．それを囲む遷急線は明瞭である．その遷急線（つまり侵蝕前線）の下方は，東ノ川流域をはじめ深い谷に刻まれた急傾斜地である．そこでは，急崖（比高 200 m を越える裸岩斜面），崩壊地，露岩，滝が多く，河川侵蝕と集団移動が盛んに進行している．大台ヶ原山を中心とする前輪廻地形は，相対的に小面積を占めているに過ぎないので，この地域は早壮年期的な山地とみなされる．

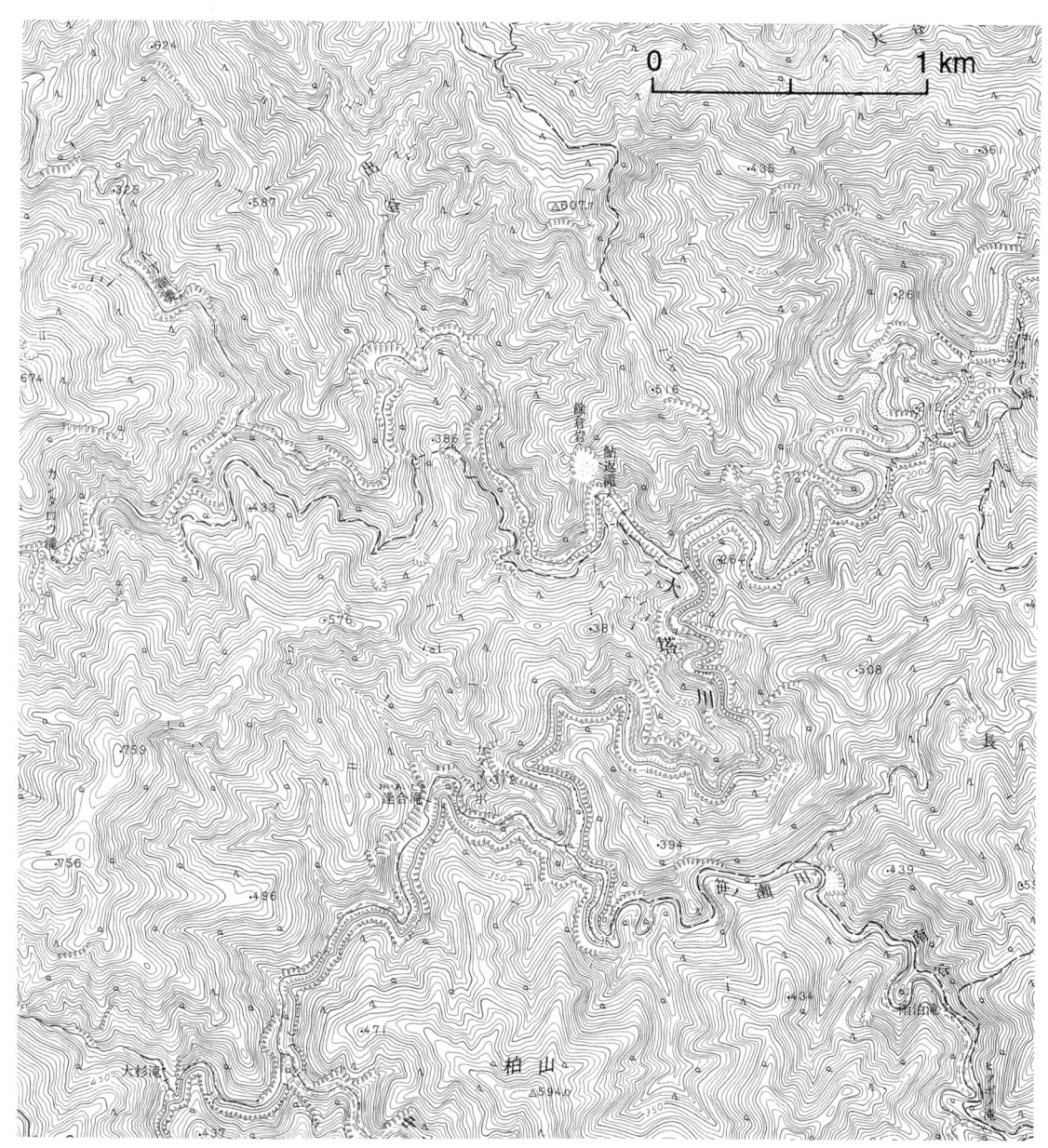

図 12.0.17 満壮年期的な山地 (2.5万「皆地」〈田辺6-1〉平10修正)

3) 満壮年期的な山地

図 12.0.17 の大塔川と主要な支流は著しく穿入蛇行(☞図 13.1.10)し,多くの滝(6個に注記)があり,谷底両岸に岩壁が廊下の壁のように続き,谷底の大部分は欠床谷(☞図 13.1.29)である.山腹斜面(谷壁斜面)は急傾斜で,「がけ(岩)」や崩壊地が多い.これらの事実は諸河川が現在も急速に下刻していることを示す.一方,主要な尾根は高度約 500〜760 m で,遠方から眺めれば'霞がたなびいている'ように稜線が重なり合い,ほぼ平らな定高性を示す.しかし,主要尾根は突起の多い鋸歯状の縦断形(☞図 12.0.5)を示し,本流・主要支流との比高は 300 m 以上におよぶ.よって,この山地は満壮年期的である.

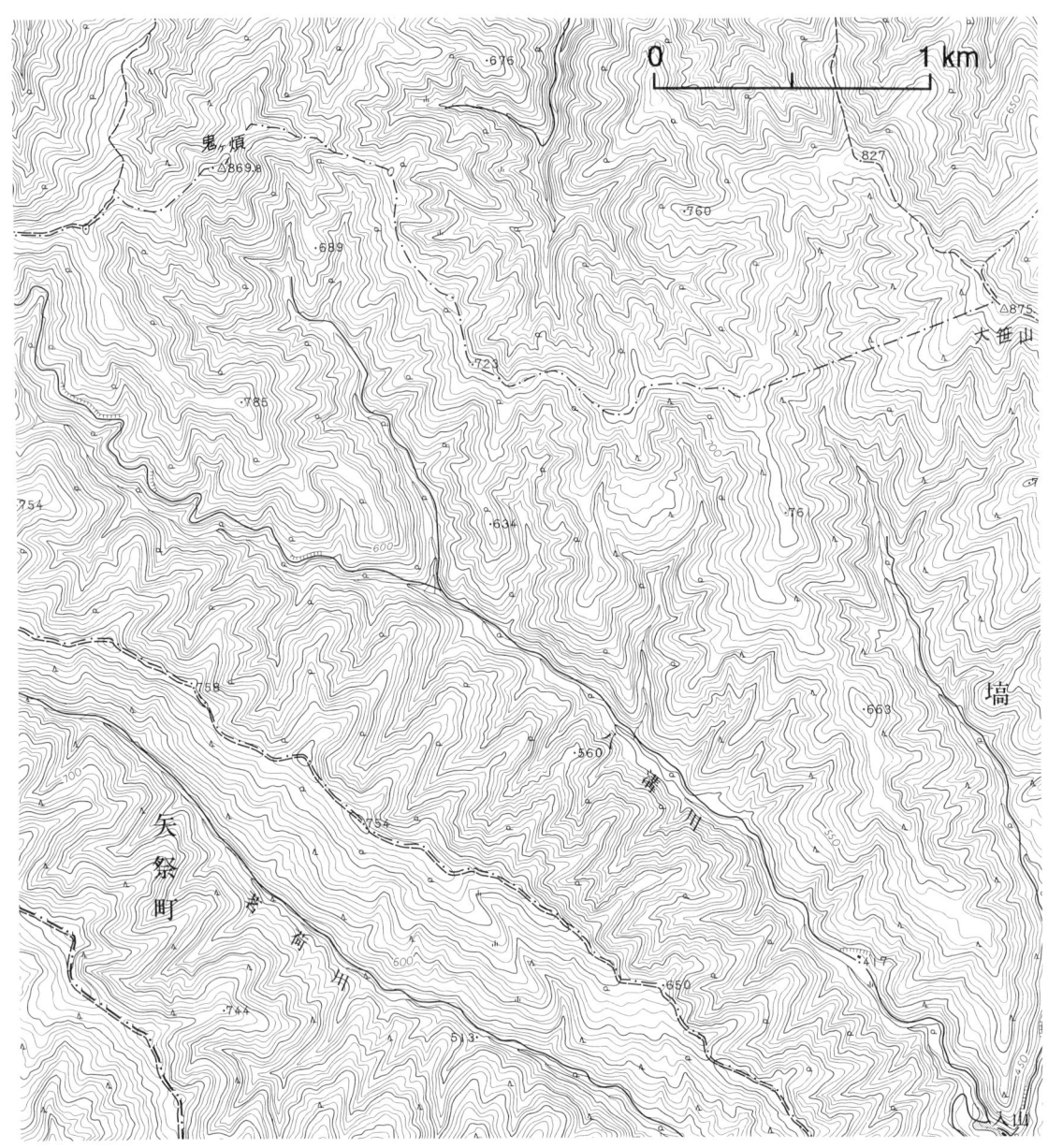

図 12.0.18　晩壮年期的な山地 (2.5万「八溝山」〈白河 11-3〉昭 58 修正)

4) 晩壮年期的な山地

　図 12.0.18 の八溝川より北東側の地域では，尾根頂部の横断形は丸味のある円頂状であるが，山腹斜面には明瞭な傾斜変換線がない．主要尾根には突起部と鞍部が多いが，丸味をもつので，縦断形は刃こぼれした鋸歯状にみえる．山腹斜面には露岩がない．八溝川本流を除き，谷底低地はほとんど発達していない．一方，八溝川の右岸地域や茗荷川流域では尾根の横断形が主尾根では非対称的で，支尾根ではプリズム状であり，縦断形はどちらも突起の少ないうねり状である．これらの尾根は傾斜した成層岩の差別削剥で生じたケスタ (☞p. 884) である．よって，この地域は全体としては晩壮年期的である．

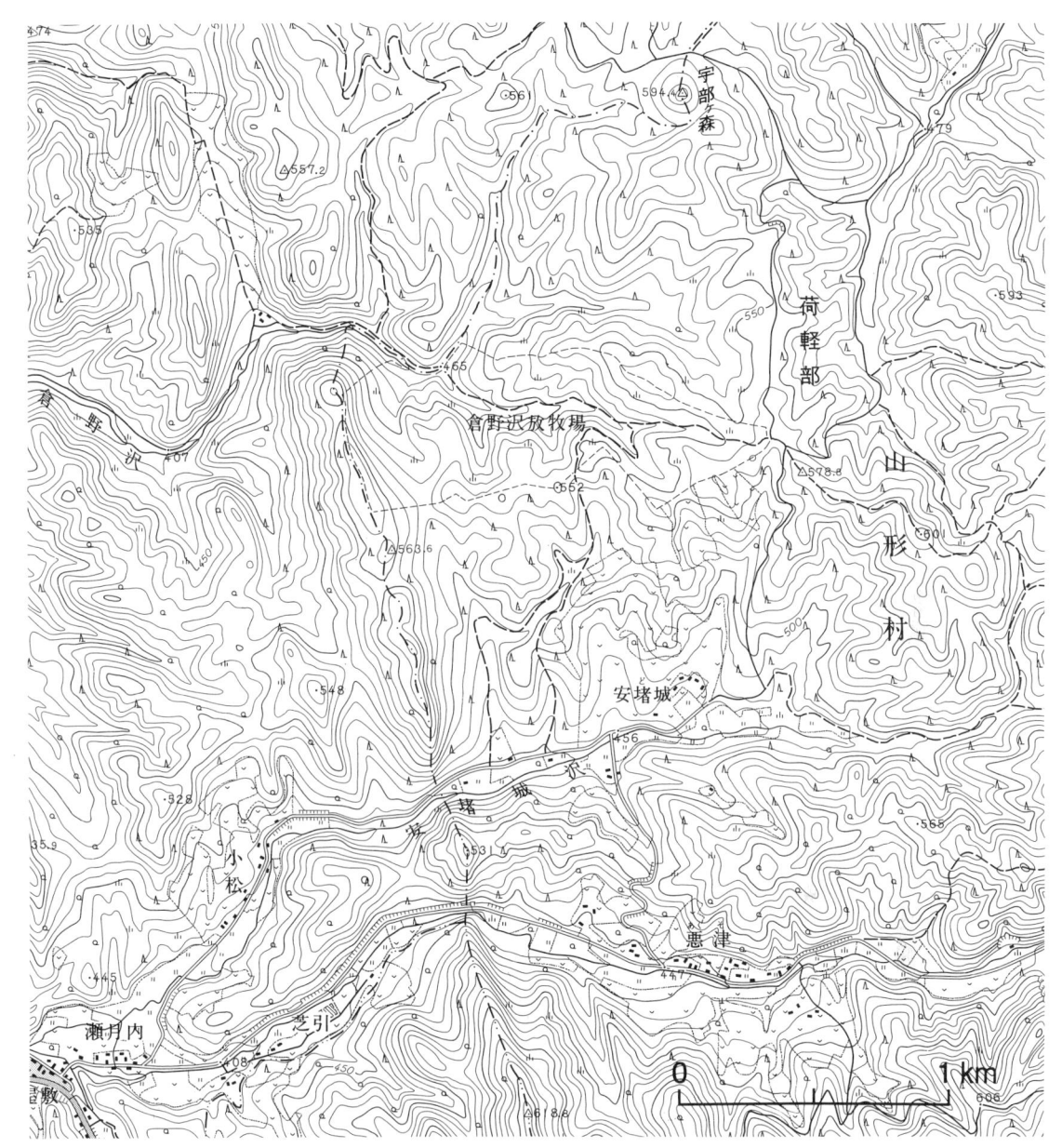

図12.0.19 老年期的な山地 (2.5万「陸中戸田」〈八戸12-1〉平2修正)

5) 老年期的な山地

図12.0.19の山地は高度約500〜600mで，1km方眼の接峰面図を描くと，図東部の標高点601と図南部の三角点618.8を囲む600m等高線しか描けない．この山地には閉曲線が多いが，全体としては高度の揃った小起伏の円頂状の尾根群で構成される．山腹斜面は緩傾斜で，露岩はない．主要河川ぞいに谷底低地が発達し，支谷は浅い．図西部に北北西—南南東方向に直線的に伸びる2本の尾根列（三角点557.2から三角点563.6を経て三角点618.8へ続く列とその西方）が並走している．これは強抵抗性岩の差別削剥地形であり，表成谷（☞p.733）を形成している．よって，この山地は全体として老年期的な山地である．

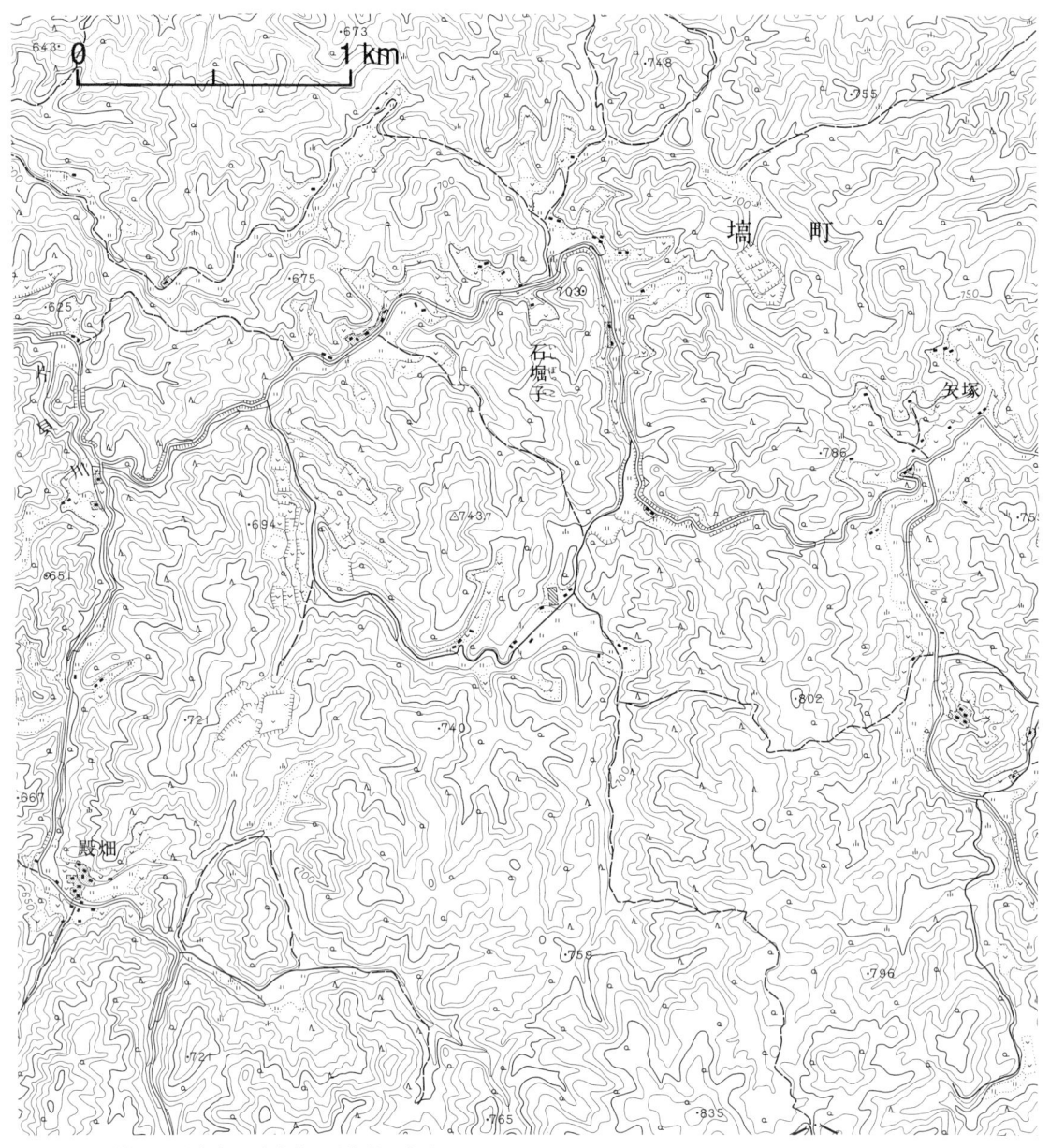

図 12.0.20　準平原に近づいた老年期の末期的な山地　(2.5 万「磐城片貝」〈白河 7-4〉昭 58 修正)

6) 準平原に近づいた老年期の末期的な山地

図 12.0.20 には閉曲線が多い．全域が小起伏（起伏量約 100 m 以下）であり，尾根は短いものが多く，いずれも円頂状で，山腹が緩傾斜であるから，地形の概要を把握しがたい．そこで，すべての三角点と標高点の高度をみると 600〜800 m で，接峰面（谷埋幅 1 km）は南東から北西に緩傾斜する．主要河川ぞいに幅の狭い谷底低地（水田）があるが，支谷は浅く短い．水系は複雑で，片貝川の本流・支流を追跡しないと，主要分水界も認定しがたい．石堀子の東の南北方向に直線的な河谷は，その南方の直線谷に連なり，接頭直線谷（☞p. 708）を形成している．この地域は準平原になる直前の老年期末期的な山地である．

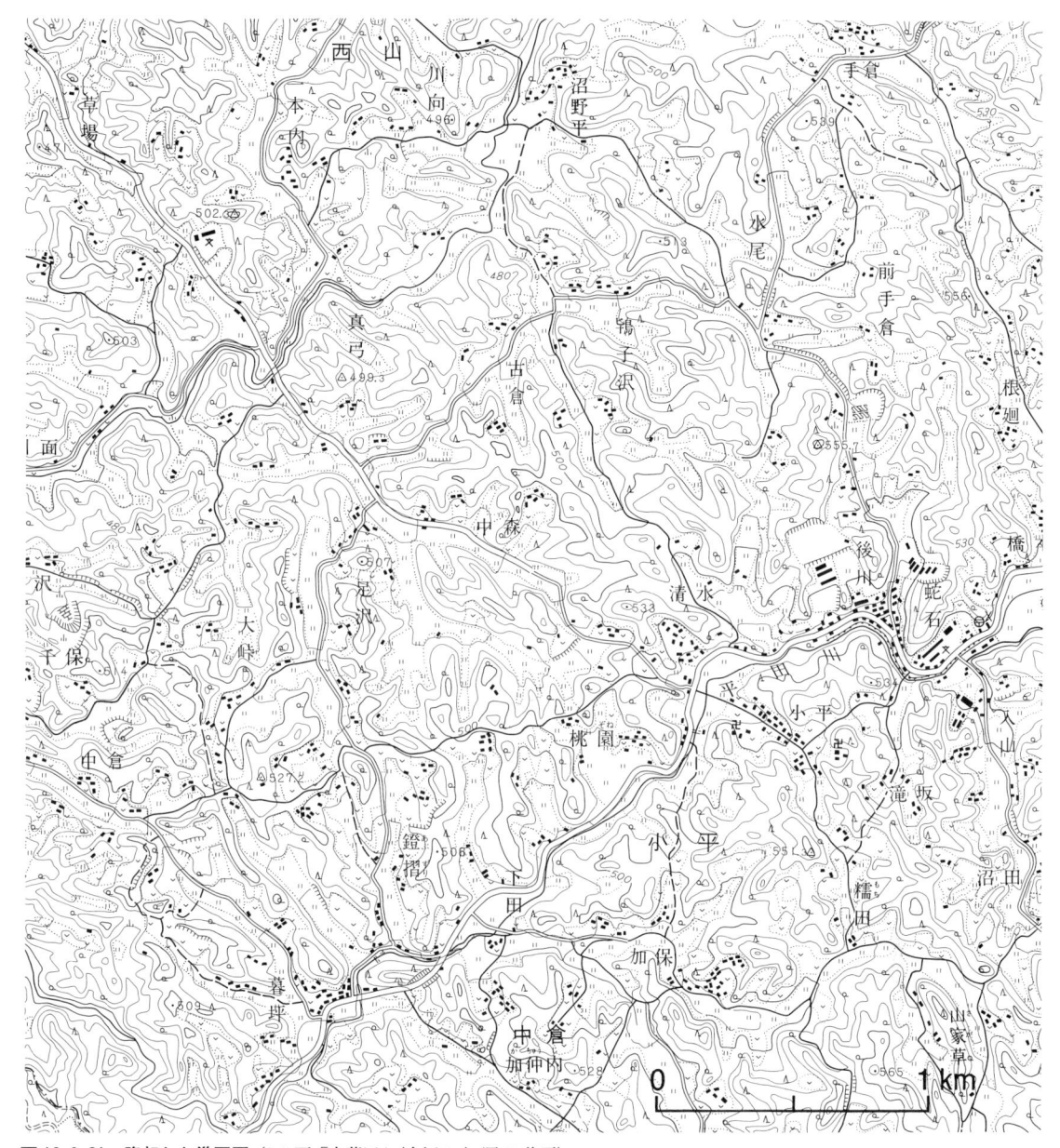

図 12.0.21 隆起した準平原（2.5万「上蓬田」〈白河 5-4〉昭 62 修正）

7) 隆起した準平原

　図 12.0.21 のすべての三角点と標高点の高度は 496〜565 m の範囲に入る．大部分の谷底高度は 450〜500 m であるから，起伏量（尾根頂と谷底との比高）は僅かに 50 m 内外である．谷の屈曲が著しく，短い支谷が多いが，流域面積に比べて相対的に幅広い谷底低地（水田あり）をもつ．尾根頂には閉曲線が多いが，丸味をもち，山腹傾斜は小さい．つまり，この地域は全体として，ゆるい波状の小起伏地で，しかも尾根頂の高度がほぼそろっているから，遠方からみれば平原のように見える．ゆえに，このような広い小起伏地域は準平原とよばれる．

　しかし，この地域は高度約 500 m におよぶ．

また広範囲の読図によれば，この'準平原'の範囲を含む阿武隈山地はその東縁を断層崖で境され，縁辺部が深い河谷に刻まれている．よって，この地域は，現在より低い高度で形成された準平原が後に隆起したものと考えられる．

このように隆起して部分的に開析された準平原を隆起準平原（uplifted peneplain）とよぶ（例：北上山地，阿武隈山地，美濃三河高地，吉備高原の一部）．ただし，小面積の場合（例：☞図12.0.16の大台ヶ原山）は隆起準平原とよばずに，前輪廻地形，準平原遺物または小起伏面とよぶ．

【練習 12・0・2】 図12.0.9に示す3地区の範囲についてそれぞれの侵蝕階梯を記述しよう．

【練習 12・0・3】 図12.0.17～図12.0.21において，大多数の尾根の横断形と縦断形がどのように異なっているかを，図12.0.3および図12.0.5を参考に確認しよう．

(3) 老年期的山地と丘陵との形態的差異

侵蝕階梯に関する以上の読図例によると，デービスの侵蝕輪廻説（☞図12.0.13）はもっともらしい．しかるに，老年期の末期的な山地（例：☞図12.0.20）および隆起準平原（例：☞図12.0.21）と典型的な丘陵（例：☞図12.0.1）とは，いずれも起伏量100 m内外の小起伏地という点では類似しているが，種々の形態的差異がある．一般的差異（☞表12.0.1）のほかに，とくに強調すべき差異を列記すると次のようである．

老年期の山地や隆起準平原は，丘陵よりも，①高度が高く，②尾根線および谷線が不明瞭で，かつ両者の平面的配置が全体として不規則であり，③尾根の横断形が円頂状で，④山腹斜面に傾斜変換線がほとんどみられず，⑤浅くて短い谷が多く，⑥谷底低地に水田がなければ，山腹斜面との境界線（山麓線）が不明瞭で，⑦短い谷にも谷長に比べて幅広い谷底低地がある，という傾向がある．

⑤については，侵蝕輪廻の末期で，小起伏になるほど短い谷が多くなる，つまり小起伏多短谷という概念（三野，1936）がある（☞図13.1.48）．

このような差異は，起伏の増加過程にある丘陵に対し，起伏の減少過程にある山地，といった本質的違いに起因する．これは，背丈や体重が同じでも，成長期の子供と老衰期のご老人では姿勢・容姿がまるで違うことと同様である．デービスが幼・壮・老年期と比喩したのも頷けよう．

(4) 侵蝕輪廻の中断・活性化で生じる地形種

侵蝕輪廻は，地殻変動，気候変化，火山活動あるいは差別削剥の影響で，広域的あるいは局所的に，中断したり活性化したりする．それに伴って種々の侵蝕地形とくに河谷地形（☞第13章）が形成されるが，地形種として重要なものは侵蝕前線と小起伏面である．

(a) 侵蝕前線

丘陵・山地を刻む河川が侵蝕復活（回春）すると河床が低下し，谷壁斜面が後退する．その後退で生じる新しい谷壁斜面は一般に侵蝕復活する前の古い谷壁斜面よりも急傾斜であるから，両者の境界線は遷急線（☞p.106）となる．そのため，河谷の横断形は，大きく開いた谷の底に急傾斜の谷壁をもつ幅の狭い谷が刻まれた谷中谷（☞図13.1.27）を示す．海崖の古い斜面と新しい海蝕崖の境界線も遷急線である（☞p.460）．谷氷河の侵蝕でも同様の遷急線が生じる（☞第17章）．

この種の顕著な遷急線の下方斜面では，その上方斜面に比べて一般に，植生密度が小さく，しばしば岩盤が露出し，風化帯が薄く，ガリー侵蝕，崩落，地すべりが発生しやすく（☞表1.1.3），不安定な斜面である．それを刻む河谷では土石流が発生しやすい．つまり，遷急線の下方斜面では，上方斜面よりも，侵蝕速度（正しくは削剥速度）が大きい．そこで，このような侵蝕復活によって

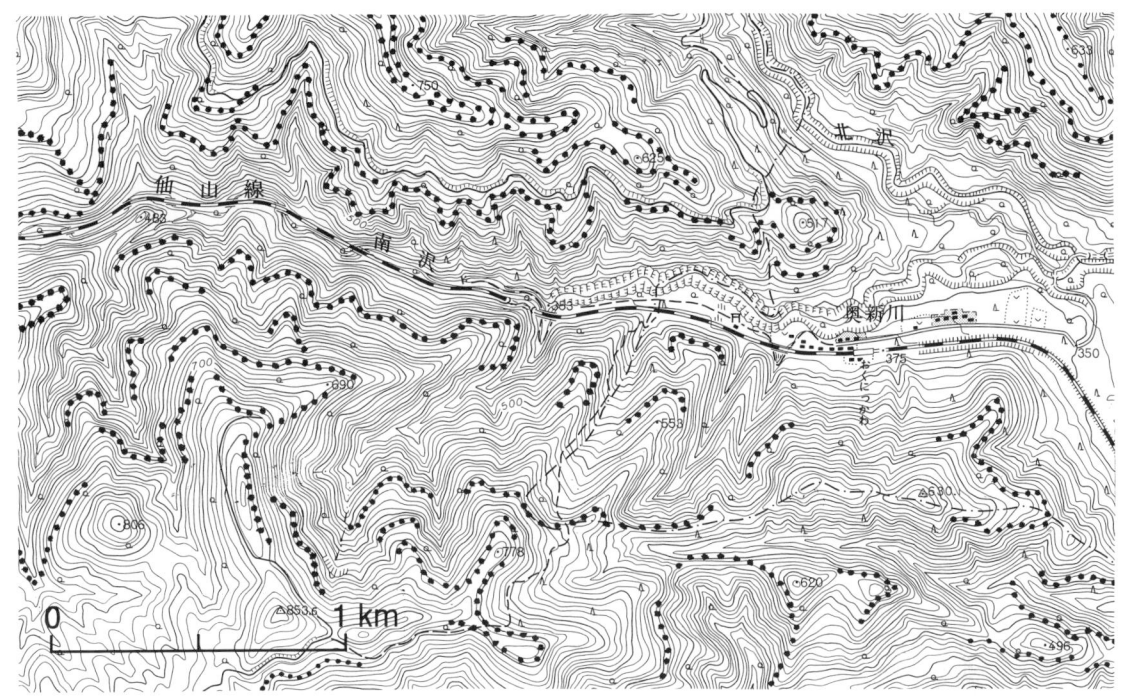

図 12.0.22　新旧の侵蝕前線（遷急線）と遷急点（2.5万「作並」〈仙台 7-3〉平元修正）　段丘崖頂線を除く遷急線を太点線で補記．南沢の注記の下流の滝は最新の遷移点である．その滝から下流の南沢ならびに北沢ぞいに2段の河成侵蝕段丘が発達し，それらの前面段丘崖の崖頂線は侵蝕前線である．谷壁斜面には数段の遷急線が断続的に発達しているが，河川からの比高の低いものほど新しい侵蝕前線である．南沢の注記付近では高度500 m内外の侵蝕前線の連続性が良い．主要な尾根の頂部には山頂小起伏面が発達し，それを縁取る遷急線も侵蝕前線である．南沢の左岸中腹の林道は，連続性のよい侵蝕前線の上方の緩傾斜面に路線が設定されており，安定している．

形成された遷急線は侵蝕前線（または開析前線）と総称される（羽田野，1974）．

段丘崖の崖頂線や前輪廻地形を縁取る遷急線は侵蝕前線の好例である．顕著な遷急線は多種多様な地形過程で形成される．それらのうち，侵蝕前線とよばれる遷急線は，図3.1.4の類型番号順に列挙すれば，海蝕崖の崖頂線，湧蝕・頭方侵蝕の谷頭線や滝頭，下方侵蝕・側方侵蝕（とくに穿入蛇行の攻撃部の谷壁斜面や段丘崖）の崖頂線，差別削剝崖の崖頂線，崩落地の崖頂線，地すべり滑落崖の冠頂線，などである．これら以外は，顕著なもの（例：断層崖の崖頂線）であっても，普通には侵蝕前線とはよばれない．しかし，断層崖の崖頂線も，その下方斜面（断層崖）では上方斜面より削剝速度が大きいという点で，侵蝕前線と同じ意義をもつ．

侵蝕前線の認定は，丘陵と山地の地形，とくに谷壁斜面や海崖の斜面安定性の理解にとって，極めて重要である．読図による侵蝕前線の認定は，①「がけ（岩）」および「がけ（土）」の頂部線（遷急線），②谷壁斜面における等高線の示す顕著な遷急線，③段丘面および前輪廻地形（小起伏面など）の前面崖頂線，④滝頭，などを論拠とすれば比較的に容易である（図12.0.22）．大縮尺地形図の読図および空中写真判読はさらに有効である．明瞭な遷急線をすべて着色しておく．

侵蝕前線の高度は，侵蝕復活による斜面の後退量が地形場によって異なるので，特別の場合（例：段丘崖頂線）を除くと，必ずしも一定ではない．河谷ぞいの侵蝕前線は，下流に至るほど低くなり，かつ不鮮明になる．それは，下流部ほど侵蝕復活が早い段階から始まるので，侵蝕前線が下流ほど尾根部に近づくためである．ただし，遷急線は種々の地形過程で生じるので，侵蝕前線が

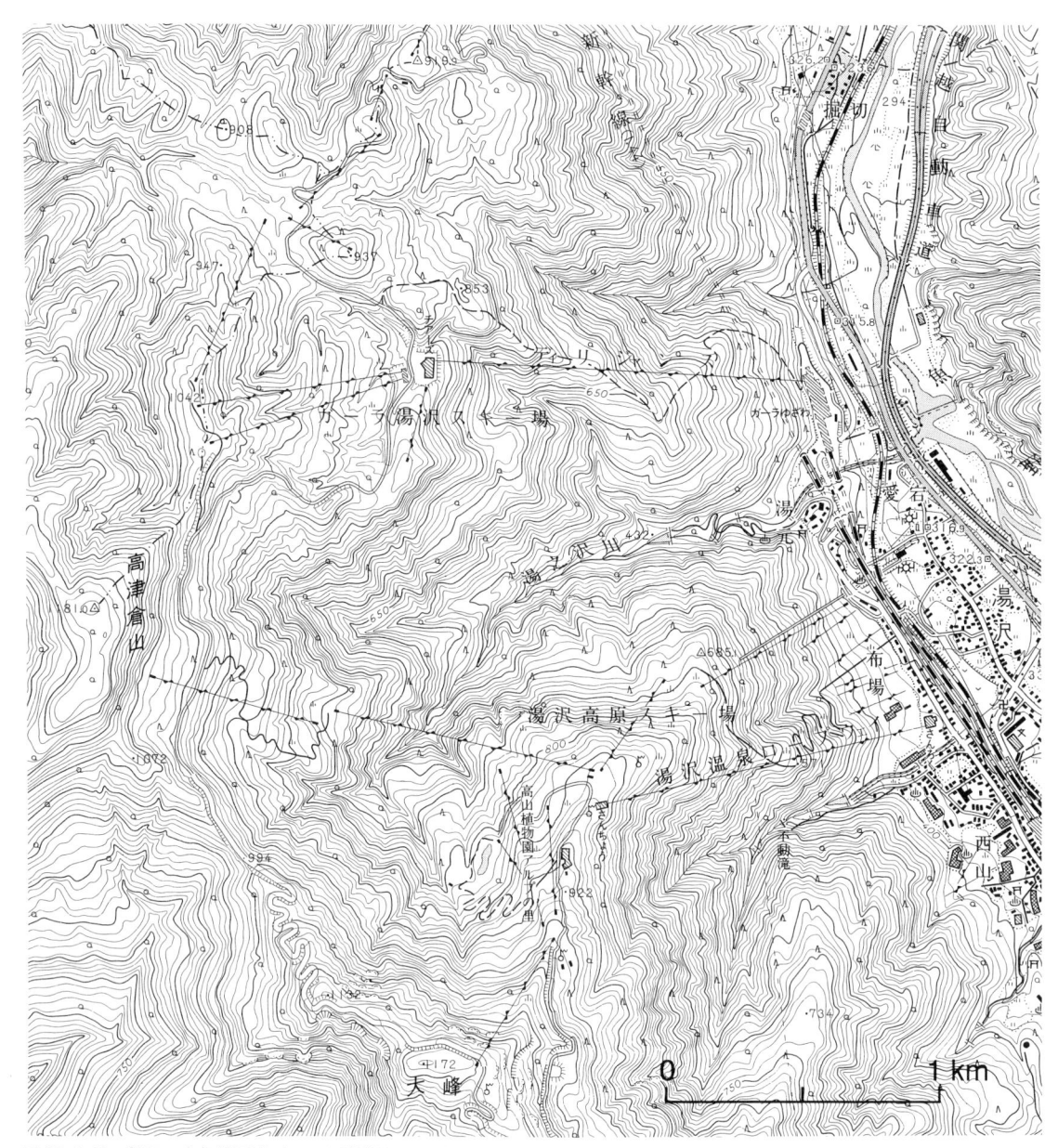

図 12.0.23 新旧の小起伏面群 (2.5万「越後湯沢」〈高田3-3〉平4修正)

河谷両岸に連続的に発達するとは限らない．

　複数回の侵蝕復活が起こった地域では，それに対応して高度の異なる複数列の侵蝕前線が形成される．個々の列の侵蝕前線は，大まかな同時性をもつので，丘陵や山地における斜面発達の相対的時代を示唆し，およその時間軸を与える．一般に高度の低い侵蝕前線ほど新しく，明瞭で，その延長も長い（図12.0.22）．新しい侵蝕前線ほど，その下方斜面での地形変化は著しい．

(b) 小起伏面

　丘陵と山地の山頂部や山腹には，周囲の山腹斜面に比べて不連続的に緩傾斜で，浅い谷に刻まれた小起伏の土地が台地状あるいは数段の段丘状に

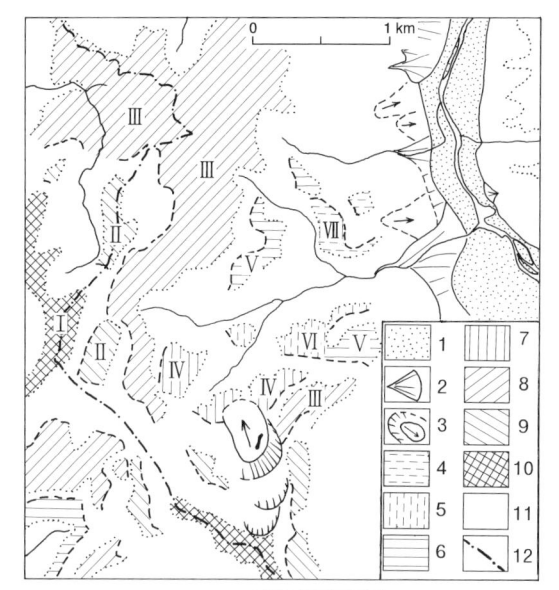

図 12.0.24　図 12.0.23 の読図成果概要図
1：河成低地，2：沖積錐，3：地すべり地形，4〜10：小起伏面の第Ⅰ面〜第Ⅶ面（太破線：遷緩線，点線：遷急線），11：急斜面，12：主分水界．

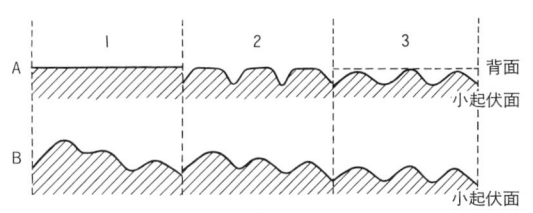

図 12.0.25　背面と小起伏面（吉川ほか，1973）
1, 2, 3 は発達順序．A の 1 は段丘面などの地形面（小起伏面を含めることもある）で，3 の背面は有意義である．B では元の地形が不明であるから，3 は小起伏面として扱われ，地形発達史的には無意義である．

しばしば発達している（図 12.0.23）．そのような小起伏地は小起伏面（low-relief surface）とよばれる．その地形場（相対位置）によって，山頂小起伏面とか山腹小起伏面とよばれるが，山頂緩斜面とか山腹緩斜面とよぶこともある．

小起伏面とくに山頂小起伏面には，閉曲線で示される独立丘や小突起が多いが，凹地は存在せず，浅い谷と緩勾配の河川が発達する．小起伏面と段丘面の違いは，前者は後者に比べて，平坦性で劣り，連続性に乏しく，段丘堆積物に相当する固有の地形物質が存在せず，一般に基盤岩石を地形物質とし，風化物質が厚く存在する．

小起伏面を縁取る遷急線は，段丘の前面段丘崖の崖頂線に相当し，一般に侵蝕前線であって，一つの流域内では大まかに一定の高度ないし下流に向かってしだいに低下する．小起伏面の背後の急斜面は，後面段丘崖に相当するが，その基部の遷緩線は不明瞭な場合が多く，かつ高度も一定ではない．下位の小起伏面と直上の小起伏面が合体して判別できないことも多い．

図 12.0.23 には，主分水界にそう山頂部と山腹に，大別して 7 段の小起伏面が発達し（図 12.0.24），上記の諸特徴がみられる．ただし，高山植物園の西方の，池のある緩傾斜地は地すべり堆であって，小起伏面ではない．

'小起伏地' の成因は多様であるが，普通には段丘面の開析で生じた背面と老年期末期の山地ないし準平原に近い前輪廻地形の残片のみを小起伏面とよんでいる（図 12.0.25）．

① 背面：段丘面などの地形面（☞p.139）が著しく開析されて，ほとんど消失しているが，主要な尾根に定高性がみられる場合には，その平坦な接峰面を地形面に準ずるものとみなして背面（summit plane）とよぶ（図 12.0.25）．定高性をもつ主要尾根に，地形面の整形物質（段丘堆積物など）が存在していたと解される場合（A3）は有意義な背面と認定されるが，単なる接峰面の平坦面（B3）は小起伏面として扱われる．

② 前輪廻地形：老年期的な山地ないし準平原が，隆起に伴う河川の回春により下刻されて，主要河川に対して相対的に高所に位置し，段丘面のように断片的に山地に残存しているものである（例：☞図 12.0.16）．普通に小起伏面とよばれるのはこの型である．

③ 周氷河斜面：周氷河地域（日本ではとくに高山地域）には，凍結融解と融水侵蝕などによる物質移動（周氷河過程）によって，局所的に緩傾斜で小起伏の周氷河斜面が形成されることがある（☞p.937）．

以上の特徴をもつ小起伏面では，地形変化速度が小さいので，自然災害は少なく，建設技術的問題は少ない．一方，小起伏面を囲む遷急線（侵蝕前線）の下方の急斜面では崩落，地すべり，土石流などの集団移動が起こる（☞第15章）．

小起伏面に類似の'小起伏地'として，次のようないくつかの地形種があるが，それぞれの地形種に特定されるので，小起伏面とはよばれない．

① 差別削剝地形：ほぼ水平に堆積する堆積岩や火山岩の差別削剝によって，強抵抗性岩の部分が急崖で，弱抵抗性岩の部分が緩傾斜または平坦になる．地層階段やメーサの平坦地がその例である（☞図16.0.28）．石灰岩の溶蝕によるカルスト地形では，しばしば小起伏の頂部をもつ石灰岩台地が発達する（例：☞図16.0.42）．

② 大規模な地すべり堆：大規模な地すべり堆は，急峻な山地内の小起伏地として目立つ（例：☞図15.5.13）．しかし，それらは地すべり堆の諸特徴（例：小突起や凹地および背後の滑落崖，☞図15.5.1）に基づいて小起伏面とは容易に判別される．

③ 火山地形：熔岩流原，熔岩円頂丘の頂部，火山岩屑流丘陵（いわゆる火山泥流）などの火山地形にもしばしば小起伏地が発達するが，それぞれ固有の形態的特徴をもつので（☞第18章），地形種として扱われ，小起伏面とはよばない．

小起伏面のほぼ同義語として侵蝕面（erosion surface）と侵蝕平坦面（planation surface）がある．どちらも堆積面の対語であるが，普通には広域的に分布して接峰面が平坦な場合（例：隆起準平原）を指す．しかし，それらの概念はあまり

表 12.0.4　丘陵と山地に関する図上作業と地形計測の対象項目*

図上作業と地形計測の対象		成果物の例（カッコ内は本書での図表例）
高度分布	標高（海抜高度） 接峰面高度 高度分布	鳥瞰図（図1.2.2）， 等高線抜描図・高度帯別図・段彩図（図4.3.1）， 接峰面図（図4.3.3～図4.3.5），接谷面図
面積	全体または一部の面積	高度帯別面積，面積高度比曲線（図13.1.42）
体積	全体または一部の体積	山体の体積計測表
起伏状態	起伏量 谷密度	起伏量分布図（図16.0.35） 谷密度分布図（図16.0.35）
傾斜状態	傾斜分布，傾斜（角） 傾斜方位 遷急線，遷緩線	傾斜（角）分布図，傾斜角頻度図 傾斜方位分布図，傾斜方位頻度図 遷急線と遷緩線の分布図
断面形	任意の方向の断面形， 尾根の断面形	地形断面図（図4.3.11） 投影断面図（図4.3.15） 投射断面図（図4.3.17） 回転投射断面図（図4.3.17） 尾根頂部の横断形（図12.0.3） 尾根の縦断形（図12.0.5）
斜面形状	斜面型（図3.1.18）	水平断面形による斜面型区分図（図3.1.20） 垂直断面形による斜面型区分図（図3.1.20）
地形種など	地形種（表12.0.2）のほか，流域界，小突起，凹地，鞍部，「がけ（岩）」，「がけ（土）」，露岩，万年雪など	地形学図（例：第3章口絵の土地条件図）， 主題地形学図：各種の地形種とくに崩落地，地すべり地形などの地形種ごとの分布図
その他	植生，土地利用	植生分布図，土地利用図

＊：流域・河谷については表13.1.5および表13.1.6を参照．

にも包括的に過ぎ，地形種の特定から土地条件を推論するという本書の目的に適合しないので，詳論しない．

D. 丘陵と山地の地形計測

丘陵と山地の形態的特徴は，以上に述べた地形相および地形種のほかに，種々の地形量で記述される．丘陵・山地の地形相および地形量の定義・計測法は，計測対象・範囲によって，丘陵や山地の全域を対象とする場合（表12.0.4）と流域および河谷を計測単元とする場合（☞表13.1.5）に二大別される．

図上作業や地形計測から得られる情報は多いけ

れども，表12.0.4および表13.1.5のすべての地形量を計測する必要はなく，目的によって対象とする地形相および地形量が選定される．しかし，地形計測（morphometry：☞p.184）は本書の主題ではないから，読図の基礎知識として建設技術的に有意義な地形相および地形量についてのみ，それらの定義，計測法，特質および解釈における留意点を関連章節の随所（表12.0.4のカッコ内の図表の解説）で述べてある．本書で説明を割愛した地形量の具体的な計測法については，専門書（例：西村，1971；平野，1980）に委ねる．

丘陵および山地に関する地形計測は，可能な限り一つの塊の丘陵や山地の全域という広範囲を対象として，各地形量の大局的な分布を把握する．その全体の中で，建設工事で問題とする地点や地区の特徴を認識することが望ましい．たとえば，養老山地については図4.2.1の範囲だけでは狭すぎ，第4章口絵の20万地勢図でも養老山地の南部が欠けている．よって，少なくとも2.5万地形図の数枚におよぶ広範囲を計測対象とする．これは大変な労力を要する．

そこで，近年では国土地理院の国土数値情報を用いて，各種の地形量をパソコンで計量・解析できるようになり（例：野上・杉浦，1986；野上，1990，に詳しい），建設現場でも汎用されている．しかし，数値情報処理をする際に，それぞれの地形量およびその定義の意味を十分に理解しておく必要がある．さもないと，地形学的観点ひいては建設技術的観点では，ほとんど意味のない遊びのデータしか得られないことがある．

E. 丘陵と山地における自然災害と建設工事

丘陵と山地はその大部分が斜面で構成されているので，低地や段丘に比べて地形変化が急速かつ局地的である．そのような急速な地形変化は種々の地形災害をもたらす．たとえば，河川侵蝕（渓岸侵蝕）と集団移動（落石，崩落，地すべり，土石流など）による災害が顕著に起こる．とくに大地震に伴う斜面の大規模な崩壊は著しい地形変化をもたらす（☞第22章）．丘陵や山地とくに平野との境界部には，活断層がしばしば存在し，それの再活動による地震で，新たな断層崖が形成され，地形を著しく変位させることがある（☞第19章）．

この種の災害をもたらすような顕著な地形変化は起伏の大きな山地ほど大きく，小起伏の丘陵では小さい．ところが，その地形変化に起因する災害の観点ではコトは逆で，人口密度したがって構造物や農耕地の多い丘陵のほうが急峻な山地よりも被害の規模は大きいのである．とくに，丘陵では近年の大規模な土地造成地および河川改修地区における集中豪雨や大地震に起因する災害が著しい（☞第22章）．

丘陵および山地を構成する地形種および地形場に基づく地盤条件，地下水および自然災害の種類の予測例ならびに建設工事上の問題事項の予測例については，それぞれ表1.1.3と表1.1.4に概観してある．それらの詳細については，次章以降で個々の地形種を扱う際に詳述するので，ここでは省略する．

読図だけでは推論の不可能な自然災害もある．たとえば，山地に特有の災害として，高度が高いことと遮蔽物の少ない山頂や尾根という地形場に起因する気象災害（強風，雪崩，落雷）がある．山火事も山地に多いが，湿潤地帯の日本では自然発火は稀で，焚火とタバコの不始末に起因する．山火事で植生が喪失すると，豪雨時の表面流出が顕著となり，山地の裸地化が進む（☞p.662）．そのため，ガリー侵蝕がはじまり，崩落や地すべり，土石流を誘発し，急速な削剝が進む．

日本では動物生育と地形変化の関係は顕著ではない．しかし，大型動物や過剰な登山者の踏み固めによる獣路や登山道の透水性の低下ならびに登山道周辺の裸地化がガリー侵蝕の発端となっている山地もみられる．半乾燥地域では草根まで食べ

る羊の過放牧が裸地化の原因となる（例：ギリシャなど）．ただし，日本では，急峻な斜面の切取による道路建設のような人工的地形改変に起因する地形変化（☞第23章）に比べれば，自然動物や牧畜に起因するそれは僅かなものである．

第12章の文献

参考文献（第1巻の文献を除く）

藤田和夫（1983）「日本の山地形成論―地質学と地形学の間」：蒼樹書房，466 p.

貝塚爽平（1977）「日本の地形―特質と由来」：岩波新書，234 p.

松井　健・武内和彦・田村俊和編（1990）「丘陵地の自然環境」：古今書院，202 p.

日本応用地質学会関西支部・関西地質調査業協会共編（1998）「丘陵地の地盤環境」：鹿島出版会，227 p.

岡山俊雄（1988）「1：1,000,000 日本列島接峰面図」：岡山俊雄先生を偲ぶ会．

恩田裕一・奥西一夫・飯田智之・辻村真貴編（1996）「水文地形学―山地の水循環と地形変化の相互作用―」：古今書院，267 p.

田村俊和（1977）山・丘陵―丘陵地の地形とその利用・改変の問題を中心に―：「地域開発論（I）」，土木工学大系19，彰国社，pp. 1～76.

吉川虎雄（1985）「湿潤変動帯の地形学」：東京大学出版会，132 p.

引用文献

千葉徳爾（1991）「はげ山の研究」：そしえて，349 p.

Davis, W. M. (1889) The geographical cycle : Geographical Journal, 14. pp. 181-504.

Davis, W. M. (1912) *Die erklärende Beschreibung der Landformen* : Teubner, Leipzig, 565 p.（水山高幸・守田　優訳，1969,「地形の説明的記載」：大明堂，517 p.）.

Gilbert, G. K. (1877) *Report on the geology of the Henry Mountains* : Washington U. S. Geol. Geogr. Survey of the Rocky Mountain Region, 170 p.

羽田野誠一（1974）崩壊性地形（その2）：土と基礎，22-11, pp. 85-93.

羽田野誠一（1978）小佐渡経塚山西方の高位海成平坦面：日本地理学会予稿集，14, pp. 298-299.

平野昌繁（1980）「土砂移動現象の背景としての地形変化」および「土砂移動現象の要因としての地形特性とその計測」：武居有恒監修「地すべり・崩壊・土石流―予測と対策」，鹿島出版会，pp. 124-191.

貝塚爽平（1998）「発達史地形学」：東京大学出版会，286 p.

貝塚爽平（1997）世界の流水地形：貝塚爽平編「世界の地形」東京大学出版会，pp. 93-107.

近藤鳴雄（1967）日本南アルプス南部における山岳土壌の垂直成帯性について：ペドロジスト，11, p. 153-169.

三野与吉（1936）福島県小野新町付近における谷長と起伏量との関係：地理学，4, pp. 1,340-1,347.

西村蹊二（1971）「地図の利用法」：朝倉書店，212 p.

野上道男・杉浦芳夫（1986）「パソコンによる数理地理学演習」：古今書院，275 p.

野上道男（1990）ラスタ型数値地図処理システム：文部省重点領域研究「近代化と環境変化」GIS技術資料，No. 1, 167 p.

塚本良則（1998）「森林・水・土の保全―湿潤変動帯の水文地形学」：朝倉書店，138 p.

吉川虎雄・杉村　新・貝塚爽平・太田陽子・阪口　豊（1973）「新編日本地形論」：東京大学出版会，415 p.

谷津栄寿（1950）秩父山地の起伏量について：田中啓爾先生記念大塚地理学会論文集，pp. 323-331.

第 13 章　河谷地形

第13章 河谷地形

　河谷は広義の山地と段丘に河川侵蝕によって刻まれた谷である．河谷は，河川侵蝕ばかりでなく，谷壁斜面での落石や崩落，地すべり，また急渓流での土石流といった各種の集団移動の発生する地形場であると同時に，そこで生産された岩屑の低地への運搬路でもある．個々の河谷の特質は，河谷発達の一般的規則性に加えて，その河谷の地形発達史を反映している．また，局所的な河谷の特異性はその地区を構成する地形物質（岩石）の性質を強く反映している場合が多い．

　山国の日本では，河谷は山地で境された臨海低地の相互間や盆地を結ぶ重要な交通路の場であり，河谷ぞいの鉄道と道路には，多数の切取・盛土斜面，トンネルおよび橋梁が建設されている．また，河谷は発電・灌漑・飲料・工業用水のための取水口やダムの建設場でもある．したがって日本の河谷では，各種の斜面災害，土石流災害，渓岸侵蝕などに対する砂防工事に加えて，鉄道，道路，取水施設などの建設工事が進められている．

　よって，河谷の一般的性質と局所的特異性の理解は建設技術者にとって不可欠である．そこで本章では，河谷における建設技術的な諸問題の地形学的背景を大局的に理解するのに役立つように，河谷の形成過程および一般的性質に加えて，局所的な特異性とその原因に関する概念とその読図例を扱う．

口絵写真（前頁）の解説

　写真（アジア航測株式会社撮影・提供）には，遠景に定高性をもつ南アルプス（写真最上部）および甲府盆地（左上方），中景に左右に伸びる大菩薩嶺（右方の最高点）の主山稜，そして写真中央部から下方に向かう2本の河谷が見られる．これら2本の河谷のうち，写真の左側（南側）は葛野川，右側（北側）は土室川がそれぞれ形成した谷である．両者は穿入蛇行しているが，大局的には直線的に並走して東方（写真下方）に流れ，写真下部で合流している．

　葛野川の右岸（左側）には多くの長い支谷がほぼ等間隔に発達しているのに対し，左岸では支谷が短く，かつ浅い．つまり，葛野川の河谷は非対称谷である．土室川では逆に，右岸よりも左岸に長い支谷が発達しているが，右岸の支谷も深い．つまり，両河川の間の直線的な主尾根は非対称山稜である．葛野川右岸の流域界をなす山陵もその南面斜面（写真では左側）が北面斜面よりも急傾斜な非対称山陵である．このような非対称的な河谷地形からみて，両河川の流域では，ほぼ東西方向の走向で北に傾斜する地層が分布し，かつそれらの地層は中硬岩に属すると推論される．そのことを地形図（5万「丹波」〈甲府2〉，省略）で読図して欲しい．

13.1 河谷と流域の一般的性質

A. 河谷の発達

(1) 河谷の定義

谷(たに)(valley)は，広義では細長い溝状の低所という意味をもち，必ずしも谷底が一方向に低下しているという条件(例：河谷)を含まない．この意味での谷は種々の地形過程で形成され，初生谷(しょせいこく)と侵蝕谷(しんしょくこく)に大別され(表13.1.1)，ともに陸上にも海底にも形成される．

どの地域にも普遍的に存在する谷は河川侵蝕谷であるから，それを河谷(かこく)(river valley)と略称し，また単に谷とよぶ．それ以外の谷は，断層谷や海底谷のように形成過程または地形場の形容詞をつけた地形種名でよばれる．

表 13.1.1 広義の谷（溝状地形）の初生的成因による分類と若干の一般的特徴[*1]

大分類		中分類	恒常流	平面形	分岐	縦断形	谷底凹地[*2]	横断形
初生谷	変動成谷	プレート境界谷	多様	弧状，直線状	ない	凹凸がある	ある	対称・非対称
		断層谷	ある	直線状，弧状	少ない	凹凸がある	稀にある	非対称
		断裂谷・地溝	ある	直線状，雁行状	ある	多様	稀にある	刃状
		活向斜谷	ある	直線状，弧状	ない	ほぼ平坦	稀にある	丸底椀状
	火山成谷	噴出物表面谷	稀	直線状，弧状	少ない	一方に傾斜	稀にある	細溝状
		噴出物裾合谷	稀	直線状，蛇行状	少ない	凹凸がある	ある	非対称
		火山成断裂谷	ない	直線状	ない	凹凸がある	ある	多様
		火山接触谷	ある〜ない	三日月状，不定形	ある	平坦，舟底状	ある	非対称
	集団移動成谷	崩落谷	ない	直線状，スプーン状	ない	一方に急傾斜	ない	細溝状
		地すべり谷	多様	三日月状，不定形	稀	平坦，舟底状	多い	非対称
		地すべり裾合谷	多様	弧状	稀	一方に傾斜	稀にある	非対称
		土石流裾合谷	多様	直線状，蛇行状	ある	一方に傾斜	稀にある	非対称
	堆積成谷	堤間低地谷	ある	直線状	ない	平坦	稀にある	平皿状
		砂丘間谷	ない	不定形	ある	凹凸がある	多い	丸底椀状
		流路跡地谷	ある	弧状，蛇行状	ある	一方に傾斜	稀にある	平皿状
侵蝕谷	流水侵蝕谷(河谷)	リル	ない	直線状	ない	一方に傾斜	ない	樋状
		ガリー	ない	直線状，稲妻状	少ない	一方に傾斜	ない	樋状，V字形
		河川侵蝕谷[*3]	ある	直線状，蛇行状	顕著	一方に傾斜	ない	多様
	氷蝕谷		ある	直線状，弧状，蛇行状	ある	一方に傾斜	稀にある	U字形
	溶蝕谷		ある	直線状，瓢箪状	ある	凹凸がある	ある	ロート状
	風蝕谷		ない	直線状，不定形	稀	凹凸がある	稀にある	平底椀状
	海蝕谷（波蝕溝など）		ない	直線状	稀	凹凸がある	稀にある	多様

[*1]：例外もある．　[*2]：これをもつ谷は谷中分水界をもつ．　[*3]：河川侵蝕谷（河谷）の特徴は多様である（表13.1.3 参照）．

(2) 河谷の発生

(a) 雨蝕

降雨の時のみ，雨滴およびその表面流出が直接の原因となって起こる侵蝕過程を雨蝕（rain wash，雨洗ともいう）と総称する．雨蝕は雨滴侵蝕，布状侵蝕，リル侵蝕およびガリー侵蝕に区別される．雨蝕は河谷発生の第1段階であるが，非固結物質および軟岩の斜面で発生し，硬岩斜面ではほとんど起こらない．

1) 雨滴侵蝕

雨滴（rain drop，雨粒）の直径は，霧雨で0.1～0.2 mm，しとしと雨で0.5 mm，音を立てて降る雨で1～2 mm，夕立で4～6 mm（最大観測記録：インドネシアで7.3 mm）である．音を立てて降るような雨では，雨滴落下の終速度が7～9 m/sに達するので，雨滴一粒の衝撃で直径1 cm程度までの砂礫粒子が動かされる．この侵蝕を雨滴侵蝕（rainsplash erosion）とよぶ．雨滴侵蝕は畑のような裸地斜面で顕著に生じるが，植生に被覆された斜面でも高木の葉先から大粒の水滴が落下（雨垂れ）して侵蝕を起こす．

2) 布状侵蝕

地表に降った雨水は，①地中への浸透（infiltration），②大気中への蒸発（evaporation）および③地表を流れる表面流出（surface runoff）に分かれる．浸透水は重力によって下方に透過（percolation）して地下水（groundwater）となり，湧泉（☞図6.1.54）で地表に湧出する．蒸発水は地形変化に直接には関与しない．表面流出は，地表面が滑らかな斜面であれば，集中流とならずに，厚さ数mm～約2 cmの薄板状に（面的に）地表面を流れる．その流水状態を布状洪水（sheet flood）とよび，その侵蝕を布状侵蝕（sheet erosion）とよぶ．

布状侵蝕は植生の乏しい地表面で顕著であるが，降水強度が10 mm/h以上の場合には森林の地表面でも発生し，急斜面では粒径数cm以下の細粒物質を除去する．

3) リル侵蝕

布状洪水の起こっている斜面で，地表面に散在する砂礫粒子のつくる僅かな凹凸によって，集中流が発生すると，その集中流の部分だけ顕著に侵蝕が進み，細くて浅い溝が形成される．そのような溝をリル（rill，雨溝，細溝ともいう）とよび，そこでの侵蝕過程をリル侵蝕（rill wash）とよぶ．リルは一般に幅数十cm以下，深さ数cm以下であるから，1/2,500程度の大縮尺の地形図でも表現されない．多数のリルが落水線にそってほぼ並行に発達する場合が多い．しかし，泥や細砂などの細粒物質で構成される緩傾斜面では網状に離合する場合もある．リル侵蝕は布状侵蝕よりも活発に斜面を下刻し，植生のない斜面で顕著に起こる．

4) ガリー侵蝕

リルが降雨ごとに成長し，あるいはリルが合流すると，掃流力が急増するので，急速にリルでの下刻が進み，ガリー（gully，雨裂ともいう）とよばれる明瞭な掘れ溝に成長する．そこでの降雨時の集中流による侵蝕過程をガリー侵蝕（gully erosion）とよぶ．リルとガリーの違いは前者が滑らかな横断形をもつのに対し，後者は明瞭な側壁（谷壁に相当）をもつことである．

ガリー侵蝕では頭方侵蝕と下刻が顕著に起こるため，ガリーは斜面の下方から上方に成長し，その谷底は穿入蛇行（☞p.696）しつつ深くなる．ガリー侵蝕は植生のない斜面で顕著であるが，植生に被覆された斜面でも発生する．ガリー侵蝕は非固結岩（風化岩を含む）および軟岩の斜面で起こり，硬岩斜面では節理や断層破砕帯ぞいを除きほとんど起こらない．

ガリーは深さ数cm～約10 mで，その側壁は数十度ないし垂直に近い急崖である．その底は幅数cm～数mで，平水時の地下水面より高いので，降雨時以外には流水がない．

2.5万地形図では，顕著なガリーはその両側を

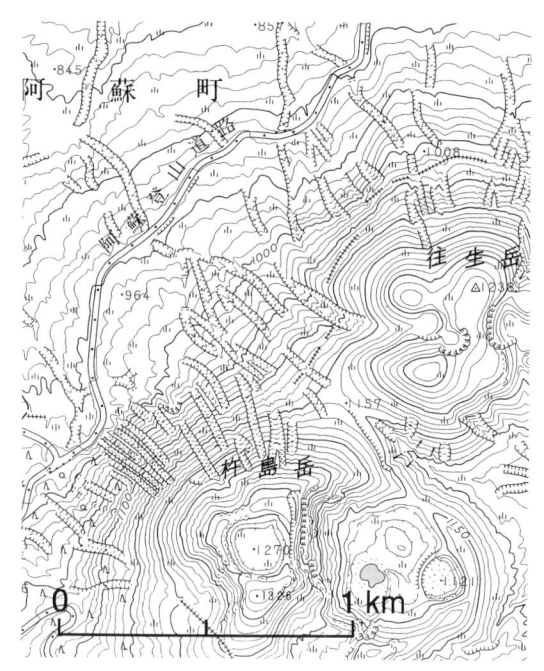

図 13.1.1 ガリー（2.5万「阿蘇山」〈大分 15-4〉平 10 部修）

ほぼ並走する「がけ（土）」記号で表現されている．たとえば，図 13.1.1 では杵島岳と往生岳の西面〜北面斜面に多数のガリーが発達し，山麓で合流してもガリーのままで，恒常流はない．

(b) 1 次谷とその基本的形態

支谷を持たない谷を1次谷（First-order valley）とよぶ（☞図 13.1.38）．ガリーが深くなり，その底が地下水面に達して生じた湧水点あるいは谷型斜面の末端（次に述べる 0 次谷流域の末端）の湧水点から下流の低所では，降雨のない時にも地下水が谷底に湧出するので，恒常的な水流が生じる．水流は降雨ごとに増水し，谷底を下刻するので，明瞭な谷線をもつ 1 次谷が発達する．

1 次谷とガリーとの違いは，後者では降雨時の表面流出の収斂した集中流のみが流れるのに対し，前者ではその集中流に加えて，地下水に由来する恒常的な流水をもつことである．ただし，乾燥期や厚い谷底堆積物をもつ谷底では，地下水が涸渇することもあるので，1 次谷に恒常流が常に存在するとは限らない．

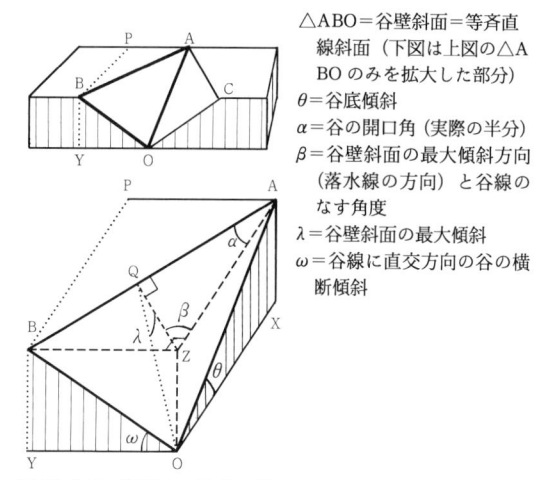

図 13.1.2 単純な 1 次谷の地形量の定義図（村田，1930）

△ABO＝谷壁斜面＝等斉直線斜面（下図は上図の△ABO のみを拡大した部分）
θ＝谷底傾斜
α＝谷の開口角（実際の半分）
β＝谷壁斜面の最大傾斜方向（落水線の方向）と谷線のなす角度
λ＝谷壁斜面の最大傾斜
ω＝谷線に直交方向の谷の横断傾斜

1 次谷の基本的形態については村田（1930）が理論的考察を行った．それは河谷の形態を考えるのに重要な示唆を与えるので以下に要約する．

いま，単純な 1 次谷たとえば段丘を刻む開析谷を想定し，その両側の谷壁斜面が等しい傾斜をもつ平面つまり等斉直線斜面（☞図 14.0.1）であると仮定する（図 13.1.2 の上図）．その谷の片側の谷壁斜面を図 13.1.2 の下図に模式的に示す．

谷底傾斜（θ），谷壁斜面の最大傾斜つまり落水線の傾斜（λ）および谷の開口角度（α：実際の半分）の間には，次の関係がある．

$$\tan\theta = \tan\lambda \sin\alpha \quad (13.1.1)$$

等斉直線斜面では λ が一定（$\tan\lambda = C$）であるから，

$$\tan\theta = C\sin\alpha \quad (13.1.2)$$

しかるに，谷では $\sin\alpha$ は必ず 1 以下であるから，$\tan\theta$ は C より大きくなりえない．つまり，谷線はそれに接する両岸の谷壁斜面（少なくともその基部）よりも必ず緩傾斜である．

これは自明であるが，重要なことである．なぜならば，$\alpha = 90$ 度（$\pi/2$）になると，$\theta = \lambda$ となり，谷線と谷壁斜面の傾斜が一致する．この場合には等高線（またはその接線）と谷線は直角に交わり，

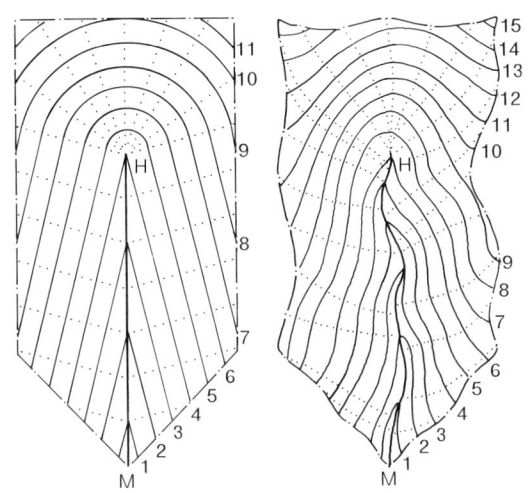

図13.1.3 谷頭に等斉谷型斜面，両岸に等斉直線斜面をもつ単純な谷（左）と実際の1次谷（右）の模式図（村田，1930，の着想に基づいて描画）HとMは1次の谷線の上流端と下流端，点線は落水線をそれぞれ示す．

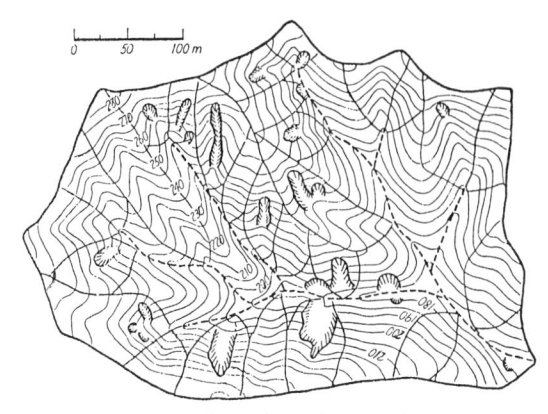

図13.1.4 0次谷流域の認定（塚本ら，1978）
太線で分割された谷型斜面が0次谷流域であり，それ以外の斜面は尾根型斜面または直線斜面である．0次谷流域で崩壊が多発している．スケールに注意．

もはや谷線を認識できない（図13.1.3）．

落水線と谷線との角度（β：いわば合流角度）と谷の開口角（α）との関係は，$\alpha + \beta = \pi/2$ である．これを式（13.1.1）に代入すると，

$$\tan \theta = \tan \lambda \cos \beta \quad (13.1.3)$$

ゆえに，谷底傾斜（θ）が大きいほど，β は小さくなり，$\cos \beta$ が1になると，$\tan \theta = \tan \lambda$，つまり谷線とすべての落水線の傾斜が同じになるから，1本の谷線を特定できない（図13.1.3）．

以上のことから，谷線の最上流端では，落水線が1地点に収斂し，その収斂点より上方の谷頭斜面は，収斂点を囲む円弧状の等高線で表現され，谷型斜面（☞図14.0.1）になることがわかる．谷型斜面では，$\alpha = 90$ 度で，谷線の縦断勾配と谷壁斜面の傾斜が同じであるから，谷線を描くのが不可能になる．一方，落水線の収斂点から下方では，谷線を横切る等高線と谷線のなす角度が $\alpha < 90$ 度で，下流に至るほど α が小さくなり，谷線が明瞭に現れる．そして，谷線の勾配は谷線に接する両岸の谷壁斜面よりも必ず緩傾斜となる（例外：滝）．

(c) 0次谷

1) 0次谷の定義

1次谷の流域は，1次水流（谷線）の上流端（落水線の収斂点）から上方（谷頭）の谷型斜面とそれより下方の1次水流の両側の谷壁斜面で構成される（図13.1.3）．しかるに，斜面崩壊の発生場と斜面型との関係に注目した塚本（1973）は，1次谷流域のうち，明瞭な1次水流の上流端から上方の谷型斜面を0次谷（Zero-order valley）とよび（ゼロジダニとも発音する），その流域を0次谷流域（Zero-order drainage basin）と命名した（図13.1.4）．

2) 0次谷の特質と意義

0次谷の概念は，山地（広義）の削剥過程とくに斜面崩壊や森林保全を考察するのに極めて重要な意義をもち，世界的に普及している．そこで，塚本（1998）に従って，その意義を要約しておこう（表13.1.2および図13.1.5）．

① 斜面型と斜面物質：0次谷は一般に，上部が凸形谷型斜面で，下部が凹形谷型斜面である．斜面物質（風化物質，土壌）は雨蝕や匍行などによって斜面の下方へ移動する．そのため，斜面の下方に至るほど，表土層（非固結物質）が厚く，土壌水分が増し，土壌中の栄養分も増加するから，森林生育も良好となる．逆に斜面頂部では，森林

13.1 河谷と流域の一般的性質

表13.1.2 水文諸要因に与える斜面型の影響 (塚本, 1998)

斜面型*	斜面物質の流れ	土壌の堆積型	表土層	土壌水分	栄養分	森林生育
凸形尾根型	拡散	残積性	薄い	乾燥	少	不良
凹形尾根型	拡散	崩積性	薄~中	中	中	中
凸形谷型	集中	残積性	中	中	中	中
凹形谷型	集中	崩積性	厚い	多	多	良好

*：斜面型の呼称を本書（☞図14.0.1）に合わせて改変してある．

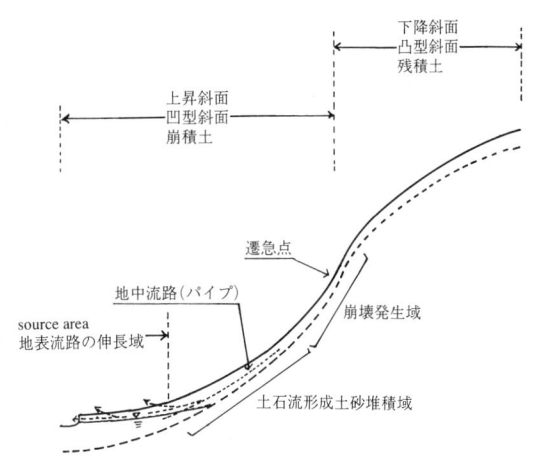

図13.1.5 0次谷流域の落水線方向の斜面横断形と斜面各部の諸特徴 (塚本, 1998)

生育は相対的に不良となる．

② 表面流出：0次谷斜面では落水線が下方に至るほど収斂するから，斜面の下方に至るほど，降雨時には表面流出が布状洪水から集中流に変化して，リルとガリーの発達を促す．斜面の末端ですべての集中流が完全に収斂して，1本の水流となり，1次谷の上流への伸長を促す．

③ 地下水：0次谷流域の下方に至るほど，地中水も集中し，無数の孔隙からモグラ孔のようなパイプ（pipe）とよばれる地中流路（不定形断面であるが，径数cm~10数cm）を形成する．0次谷流域の末端境界部では，降水時でなくても一般に地下水が湧出する．その湧出状態は面湧出型と点湧出型に大別される．前者は崖錐堆積物，土石流堆積物，匐行層，花崗岩のマサ化した部分，などの非固結岩（堆積物）にみられ，後者は地層境界，節理や断層破砕帯で生じる（塚本，1998）．かくして，0次谷流域の発達は河谷発生の端緒を与える．

④ 崩落および土石流の発生場：パイプを通じて地中の細粒物質が排出されるので，表土層が不安定となり，豪雨時に斜面が崩落しやすくなる．崩落崖の頂部は遷急線となり，上方の凸形斜面と下方の凹形斜面の境界線となる．崩落物質は0次谷流域の下方に堆積し，土石流の供給物質つまり発生源となる．豪雨に起因する崩落（山崩れ）の発生地点の斜面型をみると，80％以上が0次谷流域（谷型斜面）であり，直線斜面と尾根型斜面ではともに10％以下である（塚本ら，1978）．

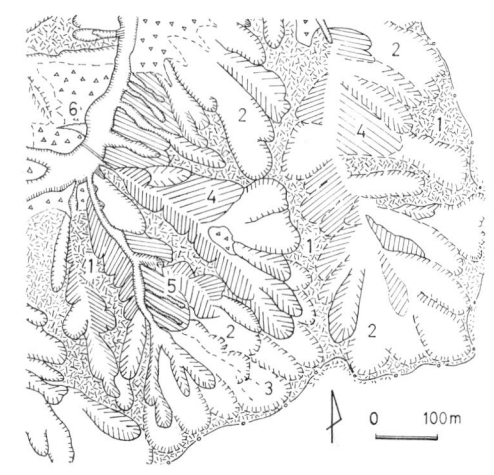

図13.1.6 崩壊地形を主題とする地形学図の例 (守屋, 1972)
1：凸斜面，2：平底型，3：平底雨溝型，4：V字型，5：雨溝型，6：崖錐．輪郭が破線で描かれているものは，いずれも形成期の古いものを示す．

3）0次谷の初生的な形成過程

谷型斜面の初生的な形成過程は多様であるが（☞表3.1.5），0次谷とよびうる谷型斜面は，日本のような湿潤地域では，主として崩落，地すべり，穿入蛇行の攻撃斜面およびガリーの発生に起因する谷型斜面である．とくに，崩落によって形成される谷型斜面（図13.1.6）は，日本のような湿潤気候下における河谷発達の出発点（0次谷の形成）として最も重要であると指摘されている

(守屋, 1972). つまり, まず崩落, 地すべりなどで谷型斜面が形成され, 次にそこから侵蝕谷が発達する, というわけである.

確かにそのような例は多い. しかし, 崩落や地すべりは緩傾斜な地形場 (例：段丘面) では発生しない. そのような地形場に谷型斜面や急崖が形成されるためには, ガリーや河川の侵蝕 (下刻) による谷壁斜面の形成が不可欠である. つまり, 河谷の発生と崩壊・地すべりの発生は相補的である, と考えるのが妥当であろう. これは'ニワトリと卵'の議論ではなく, 地形場によってどちらも先になりうる, ということである.

4) 2.5万地形図での0次谷の認定

0次谷流域の認定, つまり1次谷の谷線の上流端の地形図での認定は地形図の縮尺で異なる. たとえば図13.1.4では, 1/2,500地形図を基図として0次谷流域が認定されているが, その流域長 (斜面長) は100 m内外である. それは2.5万地形図では図上4 mm内外であるから, それより大きな斜面長をもつ谷型斜面は1次の谷線をもつ場合が多いであろう. なぜなら, 2.5万地形図で認定される規模の尾根型斜面と直線斜面にも, 実際には小規模な谷型斜面が存在する. そうでなければ, 円錐形の火山 (例：☞図13.1.1) や立板のような段丘崖, 海蝕崖あるいは断層崖などに, ガリーさらには河谷が形成されるはずがない.

ゆえに, 2.5万地形図の図上作業では, 等高線の屈曲で示される谷線はすべて水系 (豪雨時には必ず集中流のある谷線) と考える (☞p.190). そして谷型斜面を示す等高線群が円弧状であるために, どこに水系を記入すればよいかの判断が不能のような範囲を0次谷と認定することになる.

(3) 河谷の成長

ここでは1本の河川が形成する河谷の成長に関連する諸概念を述べる. 谷または河谷 (valley) は地形を示す用語であり, その谷底を流れる水流を河流 (stream) とよび, 地形と水流を一括して河川 (river) とよぶ. 河谷には一般に流水があるから, 河谷を扱うときは谷と言っても河流と言っても同じである. ゆえに, 誤解の恐れがない場合には, 河谷, 河流および河川という用語を混用することがある. たとえば, 谷と谷の'合する'地点を'合谷点'といわずに合流点とよぶ.

(a) 河谷の拡大

若い侵蝕谷の横断形は一般にV字形であるが, そのV字形空間のすべてが河流の侵蝕によって形成されるわけではない (☞図6.3.3). 河流は谷底と河岸を侵蝕し, また集団移動で谷底に供給された岩屑を下流に運搬する役割を果たすにすぎない. 谷の横断面積と幅の拡大および谷壁斜面の減傾斜は主として集団移動に起因する.

V字形の谷壁斜面が長くなれば, そこにガリーが発達し, さらには支谷ができ, 河谷の断面積が急速に拡大する. 逆に, 河川侵蝕が進行しなければ, 谷壁斜面はしだいに安定するから, 谷の断面積が急増することはない. かくして, 河流による侵蝕はV字谷の形成と拡大の基本的原因であるから, 集団移動でできた谷壁斜面を含めて, 河川侵蝕を素因として形成された谷の全体を河谷とよび, 河谷の形成に関連して生じる地形を一括して河谷地形 (valley landform) と総称する.

(b) 支谷の発達

流体の流れは蛇行する性質があるから, ガリーおよび1次谷の底を流れる流水も蛇行し, 蛇行した溝ないし谷つまり穿入蛇行谷 (☞p.696) を形成する. 蛇行の攻撃部では, 谷壁斜面での崩落や地すべりによって新たな谷が生じ, また谷壁斜面基部で地下水が湧出しやすく, その湧水の侵蝕による谷が生じる. ガリーと1次谷に支ガリーや支谷が形成され, それらの谷にさらに支ガリーや支谷が形成されていく. かくして, 本谷 (main valley) は支谷 (tributary valley) をもち, 両者の合流点より下流は2次谷になる.

本谷を流れる河流を**本流**（main stream），支谷を流れる河流を**支流**（tributary stream）とそれぞれよぶ．支流に比べて本流は，一般に流域面積，本流長，河床幅，流量，水面幅および水深が大きく，河床勾配は小さい．本流と支流の次数の違いが大きいほど，これらの量の違いは顕著である．源流域では，低い次数（1次または2次）の水流が合流することが多いので，本流と支流の区別が困難である．普通には，流路長の大きい方を本流とする．

(c) 河流（河谷）の生存競争と谷の等間隔性

単純な地形場ではしばしば，ほぼ同規模の河谷がほぼ等間隔で並走していることがある（図13.1.7）．この現象は'谷の等間隔性'とよばれ，河谷の成長を考えるときの重要な示唆を次のように与える．

ほぼ均質な物質で構成される等斉直線斜面つまり平面を斜めにした斜面に，まずリルが生じ，ガリーとなり，さらに河谷に成長する場合を考えよう（図13.1.8）．切妻屋根を流れる雨水を想起すれば明白なように，強い横風が吹いているような特別のことがなければ，多数のリルは最大傾斜方向（落水線方向）にほぼ並行にかつ無数に生じ，それらはガリーに成長するであろう．

ガリーが深くなると，その谷底は必然的に蛇行するようになり，その攻撃部では地下水のパイプ湧出によって支ガリーが生じるであろう．その支ガリーが頭方侵食で上方に伸長し，かつ深くなると，隣のガリーの流域に侵入し，かつその地下水を奪うから，ついには隣のガリーの上流部を奪ってしまう．それ以降の降雨のとき，奪ったガリーは，その流量が以前より増加するから，格段に速い速度で下刻しはじめる．

このような競合によって複数のガリーがしだいに併合し，'勝ち組'のガリーの本数が斜面全体で減少する．同様の併合は隣り合う1次谷から4次谷程度の河谷の間でも生じる．

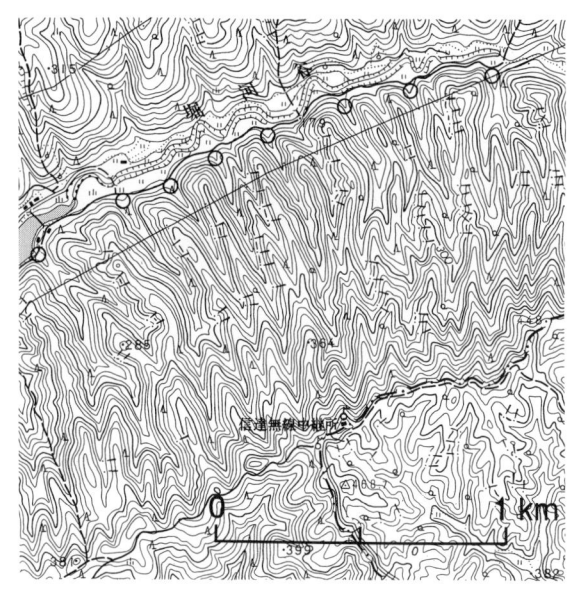

図 13.1.7 谷の等間隔性 (2.5万「岩出」〈和歌山11-3〉平10部修)
主谷の谷口に8個の○印を補記．その水系と分水界を追跡しよう．

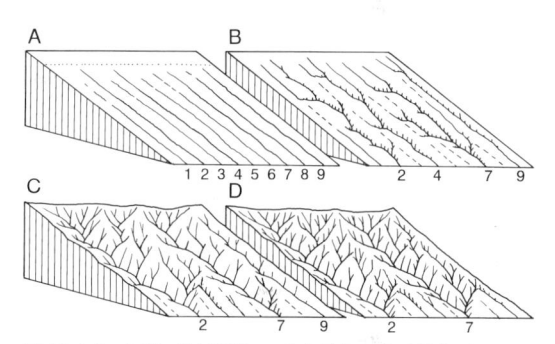

図 13.1.8 河流（侵蝕谷）の生存競争による併合（Cotton, 1952, の着想を基礎に改描：Suzuki, 2008）
A〜Dは時間の経過を示す．Aの1〜9は最初のガリーまたは1次谷であるが，併合により主谷の数が減少し，Dでは2本のみが生存している．

並走するガリーや河谷の成長過程における，このような競合による河流の併合（abstraction）は河流間の生存競争（the struggle for existence）とよばれる（Cotton, 1952）．併合した河流を**主流**（master stream；その谷を主谷または奪取谷），奪取された河流の上流部を**被奪河流**（captured stream；被奪谷），上流部を奪われて短くなった河流を**斬首河流**（beheaded stream；斬首谷）とそれぞれよぶ（図13.1.8）．

主流は流量増加で侵蝕力が増大するから，1本

の主流は左右両側の被奪河流を数ヵ所で併合することがある．そのような主流も，より大きな主流に併合されることもある（☞図 13.1.32）．

谷の併合が究極的に進むと，一つの平衡状態が生じる．主分水界と山麓線がほぼ平行で，両者の比高がほぼ一定の地形場（図 13.1.8），言い換えるとほぼ一定の斜面長と斜面傾斜をもつ単純な地形場を考えよう．断層崖（☞図 4.2.1），段丘崖（☞図 11.2.9 の東雲の後面段丘崖），ケスタ背面（☞図 16.0.23），直線的な河谷の谷壁斜面（☞図 16.0.22），人工法面などがその例である．

そのような地形場では，主分水界に谷頭をもつ主谷の平均的な流域幅および流域面積はほぼ一定となり，並走する主谷の谷口間隔（例：図 13.1.7 の○印の間隔）はほぼ一定になる．すなわち，主谷の平均的な谷口間隔（S, spacing）は流域長（L）に比例し（図 13.1.9），次式で与えられる．

$$S = \alpha L^\beta \qquad (13.1.4)$$

ここに，α ＝定数で，β＝1 と仮定すると，自然河川での α は 0.2〜1 の値をもつ．

α は主谷の併合が進むほど大きくなり，1 に近づくので，主谷の拡大係数とみなせる．この拡大係数は侵蝕時間のほかに，地形物質（物性と地質構造），気候などに制約されるであろう．流域傾斜は一般に 0.3 以下と小さいので，α にはあまり影響しない．

主分水界と山麓線が直線的であっても，両者の距離や比高が漸移的に変化（一般に主分水界の高度変化）している地形場では，流域長に比例して主谷の谷口間隔が増大する．α が 1 を越えるのは，侵蝕過程以外の地形過程（例：断層変位などによる各種の転向異常）を受けているような特別な地形場であると解される．

切取・盛土法面のデータ（図 13.1.9）における α が 0.2 以下であるのは，侵蝕時間が短いためである．そのまま放置すると α が 1 に近づき，少数のガリーが著しく拡大し，法面崩壊を招く可能性がある．よって，長大法面では各種の斜面侵蝕防止工（例：段切工）が必要となる．

かくして，十分に成長した主谷の流域は一升瓶ないし本塁ベースのような平面形になり，松や桜の葉のような形にはならない．流域の一般的平面形を示す図 3.2.1 では，谷口より上流の河谷の平面形が，河谷の併合という概念を念頭において描かれている．

【練習 13・1・1】 図 13.1.7 の○印の平均間隔と主谷の平均的な流域長を求め，図 13.1.9 にプロットしてみよう．

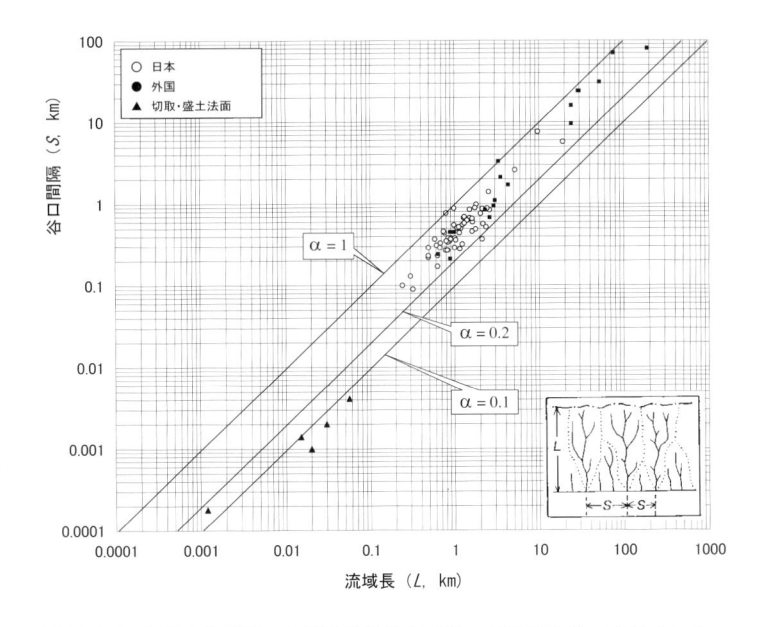

図 13.1.9 単純な地形場における侵蝕谷（主谷）の平均的な谷口間隔（S）と流域長（L）の関係（Suzuki, 2008） 単純な地形場をもつ地域ごとの平均値である．切取・盛土法面については柏谷ら（1980，ほか）のデータによる．図中の数値は式 13.1.4 で β＝1 としたときの α の値である．

表 13.1.3 河谷と流域の諸相の分類*

	分類基準	地形種または地形相の分類例	地形量の例
流域規模	流域の規模	大流域，中流域，小流域，渓流域	流域面積，流域長，水流長
	水流（谷）次数	0次谷，1次谷，2次谷～n次谷	次数
	相対規模	本流（本谷），支流（支谷），深い谷，浅い谷	分岐比，流路長比，流域面積比，起伏量比，掘込指数
流域形態	流域の平面形状	針状，長板状，眼状，ビール瓶状，本塁板状，オタマジャクシ状，逆三角状，円形状，ヒョウタン状，不定形	流域の形状係数，円形度，伸長率，平均幅
	高度	高山流域，低山流域，丘陵流域	面積高度曲線，面積高度比曲線
	起伏・傾斜	大起伏流域，中起伏流域，小起伏流域	流域起伏，起伏比，相対起伏，粗密度，幾何数，平均傾斜
河谷各部の特徴	河谷の蛇行	穿入蛇行谷（掘削蛇行，生育蛇行），直線谷，接頭直線谷	流路屈曲度，生育蛇行度
	支流の合流形態	平面的：鋭角合流，直角合流，鈍角合流 両岸の支流：交互合流，反合流，十字合流，非対称合流 垂直的：協和的，不協和的，懸谷	合流角
	谷全体の横断形	対称谷（V字谷，U字谷，階層谷など），非対称谷	横断形の非対称度
	谷底の横断形	欠床谷，床谷，裾合谷	
	河床縦断形	滝，早瀬，瀬，淵，遷移点	河床縦断勾配，流路勾配比
河系	河系模様	樹枝状，平行状，ナシ棚状，格子状，放射状，求心状，環状，多盆状	
	谷密度	低谷密度流域，中谷密度流域，高谷密度流域，超高谷密度流域	水流頻度，水流密度，谷密度
その他	河谷の古さ	幼年谷，壮年谷，老年谷，前輪廻谷 河谷の生存競争：主谷（奪取谷），副谷（被奪谷，斬首谷） 河川争奪：奪取谷，被奪谷，斬首谷 外来河川，域内河川，内陸河川	谷口平均間隔，河谷の掘込指数
	地質構造との関係	向斜谷，背斜谷，断層線谷，表成谷，谷側積載谷，無従谷	
	河系異常	必従谷，対接峰面異常（斜流谷，並流谷，逆流谷，縦谷，横谷〈先行谷，天秤谷，表成谷〉，頂流谷），転向異常，屈曲度異常，谷底幅異常，谷中分水界，水面幅異常，縦断形異常	

＊：一つの河谷，流域ならびにそれらの各部は分類基準によって多種多様に記述される．

B. 河谷と流域の分類法

山地河川の河谷と流域ならびにそれらの各部はそれらの諸相を分類基準として様々に分類される（表 13.1.3）．それらの諸相は定性的には地形種および地形相で，また定量的には各種の地形量（基本地形量と誘導地形量）で記述される．つまり，任意の流域，任意の地点の河谷ならびにその各部は，低地の場合（☞p.132）と同様に，分類基準によって様々に呼称される．

建設技術の観点とくに設計段階では，あらゆる事象を定量的に把握したい．しかし，河谷地形およびその変化過程（地形過程）はあまりにも複雑な系であるから，その諸相をすべて定量的に認識できるわけではない．むしろ，第1巻でくどいほど強調したように，定性的にしか認識できない事象も構造物の種類，建設位置の決定などに対して支配的な制約条件となる場合が少なくない．

そこで，以下にはまず河谷と流域の定性的な側面つまり地形種と地形相の分類名称とそれらの性質を述べ，読図例を示す．地形量については一括して後述（☞p.722）する．

C. 穿入蛇行谷と直線谷

河谷は一般に蛇行している．河谷を流れる河川の蛇行を穿入蛇行（incised meander）とよび，穿入蛇行の形成した河谷を穿入蛇行谷（incised-meandering valley）とよぶ．これに対して堆積低地を流れる河川の蛇行状態を自由蛇行（free meander）とよぶ（☞p.248）．なお，河谷と河流の蛇行をそれぞれ河谷蛇行（valley meander）と河流蛇行（stream meander）とに別称することもある．

一方，長さ数 km にわたって河川も河谷も全体として蛇行せず，ほぼ直線状に伸長している区間がある．そのような直線状の河谷を直線谷（rectilinear valley）とよぶことにする．

穿入蛇行谷と直線谷の性状は，河谷の地形発達史や地質構造の理解に重要であり，建設技術的には斜面災害や渓岸侵蝕の位置の予測および河川管理の点で重要である．とくに直線谷は断層破砕帯や軟岩などの弱抵抗性の地形物質にそって発達するので，それに沿う建設工事では特段の注意を要する．

(1) 穿入蛇行谷

(a) 掘削蛇行と生育蛇行

穿入蛇行は，谷壁斜面の横断形の対称性つまり両岸の傾斜角の対称性によって，

① 対称的な掘削蛇行（intrenched meander），

② 非対称的な生育蛇行（ingrown meander）

に二大別される（図 13.1.10）．

掘削蛇行は，低地または前輪廻地形（小起伏面）を自由蛇行していた河川が回春に伴って，その流路位置を保持したまま下刻する場合に生じる．したがって，蛇行の振幅も波長も経時的に変化しないので，両岸の谷壁斜面は対称的である．一方，生育蛇行は，河川が下刻とともに側刻しながら流路を下方と側方に移動させ，河谷の深さ，振幅および波長を増すようにして河谷を拡大するので，両岸の谷壁斜面が非対称的になる．

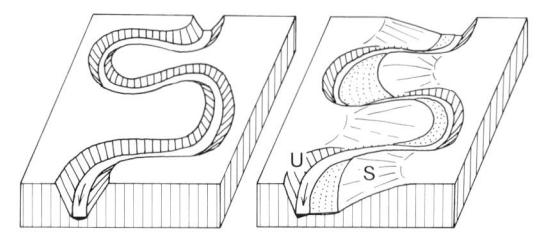

図 13.1.10　掘削蛇行（左）と生育蛇行（右）
U：攻撃斜面，S：滑走斜面．

河谷が発達するほど，一般に掘削蛇行から生育蛇行に移行すると解される．たとえば，火山放射谷をみると，新しい放射谷は直線谷ないし掘削蛇行谷であるが，古い谷ほど生育蛇行している（☞第18章）．したがって，ほとんどの穿入蛇行は生育蛇行である．一般に河川側刻速度（☞p.392）が大きいほど生育蛇行になりやすいから，軟岩地域ほど生育蛇行になり，硬岩地域では掘削蛇行が保持され，また流送物質（荷重）の多い河川ほどそして下流域ほど生育蛇行になる．

回春に関わる地形発達史（隆起速度，隆起量，河川争奪などの歴史）を反映して，当初は掘削蛇行で後に生育蛇行に転ずる場合や，その逆の場合もある．ゆえに，一つの穿入蛇行谷でも場所によって掘削蛇行と生育蛇行が共存したり，一地点でも谷中谷（☞図 13.1.27）をなして，谷壁上部が生育蛇行谷であり，下部が掘削蛇行谷である場合あるいはその逆の場合も存在する．

穿入蛇行谷は，急流河川では欠床谷（☞図 13.1.29）であるが，緩勾配の河川ではほぼ等幅の谷底低地（その多くは侵蝕低地）を伴う床谷である．幅広い谷底低地では，その中心線（谷線）の波長よりも小さな波長をもって自由蛇行する河川（過小河川とよぶ：☞p.746）がみられることがある．穿入蛇行の河川は，流路形態（☞図 6.1.28）では蛇行流路または網状流路であり，河床堆積物では礫床河川または岩床河川である．ただし，盆地尻川と湖尻川（☞図 6.1.60）の穿入

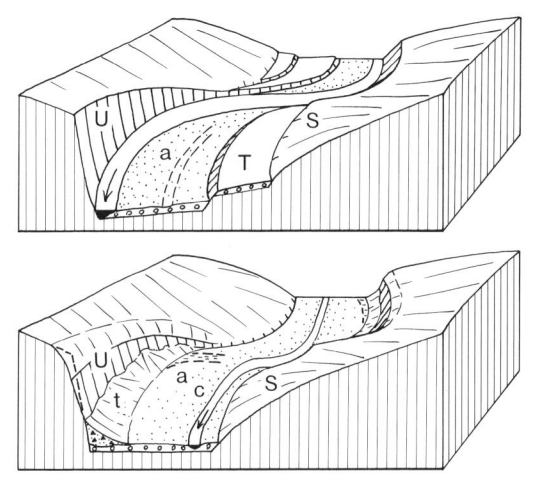

13.1 河谷と流域の一般的性質　697

図 13.1.11　新旧の攻撃部と滑走部の 2 類型
上図は攻撃斜面の基部に河流が接している場合である．下図は平水時には河流が攻撃斜面の基部から離れている場合であって，崖錐が発達していることが多い．U：攻撃斜面，S：滑走斜面，T：生育蛇行段丘，t：崖錐，c：早瀬切断，a：旧流路．

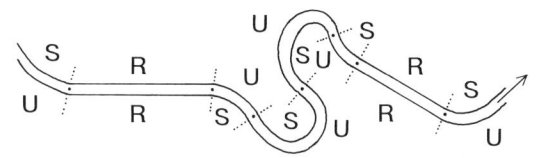

図 13.1.12　穿入蛇行の攻撃部（U），滑走部（S）および直走部（R）　流路内の黒点は流向の転向点で，そこを通る点線が各部の境界である．

蛇行で，蛇行原的な谷底低地が発達している場合には，稀に砂床河川のこともある（例：☞図 6.2.50 の解説）．

(b) 穿入蛇行の各部の特徴

生育蛇行の発達に伴って，一つの蛇行弧（だこうこ）の外側斜面は急傾斜な攻撃斜面となり，内側斜面は緩傾斜な滑走斜面となって，左右両岸の地形は非対称になる（図 13.1.11）．攻撃斜面は攻撃部（水衡部（すいしょうぶ）とも），滑走斜面は滑走部ともいう．左右に蛇行する二つの蛇行弧の間に，単なる流向の転向点（☞図 6.1.13）ではなくて，ほぼ直線的な流路で，その両岸の谷壁斜面がほぼ対称的な区間，つまり短い直線谷が存在することもある（図 13.1.12）．その区間は直線谷とよぶには短すぎるので，本書では直走部とよぶ．それら穿入蛇行の各部は次のように建設技術的に異なった意義をもつ．

1) 攻撃斜面（攻撃部：水衡部）

成長中の生育蛇行の攻撃斜面（こうげき）（undercut slope, valley-meander scar）では，その基部に流路が接して淵をなし，基盤岩石が露出している．河川の側刻と下刻によって谷壁斜面の基部が後退し，それに続く斜面崩壊（崩落，地すべり）の発生という過程が繰り返されて，攻撃斜面が後退するので，その上方に顕著な遷急線（侵蝕前線）が形成される．その遷急線より下方斜面は急傾斜で，凹形谷型斜面ないし等斉谷型斜面（☞図 14.0.1）である．そこでは，深い谷はみられず，ガリーが発達する程度で，またしばしば植生の疎らな裸岩斜面の断崖絶壁をなしている．したがって，攻撃斜面では，渓岸侵蝕，落石，崩落，地すべりなどによる斜面崩壊が発生しやすい（例：☞図 11.2.27）．豪雪地帯では雪崩も発生しやすい．かくして，攻撃斜面の基部にしばしば'明（あか）り'で走っている鉄道や道路が，種々の斜面災害を受けやすい（例：☞p.1215）．

攻撃斜面の基部に，明瞭な遷緩線を境に緩傾斜面が付随している場合がある（図 13.1.11 の下図）．そこは，生育蛇行の生育停止あるいは早瀬切断（☞図 11.2.30）のために，攻撃斜面上部からの崩落物質が斜面基部に堆積して生じた崖錐（☞p.795）である．このような崖錐は山地の河谷では，集落，道路，鉄道の立地する場所となっている．しかし，数十年に一回という頻度の大出水時には，非固結の崖錐堆積物が容易に侵蝕され，大規模な渓岸侵蝕の起こる可能性もある．

2) 滑走斜面（滑走部）

滑走斜面（かっそう）（slip-off slope, valley-meander lobe）は，その基部から河流が攻撃斜面側（外側）へ離れようとしている場所であり，過去に旧河床がその斜面上を側方に，かつ下方に移動して行った場所である．ゆえに，滑走斜面は全体として凹型尾根型ないし凸型尾根型の緩傾斜面で安定しており，

崩落や地すべりはほとんど発生しない．斜面長の大きい場合には，滑走斜面を刻む谷が放射状に発達する（例：図13.1.18a）．それらの間の尾根では，高所ほど厚い風化物質が存在する．

滑走斜面には，かつての河床の名残りである生育蛇行段丘（☞p.577）が数段発達していることが多い．それらは一般に侵蝕段丘であり，段丘礫層はせいぜい2〜4mである．生育蛇行段丘の相互間および現河床との比高は一つの蛇行弧の中でも上流側で大きく，下流側では小さくて，僅かに収斂交叉（☞図11.1.7）する傾向がある．

滑走斜面の基部には，一般に砂礫質の寄州が発達し，出水時には冠水する．蛇行が生育中には，流路が滑走斜面の基部に接していることは稀である．しかし，蛇行の生育が停止するか，あるいは緩勾配の広い河床をもつ河川では，網状流路ないし自由蛇行流路に近い状態となり，攻撃斜面に接する主流路に対してそれを短絡するような早瀬切断が起こり，川中島を生じている場合もある（☞図11.2.29，図11.2.30）．かくして滑走斜面は，攻撃斜面に比べると，本流および斜面上方に起因する災害はほとんど起こらず，安全な場所であるから，集落や農地，交通路の適地となる．

3) 蛇行の袂状部と頸状部

振幅よりも波長の短い顕著な穿入蛇行の，一つの蛇行弧に囲まれた半島状の尾根を蛇行袂状部 (meander spur) または蛇行山脚とよぶ．その基部がくびれている場合には，そこを蛇行頸状部 (meander neck) または蛇行頸部とよぶ（図13.1.13）．蛇行袂状部は，蛇行頸状部の幅が広い場合には背後の山地からしだいに低下する単純な尾根であるが，その幅が狭い場合には閉曲線で囲まれた山になっている場合が多い．

4) 直走斜面（直走部）

穿入蛇行の直走部 (rectilinear segment：新称) は，その区間延長がせいぜい1km以下であり，直線谷とよぶには短かすぎる区間である（例：☞図13.1.20の小櫃川の注記の区間）．直走部両岸の谷壁斜面は，ほぼ同じ傾斜で対称的横断形をもち，大局的には直線斜面（☞図14.0.1）である．そこで，攻撃斜面および滑走斜面に対して，それを直走斜面とよぶ．直走部は直線谷のように特別な地質構造に起因するとは限らない．

(c) 穿入蛇行の切断と蛇行核

生育蛇行が成長してゆくと，蛇行頸状部は上流側と下流側の両方からの側方侵蝕によって切断され，流路が短絡する（図13.1.13）．この短縮を蛇行切断 (meander cut-off) という．蛇行切断に伴って，蛇行袂状部は島状の山となる．これは蛇行核 (meander core) または還流丘陵とよばれる．蛇行核の周囲には，流路跡地と谷底低地が環状に残る．そこには谷底幅に比べて相対的に幅の狭い水流が流れる．蛇行切断は側刻の顕著な生育蛇行すなわち小河川より大河川，急流河川より緩流河川，大起伏山地より小起伏の丘陵，硬岩地域より軟岩地域，1本の河川では上流部や中流部より下流部で，それぞれ多く起こりやすい．

一方，掘削蛇行では振幅も波長も変化しないので，蛇行切断は起こらない．ゆえに，掘削蛇行のように見える河谷であっても，蛇行切断が起こっていれば生育蛇行というべきである．

蛇行切断部では，河床勾配が急になるから，下刻が始まり，そこで生じた遷急点が上流に後退するため，その上流では谷底低地が段丘化する．蛇行核を囲む流路跡地と谷底低地も段丘化するが，その段丘面は，環状の旧流路の上流と下流の両端から成長した小さな河川の谷頭侵蝕によって開析され，いずれは消失し，環状の河谷となる（例：☞図13.1.18および図13.1.19）．

蛇行核を囲む流路跡地と谷底低地は一般に段丘化しているから，本流の洪水に対して安全な土地であり，集落や農地の展開する場所となる．そのため，蛇行頸部を人工的に切断して，蛇行弧の広い河床を農地に転じた例（☞図13.1.20）は丘陵や段丘を刻む穿入蛇行谷に多い．このような人工

13.1 河谷と流域の一般的性質

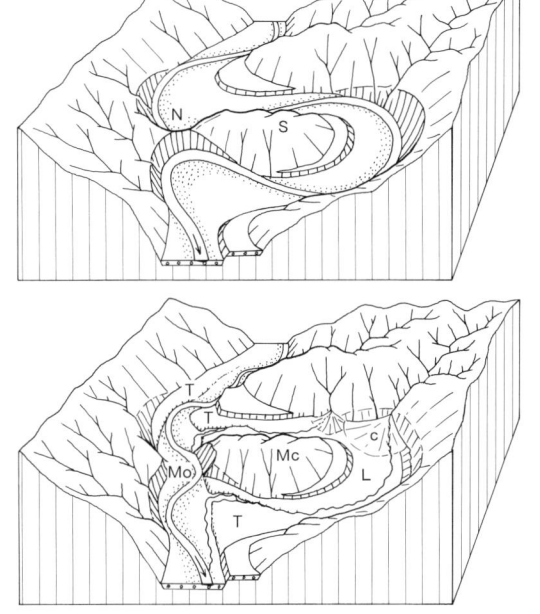

図 13.1.13 穿入蛇行（生育蛇行）の切断による環流丘陵
S：蛇行趾状部，N：蛇行頸状部，Mc：蛇行核（環流丘陵），Mo：蛇行切断部，T：蛇行切断に伴う本流ぞいの段丘面，L：蛇行流路跡地（環状の谷底低地または河成段丘面），c：沖積錐ないし扇状地．

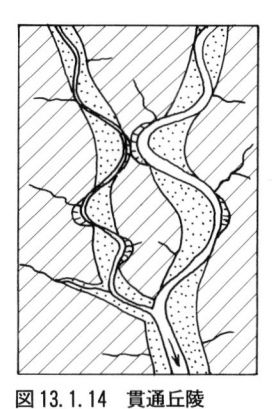

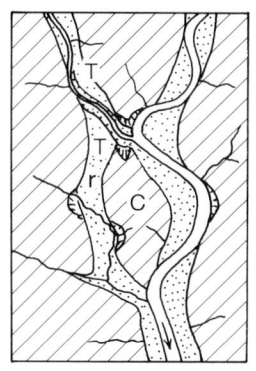

図 13.1.14 貫通丘陵
左：短絡前，右：短絡後，C：貫通丘陵，r：流路跡地，T：段丘．

的蛇行切断は，河床勾配が小さい場合には問題が少ないが，急勾配河川の場合には蛇行切断部から上流で下刻が，直ぐ下流で堆積がそれぞれ始まる．

穿入蛇行とは異なって，低地の自由蛇行の蛇行切断による蛇行跡地は，もともと河床勾配が小さいので，段丘化することは稀で，出水時に冠水しやすく，むしろ三日月湖となり，軟弱地盤が形成される（☞図6.2.16）．このように蛇行切断に伴う地形も穿入蛇行と自由蛇行では異なる．

(d) 貫通丘陵

蛇行核に類似した河谷地形として，貫通丘陵（かんつうきゅうりょう）（chord）がある（図13.1.14）．これは，支流が本流に並流している場合に，一方または両方の生育蛇行の成長（側刻）に伴って，両者の間の尾根が切断され，支流が短絡して本流に流入し（合流点が上流に移転し），新旧の合流点の間では支流の旧流路が放棄され，それと本流の間の尾根が島状に取り残されたものである（例：☞図13.1.21）．合流点から等距離の河床では，支流の河床は本流のそれより高いから，貫通丘陵の形成の際に本流が支流に合流することはない．

貫通丘陵と蛇行核（環流丘陵）の判別は，放棄された流路跡地が後者では一つの円弧であるのに対し，前者では一般に本流より小さな波長の複数の蛇行弧をもつことを論拠とする．貫通丘陵の流路跡地は，蛇行核の流路跡地と同様に，必ず段丘化しているから，支流の洪水に対して安全な土地であり，集落や農地の展開する地区となる．

貫通丘陵の形成は，河川争奪（☞p.737）の一種であるが，生育蛇行の発達に起因するものであるから，普通には河谷の生存競争（併合：☞p.693）とは区別される．本流または支流の一方に多量の砕屑物が供給されて，河床が上昇し，一方が低い鞍部を乗り越えて他方に合流すると，貫通丘陵に似た島状の丘が生じる．そのような多量の砕屑物の供給は，火山活動（例：☞図3.3.10の5）や大規模な土石流，崩落などに起因する．

支流を本流に人工的に短絡させた人工的な貫通丘陵も少なくない．たとえば，図3.3.6の皆瀬川は，かつては御殿場線ぞいに流れていたが（☞図3.3.10の5），山北面（山北火山砂礫層とその基盤岩石）が江戸時代に人工的に開削され，酒匂川に短絡された．その結果，浅間山と丸山は人工的

な貫通丘陵となり，皆瀬川の流路跡地では洪水が皆無となり，集落と農地が開けた．

(e) 穿入蛇行の地形量

穿入蛇行の諸元は自由蛇行の場合（☞図 6.1.19 と図 6.1.35）と同様に定義される．穿入蛇行の波長は，自由蛇行の場合（☞式 6.1.18）と同様に，流域面積（実際には流量）に比例するが，同じ流域面積では一般に自由蛇行より約 1 桁大きい（図 13.1.15）．これは，非固結堆積物で構成される低地に発達する自由蛇行に対して，穿入蛇行は一般に固結岩で構成される山地・丘陵・段丘を刻んでいるため，その側方移動速度（側刻速度）が小さいためであろう．

図 13.1.16 は日本の中国地方における穿入蛇行の波長（L）と流域面積（A）との関係を示すが，基本的には図 13.1.15 とほぼ一致し，

$$L = 98.8 A^{0.42} \quad (13.1.5)$$

の関係がある．ただし，中国地方の自由蛇行は谷底低地や盆地底のデータであるから，谷口より下流の広い河成堆積低地の自由蛇行とは異なって，穿入蛇行と同じ領域に分布しているのであろう．なお，河川争奪などによる流域変更の起こった河川（図 13.1.16 の 1～3）では，過去の流域面積を反映して過大な波長の穿入蛇行となっている．

掘削蛇行と生育蛇行の形態的差異すなわち両岸の谷壁斜面の非対称度が斜面発達の観点から定量的に研究されている（Hirano, 1981）．今後，その非対称度の制約条件に関する高次の地形学公式（例：☞式 6.3.1）が確立されれば，建設技術的にも有意義であろう．

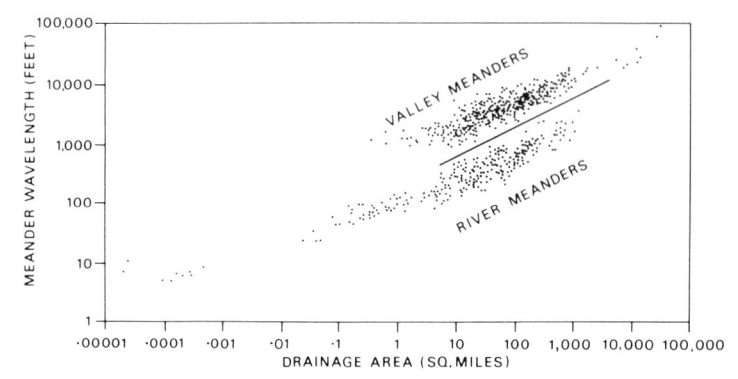

図 13.1.15 穿入蛇行（valley meanders）および自由蛇行（river meanders）の波長と流域面積との関係 (Dury, 1960)
主にアメリカ，英国，フランスの河川で，最小値は残土の山のデータである．

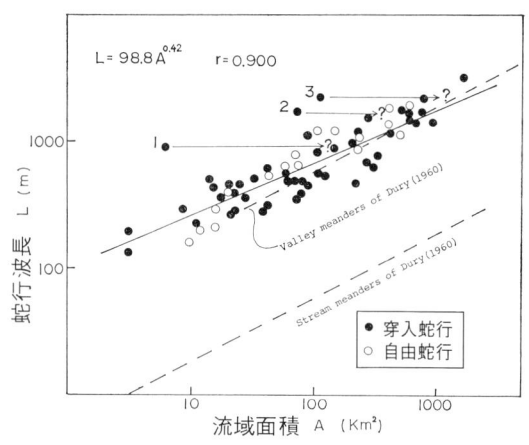

図 13.1.16 中国地方における穿入蛇行および自由蛇行の波長と流域面積との関係 (河内, 1976)
破線は図 13.1.15 の穿入蛇行と自由蛇行の傾向線である．1, 2, 3 は上流部を争奪された河川のデータである．

(f) 穿入蛇行の読図例

1) 掘削蛇行

穿入蛇行が発達するほど，掘削蛇行から生育蛇行に変化するので，完全な掘削蛇行は局所的に発達するに過ぎない．日本では，縦断勾配の小さな低い段丘面を刻む河川がしばしば浅い掘削蛇行を示す（例：☞図 3.4.7 の丸山川，図 11.2.15 の加茂川）．大規模な河川では，隆起準平原のような小起伏面を開析しはじめた穿入蛇行に掘削蛇行が局所的にみられる（例：☞図 12.0.15）．

図 13.1.17 の帝釈峡を穿つ河川（帝釈川）とその支流は，小起伏の石灰岩台地（凹地記号に注

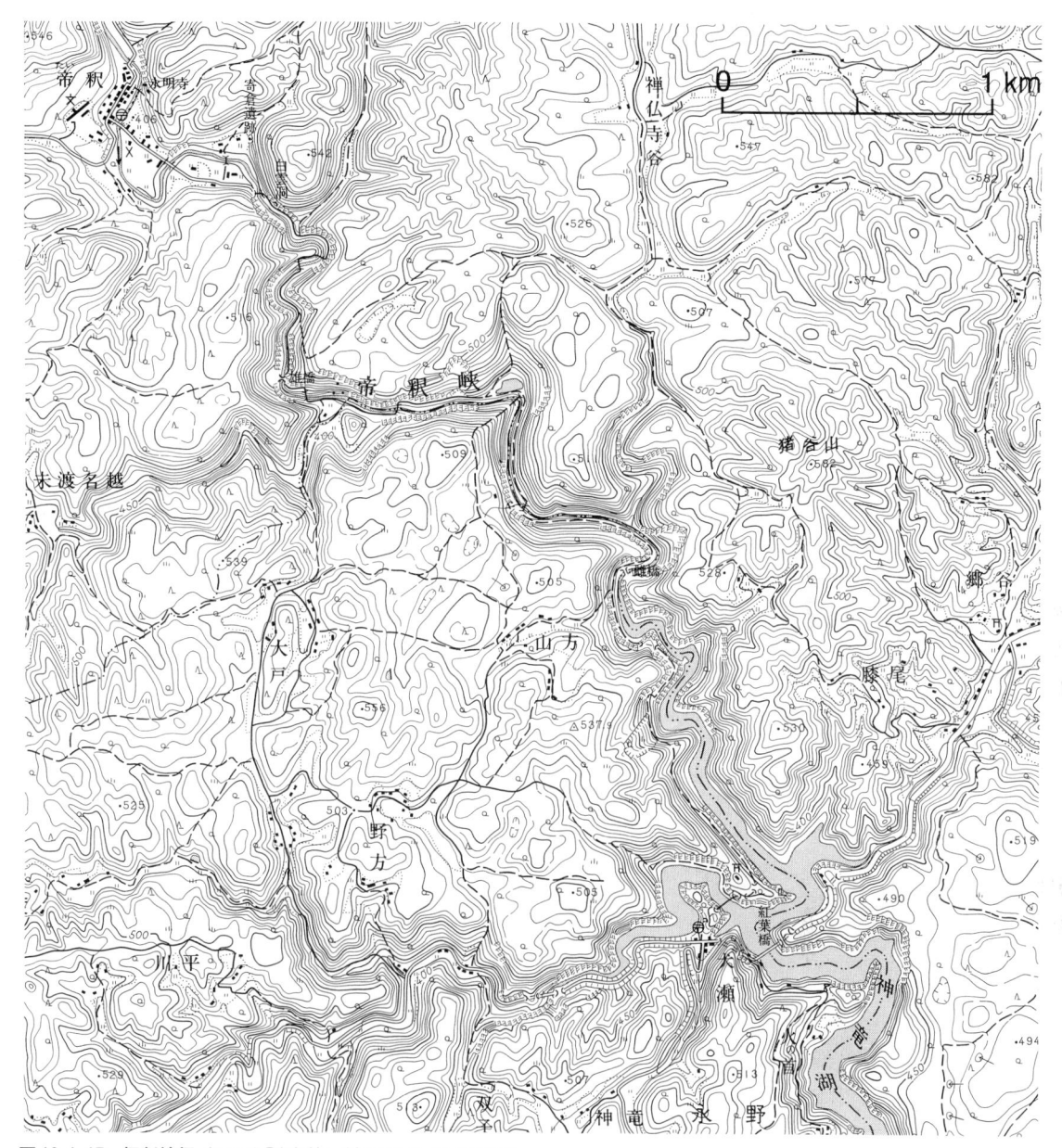

図 13.1.17　掘削蛇行 (2.5 万「帝釈峡」〈高梁 15-2〉昭 48 修正)

意）を開析して穿入蛇行している．穿入蛇行の弧の凸側と凹側の谷壁斜面の傾斜はほぼ等しく，両岸がほぼ対称的であるから，この穿入蛇行は掘削蛇行（図 13.1.10）とみなされる．しかし，帝釈峡右岸の島状丘は貫通丘陵であるから，側刻も起こっており，完全な掘削蛇行ではない．

帝釈川とその支流は，かつては小起伏面上の浅い谷（禅仏寺谷，野方，川平付近など）や小起伏面を刻む古い谷（帝釈付近）のように自由蛇行に近い流路形態をもっていたが，それらの流路を受け継いで回春（下刻）し，掘削蛇行している．神竜湖は池敷に石灰岩分布地を含む珍しいダム湖である（☞p. 1259）．猪谷山付近は谷密度が高く，凹地もないので，石灰岩の山地ではない．

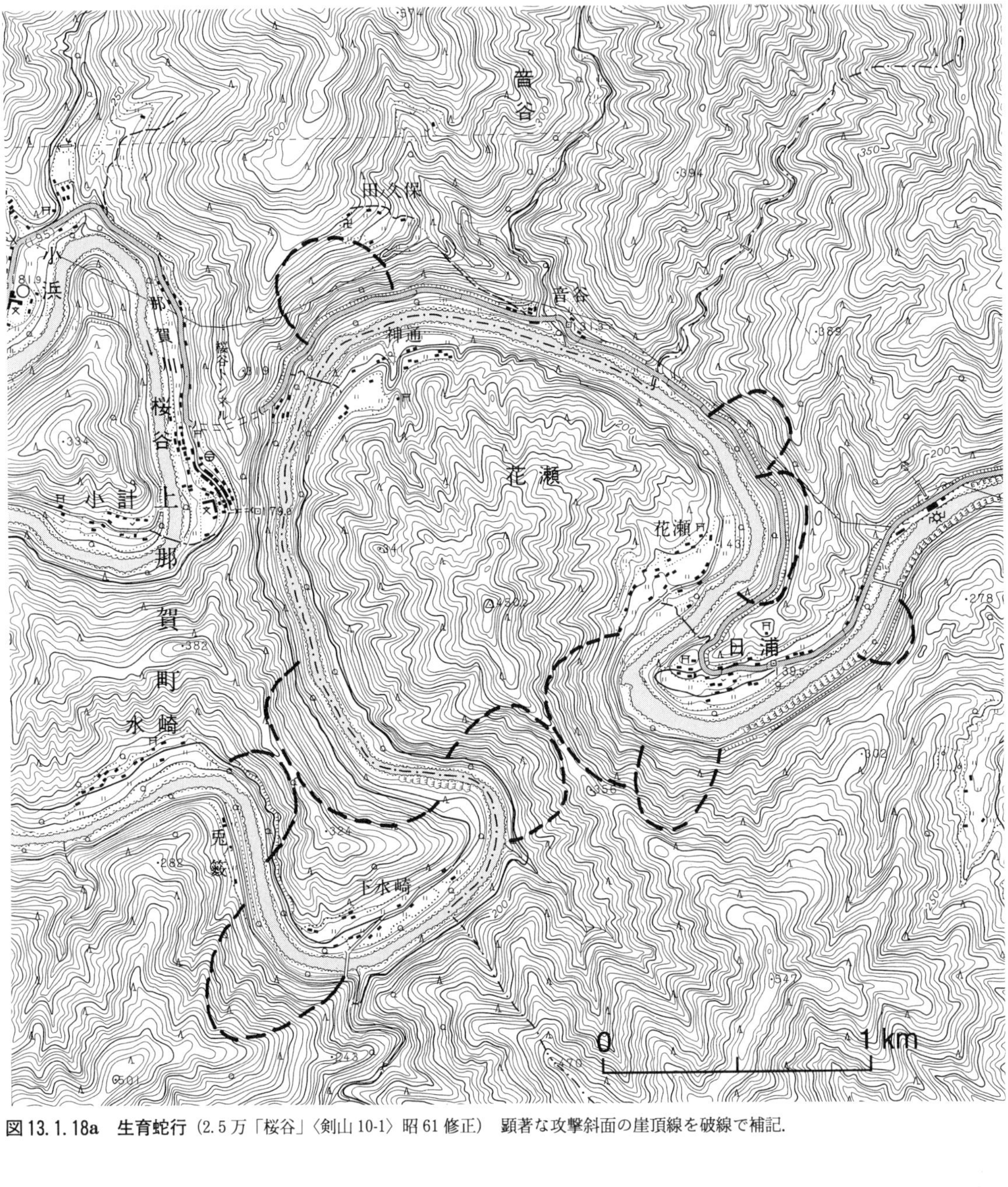

図13.1.18a 生育蛇行（2.5万「桜谷」〈剣山10-1〉昭61修正）顕著な攻撃斜面の崖頂線を破線で補記．

2) 生育蛇行

図13.1.18は那賀川の著しい生育蛇行を示す．まず，下水崎から神通をへて日浦に至る一つの蛇行弧に注目しよう．この弧に囲まれた三角点450.2を頂とする尾根が蛇行山脚である．その蛇行頸部は標高点356付近であり，上流と下流の攻撃斜面が接して，尖頂状の尾根断面形（☞図12.0.3）を生じている．蛇行頸部の両側の攻撃斜面は全体としては等斉谷型斜面で，そこには深い谷がなく，谷のほとんどが1次谷である．

蛇行山脚の先端部（滑走斜面）は，相対的におだやかな山容を示し，放射状の谷に刻まれている．滑走斜面の末端部に，生育蛇行段丘（下水崎，神通，花瀬などでは2段）が発達している．

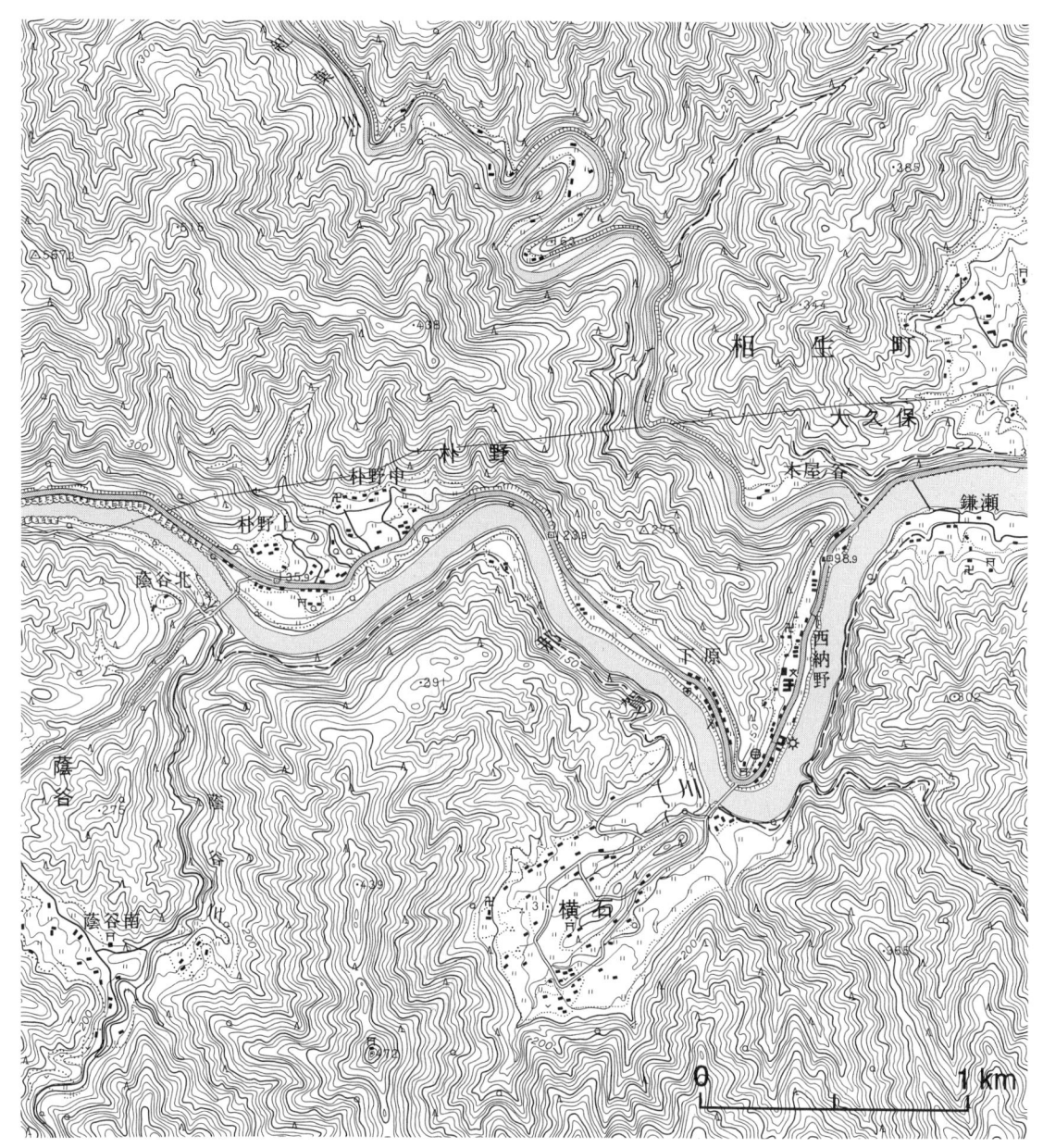

図 13.1.18b　蛇行核（2.5万「桜谷」〈剣山 10-1〉昭 61 修正）

　この蛇行山脚の対岸は全体として攻撃斜面に相当する．攻撃斜面の基部には，幅の狭い緩斜面（道路以低）が発達するが，それは崖錐であろう．つまり，この地区は図 13.1.11 の二つの型の攻撃斜面の中間的な攻撃斜面である．小字の音谷には小面積の段丘があるが，それは背後の谷から供給された土砂の堆積した堆積段丘と考えられる．

　蛇行半径の大きな（直線谷に近い）地区，たとえば桜谷トンネル南方の水準点 179.0 付近から上流約 500 m までの区間では，左右両岸の谷壁斜面の傾斜に著しい差がなく，直走部である．それに対して，蛇行半径の小さい神通や花瀬などの地区では，両岸の傾斜が著しく非対称である．

　日浦付近をみると，日浦の北東の蛇行山脚は横

断形が非対称で，上流側が攻撃斜面，下流側が滑走斜面となっている．河岸段丘（2段）も滑走斜面の基部にのみ発達し，攻撃斜面側には発達しない．つまり，日浦の蛇行山脚は上流に面する基部が活発に側刻されており，側刻がさらに進行すれば，蛇行流路が全体として下流に移動し，この蛇行山脚が消失すると考えられる．

図 13.1.18b では，右岸に二つの蛇行核がみられる（蔭谷北と蔭谷南の間および横石付近）．横石付近の蛇行核は，現在の那賀川流路とほぼ等しい幅の，段丘化した環状の流路跡地に囲まれている．その流路跡地は背後の旧攻撃斜面を刻む谷から供給された物質に被覆されており，かつ小河川に開析されているので，過去の上流部が下流部より必ずしも高くなってはいない．

蔭谷の蛇行核を囲む環状の谷には，平坦地が僅かに残っているにすぎない．これは那賀川との比高が横石の場合より大きいことからみて，横石より古い蛇行核であり，蔭谷川などの支流によって本流の流路跡地が開析されたためである．

図 13.1.18b の東端の鎌瀬の対岸にも蛇行核と流路跡地がある．那賀川の河谷を広範囲にわたって読図すると，鎌瀬より下流には多数の大規模な蛇行核がみられる．一方，図 13.1.18a より上流では桜谷付近のように幅狭い蛇行頸部が多数発達するが，蛇行切断はほとんど起こっていない．

このように，穿入蛇行している山地河川をその源流から谷口までみると，一般に下流に至るほど，①流域面積が増加するので，②蛇行波長が増大するが（☞図 13.1.16），③同時に生育蛇行が顕著になって，④蛇行切断が増加するため，⑤現成流路の蛇行波長が増大し，⑥現成流路の屈曲度が減少していき，また⑦蛇行核が側刻されて小面積になり，さらに消失するので，⑧現成河床幅および谷底低地の幅が増大する，という傾向がある（例：図 13.1.19）．そのようにして形成された谷底低地は基本的には侵食低地であり，河床堆積物は数 m 以下と薄いであろう．

3）新旧の蛇行核と穿入蛇行流路の跡地

穿入蛇行谷において，長区間にわたって蛇行切断が多数の地点で起こって，谷底幅が広がると，河川は網状流路（つまり礫床河川）でありながらも，自由蛇行に近い振舞いを示す．

図 13.1.19 の大井川は，上流のダムにおける取水のため，流路幅（平水時の幅）に比べて著しく幅広い河床（河原）をもち，穿入蛇行のように見えない．これは那賀川との著しい違いである．しかし，両岸には新旧多数の蛇行核とそれを囲む環状の穿入蛇行流路の跡地（段丘面）が発達している．たとえば，上流から右岸では標高点 268（その北西の高度 330 m の突起も），抜里の寺院付近，家山の標高点 168，左岸では原八坂の北の標高点 248，その南西の標高点 298 および久奈平の三角点 288.8 の，それぞれ閉曲線に囲まれた島状丘が蛇行核であり，それを囲む環状の平坦地または谷が穿入蛇行の流路跡地である．抜里と家山の間の，高度約 220 m の段丘面は，それに対応する蛇行核はないが，穿入蛇行の流路跡地であろう．

蛇行切断に起因する流路跡地の段丘面は，それらと現河床との比高が多様であるから，相互の段丘面の対比は困難である．しかし，蛇行切断の時代は，現河床と流路跡地（段丘面）との比高が大きい地区ほど，古いと解される．たとえば，上記の蛇行核の中では，最上流右岸の高度 330 m の島状突起の鞍部が現河床との比高約 150 m で最も高いので，最も古く，次いで久奈平（比高約 100 m）が古いと解される．

以上のように，大規模な河谷の谷底低地に見られる島状の丘陵とそれを囲む環状の平坦地または環状の支谷は，蛇行切断に起因する可能性がある．ただし，類似の地形は大規模な崩落や地すべりによっても形成される（☞図 15.4.6）．

大井川は，図の最上流部左岸の渓岸侵食崖のように，現在も側刻している．また，現流路の蛇行に対して滑走部に相当する地形場（例：堀之内，笹間渡）にも，過去の攻撃斜面が残存する．

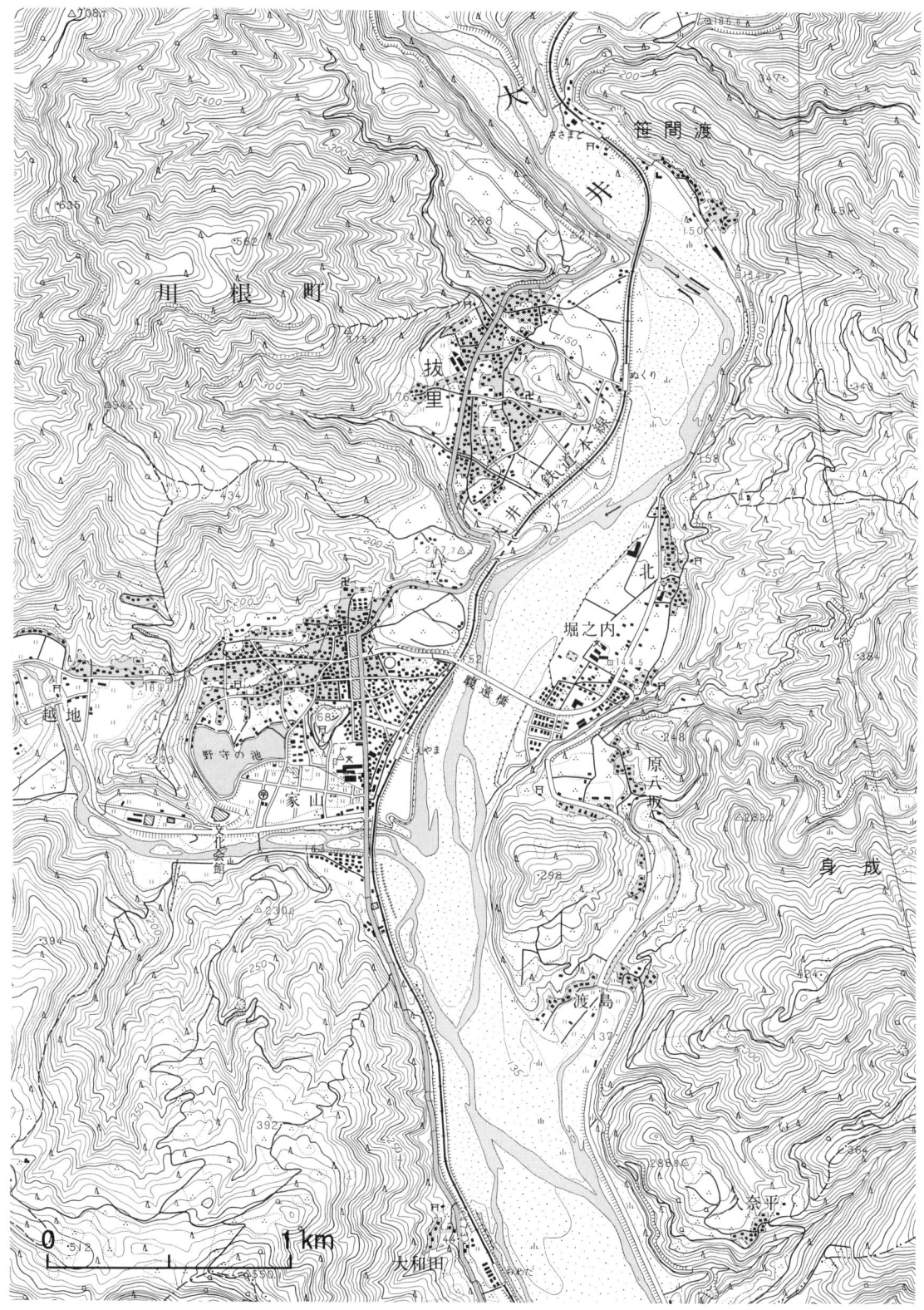

図 13.1.19　新旧の蛇行核と環状の流路跡地（2.5万「家山」〈静岡 15-3〉平 10 修正）

4) 段丘を刻む穿入蛇行と人工的蛇行切断

図 13.1.20 の小櫃川の両岸には，少なくとも 4 段の河成岩石段丘が発達する．それらの基礎岩石は軟岩で構成されていると考えられる．小櫃川とその支流（図南端から北流する笹川）は，それらの段丘を開析して，顕著な穿入蛇行を示す．

新旧の蛇行切断が，笹川の上流からみて，小平ヶ台，押込，豊田，藤林，高水，大中，柳城，網田などに見られる．これらの中には，自然的な蛇行頸部や蛇行切断部（例：☞図 13.1.18）に比べて，両側の旧攻撃部の曲率半径が大きく，かつ切断部が直線的なものがある（例：高水西方，切畑）．図南端の片倉東方では笹川がトンネルで短絡されている．

つまり，この地域では自然的な蛇行切断に加えて，水害防止および農地拡大を目的とした人工的な蛇行切断もある．すなわち，集落（例：藤林，豊田）のある穿入蛇行跡地は現河床からの比高が大きいので，自然的蛇行切断によるのであろう．水田帯のみの流路跡地（例：笹，甲坂，大中，網田）は河床からの比高が小さく，冠水する可能性があるので，人工的切断によるのであろう．

図 13.1.20 段丘を刻む穿入蛇行と自然的および人工的な蛇行切断 （2.5 万「坂畑」〈大多喜 13-4〉昭 50 修正）

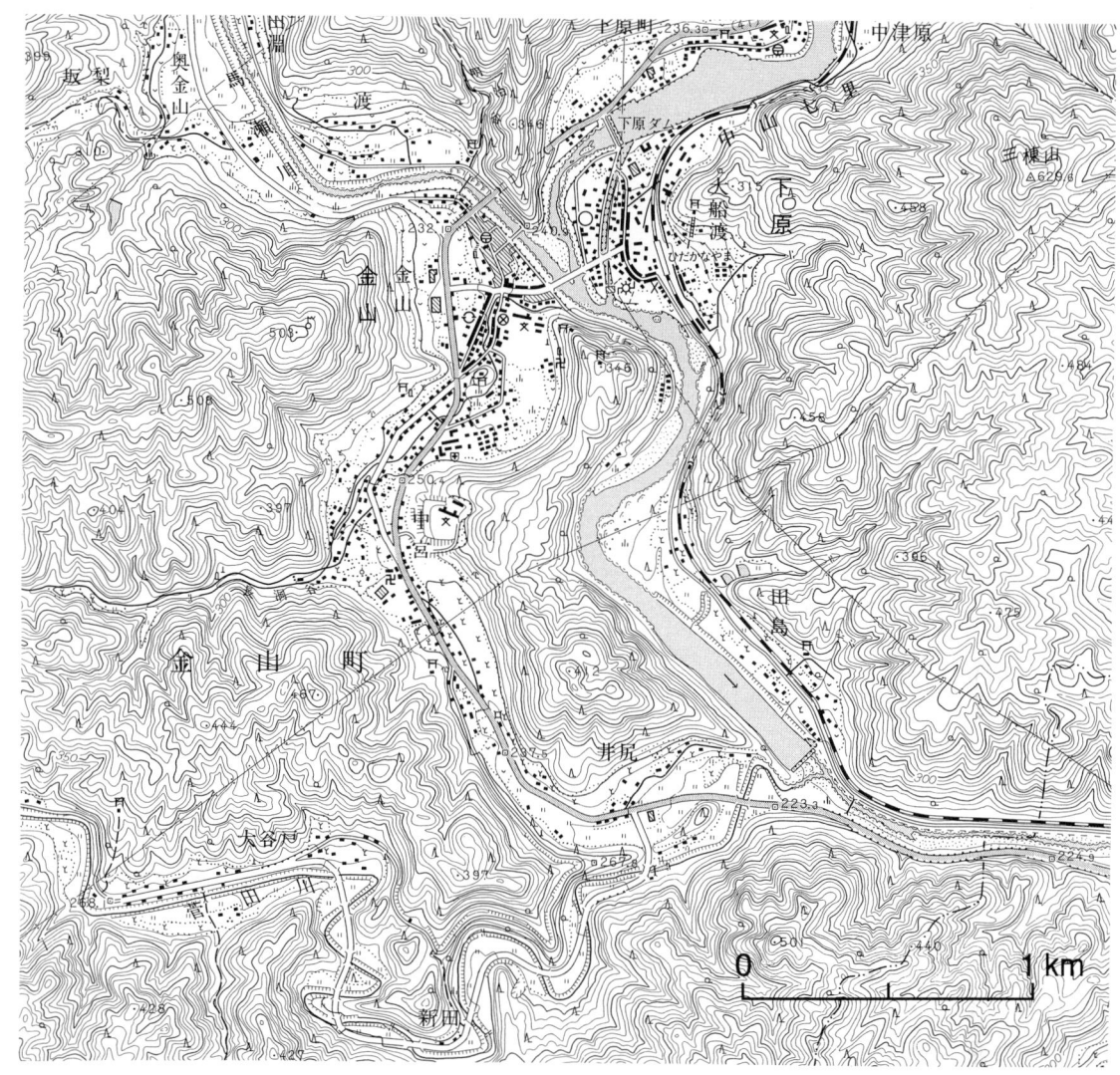

図 13.1.21　貫通丘陵（2.5万「金山」〈飯田 15-1〉昭 48 測）

5）貫通丘陵

図 13.1.21 は貫通丘陵の好例を示す．金山から中宮，井尻に至る谷底低地はかつての馬瀬川の生育蛇行の流路跡地である．鉄道にそう大河川（飛騨川）の攻撃部と旧馬瀬川の攻撃部が現在の両河川の合流点付近で相対したため，両者の分水界をなす尾根が切断され，中宮東方の貫通丘陵が形成された．

馬瀬川の流路跡地には，長洞谷のつくる超小型扇状地の発達のために，中宮に谷中分水界が形成されており，流路跡地は過去の上流と下流の両方に傾斜している．しかし，馬瀬川の旧河床堆積物の基底（岩盤表面）は金山から中宮，井尻へと過去の下流に低下していると考えられる．

貫通丘陵の背後の，馬瀬川の流路跡地は，段丘化しており，馬瀬川および飛騨川本流による水害を受けることはなく，一般的にいえば安全な土地である．ただし，長洞谷などの小さな支流に起因する水害などが起こる可能性はある．現在の合流点から上流の馬瀬川ぞいでも，谷底低地が段丘化している．金山，渡，奥金山，田淵などの段丘がその例である．

(2) 直線谷

(a) 直線谷の成因と特徴

穿入蛇行谷とは異なって，数 km ないし数十 km にわたって直線的に伸長する区間の谷を直線谷とよぶ（図 13.1.22）．直線谷を流れる河川は，一般に網状流路をもつ礫床河川である．ただし，ほぼ等しい幅の広い谷底低地をもつ直線谷では，振幅の小さな自由蛇行を示す場合もある．

直線谷は次のような原因で形成される．

① 断層谷：断層運動によって生じた直線的な初生谷にそって河谷が発達したもので，非対称谷のこともある（詳細：☞p. 1096）．

② 断層線谷：断層破砕帯にそって下刻が差別的に早く進んだために生じた差別削剥地形であり，断層削剥地形の好例である（詳細：☞p. 1126）．断層の両側で抵抗性の異なる岩石が分布していると非対称谷になる．ただし，断層破砕帯の位置と直線谷の谷底が一致しないこともある．断層谷と断層線谷は，河谷ぞいの断層変位地形の有無で判別される．

③ 適従谷：軟岩と硬岩の互層からなる同斜構造の地域において，軟岩層だけが早く下刻されて生じた差別削剥地形であり（☞図 13.2.4），しばしば非対称谷である．

④ 節理谷：卓越的な節理にそう差別侵蝕で生じた谷で，一般に長さ数百 m 以下である．ある地域に同方向の多数の直線谷が発達している傾向がある．そのような小さな直線谷はリニアメント（☞p. 879）の一つである．

⑤ 若い谷：火山体を刻む幼年谷や新しい急傾斜な谷壁斜面の必従谷などの若い谷（例：☞図 13.1.32）は一般に直線谷である．

⑥ 接頭直線谷：直線谷は 1 本の河川だけでなく，その支流，さらにはその延長上の隣りの流域の本流または支流の直線谷に，低い鞍部列（☞図 3.1.7）または谷中分水界（☞p. 744）を夾んで谷頭を接し，直線状ないし緩い弧状に連続していることが多い（☞図 13.1.23）．そのような一連の 2 本以上の直線谷を一括して，本書では接頭直線谷（rectilinear valleys contraposed on both sides of a divide in valley）とよぶことにする．接頭直線谷は，横ずれ活断層による断層谷あるいは古い断層破砕帯や弱抵抗性岩にそう差別侵蝕谷（☞図 13.1.33）である場合が多い．

以上のように直線谷は一般に地質構造と密接な関係をもつので，読図の有力な鍵になる．

(b) 直線谷の読図例

1) 直線谷（縦谷）と穿入蛇行谷（横谷）

図 13.1.22 中央部の高瀬川は，その支流の不動沢と共に，長さ 10 km 以上にわたって顕著な直線谷を形成している．その直線性は，図北端の不動沢の流路と図南端の高瀬川流路を結ぶ直線を引けば，極めて明確になる．高瀬川河床とその両岸の主分水界（烏帽子岳や燕岳など）との比高は 1,200～1,500 m におよぶ．このように急峻で深い河谷で，しかも延長の長い直線谷は成因的には断層破砕帯の差別侵蝕で形成された断層線谷であると解される．幅 100 m 内外の谷底は全面が礫床河川の河川敷である．高瀬川の本流は，支流の形成した沖積錐によってその対岸方向に僅かに偏流（☞図 6.1.50）されており，振幅の小さな蛇行を示す．

不動沢合流点から下流の高瀬川は穿入蛇行しつつ，山脈を横断している．このように山脈を横断する河谷を横谷とよび，山脈と山脈の間を走る谷を縦谷とよぶ（☞図 13.2.1）．横谷は穿入蛇行谷で，縦谷は直線谷の場合が多い．

不動沢合流点の下流の高瀬川河床に，幅 100 m 以上の大きな凹地があり，仮閉切堤と排水トンネルが見られ，ダム建設中の状態を示す．このダムは，凹地の大きさから見てロックフィル・ダムであり，高瀬川の直線谷の示唆する大断層の再活動の可能性にも配慮して，重力ダムまたはアーチダムの形式を採用しなかったと推論される．

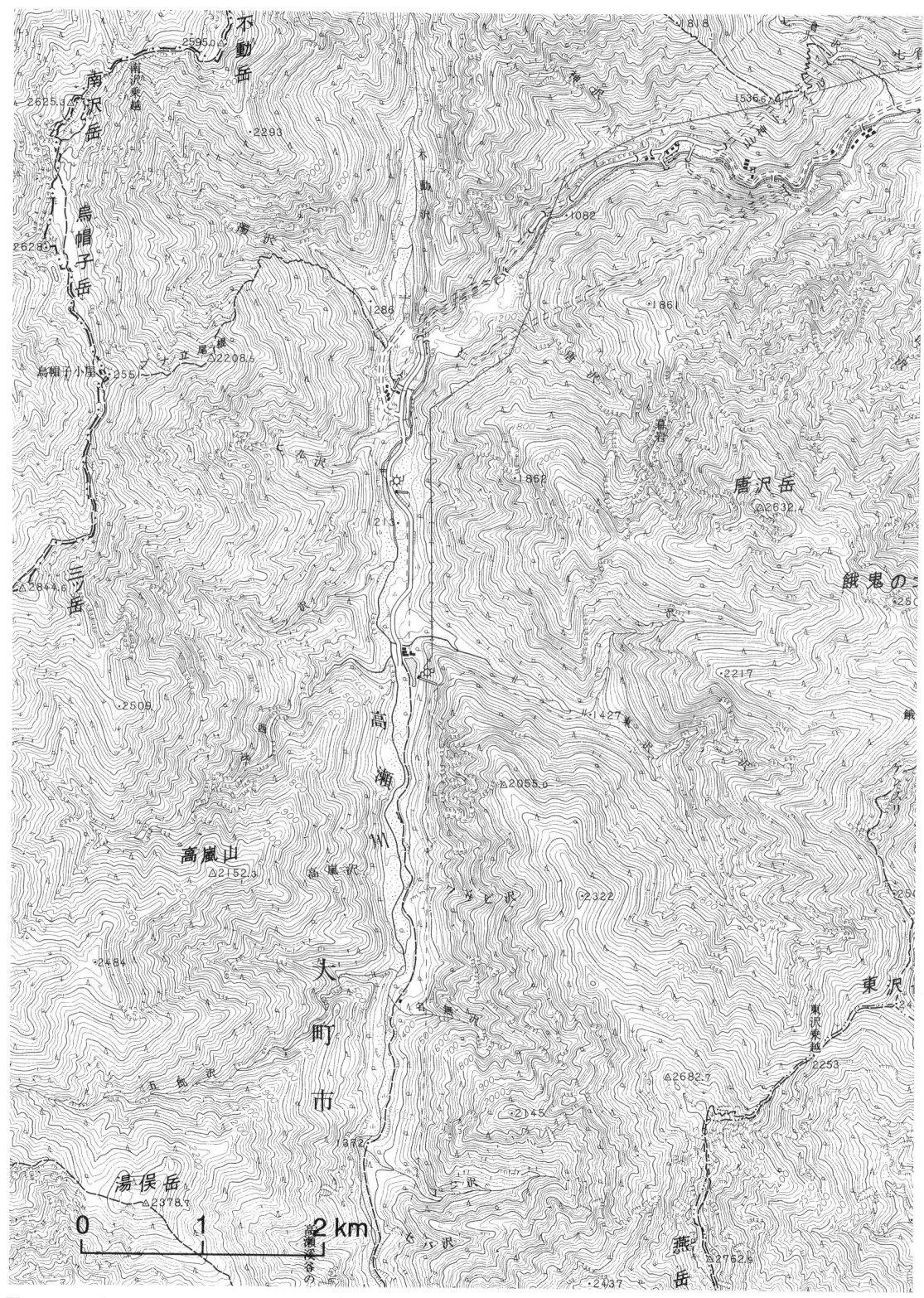

13.1 河谷と流域の一般的性質   709

図13.1.22　直線谷（縦谷）と穿入蛇行谷（横谷）（5万「槍ヶ岳」〈高山6〉昭50編）

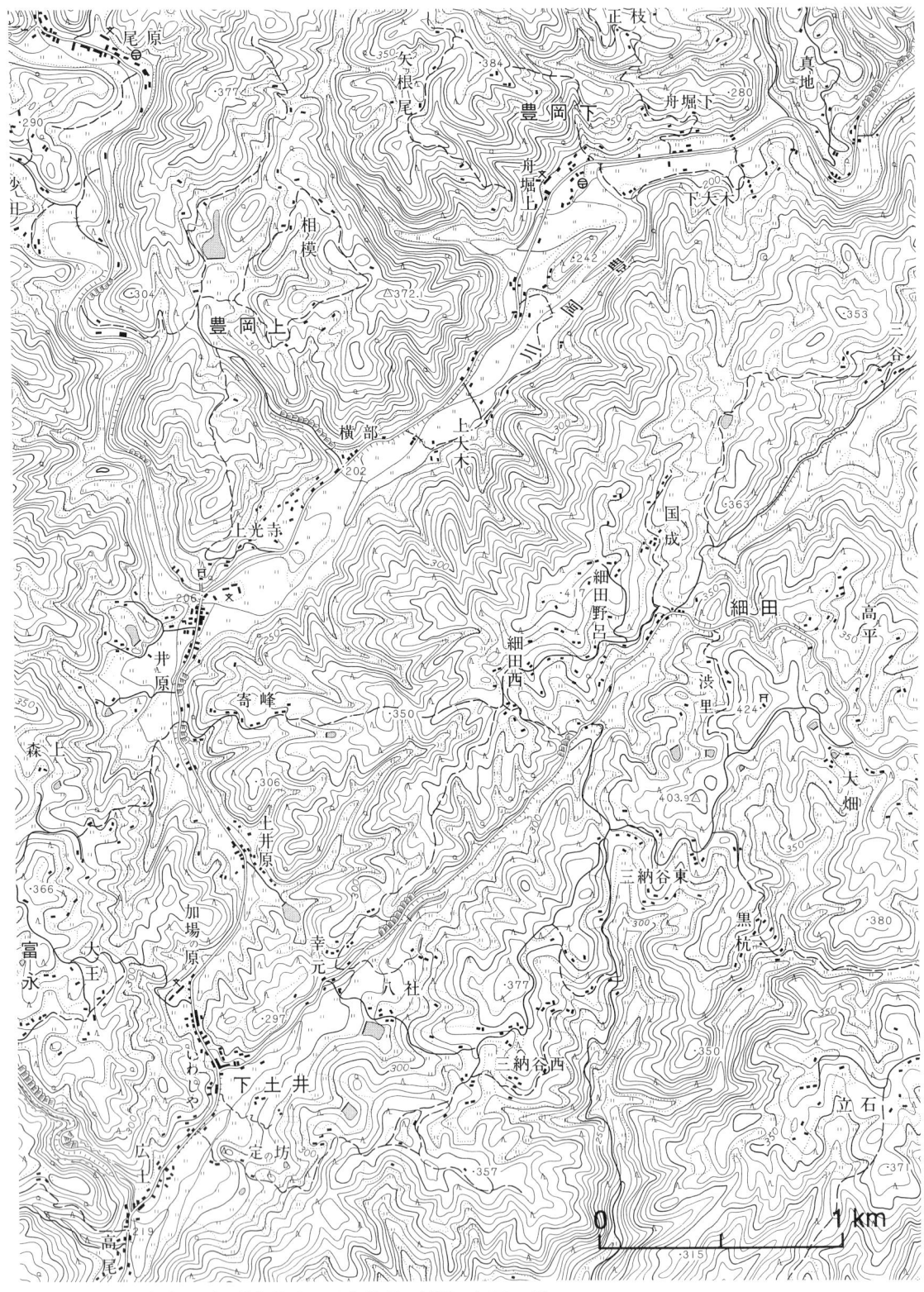

図 13.1.23a　接頭直線谷と穿入蛇行谷（2.5万「下加茂」〈高梁 3-4〉昭 41 測）

13.1 河谷と流域の一般的性質　711

形成に伴って，支流が再び本来の方向に転流したと思われる．図 13.1.23a の南西部の「いわしや」にも谷中分水界がある．

図 13.1.23 の全域に，高度約 300 m～400 m の小起伏の前輪廻地形が発達している．豊岡川とその支流は前輪廻地形を 100～150 m ほど開析している．細田を通る接頭直線谷は，少なくとも三谷から南西の広土に至る区間では，前輪廻地形を約 50 m ほど開析しているに過ぎず，その谷壁斜面が左岸より右岸で急傾斜な，非対称谷（☞図 13.1.27）である．しかし，その両側の前輪廻地形に顕著な高度差がないので，この非対称性は断層運動で変位した結果ではないであろう．開析谷の谷底部には「がけ（岩）」の記号が見られるが，前輪廻地形では「がけ（土）」のみが見られる．よって，この地域の基盤岩石は硬岩であり，前輪廻地形にはその風化岩が厚く存在するであろう．

以上のことから，この地域ではかつて準平原が形成され，それの隆起によって豊岡川などが回春し，隆起準平原となった．接頭直線谷や豊岡川の直線区間は，断層破砕帯にそう差別侵蝕谷として準平原時代に直線谷となっており，回春に伴って再び深くなった谷（再従谷：☞図 13.2.4）であろう．よって，湯所付近の鞍部を縦断するような道路を両切またはトンネルで掘削すると法面崩壊や落盤が起こりやすい．

図 13.1.23b 接頭直線谷と穿入蛇行谷（2.5万「下加茂」〈高梁 3-4〉昭 41 測）

2) 接頭直線谷と穿入蛇行谷

図 13.1.23a の細田の鞍部（谷中分水界）を夾んで，北東—南西に伸びる 2 本の直線谷は接頭直線谷をなす．細田から三谷をへて北東に伸びる直線谷の延長上には（図 13.1.23b），陰地・湯所間の鞍部があって，それらの両側にも短い接頭直線谷があり，神原の谷に続く．

豊岡川は，図 13.1.23a の北西隅の尾原から井原までは生育蛇行し，井原で北東に急転向して舟堀下付近までは上記の細田を通る接頭直線谷とほぼ並行で，小さな（つまり直線谷に近い）振幅で穿入蛇行し，真地から下流では短い波長で穿入蛇行している．井原と舟堀下間の直線的な区間の谷底低地は上流・下流より幅広く，井原や舟堀上付近の支谷に入り組んでいるので，この区間は谷底堆積低地であろう．舟堀上の標高点 242 の島状丘は過去の貫通丘陵であるが，この谷底堆積低地の

D. 河谷各部の形態

(1) 河川の合流形態

河川の合流形態つまり本流と支流の平面的・垂直的な相対的配置にも意味がある．一般に，河川の本流と支流はその大きさに応じた谷を形成し，支流は本流に対して高すぎも低すぎもしない位置で調和的な勾配で合流する．これをプレイフェアの法則という．

実際にはこれとは異なった変則もある．その原

因となった諸現象を推論できるので，合流形態の読図は重要である．河川の合流形態（合流角度，合流位置，合流勾配）は次のように類型化される（図13.1.24）．なお，合流状態を考える範囲は，谷の大きさによって異なるが，普通には合流点から数百ｍの範囲の一般的な流向や河床勾配である．

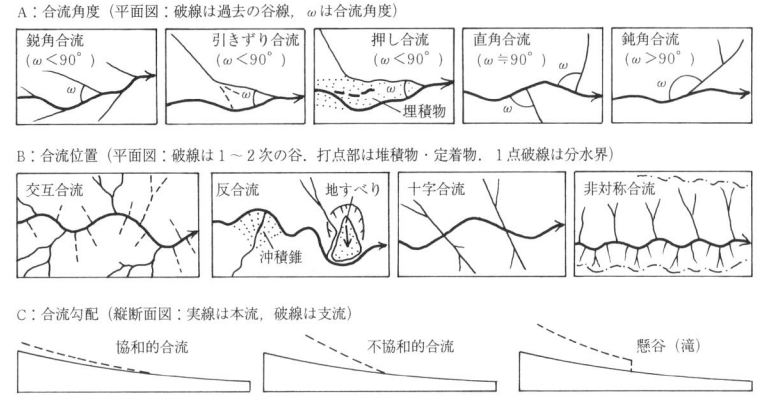

図13.1.24　河川の合流形態の諸相

1）合流角度

① 鋭角合流：最も普通の合流形態であり，ほぼ同規模（同次数）の山地河川が合流する場合には，合流角度は鋭角で，一般に30～45度の場合が多い．本流に比べて次数の著しく低い支流ほど，換言すれば本流の河床勾配に対して谷壁斜面が急勾配なほど，合流角度は大きい（☞図13.1.3）．

ところが，一般的な流向では鋭角合流的な支流がその最下流部で流向を変え，約20度以下の低角度で本流に合流している場合がある．その原因は二つある．第一は，下刻の激しい急勾配の山地では，下刻に伴って合流点が下流に引きずられて移動し，次第に低角度で合流する．これを「引きずり合流」と仮称する．第二は，多量の土石流堆積物，熔岩流，火砕流堆積物などが河谷を埋めて裾合谷（☞図13.1.29）を形成すると，谷底の両側に2本の河川が並流し，下流で低角度で合流する．これを「押し合流」と仮称する．

② 直角合流：高次の本流のつくる深い河谷の急傾斜な谷壁斜面を刻む1～2次の支流は一般にほぼ直角に本流に合流する．

③ 鈍角合流（逆合流）：本流に対して，その下流側から上流側に向かって支流が合流する場合である（例：第17章口絵の黒部別山谷と内蔵助谷）．急傾斜の地質的不連続面あるいは弱抵抗性岩層を差別侵蝕する支流，小型扇状地や沖積錐を形成した支流，地すべりや火山活動で転流した支流などの特殊な地形過程で生じる．逆川という固有名が与えられていることもある．

2）合流位置

① 交互合流：河谷では一般に，本流の穿入蛇行の攻撃部に支流が発達するので，ほぼ同規模の支流が本流の攻撃部ごとに左右両岸から交互に合流する（例：☞図12.0.17）．ただし，高次の本流に対してはその蛇行部位とは無関係に，1～2次の低次の支流は交互合流せずに直角合流する．

② 反合流：本流の滑走部に支流が合流する場合である．沖積錐，小型扇状地，地すべりなどによる本流の偏流地区（図13.1.25）にみられる．支尾根の末端部が，地すべり，大崩落，本流の側刻によって，本流の攻撃部になると，支尾根の両側の支流が反合流または頂流谷（☞図13.2.1）のようになる．

③ 十字合流：本流の一地点に両岸から2本のほぼ同規模の支流が合流する場合であり，その地点はしばしば十字峡とよばれる（図13.1.26）．合流角度は直交的と斜交的の場合がある．本流を横断する方向に伸びる急傾斜の地質的不連続面や弱抵抗性岩層を差別侵蝕する本流を横断する断層谷または断層線谷である場合が多い．

④ 非対称合流：本流の両岸を比べたとき，支流の本数および流路長の著しく異なる場合である（☞第13章口絵）．流域の中心線から偏った位置

13.1 河谷と流域の一般的性質　713

に本流が流れている非対称谷（例：☞図 13.1.28）やケスタ谷（例：☞図 12.0.18 の茗荷川支流）などにみられる．

3) 合流点付近の河床勾配

① 協和的合流（accordant junction）：2 本の河川の合流点付近の河床勾配がほぼ同じ場合である．流域面積・流量がほぼ同規模の山地河川の合流あるいは低地河川（とくに蛇行原と三角州の河川）の合流に普通にみられる．

② 不協和的合流（discordant junction）：2 本の河川の合流点付近の河床勾配が顕著に異なる場合である．山地河川では，低次の河川ほど河床勾配が大きいので，次数の著しく異なる大きな本流に合流する低次の支流ほど不協和的に合流する．

③ 懸谷（hanging valley）：合流点またはそれに近い地点で支流が滝となって本流に合流し，支谷の下流端が横断方向に切断されているような地形を示すとき，その支流の谷を懸谷とよぶ．これは不協和的合流の極端な場合であり，侵蝕復活した本流の下刻速度が支流のそれより極端に大きい場合（例：☞図 13.1.34 の出合滝の支流，第 17 章口絵地形図の十字峡に合流する 2 本の支流：滝に注意），山岳氷河の本流と支流の形成した氷蝕谷，支流の流下する段丘崖などに見られる．

海岸侵蝕，地すべり，崩落などによる海蝕崖の後退によって，河谷の末端が切断されたために河川が海蝕崖に滝をなしている場合も懸谷に含めてよいであろう．懸谷は滝の上流への後退に伴って不協和的さらに協和的に合流するようになる．

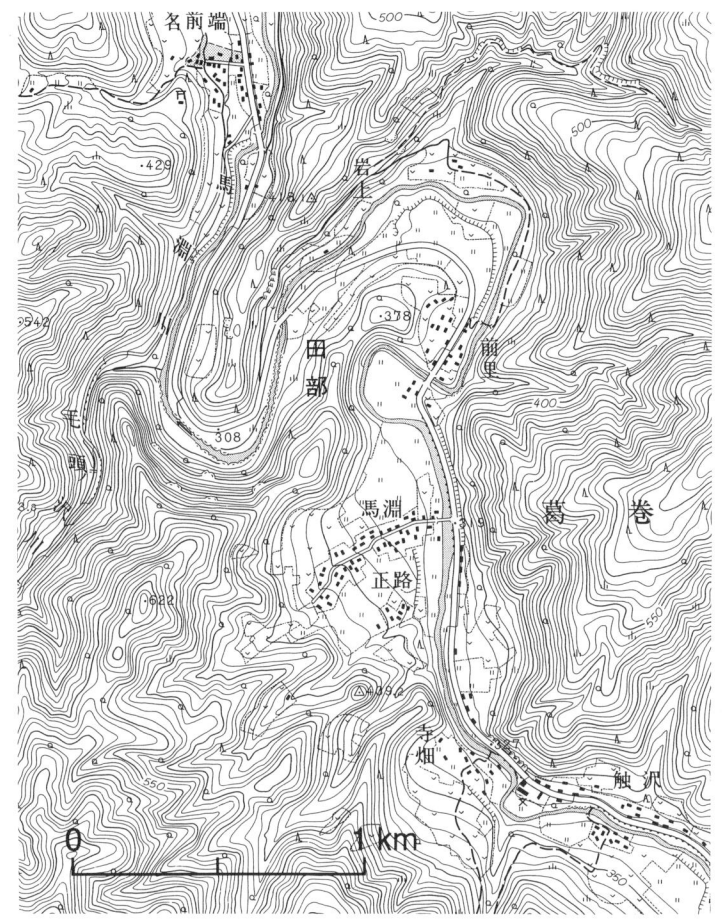

図 13.1.25　沖積錐による反合流 (2.5 万「陸中戸田」〈八戸 12-1〉平 2 修正)
毛頭沢川などの大きな支流は交互合流しているが，名前端，馬淵などの沖積錐をつくる小渓流は反合流し，馬淵川を偏流させている．なお，触沢北方には小規模な頂流谷（☞p.734）がある．

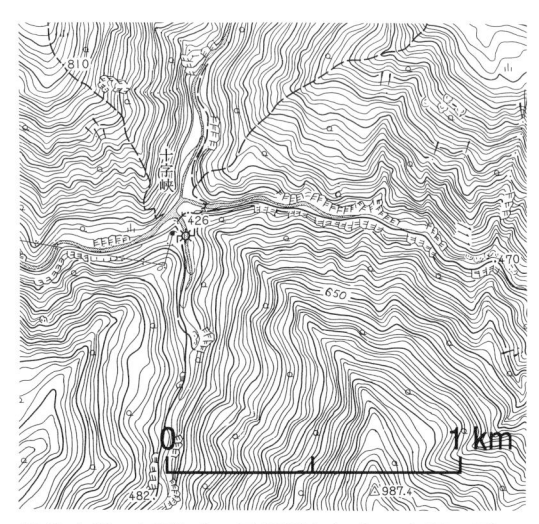

図 13.1.26　十字峡 (2.5 万「兎岳」〈日光 14-4〉昭 41 測)

(2) 河谷の横断形

1) 河谷全体の横断形

河谷全体の概形的な横断形は，河谷頂部の横断幅，谷底幅，谷壁斜面の形状（縦断形，傾斜，非対称性など）に注目して，図13.1.27のように類型化された地形相で表現される．横断形は1本の河谷でも地区別に異なる．各類型は，河谷の形成過程および地質構造を反映しているので，地形物質を推論する有力な鍵となる（☞第16章）．

2) 非対称谷

非対称谷（asymmetrical valley）は，非対称山稜とともに地質構造をとくに強く反映しており，次のような原因で形成される．

① 生育蛇行：攻撃斜面が急傾斜で，滑走斜面が緩傾斜となる（例：☞図13.1.18）．

② 非対称合流：両岸の分水界に顕著な高度差があると非対称合流が生じ，低い方の山地または丘陵の側へ本流が偏流し，非対称谷が生じる．

③ 同斜構造の差別削剥：同斜構造をなす地層の走向と河谷の方向がほぼ一致している場合には，流れ盤が緩傾斜で受け盤が急傾斜となり（稀に逆の場合もある），非対称谷を形成する（☞図13.1.28および第13章口絵）．

④ 両岸の岩石の差異：断層や不整合にそって河川が流れ，侵食に対する抵抗性の異なる岩石がその両岸に分布すると，谷壁斜面は強抵抗性岩より弱抵抗性岩の側で緩傾斜になる（☞第16章）．

⑤ 大規模な崩落と地すべりの発生：大規模な崩落や地すべりの定着物のために本流が偏流し，その区間だけ非対称谷になる（☞第15章）．

⑥ 傾動：広域的な傾動（☞p.1078）により本流は隆起量の小さい方に偏流し，斜流谷（例：☞図13.2.5）が生じる．しかし，河川の下刻速度は傾動運動速度より一般に大きいので，先行谷が形成される場合が多く（☞図13.2.2），非対称谷が形成されるとは限らない．

⑦ 河川方位による差別削剥：北半球の中緯度・高緯度地方で東西方向に流れる河谷では，南面斜面は北面斜面よりも，凍結融解日数が大きいので，風化速度と斜面後退速度が大きく，急傾斜になり，非対称谷となる．霜柱の発生しやすい物質（例：関東ローム）で構成される河谷にみられる．ただし，逆の場合もある（☞p.941）．

⑧ その他：コリオリ力の影響で非対称谷が生じるという説があるが，確証はない．

3) 谷底の横断形

河谷の全体ではなく，谷底部の横断形だけに着目すると，図13.1.29のように三大別される．

横断形	名称	特徴
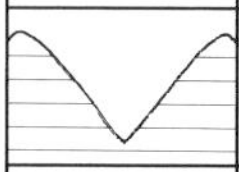	ぶいじこく V字谷 V-shaped valley	両岸の谷壁斜面がほぼ直線斜面であり，下刻の盛んな壮年期以前の河谷で，一般に欠床谷である．
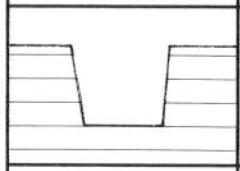	はこじょうこく 箱状谷 Kastental	側刻の進行しつつある河谷（床谷）または河成段丘や火砕流台地を刻む河谷の埋積谷に多い．
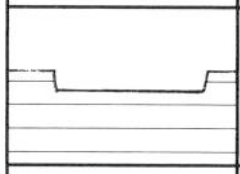	ひらぞこだに 平底谷 flat-floored v.	両岸に急傾斜の谷壁斜面をもつが，谷幅に比べて著しく浅い河谷で，幅広い平坦な谷底低地をもつ．
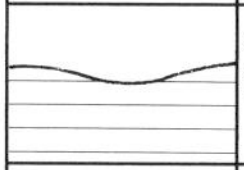	あさだに 浅谷 shallow v.	谷壁が緩傾斜の凸形斜面（上部）と凹形斜面（下部）で構成され，谷底が丸い．盆状谷（Muldental），デレ（Delle）ともいう．
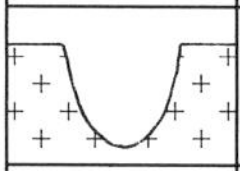	ゆうじこく U字谷 U-shaped v.	谷氷河の侵食によって形成される氷蝕谷である．ただし，谷壁基部の緩傾斜面は崖錐の場合が多い．
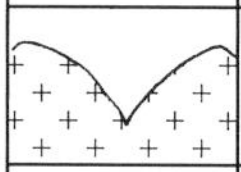	あさがおだに アサガオ谷 funnel-shaped v.	両岸の谷壁斜面が凸形斜面であり，透水係数の高い軟岩を刻む幼年谷にしばしばみられる．
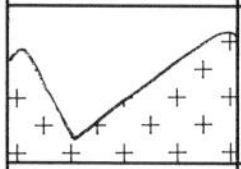	ひたいしょうこく 非対称谷 asymmetrical v.	両岸の谷壁斜面の斜面長と傾斜が著しく異なる河谷であり，谷線が流域の中心線から著しく偏った非対称流域に多い．
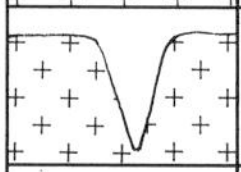	きょうこく 峡谷 gorge	谷幅に比べて谷が深く，谷壁斜面は約60度以上の急崖である．早壮年谷，先行谷，表成谷，横谷などにみられる．
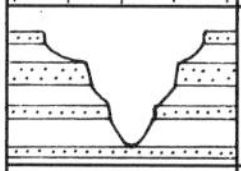	かいそうだに 階層谷 canyon	谷壁斜面に地層階段が発達し，厚い単層の水平互層の差別侵食で生じる．グランドキャニオンが好例．
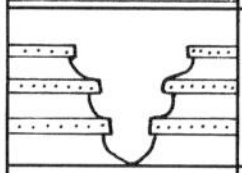	のこびきだに 鋸挽谷 saw-cut v.	谷壁に板状突出（ledge）やオーバーハングを伴い，薄い単層の水平互層の差別削剥で小規模なものが生じる．
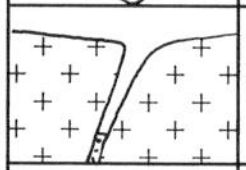	さけめだに 裂目谷 gash	両岸斜面の接近する小規模な深い谷で，断層や節理などにそう差別侵食谷．痩せ谷（slot），隙間谷（Klamm）ともいう．
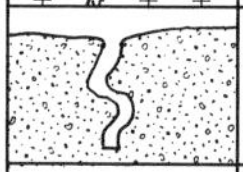	ひにっしょうこく 非日照谷 sunless v.	谷底から天空の見えない谷であり，穿入蛇行しつつ急速に下刻したガリーや溶蝕谷にみられる．
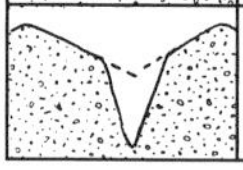	こくちゅうこく 谷中谷 valley in valley	幅広い谷をさらに刻む深い急峻な谷で，河川の侵食復活で生じ，明瞭な侵食前線を伴う．

図13.1.27 河谷全体の横断形の主な類型

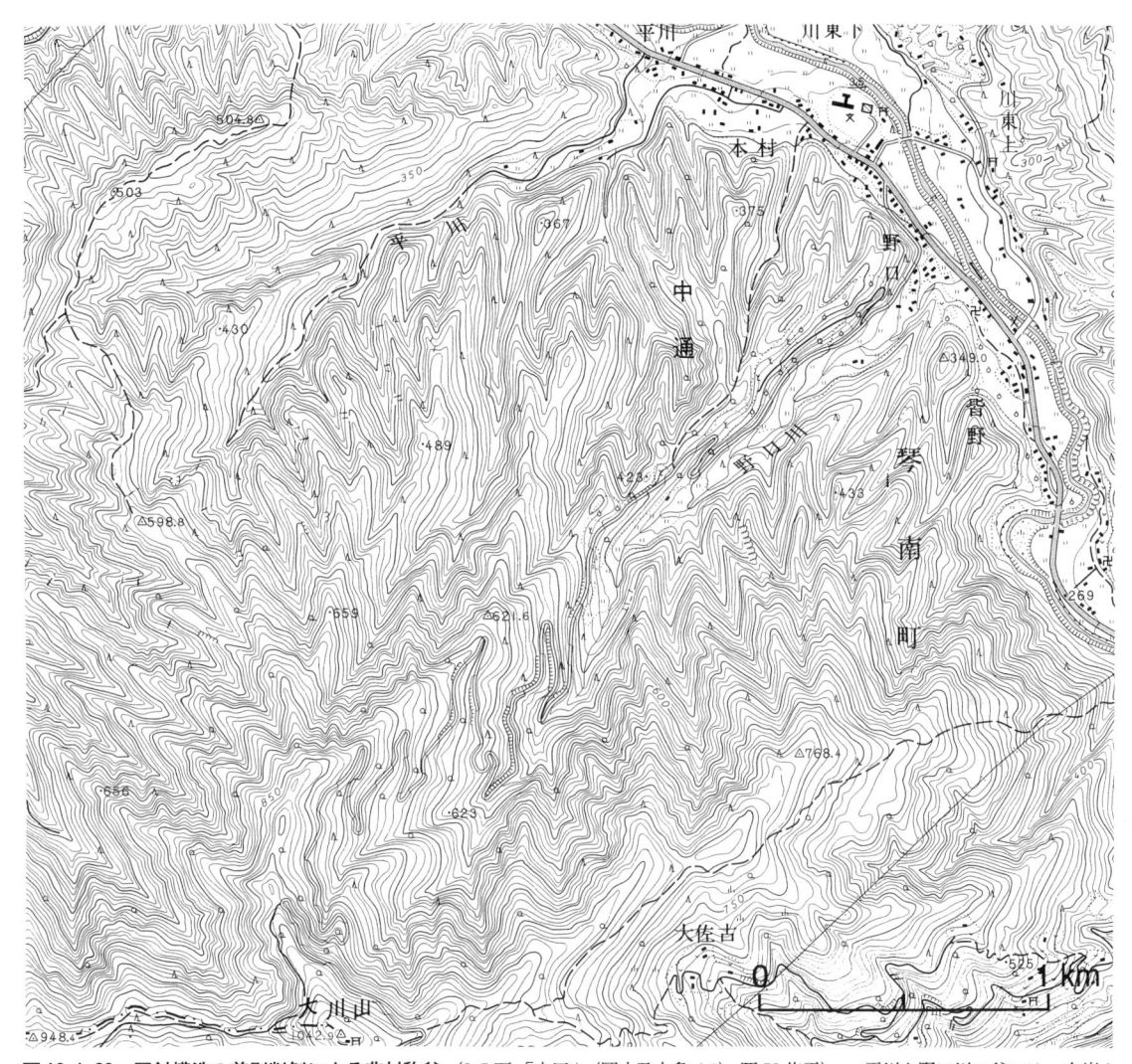

図13.1.28 同斜構造の差別削剥による非対称谷（2.5万「内田」〈岡山及丸亀4-1〉昭59修正）　平川と野口川の谷では，左岸より右岸から多くの長い支流が非対称合流し，それらの支流でも右岸より左岸が緩傾斜で非対称谷を示す．これは谷壁斜面のうち緩傾斜面の低下する方向（大局的には南東方向）に傾斜する同斜構造の地層の差別侵蝕によると解される．

① 欠床谷(Kerbtal)：谷底が平水時の水面幅とほぼ同じで幅狭く，常にまたは小規模な出水時にも谷底全体が冠水する（例：☞図13.2.13)．河川は盛んに下刻し，急勾配の岩床河川である．小渓流では土石流が発生することがある．

② 床谷(Sohlental)：谷底が平坦で，その幅が平水時の水面幅より広いが，毎年一度程度の大出水時に谷底全体が冠水する．数十年に一度，冠水する程度の幅広いものは谷底低地として扱う．

③ 裾合谷(lateral gorge)：谷底に流下した大規模な土石流や熔岩流，火砕流は，中央の盛り上がった凸形の横断形をもって定着することが多いので，既存の谷壁との間に初生谷を生じる．それを裾合谷とよぶ．河谷全体の谷底に2本の河川が並流することもある（例：☞図16.0.64)．

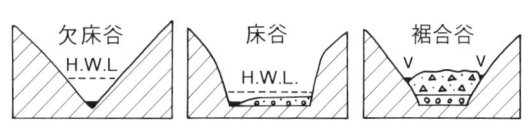

図13.1.29 欠床谷，床谷および裾合谷（V）

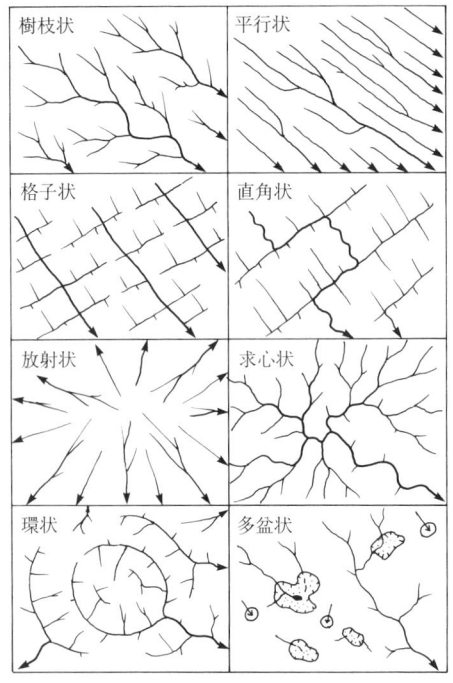

図 13.1.30 山地（広義）における主要な河系模様

表 13.1.4 山地河川の主要な河系模様とその一般的特徴

河系模様	岩石・地質構造	頻出する地形場	流出特性*
樹枝状 dendritic	相対的に均質な岩石	種々の侵蝕階梯の，普通の山地・丘陵	漸移的に上昇
平行状 parallel	均質な岩石と単純な構造	平面的な単純斜面，段丘や土砂流台地	緩く上昇し，一定
格子状 trellis	褶曲した対侵蝕抵抗性の異なる互層	壮年期～老年期的な山地・丘陵	漸移的に上昇
直角状 rectangular	直交方向の断層・節理系，花崗岩	老年期的な山地，開析準平原	階段的に上昇
放射状 radial	火山，貫入岩体	火山，貫入岩体，ドーム状山地	緩く上昇し，一定
求心状 centripetal	相対的に均質な岩石	沈降盆地，侵蝕カルデラ	急激上昇
環状 annular, concentric	堆積岩ドーム構造，貫入岩体周囲	中央火口丘をもつカルデラ底，ドーム	急激上昇
多盆状 multi-basinal	石灰岩，火山岩，破砕岩	石灰岩台地，地すべり堆，火山，砂丘帯	池沼で湛水

*：谷口におけるハイドログラフの出水時における立ち上がりの形状．

E. 河系模様

　ある地域の主要な河川について水系図（例：☞図 4.3.9）を描くと，いろいろな模様が見出される．そのような模様を河系模様（drainage pattern）または水系模様という．河系模様は地形相であるからどのようにも見えるが，山地河川では図 13.1.30 に示す 8 種程度が基本型である（Howard, 1967）．実際の河系は，それらが変形したり，組み合わさったりしている．

　河系模様は，地形場（地表の大局的傾斜分布つまり接峰面の特徴）をはじめ，地形営力（気候，地殻運動など），地形物質（地質構造，岩石物性の差異）さらに時間（河谷の新旧，地形発達史）といった地形学公式（☞p. 97）に含まれる諸変数を何らかの点で反映している．したがって，河系模様から推論しうる地質構造や河川流出特性などの建設技術的情報は少なくない（表 13.1.4）．

　しかし，河系模様は，位相幾何学的には同相の場

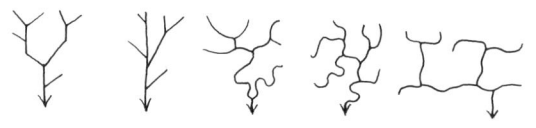

図 13.1.31　位相幾何学的に同相な河系模様
（Shreve 1966，に習って描かれている）

合があるので（図 13.1.31），河系模様を地形量で表す定量的研究は進んでいない．

1) 樹枝状河系

　樹枝状河系は，樹幹から枝先に向かって次第に大枝から多数の小枝が順に分岐しているような模様である．配置形態については，サクラ，マツ，スギ，イチョウなど樹種によって異なるから，明確な定義はない．ただし，物質（河川では水，砂礫，樹木では栄養）の供給経路では，支流から本流に至る河川と樹幹から小枝に至る樹木とは逆である（塚本，1998）．樹枝状河系は，日本のような湿潤地域では最も普通にみられ，養老山地（☞図 4.3.9）をはじめ，余りにもありふれているので，読図例を省略する．

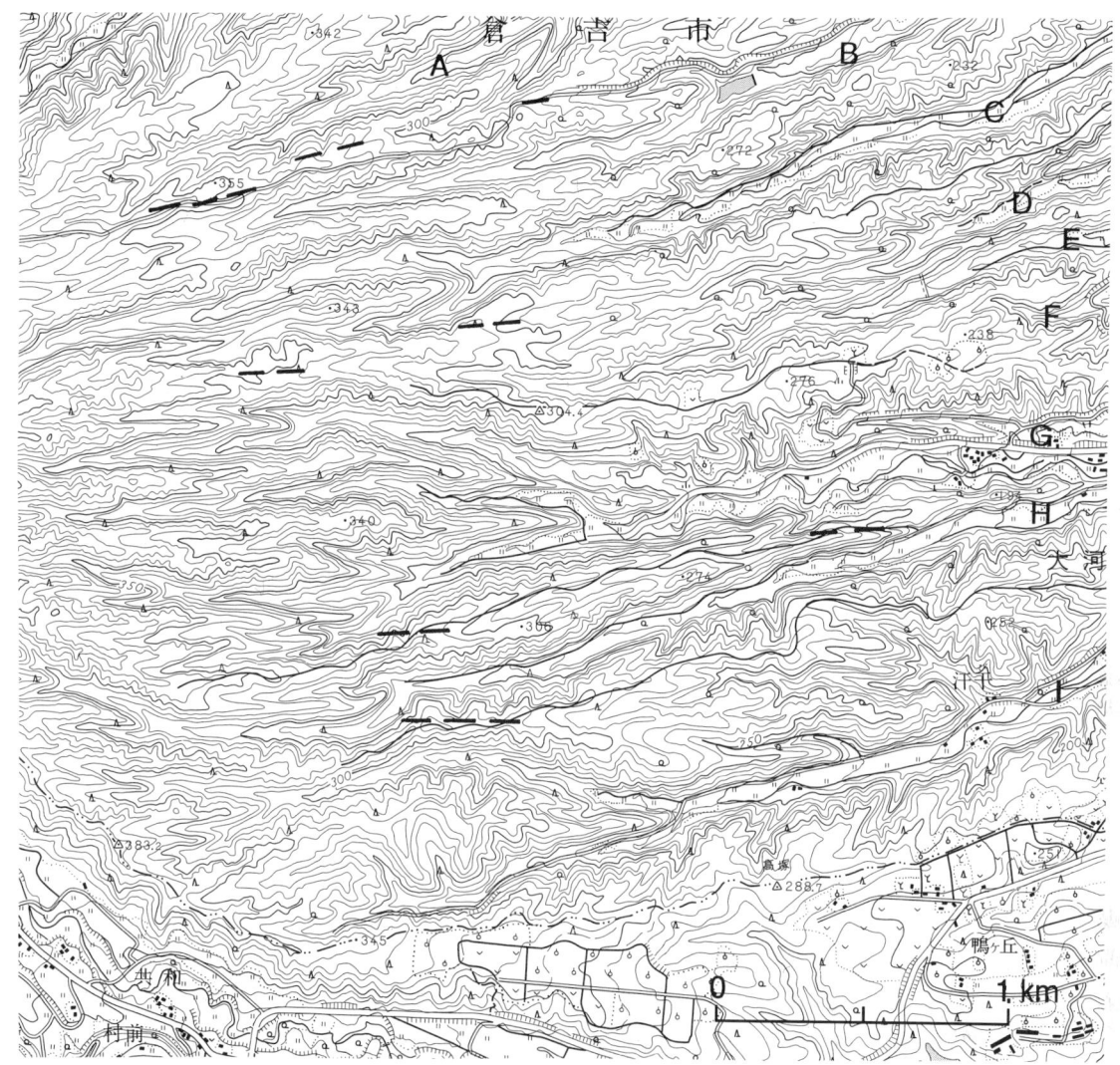

図 13.1.32 平行状河系 (2.5 万「泰久寺」〈松江 8-2〉平 4 修正)
主要河川の略名（A〜I）および河川の生存競争における主要な斬首区間（太破線）を補記.

2) 平行状河系

図 13.1.32 において 50 m ごとの計曲線について谷埋幅 1 km の埋積接峰面図（⇨図 4.3.4）を描くと，この地域は東へ緩傾斜する平板状の丘陵であり，図南部のような段丘が開析されたものと解される．主要河川（A〜I）の本流と主な支流を追跡して水系図を作成すると，それらは接峰面等高線に直交する必従河川（⇨図 13.2.1）であり，互いにほぼ平行で，平行状河系を示す．

隣り合う河川間で生存競争（⇨図 13.1.8）が進んだことが各所で見られる．なかでも G と I の谷は何回もの生存競争の勝者であり，谷幅も広く，谷底も深くて，他の谷に比べて 200 m などの等高線が上流まで入りこんでいる．比較的に浅い谷（主要河川と尾根の比高：50 m 内外）が多いにも関わらず，谷密度が高く，河谷の生存競争による吸収が著しい．これは，この地域が比較的に抵抗力および透水性の小さい非固結堆積物で構成されていることを示唆する．これは「がけ（岩）」記号が一つもないことからも支持される．

3）格子状（ナシ棚状）河系

図13.1.33で，河川名の注記された4河川について，谷口より上流の本流と主要な支流の水系を読むと，ほぼ並行する本流群とそれに直交する南北方向の主要な支流が目立つ．それらの主要な支流は本流に左右両岸から十字合流（☞図13.1.24）している場合が多く，接頭直線谷（☞p.708）になっている場合も多い．つまり，全体としてみると，この地区の河系模様は格子状ないしナシ棚のようにみえる．

格子状河系は一方向に緩傾斜する同斜構造（☞図16.0.16）の堆積岩で構成される丘陵に多くみられ，ケスタのような差別侵蝕地形を伴う．この地域でも南北方向の主要支谷およびそれらの河間尾根はともに非対称な横断形をもつ．それを論拠に推論した地層の走向・傾斜をその記号（☞図14.0.7）で図中に示した．主要支谷が泥質岩層，その河間尾根が砂質岩層ないし凝灰岩層の分布地であろう．なお，奥内川と瀬戸子川の河間では，東から第2列目の南北方向の河系が他の地区に比べて明瞭ではない．これは東側第1列目の谷の支谷によって第2列目の尾根が侵蝕され，第2列目の谷を争奪してしまったためであろう．

4）直角状河系

図13.1.34で主要水系を追跡すると，大局的には北東—南西方向に直線的に伸長する数本の河谷が並行している．それらをアミダくじの横棒のように直角に結ぶ谷が数本発達する．ゆえに，全体としては，本流も支流も直角に転向または合流する直角状の河系模様を示す．

この地区の山地は，山頂部に丸味をもつ老年期的な山地（従順山地）であり，谷中分水界（餅ノ木峠，蔵座高原など）も多い．三段峡付近から下流の柴木川ぞいでは，谷壁が急傾斜で，その頂部に遷急線（侵蝕前線）があり，天狗岩などの露岩が多く，河床には滝が多く，欠床谷で，幼年谷の特徴がみられる．出合滝の支流のような懸谷（☞p.713）もみられる．三段峡付近から下流の穿入

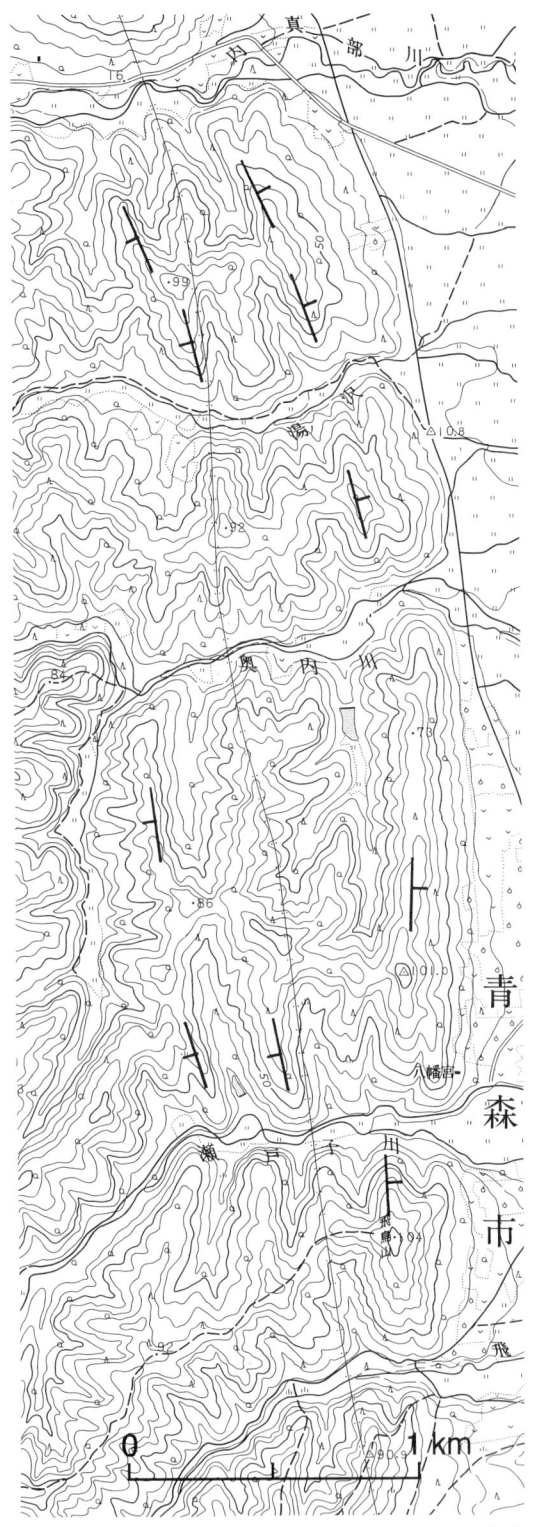

図13.1.33　格子状河系 (2.5万「油川」〈青森7-2〉昭59修正)
読図で推論された走向・傾斜方向を記号で補記.

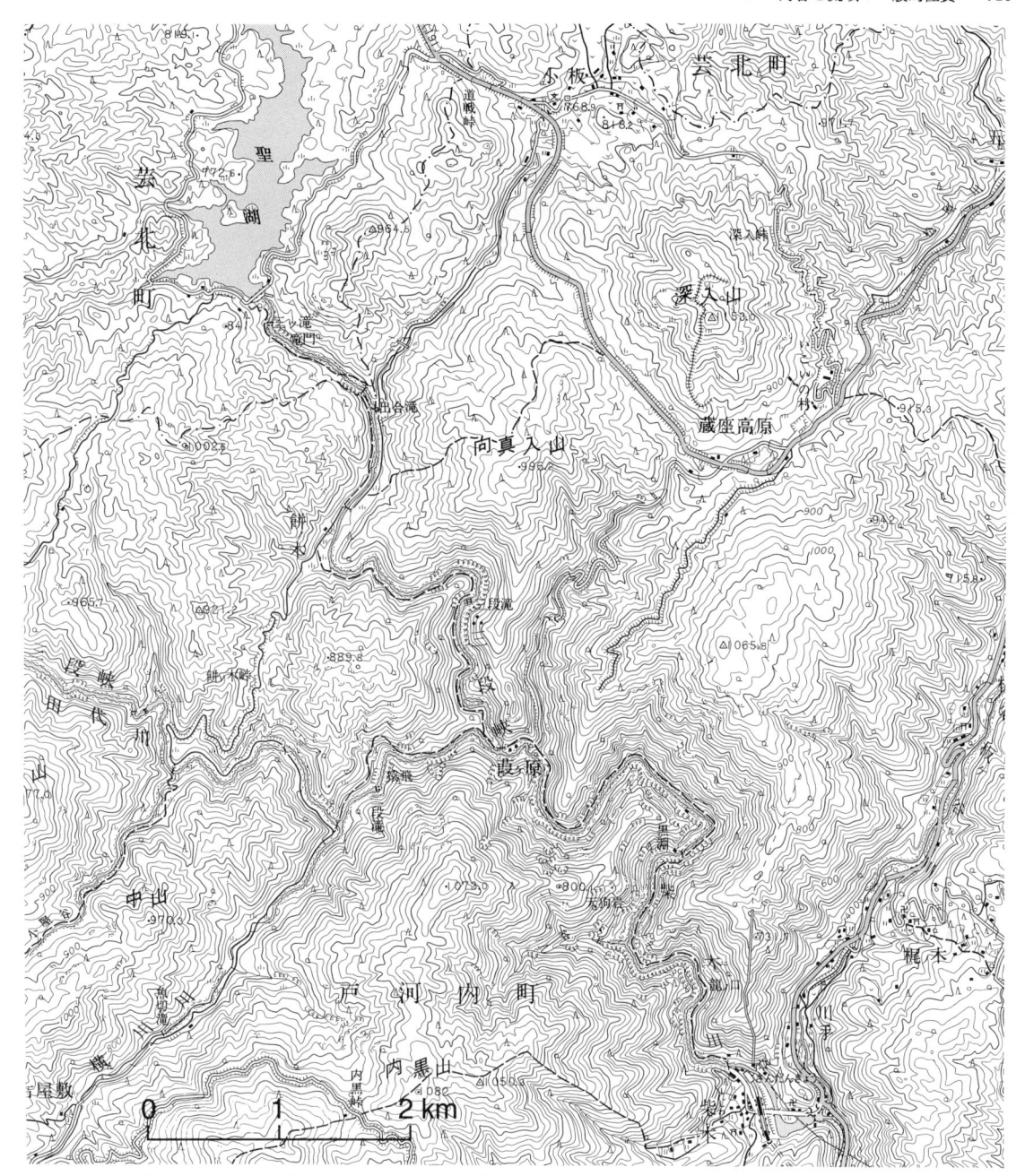

図 13.1.34　直角状河系（5万「三段峡」〈広島 13〉昭 60 修正）

蛇行は，攻撃部と滑走部の谷壁斜面がほぼ等傾斜で対称的であるから，生育蛇行というより掘削蛇行に近い（Hirano, 1981）．したがって，この地区の山地は全体として，老年期的な山地を前輪廻地形とし，幼年谷の回春が始まった状態にあり，河系模様は地質構造を反映している．

直角状河系は，直交する断層系や顕著な節理系に支配され，花崗岩のような硬岩地域に発達することが多い．しかし，大起伏山地では，河系は大局的な起伏に強く支配されるので，節理系の影響は顕著に表われず，断層系に支配された大まかな直角状河系を示す場合が多い．

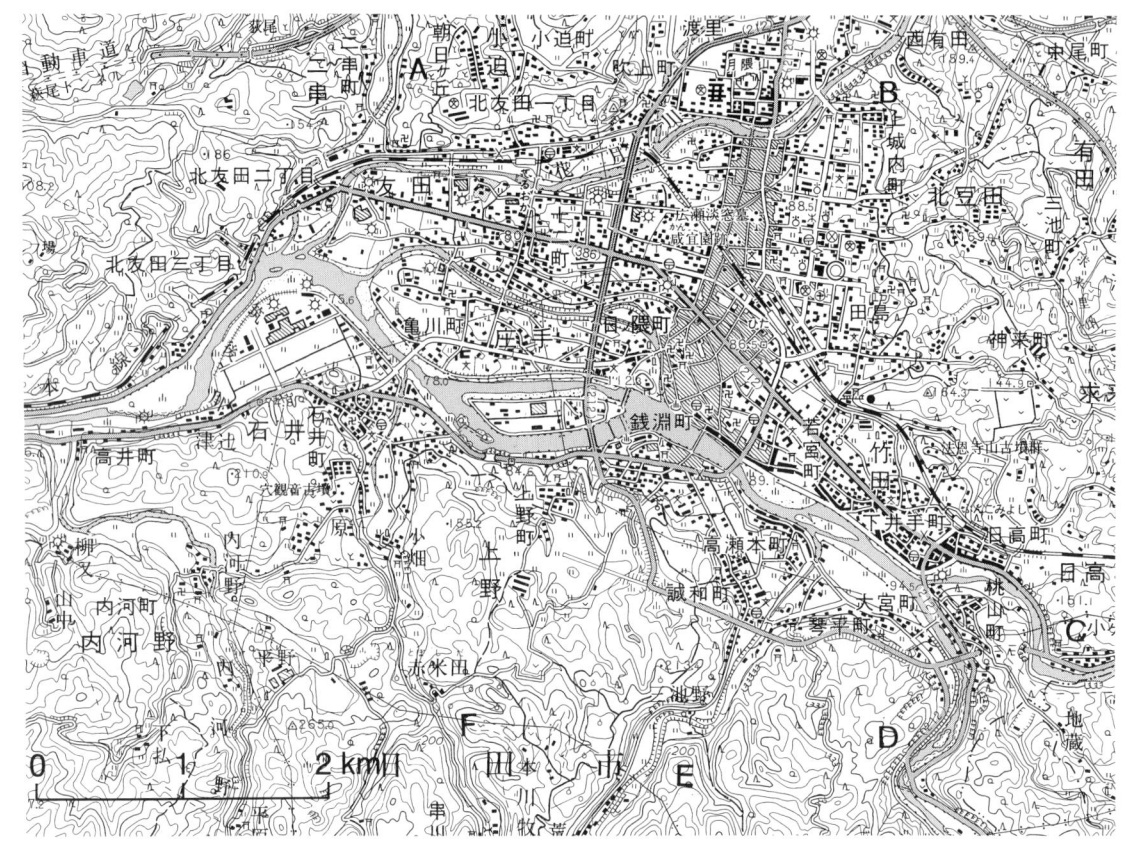

図 13.1.35　求心状河系（5万「日田」〈熊本1〉平9部修）河川略名（A〜F）を補記.

5）放射状河系

放射状河系は，富士山のような同心円的等高線群で表される山地の必従河川であり，成層火山を代表とする火山地帯（☞p. 1038）に普通にみられるので，ここでの読図例は省略する．富士山に似た侵蝕地形とくに半深成岩の貫入岩体（例：図13.1.36の増川岳）にも放射状河系がみられる．

6）求心状河系

図 13.1.35 中央部の日田盆地には，周囲から多数の河川（図中のA〜F）が集中する．それらの河川は，盆地底で水面幅を広げ，三つの川中島を囲み，豊かな水辺を見せている．盆地底は，出入りに富む山麓線に囲まれ，月隈山，112.3の丘などの島状丘があるから，沈降傾向の堆積低地であるために，求心状河系が形成されたのであろう．盆地尻で1本になった筑後川は，高井町の発電所付近で急激に水面幅を狭め，その右岸に露岩記号があるので，そこでは岩床河川になっている．ゆえに盆地尻から下流の狭窄部では，豪雨時における筑後川本流の水位上昇は急激であろう．求心状河系は，5万地形図または20万地勢図の読図で認定される場合が多い．大規模な求心状河系は秩父，松本平，三次などの盆地にみられ，盆地尻での水位上昇が顕著である（☞p. 204）．

7）環状河系

図 13.1.36 の増川岳と四ツ滝山の間の標高点396を分水界として東西に流れる南股谷と西股谷の主流路を追跡すると，両者は増川岳を囲む環状河系を示す．増川岳は南北に長軸をもつドーム状の山地で，環状河系の外側の主分水界（高度300〜650m）よりひときわ高い．増川岳を刻む谷は比較的に浅く，全体として放射状河系を示す．

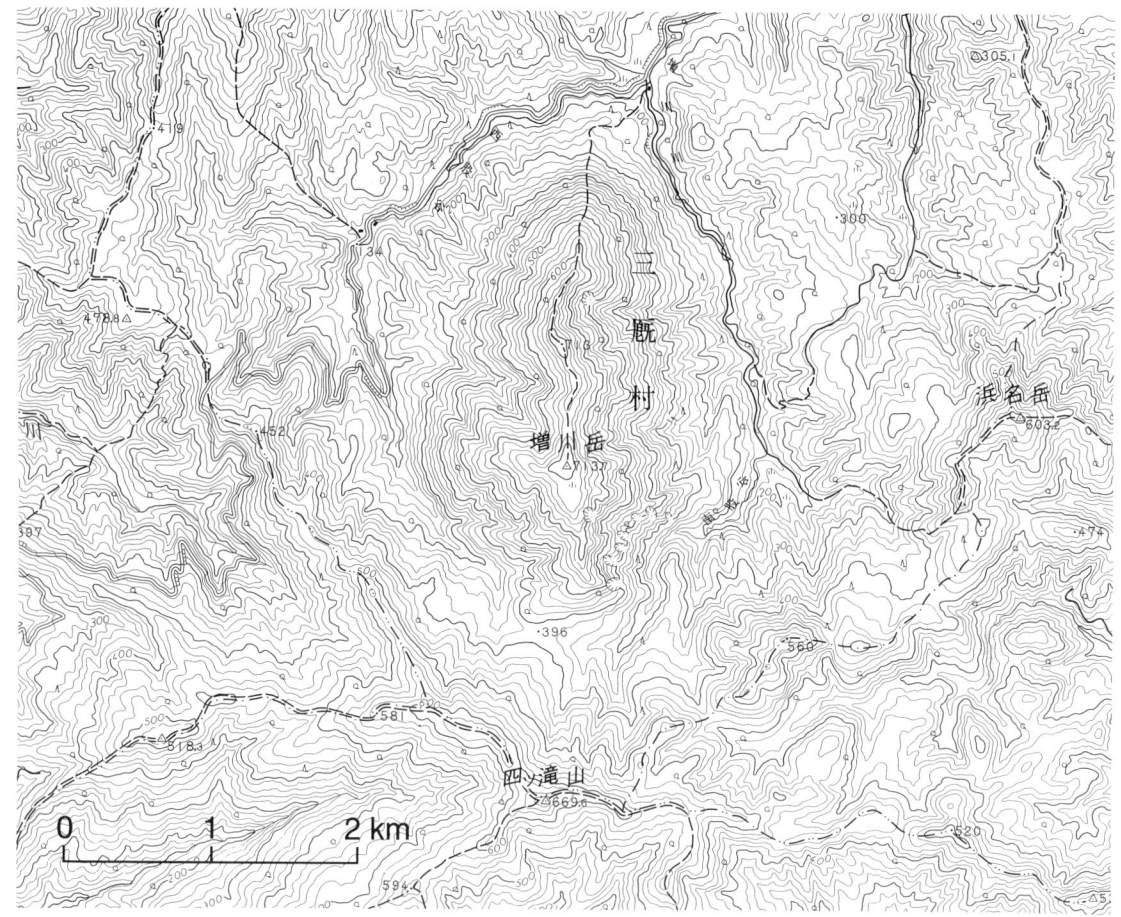

図 13.1.36　環状河系 (5万「小泊」〈青森 10〉昭 63 要部修正)

　増川岳の北西麓および東麓には，300 m 等高線にほぼそう遷緩線がみられ，それ以低の地区で谷が急に深くなる．したがって，この遷緩線ぞいに地質の境があり，内側の増川岳本体は外側の麓部に比べて，強抵抗性岩の岩体たとえば半深成岩の岩株（☞p. 910）で構成されていると推論される．

　環状河系に外側から流入する全ての支谷の流域は比較的に傾斜が小さく，またそれら全体の主分水界の平面形と高度は必ずしも環状河系に調和的ではない．その外側にも火山地形が見られない．よって，増川岳を囲む環状河系は，カルデラあるいは環状断層ぞいの谷ではなく，増川岳をつくる岩体の存在に関連する差別侵蝕によって生じた，という可能性が強い．

　環状河系は，堆積岩のドーム状の隆起構造をもつ山地をはじめ，カルデラ内の中央火口丘の周囲（例：阿蘇，箱根，鬼首など），凹所に生じた火山体の周囲（例：羊蹄山），堆積岩中に貫入した岩株などの深成岩ないし半深成岩の岩体の周囲などにおける初生谷あるいは差別侵蝕による侵蝕谷として形成される．

8) 多盆状河系

　これは，排出河川のない凹地の密集する地域の河系模様である．そのような凹地群は，石灰岩台地（例：☞図 16.0.42），地すべり地形（例：☞図 15.5.10），砂丘地帯（例：☞図 8.0.16），火山岩屑流や熔岩流原（☞第 18 章）にしばしばみられる．読図例はそれぞれの関連章節で扱う．

F. 流域の地形量とその相互関係

個々の流域の形態的特徴を定量的に表現するために，丘陵・山地の全域ではなく（☞表12.0.4），一つの流域を計測単位として，種々の地形量が地形図上で計測される（表13.1.5および表13.1.6）．それらの地形量の相互関係および個々の地形量と地形学公式の諸変数との関係については多くの定量的研究がある（詳細：☞高山，1974；平野，1980）．

本書の主題は地形計測（☞p.184）ではないが，流域の地形量の概念とその図上計測法の知識は河谷地形をはじめ集団移動地形や差別削剥地形などの読図に有益である．そこで，ここでは流域に関する主な地形量を紹介し，建設技術者のための読図にとくに役立つ谷密度の計測法とその意義を述べ，流路網に関する基本的法則を要約する．

(1) 流域の規模と形態

一つの流域の形態的特徴（図13.1.37）は種々の基本地形量（表13.1.5）とその組み合わせによる誘導地形量（表13.1.6）で表現される．流域の高度，比高，長さ，面積，断面積などの基本的な地形量については，定義（図13.1.37および表13.1.5）さえ明確であれば，特段の説明を要しないであろう．しかし，実際の図上計測では，最も肝心な流域の設定および水系（谷線）の認定が初学者にはかなり難しいから，その認定における若干の留意事項を述べておこう．以下では2.5万地形図での地形計測を扱うが，その計測法は建設技術で汎用する大縮尺地形図（例：1/5,000；1/2,500）の場合にも応用できるであろう．

1) 流域（河谷）全体の規模

河川の規模については，どの地点から上流を問題（計測対象流域）とするかをまず特定し，その上流について記述する．問題とする特定地点（計測基準点）は，計測目的（たとえば集水面積）

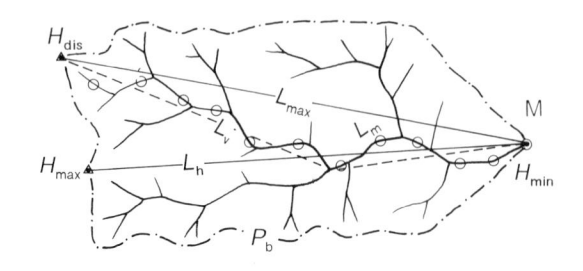

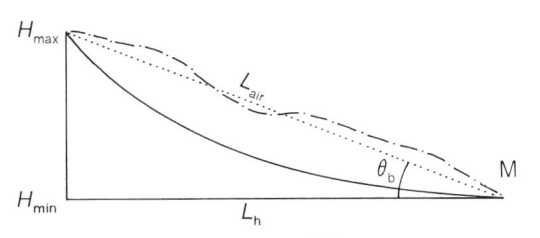

図13.1.37 流域の基本地形量の定義図
H_{max}＝最高点高度，H_{dis}＝最遠点高度，H_{min}＝最低点高度，L_h＝最高点距離，L_{max}＝流域最大径，L_{air}＝流域斜距離，P_b＝流域縁辺長，L_v＝谷長，L_m＝本流長，θ_b＝流域傾斜．上図で○印を付した流路が本流である．

によって，合流点，谷口，取水地点，堰堤・ダム建設地点，架橋地点，崩落・地すべり・渓岸侵蝕の発生地点などであろう．

流域界の設定は，山地と丘陵の河谷では，合流点や計測基準点の河床から両岸の尾根線を追跡すれば容易である．谷口を計測基準点にするときは，谷口の位置設定が問題となる．低地（扇状地など）から続く幅広い谷底低地が河谷に入り組んでいる場合には谷口を特定しがたい（☞図13.1.33）．その場合には，谷底低地幅が下流に急増する地点を谷口とするか，その付近の一般的な（接峰面的な）山麓線を設定して，その山麓線が河川を横切る地点を谷口とする以外に方法がない．

河谷の規模は定量的には流域面積，流域長，本流長，水流次数などによって記述する（表13.1.5）．読図では流域面積を計測する必要はない．そこで，たとえば流域長（L_b）ないし本流長（L_m）によって，大流域（約500 km＞L_b≧約50 km），中流域（約50 km＞L_b≧約10 km），小流域（約10 km＞L_b≧約1 km），渓流域（約1 km＞L_b）などに分類する（☞表6.1.3）．

表 13.1.5　河谷および流域の基本地形量

基本地形量		記号	定義または説明	次元
高度 (altitude)		H	任意地点の海抜高度	L
谷口高度 (valley-mouth altitude)		H_{min}	一流域の谷口の高度	L
最遠点高度 (most-distant point a.)		H_{dis}	谷口から分水界上の最遠点の高度	L
最高点高度 (highest a.)		H_{max}	流域内の最高点の高度	L
流域平均高度 (basin mean a.)		H_{mean}	種々の定義がある	L
比高 (relative height), 起伏 (relief)		h	任意地点間の高度差	L
最大起伏 (maximum relief)		h_{max}	$H_{max}-H_{min}$	L
流域起伏 (basin relief)		h_b	$H_{dis}-H_{min}$	L
流域長 (basin length)		L_b	任意地点までの流域長	L
流域最大径 (maximum diameter)		L_{max}	谷口から H_{dis} 地点までの距離	L
最高点距離 (length between H_{min} point and H_{max})		L_h	谷口から H_{max} 地点までの距離	L
流域縁辺長 (basin perimeter)		P_b	主分水界の長さ	L
流域面積 (basin area)		A_b	任意地点での流域面積	L^2
ω 次の谷の流域面積 (A_b of ω-order)		A_ω		L^2
断面積 (cross-section area)		A_c	任意の基底線から上の断面積	L^2
投影接峰面縦断面積		A_s	谷口と H_{dis} 地点を結ぶ投影線での断面積	L^2
投影谷床縦断面積		A_v	谷口と H_{dis} 地点を結ぶ投影線での断面積	L^2
両谷壁角 (dihedral angle between valley sides)		θ_v	両岸の谷壁斜面のなす角度	0
水流（谷）の次数	ω 次の水流の次数	ω	$\omega=1, 2, 3, , , \Omega-1$	0
(stream order)	最下流部の水流の次数	Ω		0
水流（谷）の本数	ω 次の水流の本数	N_ω	$N_\omega=N_1, N_2, N_3, , , 1(=N_\Omega)$	0
水流長（流路長）	本流の長さ	L_m	任意地点までの長さ	L
(stream length)	ω 次の水流の長さ	L_ω		L
谷長	本流の谷長	L_v	流路の大局的（大転向点があればそこで折り曲げた）方向での直線長	L
(valley length)	ω 次の谷の谷長	$L_{v,\omega}$		L

表 13.1.6　河谷および流域の誘導地形量（丘陵・山地の全域の地形相と地形量については表 12.0.4 を参照）

地形相	誘導地形量	記号	定義	次元	定義者
平面形状	形状係数 (form factor)	F	A_b/L^2	0	Horton (1932)
	円形度 (basin circularity)	R_c	$4\pi A_b/P_b^2$	0	Miller (1953)
	伸長率 (basin elongation)	E_b	$2A_b^{0.5}/\pi/L_{max}$	0	Schumm (1956)
	比縁辺長 (relative perimeter crenulation)	C_p	P_b^2/A_b	0	
	流域斜距離 (air distance)	L_{air}	$L_b/\cos\theta_b$	L	
起伏状態	起伏比 (relief ratio)	R_h	h_{max}/L_h	0	Schumm (1956)
	相対起伏 (relative relief)	R_{hp}	h_{max}/P_b	0	Melton (1957)
	粗度数 (ruggedness number)	N_r	h_{max}/D_d	L	Strahler (1958)
傾斜	流域傾斜 (basin slope)	θ_b	h_b/L_h	0	
谷密度 (drainage density)	1次水流頻度 (First-order stream f.)	F_1	N_1/A_b	L^{-2}	Schumm (1956)
	水流頻度 (stream frequency)	F_s	$\Sigma N_\omega/A_b$	L^{-2}	
	水流密度 (stream density)	D_d	$\Sigma L_\omega/A_b$	L^{-1}	
流路屈曲度 (sinuosity)	谷長に対する屈曲度	P_v	L_m/L_v	0	
	流域長に対する屈曲度	P_b	L_m/L_b	0	
谷の深さ	掘込指数（火山などの原形の明瞭な谷の）	I_e	A_v/A_s	0	鈴木 (1969)

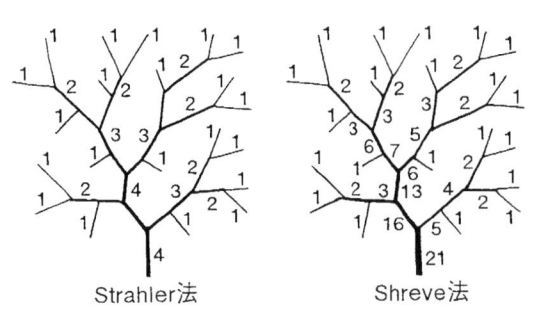

図 13.1.38 水流次数の代表的な 2 種の定義

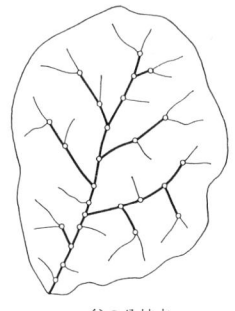

項　　目	図中の数	一般形
外節数 (N_e)	27	N
内節数 (N_i)	26	$N-1$
節総数 (N_t)	53	$2N-1$
合流点数 (N_c)	26	$N-1$

○　谷の分岐点
―　外節（1 次谷）
―　内節（2 次谷以上）

図 13.1.39 流路網の外節，内節および合流点の個数の関係（Melton, 1959；塚本，1974，一部改変）

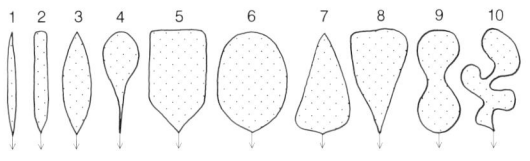

図 13.1.40 流域の平面形状の類型
1：針状，2：長板状，3：眼状，4：オタマジャクシ状，5：本塁板状，6：円形状，7：三角形状，8：逆三角形状，9：ヒョウタン状，10：不定形．

2）水流（谷）の次数区分

流域内のすべての水流（水系，谷線，流路，水路ともいう）を追跡し，水系図（☞図 4.3.9）を作成する．地形図に青線で表現された水流は限られている（☞表 13.2.2）．青線のない谷線にも恒常流のある場合が多く，出水時には必ず集中流がある．したがって，等高線の配置から水系を描く必要がある（☞p.190 および図 13.1.3）．

任意の地点または流路区間（channel segment）における河川の規模を記述するために，水流次数（stream order）も用いられる．任意地点の水流次数は，その地点から上流に存在する支流の合流状態によって等級化（ordering）される．等級化の方法として，これまでに数種が提案されている（詳細：高山，1974）．

世界的に汎用されている等級化法はストレーラー法（Strahler, 1952）であるから，本書では混乱を避けるため，それによる次数区分のみを使用する．この方法では，支流のない水流を 1 次水流（First-order stream）とよび，1 次と 1 次が合流したものを 2 次（Second-order s.）とよぶ．以下，ω 次と ω 次の合流したものを「$\omega+1$ 次」とよび，次数を上げる．ただし，ω 次の水流に「$\omega-1$ 次」以下の水流が合流しても次数は上げない（図 13.1.38）．河谷地形を扱う場合には便宜的に，ω 次水流の末端から上流の河谷を ω 次谷，その流域を ω 次谷流域という．

水流をこのように次数化することは重要な意味をもつ．なぜならば，第一には，合流点で区分した谷線の各区間（節, link, という）を図 13.1.39 のように外節（1 次谷：exterior link）と内節（2 次以上の谷：interior link）に分けると，外節数（N_e），内節数（N_i），節総数（N_t）および合流点数（N_c）の間に一定の関係がある（Melton, 1959；塚本，1974）．第二には，次数ごとの節の本数や各種の地形量と次数との間に以下のように種々の統計的関係がある．

ストレーラー法では，一定の高次谷（例：4 次谷）の流域に含まれる低次谷（1 次～3 次谷）の総数を評価できない．その点を改良した Shreve（1966）の方法を図 13.1.38 に並示する．

3）流域の形態と河川の流出特性

① 流域の平面形状

流域の平面形状は多様であるから，定性的には図 13.1.40 のように地形相で記述される．定量的には流域の形状係数，円形度，伸長率，比縁辺長などの誘導地形量が考案されている（表 13.1.6）．

流域面積が同じならば，細長い流域より，流域

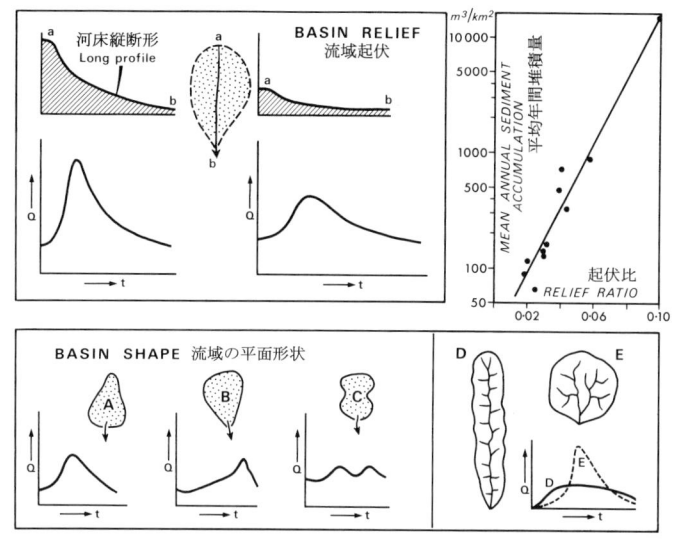

図13.1.41 流域の起伏・平面形状とハイドログラフおよび土砂流出との関係 (Gregory and Walling, 1973)
　上左図：流域起伏とハイドログラフの関係，上右図：起伏比と単位面積あたりの平均堆積量の関係 (Schumm, 1954)．
　下図：流域の平面形状 (A～C：De Wiest, 1965) および流路網分岐比 (DとE：Strahler, 1964) とハイドログラフの関係．

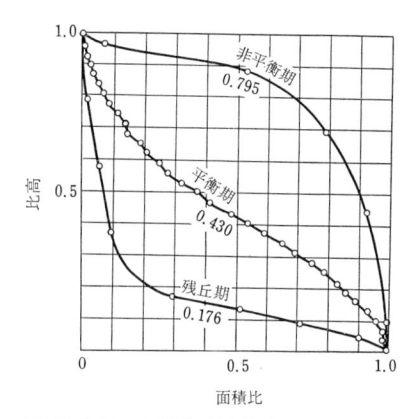

図13.1.42 面積高度比曲線と比積分の値 (Strahler, 1952)

幅の広い流域のほうが河谷発達の進んだ状態（谷の併合が進んだ状態：☞図13.1.8および図13.1.9）である．流域の平面形状は，河系模様などと共に，ハイドログラフ（水位・流量時間曲線）の形状を強く制約するので（図13.1.41），河川管理において重要である．つまり，ピーク流量は細長い河川ほど大きくならないが，円形に近いほど，また大きな支流が短い区間に集中して合流する求心状河系に近づくほど，急増する．

② 流域の起伏形態

流域の急峻度を表すのに，起伏量や傾斜ならびに谷密度が用いられる．読図では，本流とそれに並走する尾根（副分水界）とのおよその比高（起伏量の一種：☞p.658）で定性的に把握する．

流域の起伏形態は定量的には，最大流域起伏，起伏比，相対起伏，粗密度，平均傾斜，平均高度，谷密度などの地形量（表13.1.6）で記述される．流域の起伏や傾斜分布もハイドログラフの形状を強く制約し，起伏比は流出土砂量（またはダム堆積量など）を制約する（図13.1.41）．

③ 流域の高度分布

流域の高度分布は，流域全体の侵蝕階梯，起伏状態，傾斜，河谷の発達状態，前輪廻地形の残存状態，谷底低地の発達状態など，つまり流域全体の地形発達を反映している．その高度分布は定性的には等高線抜描図，高度帯図，段彩図，接峰面図で把握される（☞図4.3.1）．

定量的には高度帯ごと（例：50mごと）の面積を計測して，面積高度曲線（hypsographic curve, absolute hypsometric curve）や面積高度比曲線（hypsometric curve：図13.1.42）を描く．前者は流域の平均的な断面形を表す．後者は流域間の高度分布の比較に有効である．

(2) 谷密度

単位面積あたりの谷線（水系ともいう）の発達程度（本数または総延長）を谷密度（drainage density）または水流密度とよぶ．谷密度は地形学公式の諸変数を反映する重要な地形量である．とくに，地形図1枚程度の狭い地域における谷密度の地域的急変（谷密度異常とよぶ）は地形物質の透水性を強く反映しているので，地質構成の予察に有益である（☞pp.899～904）．

谷密度については，以下のように数種の定義と計測法がある．谷の定義および地形図の縮尺が異

なれば水系の数も異なるのは当然であるから，谷密度の報告書には，基図とした地形図の縮尺，谷の定義，谷密度の定義を明記する．

1) 流域法による谷密度の計測

流域を一つの計測単元として，たとえば一様な地質の流域ごとの（☞p. 903），谷密度を求める方法を流域法とよぶことにする．次数区分された流域（たとえば，末端次数で2〜5次までの流域）ごとに，谷線の本数や総延長を計測して，その流域面積で割り，たとえば $1\,km^2$ あたりの谷密度とする．流域法による谷密度の定義は次の4種に大別される．

① 1次水流頻度（F_1）：流域内の1次谷の本数（N_e）を流域面積で割った値である（単位：数/km^2）．

② 水流頻度（F_s）：流域内の外節と内節の総本数（N_t）を流域面積で割った値である（単位：数/km^2）．$N_t = 2N_e - 1$，の関係があるから，1次谷頻度から容易に求められる．

③ 水流密度（D_d）：流域内の谷線の総延長（$\Sigma L_\omega\,km$）を流域面積で割った値である（単位：km/km^2）．谷線の長さを節ごとにデバイダーまたはキルビメーターで順に計測するので労力を要するが，重要な地形量である．

④ 合流点頻度（F_c）：流域内の合流点数（N_c）を流域面積で割った値（単位：数/km^2）であり，$N_c = N_e - 1$ の関係があるから，外節（1次谷）数から容易に求められる（☞図 13.1.39）．

2) 方眼法による谷密度の計測

地形図に一定面積（$a\,km^2$）の方眼を掛け，各方眼について谷密度を計測する方法を方眼法とよぶことにする．これは，谷密度の地域的な差異（表 13.1.7）を表現するのに有効である．

方眼の大きさ（単位面積）は任意であるが，接峰面と同様に成長曲線を描いて，その変曲点の面積に等しい方眼とする（☞p. 187）のも一つの方法である．普通は2.5万地形図を基図とし，それに一辺2cm（実距離 = 500 m）の方眼をかけて

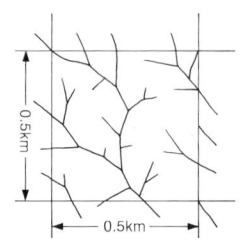

$D_1 = 12.25本/0.25\,km^2$
$D_2 = 43本/0.25\,km^2$
$D_3 = 2.9\,km/0.25\,km^2$
$D_4 = 16個/0.25\,km^2$
$D_5 = 20個/0.25\,km^2$
$D_6 = 0.15\,km/個$

図 13.1.43　方眼法による谷密度の計測例（$D_1 \sim D_6$ の値は図中の水系について求めた各定義の谷密度である．D_1 の谷数は四捨五入されていない．）

いる．以下のように数種の谷密度（$D_1 \sim D_6$）が定義されている（図 13.1.43）．

D_1：各方眼の4辺を横切る谷線の本数（N_1）と定義する（単位：数/$a\,km^2$，500 m方眼では数/$0.25\,km^2$）．ただし，谷線が方眼の辺上で止まる場合には0.5本，また交点上を通る場合には0.25本とそれぞれ数える．方眼内に谷頭と合流点をもつ谷は数えない．総谷数を四捨五入して整数とする．

D_2：各方眼（$a\,km^2$）内の外節（1次谷）と内節の総本数を谷線の本数（N_2）とする（単位：数/$a\,km^2$）．これは流域法による水流頻度に類似した谷密度である．

D_3：各方眼内の谷線の総延長（$\Sigma L_\omega\,km$）と定義する（単位：$km/a\,km^2$）．計測に労力を要するが，これは D_2 より重要であり，流域法の水流密度に類似した谷密度である．

D_4：方眼内にある谷頭の総個数，N_h（単位：数/$a\,km^2$）．これは流域法の1次水流頻度に類似した定義である．

D_5：方眼内にある合流点の総個数，N_c（単位：数/$a\,km^2$）．

D_6：D_3/D_5 と定義する（単位：km/個）．これは合流点1個あたりの流路長を意味し，生存競争（☞p. 693）による併合程度の指標となろう．

図 13.1.44 には，高度と起伏量に大差がないのに，谷密度の異なる地区を例示してある．このような谷密度の地域的差異には，多種多様な原因がある（表 13.1.7）．その原因を探求するためには，

13.1 河谷と流域の一般的性質

低谷密度（硬質頁岩）
$D_1 = 4$ 本 $/0.25\ \text{km}^2$
$D_2 = 4$ 本 $/0.25\ \text{km}^2$
$D_3 = 0.7\ \text{km}/0.25\ \text{km}^2$
$K = 10^{-3}\ \text{cm/s}$

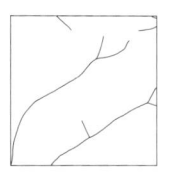

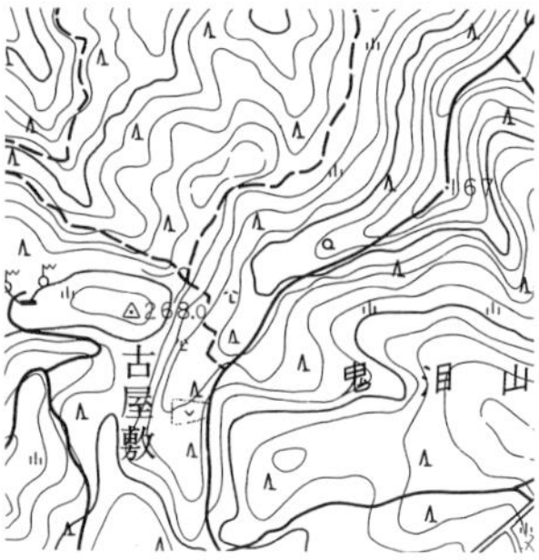

中谷密度（砂岩）
$D_1 = 7$ 本 $/0.25\ \text{km}^2$
$D_2 = 17$ 本 $/0.25\ \text{km}^2$
$D_3 = 1.9\ \text{km}/0.25\ \text{km}^2$
$K = 10^{-3}\ \text{cm/s}$

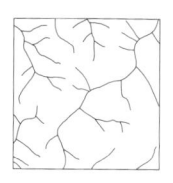

高谷密度（礫岩）
$D_1 = 15$ 本 $/0.25\ \text{km}^2$
$D_2 = 41$ 本 $/0.25\ \text{km}^2$
$D_3 = 3.2\ \text{km}/0.25\ \text{km}^2$
$K = 10^{-4}\ \text{cm/s}$

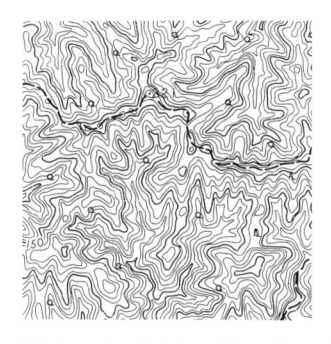

超高谷密度（泥岩）
$D_1 = 19$ 本 $/0.25\ \text{km}^2$
$D_2 = 88$ 本 $/0.25\ \text{km}^2$
$D_3 = 4.8\ \text{km}/0.25\ \text{km}^2$
$K = 10^{-6}\ \text{cm/s}$

図13.1.44　谷密度の異なる地区の例

いずれも2.5万地形図の1 km方眼（原寸）で，使用した地形図は，低・高谷密度地区（2.5万「安牛」〈天塩3-1〉昭54修正），中・超高谷密度地区（2.5万「鬼泪山」〈横須賀1-2〉平3修正）である．
谷密度は，左の地形図を4等分した4個の0.5 km方眼の平均値である．定義の記号は本文参照．水系図は，左の地形図と同じ大きさのものを50％に縮小したものである．透水係数（K）については，p. 903参照．

表13.1.7　谷密度とその制約要因との一般的関係

制約要因		谷密度*		
		高	中	低
気候	降水量	多い		少ない
	降雨強度	強い		弱い
	氷雪被覆	無雪氷	多雪	氷河
地形物質	力学的強度	軟岩		硬岩
	透水係数	低い		高い
	堆積物の粒径	細粒		粗粒
	節理密度	大		小
	風化程度	強風化		弱風化
	地質構造	受け盤		流れ盤
地形場	地形の大区分	山地・丘陵	段丘	低地
	侵蝕階梯	老年期的	壮年期的	幼年期的
	起伏量	小	中	大
	斜面 斜面型	谷型斜面	直線斜面	尾根型斜面
	斜面長	小	中	大
	斜面傾斜	大	中	小
	火山の初生谷の地形場	熔岩流原 火山岩屑流原	火砕流原	火山灰地
	集団移動地形の初生谷	地すべり堆	崩落堆	崖錐，沖積錐

＊：個々の制約要因のみの影響による谷密度の相対的な高低を示す．

方眼法で求めた谷密度を適宜に階級区分して方眼ごとに色か記号で区別し，あるいは各値が各方眼の中心点における谷密度の代表値であると仮定して等値線を描き，谷密度分布図（☞図16.0.35）をつくる．また，特定条件（例：地質）の分布範囲に含まれる方眼ごとに平均して，地層間の谷密度の差異の原因を考察することなどに応用される（☞図16.0.38）．

(3) 河谷の流路網に関する法則

山地河川の流路網（水系網）の地形量の相互間には種々の規則性があるが，読図に役立つ主要なものを要約しておこう．詳細は専門書（例：高山，1974；平野，1980；塚本，1998）に委ねる．相対的に単純な地形場，たとえば壮年期的な山地（☞図12.0.14，表12.0.3）を考えると，諸種の地形量の間に次のような法則性がある．

1) 流域の次数と他の地形量との関係

一つの流域を構成するすべての流路をストレーラー法で次数区分（☞図13.1.38）すると，ある次数（ω次）と次の次数（$\omega+1$次）の流路の間に次のような規則的関係がある．それらの関係は最初に Horton (1945) が発見したので，一括してホートン則（Horton's Laws）と総称される．

① 分岐比一定の法則

$$R_b = N_\omega / N_{\omega+1} \qquad (13.1.6)$$

ここに，N_ω は ω 次の流路の数である．R_b を流路の分岐比（bifurcation ratio）とよぶ．この法則は高次の流路ほど数が少なくなることを示す．

② 流路長比一定の法則

$$R_l = \bar{L}_{\omega+1} / \bar{L}_\omega \qquad (13.1.7)$$

ここに，$\bar{L}_\omega$ は ω 次の流路の平均流路長である．R_l を流路長比（length ratio）とよぶ．つまり，高次の流路ほど流路長が大きい．

③ 流域面積比一定の法則

$$R_a = \bar{A}_{\omega+1} / \bar{A}_\omega \qquad (13.1.8)$$

ここに，$\bar{A}_\omega$ は ω 次の流路の平均流域面積である．R_a を面積比（area ratio）とよぶ．つまり，高次の流路ほど流域面積が大きい（Schumm, 1956）．

④ 流路勾配比一定の法則

$$R_s = \bar{S}_\omega / \bar{S}_{\omega+1} \qquad (13.1.9)$$

ここに，$\bar{S}_\omega$ は ω 次の流路平均勾配である．R_s を勾配比（slope ratio）とよぶ．つまり，高次の流路ほど勾配が小さい．

⑤ 起伏量比一定の法則

$$R_r = \bar{Z}_{\omega+1} / \bar{Z}_\omega \qquad (13.1.10)$$

ここに，$\bar{Z}_\omega$ は ω 次の流路の流域平均起伏量である．R_r を起伏量比（basin relief ratio）とよぶ．つまり，高次の流路の流域ほど起伏量が大きい（Morisawa, 1962）．

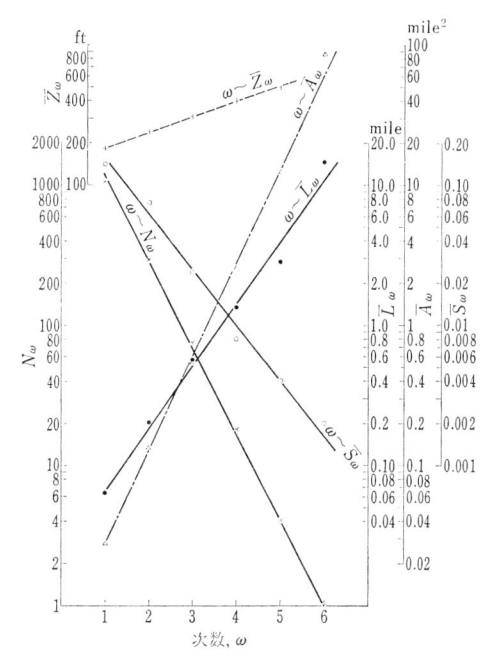

図13.1.45 谷次数（ω）と N_ω, $\bar{L}_\omega$, $\bar{A}_\omega$, $\bar{S}_\omega$, $\bar{Z}_\omega$ の関係 (Morisawa, 1962)

上記の5法則は，片対数グラフの横軸（正規軸）に流路（谷）の次数（ω）をとり，縦軸（対数軸）に各地形量をとると，それぞれ直線関係となり（図13.1.45），次の諸式で表される．

$$\log_{10} N_\omega = a_1 - b_1 \omega \qquad (13.1.11)$$
$$\log_{10} \bar{L}_\omega = a_2 + b_2 \omega \qquad (13.1.12)$$
$$\log_{10} \bar{A}_\omega = a_3 + b_3 \omega \qquad (13.1.13)$$
$$\log_{10} \bar{S}_\omega = a_4 - b_4 \omega \qquad (13.1.14)$$
$$\log_{10} \bar{Z}_\omega = a_5 + b_5 \omega \qquad (13.1.15)$$

ここに，$a_1 \sim a_5$ および $b_1 \sim b_5$ は同一流域内では定数とみなされる．また，これらの値は正である．

ホートン則は個々の流域における各次数の流路の相互間に関して成り立つ規則性であって，流域が異なると，各法則の定数（つまり R_b, R_l, R_a, R_s, R_r）も異なる．とくに，地形物質の物性（例：透水係数）の影響が大きい（☞図16.0.39）．

図13.1.46は，$R_b=4$，$R_l=2$，$R_a=4$ として，これらの数値の意味するところを模式的に示したものである．ただし，十分に発達し，1次谷の数

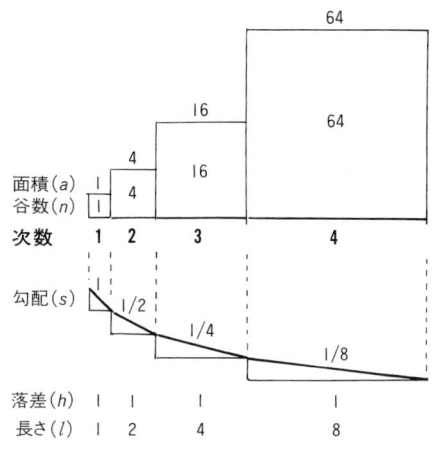

図 13.1.46 理想的な流路網での谷の次数と流域面積, 流路の数, 勾配, 落差, 流路長の関係の模式図 (貝塚, 1998)

も多い流域では, R_b, R_l, R_a がいずれもこれらの値より少し大きい傾向がある.

2) 次数と関係のない流域地形量の相互関係

流域の相互間でも, それらの最大次数 (Ω: 流域末端の次数) とは無関係に, 流域地形量の相互間にいくつかの関係が知られている. たとえば, 壮年期的な河谷においては, 流路の分岐頻度 (F) と谷密度 (D) の間に, 非常に高い相関 (r＝+0.97) をもつ次の関係がある (図 13.1.47).

$$F = 0.694D^2 \qquad (13.1.16)$$

ここに, $F=\Sigma N_\omega/A_\Omega$ および $D=\Sigma L_\omega/A_\Omega$ であり, N_ω は ω 次の流路の総数, L_ω は ω 次の流路の総延長, A_Ω は Ω 次の流域面積である (Melton, 1958). この関係は, ホートン則では説明不能な, 異なる流域間でも成り立つ点で重要な意義をもつのでメルトン則 (Melton's Law) とよばれる.

方眼法による地形量の相互間にも種々の関係がある. たとえば, 満壮年期以降の侵蝕階梯にある秩父山地では次の諸関係がある (谷津, 1950). 起伏量 (y: 11 km² 方眼法, m) と谷密度 (x: 11 km² 方眼法の D_3, km/km²) の関係は (図 13.1.48),

$$y = 2092.22\mathrm{e}^{-0.578x} \qquad (13.1.17)$$

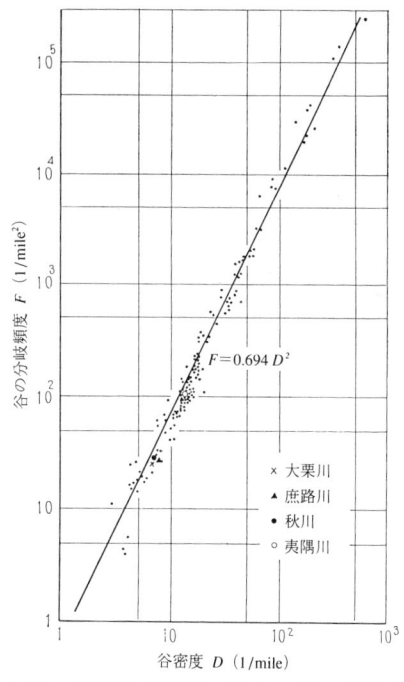

図 13.1.47 谷密度と分岐頻度 (合流点数) の関係 (Melton, 1958, に塚本, 1998, が補記)

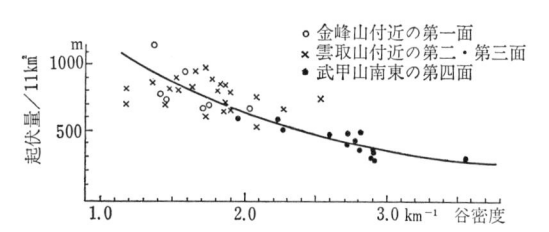

図 13.1.48 谷密度と起伏量の関係 (谷津, 1950)

で表され, 谷密度の増加とともに起伏量が指数関数的に減少し, 多谷小起伏になることを示す. このことは, '侵蝕輪廻において老年期になるにつれて, 起伏量が減少し, 谷密度がしだいに小さくなる' という Davis 流の概念 (☞図 12.0.13) が誤りであることを示し, 画期的な発見である.

谷密度の逆数 ($1/x$) は平均谷間距離であるとみなし, 平均的な傾斜 (D: declivity) は起伏量を平均谷間距離で割った値に比例すると考えて,

$$D = \mathrm{C}_1 \times 2092.2\mathrm{e}^{-0.578x} \times x = \mathrm{C}x\,\mathrm{e}^{-0.578x}$$
$$(13.1.18)$$

とした. ここに, C_1 は比例定数である.

ゆえに，谷密度の変化に伴う傾斜の変化は，

$$dD/dx = C(1-0.578x)e^{-0.578x} \quad (13.1.19)$$

である．したがって，最大傾斜は，$dD/dx=0$ の地区つまり谷密度が $1.73\ \mathrm{km/km^2}$ の地区で出現し，谷密度がこれより増大すれば，傾斜は減少する．これは，起伏量の最大地区は傾斜の最大地区に一致せず，河谷の発達に伴って起伏量の最大地区が中流域から上流域に進行していく過程で，傾斜の極大地区が遅れて出現することを示す．

3）流路網に関する理論的法則

上述の経験則に対して，流路網の自己相似に関する一連の理論的研究を徳永（例：Tokunaga, 1978, 1994）が進め，その成果は地形学のみならず物理学，植物学など「形の科学」一般で世界的に注目されている．その，いわば'徳永則 (Tokunaga's Law)'をごく簡単に紹介しよう．

ストレーラー法で次数区分された水系網（図13.1.49）をみると，κ 次の流路には①上端で互いに合流してそれをつくる2本の $(\kappa-1)$ 次の流路（つねに2本）と②側方から合流する $(\kappa-1)$ 以下の次数の流路（側支流路とよぶ）とが流入する．側支流路の数は個々の水系の分岐特性を制約するので，徳永則ではホートン則にない次のパラメータが定義された．

まず，$E_{\kappa,\lambda}$ を κ 次の流路1本に合流する λ 次の側支流路の数とする．$E_{\kappa,\lambda}$ は，同じ値の $(\kappa-\lambda)$ に対しては，κ と λ の値には無関係に同一の値をとると仮定する．この仮定から，もう一つのパラメータ $(E_{\kappa-\lambda})$ を $E_{\kappa-\lambda}=E_{\kappa,\lambda}$ と定義する．ある次数の流路1本に合流するその流路より1次だけ低次の側支流路の数は，$E_{\kappa,\kappa-1}=E_{\kappa-1,\kappa-2}=\cdots\cdots=E_1$ であり，同様に2次だけ低次の側支流路の数は，$E_{\kappa,\kappa-2}=E_{\kappa-1,\kappa-3}=\cdots\cdots=E_2$ となる．ここで，これらのパラメータの間に，$E_2/E_1=E_3/E_2=\cdots\cdots=E_{\kappa-\lambda}/E_{\kappa-\lambda-1}=K$ なる関係を仮定すると（ただし，K は同一流域内では一定），κ 次の流域内の λ 次流路の総数 $N_{\kappa,\lambda}$ は E_1 および K および $(\kappa-\lambda)$

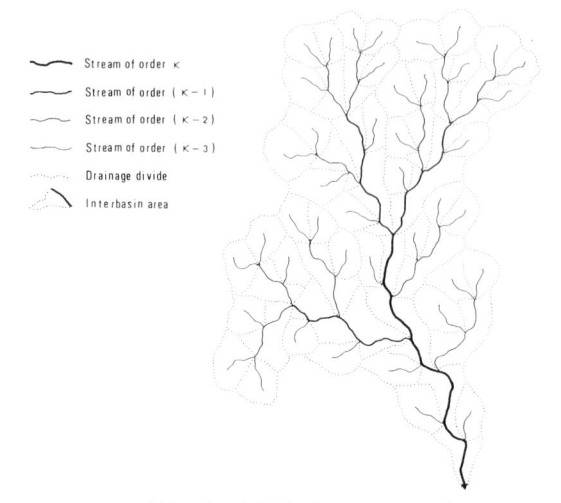

図 13.1.49　流域の自己相似性（Tokunaga, 1994）

で与えられ，かなり複雑な数列の式で表される．それを作図で求めると（図13.1.49），$E_1=1$，$K=2$ に対して，$N_{\kappa,\kappa}=1$，$N_{\kappa,\kappa-1}=3$，$N_{\kappa,\kappa-2}=11$，$N_{\kappa,\kappa-3}=43$ である．$N_{\kappa,\lambda}$ は等比数列をなさないものの，$N_{\kappa,\lambda}/N_{\kappa,\lambda+1}$ は $(\kappa-\lambda)$ が大きくなるほど4に漸近する．図中の $(\kappa-1)$ 次流域を κ 次流域とほぼ同じ大きさまで拡大すると，それまで粗視化されて描かれていなかった43本の $(\kappa-4)$ 次の流路が顕在化し，κ 次流域に似たものになると考えられる．

このように全体がそれに相似な部分によって構成される形を自己相似な形とよぶが，徳永則は流域の自己相似性を主張している．小縮尺地形図に描かれた水系は大縮尺地形図に描かれた同じ水系の一部に似ている（☞図4.3.8）．自然流域では E_1 および K は $E_{\kappa,\lambda}$ の平均値から計算されるが，K は2より多少大きくなる傾向を示す．

読図の基礎を深める今後の地形学では，この自己相似性を理解した上で，流域の'非自己相似性'を見いだし，その原因を考察することが課題となる．

13.2 河系異常

A. 河系異常の意義

河谷とそこを流れる河川の形態および性状は，それらの発達に関与する地形場（例：流域面積，流域起伏），地形営力（例：降水量），地形物質（例：強度，透水係数）および時間（例：河谷の形成年代）といった諸変数の影響を受ける．それらの諸変数が単純，一様，均質，一定であり，かつ谷の併合が進んで，十分に発達した河谷と山地河川（満壮年期〜老年期の河谷と河川）は，前節で述べたように，次のような一般的性質をもつ．

1) 接峰面に対する相対的配置

河川は大局的には，地表の大まかな高低を示す接峰面（☞p.185）に対して，その最大傾斜方向に流れている．

2) 大局的な流向

山地河川は一般に穿入蛇行しているが，その蛇行軸が急転向することはなく，ほぼ直線的ないし徐々に向きを変える流向をもつ．

3) 河系模様

一つの流域の河系模様はほぼ一様である．

4) 上流から下流への変化

1本の河川および河谷の諸相は，谷頭から谷口に至るほど，一般に次のように変化する．

① 流域面積は増大するが，流域の横断幅は減少する．

② 河床高度と河床勾配は大局的には指数関数的に減少する．一方，隣接河川との間の河間尾根は徐々に高度を減じる．したがって，尾根と本流河床との比高（ないし起伏量）は，谷頭部で小さく，中流部で最大となり，下流に向かって徐々に減少し，谷口で最小（またはゼロ）になる．

③ 流量，流速，水面幅，水深は増大する．

④ 穿入蛇行の波長は増大する．

⑤ 河床堆積物の平均粒径は減少し，河床礫の平均円形度は増大する．

⑥ 本流ぞいの谷床および谷底低地の幅と谷底堆積物の厚さは，本流の流量（水面幅）に見合った規模で，しだいに増加する．

一つの流域において上記の一般的性質に対して何らかの点で顕著に異なる状態が局所的にみられることがある．そのような局所的に特異な状態を本書では河系異常（fluvial system anomaly）と総称する．

自然現象に限らず，'何に対して何をもって，異常とよぶか'はつねに問題である．本書では，'もし河川および河谷の形成に関与するすべての要因が均等であれば，上記の諸特徴がみられるはずである'ということを大前提とし，それからの著しいズレは'何らかの要因が均等でないためであろう'と仮定して，それに対して河系異常という用語を使用する．なお，低地河川における流量と運搬物質の時代的変化に伴う流路形態の時代的変遷は河川の変成とよばれ（☞p.263），ここにいう河系異常とは別の事象である．

河系異常は上記の一般的性質を念頭におくと，対接峰面異常，転向異常，河系模様異常，屈曲度異常，水面幅異常，谷底幅異常，谷密度異常，河床縦断形異常などに大別され，それぞれはさらに細分される．それらの河系異常は単独に存在することもあるが，複数種が同じ地区でみられることが多い．ゆえに，河系異常をもたらした諸要因の局所的な不均等性，たとえば地形営力，地形物質（地質），地形発達史などの局所的な特質を推論できるから，建設技術的にも山地・丘陵の土地条件を知るのに河系異常は極めて重要である．そこで，以下には河系異常の主な類型を読図する．

B. 河系異常の読図例

(1) 対接峰面異常

(a) 対接峰面異常の諸類型

2.5万地形図で4次以上の河川は一般に，'それの全長に対応する範囲の'接峰面の最大傾斜方向に流れている．そのような河川は，最も普通であるから，必従河川（consequent stream）とよび，その河谷を必従谷（consequent valley）とよぶ．これは対接峰面異常ではない河川である．一方，接峰面の最大傾斜方向に流れていない河川（全流路または一定の区間）もしばしばみられる．それらは無従河川（insequent stream）と総称される．無従河川の特異な状態を一括して対接峰面異常（river-orientation anomaly against summit level）とよぶことにする．対接峰面異常は次のように類型化される（図13.2.1）．

1）斜流河川（斜流谷）

接峰面の等高線群と著しく斜交して流れる区間の河川を斜流河川（oblique stream）とよび，その河谷を斜流谷（oblique valley：以下同様）とよぶ．下刻しつつある河川は，穿入蛇行しても全体としては側方にあまり移動せず，同じ場所に'居坐る'のが普通である．よって，地域全体が斜めに傾くような地盤運動（傾動：☞p. 1078）を受けて接峰面の最大傾斜方向が変化しても，必従河川が流路位置を変えずに下刻しつづけると，斜流河川となる（例：図13.2.5）．また，接峰面等高線に対して斜交する走向をもつ断層破砕帯や堆積岩互層の軟岩層にそって河川が下刻すると，斜流河川になる（例：☞図16.0.25bの太平トンネル付近を刻む主要河川）．

2）並流河川（並流谷）

接峰面の等高線にほぼ並行に流れる河川を並流河川（parallel stream）とよぶことにする（例：☞図4.2.2の徳田谷上流部や田切川の最上

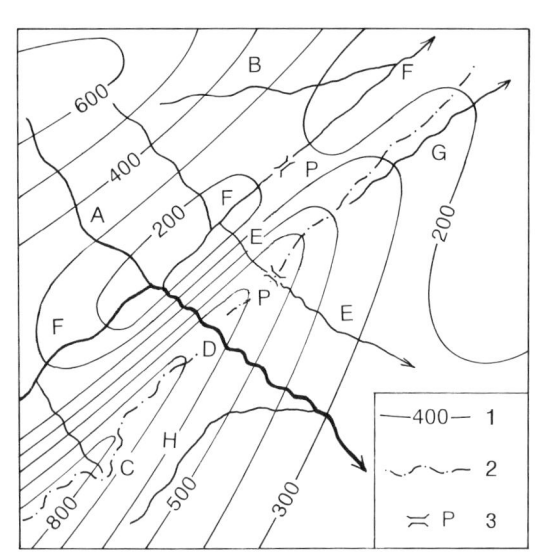

図 13.2.1　河川の対接峰面異常
1：接峰面の等高線（m），2：主要流域界，3：谷中分水界．
A：必従河川（必従谷），B：斜流河川（斜流谷），C：逆流河川（逆流谷），D：横断河川（横谷），E：天秤谷，F：縦流河川（縦谷），G：頂流河川（頂流谷），H：並流河川（並流谷）．

流部）．並流谷は変動地形（☞第19章），地すべり地形（腕曲状河系：☞p. 817），差別侵食地形（☞図16.0.27）などでしばしばみられる．

3）逆流河川（逆流谷）

接峰面の最大傾斜方向に対して逆方向に流れる河川を逆流河川（obsequent stream）とよぶ．大規模な断層崖やカルデラ壁などに発達する河川の谷頭部は，頭方侵食によって主分水界を後退させ，接峰面の主尾根の反対側の斜面に食い込み，しばしば逆流河川になっている．逆流谷は一般に短い（例：☞図4.2.2.の小倉谷の谷頭部）．

4）横断河川（横谷）

接峰面の尾根を横断して一方向に流れる河川区間を横谷（transverse valley）とよぶ．横谷は一般には峡谷をなす．ただし接峰面に表れないほどの小規模な起伏における谷底幅異常（☞p. 742）で生じた峡谷を横谷とはよばない．形成過程によって横谷は次の2種に大別される．

　① 先行性河川（先行谷）：河川の中流部が断層運動または褶曲運動によって徐々に隆起し，そ

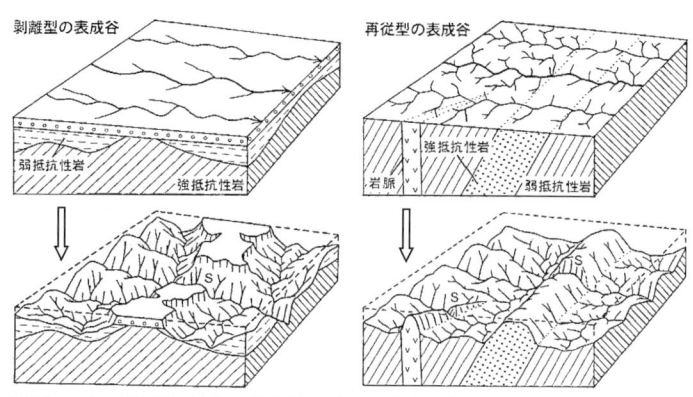

図 13.2.2 先行谷 (A) と天秤谷 (P)　　図 13.2.3 剥離型 (左) と再従型 (右) の表成河川 (表成谷, S)

の隆起速度が河川の下刻速度より小さい場合には，河川はその位置に居坐って下刻し，隆起で生じた尾根を横断する谷を形成する（図 13.2.2）．その区間を先行性河川 (antecedent river) とよび，その横谷を先行谷 (antecedent valley) とよぶ．

② 表成河川（表成谷）：形態的には先行性河川（先行谷）に類似する横谷であるが，差別侵蝕による表成谷 (epigenetic valley) または積載谷 (superposed valley) とよばれる峡谷がある．その形成には二つの場合がある（図 13.2.3）．

第一は表成谷の本来の意味の剥離型表成谷（仮称）である．大きな起伏をもつ不整合面を境に，強抵抗性岩（硬岩）を被覆する弱抵抗性の地層（軟岩または非固結堆積物）の堆積面を流れていた必従河川が，侵蝕復活の際にその流路位置を変えずに（居座って），不整合面より低い位置まで下刻した場合を考える．不整合面の起伏において高い部分を河川が横切る地区では，硬岩のために側刻が進まず，幅の狭い谷底と急傾斜の谷壁斜面をもつ峡谷を形成する．一方，不整合面の低所では，被覆層が容易に侵蝕されるので，幅広い谷底をもつ大きな河谷が形成される．

堆積段丘において，谷側積載段丘を刻む峡谷（☞図 11.2.10）は剥離型表成谷の好例である．基盤岩石を刻んでいる表成谷の部分は河谷幅の狭い峡谷をなし，砂礫段丘を刻んでいる部分は河谷の幅が広くなっている．

表 13.2.1 先行谷と表成谷の地形・地質の差異

		地　形	地　質
先行谷		上流側に堆積盆地がある．横谷ぞいの河成段丘面は上位面ほど変位が著しい．天秤谷を随伴することが多い．	本質的には無関係であるが，横谷に硬岩が露出することがある．
表成谷	剥離型	上流・横谷・下流はともに侵蝕域である．横谷で河成段丘が狭い．天秤谷を随伴しない．	横谷に基盤岩石（固結岩）が露出し，上流と下流側に被覆層（堆積物）が分布する．
	再従型	同上	横谷に硬岩が露出し，上流・下流側に軟岩が分布する．

第二は被覆層を伴わない再従型表成谷（仮称）である．硬軟の岩石で構成される丘陵や山地では，段丘礫層のような被覆層が見つからないのに，硬岩地区のみが尾根をなし，それを横断する横谷がしばしばみられる．これは，準平原が河川の侵蝕復活で開析される際の差別侵蝕で形成されたものと解される．つまり，軟岩地域は低い丘陵や幅広い谷底侵蝕低地になるのに対し，硬岩地域は侵蝕力の大きな本流によってのみ下刻され，軟岩地域より相対的に高くなり，横谷によって横断された尾根となる（例：☞図 12.0.19）．また，特殊な場合として，岩脈，熔岩，石灰岩などの暴露効果（☞p.927）でも再従型表成谷が形成される（例：☞図 16.0.65）．

横谷はダムサイトとして選定される場合が多いが，先行谷と表成谷の違いは重要である．それらの読図による判別の鍵は，上流側・横谷部・下流側の地形および地質である（表13.2.1）．先行谷では横谷の上流側に堆積低地，横谷の両側にそれと並走する天秤谷，横谷に変位した河成段丘などが発達する．そうでなければ，表成谷と解される．しかし，剝離型と再従型の判別は，差別侵蝕の概念（☞第16章）を論拠とするので，広域的読図が不可欠である．

5）天秤谷

先行谷の生じるような隆起運動が継続している地形場において，隆起速度よりも下刻速度の小さい河川は先行谷になれず，別の流域に転流する．この逆流に伴って谷中分水界（☞図13.2.17の2）が形成され，雨樋の中央部を持ち上げたようなアーチ形の縦断形をもつ一連の谷が形成される（例：☞図13.2.7）．これは，金魚屋さんのかつぐ天秤のように両側に水がある（流れる）から，天秤谷（pole valley）とよぶことにする．なお，接頭直線谷（☞p.708）は，最初から反対方向に河川が流れているので，天秤谷ではない．

6）縦流河川（縦谷）

接峰面で並走する2本の尾根の間の，長い直線谷ないし緩い弧状の谷を流れる河川を縦流河川（longitudinal river）とよび，その直線谷を縦谷（longitudinal valley）とよぶ．縦谷は地質構造とくに活断層や断層破砕帯にそって発達し，接頭直線谷をなす場合が多い（☞図13.1.22）．

7）頂流河川（頂流谷）

接峰面の尾根にそって流れる河川を頂流河川とよび，その河谷を頂流谷（crest-valley）とよぶことにする．前輪廻地形を刻む谷を除けば，大規模な頂流谷は存在しないが，変動地形（☞第19章），火山地形（☞第18章），大規模な地すべり地形（例：☞図15.5.27），崩落地形（例：☞図15.3.6）に伴って小規模なものが形成され，それらの地形種の認定の有力な鍵となる．

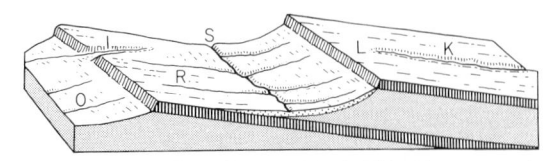

図 13.2.4 地質構造に対する河川の相対位置（Davis, 1899）
K：必従河流，S：適従河流，R：再従河流，O：逆従河流，I：無従河流，L：元の地表面．

8）地質構造に対する河川の相対位置

地質構造（地層の傾斜方向など）との関連における相対位置によって，河川（谷）は必従河流（consequent stream；その谷を必従谷という：以下同じ），適従河流（subsequent s.；適従谷），再従河流（resequent s.；再従谷），逆従河流（obsequent s.；逆従谷），無従河流（insequent s.；無従谷）に分類される（図13.2.4）．これらの判別は地形・地質調査の結果として行われる．しかるに読図では，まず対接峰面異常を認識し，その異常状態から地質構造や地形発達史との因果関係を推論するので，本書では図13.2.4の用語ではなく，対接峰面異常における分類用語を使用する．

(b) 対接峰面異常の読図例

ここでは，斜流谷，並流谷，頂流谷，先行谷および天秤谷について読図する．それら以外の対接峰面異常については関連章節で読図例を示す．

1）斜流谷，並流谷および頂流谷

図13.2.5.の養老山地の東面斜面は急傾斜な断層崖で，必従谷に開析され，その山麓に土石流による沖積錐が発達している（図13.2.6）．西面および南面の山腹斜面は緩傾斜で，山頂小起伏面が広く残存している．そこに，斜流谷（C→DおよびE→Fの区間），並流谷（A→B，I→J）および頂流谷（G→H）が見られる．これらの対接峰面異常は，断層崖の形成に伴う養老山地の西南方への傾動に起因すると考えられる．断層崖に近い隆起量の大きな地区では頂流谷（G→H）および斜流谷（E→F）が非対称谷になっている．

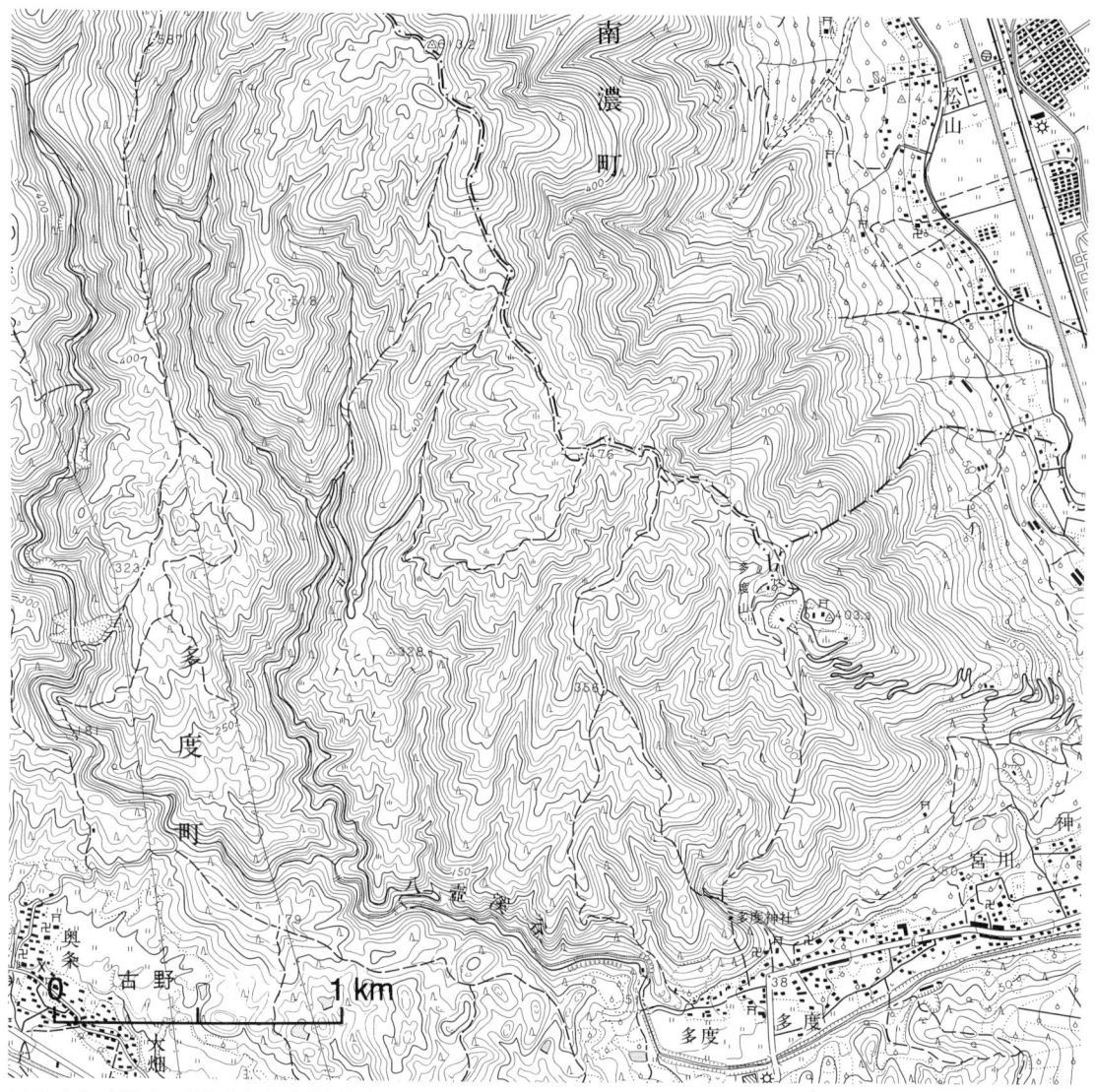

図 13.2.5 斜流谷，並流谷および頂流谷 (2.5万「弥富」〈名古屋 6-1〉昭 49 修正,「阿下喜」〈名古屋 6-3〉昭 49 修正)

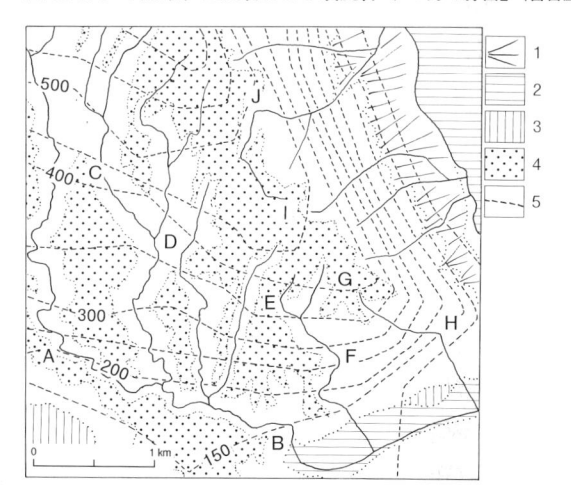

図 13.2.6 図 13.2.5 の読図成果概要図
1：沖積錐，2：河成低地，3：河成段丘面，4：小起伏面，5：接峰面等高線（m，基準幅 1 km の埋積法）．
A～J は河川の対接峰面異常を示す区間のおよその両端を示す．

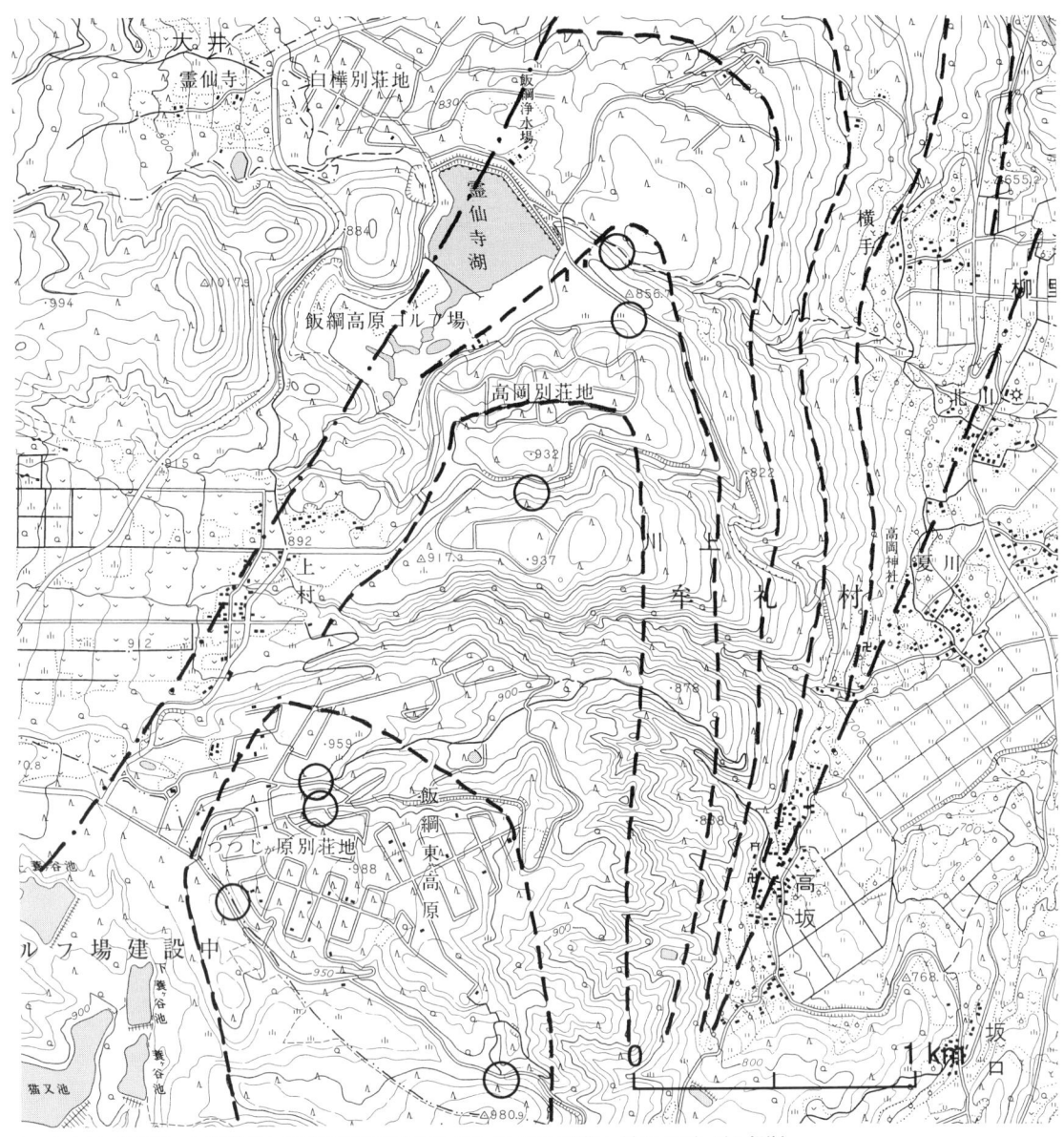

図 13.2.7 先行谷，天秤谷および天秤谷型の谷中分水界（2.5万「若槻」〈高田 16-2〉平 9 部修）
谷中分水界（○印），復旧等高線（太破線）および隆起帯の外縁（太 1 点破線）を補記．

2) 先行谷および天秤谷

図 13.2.7 に補記した復旧等高線（☞p.188）は滑らかな尾根を示す．その尾根を横断して，上村から東流して夏川に至る河川の横谷がある．その南北には，谷中分水界をもつ天秤谷が 7 本みられる．それらの谷の間には台状山稜（☞図 12.0.3）がある．尾根の西側には，湿地や池がある（霊仙寺湖は過去の湿地の人工堰止湖）．よって，復旧等高線の示す尾根は背斜的な隆起帯であり，その隆起に下刻の追いつかなかった（負けた）河川は天秤谷を残し，それを合して流量の増した河川は隆起に打ち勝って先行谷を形成したと解される．この撓曲的隆起は図の西方にある飯縄火山の荷重沈下に起因する（詳細：☞p.1052）．

(2) 転向異常

1) 転向異常の類型

穿入蛇行は河川の自律による現象であり，1本の河川の蛇行帯軸は全流路の大部分を通じて一般にほぼ直線状ないし弧状である．ところが，蛇行軸の大局的な向きが，河川自体ではなく何らかの外因的原因によって，複蛇行（☞図6.1.35）の規模を越えて大規模に，ある地点で直角または鋭角に急転向していることがある．そのような流路の大規模な転向を転向異常（turning anomaly）とよぶことにする．なお，低地河川の転流（☞図6.1.50）は，自律的な流路位置の移転であるから，転向異常に含めない．

転向異常は，大規模な流域変更を伴う場合と伴わない場合がある．前者はその原因によって図13.2.8のように類型化される．後者は地質構造に制約された差別侵蝕（例：☞図13.1.34）や地すべり，火山活動，変位量の小さい横ずれ活断層などによって生じる．それぞれの読図例は関連章節で扱うこととし，ここでは，河川争奪による転向異常を扱う．

2) 河川争奪

河川争奪（river capture, stream piracy）は，分水界を共有する2本の河川の一方または両方の頭方侵蝕または側刻によって分水界が低下し，ついには両河川が接触したために，河床高度の高い方の河川が低い方の河川に流入して，前者の流域変更が起こる現象である（図13.2.9）．争奪した河川を争奪河川（predatory stream, captor）とよび，争奪された河川の上流部を被奪河川（captured stream），その上流部を奪われて短縮された元の河川の下流部を斬首河川（截頭河川，beheaded stream），その争奪地点を争奪の肘

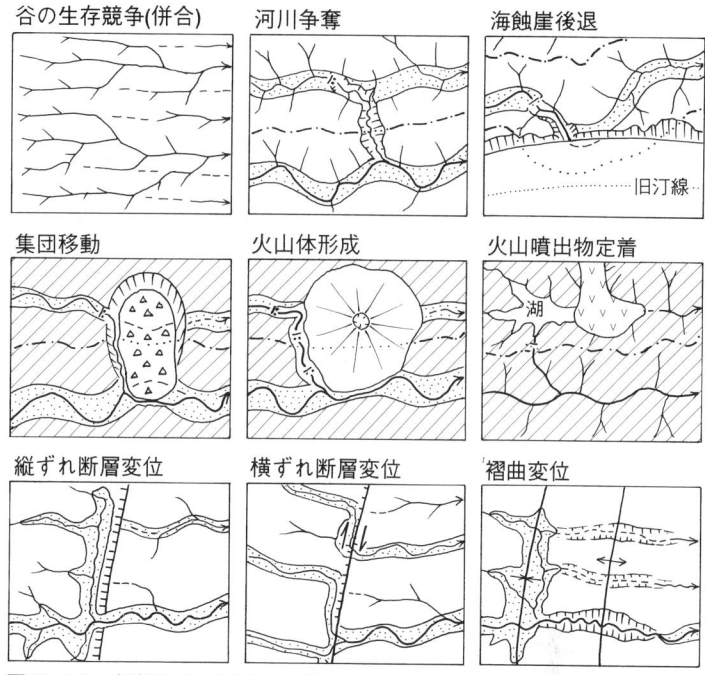

図13.2.8 流域変更を伴う転向異常の主な類型　破線は過去の流路．

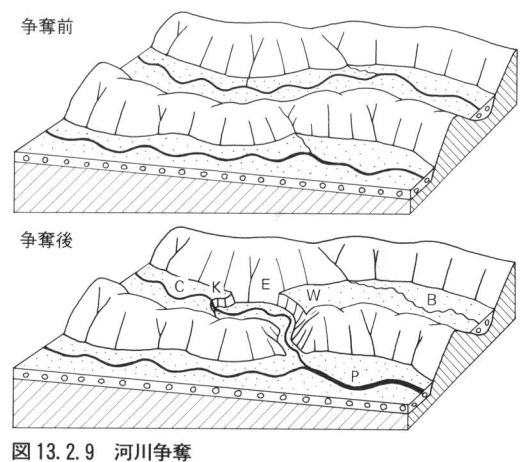

図13.2.9 河川争奪
C：被奪河川，B：斬首河川，P：争奪河川，E：争奪の肘，W：風隙，K：遷急点．

（elbow of capture）とそれぞれよぶ．その肘つまり斬首河川の上流端に生じた谷中分水界（☞p.744）を風隙（wind gap）とよぶ．

争奪河川は，流量の急増に伴って，争奪の肘から下流では河谷の規模に比べて過大な流体力をもつ河川（過大河川：☞p.746）となり，急速に下刻するので，峡谷を形成し，また被奪河川ぞいに

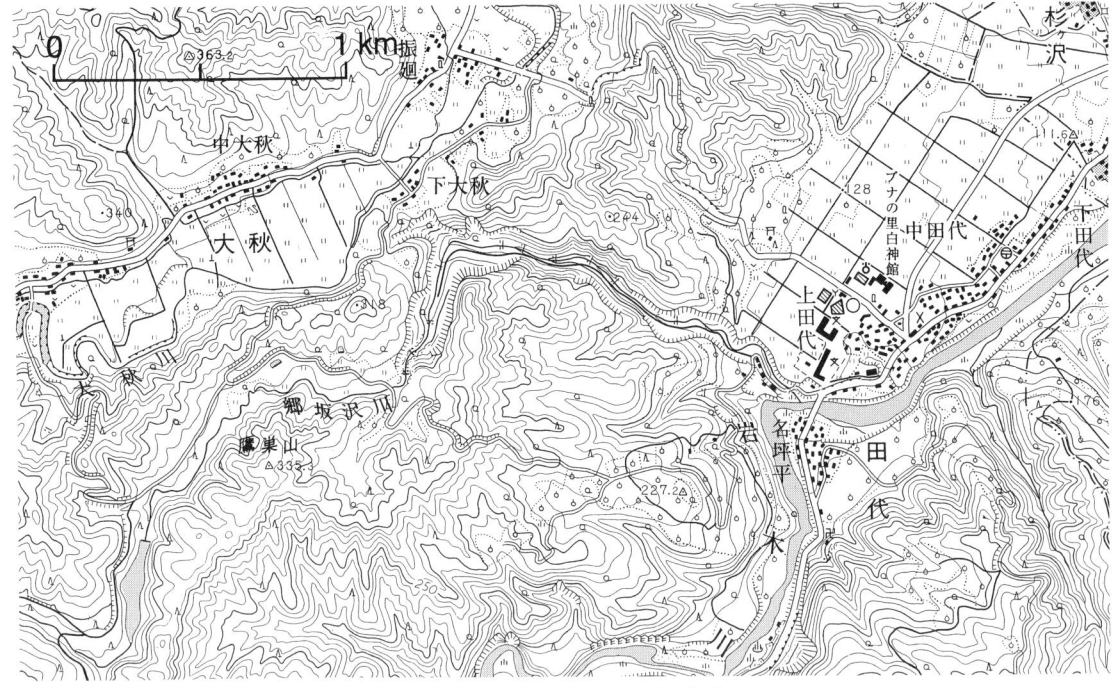

図 13.2.10 河川争奪の直後と直前の地形 (2.5万「陸奥田代」〈弘前 9-4〉平 6 修正)

谷底低地があれば，それを段丘化する．一方，斬首河川は流量減少のため，河谷および谷底幅に比べて著しく不釣り合いに，水面幅の小さな河川（過小河川：☞p.746）となる．

河川争奪の様式は，次のように大別される．
① 頭方争奪（headward capture）：本流または支流の頭方侵蝕により，その谷頭が別の河川に接し，その河流を奪取する（図 13.2.10）．
② 側方争奪（lateral capture）：一つの河川流域において，側方侵蝕によって本流が支流を争奪し，貫通丘陵を形成する（☞図 13.1.14）．
③ 自動争奪（auto-capture, self-capture）：1 本の河川の蛇行切断（☞図 13.1.13）．
④ 地下争奪（underground tapping）：カルスト地域で水流の地下への吸い込みによる流量の消失（☞第 16 章）．

並走する河川間の生存競争による併合（☞p.693）は①と②の両様式による．ただし，③と④は大規模な分水界の移動（流域面積の増減）を伴わないので，普通には河川争奪とよばれない．

3）河川争奪の読図例

図 13.2.10 の岩木川支流の郷坂沢川は下大秋の南で転向異常を示す．その転向点（争奪の肘）より上流は，かつては大秋川に合流していたが，岩木川の支流の谷頭侵蝕によって争奪された．郷坂沢川上流の谷底低地は，頭部侵蝕によって下刻されつつあるが（2 個の滝に注意），転向点の西の段丘面（果樹園あり）および下大秋の谷底低地に連続している．転向点に左岸から合流するガリーの谷頭はすでに大秋川の谷底低地に入り込んでいる．その頭部侵蝕が約 150 m も進めば，大秋川も直ぐに争奪されるであろう．郷坂沢川の下流部は，争奪河川になったため，岩木川左岸の他の支谷に比べて著しく深い峡谷を形成している．

図 13.2.11 の北部では，道場から北東に流れる河川（串川という）ぞいに，その流路幅に比べて不釣り合いに幅広い谷底堆積低地および河成堆積段丘（標高点 337 の島状丘に注意）が発達する．図の南西部から北東に流れる早戸川は，落合で南東に急転向し，中津川に合流する．その転向点の

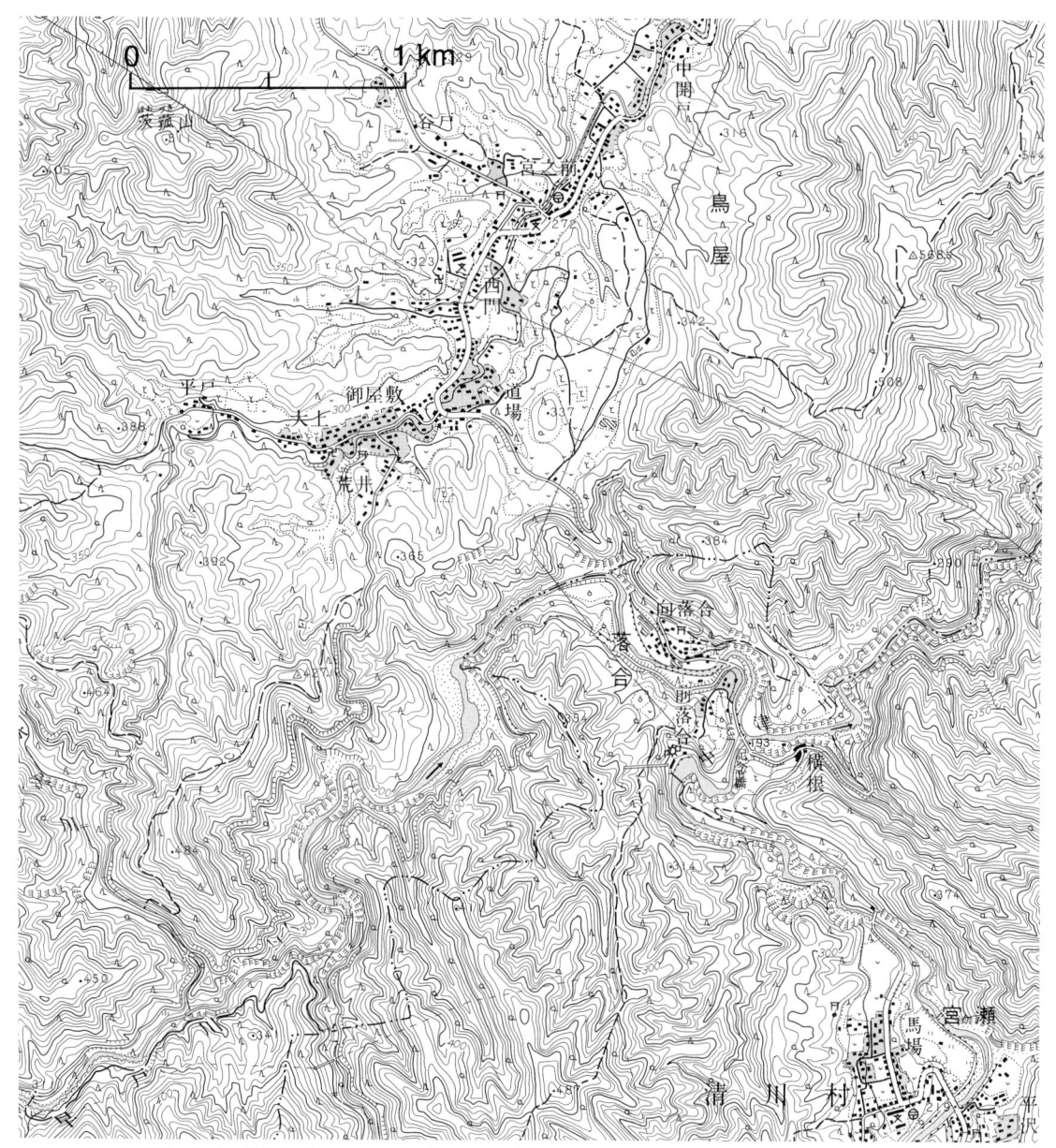

図 13.2.11　河川争奪および断層変位による転向異常 (2.5万「青野原」〈東京 15-2〉昭 49 修正)

北西には，道場の南東（道路ぞい）に串川の谷底低地に続く平坦な風隙がある．よって，串川はかつては早戸川の下流であったが，中津川の支流に争奪された被奪河川（過小河川）である．風隙には過去の河床堆積物が厚く存在するであろう．河川争奪に起因する風隙には過去の河床堆積物（礫層）があり，争奪河川にダムを建設すると漏水の原因となるから，止水工が必要となる．

中津川も，宮ケ瀬から北西に流れて，前落合で急転向し，横谷を形成して北東に流下する．この転向異常は，広範囲の読図によると，左横ずれ活断層（☞第 19 章）による変位の結果である．つまり，中津川が断層で切断・変位される前には，横根が宮ケ瀬の位置にあったと解される．

(3) 屈曲度異常

1) 屈曲度異常の類型

穿入蛇行の波長は流域面積に比例し，大河川や下流ほど大きい（☞図13.1.16）．穿入蛇行の屈曲度（＝流路長/谷長）も一般に大河川ほど大きく，その蛇行帯幅は，蛇行切断が起きていない限り，下流に向かって徐々に増大する．このように，穿入蛇行の屈曲度は，谷底勾配に支配される自由蛇行の屈曲度の変化傾向（☞図6.1.25）と基本的に異なる．

上述の一般的傾向と異なって，穿入蛇行の波長，振幅および蛇行帯の幅が，局所的に極端に増大または減少していることがある．そのような現象を屈曲度異常（sinuosity anomaly）とよぶことにする．屈曲度異常の原因は多様であるが，ここでは次の4類型に大別しておく（図13.2.12）．

① 侵蝕復活型：1本の河川が侵蝕復活して，遷急点の後退と共に下刻している区間では，その上流・下流に比べて，谷線は急勾配であるが，屈曲度が急増するため，河床勾配はほぼ一定である（例：図13.2.13）．ただし，滝は例外である．

② 差別侵蝕型：河川の側刻に対する抵抗性の異なる岩石が分布している場合には，一般に強抵抗性岩の地区（再従型表成谷）で屈曲度が小さい（例：☞図6.3.16aの大倉ダム下流）．剝離型表成谷とくに谷側積載段丘の峡谷部で屈曲度が小さい．断層破砕帯や顕著な節理にそう地区（縦谷）は直線谷となり，横谷より屈曲度が極めて小さい（例：☞図13.1.22）．

③ 堆積・定着による偏流型：谷壁で発生した地すべり・崩落・土石流の定着（☞第15章）あるいは火山噴出物（熔岩流・火砕流など）の定着（☞第18章）によって，河川が偏流または堰き止められると，その地区だけ屈曲度が小さい．

④ 先行谷型：先行性河川の屈曲度は，先行谷の上流・下流より一般に大きい．このことは，図13.2.7において，先行谷と天秤谷の河川屈曲度

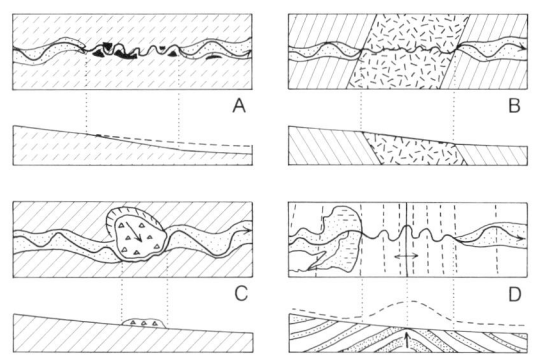

図13.2.12 屈曲度異常の原因の主要な4類型
A：侵蝕復活型，B：差別侵蝕型，C：堆積・定着型，D：先行谷型（変動変位型）．各型の基本的特徴を平面図（上段）と投影断面図（下段）で示す．断面図の実線は河床の投影縦断形を示し，破線は過去のそれを示す．ただし，Dの平面図の破線は接峰面の等高線を示し，断面図の破線は接峰面の断面を示す．平面図の打点部と横破線部は河成低地，黒色部は段丘面，三角印部は地すべり堆または崩落堆をそれぞれ示す．

を比較すれば明白であろう．

屈曲度異常は上記4種のいくつかが組み合わさっている場合も多く，また対接峰面異常，谷底幅異常，水面幅異常，縦断勾配異常など他の河系異常としばしば共存する．ゆえに，屈曲度異常の原因を解明するためには，河川とその両岸および流域全体の地形場を把握する必要がある．

2) 屈曲度異常の読図例

図13.2.13の雨畑川は，A-B間（床谷）およびC-D間（床谷）に比べて，B-C間（ほぼ欠谷）の屈曲度が著しく大きい（☞挿入表）．河床の投影縦断形（図13.2.14）をみると，B-C間の投影谷底勾配はその上流および下流より明瞭に急勾配であるが，3区間の平均河床勾配には大差がない．つまり，河川は落差則（☞図13.1.46）に従って流下するために，投影谷底勾配の大きい区間では大きな屈曲度になるわけである．

3区間では，両岸の地形に特段の差異はないので，地質も大差はないと解される．よって，この屈曲度異常は侵蝕復活に起因するものと推論される．御馬谷もその右岸の大きな支流の合流点から下流では大きな屈曲度をもつ．稲又の谷は，河床勾配が小さく，床谷であり，屈曲度は小さい．

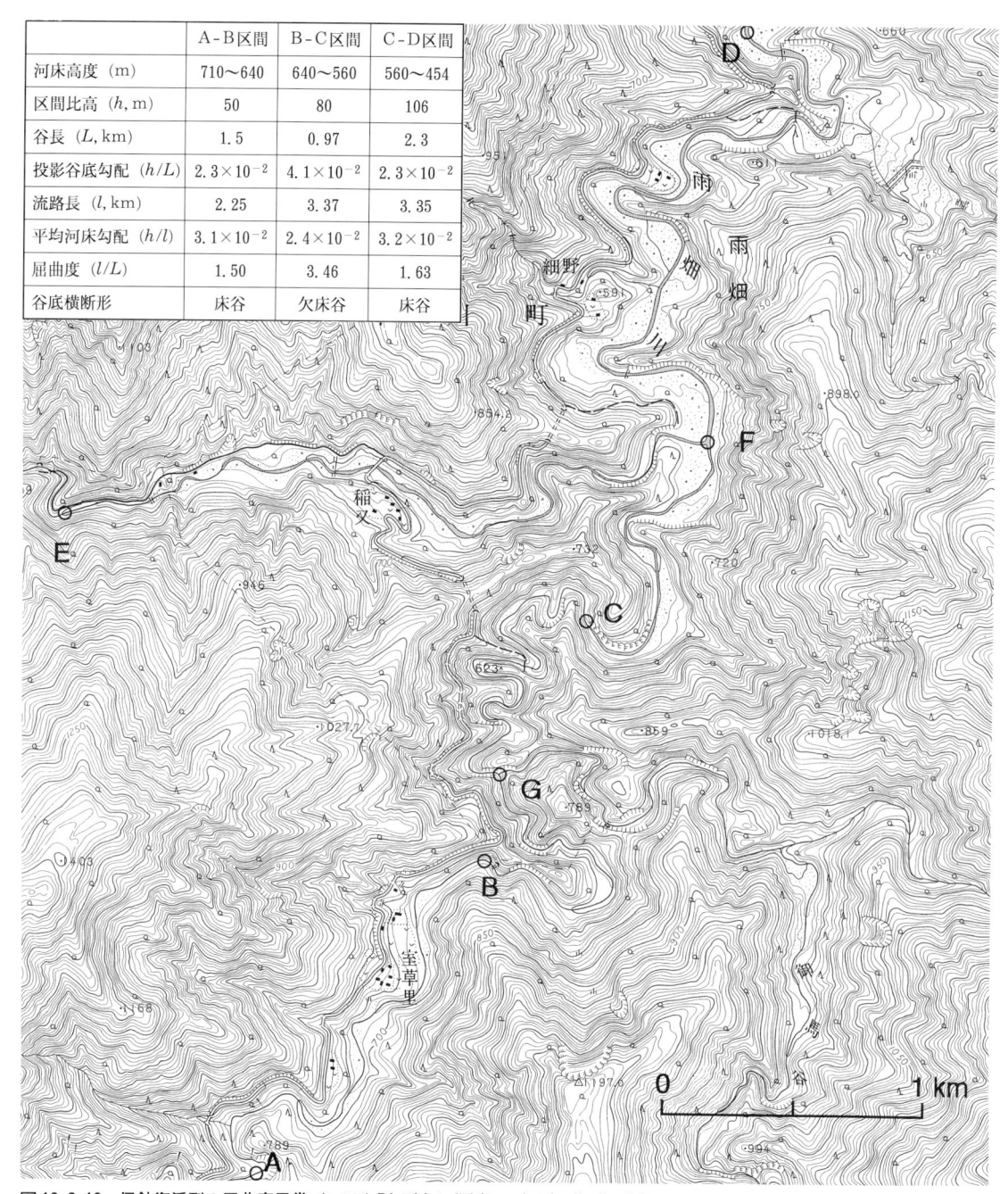

	A-B区間	B-C区間	C-D区間
河床高度 (m)	710〜640	640〜560	560〜454
区間比高 (h, m)	50	80	106
谷長 (L, km)	1.5	0.97	2.3
投影谷底勾配 (h/L)	2.3×10^{-2}	4.1×10^{-2}	2.3×10^{-2}
流路長 (l, km)	2.25	3.37	3.35
平均河床勾配 (h/l)	3.1×10^{-2}	2.4×10^{-2}	3.2×10^{-2}
屈曲度 (l/L)	1.50	3.46	1.63
谷底横断形	床谷	欠床谷	床谷

図 13.2.13 侵蝕復活型の屈曲度異常 (2.5万「七面山」〈甲府 12-4〉平8修正) ○印と A〜G の記号ならびに地形計測表を補記.

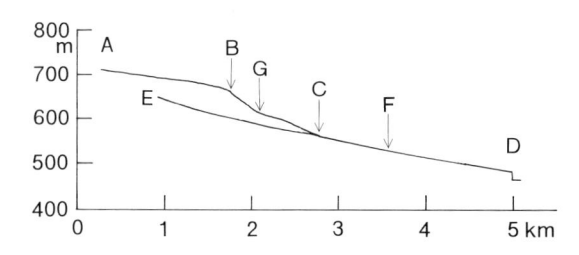

図 13.2.14 雨畑川と稲又の谷の投影河床縦断曲線
投影断面線は図 13.2.13 の○印 (A〜G) を結んだ折線. 地点記号 (A〜G) は図 13.2.13 と同じ. C-F 間では両河川の河床縦断曲線が重なっている.

(4) 谷底幅異常

1) 谷底幅異常の特質

河谷の谷底幅は一般に，その谷底低地が侵蝕低地と堆積低地のいずれ（☞図 6.2.43）であっても，下流に至るほど大きい．ところが，局所的に谷底幅の極端に狭まった狭窄部（または峡谷）や逆に広がっている広開部（または小さな盆地）があって，谷底低地の平面形がヒョウタンのようになっている場合も少なくない．このような谷底幅の局所的で顕著な急変を谷底幅異常（valley-floor width anomaly）とよぶことにする．

谷底幅異常の原因は多様であるが，大別すれば図 13.2.15 のように類型化される．各類型はしばしば対接峰面異常，転向異常，屈曲度異常，水面幅異常，縦断形異常のいくつかと共存するので，その原因の詳述は省略し，ここでは要点のみを述べる．

狭窄部は，①河川争奪や穿入蛇行の蛇行切断などによる侵蝕復活型，②先行谷，表成谷，谷側積載段丘あるいは熔岩流切断部などの差別侵蝕型，③地すべり，火山活動などによる閉塞型，④変動変位型に大別される．谷底侵蝕低地における谷底幅異常の主要な原因は，側刻における差別侵蝕であるから，側刻速度式（☞p. 392）で説明され，一般に狭窄部は強抵抗性岩で，広開部は弱抵抗性岩で構成されているとみて大過はない．

狭窄部を夾む投影河床縦断形をみると，差別侵蝕型峡谷では滑らかで，河床勾配の急変は稀であるが（例：☞図 6.3.9），侵蝕復活型峡谷ではその部分だけ急勾配である（例：図 13.2.14）．

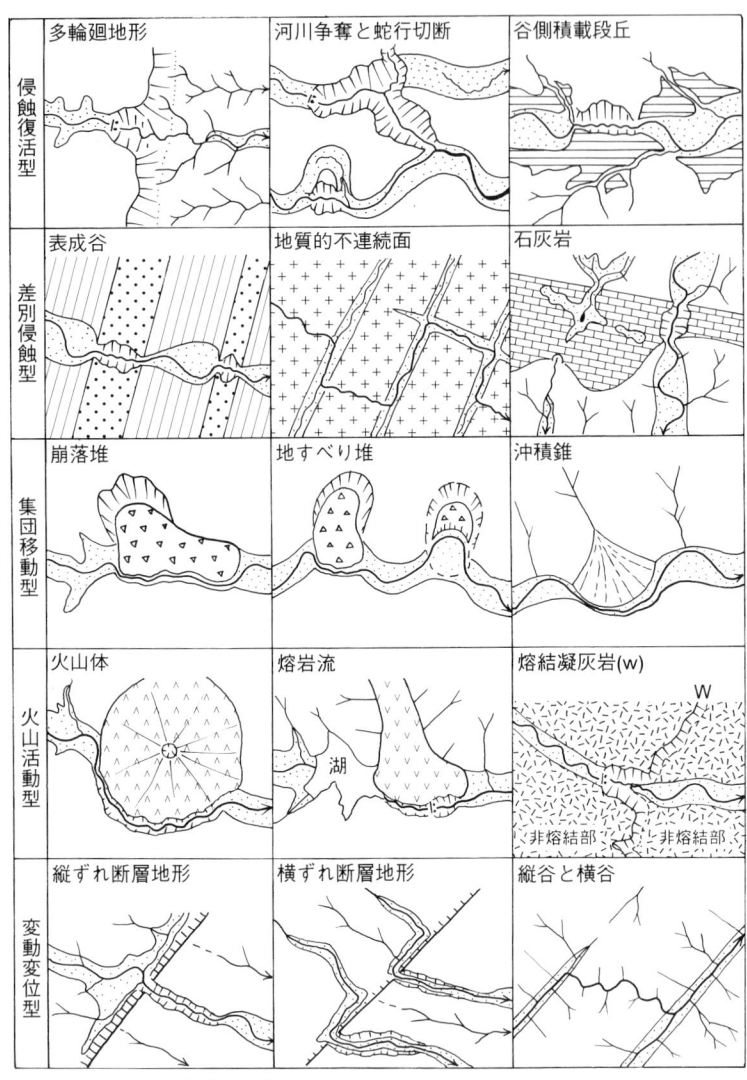

図 13.2.15 谷底幅異常の諸類型

広開部は，軟岩の側刻された侵蝕低地であり，上流の狭窄部末端から徐々に幅広くなり，側刻速度式で表される定常幅を経て，下流の狭窄部の直前で急激に狭くなる．谷底より低い地すべり面をもつ古い地すべり堆が側刻されて，その部分だけが広開部となっている地区もある（例：☞図 15.5.29）．よって，近傍に蛇行切断による拡幅がないのに，局所的に谷底幅が急増している地区はこの種の古い地すべり堆，軟岩あるいは断層破砕帯の差別侵蝕に起因する可能性が強い．

問題は，狭窄部と広開部のいずれの形成が個々の谷底幅異常の原因であるか，ということである．その判別には，上流から下流までの両岸を含む広域的読図が必要である．

2) 谷底幅異常の建設技術的意義

狭窄部は，取水口（位置が安定），ダムサイト，交通路の集中地区，トンネル区間などとなるが，出水時に水位の急上昇が起こり，斜面崩壊も発生しやすいので，建設技術的に問題の多い地区である．狭窄部は一般に両岸に急傾斜の谷壁斜面が迫ってV字谷または箱状谷（☞図13.1.27）をなし，硬岩で構成されている．ただし，しばしば片岸または両岸に地すべり堆や火山噴出物の定着地形が存在することもある．

広開部は，建設技術的には問題の少ない地区であるが，谷壁が軟岩で構成されている場合には側刻を受けやすい．広開部の下流端部（狭窄部の直上流部）では出水時に狭窄部と共に水位の著しい上昇が起こり，氾濫することが多いので，遊水地が必要なこともある．

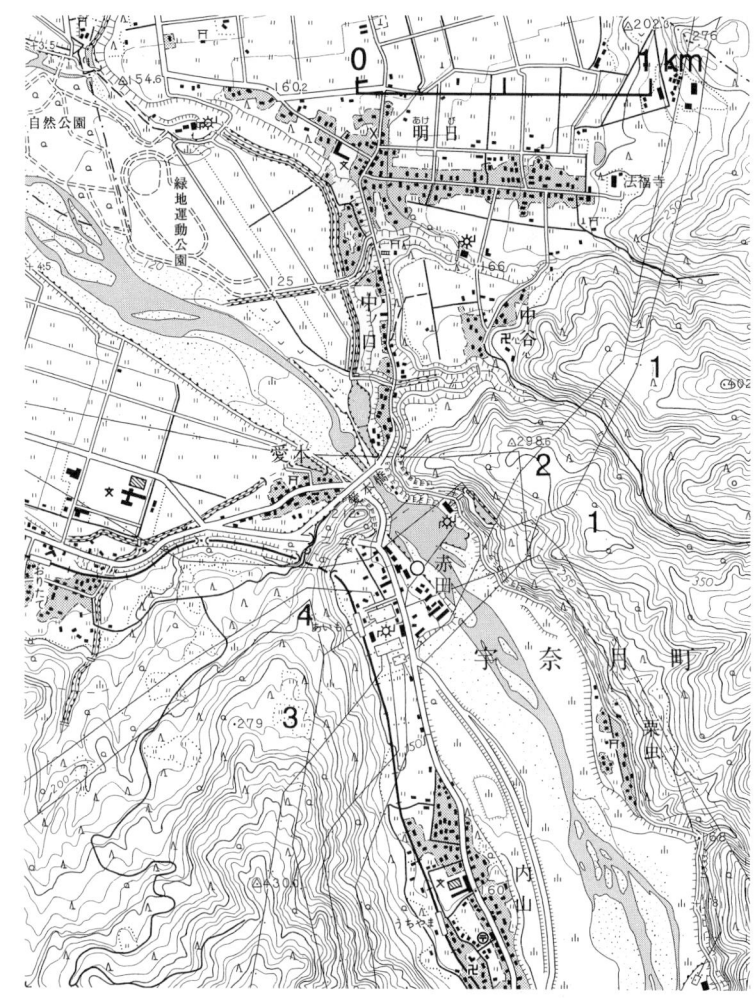

図13.2.16 差別侵蝕による谷底幅異常（2.5万「舟見」〈富山7-4〉平7修正）
古い段丘面の記号（1～4）を補記．

3) 谷底幅異常の読図例

図13.2.16の愛本橋の直上流では，両岸から伸びる幅の狭い尾根を大河川（黒部川）が横断して，顕著な狭窄部を形成している．その上流では幅500m内外の広い河川敷をもつ谷底があり，下流には両岸の堆積段丘（明日，「おりたて」駅付近）を刻んで幅1.4kmに及ぶ侵蝕低地が発達する．

狭窄部の両岸の幅の狭い尾根は，下流側の斜面が上流側よりやや緩傾斜な非対称山稜である．その背後の丘陵には，少なくとも4段の段丘面（図中の1～4）が断片的に発達しているので，過去には幅広い谷底低地が狭窄部付近にも広がり，谷口は現在より上流にあったと解される．図南西部には，水田の散在する緩傾斜な丘陵斜面すなわち地すべり地形（軟岩域）が発達する．

以上のことから，この狭窄部は，黒部川でさえ側刻の困難なほどの強抵抗性岩でかつ北西傾斜の幅の狭い岩体（たとえば岩脈や固結した火砕岩）で構成され，それの暴露効果（☞図16.0.63）で生じた表成谷であると推論される．

(5) 谷中分水界（谷頭異常）

1) 谷中分水界の定義と形成過程

河谷の上流端つまり谷頭（valley head）は明瞭な分水界（尾根）を境に反対側の流域に接するのが普通である．ところが，分水界が雨樋状の谷の谷底に位置しており，しかもそこが平坦地になっていて，分水界の位置が不明瞭な場合がある．そのように，広義の谷の谷底に位置する分水界を谷中分水界（divide in valley）という．これは谷底幅異常の亜種または谷頭異常ともいえる地形である．その形成過程は次のように三大別される（図13.2.17）．

① 切断型（風隙型）：河谷の上流部が何らかの原因で切断されると，過去の谷底が鞍部となり，谷中分水界が形成される．そのような鞍部を風隙（wind gap, air gap, dry gap）とよぶ．風隙の両側は，一方が緩傾斜な過去の谷底であり，他方が急斜面または急勾配の新しい河谷であって，著しく非対称な縦断形をもち，分水界は明瞭である．風隙には過去の河床堆積物が残存する．

風隙を形成する河谷の切断は，断層変位（☞第19章），河川争奪（例：☞図13.2.11），隣接流域内での崩落や地すべり（例：☞図7.3.12の沼前南方の三角点461.3の東南），海蝕崖の後退（例：☞図7.3.5の「おせんころがし」），などに起因する．河川争奪による風隙は1個であるが，それ以外の原因（とくに断層変位）による風隙の場合には，複数河川を横断する方向で切断されていれば，複数個がほぼ直線的に並んでいる．

② 逆流型（天秤谷型）：河谷の中流部が相対的に隆起して，天秤谷が形成されると，上流部は過去の上流側へ逆流して，谷中分水界が形成される（☞図13.2.2）．この型では過去の谷底または谷底低地が平坦な谷中分水界を越えて両側に連続的に発達している（例：☞図13.2.7）．特殊な地形場，たとえば支流または谷壁斜面に由来する沖積錐，扇状地，地すべり堆などが緩勾配の本流の

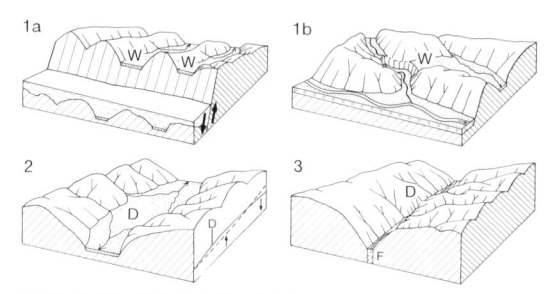

図13.2.17 谷中分水界の主な類型
1：切断型（1a：断層による切断，1b：河川争奪による切断），2：逆流型，3：差別侵蝕型．W：風隙，D：谷中分水界，F：断層．

谷底低地に形成され，本流を堰止めると谷中分水界が形成され，河川の上流が別の流域に転流することがある（例：☞15.5.27）．

③ 差別侵蝕型（接頭直線谷型）：この型は，谷頭を接する2本の直線谷つまり接頭直線谷（☞p.708）の分水界をなす低い峠であり，断層運動や差別侵蝕で形成された鞍部である．直線谷は，リニアメント（☞表16.0.6）として認識され，活断層にそう断層谷，古い断層破砕帯にそう断層線谷（例：☞図13.1.23a），弱抵抗性の地層の差別侵蝕谷などである．そのため，接頭直線谷の谷頭（峠）は，その両側の相対的に強抵抗性の岩石で構成される尾根よりも早く侵蝕されて著しく低くなり，谷中分水界になる．この型では複数個の接頭直線谷と鞍部列（谷中分水界）が直線的に配列していることが多い（例：☞図3.1.7）．

建設技術的にみると，谷中分水界のうち切断型と差別侵蝕型では旧河床堆積物や断層破砕帯がともに高い透水性と非固結性（または軟岩）をもつため，ダム池敷では漏水，トンネル掘削では落盤，切取では斜面崩壊の素因となる（☞第23章）．逆流型では特段の問題はない．切断型または逆流型の谷中分水界を谷頭にもつ河谷では過小河川（☞p.746）が流れているに過ぎない．

2) 谷中分水界の読図例

図13.2.18中央部の芸備線の陸橋地点は，幅広い谷底堆積低地に位置し，図南部を西流する三篠川と図北部を北流する戸島川の分水界をなし，逆

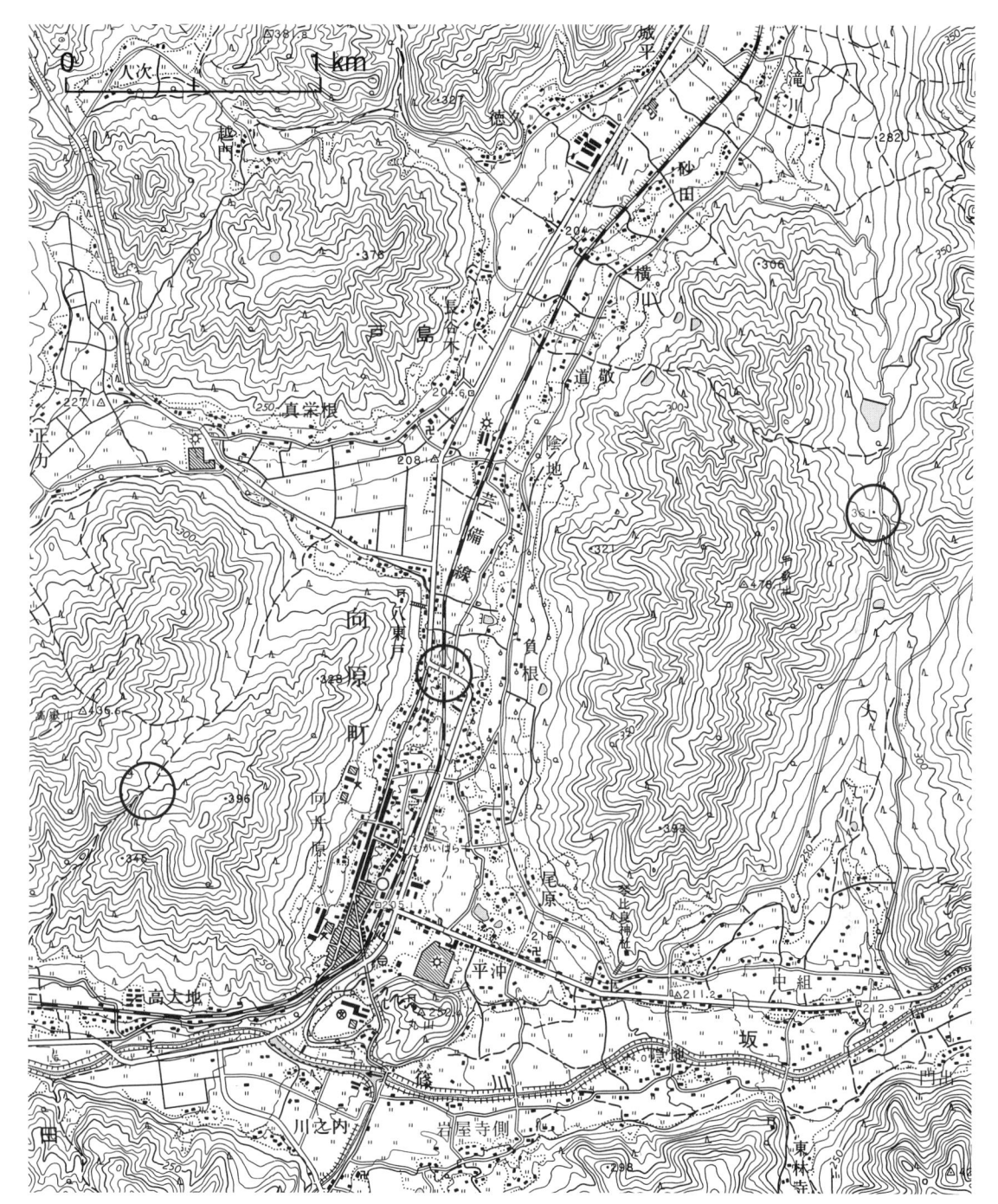

図 13.2.18 逆流型と差別侵蝕型の谷中分水界（2.5万「安芸吉田」〈広島 5-1〉平4修正）3個の○印を補記.

流型の谷中分水界と解される．戸島川は谷底低地幅に比べて水面幅の小さい過小河川であるから，過去には三篠川が平沖から北流し，戸島川の上流をなしていた可能性が強い．しかし，それを証明するには，広範囲の読図が必要である．図東部の大土川谷頭の標高点 361 および図西部の高嶽山南東の鞍部はともに接頭直線谷の鞍部であり，差別侵蝕型の古い谷中分水界である．

(6) 流路幅異常

1) 流路幅異常の定義

　河川は一般にその規模（流量）に応じた流路幅と谷底幅をもち，両者は共に下流に至るほど大きくなる．ところが，河川の平水時における流路幅が，大きな支流の合流・分流以外の原因で，ある地点または地区において，上流から下流に急減（稀に消失）または急増していることがある．また，流域面積や谷底低地幅という地形場との関連において，流路幅が不釣り合いな大小を示すこともある．このような流路幅の極端な過大または過小な状態を流路幅異常（channel-width anomaly）とよぶことにする．

　流路幅異常は，本来は河川の流量異常とよぶべきであるが，読図では流量を直接に推定できないので，それを反映している水面幅で認定する．地形図に描かれている流路幅（水面幅）および要所要所の水深は平水時の状態を示している（表13.2.2），ここで扱う流路幅異常は平水時における水面幅の地理的な異常を指している．

2) 流路幅異常の原因

　① 縦断方向での流路幅異常：1本の山地河川の流路幅異常は，上流から下流への流路幅の急減（または消失）と急増の二種に大別される．両者は主として地形物質あるいは地形場に起因する．流路幅の急減は，強抵抗性岩または高透水性の地形物質（例：石灰岩，断層破砕帯，割れ目の多い岩石，非固結の火山噴出物，礫層，粗粒で厚い谷底堆積物など）の分布地ならびに各種の谷底幅異常（狭窄部）のみられる地形場（☞図13.2.15）で生じる．カルスト地域に多い尻無川（☞図16.0.42）はその好例である．逆に，流路幅の急増は，弱抵抗性の地形物質で構成される地形場（例：谷底侵蝕低地）や大規模な湧泉を河畔にもつ河川（例：火山麓の河川）にみられる．

　② 不適合河川：流域面積または谷底低地幅に対して相対的に，1本の河川の流路幅や蛇行の波長・振幅が，全流路または広域にわたって不釣り合いに，小さ過ぎる河川を過小河川（underfit stream），逆に大き過ぎる河川を過大河川（overfit stream）とよび，一括して不適合河川（misfit river）と総称する（Dury, 1960）．これは地形場との関係における流路幅異常である．

　過小河川は，河川争奪による斬首河川（例：図13.2.19）や変動変位による流域変更で上流を失った河川（図19.2.23のJ）に普通にみられる．また，過去に流量（掃流力）が大きく，粗粒の砂礫を運搬・堆積していた河川が，気候変化による流量減少のために，細粒物質しか運搬しなくなると，蛇行の波長・振幅が激減し，過小河川になる．なお，幅広い谷底堆積低地や支谷閉塞低地では，どの河川も一般に過小河川にみえるから，流路幅異常と誤認しないように注意する．

　過大河川は，谷の大きさ（横断幅，断面幅）に比べて流量が著しく大きく，過大な侵蝕・運搬能力をもつ河川である．河川争奪や変動変位などによって小さな河谷での流量が急増した場合にみられる．しかし，流量増加は侵蝕力を強め，谷は急速に拡幅するから，実例は少ない．湧泉川（例：☞図6.1.55の泉川）も過大河川の一種である．

　③ 外来河川と域内河川：湿潤地域に発源し，乾燥地域を通過している河川を外来河川（exotic river）とよぶ（例：ナイル川）．本書ではその概念を拡張して，何らかの地形種（例：砂丘帯，段

表 13.2.2 地形図での河川の表現法

水面幅*W(m)	2.5万地形図での表現法
$W < 1.5$	記号なし
$1.5 < W < 2.5$	0.1 mm 幅の青色の1本線（図上で長さ1cm以下は省略される）
$2.5 < W < 7.5$	0.1〜0.3 mm 幅の縮尺された1本線
$7.5 < W$	両岸を0.1 mm 幅の2本線で描き，水面全体を青い網点で表現
水無川	0.1 mm 幅の1本または2本の破線

＊：平水時の水面幅である．

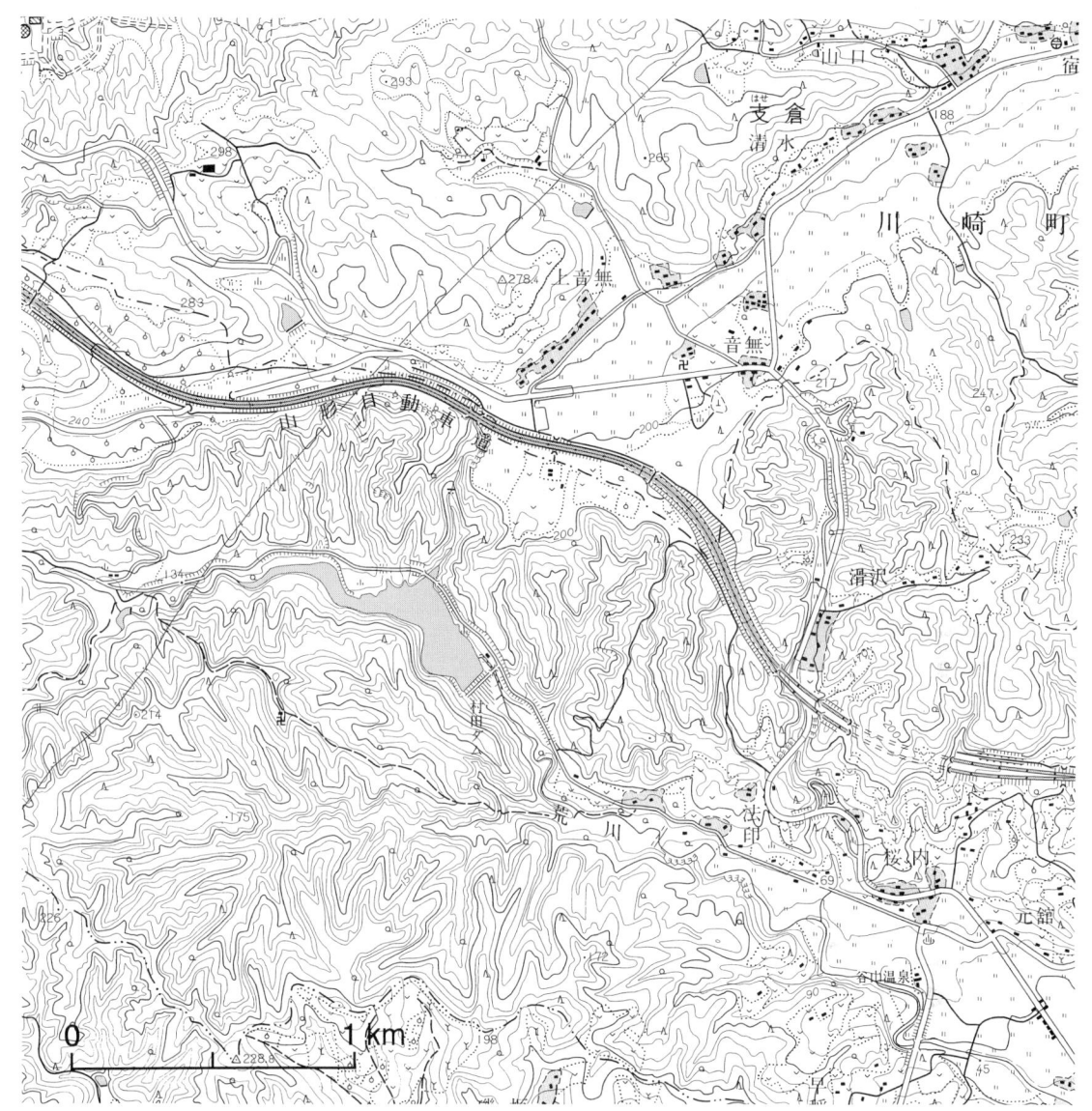

図13.2.19 河川争奪で形成された過小河川 (2.5万「村田」〈仙台8-1〉平9部修)

丘, 地すべり堆, 火山地域, 石灰岩台地, 山脈などの範囲外から流下し, その地形種を横断している河川を外来河川とよび, その地形種内に発源する河川を域内河川 (domestic river) とよぶことにする. 外来河川でも, 石灰岩地域 (カルスト台地, サンゴ礁段丘: ☞図14.4.3) や砂丘, 海岸州 (例: ☞図7.1.11) の花釜の南) では, 河流が浸透・消失して尻無川 (tailless river: その谷を尻無谷, ☞p.906) になることもある.

3) 流路幅異常の読図例

図13.2.19北東部の水田地帯は幅広い谷底堆積低地であるが,「山形自動車道」の注記の南東に幅広い風隙 (谷中分水界) があって, 上流側 (南側) が切断されている. その低地を流れる河川 (音無西方で発源) は流路幅の著しく小さな過小河川である. これは, 図南部の荒川の頭方侵蝕によって, 村田ダム付近を争奪の肘とする河川争奪が起こり, 斬首河川になったためである.

(7) 河床縦断形異常

1) 河床縦断形のセグメント

山地河川の谷頭から谷口までの河床縦断曲線を普通断面図または投影断面図（☞p.198）で描くと，流路勾配一定の法則（☞p.728）の成り立っている河川では，一般に下に凹み，下流ほど緩勾配の指数曲線的な曲線になる．したがって，高度を対数にとった片対数グラフに河床縦断形を描くと，それは一般に直線になる．しかし，いくつかの直線で区分された折線になっていることも少なくない（図 13.2.20）．その折れ線の各直線区間をセグメント（segment）とよぶ．山地河川の河床縦断曲線がいくつかのセグメントに分かれている現象を河床縦断形異常とよぶことにする．下流に向かって河床勾配が急増する地点を遷急点，逆に急減する地点を遷緩点とそれぞれよび，両者を遷移点と総称する（☞p.106）．

河床縦断形異常の把握には，河床縦断曲線を片対数グラフで描くことが望ましいが，読図では谷線を横切る等高線の間の距離の縦断方向における変化状態を読む．ただし，露岩記号に挟まれた峡谷部では等高線を読むのが困難である．

2) 河床縦断形異常の原因

山地河川における河床縦断形異常すなわち遷移点の成因は次の4種に類型化される．

① 侵蝕復活型（多輪廻型）：河川が何らかの原因で回春すると遷移点が形成され，河床縦断曲線は折れ曲がる．上流部の緩勾配の区間は前輪廻地形（小起伏面）であり，それを囲む侵蝕前線と河川が交叉する地点に顕著な遷急点がある（例：図 13.2.20）．懸谷（☞p.713）は河床縦断形異常の顕著な例である．

② 差別侵蝕型：河床を構成する弱抵抗性岩と強抵抗性岩の間の差別侵蝕により，一般に強抵抗性岩の分布区間の下流部に遷急点が生じ，そこが一時的局地的侵蝕基準面（☞p.665）になる．

③ 集団移動型と火山活動型：崩落，地すべり，

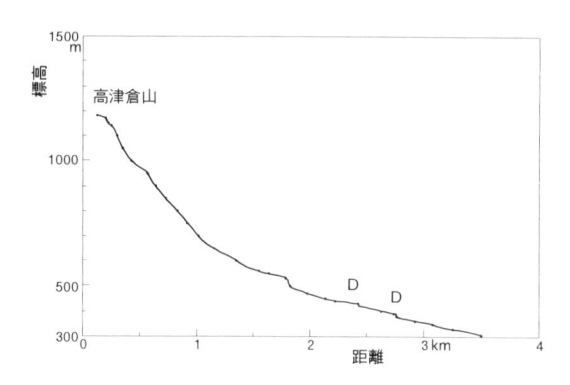

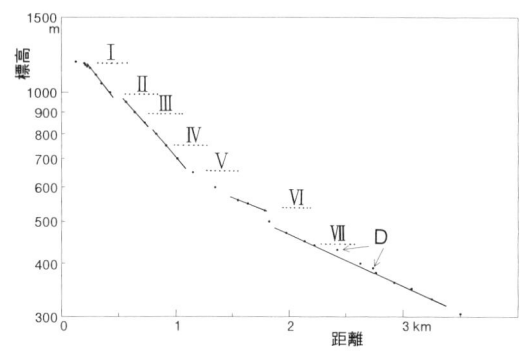

図 13.2.20 河床縦断曲線（図 12.0.23 の湯之沢川の例）
上：普通グラフ，下：片対数グラフ．I～VII：図 12.0.24 の小起伏面（I～VII）の末端高度を示す．D は砂防堰堤．

土石流の定着物や火山噴出物（とくに熔岩流）が河川を堰き止めると湖が生じ，そこから溢れた水が定着地形の低所を流れ，定着物の下流端に滝または早瀬をつくる．熔岩流などの硬岩は容易に下刻されないから，長期間にわたって滝が存続する（例：日光華厳滝）．一方，崩落物質や地すべり定着物などの非固結定着物は容易に下刻され，または湖水の浸潤に伴う流動化で一瞬のうちに流失するため（☞図 15.5.4），遷移点は一般に短命である．

④ 変動変位型：断層運動や褶曲運動によって河床が変位すると，変位地点に急勾配部または逆傾斜部が生じることがある．急勾配部に生じた滝は上流に後退・消滅するので，変位地点と河床縦断形の異常点とが一致しない場合が多い．逆傾斜部には堰止湖さらに堆積低地が生じる．

3) 滝

滝（瀑布，water fall）は，顕著な遷急点（滝頭）と遷緩点（滝壺）が同時に見えるほど近接ま

たは重なり，河流が自由落下している地点である．遷急点とその下流の遷緩点（不明瞭な場合が多い）が同時に見えるが，流水が自由落下していない区間は早瀬(はやせ)（rapids, chute）とよばれる．滝は最も顕著な河床縦断形異常である．

地形図では，顕著な滝が，その比高とは無関係に，滝記号（著名なものは滝名を注記）で示されている．源流部には，滝記号で示されていない滝が無数にあり，沢登りの格好の対象となっている．

滝は種々の成因で形成され（図13.2.21），その規模・形態は様々である．地形図に描かれているような顕著な滝の初生的成因は読図で容易に推論されるので，ここでは読図例を省略する．

滝の傾斜（滝頭と滝壺の間）は数十度からオーバーハングしたものまで多様である．成層岩の差別侵蝕で生じた滝はしばしば多段滝（step falls）になり，各段の直下に滝壺がある．岩床河川で高さ数 m 以下の低い滝またはそれの連続している区間は小滝群(こたきぐん)（cascade）とよばれる．遷急点と遷緩点の近接した岩床河川でも，河流が自由落下せずに，いつも白波を立てて流下している区間は早瀬とよばれ，滝とは区別される．

滝頭(たきがしら)は一時的局地的侵蝕基準面である（☞p. 665）．しかし，滝頭から直近上流の河床に，幅の狭い侵蝕溝や掘れ溝（☞p. 394）が形成されていることがある．滝の全体または少なくとも滝頭は，その河川の侵蝕に対して相対的に抵抗性の大きな岩盤で構成されている．その岩盤を造瀑層(ぞうばくそう)（fall-maker）とよぶ．軟岩層に夾まれた熔岩，火山砕屑岩（とくに熔結凝灰岩），礫岩，石灰岩などが造瀑層になりやすい．

滝壺(たきつぼ)（plunge pool）は，滝の直下に形成されたほぼ円形の凹地である．その深さは数十 cm ～

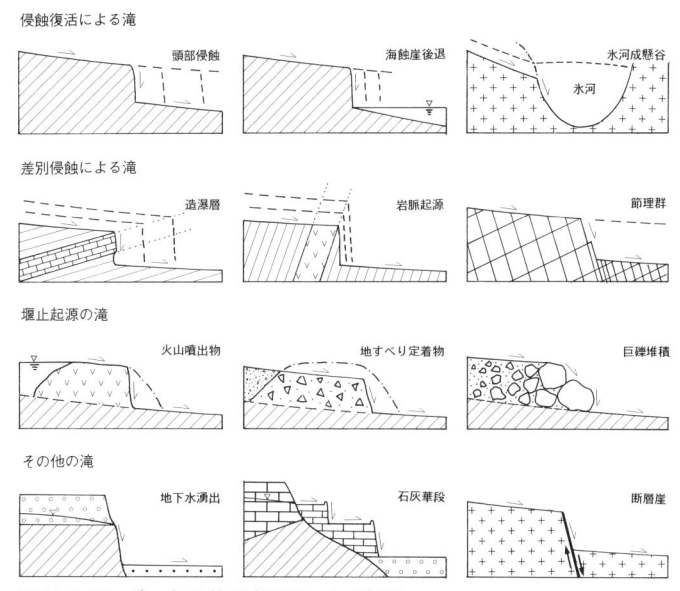

図 13.2.21 滝の初生的形成過程による類型

侵蝕復活による滝：頭部侵蝕，海蝕崖後退，氷河成懸谷
差別侵蝕による滝：造瀑層，岩脈起源，節理群
堰止起源の滝：火山噴出物，地すべり定着物，巨礫堆積
その他の滝：地下水湧出，石灰華段，断層崖

数十 m におよぶ（例：日光華厳滝では約 20 m）．滝壺の下流には，滝の後退時に崩落した巨礫や岩塊が累積していることが多い．

滝の後退は，①出水時に岩屑（巨礫を含む）で武装した河流が滝下の岩盤を衝撃破壊して滝壺を形成し，②滝壺での落水の渦流による岩屑の回転運動に伴う岩盤の磨耗によって，甌穴(おうけつ)（☞p. 394）と同様に，滝壺が拡大・深化し，③それに伴って滝基部にノッチ（オーバーハング）が形成され，④そのため滝を造る岩盤が崩落して，滝が後退する，という過程を経て不連続的に進行する．滝の後退速度（例：ナイアガラ滝で 0.7～1.0 m/y）に関する地形学公式はまだ提唱されていない．

第 13 章の文献

参考文献（第 1 巻および第 2 巻の参考文献を除く）
Jarvis, R. and Woldenberg, M. J. (1984) *River Networks*: Dowden, Hutchinson Ross Co., 386 p.
Schumm, S. A. (1977) *The Fluvial System*: John Wiley & Sons, 338 p.

引用文献
Cotton, C. A. (1952) *Geomorphology*: Whitcombe & Tombs Ltd., 505 p.

Davis, W. M. (1899) The geographic cycle : Geogr, Jour., 14, pp. 481-504.

De Wiest, R. J. M. (1965) *Geohydrology* : New York, 366 p.

Dury, G. H. (1960) Misfit streams : problems in interpretation, discharge, and distribution : Geogr. Rev., 50, pp. 219-242.

Dury, G. H. (1965) Theoretical implications of underfit streams : U. S. Geol. Survey Prof. Paper, 452-C, Fig. 6, p. 7.

Gregory, K. J. and Walling, D. E. (1973) *Drainage Basin Form and Process – A geomorphological approach* : Edward Arnold, 456 p.

平野昌繁 (1980) 「土砂移動現象の背景としての地形変化」および「土砂移動現象の要因としての地形特性とその計測」: 武居有恒監修「地すべり・崩壊・土石流―予測と対策」, 鹿島出版会, pp. 124-191.

Hirano, M. (1981) Intensity of lateral erosion by rivers deduced from the asymmetry of cross-valley profile : trans. Japan. Geomorph. Union, 1, pp. 117-134.

Howard, A. D. (1967) Drainage analysis in geologic interpretation : a summation : Bull. Amer. Assoc. Petroleum Geologists, 51, pp. 2246-2259.

Horton, R. E. (1932) Drainage basin characteristics : Trans. Amer. Geophys. Union. 13, pp. 350-361.

Horton, R. E. (1945) Erosional development of streams and their drainage basins–Hydrophysical approach to quantitative morphology : Bull. Geol. Soc. Amer., 56, pp. 275-330.

貝塚爽平 (1998) 「発達史地形学」: 東京大学出版会, 286 p.

柏谷健二 (1980) 野外実験によるリルの発達過程の考察 : 地理学評論, 53, pp. 419-434.

河内伸夫 (1976) 中国山地の穿入蛇行 : 地理学評論, 49, pp. 43-53.

Melton, M. A. (1957) An analysis of the relations among elements of climate, surface properties and geomorphology : Office of Naval Research, Geography Branch, Project NR 389-042, Tech. Rept., 11, Columbia Univ.

Melton, M. A. (1958) Geomorphic properties of mature drainage systems and their representation in an E4 phase space : Jour. Geol., 66, pp. 35-54.

Melton, M. A. (1959) A derivation of Strahler's channel-ordering system : Jour. Geol., 67, pp. 345-346.

Miller, V. G. (1953) A quantitative geomorphic study of drainage basin characteristics in the Clinch mountain area, Va. and Ten. : Office Naval Res. Project, NR 389-042, Tech. Rept., 3, Columbia Univ.

Morisawa, M. E. (1962) Quantitative geomorphology of some watersheds in the Applachian plateau : Bull, Geol. Soc. Amer., 73, pp. 1025-1046.

守屋以智雄 (1972) 崩壊地形を最小単位とした山地斜面の地形分類と斜面発達 : 日本地理学会予稿集, 2, pp. 168-169.

村田貞蔵 (1930) 侵蝕谷に関する一考察 : 地理学評論, 6, pp. 526-540.

Schumm, S. A. (1954) The relation of drainage basin relief to sediment loss : Internat. Assoc. Sci. Hydr. Pub., 36, pp. 216-219.

Schumm, S. A. (1956) The evolution of drainage systems and slopes in badland at Perth Amboy, New Jersey : Bull. Geol. Soc. Amer., 67, pp. 597-646.

Shreve, R. L. (1966) Statistical law of stream numbers : Jour. Geol., 74, pp. 17-37.

Strahler, A. N. (1952) Dynamic basis of geomorphology : Bull. Geol. Soc. Amer., 63, pp. 923-938.

Strahler, A. N. (1958) Dimensional analysis applied to fluvially eroded landforms : Geol. Soc. Amer. Bull., 69, pp. 279-300.

Strahler, A. N. (1964) Quantitative geomorphology of drainage basins and channel networks : in Chow, V. T. ed., Handbook of Applied Hydrology, 4, pp. 39-76.

鈴木隆介 (1969) 日本における成層火山体の侵蝕速度 : 火山, 第2集, 14, pp. 133-147.

Suzuki, T. (2008) Critical spacing between mouths of adjacent master valleys due to struggle for existence : Trans. Japan. Geomorph. Union, 29, pp. 51-68.

高山茂美 (1974) 「河川地形」: 共立出版, 304 p.

Tokunaga, E. (1978) Consideration on the composition of drainage networks and their evolution : Geogr. Rept. Tokyo Metro. Univ., No. 13, pp. 1-27.

Tokunaga, E. (1994) Selfsimilar natures of drainage basins : Takaki, R. ed., Research of Pattern Formation, KTK Scientific Publishers, Tokyo, pp. 445-468.

塚本良則 (1973) 侵蝕谷の発達様式に関する研究 (I), 豪雨型山崩れと谷の成長との関係についての一つの考え方 : 新砂防, 87, pp. 4-13.

塚本良則 (1974) 侵蝕谷の発達様式に関する研究 (V), 水系網が作る流域地形とその変形過程について : 新砂防, 93, pp. 19-28.

塚本良則 (1998) 「森林・水・土の保全―湿潤変動帯の水文地形学」: 朝倉書店, 138 p.

塚本良則・松岡雅臣・栗原勝彦 (1978) 侵蝕谷の発達様式に関する研究 (VI), 谷の発達過程としての山崩れ現象 : 新砂防, 107, pp. 25-32.

谷津栄寿 (1950) 秩父山地の起伏量について : 田中啓爾先生記念大塚地理学会論文集, pp. 323-331.

第14章　斜面発達

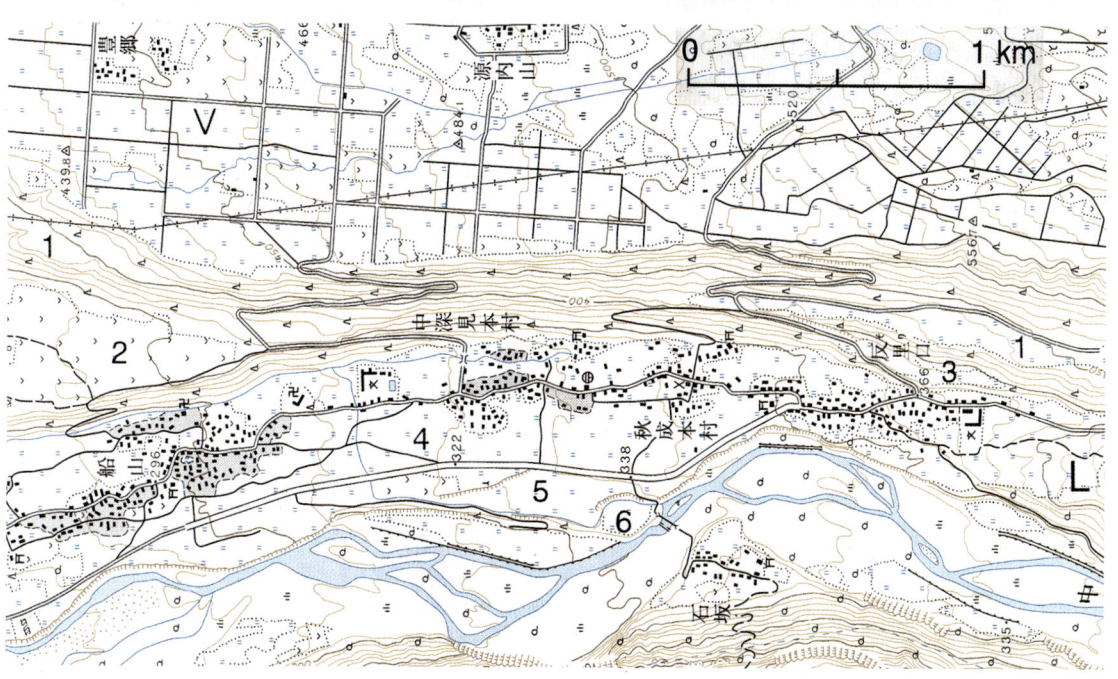

一連の地表面を形態的に一様な部分ごとに区分すると，各部分の斜面は定性的には9種の斜面型に分類される．その9種の斜面の集合によって地球表面の全体が構成されている．実在の斜面における9種の斜面型の組み合わせと個々の部分の規模および三次元的形態は極めて多様である．

斜面はすべての地形過程によって形成されるが，その初生的形態は斜面の上方から下方への諸種の物質移動（侵蝕や集団移動）によって経時的に変化する．その変化を斜面過程と総称する．斜面過程は斜面型によって異なり，また斜面の上部・中部・下部で異なった様式の物質移動が起こるから，一般に斜面は経時的に減傾斜すると共に，その縦断形も変化する．このような斜面の経時的な形態変化を斜面発達とよぶ．斜面発達は地形学公式に含まれるすべての変数の影響を受ける．

建設技術的にみると，山国の日本では，斜面過程に起因する自然災害（落石，崩落，地すべりなど）に加えて，農耕地，宅地，道路，鉄道，送電線など各種の建設工事における斜面の切取・盛土に関連する諸問題も多い．それらの問題を事前に予測するためには，本章で扱う斜面一般の特質，斜面過程および斜面発達についての一般的な概念の理解が必要である．

斜面はあらゆる地形場に存在し，またあらゆる地形過程で形成されるので，斜面の読図例は個々の地形過程に関連する各章で扱い，本章では省略する．また，建設工事でしばしば問題となる斜面は小規模であり，2.5万地形図の読図ではその特質の把握が困難であるから，大縮尺地形図の読図を扱う第21章で小規模な斜面の読図例を示す．

口絵写真と地形図（前頁）の解説

写真（アジア航測株式会社撮影・提供）には，右上方に火山斜面が広がり，それを刻む中津川（左下方の網状流路をもつ河川）の谷壁斜面と河成段丘面が見られる．地形図（2.5万「赤沢」〈高田7-1〉昭47改測，南北を右左に印刷）に補記したように，段丘面は上位から1～6の6段に区分される．段丘崖は森林に覆われているが，その傾斜は上位の前面段丘崖ほど緩傾斜であり，写真中央部の中津川の攻撃部に位置する現成の段丘崖はほぼ垂直で，基盤岩石が白く見える．火山斜面に登る2本のジグザク道路の間に，火山斜面から直接に第4段丘面に続く大比高の谷壁斜面があり，その斜面上部は急傾斜で，斜面基部に凹形斜面（崖錐）が発達する．この地区は図15.5.19の北方であり，反里口の学校から右方の不整田のある地区は段丘面より急傾斜であり，地すべり地形である．

A. 斜面，斜面発達および斜面過程

(1) 斜面の定義

　地表面のうち，平坦面（傾斜約1度以下）に対して，傾斜した部分を広義の斜面（slope）と総称する．平坦面を斜面の特別な場合と考えると，地球の表面（地表面）は種々の形態・規模をもつ斜面の集合とみなされる．しかし，この表現はいかにも茫漠としているので，平坦面を除いて，地球全体の斜面をその規模（斜面長）によって大分類すると次のようになる（表14.0.1）．

　① 大陸斜面（continental slope）：最大規模の斜面は大陸（平均水深約130mの大陸棚外縁まで）と大洋底（平均水深：約3800m）を隔てる大陸斜面である．傾斜は1～10°であるが，海底谷や海段などの起伏がある．

　② 山体斜面（仮称，mountainside slope）：山地の主分水界から山麓線までの区間で，接峰面に現れる斜面であり，大きな尾根と谷を含む．比高の大きい古い断層崖（例：図4.2.1の養老山地の東面斜面の全体）はその例である．

　③ 丘陵斜面（hillslope）または谷壁斜面（valley-side slope）：尾根線から谷底または低地（平坦地）までの区間の斜面であり，谷壁斜面，山腹斜面ともいう．ガリーや1次谷ならびに傾斜変換線が発達することもあるが，全体として一様な斜面である（例：図13.1.17の帝釈峡の谷壁斜面や両岸の小起伏面の斜面）．

　④ 急崖斜面（scarp）：頂部と基部をそれぞれ明瞭な遷急線と遷緩線で限られた区間の斜面である．河川側刻崖，段丘崖，海蝕崖，地すべり滑落崖，カルデラ壁などの急崖（cliff）を初生的形態とし，後の削剥で変形した斜面である．そこにはガリーと1次谷はあるが，2次谷は稀である．

　このように規模の異なる斜面は，その初生的形態とその後の変形に関与する地形過程において，

表 14.0.1　斜面の規模による分類

	斜面長（km）	変形の主因	頂部―基部の範囲
大陸斜面	$10^1 \sim 10^2$	アイソスタシー	大陸棚縁―大洋底
山体斜面	$10^0 \sim 10^1$	地殻変動，削剥	主分水界―山麓線
丘陵斜面	$10^{-2} \sim 10^0$	削剥	分水界―低地・谷底
急崖斜面	$10^{-3} \sim 10^{-1}$	削剥	遷急線―遷緩線

互いに著しく異なる（表14.0.1）．そこで，地形学では普通は，大陸斜面と山体斜面を変動地形として扱い，丘陵斜面と急崖斜面を一括して狭義の斜面という．建設技術における斜面安定論の対象となる斜面は狭義の斜面である．これらの事情を考慮して，誤解の恐れがない限り，本書でも丘陵斜面と急崖斜面を一括して単に斜面とよぶ．

　自然状態の斜面を自然斜面（natural slope）とよぶ．それを人工的に整形した斜面を人工斜面（man-made slope）または法面とよび，切取法面（excavation slope, cut-slope）と盛土法面（embankment slope）に大別する．本書では自然斜面のみを対象とする．

(2) 斜面発達と斜面過程

　斜面は，その基部が河川侵蝕や海岸侵蝕をうけている間は，下方侵蝕または側方侵蝕によって全体的に後退し，更新されている（☞図6.3.3および図7.1.7）．しかし，斜面基部が離水（☞p.58）して，その後退が起こらなくなると，諸種の削剥過程（侵蝕と集団移動）によって，斜面の縦断形は経時的に変化する．その変化過程において，斜面は短期的には崩落や地すべりに伴って部分的に急傾斜になるが，長期的には時間の経過とともに緩傾斜になる．

　このような斜面縦断形の削剥による経時的変化を斜面発達（slope evolution, slope development）とよぶ（☞p.768）．その変化を起こす諸種の削剥過程を一括して斜面過程（slope processes）と総称する（☞p.765）．斜面発達と斜面過程の理解は斜面安定論の基本である．

表 14.0.2 斜面（自然斜面）の分類基準と分類例

分類基準			斜面の分類例		本書中の参考図表
形態	傾斜角		（平坦面），極緩斜面，緩斜面，急斜面，崖，オーバーハング		図 3.1.14
	垂直断面形		凸形斜面，等斉斜面，凹形斜面	垂直断面形と水平断面形の組み合わせによる斜面型の 9 種分類	図 3.1.18，図 14.0.1
	水平断面形		尾根型斜面，直線斜面，谷型斜面		
初生的な斜面の形成過程（形成営力と物質移動過程）	河成斜面		河成侵蝕斜面（攻撃斜面，滑走斜面，直走斜面） 河成堆積斜面（自然堤防の前面・後面斜面）		図 13.1.11，図 13.1.12，図 6.1.68，図 6.2.32
	海成斜面		海蝕侵蝕斜面（海蝕崖，傾斜波蝕面，波蝕棚前面崖），プランジング崖，海成堆積斜面（三角州の前置斜面）		図 7.3.1，表 7.3.1，図 6.2.32
	集団移動成斜面		匍行斜面，崩落斜面（崩落崖，崖錐），地すべり滑落崖，地すべり堆の表面斜面・末端斜面・側端斜面，土石流斜面（土石流堆，沖積錐），陥没崖		図 15.1.1
	氷成斜面		氷蝕斜面（カール壁，U 字谷の谷壁など），周氷河斜面		図 17.0.1
	風成斜面		砂丘（風上斜面，風下斜面）		図 8.0.6
	火山斜面		噴出物定着斜面（熔岩流原，火砕流堆積面，降下火砕物堆積面）， 火山爆裂斜面（火口壁，カルデラ壁），火山成断裂面		☞第 18 章
	変動斜面		断層変位斜面（断層崖），撓曲斜面，活褶曲斜面		☞第 19 章
	その他		サンゴ礁斜面，カルスト斜面（溶解・沈殿斜面）		図 7.4.5，図 16.0.41
地形物質（整形物質）	岩種		花崗岩斜面，泥岩斜面，石灰岩斜面，蛇紋岩斜面，シラス斜面		
	固結度		岩盤斜面（硬岩・軟岩斜面），地盤斜面（礫質・砂質・泥質斜面）		表 2.3.11，表 2.3.13
	相対傾斜		水平盤斜面，柾目盤斜面，平行盤斜面，逆目盤斜面，垂直盤斜面，受け盤斜面		図 14.0.13
形成順序			現成斜面，新期斜面，古期斜面，前輪廻斜面，新旧の段丘崖など		
地形場：相対位置の形容詞			山頂・山腹・山麓，河岸，対蛇行位置（攻撃部，滑走部，直走部），湖岸，海岸，海底，地底，斜面全体（谷壁斜面，段丘崖，海蝕崖など）の頂部・上部・中部・下部・基部，段丘崖の前面・後面，侵蝕前線の上方・下方，他の地形種との相対位置など		

B. 斜面の分類

　斜面は種々の分類基準によって多種多様に分類される（表 14.0.2）．よって，単位地表面の場合（☞表 3.1.3）と同様に，一つの斜面は分類基準によって何通りにも呼称しうる．初生的な形成過程の明白な斜面には地形種名も与えられているが（表 14.0.2），それらも形成過程の複合性における階層性（☞p.132）によって，何通りにも呼称しうる．そこで，関連章節で扱った分類については，本章では簡単に説明または省略し（表 14.0.2 右欄の参考図表），以下には建設技術的に重要と思われる斜面分類について解説する．

(1) 斜面の形態的分類

(a) 斜面型と斜面の地形量

　単純な斜面は，二次元的には斜面の垂直断面形（傾斜の変化状態）と水平断面形（等高線の平面形）によってそれぞれ 3 種に分類され，三次元的には両者の組み合わせによって 9 種の斜面型（slope type）に分類される（☞図 3.1.18）．本章では斜面自体を扱っているので，便宜のために図 3.1.18 を簡略化して図 14.0.1 に再掲しておく．

　斜面の形状変化をもたらす物質移動は縦断方向であるから，普通には垂直断面形すなわち斜面縦断形（slope profile）が重視される．斜面縦断形は，斜面基部の離水後に十分に発達した斜面では一般に，

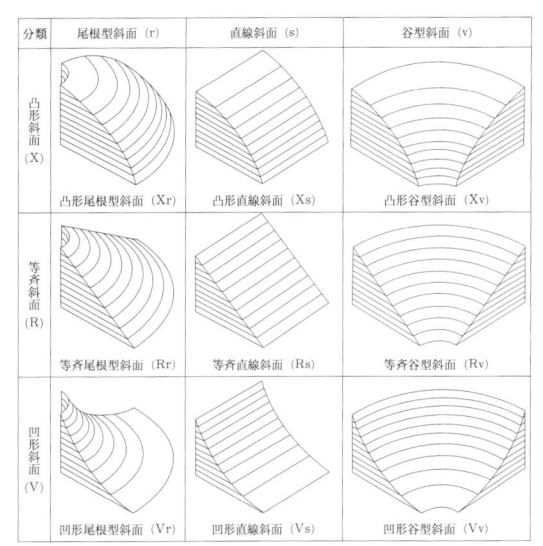

図 14.0.1 斜面型の 9 種区分（図 3.1.18 の主要部分を再掲）

凸形斜面（convex slope, 略号：X），
等斉斜面（rectilinear slope：R），
凹形斜面（concave slope：V），

の三つの部分ないし区間 (slope segment) に大別される（☞図 14.0.27）．

これらは一般にこの順序（XRV）で一つの斜面の頂部・中部・基部を構成し，また等斉斜面の縦断形は一般に直線であるから，それぞれ，

頂部凸形部（crestal convex segment：X），
中部直線部（middle straight segment：R），
基部凹形部（basal concave segment：V），

ともよばれる（図 14.0.2）．

これら各部および斜面全体の形態的特徴は種々の地形量で表される（表 14.0.3 および図 14.0.2）．斜面の地形相（斜面型と斜面縦断形）および地形量（とくに寸法と傾斜）は個々の斜面によって著しく多様である（☞p. 124）．しかし，これら 3 部分で構成される斜面（次に述べる 3 区間の複式斜面）では，中部直線部がどの斜面でも常に最も急傾斜であり，3 部分の傾斜角（☞図 14.0.22）および構成比（☞図 14.0.27）は経時的および系統的に変化する．

表 14.0.3 斜面縦断形状に関する主な地形量（図 14.0.2 参照）

	地形量	記号	定義
斜面の規模	斜面長 (ground-surface length)	L_g	
	斜面高 (relative height)	h	
	水平距離 (horizontal length)	L	
	見通し斜面長 (air-length)	L_a	
曲率	頂部曲率 (crest curvature)	C_c	
	基部曲率 (basal curvature)	C_b	
傾斜	見通し平均傾斜 (air-mean angle)	θ_{mean}	$\tan\theta_{mean}=H/L$
	名目平均傾斜 (nominal mean angle)	θ_s	$\sin\theta_s=h/L_g$
	最大傾斜 (maximum angle)	θ_{max}	
粗度	曲率方向の変換数 (number of changes of direction of curvature)	N_c	
	縦断形屈曲度 (slope sinuosity)	P_s	$R=L_g/L_a$
	凹凸度 (slope roughness)	R	$R=L_g/N_c$
複式斜面	各部（単式斜面）の斜面高*	h_x	
	各部の水平距離*	L_x	
	各部の見通し傾斜*	θ_x	$\tan\theta_x=h_x/L_x$
	複式斜面の各部分の比高構成比*	ξ_x	$\xi_x=h_x/h$

*：凸部斜面のみを例示．

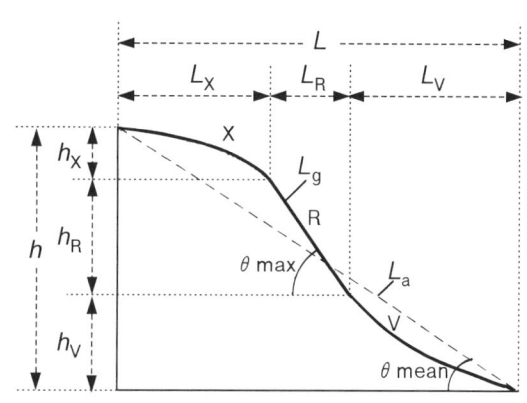

図 14.0.2 斜面（複式斜面）の地形量の定義図（☞表 14.0.3）
X：頂部凸形部，R：中部直線部，V：基部凹形部

(b) 斜面の階層的分類

ある地区における斜面頂部から基部までの一連の斜面の形態的特徴は，全体の規模，斜面各部の斜面型・構成比，斜面過程，斜面発達ならびに長

期的な地形発達史を反映して，極めて多種多様である．そこで，形成過程における複合性による地形種の階層分類の観点（☞表3.2.3）から本書では，ある地区での斜面頂部から基部までの一連の斜面を一括して表現するために，自然斜面（丘陵斜面と急崖斜面）を次のように単式斜面，複式斜面および複合斜面に三大別しておく．

1）単式斜面

単一の地形営力により，同質または類質の地形物質が同じ様式の移動過程（斜面過程）の繰り返し（斜面過程の重複回数）によって移動し，縦断形の全体が連続的に形成された斜面を単式斜面（homogenetic hillslope）とよぶことにする．単式斜面は，斜面型でいえば9種の斜面型の一つだけ，つまり3種の垂直断面形の一つだけで構成されている（図14.0.3）．ただし，それらの傾斜と曲率は斜面ごとに異なる．単式斜面は，現成の段丘崖や海蝕崖のように，単純な地形場において斜面基部が下刻または側刻によってつねに後退（更新）されている現成の斜面にみられる．

2）複式斜面

複数種の単式斜面が上下方向に連なっており，それらの接合点で傾斜角および傾斜方向が変化している斜面を複式斜面（polygenetic hillslope）とよぶことにする．これは，斜面基部が離水して，侵蝕による更新が起こらなくなった斜面に普通にみられる．複式斜面は，斜面基部の離水後の斜面発達の程度を反映して，2種，3種または4種の単式斜面の集合で構成されているものに大別される．

2種の単式斜面で構成されている場合には，縦断形を考えただけでも9通り，また上方斜面と下方斜面との相対的な傾斜の大小を組み合わせると18通りの複式斜面が存在しうる（図14.0.3）．さらに，3種の単式斜面の組み合わせでは，理屈の上では斜面型（9種）では9^3通り（729通り），また縦断形（3種）では3^3（27通り）の組み合わせ（つまり複式斜面）の分類がありうる．

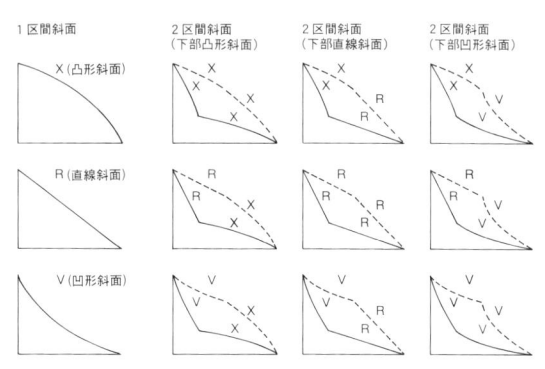

図14.0.3 単式斜面の縦断形（左端の列）ならびに2区間複式斜面の縦断形の組み合わせ（右3列）
2区間複式斜面では斜面の上部が下部より緩傾斜の場合（破線）と急傾斜の場合（実線）が描かれている．

実際の複式斜面は，それほど複雑なわけではなく，斜面物質が均質な場合には，斜面型の組み合わせは数十種である．なぜなら，斜面全体は水平断面形（等高線の平面形）からみると尾根型斜面，直線斜面，谷型斜面に三大別されるが（図14.0.1），斜面の頂部・中部・基部でこれらの3種が入り交じることは極めて稀である．たとえば，尾根型の丘陵斜面ならば頂部・中部・基部のいずれの区間も尾根型であり，その傾斜が変化しているに過ぎない場合あるいは凸形・等斉・凹形尾根型斜面がこの順序で上から下に配列している場合が多い．

ほとんどの複式斜面の縦断形は，斜面物質の抵抗力がほぼ一様で，かつ斜面発達が十分に進行している場合には，

① XRV型：凸形斜面（頂部凸形部）＋等斉斜面（中部直線部）＋凹形斜面（基部凹形部）の組み合わせ，

② XRRV型：凸形斜面（頂部凸形部）＋急傾斜等斉斜面（中上部直線部）＋緩傾斜等斉斜面（中下部直線部）＋凹形斜面（基部凹形部）の組み合わせ，

の2類型に大別される（図14.0.4）．

XRV型は日本のような湿潤地域に普遍的に見られ（例：☞図14.0.20），XRRV型は乾燥地域に多く見られるが，湿潤地域にはほとんどない．この違いは斜面過程が気候に強く支配されること

第14章 斜面発達 757

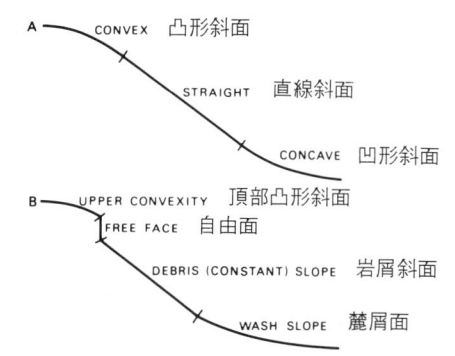

```
A ―― CONVEX       凸形斜面
       STRAIGHT    直線斜面
       CONCAVE     凹形斜面
B ―― UPPER CONVEXITY 頂部凸形斜面
       FREE FACE     自由面
       DEBRIS (CONSTANT) SLOPE 岩屑斜面
       WASH SLOPE    麓屑面
```

図14.0.4 3区間複式斜面（上）と4区間複式斜面（下）の基本的類型 (Chorley et al., 1984, Fig. 11.2)

を示唆する．

XRV型の基部のVが相対的に急傾斜な部分（V_1：普通は崖錐）とその末端に連なる緩傾斜な部分（V_2：麓屑面）に区分されることもある（☞図15.3.1）．ただし，新しい斜面では V_2 は一般に明瞭ではない．

中部の直線部は傾斜60度以上の急崖であり，自由面（free face）とよばれる（☞p.766）．日本のような湿潤地域でも，厚い硬岩層（例：熔結凝灰岩）の差別侵食による岩石制約によって，自由面に似た急崖が斜面の中腹に発達することもある．しかし，その場合の斜面は，全体としては複式斜面であって，上記のように'斜面物質の抵抗力がほぼ一様'という前提を充足していないので，XRRV型に含まれない．

複式斜面では，斜面の頂部・中部・基部の各部での斜面過程は異なるが（☞表14.0.4），頂部で削剥された物質（岩屑）が中部を経て，中部で削剥された物質（岩屑）とともに，基部に堆積する．このように物質が連続的に移動するという意味で，複式斜面は一連の斜面である．

3）複合斜面

丘陵斜面の頂部から基部（山麓線または河床）までの全体をみると，斜面中腹に顕著な遷急線または遷緩線があって，その上下でまったく別の複式斜面（二つ以上）が発達することがある．このような斜面を一括して複合斜面（multigenetic hillslope）とよぶことにする．

侵蝕前線（☞p.678）の上下の大規模な谷壁斜面は複合斜面の好例である．そのような複合斜面は，斜面発達の点では多輪廻性の斜面であって，侵蝕復活や崩落，地すべり，周氷河過程などに起因するほか，厚い硬岩層の岩石制約，さらに断層運動でも生じる．遷急線の上方斜面と下方斜面で斜面過程が同じことも，異なることもある．

複合斜面では，それを区分する傾斜変換線の上方と下方の複式斜面を比べると，一般に下方斜面が急傾斜で，かつ新しく，斜面の発達速度が大きい．そのため，侵蝕階梯の進んだ老年期的な斜面では，上方斜面が下方斜面に置き換えられたり，新旧の複式斜面の境界をなす傾斜変換線が不明瞭なこともある（例：山腹小起伏面の後面斜面）．

（c）読図による斜面の形態的区分

斜面の形態的区分の基本は，一連の斜面を単式斜面のレベルで区分し，それを斜面型によって9種に分類する．その区分法についてはすでに詳述した（☞pp.124〜126）．丘陵斜面レベルの大規模な斜面では，それを刻む小さな谷を無視して，斜面全体を一つの単式斜面とみなして斜面型を区分し，その初生的形態の成因を考察することもある（☞表3.1.5）．しかし，2.5万地形図の読図による斜面型の厳密な区分は，斜面長が数百m（図上で約1cm以上）の大規模な斜面ならともかく，小規模な斜面（例：段丘崖）では困難ないし不可能である．そのような小規模な斜面については大縮尺地形図（1/2,500以上）で読図するのが望ましい．

そこで，丘陵斜面と急崖斜面の斜面区分については，2.5万地形図の読図による読図例をこの章では省略し，河谷地形（☞第13章）や集団移動地形（☞第15章）で形成された大規模な斜面の成因に関連して読図例を示す．小規模な斜面については，ここでは1例にとどめ，大縮尺地形図の読図の際に多くの読図例を示す（☞第21章）．

図14.0.5 大縮尺図の読図による斜面の形態的区分の練習図
(秩父都市計画図, 1/2,500, No.8, 昭56測量, を1/5,000に縮小) 太点線を補記.

【練習14・1・1】 図14.0.5の北部について太点線で示されている傾斜変換線に習って, 図の全域について顕著な傾斜変換線を追跡し, 段丘崖を単式斜面レベルで凸形部, 直線部, 凹形部に区分しよう. 解答例を図14.0.6に示す. さらに, 新旧の段丘崖の縦断形の差異, ならびに荒川の攻撃部と滑走部における現成段丘崖の縦断形の差異を理解しよう.

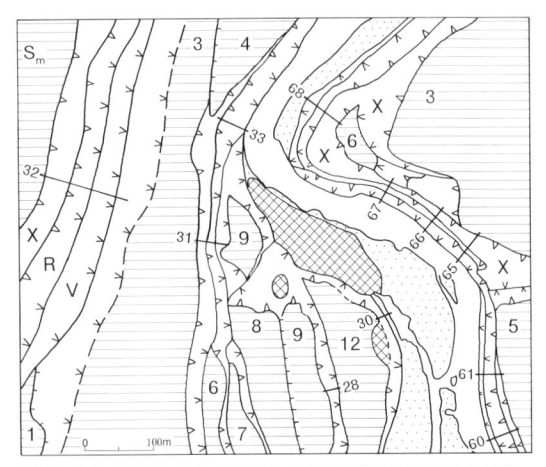

図14.0.6 図14.0.5の読図による段丘崖の斜面型の区分
斜面型 (X, R, V) は図14.0.1, 傾斜変換線は図3.1.10Aとそれぞれ記号が同じ. 横線部は段丘面で, 数字は下位段丘面の区分名称, Smは中位段丘面. 斜方眼部は人工改変地. 図中の直線と番号は図14.0.20の実測断面図の位置と番号. 実測断面線32の下端付近の凹形斜面は麓屑面である.

(2) 地形物質による斜面分類

斜面を構成する地形物質（つまり岩と土）は，斜面物質（hillslope materials）と総称される．これは斜面の，①構造物質としての基盤岩石，②整形物質としての集団移動物質（クリープ帯，崖錐堆積物，崩落堆積物，地すべり定着物，土石流定着物：☞第15章），③被覆物質としての火山灰や砂丘砂，④変質物質としての風化物質，に大別される（☞図2.3.4）．①の基盤岩石は固結岩の場合ばかりでなく非固結岩（堆積物）のこともあるが，②〜④は一般に非固結である．①の基盤岩石のない斜面は存在しないが，②〜④のいずれかの物質が存在しない斜面も少なくない．

そこで，①の基盤岩石とそれを被覆する②〜④の非固結物質を区別するために，後者を一括してレゴリス（regolith）とよぶこともある．しかし，レゴリスの本義は，河成，海成などの堆積物も含めた非固結物質（いわば建設技術でいう岩に対する土とほぼ同義）の総称である．つまり，これは成因的には曖昧な用語なので使用しない方がよい．斜面過程を理解するための斜面物質の記述では，①〜④を区別し，表土とか崩積土などという曖昧な表現を可能な限り避ける．

(a) 岩質による斜面分類

基盤岩石の岩質（☞p. 69）によって，花崗岩斜面とか，砂岩斜面，泥岩斜面，石灰岩斜面，蛇紋岩斜面，安山岩斜面，ローム斜面，シラス斜面などとよぶことがある．岩質ごとに，他の地質学的性質や岩石物性（☞表2.3.2，表2.3.13）がかなり異なるので，基盤岩石の岩質は建設技術的にも有意義である（☞表2.3.12）．

しかし，岩質ごとに斜面の形態的特徴や斜面過程がつねに一様というわけではないし，岩質相互間でもつねに異なるわけでもない．まして，古生層斜面，第三紀層斜面，第四紀層斜面などといった岩石の地質時代による斜面区分は建設技術的にも地形学的にもほとんど意味がない．よって，岩質による斜面分類名は地域間の比較用語としてのみ使用し，地形種名と認定しない．

(b) 固結度による斜面分類

地形物質はその固結度（破壊強度）によって大まかに分類される（☞表2.3.11）．その分類に対応して，整形物質としての基盤岩石によって，斜面は次の二種に大別される．

① 岩盤斜面（rock slope）：固結岩を整形物質とする斜面であり，硬岩斜面と軟岩斜面に細分される．岩石斜面ともいう．

② 地盤斜面（soil slope）：非固結岩（非固結堆積物）を整形物質とする斜面であり，角礫質，礫質，砂質，泥質，火砕岩質などの堆積物でそれぞれ構成される斜面に細分される．堆積段丘や火砕流台地の段丘崖（台地崖），砂丘斜面などがその例である．土砂斜面ともいう．

固結岩と非固結岩は，破壊強度ばかりでなく単位体積重量，割れ目密度（節理密度，単層の厚さ，など），粒径，透水性などの物性においても著しく異なる．また地形過程に対する抵抗性として重要な岩石物性は個々の斜面過程ごとに異なる（☞表2.3.10）．よって，岩盤斜面と地盤斜面の区別は斜面発達および斜面過程，つまり斜面安定性の考察において不可欠である．

(c) 地層面の相対傾斜による斜面分類

斜面は三次元的に種々の傾斜方位と傾斜角で傾斜している（その記載法：☞p. 117）．斜面を構成する基盤岩石の面構造（地層面，断層面，節理面など：☞表2.3.4）も同様に種々の方位と角度で傾斜している．ゆえに，斜面と地形物質の傾斜状態の相対的な組み合わせは多様である．その相対的関係は斜面の不安定性（とくに崩落や地すべりの発生頻度）にとって極めて重要である．そこで，基盤岩石の面構造（以下，地層面で代表させる）と斜面（以下，等斉直線斜面で代表させる）

の傾斜状態の相対的関係の記載法をここで整理しておこう．

1） 地層の走向と傾斜

　植物や土壌の被覆がなくて，地形物質（とくに構造物質，整形物質，被覆物質）が露出している部分（崖，谷底，磯など）を地質学では露頭（outcrop, exposure）または露出とよぶ（素人は露頭を「断層」ということがあるので，注意）．野外踏査では露頭で地形物質（地質）のあらゆる性状を観察・記述する．

　いま，1枚の地層を平板とし，その地層面を曲面でない平面である，と仮定する．そのような地層面の三次元的な傾斜状態は，走向と傾斜という二つの量で記述される（図14.0.7）．走向と傾斜はクリノメーター（geological compass）という磁石，水準器，下げ振り，角度目盛を備えた簡単な器具を用いて露頭で測定される．詳細は地質学の教科書（例：猪郷，1982；藤田ら，1984）に委ね，読図で最低限必要な走向と傾斜の概念を以下に述べる．

　走向（strike）とは，地層面（平面）と水平面の接する交線（走向線という：必ず水平の直線）が北の方向から東または西にずれている角度である．走向線が東に30度ずれている場合には，走向を「N30°E」と書き，西に60度ずれていれば「N60°W」と書く．走向線が南北であれば，走向は「NS」，東西であれば「EW」と書く．

　磁石が指すのは磁北極であって地理学的北極（真北）ではない．任意地点での磁北極と真北の方向差（ズレ）を偏角（magnetic deviation）という．偏角は地球各地で著しく異なり，また年変化を示すから，測量年における偏角が各地形図の凡例の下に記されている．偏角は，北海道北部で約9°20′W（磁針は真北より西へ9°20′の方向を指す），東京で約6°20′W，九州南部で約5°30′Wである（☞毎年の理科年表）．地質図では偏角を補正して走向記号が描かれている．

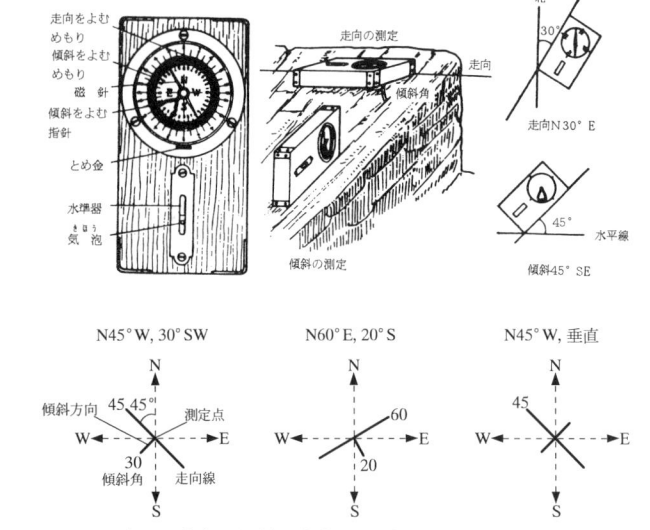

図14.0.7　地層の走向と傾斜の定義ならびにクリノメーター（EとWが逆に示されていることに注意）による測定法（上）と地質図での走向と傾斜の表示法の例（下）

　地層の傾斜（dip）は地層面の最大傾斜（地層面と水平面のなす角度）と傾斜方向（地層が傾き下る方向で，走向線に直交方向）の二つを組合わせて表現する．たとえば，走向が「EW」で，地層が北へ40度の傾斜で傾き下っている場合には，傾斜は「40°N」と記す．走向が「N30°E」で北西方向（正確に北西ではないが）に20度傾斜している場合には，「20°NW」と書く．

　かくして，地層の三次元的な傾斜状態を特定できる．地質図では，走向と傾斜を図14.0.7に例示した記号（通称：ナベブタ記号）で示す．

2） 地質界線と地形

　地層面と地表面の交線（地図上での地層の境界線）を地層界線（より一般的には地質界線または露頭線，line of outcrop）という．堆積岩や断層などの差別削剥地形（☞第16章）を読図するためには，地層界線の平面形（地質図での曲がり方）と地形との関係を十分に理解しておく必要がある．その関係は次の4種に大別される（図14.0.8）．

　① 地層が水平層の場合（図14.0.8のA）：地形がいかに複雑であっても，地質図上での地層界

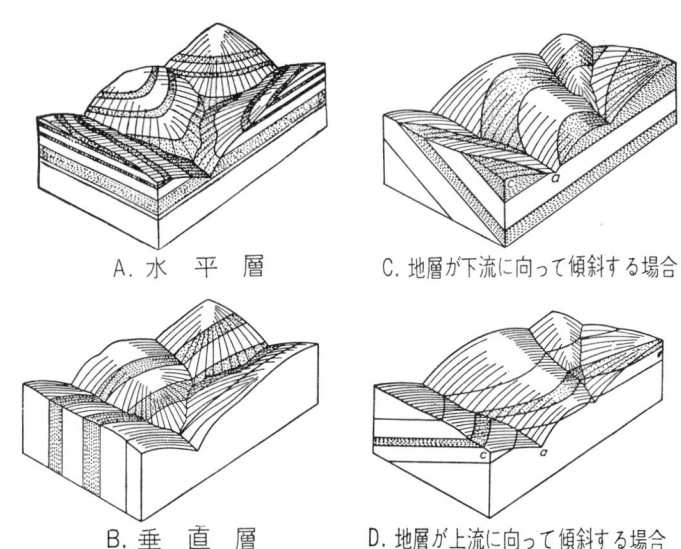

A. 水　平　層
C. 地層が下流に向って傾斜する場合
B. 垂　直　層
D. 地層が上流に向って傾斜する場合

図14.0.8　地形と地層の傾斜および地層界線の関係 (Lahee, 1941)

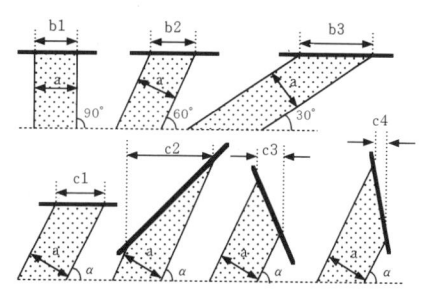

図14.0.9　地質図での地層（層厚 a は一定）の見掛けの幅（b または c）の変化
上段：地表面（太線）の傾斜が一定で，地層の傾斜（α）が変化する場合（$b_1 < b_2 < b_3$），
下段：地層の傾斜（α）が一定で，地表の傾斜が変化する場合であり，流れ盤（c_2）より受け盤（c_3 と c_4）で c が小さいことに注意．

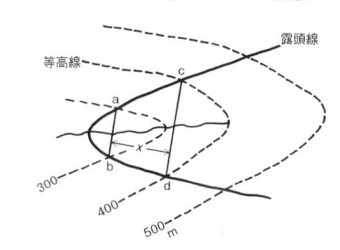

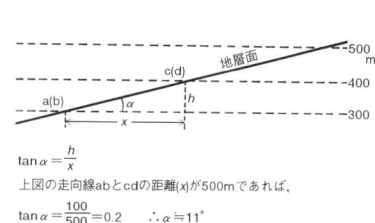

$$\tan\alpha = \frac{h}{x}$$

上図の走向線 ab と cd の距離（x）が500mであれば，

$$\tan\alpha = \frac{100}{500} = 0.2 \quad \therefore \alpha \fallingdotseq 11°$$

図14.0.10　地質図上での地層面の走向・傾斜の求め方

線は等高線と並走して屈曲する．

② 垂直層の場合（B）：地形がいかに複雑であっても，地質図上での地層界線は直線になる．

③ 下流に向かって傾斜している場合（C）：地層界線は'尾根線より谷線の方で'河川の下流側に向かって突出する．

④ 上流に向かって傾斜している場合（D）：地層界線は'谷線より尾根線の方で'河川の下流側に向かって突出する．

⑤ 地形が水平ならば（例：波蝕棚や河川の岩床），地層の傾斜にかかわらず（水平層を除く），地層界線は走向線と同じで直線となる．

実際には地層は褶曲していることが多いから，1枚の地層の走向と傾斜は場所によって変化する．しかし，図14.0.8の関係はつねに成り立つ．1枚の地層の地質図上での見掛けの幅は，同じ厚さの地層であっても，その地層の傾斜と地表の傾斜の両方に支配されて多様に変化する（図14.0.9）．

地質図の地層界線から地層の走向・傾斜が求められる（図14.0.10）．地層界線が同じ等高線と2点（図中の a と b，または c と d）で交わるとき，両点を結んだ線は走向線である．その走向線の北からのズレの角度が走向である．高度の異なる2本の等高線について求めた2本の走向線（$\overline{ab}$ と $\overline{cd}$）の水平距離ならびに等高線の高度差から，地層面の傾斜角が求められる．傾斜方向は図14.0.8の関係から容易に決められる．異なった高度の等高線について3本以上の走向線を求め，それらの間隔（水平距離）が等しければ，その範囲では地層面は平面であり，曲面ではない．

3）地層の見掛けの傾斜

地表面は地層の傾斜方向とは無関係に傾斜している．よって，露頭では地層の真の傾斜や傾斜方向がつねに見られるとは限らない．また平板の地層であっても，露頭の起伏状態によっては地層が見掛けでは波うって褶曲しているように見えるこ

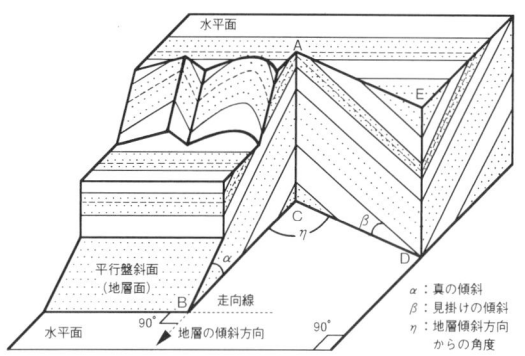

図 14.0.11 地層の真の傾斜（α）と見掛けの傾斜（β）
地層が平板であっても，斜面が曲面であると（図左方の斜面），見掛けでは地層が褶曲して曲がっているように見えることに注意．

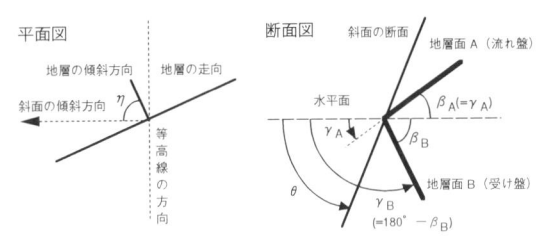

図 14.0.12 地層の見掛けの傾斜（β）と相対傾斜（γ）
断面図（右図）は，平面図（左図）における斜面の傾斜方向の断面である．

ともある（図 14.0.11）．

地層の真の傾斜（true dip, α）の方向と異なる任意の方向（走向に直角でない方向）の断面に現れる傾斜角を見掛けの傾斜（apparent dip, β）とよぶ（図 14.0.12）．つねに，$\beta < \alpha$ である．

切取やトンネル掘削では，任意方向の地質断面図を作図するために，見掛けの傾斜を求める必要がある．地層の真の傾斜方向と角度 η で交わる方向の断面における β は，η が大きくなるほど減少し，次式で求められる（図 14.0.12）．

$$\tan \beta = \tan \alpha \cos \eta \quad (14.0.1)$$

4) 斜面に対する地層の相対傾斜

斜面との相対的関係における地層の相対傾斜（relative dip, γ）は，斜面の最大傾斜方向の鉛直断面における見掛け傾斜と基本的には同じであるが，つねに斜面の外側に想定した水平面からその下方を回って地層面に至るまでの角度と定義する（図 14.0.12）．相対傾斜は次式で求められる．

① 流れ盤の場合：

$$\tan \gamma = \tan \alpha \cos \eta, \quad \text{つまり}, \quad \gamma = \beta$$
$$(14.0.2)$$

② 受け盤の場合

$$\tan \gamma = -\tan \alpha \cos \eta, \quad \text{または}, \quad \gamma = 180° - \beta$$
$$(14.0.3)$$

地質学でいう見掛け傾斜とは別に，相対傾斜を定義した（別の用語を使用する）理由は次のようである．斜面の傾斜方向との相対的関係を考えるとき，流れ盤の場合には相対傾斜と見掛けの傾斜は同じでよい．しかし，受け盤のときは地層の傾斜の絶対値が同じでも傾斜方向が逆になる．そこで，斜面と地層の傾斜の相対的関係を連続的に表現するとき，流れ盤と受け盤の見掛けの傾斜をそれぞれ $+\beta$ と $-\beta$ と表すと，たとえば地層が流れ盤（$\gamma < 90°$）から垂直盤（$\gamma = 90°$）を経て受け盤（$90° < \gamma$）に変化するとき，垂直盤（$\beta = 90°$）では，$+\beta = -\beta$，という形になって不自然になるからである．

5) 斜面と地層の相対的な傾斜状態

斜面と地層面の相対的関係は，普通には流れ盤（outfacing）と受け盤（infacing）に大別される（図 14.0.13）．しかし，斜面の不安定性を考える場合には，この区分はおおまか過ぎる．そこで，図 14.0.13 では，水平盤，柾目盤（新称），平行盤，逆目盤（新称），垂直盤，受け盤の 6 種に区分してある．これらは地表面に対して相対的な，地層の傾斜状態を示す用語である．斜面については，たとえば逆目盤斜面のように呼称することを提案する．なお土木現場では，ここでいう受け盤と逆目盤を'差し目'，柾目盤を'流れ目'とそれぞれよぶ（羽田，1991）．

普通斜面とは反対に，オーバーハング（地下空洞の天井を含む）は最も不安定な斜面であるから，相対傾斜に対応して，それぞれに'反（anti-)'

普通斜面 common slope ($0°<\theta\leq90°$)	H	D	P	N	V	I
用語	水平盤 horizontal dip	柾目盤 daylighting dip	平行盤 parallel dip	逆目盤 hangnail dip	垂直盤 vertical dip	受け盤 infacing dip
		流れ盤 outfacing dip				
定義	$\gamma=0°$	$0°<\gamma<\theta$	$\gamma=\theta$	$\theta<\gamma<90°$	$\gamma=90°$	$90°<\gamma<180°$
斜面の安定性	安定	極めて不安定	安定⇒不安定	安定	安定～やや不安定	安定
反斜面（小規模） overhang ($90°<\theta<180°$)	Ha	Da	Va	Na	Pa	Ia
用語	反水平盤 anti-horizontal dip	反柾目盤 anti-daylighting dip	反垂直盤 anti-vertical dip	反逆目盤 anti-hangnail dip	反平行盤 anti-parallel dip	反受け盤 anti-infacing dip
定義	$\gamma=0°$	$0°<\gamma<\theta$	$\gamma=90°$	$90°<\gamma<\theta$	$90°<\gamma=\theta$	$\theta<\gamma<180°$
斜面の長期的存在	稀に存在する	存在しない	存在しない	存在しない	稀に存在する	存在する

図 14.0.13 地表面傾斜（θ）と地質的不連続面（地層面，節理面など）の相対傾斜（γ）の組み合わせによる斜面の分類

を付して，反水平盤，反柾目盤，反平行盤，反逆目盤，反受け盤，反垂直盤とよぶことにする（いずれも新称）．なお硬岩では，小規模ながら反柾目盤斜面も存在する（例：台湾の立霧渓）．

6）地層面の有効相対傾斜示数

岩盤斜面の安定性は，固結度が同じ岩盤の場合には，斜面傾斜と地層の相対傾斜の組み合わせによって著しく異なる．たとえば，図 14.0.14 において，△ABC の領域の斜面は最も不安定であり，ここに含まれる斜面は軟岩斜面ではほとんど存在しない．そこで，斜面傾斜と地層の相対傾斜の組み合わせの斜面安定性に与える影響を定量的に評価するために，次の示数が考案された（Suzuki and Nakanishi, 1990）．

地層面の相対傾斜を図 14.0.14 の A-B-C-D の折線で代表させ，各区間における地層面の有効相対傾斜示数（effective relative-dip index, I_γ）を次式のように定義する．

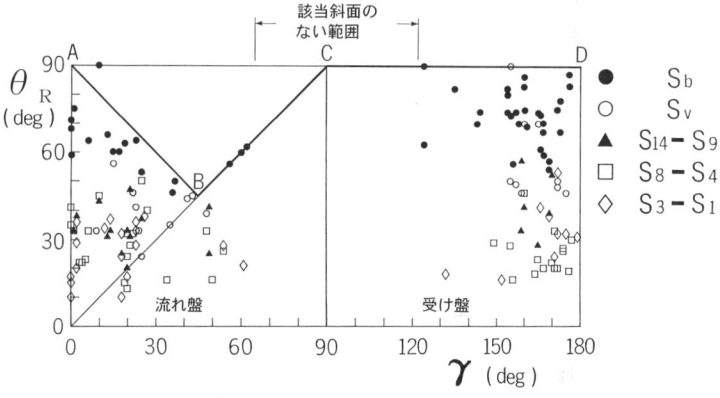

図 14.0.14 秩父盆地荒川沿岸における岩石段丘崖の中部等斉斜面の傾斜角（θ_R）と岩盤（第三系）の相対傾斜（γ）の関係（Suzuki and Nakanishi, 1990）
　段丘崖の形成年代（T）で，段丘崖が次の 5 群に区分されている．S_b：現成段丘崖（裸岩斜面，$T=0.5$ ka），S_v：現成段丘崖（植生被覆斜面，$T=1$ ka），S_{14}-S_9：最下位の段丘崖群（$T=1.5\sim4$ ka），S_8-S_4：中下位の段丘崖群（$T=5\sim9$ ka），S_3-S_1：上位の段丘崖群（$T=10\sim30$ ka）．

$$I_\gamma = (90°-\gamma)/90° : \text{A-B 間} \quad (0°\leq\gamma<45°)$$
$$I_\gamma = \gamma/90° \quad\quad\quad\quad : \text{B-C 間} \quad (45°\leq\gamma<90°)$$
$$I_\gamma = 1 \quad\quad\quad\quad\quad\quad : \text{C-D 間} \quad (90°\leq\gamma<180°)$$
$$(14.0.4)$$

この示数（I_γ）を採用すると，図 14.0.13 に示した相対傾斜による斜面区分が統一的となり，また斜面発達に影響する変数として地形学公式に相対傾斜を導入することができる（☞式 14.0.7）．

(3) 地形場による斜面分類

斜面過程の種類や斜面の地形変化速度（つまり建設技術的には斜面の安定性）は，他の変数が同じであっても，個々の斜面の地形場によって著しく異なる．よって，問題とする斜面の地形場の特徴を形容詞として付して，斜面の特徴を表現する（☞表14.0.2）．斜面発達における地形場の影響について，ここでは一般論を述べておく．

1) 斜面の初期地形量と地形相

初生的斜面の比高（例：段丘崖の比高）および傾斜は斜面発達速度や崖錐の発達規模（☞図15.3.3）などに影響する．これは寸法効果である．

2) 斜面の相対位置

① 斜面の高度と緯度：これらは地表および地中の気象・気候条件の差異を生じ，それが植生や土壌の発達に影響し（☞図12.0.10），ひいては斜面過程に重要な影響を与える．

② 侵蝕前線に対する相対位置：侵蝕前線（☞p.678）の上方斜面（例：前輪廻地形）と下方斜面（例：新しい谷壁斜面）では，傾斜や風化帯の厚さが異なるから，斜面過程の種類も斜面変化速度もまるで違う．下方斜面は上方斜面よりも斜面過程（ガリー侵蝕，匍行，落石，崩落，地すべり，土石流など）が圧倒的に活発である．

③ 対象斜面の範囲およびその上方と下方の地形種：建設技術的観点（たとえば自然斜面の切取・開削の影響範囲の検討）では，問題とすべき自然斜面の範囲の設定およびその上方と下方の地形種の認定が重要である．段丘崖のように上下を平坦地で限られている場合は簡単である．ところが，集団移動とくに落石，崩落，地すべりを扱う場合には，斜面の下限は山麓線または明瞭な遷緩線とするが，上限の設定が難しい．上方に侵蝕前線のような遷急線があれば，それを上限とするのも一つの考え方である．しかし，遷急線より上方も集水域であるから，下方斜面における斜面過程に無関係ではない．ゆえに，尾根線までの山腹斜面全体を対象とし，場合（とくに地すべり）によっては尾根や谷底の反対側斜面にも目を向ける必要がある（☞第15章）．

④ 斜面基部の地形場：斜面基部が河川や海に侵蝕されつつある地形場（例：河成低地や岩石海岸）と離水した地形場（例：段丘面）のいずれに位置しているかの違い，さらには斜面基部の後退速度の異なる地形場の区別も重要である．たとえば攻撃斜面，滑走斜面および直走斜面（☞図13.1.12）では，斜面基部の側刻速度が異なり，地表水および地下水の集水・発散状況も異なる．

⑤ 斜面方位：斜面の傾斜方位（orientation）は，斜面の最大傾斜の方向で，必ず傾き低下する方向を指す（☞p.117）．傾斜方位の概略的記述法には注意を要する．たとえば，山頂からみて北側の山腹斜面は北向斜面であるが，谷底からみて北側の谷壁斜面は南向斜面であるから，'北側'という表現は紛らわしい．ゆえに，'北面斜面（north-facing slope）'または'北向斜面'と表現すれば明解である．

傾斜方位は，中緯度から高緯度地方では日照時間を制約し，それが地温，地盤の凍結融解日数・凍結深度，積雪量，残雪日数に影響し，さらに植生分布や風化速度，土壌発達を制約する．これらの斜面方位による差異は斜面過程に影響を与え，非対称谷（☞p.714）や非対称山稜（☞p.656），成層火山の非対称的削剝状態（☞図17.0.8）などの形成要因の一つになる．

(4) 形成順序による斜面分類

斜面は，緩急の違いはあれ，つねに削剝され変形しているから，厳密にいえば，すべて'現成（☞p.138）'の斜面である．しかし，初生的形態の形成時代において，新しい斜面は古い斜面よりも一般に地形変化速度が大きく，不安定である．ゆえに，個々の斜面の初生的形態の形成順序による斜面区分（例：新旧の地すべり堆の区分，☞図15.5.34）は，たとえ概略的であっても，斜面安

定論では重要である．

形成順序の明白に異なる新旧の斜面の間には，一般に傾斜変換線がある（例：段丘崖の崖頂線と崖麓線）．傾斜変換線の上方と下方の斜面の組み合わせによる斜面の新旧の判別ないし対比法は，基本的には地形面の場合（☞表3.3.2）と同じである（☞pp.139〜147）．

C. 斜面過程

(1) 斜面過程とその変数

1) 斜面過程

任意地点の斜面は，その初生的形態（例：谷壁斜面，海蝕崖，段丘崖，地すべり滑落崖，断層崖，カルデラ壁など）の形成後，その斜面を構成する物質（斜面物質）に種々の地形営力が加わって，斜面物質が上方から下方に移動させられ，その結果として実在の縦断形と傾斜をもつようになったものである（地形の本質：☞p.41）．今後も斜面縦断形が経時的に変化し，しだいに緩傾斜になっていくはずである．このような，初生的形態の形成後の，斜面の形態変化をもたらす一連の斜面物質の移動過程（つまり地形過程）は一括してとくに斜面過程（slope process）と総称される．

斜面過程で重要な地形過程（表14.0.4）は，日本のような湿潤地域では，
① 雨蝕（雨滴侵蝕，布状侵蝕，リル侵蝕，ガリー侵蝕：☞p.688）と雨蝕物質の再堆積，
② 1次水流および地下水流による侵蝕と堆積（☞第13章），
③ 集団移動（匍行，落石，崩落，地すべり，土石流：☞第15章）による斜面物質の削剝と集団移動物質の定着（堆積），

に大別される．

これらの他に，乾燥地域では風成過程（☞第7章），寒冷地域では氷河過程や周氷河過程（☞第17章）がそれぞれ重要な斜面過程として加わる．

なお，火山の多い日本では，火山灰の被覆によって斜面形状が二次的に変化することがあるが，普通は火山灰の被覆を斜面過程に含めない．

谷壁斜面や海蝕崖の基部を侵蝕する河川侵蝕や海岸侵蝕は，斜面の初生的な形成過程であるから，通常は斜面過程に含めない．風化過程も斜面過程を制約する重要な地質過程である．しかし，岩石が風化しても，風化物質が除去されなければ，地形は変化しないから，風化過程は斜面過程の準備的な過程として理解される（☞p.872）．

2) 斜面過程の変数

斜面過程には，極めて多くの変数・要因が関与し，それらの関係は複雑系そのものである．そこで，複雑な斜面過程の変数・要因を，地形学公式の観点で単に列記すると，次のようである．

$$Q = f(S, A, R, T) \qquad (14.0.5)$$

ここに，

Q＝問題とする斜面の地形量：斜面各部の地形量（例：比高，傾斜角，縦断曲率，傾斜方位；☞表14.0.3），

S＝問題とする斜面の地形場：その斜面の初生的形態の地形量（例：比高）ならびに地形相（例：斜面型の組み合わせ；☞図14.0.1，図14.0.3）と周囲に対する相対位置，

A＝斜面に加わる地形営力：普通に問題とするのは重力および外的営力（例：降水，風，積雪，雨蝕，流水侵蝕，地下水侵蝕，溶蝕，集団移動などの種類，運搬エネルギー，発生頻度など），

R＝斜面物質：岩質，物性（とくに強度，割れ目係数，透水係数，含水比），地質構造（とくに相対傾斜），被覆物質（火山灰など），風化特性，植生被覆など，

T＝斜面の時間的属性：初生的形態の形成年代もしくは斜面基部の離水後（つまり河川側刻，海岸侵蝕などの停止後）の経過年数．

これらの変数をすべて導入して三次元的斜面形

状を表す地形学公式が確立されれば素晴しいのであるが（☞p.97），斜面過程があまりにも複雑なため，現状では建設技術的に有用な形では構築されていない．

(2) 斜面各部の斜面過程と一般的特徴

段丘崖のような単純な直線斜面は一般に，その斜面縦断形が斜面上部から基部へと凸形部，直線部および凹形部という単式斜面で構成され，全体として複式斜面となっている．複式斜面では，斜面過程が斜面各部で異なり，その結果として斜面各部は異なった特徴をもつ（表14.0.4）．

凸形部と直線部は削剥されている斜面であり，そこから除去された物質が斜面基部に堆積して凹形部を形成する．この一連の斜面物質の移動における，斜面上の各地点での物質収支によって，斜面各部は次の3種（図14.0.15）に大別される（Young, 1969, pp.23～24）．

① 削剥斜面（denudation slope）：削剥によって地表面が低下しつつある斜面である．一般に斜面の頂部および中部に発達する．斜面下方に至るほど，集水面積が増し，削剥速度が大きくなるので，急傾斜となり，全体として凸形斜面となる．雨蝕と匍行が卓越するが，末端部が急傾斜な場合には落石，崩落，地すべりも発生する．上載荷重の除去に伴う応力解放によって，斜面に平行な地形性節理が斜面内部に形成されることもある．

削剥斜面の特殊な場合として，自由面（free face）という概念がある．自由面は基盤岩石（構造物質）の裸岩斜面であって，等斉斜面（断面形では直線部）であることが多く，急斜面ないし急崖をなし，オーバーハングしていることもある．自由面では，主に落石や崩落によって岩屑が自由落下またはそれに近い形で下方に移動し，斜面全体の中で削剥が最も盛んな区間である．削剥斜面での削剥速度は，基盤岩石の風化速度（R_w）とその風化物質の除去可能速度（R_r）の組み合わせに制約され，$R_w<R_r$の場合（風化限定）と

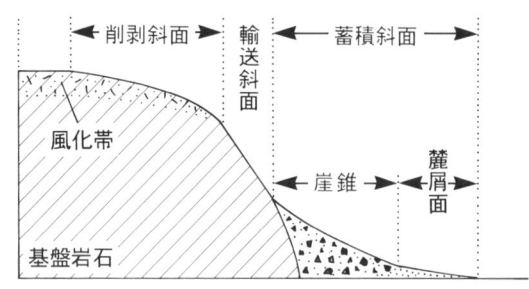

図14.0.15 斜面物質の収支の異なる斜面各部の概念

$R_w>R_r$の場合（運搬限定）で異なる（☞p.877）．そのため，基盤岩石の風化特性と除去営力との相対的関係で岩石間の差別削剥が起こる．たとえば，斜面の頂部または中部にほぼ水平の厚い硬岩層（例：熔岩，熔結凝灰岩，砂岩など）があり，その下位に軟岩層（例：非固結の火山砕屑岩，泥岩）があると，両者の地質境界が差別削剥によって遷緩線になり，硬岩層の部分が急傾斜の自由面になっていることが多い（☞図14.0.27）．

② 輸送斜面（transportation slope）：斜面の上方から供給された物質および下方へ運び去られる物質の量が釣り合っており，斜面物質の収支が一定で，高度変化のない斜面であるが，岩屑に薄く被覆されていることもある．自由面も短期的には輸送斜面となる．輸送斜面は長期的には，風化による斜面物質の劣化のため削剥斜面に，また崖錐成長のため蓄積斜面に置き換わる．つまり，輸送斜面は短命である．

③ 蓄積斜面（accumulation slope）：上方から供給された岩屑が蓄積（堆積）して，地表面が高くなる斜面である．これは，一般に斜面の下部から基部に発達する崖錐（図14.0.15）であり，傾斜約34度以下の凹形斜面である（☞図15.3.1）．蓄積斜面でも実は雨蝕，地下水侵蝕，崩落（滑落）による削剥が起こる．そこから供給された細粒物質が蓄積斜面の下方に再堆積し，緩傾斜（数度以下）の堆積面，すなわち麓屑面を生じる（☞p.790）．崖錐と麓屑面の間には不明瞭な遷緩線が存在する（図15.3.7）．ただし，新し

表 14.0.4　斜面各部（複成斜面を構成する単式斜面）の斜面過程およびその他の一般的特徴[*1]

		凸形部（X: Convex segment）	直線部（R: Rectilinear segment）	凹形部（V: Concave segment）
出現することの多い位置		複式斜面の頂部	複式斜面の中部	複式斜面の基部
斜面傾斜の特徴		下方ほど急傾斜	斜面の最大傾斜部	下方ほど緩傾斜
構成比の経時的変化と終末期の構成比		増加し，終末期は約40%	減少し，終末期は0%	増加し，終末期は約60%
主要な斜面過程	斜面過程の主な役割	斜面下方ほど急傾斜にする	直線断面を維持する	斜面下方ほど緩傾斜にする
	侵蝕	雨蝕（とくに布状洪水，リル侵蝕）：上方の平坦区間から下方の急傾斜区間に移る部分で顕著	雨蝕（とくに布状洪水，リル侵蝕）：透水性の小さい斜面物質の上で顕著	1. 雨蝕（とくに布状洪水，リル侵蝕，ガリー侵蝕） 2. 地下水侵蝕（パイピング）
	堆積（火山灰などの風成堆積を除く）	堆積は起こらない	岩屑の安息角以下での堆積	1. 岩屑の安息角以下での堆積 2. 雨蝕物質および地下水侵蝕物質の再堆積
	集団移動	1. 匍行，落石，崩落，地すべり（急傾斜な末端部で顕著） 2. 滑落崖と地形性節理（応力解放節理）の形成	1. 除去過程：匍行，落石，崩落，地すべり，地形性節理の形成 2. 付加過程：落石・崩落物質の安息角での定着・堆積	1. 除去過程：匍行，岩屑の転落・滑落 2. 付加過程：落石・崩落・匍行物質の定着・堆積
	（風化過程）	凸形部のうち最も尖った部分で最も顕著に進行する．	斜面に垂直方向に物理的・力学的風化が，鉛直方向に化学的風化がそれぞれ進行する	岩屑の風化（細粒化）
斜面物質	変質物質	土壌，匍行帯，厚い風化帯（風化速度は最尖部で最大）	土壌，風化帯，岩屑層の被覆は無いか，極薄	土壌（埋没土壌もある），岩屑の風化帯
	被覆物質	風成火山灰が一時的に被覆	風成火山灰が被覆していない	風成火山灰が被覆または埋没
	整形物質	基盤岩石[*2]	基盤岩石[*2]	角礫質岩屑（巨礫，岩塊，砂）であり，泥は少ない
	構造物質	基盤岩石[*3]	基盤岩石[*3]	基盤岩石[*3]
	内部の割れ目・空隙	斜面末端部に地形性節理	自由面にほぼ並行な地形性節理．崖錐では空隙が多く，大きい	空隙が多く，大きい
地中水の主要な動き		鉛直浸透，末端部で側方浸透	鉛直浸透	鉛直浸透，中間流，側方浸透，パイピング
地形種		匍行斜面	匍行斜面，自由面，崩落崖，崖錐	崖錐，麓屑面
斜面の一般的な安定性		やや不安定（とくに下部）	不安定	安定～やや不安定

[*1]：初生的形態の形成後の，斜面発達がかなり進んだ状態における複成斜面の，斜面型では直線斜面の，構造物質では岩盤斜面の，そして気候条件では日本の，単純な場合（たとえば段丘崖）をそれぞれ想定したものである．
[*2]：段丘礫層などの非固結堆積物を含む．　　[*3]：非固結堆積物の場合もある．

い斜面では麓屑面が明瞭に発達していないことが多い．

普通には，斜面全体の頂部から基部に向かって①，②，③の順に配列し，それぞれ凸形部，直線部および凹形部を形成している．地形種の観点では一般に，凸形部は匍行斜面であり，直線部は匍行斜面，自由面，崩落崖または崖錐のいずれかであり，凹形部は崖錐および麓屑面である．

長期的には，斜面全体に占める各部の構成比（斜面長や斜面高の構成比）は変化する（☞図14.0.24）．しかも，どの部分も経時的に減傾斜し，斜面縦断形が変化する（☞図14.0.22）．

以上は，単純な直線斜面の，しかも複式斜面における斜面各部での斜面過程と縦断形との関係を述べたものである．それに対して，尾根型斜面と谷型斜面はそれぞれ発散型と収斂型の斜面である

から，斜面基部での岩屑の蓄積状態が異なる．とくに0次谷の谷頭部では，地表水と地中水の収斂によって特異な斜面過程がみられる．しかし，0次谷は小規模であるから（☞図13.1.4），大縮尺図の読図の際に，その斜面過程を扱う（☞第21章）．

D. 斜面発達モデル

地球表面の起伏つまり地形は極論すれば斜面の集合である．よって，斜面形状の経時的変化すなわち斜面発達は地形学における古くて新しい重要課題の一つである．しかし，斜面発達の速度は遅く，その変数が極めて多種多様なため，斜面発達の研究は牛歩のようである．

斜面発達を説明する理論を一括して斜面発達モデルという．斜面発達モデルの構築では，空間時間変換（ergodic assumption：☞p.93）という仮定のもとに時間情報の不足を克服している．古典的なものから最近の斜面発達モデルを概観することは，それらの当否はともかく，実在の斜面における斜面発達を考察する背景として有益であるから以下に要約する．

(1) 単純な斜面発達モデルとその実証

文献に現れた限り，最古の斜面発達モデルは英国の牧師でアマチュア地質学者のFisher (1866)の提唱した予言的モデルのようである（Small and Clark, 1982）．それを基本的に受け継いだLawson (1915) やLehmann (1933) のモデル（図14.0.16）によると，ほぼ直立した岩盤斜面において，斜面から除去された物質がすべて斜面基部に堆積するとすれば，岩盤斜面は短くなり，岩屑の堆積斜面（崖錐）が次第に成長して，最終的には崖錐だけの斜面になり，崖錐堆積物の下位に凸形断面形をもつ岩盤面が埋没する．

この仮説は実験的に証明された（図14.0.17）．チョーク（石灰質泥岩）の岩盤に掘削された実験

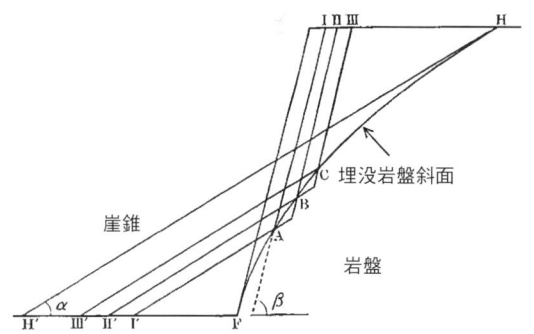

図14.0.16 最も簡単な斜面発達モデル（Lehmann, 1933）
自由面（I, II, III, H）の平行後退と崖錐（I′, II′, III′, H′）の成長，および埋没岩盤面（F, A, B, C, H）の形成，β＝崖の傾斜，α＝崖錐の傾斜．

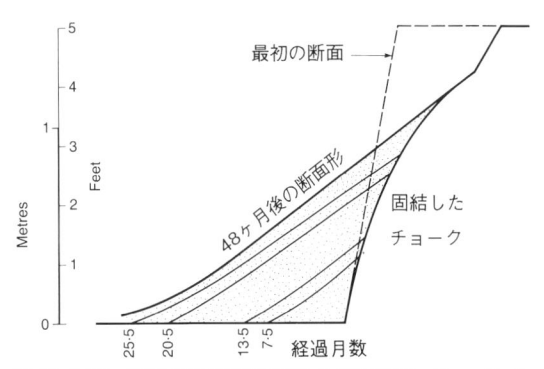

図14.0.17 実験斜面で観察された斜面発達（Proudfoot, 1970）

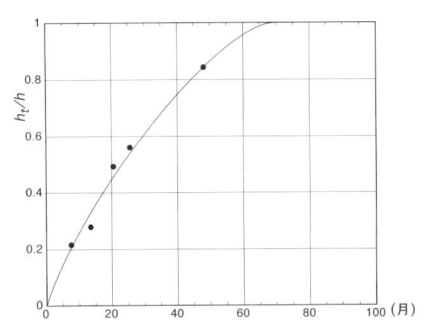

図14.0.18 図14.0.17から計算した斜面発達の進行度（h_t/h） h_t＝崖錐の比高，h＝崖の最初の比高（5 feet）．

溝（比高1.5m，上端幅3m，底幅2.4m，長さ27.5m）の側壁縦断形は，4年間に風化物質の崩落に伴う自由面の減傾斜的後退，崖錐の成長，凸形断面の埋没岩盤斜面の形成という結果を示した．その崖錐の成長速度，つまり斜面変化速度は経時的に減速している（図14.0.18）．

(2) 長期的な斜面発達モデル

実在の丘陵斜面や急崖斜面（☞表14.0.1）は一般に，比高数十mの大規模な複式斜面で，三次元的にはいくつかの斜面型をもつ単式斜面の集合であり，その基部の離水後の経過年数は数百年から数百万年におよび，複雑な斜面発達史をもっている．そのような複式斜面の縦断形を対象とした斜面発達モデルが古くから提唱されてきた．それらは次の三種に大別される（図14.0.19）．

① 減傾斜後退（slope decline）：斜面は頂部凸形部，中部直線部および基部凹形部に分化し，経時的に各部は減傾斜し，かつ各部の斜面長が増大し，凸形度（convexity）と凹形度（concavity）が減少する（Davis, 1899）．これは主として湿潤地域での斜面発達を想定している．

② 斜面交代（slope replacement）：上方の急斜面は，それより緩傾斜で下方から上方に成長する直線的斜面と交代して，緩傾斜となる．その過程が経時的ならびに斜面下方から上方に繰り返されるため，縦断形は全体として凹形になり，全体の斜面長は増大する（Penck, 1924）．これは理論的考察である．

③ 平行後退（parallel retreat）：斜面は頂部凸形部，中部直線部および基部凹形部に分化しているが，斜面全体の縦断形および各部の傾斜と斜面長（基部を除く）はほとんど変化せず，斜面全体が一様に平行的に後退する（King, 1953）．平行後退は，自由面を伴う場合（図14.0.19のC）と伴わない場合（D）に区分される．これは乾燥地域での発想である．

これらの古典的モデルには，当時としては仕方のないことだが，地形学公式の観点からみると，斜面発達および斜面過程に関与する変数（とくに地形量，時間）については何ら実体的・定量的証拠が含まれていない．そのため，これらの課題を改良すべく，種々のモデルが提唱された．それらはモデル構築における方法論によって次のように

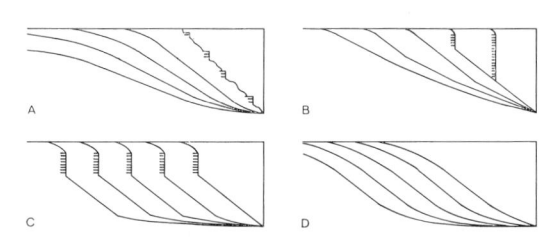

図14.0.19 古典的な斜面発達モデルの例（Young, 1969）
A：減傾斜後退説，B：斜面交代説，C：平行後退説（自由面を伴う場合），D：平行後退説（自由面を伴わない場合）
各仮説の数本の縦断曲線は，斜面発達の途中経過の縦断形を示すが，水平距離と高さの絶対値の目盛はなく，その経過時間は絶対時間間隔とは無関係である．

大別される（例：Parson, 1988）．

① 定性的演繹モデル（qualitative theories）：野外における斜面形状の観察から，空間時間変換の手法で斜面縦断形の経時的変化を定性的に説明しようとする（例：図14.0.19の古典的三説）．

② 定性的経験モデル（qualitative inferential models）：斜面発達の経過時間が定性的に明らかな斜面について，斜面縦断形を定性的な時間的順序に並べた（例：Savigear, 1952）．

③ 数学的モデル（mathematical models）：拡散方程式を基礎に，運搬法則と連続条件に基づく斜面縦断形の変化を数理解析的に説明しようとするが，実際には図14.0.19の各モデルや②を背景としている（例：Scheidegger, 1961；Culling, 1963；Hirano, 1966, 1968）．

④ 地形過程反応モデル（process-response models）：斜面各部における運搬制限下の斜面過程（土壌匍行，ガリー侵蝕などの雨蝕）ごとの物質移動速度と傾斜の関係を考察して，それぞれの過程の進行とともに変化するであろう斜面縦断形を演繹的に説明しようする（例：Kirkby, 1971；Carson and Kirkby, 1972）．

⑤ 実験モデル（experimental models）：小規模な実験斜面に関する経年的測定に基づく（例：図14.0.17）．ただし，数十年間におよぶ経年変化の測定例は知られていない．

⑥ 定量的経験モデル (quantitative empirical models)：斜面基部の離水年代および初期形態を推定できる実在の斜面（例：段丘崖）について，その斜面縦断形と傾斜の経時的変化を，斜面発達に関与する主要な変数の実測値を基礎に，地形学公式の形で定式化し，定量的に説明する（例：Suzuki and Nakanishi, 1990；Suzuki et al., 1991）．

以上のモデルのうち，①〜④では，いずれも斜面発達に関与する絶対時間情報はもとより，初期斜面の比高，斜面物質の物性・地質構造（相対傾斜など），気候，水文条件，植生などの主要変数に関する実体的情報は含まれていない．また，③と④では，斜面の縦断形は連続的に変化するものとして扱われ，斜面中部にしばしば存在する等斉斜面（直線部）と上部の凸形斜面および基部の凹形斜面（崖錐）との間の不連続は説明されていない．よって，①〜④のモデルは実在の斜面の説明にはほとんど無力である．⑤は有力であるが，斜面発達の観察には長期間を要し，また野外における斜面過程を室内模型実験では再現できない．

E. 斜面発達速度

建設技術的観点から斜面の安定性を評価するためには，任意地点における自然斜面の縦断形を説明できるモデルが必要である．つまり，任意地点の斜面について，その斜面の諸属性すなわち前述（☞p. 765）の斜面に関する地形学公式の主要な変数がいかなる絶対値をもつがゆえにその斜面縦断形が実在しているか，という問題をまず平衡論的に解く必要があろう．次に，その斜面縦断形は，今後いつごろ，どのように変化していくか，という斜面発達の速度論が必要になる．

従来の斜面発達モデルのうち，このような問題の解明に役立ちそうなモデルは⑥のみである．そこで，⑥の研究すなわち任意地点における自然斜面（岩盤斜面）の縦断形の実体を把握し，その経時的変化をその地点の斜面発達に関与すると考えられる基本的な変数で定量的に表す経験式の構築を目指した研究を以下に簡潔に紹介しよう．

(1) 岩盤斜面の減傾斜速度

1) 河成岩石段丘崖の斜面縦断形

埼玉県秩父盆地の荒川両岸には河成段丘が広く発達する（図14.0.5）．それらは16段に区分され，ほとんどが岩石段丘である．その段丘崖つまり岩盤斜面が任意地点においてどのような理由で実在の縦断形をもつか，が以下のように研究された（Suzuki and Nakanishi, 1990; Suzuki et al., 1991）．研究対象の段丘崖は次の特徴をもつ．

① 段丘崖の初生的縦断形と規模：現成の段丘崖はオーバーハングを含む急崖ないし急斜面である．よって，初生時（側刻の直後）の斜面は単式斜面であり，ほぼ鉛直の等斉斜面であったと仮定される．岩石段丘の段丘面は穿入蛇行河川の側刻で形成されるから，古い段丘が新しい段丘崖で切断される．よって，新旧かつ比高の異なる多様な段丘崖が存在する．調査地域の段丘崖は，比高2.5〜90 m，平均傾斜7〜90°と規模・形態のいずれも広範囲におよぶ（図14.0.20）．

② 段丘崖の形成年代：新旧の段丘崖の斜面発達に要した年数（T，削剥年代）は，その段丘崖を後面段丘崖とする段丘面の離水年代に等しいと仮定される（☞p. 560）．その意味での荒川沿岸の段丘崖は初生的な形成年代の異なる16系統に区分され，それらの形成年代は0.5〜30 ka（ka＝千年前，☞p. 92）の広範囲におよぶ．

③ 段丘崖の構成物質：段丘礫層の厚さは一般に3 m以下である．段丘崖を構成する基盤岩石は中新統の海成堆積岩（礫岩，砂岩，泥岩）およびそれらの互層であり，傾斜15〜70°（大局的には南東傾斜）の比較的に単純な同斜構造をもつ．湿潤圧縮強度は7.3〜68 MPaの範囲で，一般に粗粒な岩石ほど強度が大きい．

④ 斜面の区分：ほとんどの段丘崖の縦断形は，

頂部凸形部（斜面型でいえば凸形斜面，以下同じ），中部直線部（等斉斜面）および基部凹形部（凹形斜面）の3区間に区分された（図14.0.20）．ただし，現成の段丘崖では，頂部凸形部や基部凹形部が発達していない場合もある．

頂部凸形部，中部直線部，基部凹形部の傾斜ならびに全体の平均傾斜をそれぞれ θ_X, θ_R, θ_V ならびに θ_m と表した（図14.0.21）．ただし，中部直線部以外の傾斜はすべて見通し傾斜角である．

2）斜面傾斜とその変数の個別的関係

斜面3区間の傾斜と斜面全体の平均傾斜は，他の条件が同じであれば，個々の変数との個別的関係において一般に次の傾向を示す．

① 段丘崖の離水年代（T, ≒斜面の削剝年数）が大きいほど，段丘崖は緩傾斜である．

② 比高（H）が大きいほど，段丘崖は急傾斜である．ただし，比高の影響は現成段丘崖ではほとんど見られず，古い段丘ほど顕著である．これは寸法効果であり，誕生日の同じ雪ダルマなら大きいものほど長命であることに類似している．

③ 受け盤斜面より流れ盤斜面のほうが緩傾斜である．ただし，相対傾斜（I_r）の影響は，それが45°内外のときに最も著しく，古い段丘崖ほど小さくなる（図14.0.14）．古い段丘崖では，斜面傾斜が小さく，また斜面物質の風化が進行しているために，運搬限定条件下（☞p.877）となり，基盤岩石の傾斜の影響が減少するためであろう．

④ 削剝に対する基盤岩石の抵抗力は湿潤一軸圧縮強度（S_c）と岩盤の不連続示数（I_d）の積で評価（☞p.392）されたが，その抵抗力が小さい

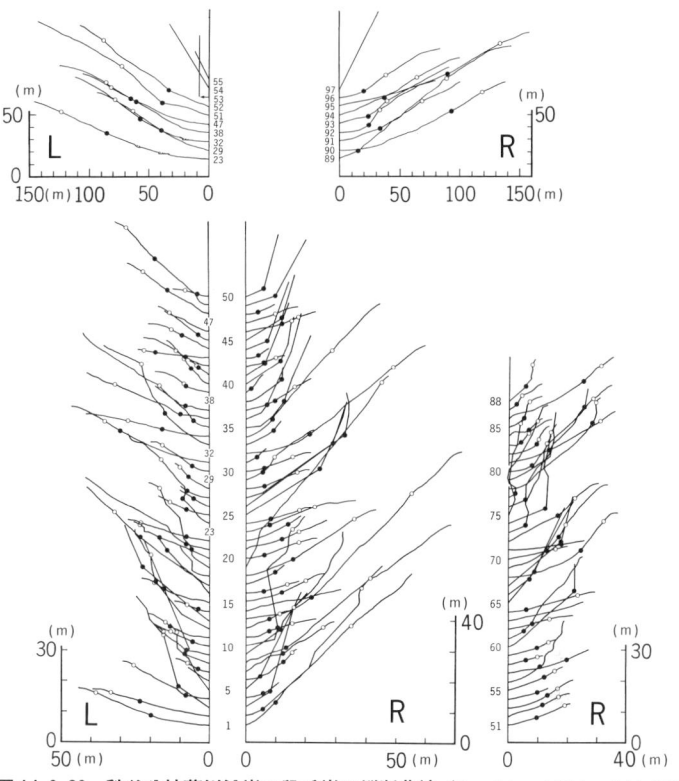

図14.0.20 秩父盆地荒川沿岸の段丘崖の縦断曲線（Suzuki and Nakanishi, 1990）
断面線の番号は断面線の地点番号（上流から下流へ）で，LとRはその地点位置が荒川本流の左岸（L：55地点）と右岸（R：97地点）のいずれであるかを示す．縦断曲線上の○と●は凸形部，直線部，凹形部の間の二つの境界点を示す．

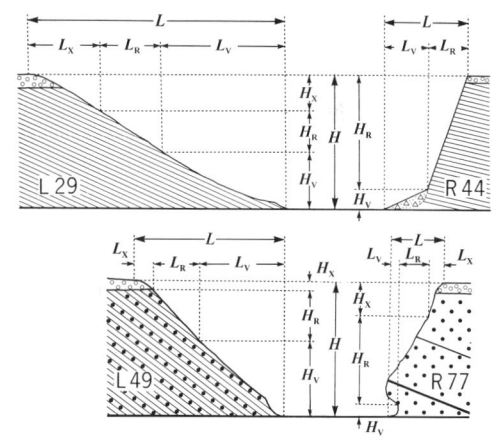

	傾斜（θ）	比高構成比（ξ）
頂部凸形部（X）	$\tan\theta_X = H_X/L_X$	$\xi_X = H_X/H$
中部直線部（R）	$\tan\theta_R = H_R/L_R$	$\xi_R = H_R/H$
基部凹形部（V）	$\tan\theta_V = H_V/L_V$	$\xi_V = H_V/H$
平均	$\tan\theta_m = H_m/L_m$	

図14.0.21 段丘崖の縦断曲線の区分法と傾斜および比高構成比の定義（Suzuki et al., 1991）

ほど段丘崖は緩傾斜である.

これらの個別的な変数と斜面傾斜との関係を示す経験式を背景として，段丘崖の頂部凸形部，中部直線部および基部凹形部の傾斜ならびに全体の平均傾斜と野外および室内で測定した変数との関係（図14.0.22）から，次の経験式が得られた．

$$\theta = f\{T/(H, I_r, S_c, I_d)\} \quad (14.0.6)$$

3）斜面各部の減傾斜速度

式（14.0.6）を他の地域にも適用できるように，地形学公式の観点から，気候条件（ここでは雨量）を考慮し，かつ定数の無次元化を計って，一般化したのが次式である．

$$\theta = \alpha \left(\frac{T}{H} \cdot \frac{P\rho w}{I_r S_c I_d} \right)^{-\beta} \quad (14.0.7)$$

ここに，

$\theta = \theta_X, \theta_R, \theta_V$ または θ_m （°），

$T =$ 段丘崖の離水年代（＝削剥年数，ka），

$H =$ 段丘崖の比高（m），

$P =$ 調査地域の平均年降水量（mm/y），

$\rho =$ 斜面発達に関与して運搬される物質の平均単位体積重量（gf/cm^3），

$w =$ 段丘崖上の単位幅（m），

$I_r =$ 基盤岩石の有効相対傾斜示数（無次元），

$S_c =$ 基盤岩石の湿潤圧縮強度（MPa），

$I_d =$ 基盤岩石の不連続示数（＝V_{pc}/V_{pf}，ただし V_{pc} と V_{pf} は供試体と岩盤についてそれぞれ室内と野外で測定した縦波速度），

である．α と β は無次元の定数であるが，両者は $\theta_X, \theta_R, \theta_V$ または θ_m についてそれぞれ異なった次の値をもつ（ただし，r＝相関係数）．

θ_X では，$\alpha = 64.1$，$\beta = 0.202$，r $= -0.768$
θ_R では，$\alpha = 92.1$，$\beta = 0.195$，r $= -0.804$
θ_V では，$\alpha = 40.6$，$\beta = 0.157$，r $= -0.688$
θ_m では，$\alpha = 75.1$，$\beta = 0.213$，r $= -0.862$

相関係数は高くはないが，多様な縦断形，初期比高，削剥年数，基盤岩石の相対傾斜・物性をも

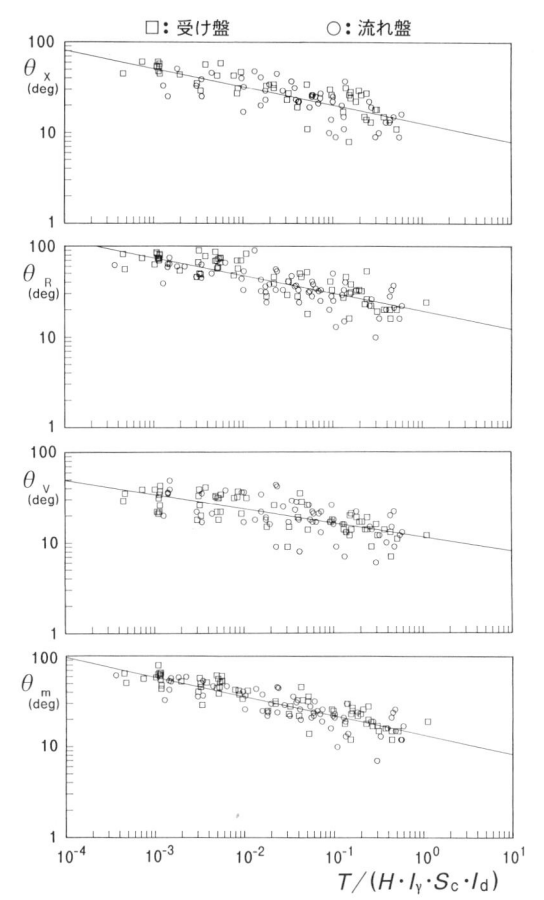

図14.0.22　秩父盆地荒川沿岸の段丘崖における斜面各部の傾斜（θ_X：頂部凸形部，θ_R：中部直線部，θ_V：基部凹形部の各傾斜）および平均傾斜（θ_m）と実測された変数との関係（Suzuki and Nakanishi, 1990）

つ任意地点の斜面（図14.0.20）について，斜面各部の傾斜を定式化した点で，式14.0.7は有意義であろう．任意の T における段丘崖各部および全体のそれぞれの減傾斜速度は，P, ρ および I_d の時間的変化を無視しうるとすれば，式14.0.7 を時間（T）について微分することにより，

$$\frac{d\theta}{dT} = -\alpha\beta \left(\frac{P\rho w}{H I_r S_c I_d} \right)^{-\beta} T^{-(\beta+1)} \quad (14.0.8)$$

の形で表される．

この式をさらに一般的なものとし，建設技術的により有効なものに改良するためには，さらに多くの地域における各種の野外データの蓄積が必要

である．たとえば，基盤岩石の強度や相対傾斜の範囲の拡大をはじめ，基盤岩石の風化特性や透水係数，雨量以外の気候条件（例：凍結融解日数），植生条件，さらには初期斜面の三次元的な斜面型の影響などを定量的に評価しうるような経験式の構築が切望される．その一歩として，相対傾斜の影響について追記しておこう．

4) 基盤岩石の強度と相対傾斜の影響

図 14.0.22 のデータでは，基盤岩石が軟岩で，強度範囲が狭く，また地層傾斜が 70 度以下であるから，急傾斜の相対傾斜に関するデータが得られなかった（図 14.0.14）．そこで，硬岩層で構成される大井川沿岸および急傾斜の軟岩層で構成される犀川沿岸に発達する段丘崖について，秩父盆地と同様の斜面調査を行った．ただし，両地域においては，段丘崖（段丘面）の離水年代を推定するのに役立つ絶対年代資料がなかったので，現河床からの段丘面までの比高によって，秩父盆地の段丘面群とおおまかに対比した．

それら 3 地域における形成年代別の段丘崖の中部直線部（最大傾斜部）の傾斜と基盤岩石（堆積岩）の相対傾斜の関係には（図 14.0.23），他の変数（例：比高）の影響によるデータのばらつきが著しい．しかし，斜面縦断形とくに中部直線部すなわち最大傾斜に与える基盤岩石の相対傾斜の影響は次のように要約される．

① 最も新しい現成の攻撃部斜面では，柾目盤斜面の中でもとくに不安定な領域（☞図 14.0.14 の△ABC 領域）にも硬岩斜面が存在する．しかし，相対傾斜（γ）が 0 度から 45 度に至るほど，斜面傾斜は小さくなる．受け盤斜面は約 60 度以上の急斜面であり，硬岩斜面ほど急傾斜な傾向がある．

② 現成の滑走斜面は，攻撃斜面より緩傾斜であるのは当然であるが（☞図 13.1.11），最も不安定な△ABC 領域にはほとんど存在しない．

③ 離水した段丘崖は現成の段丘崖より緩傾斜で，古い段丘崖ほど，相対傾斜の影響が小さくな

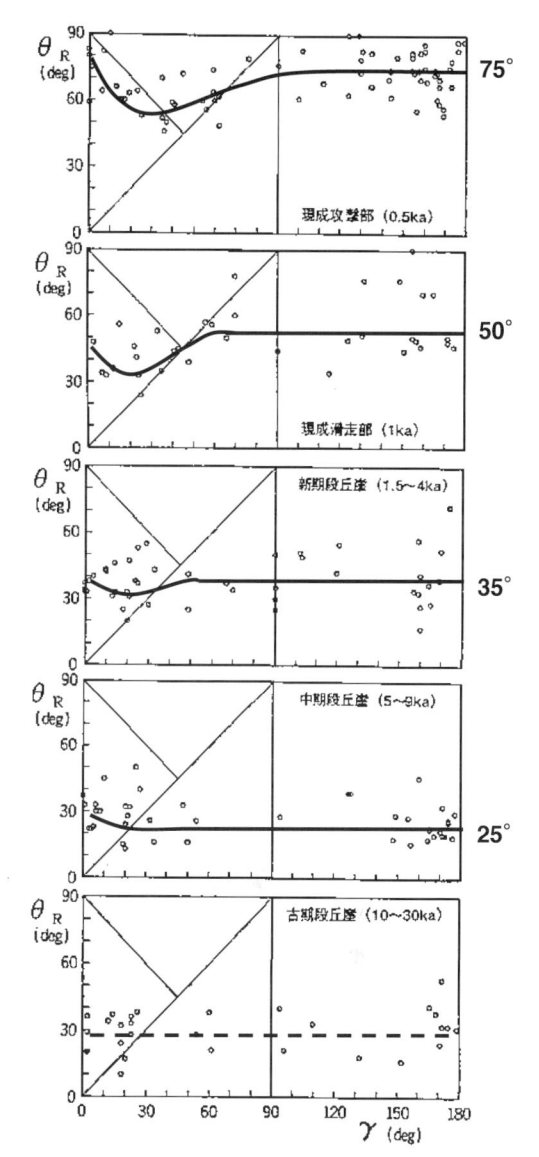

図 14.0.23　新旧の段丘崖の中部直線部の傾斜（θ_R）と基盤岩石の相対傾斜（γ）との関係（鈴木ほか，1990，および未公表資料）．段丘崖の新旧はその基部のおよその離水年代（ka＝千年前）を示す．右図外の角度は受け盤の平均値．

り，岩盤強度や風化速度が斜面安定性の支配的要因になると考えられる．

このような斜面傾斜と基盤岩石の相対傾斜および強度との関係は，段丘崖に限らず，丘陵斜面や谷壁斜面にも当てはまる一般的傾向である．

774　第14章　斜面発達

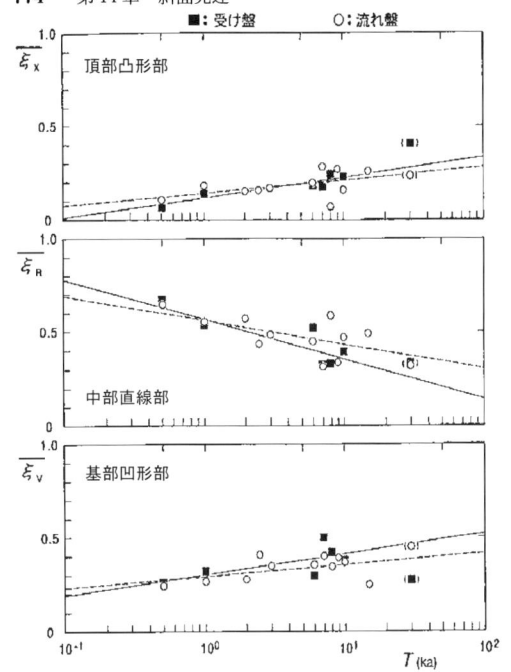

図14.0.24　秩父盆地荒川沿岸の段丘崖縦断形における頂部凸形部 ($\bar{\xi}_X$)，中部直線部 ($\bar{\xi}_R$)，基部凹形部 ($\bar{\xi}_V$) の比高構成比（平均値）の経時的変化 (Suzuki et al., 1991). ○および破線と■および実線はそれぞれ流れ盤斜面と受け盤斜面のデータである.

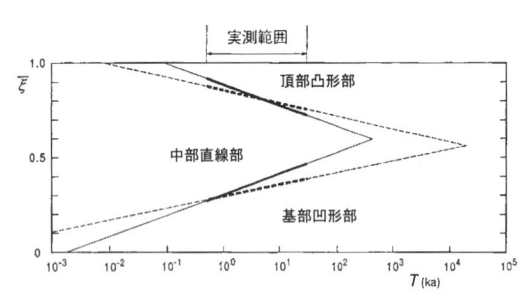

図14.0.25　図14.0.24の関係の時間に関する内挿と外挿 (Suzuki et al., 1991) 実線は受け盤，破線は流れ盤を示す.

(2) 斜面縦断形各部の比高構成比の変化

斜面発達が進むと，斜面は頂部凸形部，中部直線部および基部凹形部の3区間に分化し，斜面全体に占める各部の比高構成比（図14.0.21）も変化する．そこで，段丘崖の削剥年代ごとの各部の比高構成比の平均値（$\bar{\xi}$）と削剥年数との関係をみると（図14.0.24），段丘崖が古いほど$\bar{\xi}_R$は減少し，$\bar{\xi}_X$および$\bar{\xi}_V$はともに増加する傾向があり，次式で表される (Suzuki et al., 1991).

	H (m)	I_r	S_cI_d (MPa)
Case A	10	1	5
Case B	10	0.5	5
Case C	10	1	50
Case D	50	1	5

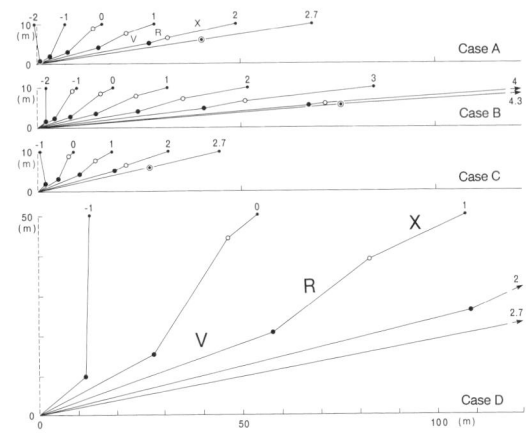

図14.0.26　秩父盆地荒川沿岸における段丘崖縦断形の経時的変化速度を基礎とした斜面発達の予測例 (Suzuki et al., 1991)

初生的斜面の比高 (H)，基盤岩石の相対傾斜 (I_r) および抵抗力 (S_cI_d) の諸点で異なる4ケース（表示）についての予測的な縦断形を示す．頂部凸形部と基部凹形部の断面形は実際には曲線であるが，この図では直線で示されている．斜面基部の先端は崖錐の発達によって経時的に前進するが，図では左端に固定してある．図中の数値は，斜面の削剥時間を10^n kaと表わしたときのnを示す．ただし，ka=1000年前.

$$\bar{\xi} = a + b \log T \quad (14.0.9)$$

ここに，T＝段丘崖の離水年代（＝削剥年数）であり，aとbは定数で段丘崖の各部および受け盤斜面と流れ盤斜面で異なった値をもつ．しかも，そのデータのばらつきは受け盤斜面より流れ盤斜面で大きい（図14.0.24）．これは，流れ盤斜面では地層面にそって斜面崩壊（崩落，地すべり）が起こる場合が多いので，それに関与する地層面の見掛け傾斜およびその地層面の段丘崖基部に対する相対位置のばらつきが著しいためであろう．

比高構成比の時間的変化を，実測した時間範囲（0.5～30 ka）を越えて内挿および外挿すると（図14.0.25），基部凹形部は頂部凸形部より早く出現することがわかる．また，頂部凸形部および基部凹形部は受け盤斜面より流れ盤斜面において

早く出現する．これは流れ盤斜面では地層面にそって斜面崩壊が起こりやすいためであろう．

ところが，頂部凸形部および基部凹形部の比高構成比（ξ_X と ξ_V）は，受け盤斜面よりも流れ盤斜面で緩慢に増加する．これは，流れ盤斜面では，抵抗力の最小な地層面ぞいに斜面崩壊が発生して，その部分が平行盤斜面になると，地表面より下位の地層面が風化や水文過程さらに斜面過程に対する不連続面ないし抵抗面として振舞うためであろう．そのような影響は逆目盤斜面ではさらに大きくなるであろう．

中部直線部の比高構成比（ξ_R）の減少する速さは流れ盤斜面より受け盤斜面で大きい．そして，中部直線斜面は，受け盤斜面では約45万年で，流れ盤斜面では約2千万年でそれぞれ消滅する．中部直線斜面の消滅（$\xi_R = 0$）によって，斜面は頂部凸形部と基部凹形部からなるS字形の形の斜面縦断形が出現し，両部の比高構成比はそれぞれ0.4と0.6になると推定される．その比率は受け盤斜面でも流れ盤斜面でも変わりはない．これは斜面が古くなると，基盤岩石の風化の進行のために，斜面発達に対する地質構造の影響が無視しうるほど小さくなるためであろう．

(3) 斜面発達の定量的経験モデル

斜面各部の傾斜および比高構成比の経時的変化に関する経験式（式14.0.7と式14.0.9）を組み合わせれば，種々の初期条件をもつ任意地点の任意時点における斜面縦断形が推定されるであろう．そこで，段丘崖の比高（H），基盤岩石の有効相対傾斜示数（I_7）および物性（$S_c \cdot I_d$）の組み合わせの異なる4ケースについて，各ケースの斜面縦断形の経時的変化を推定すると図14.0.26のようになる．ただし，頂部凸形部と基部凹形部の曲率の経時的変化に関する経験式が確立されていないので，両部の縦断形は図14.0.26では直線で近似されている．この図から次のことがわかる．

① 斜面は，初期比高が小さいほど，基盤岩石の相対傾斜が45°に近いほど，強度が小さいほど，急速に減傾斜する．

② オーバーハングは短命で，受け盤斜面でも数百年以内に消滅し，普通斜面になる．

③ 減傾斜速度は，頂部凸形部で最も大きく，次いで中部直線部，そして基部凹形部で最も小さい（式14.0.7のβ値がこの順に小さくなる）．

以上の斜面発達モデルは，秩父盆地の段丘崖について得られたデータに基づいているので，当然のことながら他の地域に適用できるという保証はない．しかし，絶対値はともかくとして，斜面発達の傾向としては適用可能なモデルであり，少なくとも従来の定性的モデルや理論的モデルに比べれば実体を反映したモデルであり，斜面の読図に役立つ基礎的概念を提供するものと考えられる．

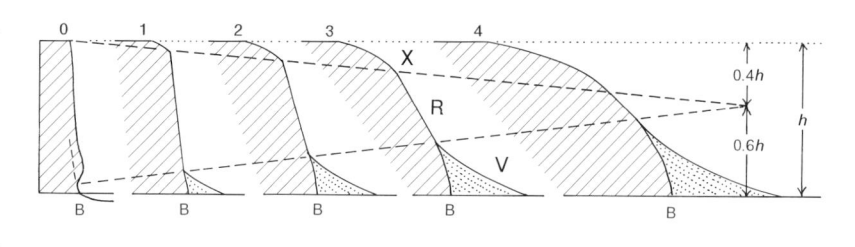

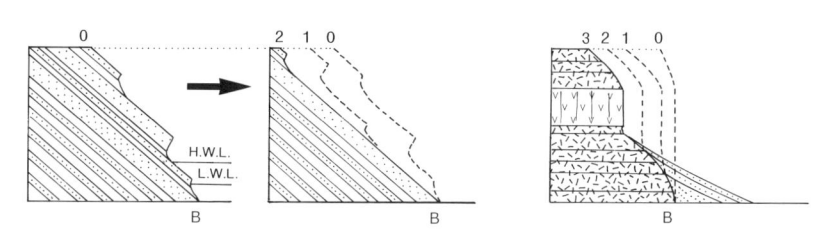

図14.0.27 秩父盆地荒川沿岸の河成岩石段丘崖の斜面発達を基礎とする，斜面発達の定量的経験モデル　数字は時間の経過であり，絶対時間の間隔は不問である．上図は受け盤斜面の場合である．X, R, Vは凸形斜面，直線斜面，凹形斜面をそれぞれ示す．Bは離水時（時点0）の斜面基点の位置を示す．hは斜面の最初の比高である．下左図は流れ盤斜面，下右図は水平盤で斜面中腹に硬岩層の自由面をもつ場合である．麓屑面は省略されている．

そこで，この定量的経験モデルを概念的に図示すると図 14.0.27 のようになる．式 14.0.7 および式 14.0.9 に含まれる変数の絶対値が与えられれば，この種の図は何通りも描ける．このことは，具体的な斜面について，斜面発達に関与する基本的な変数を実測すれば，その過去，現在および将来の斜面発達を一応の論拠をもって定量的に遡知および予知（☞p.137）できることを示す．

この定量的経験モデルは建設技術的にも一定の意味をもつであろう．たとえば，崩落崖や地すべり滑落崖を放置した場合や落石の生じる自由面の基部を擁壁で保護した場合における斜面の将来変化の予測にも，このような実体的な斜面発達モデルは有用であろう．その意味でも，式 14.0.7 および式 14.0.9 の経験式の精度向上に関する研究の進展が切望される．

第 14 章の文献

参考文献（第 1 章の参考文献を除く）

Abrahams, A. D., ed. (1986) *Hillslope Processes* : Allen and Unwin, Boston, 416 p.
日本応用地質学会編 (1999)「斜面地質学」: 日本応用地質学会, 294 p.
Schumm, S. A. and Mosley, M. P., ed. (1973) *Slope Morphology* : Dowden, Hutchinson and Ross, Stroudsburg, 454 p.
Selby, M. J. (1993) *Hillslope Materials and Processes* (2nd ed) : Oxford Univ. Press, 451 p.

引用文献

Carson, M. A. and Kirkby, M. J. (1972) *Hillslope Form and Process* : Cambridge Univ. Press., 475 p.
Chorley, R. J., Schumm, S. A. and Sugden, D. E., (1984) *Geomorphology* : Methuen & Co. Ltd., London（大内俊二訳, 1995,［現代地形学］: 古今書院, 602 p.）.
Culling, W. E. H. (1963) Soil creep and the development of hillside slopes : Jour. Geol., 71, pp. 127-161.
Davis, W. M. (1899) The geographic cycle : Geogr. Jour., 14, pp. 481-504.
Fisher, O. (1866) On the disintegration of a chalk cliff : Geol. Mag., 3, pp. 354-356.
藤田和夫・池辺 穰・杉村 新・小島丈児・宮田隆夫 (1984)「新版地質図の書き方と読み方」: 古今書院, 194 p.
猪郷久義編 (1982)「現代の地球科学」: 朝倉書店, 308 p.
羽田 忍 (1991)「土木地質学入門」: 築地書館, 175 p.
Hirano, M. (1968) A mathematical model of slope development : Jour. Geosciences, Osaka City Univ., 11, pp. 13-52.
King, L. C. (1953) Canons of landscape evolution : Geol. Soc. Amer. Bull., 64, pp. 721-752.
Kirkby, M. J. (1971) Hillslope process-response models based on the continuity equation : Inst. British Geogr. Special Pub., 3, pp. 15-30.
Lahee, F. H. (1941) *Field Geology* : McGraw-Hill, 853 p.
Lawson, A.G. (1915) Epigene profiles of the desert : Bull. Calif. Univ. Dept. Geol. Sci., 9, pp. 23-48.
Lehmann, O. (1933) Morphologische Theorie der Vervitterung von Steinschlagwänden : Vierteljahrsschrift Naturforsch. Ges. Zurich, 78, pp. 83-126.
Parsons, A. J. (1988) *Hillslope Form* : Routledge, London, 212 p.
Penck, W. (1924) *Die Morphologische Analyse, Ein Kapitel der Physikalischen Geologie* : Engelhorns, Stuttgart（町田 貞訳, 1977,「W. ペンク, 地形分析」: 古今書院, 401 p.）.
Proudfoot, V. B. (1970) Some recent field and laboratory experiments in geomorphology : Geographia Polonica, 18, pp. 213-226.
Savigear, A. R. G. (1952) Some observations on slope development in south Wales : Inst. British Geogr. Trans., 18, pp. 31-51.
Scheidegger, A. E. (1961) Mathematical models of slope development : Geol. Soc. Amer. Bull., 72, pp. 37-50.
Small, R. J. and Clark, M. J. (1982) *Slopes and Weathering* : Cambridge Univ. Press, 112 p.
Suzuki, T. and Nakanishi, A. (1990) Rates of decline of fluvial terrace scarps in the Chichibu basin, Japan : Trans. Japan. Geomorph. Union, 11, pp. 117-149.
Suzuki, T., Nakanishi, A. and Tsurukai, T. (1991) A quantitative empirical model of slope evolution through geologic time, inferred from changes in height-ratios and angles of segments of fluvial terrace scarps in the Chichibu basin, Japan : Trans. Japan. Geomorph. Union, 12, pp. 319-334.
鈴木隆介・鶴飼貴昭・高橋健一・斉藤基泰 (1990) 段丘崖縦断形に与える基盤岩石の相対傾斜の影響（演旨）: 地形, 11, pp. 53-54.
Young, A. (1969) *Slopes* : Oliver and Boyd, Edinburgh, 288 p.

第15章　集団移動地形（集動地形）

重力のみを主要な地形営力として，地形物質が一団となって，高所から低所に緩急様々の速度と運動形態をもって移動する現象を集団移動と総称する．それによって形成された地形種を集団移動地形と総称する．落石，崩落，崖崩れ，山崩れ，斜面崩壊，地すべり，土石流，陥没，地盤沈下とよばれる現象が集団移動の例である．集団移動は日本の各地で年中行事のように発生し，多くの災害をもたらしている．それらの災害は人命に関わる場合が多く，構造物のすべてを破壊する壊滅的な場合も少なくない．

集団移動の運動形態は多様であるが，一つの様式の集団移動はそれに特有の地形種（削剥地形および定着地形）を形成するので，その地区では同種の集団移動が今後も発生する可能性が高い．したがって，集団移動地形の読図によって，その地区で過去に発生した集団移動を後知し，また今後その地区で発生しうる集団移動の様式を定性的に予測することもできる．

> 用語の換言：本書では全 4 巻を通じて，「集団移動地形」および「集団移動」という用語を使用してきたが，以後は，これらを「集動地形」および「集動」と簡略化することにした．この換言によって，変動地形，堆積地形，侵食地形などとの語感的なバランスが良くなるからである．
>
> 読者も，全巻でこのように読み替えて下さい．

口絵写真（前頁）の解説

写真（アジア航測株式会社撮影・提供）は大井川（写真下部の白い河床をもつ網状流路）左岸の急峻な谷壁斜面である．この地区の地形図を図 15.4.10 に示す．写真中央部の大規模な崩壊地が赤崩であり，写真左方の支谷にボッチ薙があり，写真右方の白い崩壊地のある谷が枯木戸滝をもつ支谷である．これらの支谷では，谷頭に大規模な崩落地があり，そこからの落石は谷底に一時的に堆積して（例：赤崩の谷底），ガレ場型の崖錐を形成している．その崖錐堆積物が土石流となって流下し，谷口に沖積錐を形成している．沖積錐は，大井川本流の滑走部（例：ボッチ薙の谷口）には顕著に発達するが，攻撃部（例：赤崩の谷口）では本流によって侵蝕されるので大規模には成長していない．

赤崩の上方および右方には前輪廻地形の緩傾斜面が発達し，その末端は明瞭な遷急線（侵蝕前線）になっている．その緩傾斜面（とくに赤崩の右方）に，水平方向に伸びる数列の並流谷（☞図 13.2.1）が発達する．緩傾斜面の上方の主尾根ぞい（とくに赤崩の左上方）には二重山稜が発達する．これらの並流谷および二重山稜は，赤崩のような大規模な斜面崩壊（基盤崩落または地すべり）の前兆現象（☞図 15.4.2）と解される．同様の崩壊が大規模に起これば，大井川に天然ダムが形成されるであろう（☞図 15.4.3）．

15.1 集団移動地形の概説

A. 集団移動の定義と関連用語

(1) 集団移動の定義

　地形物質が，基本的には重力のみに起因して，高所から低所に集団（mass）をなして，クリープ，落下，滑動，流動，圧密などの形態をとりながら移動する現象を，本書では一括して，集団移動（mass movement）と総称する（☞p. 54）．集団移動で形成された地形種を一括して集団移動地形（mass-movement landforms）と総称する．

　日本各地で年中行事のように多発し，種々の災害をもたらす落石，崩落，斜面崩壊，崖崩れ，山崩れ，地すべり，土石流などとよばれる現象が集団移動に包含される．集団移動はそれ自体が地形を改変する能力をもつから，重力を独立営力とする従属営力である（☞p. 61）．

(2) 集団移動の関連用語

　集団移動は，英語ではマスムーブメント（mass movement）またはマスウェイスティング（mass wasting）とよばれ，そのカタカナ用語が日本語としてそのまま使用されることがある．それらの訳語として，重力移動，集合運搬，物質移動，降坂運動，重力侵蝕，地くずれ，崩壊，塊状移動あるいは斜面運動など極めて多様な用語が使用されている．また，集団移動地形は重力地形と総称されることもある．このような用語（訳語）の混乱は，考え方の違いに起因すると同時に集団移動現象の多様性を反映しているためであろう．

　用語の混乱は，地形物質の移動現象とその結果として生じた地形とを明確に区別せずに，両者に対して同じ用語を混用することに起因する場合も少なくない．たとえば，'落石'という場合に，崖から石が落下している'移動状態'，落ちた石が静止している'定着状態'の岩塊（転石），さらにはそれらの岩塊の累積で形成された'定着地形（崖錐）'が区別されないことが多い．'地すべり'でも同様の混乱・混用がある．

　侵蝕（erosion）は，厳密には，風，降雨，河流，波，沿岸流，氷河，雪崩などの流体力によって（流体を媒体として），岩石物質の破片（岩屑）が一地点の地表からバラバラに除去（uncover, strip）され，別の場所にバラバラの状態で運搬（transport）される現象である．それらの岩屑が別の場所で流体中を沈降し，地表に順に積み重なる現象を堆積（deposition）とよぶ．つまり，物質の除去・運搬・静止の場所が時空的に明白かつ十分に離れているのが侵蝕・運搬・堆積という地形過程である．

　それに対して，集団移動では，流体は媒体ではなく，せいぜい滑材の役割を果たすに過ぎず，除去・移動・静止の場所が一連であり，ほぼ同時（数秒～数時間以内）に起こる．集団移動では一般に移動物質がバラバラではなく一団となって静止するので，定着（settle）という用語を著者は使用したい．いわば，堆積は小銭をためる普通預金であり，定着は大金を一度に預ける定期預金である．

　集団移動と侵蝕を一括して削剝（denudation）という（☞p. 53）．地形過程では，削剝は地形物質の除去によって地表面高度が低下する過程であり，堆積および定着の対語である．侵蝕はしばしば広義に解されて，削剝と同じ意味で使われる．たとえば，山地の侵蝕というが，厳密には山地の削剝というのが正しい．

　以上の観点から，本書ではマスムーブメントと

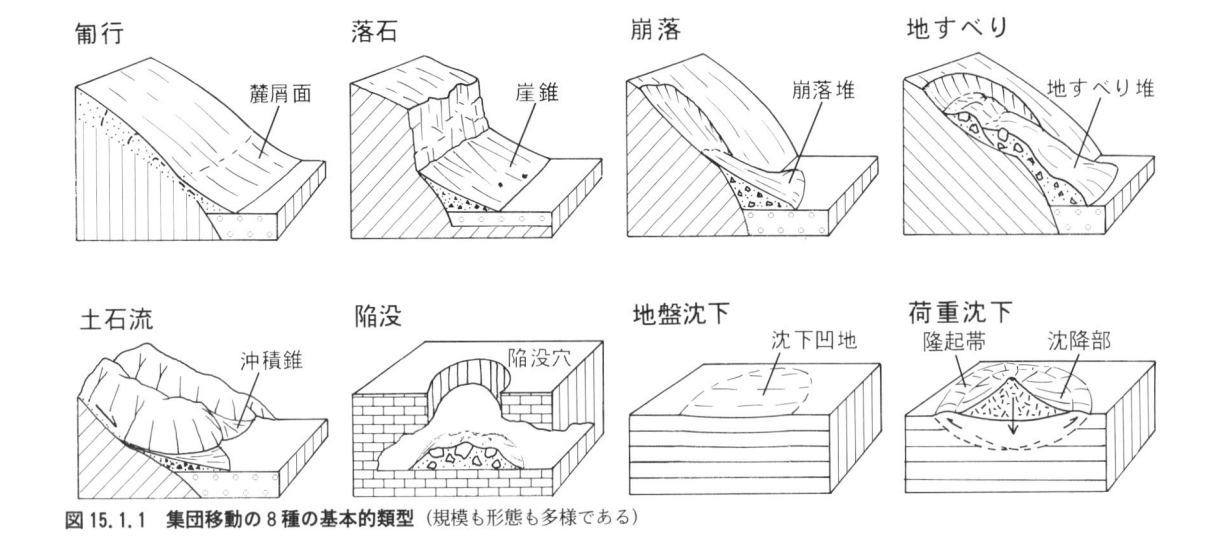

図 15.1.1　集団移動の8種の基本的類型（規模も形態も多様である）

匍行　麓屑面
落石　崖錐
崩落　崩落堆
地すべり　地すべり堆
土石流　沖積錐
陥没　陥没穴
地盤沈下　沈下凹地
荷重沈下　隆起帯　沈降部

いう長いカタカナ語を避けて，集団移動という用語を使用する．漢字用語は表意語であるがゆえに，瞬時に理解され，日本文化として存在意義がある．

B. 集団移動の大分類と一般的性質

(1) 集団移動の大分類

集団移動は基本的には重力のみによって起こる物質移動（地形過程）であるが，その制約変数は極めて多い（☞図 15.1.3）．そのため，移動様式およびその結果としての集団移動地形の諸特徴は多種多様であり，漸移的な場合も多い．

それを反映して，集団移動については多種多様な分類が提案されてきた．最も詳細な分類では41種もの類型に細分されている（武居，1980）．これは集団移動の多様性のためである．それら以外にも，匍行，陥没，凍結融解作用などもある．

集団移動の実体は，一般に現象発生後しかも災害を生じた場合についての精細な事後調査で解明されるに過ぎない．よって，建設技術者に必要な事前調査の段階（例：現地踏査や物理探査）では詳細な分類用語を適用して記述しうるレベルの認識に至るのは困難である．まして読図では無理で

ある．そこで，詳細な分類は専門書（例：武居ほか，1980）に委ね，本書では読図でも判別可能なレベルの，しかも任意地区で発生する可能性の高い集団移動の種類を推論することを目的として，集団移動をその移動状態に基づいて次の8種の基本的類型に大分類しておく（図 15.1.1）．

① 匍行（ほこう）：クリープ（creep），
② 落石：自由落下（fall），
③ 崩落：滑落（slip）・崩れ落ち（slump），
④ 地すべり：滑動（slide），
⑤ 土石流：流動（flow），
⑥ 陥没：空洞天井部の自由落下（sink），
⑦ 地盤沈下：物質除去を伴わない地盤の圧密沈下（subsidence），
⑧ 荷重沈下：上載荷重による地盤の圧縮または弾性的沈下と側方の隆起（settlement）．

これら8種は，物質の移動状態とそれに起因する地形変化において著しく異なる（表 15.1.1）．なお，⑥〜⑧は普通には表層変位（☞p.56）として扱われるが，重力に起因する集団的物質移動であるから，この章で扱う．

(2) 集団移動の一般的な制約要因

地形学公式の観点（☞p.97）で多種多様な集

表 15.1.1 集団移動の基本的類型とその一般的特徴

		匍行	落石	崩落	地すべり	土石流	陥没	地盤沈下	荷重沈下
細分類名または別称の例		土壌匍行, 岩屑匍行, 基岩匍行	落石, 剝落, 剝離, 崖錐	山崩, 崖崩, 崩壊, 岩盤崩落, 転倒	回転すべり, 並進すべり, 板状すべり	岩屑流, 土砂流, 山津波, 泥流	石灰洞陥没, 火山性陥没, 鉱山陥没	自然的沈下, 地下水汲み上げ沈下	集団移動物質の定着沈下, 火山体の沈下
移動状態	基本的な移動様式とその英語	クリープ creep	自由落下 fall	崩落 slip, slump	滑動 slide	流動 flow	陥没 sink	圧密 subsidence	圧縮・滑動 settlement
	発生・移動・定着域の分離状態[1]	発=移⇒定	発→移⇒定	発⇒移⇒定	発⇒移⇒定	発⇒移→定	発=移=定	発=移=定	発=移=定
	離脱様式または破壊様式	曲げ・剪断	剪断・引張・曲げ, 転倒	剪断・引張, 転倒, 座屈	剪断	剪断	剪断・引張	離脱せずに圧密	離脱せずに圧縮, 剪断
	離脱境界面	不明瞭	明瞭	明瞭	明瞭	明瞭	明瞭	不在	不在〜明瞭
	移動速度	10^{-1}〜10^{0} cm/年	10^{0}〜10^{2} m/秒	10^{0}〜10^{2} m/秒	10^{0}〜10^{5} cm/年	10^{0}〜10^{1} m/秒	10^{0}〜10^{1} m/秒	10^{-3}〜10^{-1} cm/年	10^{-3}〜10^{-1} cm/年
	最大移動距離	10^{-1}〜10^{1} m	10^{0}〜10^{2} m	10^{1}〜10^{3} m	10^{1}〜10^{3} m	10^{1}〜10^{3} m	10^{0}〜10^{1} m	10^{-3}〜10^{0} m	10^{-3}〜10^{2} m
	同じ発生域での再発性・継続性	大・継続的	大・断続的	大・断続的	大・小・継続〜断続的	大・断続的	無〜あり・断続的	大・断続的→終息	小・ある時点で終息
	予兆の例	根曲がり	浮石, 転石	亀裂, 落石	冠頂亀裂	豪雨, 地震	円形亀裂	高度低下	側方隆起
移動・定着物質	移動前の岩相	風化物質, 破砕岩, 軟岩	岩屑, 風化物質, 割目の多い岩体	岩屑, 風化物質, 割目の多い岩体	膨張性岩, 破砕岩	岩屑, 非固結堆積物	石灰岩, 熔岩, 採鉱・採石岩	軟弱地盤, 高含水比の泥質層	軟弱地盤〜軟岩
	移動中の含水比	高〜中	低	低〜中	高	高〜中	低	高→低	高
	定着後の岩相・成層状態	風化した岩屑・無成層	角礫質岩屑, 大岩塊・乱雑成層	角礫質岩屑, 大岩塊・無成層	角礫質岩屑, 巨大岩塊・無層理	角礫質岩屑, 大岩塊・無層理	角礫質岩屑, 大岩塊・無成層	移動前とほぼ同じ・成層	移動前とほぼ同じ・無関係
地形場	発生域 発生前	被覆斜面, 緩〜急斜面	急崖〜急斜面, 自由面, 崖錐	急崖〜急斜面	各種斜面	急傾斜のV字谷, 山腹斜面	地下空洞をもつ各種の地形	堆積低地	堆積低地, 軟岩で構成された丘陵・山地
	発生域 発生後	同前	ほぼ同前	崩壊地	滑落地	ほぼ同前	円形凹地	浅い凹地	浅い凹地
	移動域 発生前	発生域と同じ	急崖〜急斜面	急傾斜面, 河谷底	各種斜面, 河谷底, 平坦地	急傾斜面, 河谷底	発生域と同じ	発生域と同じ	発生域と同じ
	移動域 発生後	同前	同前	同前	地すべり堆	同前	同前	同前	同前
	定着域 発生前	平坦地	平坦地, 緩傾斜地	平坦地, 緩傾斜地	平坦地, 緩傾斜地	谷底, 谷口付近の低地	地下空洞	移動域と同じ	移動域と同じ
	定着域 発生後の主な定着地形[2]	麓屑面	崖錐	崩落堆, (土石流堆)	地すべり堆	土石流堆, 沖積錐	陥没穴, 陥没凹地	堆積低地の浅くて広大な凹地	浅い沈降帯, 側方隆起帯

1) 記号の意味は, ＝:重なる, ⇒:一部重なる, →:完全分離, である. 2) 詳細：☞表 15.1.2.

団移動をみると，次のことに気づくであろう．集団移動の各類型はいずれも重力が最も重要な地形営力である点ではまったく同じである．それなのに類型ごとに物質の移動様式も定着地形も異なるのは，主要な地形営力（重力）以外の変数すなわち地形場，重力以外の付加的な地形営力，地形物

質および営力継続時間が異なるためである．

静止状態の地形物質が主として重力によって下方に移動する集団移動では，何らかの変数の変化によって，地形物質に加わる力の均衡が失われる必要がある．その均衡状態の変化は一般に安全率（factor of safety）という概念で表される．安全率（F_s）は，

$$F_s = F_n/F_p \quad (15.1.1)$$

ここに，F_n＝地形物質の（F_pに対する）抵抗力，F_p＝地形物質を下方に動かそうとする力，である．地形物質は，安全率が1以上であれば静止状態を継続しつづけ，1以下であれば移動し，1ならば臨界状態である．

この場合，地形物質の抵抗力（F_n）とそれに働く力（F_p）の実体は，移動しうる地形物質の単位体の規模および性質（物性と地質構造）とその単位体の存在する地形場（とくに地表傾斜）によって異なる．その差異が集団移動の様式（つまり8類型）の差異の根源である．そこで，斜面を構成する地形物質（斜面物質）の剪断破壊で発生する地すべりを例に，安全率の変化とその変数の差異を考えよう（図15.1.2）．

傾斜（θ）をもつ斜面を構成する斜面物質（の一部）に加わる重力は，斜面と平行に斜面下方に向く剪断応力（W_p）と斜面物質を斜面内部へ垂直に押す垂直応力（W_n）の二つの分力に分けられる．斜面物質を斜面下方に移動させる剪断応力は，移動物質の全重量（W）と傾斜（θ）に支配されるから，$W\sin\theta$である．ただし，W＝質量（m）×重力加速度（g）である．

一方，斜面物質の剪断抵抗力は剪断面（地すべり面）での粘着力（c）と摩擦力で構成される．剪断面全体に働く粘着力の大きさは，垂直応力に関係なしに，剪断面全体の長さ（L）に比例するので，cLで表される．摩擦力の大きさは地形物質の摩擦角（ϕ）と垂直応力（$W\cos\theta$）の積であるから，$W\cos\theta\cdot\tan\phi$である．ゆえに，剪断抵抗力の合計は，$cL+W\cos\theta\cdot\tan\phi$となる．

よって，地すべりの安全率（F_s）は，最も簡単な形では，次のようになる．

$$F_s = (斜面物質の剪断抵抗力の合計)/(斜面物質の剪断応力の合計)$$
$$= \frac{cL+W\cos\theta\cdot\tan\phi}{W\sin\theta} \quad (15.1.2)$$

ここに，

c＝斜面物質の粘着力（例：硬岩では数千 t/m^{2}であり，風化粘性土では1～0.1 t/m^2），

W＝地すべり移動体の全重量（$W=mg$，ただし，m＝移動体の質量，g＝重力加速度），

L＝地すべり移動体の下底（地すべり面）全体の長さ，

θ＝地すべり面の傾斜角（地すべり面の形態によって場所別に異なるので，傾斜の異なる部分ごとにLを分割して個別に求める），

ϕ＝摩擦角（硬岩で約60度，粘性土では0度），

である．

間隙水圧（u）があるときには，斜面物質が斜面を垂直に押す力（$W\cos\theta$）は間隙水圧（u）の分だけ減少し，それだけ摩擦抵抗力が小さくなるので，安全率は次式で表される．

$$F_s = \frac{cL+(W\cos\theta-uL)\tan\phi}{W\sin\theta} \quad (15.1.3)$$

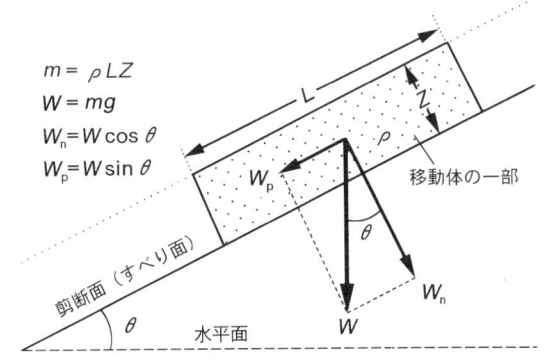

図15.1.2 斜面物質の安全率を制約する移動物質の重量（W），垂直応力（$W\cos\theta$）および剪断応力（$W\sin\theta$）の関係

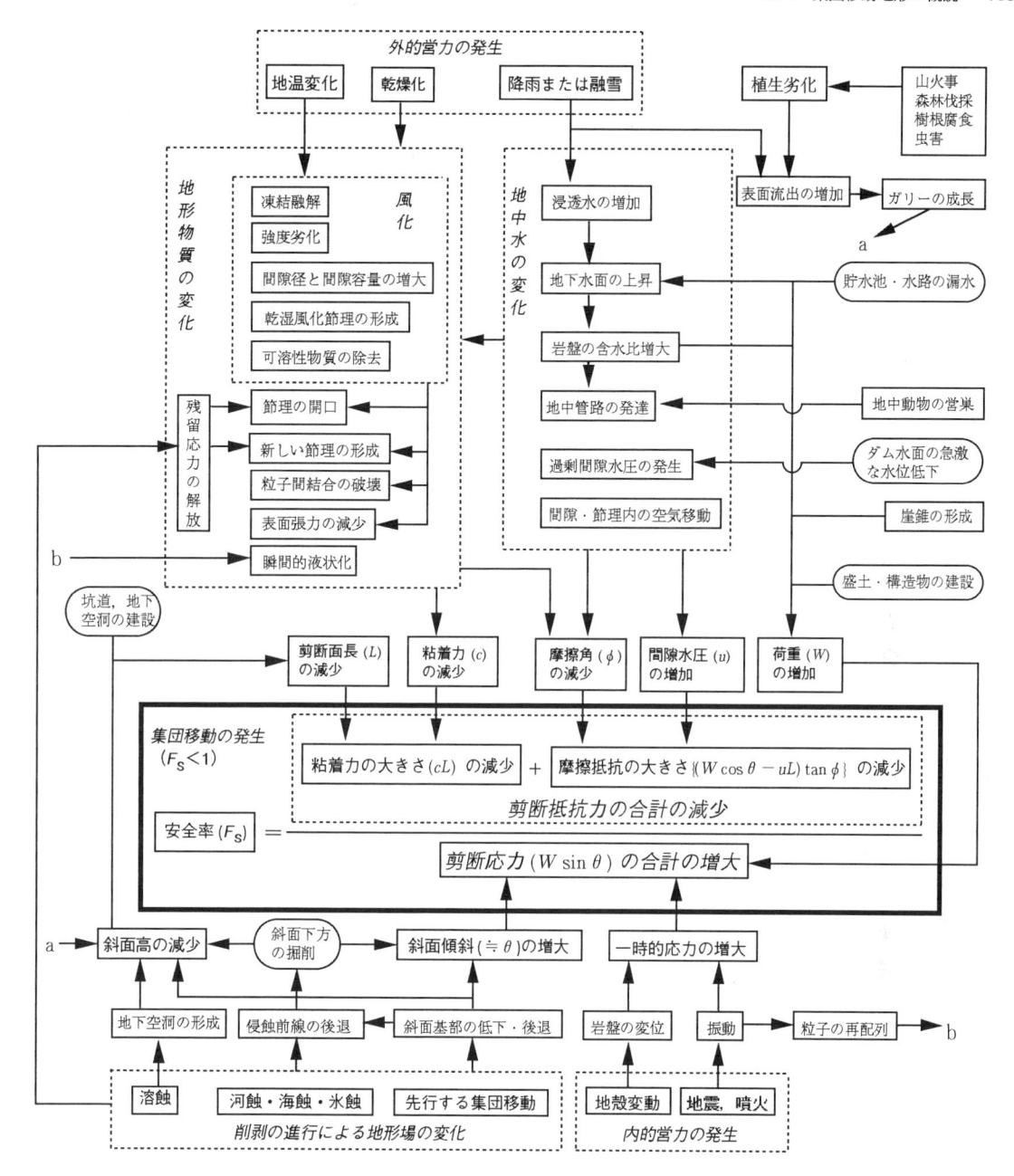

図 15.1.3 集団移動の安全率を制約する諸変数の関係（地すべりの例）　丸四角は人為的原因を示す．

厳密には，さらに多項を含む式が提唱されている（☞章末の参考文献）．

　安全率が変化して，$F_s<1$ になるには，式(15.1.3)の分子の減少または分母の増大が必要条件つまり直接的原因である．それらの原因の増減を制約する変数および現象は多種多様である．

しかも，それらは時間的に変化する．

　それらの変数および現象と安全率との関係は，地すべりの場合を例示すると，図 15.1.3 のようである．この図には，集団移動の誘因が，どのような過程を経て安全率の直接的原因の発生に影響するかをフローチャートの形で示してある．安全

率の低下をもたらす直接的原因を発生する引き金となる直近の原因を誘因 (trigger) という．他の基本型の集団移動においても多少の差異はあるが，これとほぼ同様に複雑な関係があり，基本的には安全率の考え方が適用される．

(3) 集団移動の発生域・移動域・定着域

集団移動では，地形物質が重力によって一般に①斜面上方で地表から離脱し，②斜面下方に移動し，③平坦地または緩傾斜地に定着する．それぞれの起こった地区を，発生域 (source area, root area)，移動域 (moving area) および定着域 (settled area) とよぶ (図15.1.4)．災害科学の観点では移動域と定着域を一括して被災域 (affected area) ともいう．

これら三域の三次元的な分離状態をみると (図15.1.1)，①分離している場合 (例：落石，崩落)，②部分的に重なっている場合 (例：地すべり，土石流)，③三域が重なっている場合 (例：陥没，沈下) および④区別しがたい場合 (例：クリープ) がある (表15.1.1)．三域の分離が明瞭であるほど，発生前後における三域の地形変化が著しい (陥没は例外)．

実際には，集団移動はこれら三域にわたって時間的に連続して起こる一連の現象であるから，移動域は必然的に発生域および定着域に重なっている．しかも，移動物質が移動域で地表を削剥してその総量を増加させることもある (例：土石流)．そこで，発生域と定着域の間の地区という程度の意味で移動域という用語を使用する．

(4) 等価摩擦係数と超過移動距離

集団移動については，発生源の頂部 (例：地すべりでは冠頂) から定着域の末端 (例：地すべり堆の尖端) までの間の比高 (h) と水平距離 (L) との比 (h/L) を見掛けの摩擦係数 (奥田，1986) または等価摩擦係数 (equivalent coefficient of friction, μ) とよぶ (図15.1.4)．また，

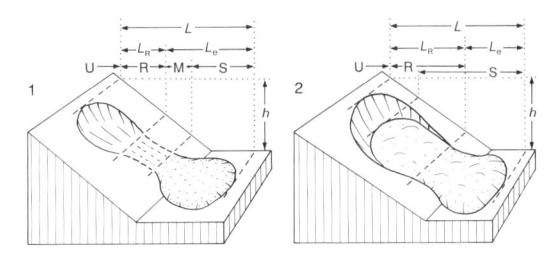

図 15.1.4 集団移動の不動域 (U)・発生域 (R)・移動域 (M) および定着域 (S) L は水平距離，h は比高で，それぞれの添字は三域を示す．L_e は超過移動距離である．

摩擦すべりのみで移動する距離を越えて物質が移動した距離，つまり上記の L から発生域の距離を差し引いた距離 (例：地すべり面の脚から地すべり堆尖端までの距離) を超過移動距離 (excessive travel distance, L_e) とよぶ (Heim, 1932; Shreve, 1968; Hsü, 1975)．

これらの地形量は集団移動の移動様式を表す指標として採用されている．その絶対値は一般に，集団移動の発生機構のほかに，移動物質の総量 (V)，比高 (h) および移動域と定着域の地形場 (とくに傾斜，幅，長さ) に強く制約される．同じ様式の集団移動では，地形場がほぼ同じであれば，V と h が大きいほど，L_e が大きくなって，μ が小さいという傾向がある (町田，1984)．一回一連の集団移動では，普通には μ は 0.4 以下であるが，土石流では 0.1 以下になることもある．

C. 集団移動地形の特質

(1) 集団移動地形の大分類

集団移動地形は，集団移動の8種の基本類型に対応させて，匍行地形，落石地形，崩落地形，地すべり地形，土石流地形，陥没地形，地盤沈下地形および荷重沈下地形の8種の地形種に大別され，さらに後述 (次節以降) のように細分される．各地形種はそれぞれの発生域，移動域および定着域において異なった特徴をもつ (表15.1.1)．ただし，相互に類似している場合も少なくない．

表 15.1.2　主要な集団移動の定着地形と河成の超小型扇状地の一般的特徴の比較

		麓屑面	崖錐	崩落堆	地すべり堆	沖積錐	超小型扇状地
	形成営力	重力，表面流	重力	重力	重力	重力	河流
	地形過程	匍行，堆積	落石	崩落	地すべり	土石流	河成堆積
	形成時間[1]	数百年～数千年	数秒～数千年	数秒～数十分	数時間～数十年	数年～数千年	数百年～数千年
全体の形態	縦断距離（L）	$L<0.5$ km	$0.01<L<1$ km	$0.01<L<$数 km	$0.1<L<$数 km	$L<$約 1 km	$L<$約 1 km
	平均傾斜	5度以下	34度以下	34度以下	多様	15度以下	5度以下
	斜面型	凹形の尾根型～直線斜面	凹形の尾根型・直線・谷型斜面	凸形尾根型斜面	多様	凹形尾根型斜面	凹形尾根型斜面
極微地形類	細長い微高地	無	稀に転石帯	岩塊の集積帯	ある（圧縮シワ）	多い，土石流堆	不明瞭（稀に土石流堆）
	小突起	無	ないが，巨大転石が散在	小丘がある．巨大岩塊の転石が散在	大小の不定形の丘が多い	無	無
	凹地，池沼，湿地	無	無	稀に側部にある	内部と側部に大小のものが多い	稀に側部にある	無
	細長い微低地	無	無	稀にある	ある（亀裂）	無	稀に流路跡地
	その他		風穴	風穴	稀に風穴	稀に扇頂溝	扇頂溝
地形場	形成域の上方（発生移動域）	急斜面～緩斜面	急崖～急斜面	急崖（崩落崖）	急崖（滑落崖）	河床勾配約 15 度以上の河谷	河床勾配約 10 度以下の河谷
	形成域[2]（定着域）	斜面基部	急崖の基部	斜面基部～谷底	斜面の中部・基部～谷底	床谷および谷口から下流	谷口から下流
	形成域の下方	平坦地	平坦地	谷底～平坦地	斜面～平坦地	谷底～平坦地	平坦地
堆積物	岩塊の最大径	数十 cm	数 cm～数十 m	数 cm～数百 m	数 cm～数百 m	数 m 以下	数 m 以下
	成層状態	無成層～成層	乱雑成層	無成層	無成層	乱雑～無成層	乱雑成層～成層
	礫の円形度	角礫	角礫	角礫	角礫	角礫～亜角礫	亜角礫～亜円礫
河川・地下水	河流	無	無	無～ある．恒常流は少ない	小渓流がある，末無川	稀にあるが，恒常流はない	恒常流があるが，水無川もある
	その他の特徴		ガリー	ガリー	ガリー	ガリー	天井川，扇頂溝
	地下水面	浅い	深い	深い	深浅多様	深い	深い
	末端湧水	稀だが，ある	稀	稀	数多いが少量	稀	扇端湧水
水田（他は荒地，森林，畑，果樹園，桑畑である）		無（崖錐末端の麓屑面に稀にある）	無（末端に稀にある）	無（末端に稀にある）	多く，棚田（1枚の田は小面積，不定形）	無（大規模な土石流原に稀にある）	乾田が多い
古い集落		ある（線村）	無（末端に稀にある）	無（末端に稀にある）	多い，散村	末端に稀にある	扇端集落
自然災害		少ない	落石，崩落，土石流	崩落，崩落，土石流，地すべり	地すべり，崩落，落石	土石流，洪水	洪水，稀に土石流

1) 2.5万地形図で識別できる規模の，個々の地形種の形成に要する時間. 2) 海や湖沼のこともある.

そこで，混同されやすい集団移動の定着地形ならびに超小型扇状地の一般的特徴を表15.1.2 に総括しておく．ただし，個々の定着地形では表示の諸特徴のすべてがみられるとは限らない．それぞれの特徴については次節以下で個別的に述べる．

(2) 集団移動地形の時空的変化

個々の集団移動ならびにその定着地形に関する類型の命名においては，次のような集団移動および定着地形の時空的変化に留意する必要がある．

1) 集団移動の時空的な多様性と移化性

一連一回の現象として発生した個々の集団移動は，8種の基本型の1種だけのこともあるが，複数の基本型が場所的時間的に組み合わさって起こる場合あるいは移動中に別の基本型に移化する場合も少なくない．それは集団移動における物質の移動形態が，主として移動物質の総量と移動域の地形場の影響によって，時空的に変化するためである．

たとえば，大規模な地すべりの発生直後に，滑落崖で落石や崩落が起こったり，地すべり移動速度が移動域で空間的に変化するのはごく普通である．また，最初の発生源では崩落の形態であっても，移動域では崩落物質が斜面下方で跳躍して落石（自由落下）のように分散して飛び散ったり，谷底に至ると土石流の形態で流下したりする．そのような移動形態の移化は移動量の大規模な場合ほど起こりやすい．そこで，それらの多様な現象を一括して斜面崩壊（slope failure）と表現することもある．

2) 定着地形の多様性

集団移動の定着地形の発達状態（残存状態や平面形などの地形量・地形相）は，堆積低地の場合（☞図 5.1.7）と同様に，地形学公式の観点から容易に予想されるように，①集団移動物質の総量，②定着域の地形場，③定着物質を除去する地形営力，④地形形成時間（集団移動速度および定着物質の除去速度と営力の継続時間）の相対的関係に制約される．したがって，1種の集団移動でもその定着地形は極めて多様な形態と規模をもつ．

たとえば，多量の崩落物質が，広い平坦地に定着すれば円錐形または扇状の定着地形（崩落堆）を形成するが（例：図 15.4.4），急勾配の谷底に崩落すると土石流に移化して，谷底を埋積して細長い定着地形（床谷）を形成する（例：図 15.4.7）．また崩落堆や地すべり堆が河谷を堰止めて天然ダムを形成する．そのダムが決壊すると，大規模な土石流と洪水流が発生し，谷口より下流の広い平坦地に舌状～扇状に広がった高まりを形成することがある（例：☞図 15.4.8）．

3) 削剝による定着地形の消失

集団移動の定着地形は必ずしも完全な形で長期的に残存せず，別の営力によって削剝され，消失している場合が少なくない（☞図 15.5.4）．それは，集団移動の定着物質は一般に非固結状態の岩屑の集合であるから，河川侵蝕や海岸侵蝕によって容易に侵蝕・除去されてしまうからである．たとえば，支流からの土石流が多発しても，本流の谷底に沖積錐が必ずしも発達しない（例：図 15.4.10）．落石が多発しても，それが河床や海岸に定着すれば，直ちに運搬され，崖錐が発達しない（例：図 15.3.8，図 15.3.9，図 7.1.7）．

集団移動の一つの類型が十分に発達している地形場では，同種の集団移動が再発する可能性が大きい．しかるに定着地形の消失した地形場では，今後そこで発生する集団移動の類型を予測しがたい．しかし，たとえ定着地形がなくても，その背後の地形場とくに発生域の地形，いわば集団移動の発生域の跡地（scar）と解される斜面形状（崩落地，地すべり滑落崖などの急崖，攻撃斜面や海蝕崖），河床形状（土石流の場合には河床勾配），さらには河谷の谷底幅異常（☞図 13.2.15）や転向異常（☞図 13.2.8）などから，今後も発生するであろう集団移動の類型が推定される．

その論理は，低地における地形種の発達状態の地域的な差異を論証する場合（☞p. 534）と同様に，広域的な地形発達史を背景とする．ゆえに，集団移動地形の読図（現場踏査でも同じ）では，発生域・移動域・定着域のそれぞれについて現象の発生前後の広域的な地形変化に特段の注意が必要である．具体的には後述の読図例で説明する．

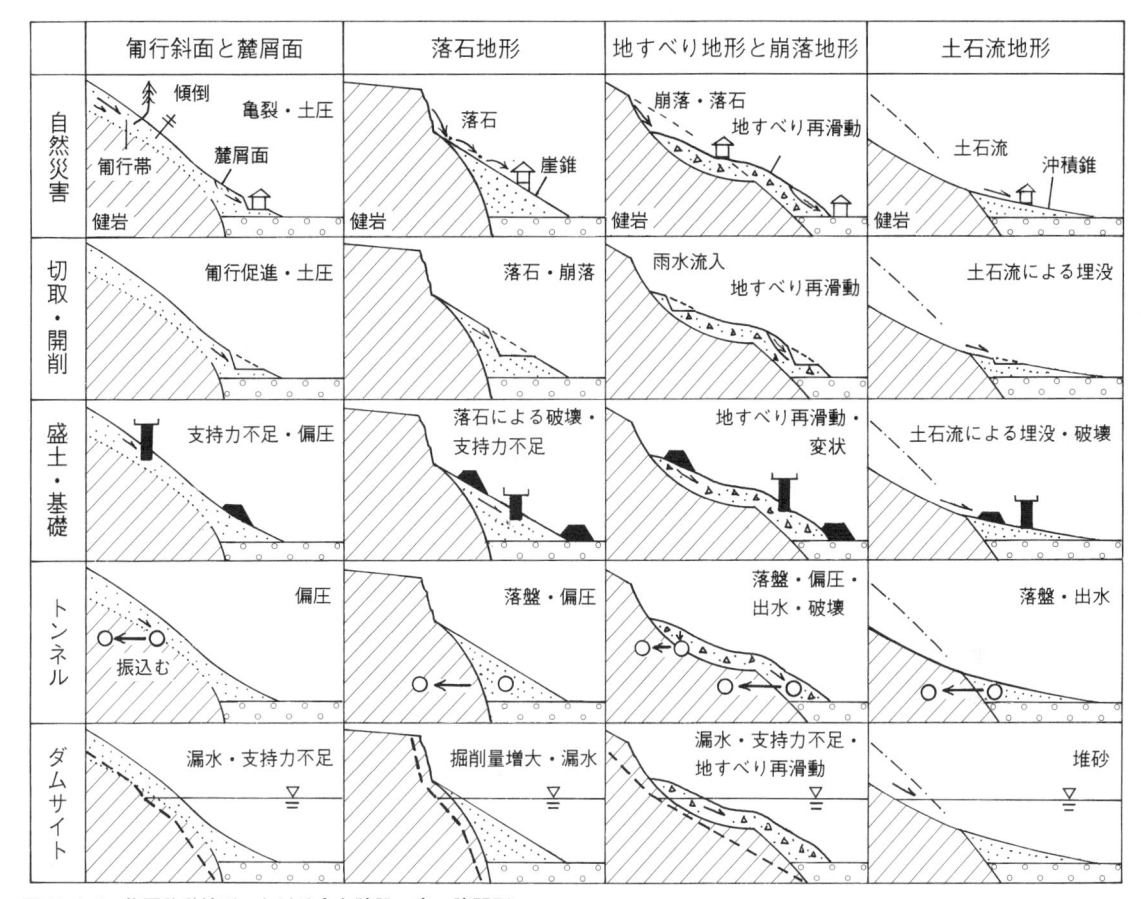

	匍行斜面と麓屑面	落石地形	地すべり地形と崩落地形	土石流地形
自然災害	傾倒／亀裂・土圧／匍行帯／麓屑面／健岩	落石／崖錐／健岩	崩落・落石／地すべり再滑動／健岩	土石流／沖積錐／健岩
切取・開削	匍行促進・土圧	落石・崩落	雨水流入／地すべり再滑動	土石流による埋没
盛土・基礎	支持力不足・偏圧	落石による破壊・支持力不足	地すべり再滑動・変状	土石流による埋没・破壊
トンネル	偏圧／振込む	落盤・偏圧	落盤・偏圧・出水・破壊	落盤・出水
ダムサイト	漏水・支持力不足	掘削量増大・漏水	漏水・支持力不足・地すべり再滑動	堆砂

図15.1.5 集団移動地形における主な建設工事の諸問題

D. 集団移動の建設技術的問題

集団移動はしばしば大規模で急速な地形変化を生じ，それが自然災害をもたらす．集団移動の定着物質は一般に非固結であるから，その定着地形における建設工事は種々の難題をもたらす．その概要を図15.1.5に示す（☞表1.1.3および表1.1.4）．よって，集団移動と集団移動地形の理解は建設技術者にとって極めて重要である．

(1) 集団移動による自然災害

現成の定着地形が発達する地区では，数年ないし数十年に1度，大なり小なりの同種または類似の集団移動が発生する可能性が大きい．その再発性のゆえに，各類型の定着地形の発達状態から，今後の集団移動の類型を定性的に予測できる．

集団移動においては，その発生から定着までの一連一回の現象（一つの事件，event，ともいう）に要する経過時間，速度および移動物質の規模が類型によって異なる（表15.1.1）．その違いによって自然災害の強さと規模が著しく変動する．一般に，経過時間の短い類型ほど，物質の移動速度が大きいので（表15.1.1），人的災害を起こす確率が高い．

ちなみに，日本で人的被害を生じた土砂災害のうち，年平均で死者の出た災害件数の百分率は崖崩れ（落石・崩落）で約5.5%，土石流で約1.2%，地すべりで約1.6%であり（砂防・地すべり技術センター，1994），急速な崖崩れでの逃

避が困難なことを示す．また，その別因として，崩落の起こりやすい段丘崖，火砕流台地崖および丘陵斜面の基部の麓屑面に，集落が線状に立地している事情がある．

(2) 集団移動地形と建設工事

1）切取と開削

集団移動の定着地形における切取はしばしば岩屑の再移動を誘発する．とくに，崖錐，崩落堆および地すべり堆の基部における大規模な切取・開削は法面崩壊を招き，しばしば地すべりを誘発する．よって，それらの基部での切取は極力避けるべきである．地すべり堆頂部の切取は荷重除去の意味があるので，地すべり安定工法として積極的に行われている．最近では，地すべり堆の全体が大規模に宅地造成された地区も少なくない（例：☞p.1268）．しかし，施工中に大小の法面崩壊を生じ，完成後も家屋を含む構造物の変位が進行する場合が多く，好ましくない．

2）盛土と重量構造物

集団移動の定着地形の末端部における盛土は一般に押え盛土の意味で有用である．一方，崖錐および地すべり堆の頂部での盛土は荷重増加となり，崖錐の崩壊や地すべりの再発を招く．高架構造物はその基礎が岩屑層（匍行層）内にあると不安定であるが，その下位の基盤に達していれば問題はない．沖積錐では，盛土が堰堤の役割をはたし，土石流を減速させる効果はある．しかし，大規模な土石流は低い盛土を簡単に乗りこえるので，沖積錐上の重要な路線は高架構造が好ましい．地すべり堆では，末端部の盛土は押え盛土として有効であるが，脚部や頂部での盛土は荷重増加となるので厳禁である．地すべり堆の高架構造物はその基礎が不動岩盤に達していても，地すべりが再発すれば容易に破壊される．

3）トンネル

集団移動の定着地形は高まりになっているので，それをトンネルで通過する例は多い．しかし，その定着物質は非固結の岩屑で構成され，かつ斜面上方から応力を受けている．トンネルの路盤となるような下部では地下水も多い．そのため，トンネル掘削では，落盤，盤膨，余掘，湧水，偏圧などの発生でしばしば難工事となり，完成後も変形する可能性が大きい．

崖錐では落盤・偏圧が最も発生しやすく，トンネル掘削が途中で放棄された場合もある（例：旧国鉄の小河内ダム線）．近傍に落石や崩落の多い地形地質条件をもつ地形場がある場合に，それと同様の地形場ではトンネル内部で落盤事故が発生しやすい（例：北海道豊浜トンネル）．地すべりの発生でトンネル自体が消失したこともある（例：旧国鉄飯山線髙場山トンネル）．ゆえに，トンネル延長が多少長くなっても，集団移動の定着物質を避けて基盤岩石（健岩）の中にトンネルを'振り込む'べきである．それが安全で，かえって長期的には安価な工事となる．

4）ダム

大規模な崩落堆や地すべり堆が河谷に発達すると，谷底幅異常をもたらし，あるいは天然ダムを形成し，それが下刻・切断されて，狭窄部を形成している場合が多い．その狭窄部は，形態だけなら好適なダムサイトのようにみえる．しかし，基礎の掘削量，堤体の安定性，漏水対策などのダム建設にまつわる諸問題のいずれを考えても，この種の狭窄部はダムサイトとしては不適当である．実際に，それが問題でダムサイトが本着工の直前に位置変更された例は少なくない．

ダムの池敷および集水域の集団移動も問題になる．集水域に多数の集団移動地形が分布している場合には，河川の供給土砂量が多く，急速な堆砂が予測される．池敷の両岸や隣接地区で大規模な崩落や地すべりが発生し，その移動物質が池敷に急激に突入すると，ダムで越流が発生し，大洪水を招いた場合もある（例：イタリアのVaiontダム）．ゆえに，このような地区ではフィルダムは極めて危険である．

15.2 匍行と麓屑面

A. 匍行

(1) 匍行の定義

匍行 (creep) とは，斜面表層部を構成している物質が重力に従って集団として，斜面下方に緩慢に（地表面に近いほど速い速度で），移動する現象の総称である（図 15.2.1）．匍行は顕著な地形変化を生じないが，斜面の低下と減傾斜（とくに凸形斜面の形成）ならびに斜面基部における麓屑面の形成に寄与する．

(2) 匍行の証拠

匍行は日常的には感知できないほど緩慢な物質移動であるが，次のような現象が匍行の証拠となる（図 15.2.1）．

① 樹木の根曲がり：匍行によって樹幹が斜面下方へ緩慢に傾倒するので，鉛直方向に成長する樹木の基部が斜面下方側に曲がり，いわゆる'根曲がり'を示す．とくに針葉樹や高令樹の根曲りが明瞭で，多数本の樹木が斜面下方側に一様に根曲がりする．ただし，多雪地域では雪の匍行（クリープ）で根曲がりを生じる．なお，地すべりや強風で傾倒した樹木の根曲がりは一定方向（斜面下方）とは限らない．

② 人工構造物の傾倒：電柱，標識柱，墓石，石碑，石垣，柵（ガードレールなど），石段，切取法面などの，鉛直に建設された構造物が斜面下方側に傾倒・破壊するのは匍行に起因する．

③ 岩盤表層部の曲がり：急傾斜した地層の地表部が，地表に近い部分ほど大きく斜面下方側に曲がっているのは匍行の結果と解される．地表面に微小な引っ張り割れ目を生じることもある．

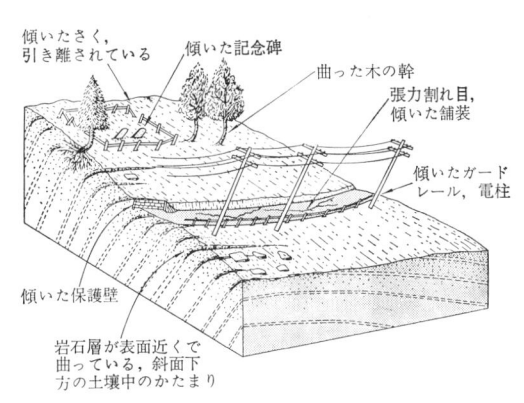

図 15.2.1 匍行の効果 (Bloom, 1969)

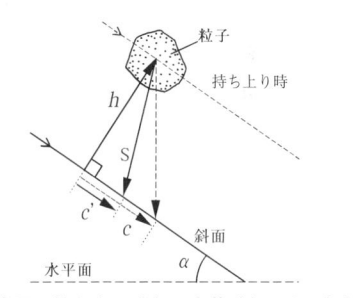

図 15.2.2 岩屑の持ち上り (h) と定着 (s) による匍行 (c)

(3) 匍行の原因と地形過程

匍行の原因は多様である．最も重要な原因は斜面を構成する表層物質（岩屑，基盤岩石およびそれらの風化物質）の重力による塑性変形である．

岩屑の持ち上がり (heave) と定着 (settling) によっても匍行が起こる（図 15.2.2）．これは，斜面表層物質の①吸水膨張・乾燥収縮，②凍結融解（霜柱の作用），③植物の根の成長，④穿孔動物，⑤熱膨張・収縮などに起因する．すなわち，これらの原因による粒子の持ち上がりは斜面に垂直であるが，定着は鉛直方向であるから，斜面傾斜 (α) と持ち上がり量 (h) が大きいほど，斜面下方への移動量 (c) が大きく，単一粒子の移動量は，$c = h \tan \alpha$ となる（図 15.2.2）．実際

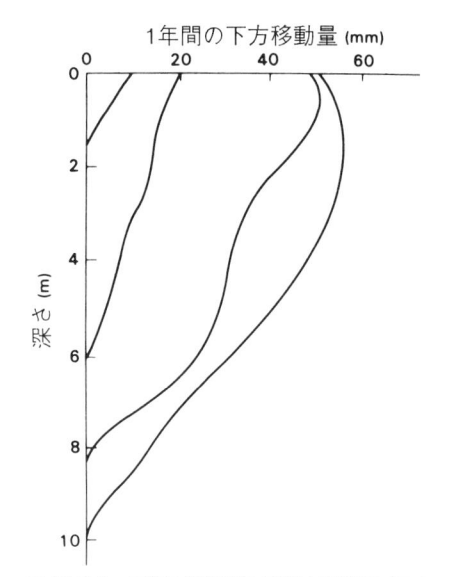

図15.2.3　匍行の深度別の速度の測定例 (Kojan, 1967)

には，斜面物質は全体的に持上るが，定着時には単一粒子の定着方向は隣りの粒子に妨げられるので，鉛直方向より斜面上方側になり，$c' < h \tan \alpha$ となる．持上りの頻度と量は斜面の表層ほど大きいので，斜面の表層に近い浅所ほど（図15.2.3），また斜面傾斜角の大きいほど（Schumm, 1967），匍行の速度は大きい．

世界各地での野外測定結果によると，匍行の起こる深さは数cm～数十mであり，斜面の表層部における匍行の速度は数mm/年～数十cm/年である（Chorley et al., 1984, p. 293）．その速度が急速になると，剪断破壊して岩屑が斜面をすべり落ち，地すべりに移行する．

匍行は移動物質の種類や匍行の原因によって次のように大別される．

① 土壌匍行（soil creep）：斜面表層の土壌が匍行する現象であり，土壌の'はい下がり'ともいう．ここにいう土壌は土質工学でいう'岩'に対する'土'つまり岩屑（種々の粒径の岩片）と解してよい．運搬制限条件下（☞p. 877）の削剥・輸送斜面（☞p. 766）では，基盤岩石の風化物質や斜面上方から匍行してきた岩屑が斜面表層部を薄層（いわゆるレゴリス：☞p. 759）をなして被覆している．その厚さは数cm～数mである．ボーリング柱状図で崩積土と記載されている物質のほとんどはこの種の匍行物質であろう．

② 崖錐匍行（talus creep）：崖錐堆積物は岩屑の安息角ないしそれ以下の傾斜角で定着した岩屑で構成され，砂時計と同様に極めて不安定であるから（☞p. 795），匍行しやすい．

③ 岩体匍行（rock creep）：亀裂の多い岩体，軟岩の薄い単層の互層，破砕した岩体などの表層部が塑性変形して匍行する（図15.2.1）．

④ 岩塊流匍行（rock-glacier creep）：周氷河現象の一つであり，岩塊の集団が氷河のように斜面下方に緩慢に移動する現象である（☞p. 936）．

匍行は線的でなく面的な物質移動であるから，その地形過程は斜面の起伏をほとんど変えずに，斜面の高度と傾斜を減少させ，斜面発達に重要な役割を果たす．とくに斜面頂部の凸形斜面の曲率が斜面下方にいたるほど大きくなる（傾斜が増大する）のは，匍行の結果であると解される．そのような，匍行で地形変化の生じている凸形谷型斜面を匍行斜面（creep slope）とよぶことがある（Troeh, 1965）．

匍行は平坦地では起こらないから，斜面基部に平坦地があれば，匍行物質はそこに積み上がって定着し，幅数十cmないし10数mの緩斜面を形成する．しかし，匍行物質のうちの細粒物質は土壌匍行や雨蝕，地下水侵蝕などによって再運搬されるので，そのような緩斜面は短命である．

B. 麓屑面

(1) 麓屑面の特徴

1) 麓屑面の定義と形成過程

平坦地に接する山腹斜面や崖錐の基部には，それらと滑らかに連なり，つまり明瞭な遷緩線を伴わずに漸移的に，凹形の縦断形をもつ緩斜面が帯状に山麓線にそって発達していることがある．そ

のような緩斜面を麓屑面(ろくせつめん)(colluvial footslope, または麓屑斜面(ろくせつしゃめん))とよぶ.

麓屑面は広義には崖錐や崩落堆なども一括して山麓の緩傾斜面のすべてを含む. しかし, 本書では混乱を避けるため狭義で, ①匍行物質, ②斜面基部の風化物質, ③崖錐堆積物, ④崩落物質などの主として集団移動の定着物質から, 雨蝕(布状洪水など: ☞p. 688)で洗い出された細粒物質や土壌匍行で再移動した細粒物質が, それら集団移動地形の下方に再堆積して生じた緩傾斜面を麓屑面とよぶ. たとえば段丘崖では, その斜面発達に伴って, 落石および匍行によって基部凹形部が形成される(☞p. 766). その凹形部を詳細にみると, その下方にやや不連続的にとくに緩傾斜な部分がみられる. それが麓屑面である(☞図 14.0.15). 麓屑面は低地に含められるが, 集団移動と密接な関係をもつ地形種であるからこの章で扱う.

麓屑面は, 線的な流水(河流)ではなく面的に作用する布状洪水や土壌匍行で形成されるので, その表面が滑らかで, 約 5 度以下と緩傾斜であり, 河川も発達していない. 麓屑面は, 再侵蝕されない地形場つまり河川から十分に離れた低地や段丘面に接する山麓や崖錐の末端に発達する. 麓屑面は, 崖錐と異なって, 上方の山腹斜面や集団移動地形との境界が不明瞭で漸移的であり, また背後に急崖のない凸形尾根型斜面の基部にも発達する. 麓屑面の幅は数十〜数百 m である.

2) 麓屑面の地盤, 地下水および土地利用

麓屑面の堆積物は, その供給源の定着物質より細粒の砂礫であり, 径数 cm 以下の角礫を含み, 斜面下方ほど分級が良く, 細粒となり, 成層構造もみられる. 一般に, 山腹斜面や段丘崖の基部の麓屑面よりも, 崖錐の末端に発達する麓屑面のほうが細粒の物質で構成されている. よって, 水田は前者にはないが(例: 図 15.2.5), 後者にはしばしばみられる(例: 図 15.3.7).

麓屑面は, 表面の物質移動が遅く, 安定した緩斜面であり, 地下水面も浅い. そのため, 麓屑面

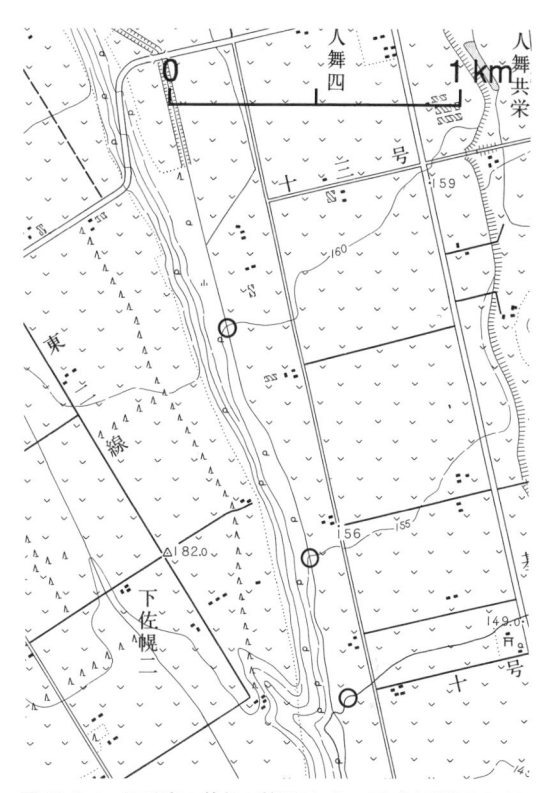

図 15.2.4 段丘崖の基部の麓屑面 (2.5 万「十勝清水」〈夕張岳 2-2〉昭 56 修正) 3 個の○を補記.

には集落が立地する(例: 図 15.2.5). 麓屑面は建設技術的に特段の問題はない. ただし, 麓屑面上部の相対的に急傾斜な部分を大規模に切り取ると, 匍行が促進され, 法面の破壊を招く.

(2) 麓屑面の読図例

ここでは段丘崖と山腹斜面の基部の麓屑面を読図し, 崖錐基部のものは崖錐とともに読図する.

1) 段丘崖の基部の麓屑面

図 15.2.4 の段丘崖の基部には, 図中に○印をつけた等高線の転向点を結んだ線の西側に, 急傾斜な段丘崖より不連続的に緩傾斜な斜面すなわち麓屑面が帯状に発達する. この麓屑面とその東側の平坦な下位段丘面との境界に灌漑水路が建設されている. 図南部の下佐幌二の南東の谷の谷口には麓屑面が発達していない. それはその谷の流水で麓屑面を形成する細粒物質が侵蝕されたためで

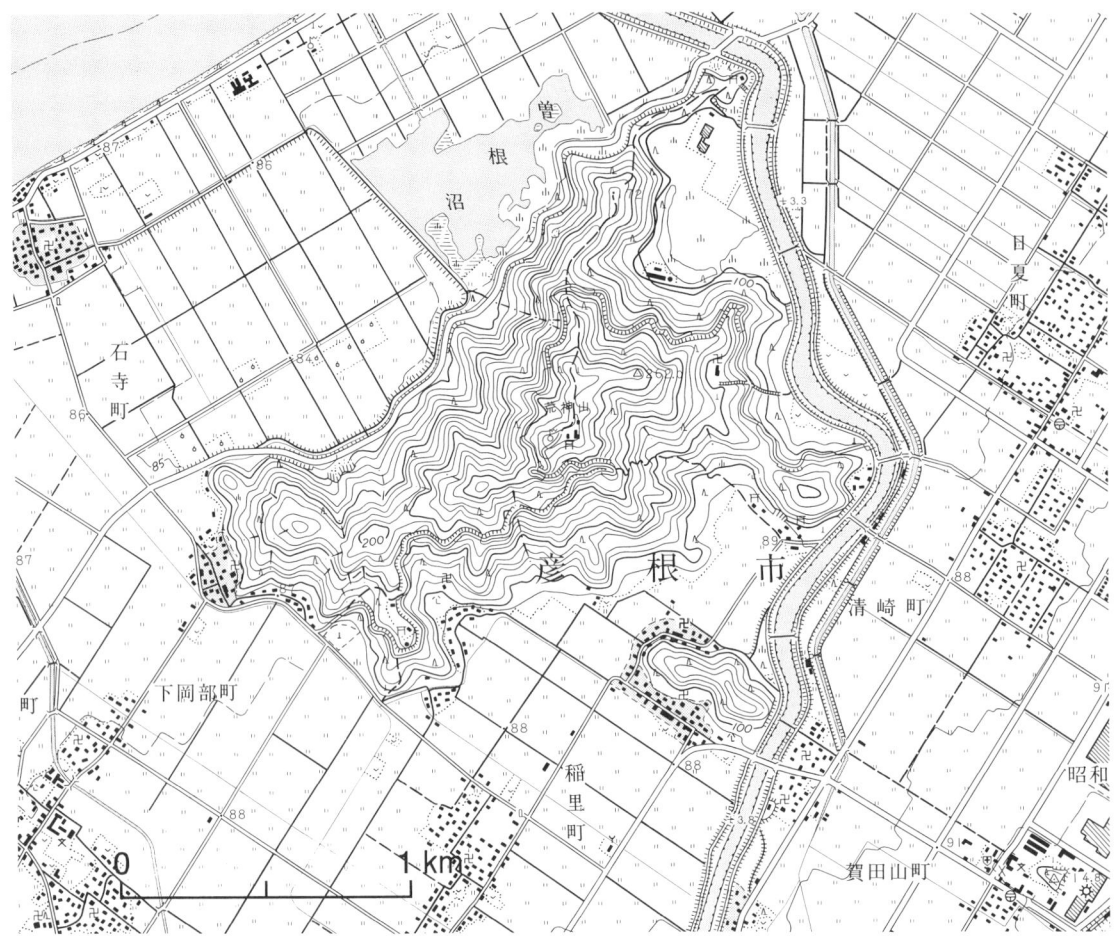

図 15.2.5　山腹斜面の基部の麓屑面（2.5万「能登川」〈名古屋 13-2〉平 3 修正）

あろう．麓屑面の幅は段丘崖が緩傾斜な地区（つまり斜面発達が進行している地区）ほど広くなっている．

2）山腹斜面の基部の麓屑面

図 15.2.5 では，平坦な低地（蛇行原）に囲まれて，二つの島状丘陵すなわち荒神山とその南の稲里町北東の丘（☞図 3.1.5 の 13 の丘）がある．これらの丘陵には深い谷がなく，山腹斜面は比較的に滑らかで，緩傾斜である．「がけ（岩）」の記号はないが，小規模な「がけ（土）」と流土記号（！に似た記号）が至るところにある．

山麓部のうち，ほぼ 100 m 等高線より低い部分は緩傾斜面である．この緩傾斜面は，①山腹斜面と滑らかに接し，遷緩線は不明瞭であり，②末端に至るほど緩傾斜となり，③その末端線は水田地帯との地類界にほぼ一致し（ただし，直線的部分は水田拡幅による），④丘陵の周囲全体に発達し，しかも尾根の先端部にも発達し（好例：彦根市の注記付近），⑤集落が立地している，という特徴をもつ．よって，これらの緩斜面は麓屑面であると解される．図南東端の三角点 114.8 の小丘にも麓屑面が発達し，その南東部が掘削され，工場用地にされている．

東部を北流する河川が丘陵に接する地区には，河川側刻のために，麓屑面が発達していない．荒神山の北西麓の自動車道路は麓屑面を掘削して，片切片盛で建設されているが，切取部で小崩壊が起こっている．

15.3 落石地形

A. 落石

(1) 落石と落石地形の定義

落石（rockfall, block fall）は，①斜面の最上層を構成する岩片（岩屑・岩塊）が，何らかの誘因によって安定性を失い（安全率＜1となり），②重力のみによって地表から離脱し，③個々の岩片がバラバラの状態で自由落下（free fall）またはそれに近い運動形態で下方に急激に落下し，④緩傾斜地（岩屑の安息角の34度以下）または平坦地に至って停止・定着し，⑤一連一回の現象が数秒以内で終息する，という現象である．このように，落石はその発生域，移動域および定着域が明瞭に区分される集団移動である（図15.3.1）．

落石の発生域に生じた凹み（岩屑の落ちた跡）を落石窪（rockfall hollow），定着した岩屑を転石（fallen stone, block），落石の繰り返しで生じた多量の転石の定着で生じた地形を崖錐（talus cone）とそれぞれよび，一括して落石地形（rockfall landform）とよぶことにする．崖錐は地形種名であり，その整形物質の崖錐堆積物（talus）と厳密に区別される．talus（テーラス：崖錐堆積物は仮訳）は崖下や斜面基部の岩層の堆積物であり，地形用語ではない．

落石と崩落（☞p.801）は漸移的側面をもつが，本書では，両者を次の基準で区分する．

落石は，斜面表面を構成する岩屑・岩塊のうち少数個がバラバラに落下し，数秒間で生起・終息し，1回の落下で生じた転石の大きさと数がその個数を数えられる程度の大きさと総数をもつ現象である．一方，崩落は，①ある程度の厚さをもつ斜面物質が破壊面を境に崩れ落ち，②1回の現象

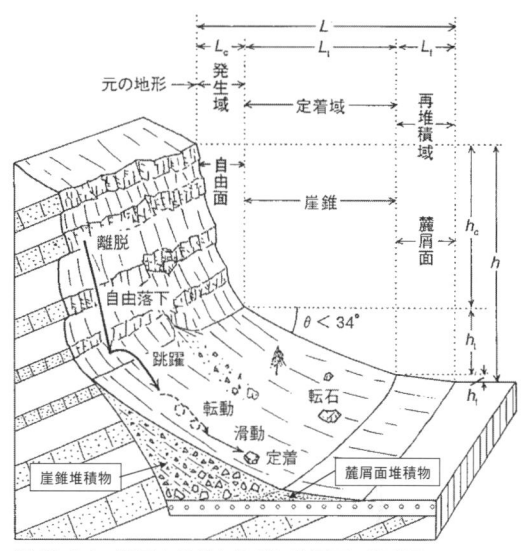

図15.3.1 落石と崖錐ならびに麓屑面の概念図

で数十～数万 m^3 という多量の岩屑が一度に集団をなして移動・定着するという大規模な斜面崩壊であり，③岩屑の粒径が個数を数えられないほど細粒の砂礫から巨大岩塊までの広範囲におよぶ現象である．

(2) 落石の誘因と移動様式

(a) 落石の誘因

斜面最上層を構成する岩片（岩屑・岩塊）は，重力および外的営力に対して臨界状態に近い状態（安全率≧1）で静止している．よって，落石の直接的原因は，1）岩塊の重心を通る鉛直線が岩塊の基底から外れる，2）岩塊の安全率が低下して浮石になる（式15.1.2の分母・分子の増減），という二つの変化である．その変化をもたらす落石の主要な誘因は次のようである．

① 岩屑の基底の削剝：侵蝕（雨蝕，河蝕，海蝕，風蝕，霜蝕など），集団移動（落石，崩落，地すべり，陥没），地下水によるパイピングや地

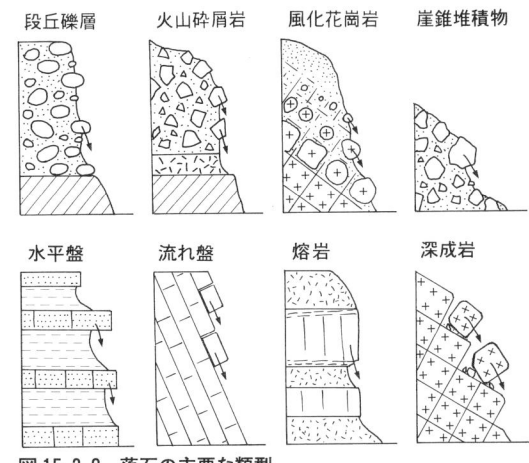

図15.3.2 落石の主要な類型
上段：転落型落石，下段：剝落型落石

中動物による微小地下空間の形成などによる．

② 強風による樹根振動や地震動による岩盤のゆるみと岩塊の重心を通る鉛直線の位置変化．

③ 風化による岩盤の強度低下および節理の開口による粘着力の低下．

④ 地質的不連続面（節理面など）にそう地下水の凍結融解（とくに寒冷地で重要）．

実際にはこれらの誘因が一つのこともあるが，複数が複合している場合も多い．しかし，落石災害の統計によると，落石は季節，天候，地震などとは関係なしに，誘因不明で突然発生する場合も多く，予知の困難な現象である（野口，2002）．

(b) 落石の分類

落石は，落下する岩片の起源とその離脱様式（初動様式）によって転落型と剝落型に二大別される（図15.3.2）．両者は次のように地形場と地質条件を強く反映している．

1）転落型落石

これは，抜け落ち型または転石型とも総称される型であり，非固結岩や堆積物から相対的に大きな岩片が抜け落ちる型である．急崖または急傾斜地に露出する段丘礫層，固結度の低い火山砕屑岩（とくに火山角礫岩），風化岩，崖錐堆積物，地すべり移動体の破砕岩，地質不連続面ぞいの破砕岩（断層破砕帯など）で発生し，岩片の基部の細粒物質の除去に伴う岩片重心線の位置変化のために転落する．

2）剝落型落石

これは，剝離型または浮石型とも総称される型であり，岩盤で発生する落石である．固結岩の節理や層理面などの地質的不連続面（☞p. 73）では粘着力（c）が小さく（例外を除き，$c \fallingdotseq 0$），また風化などにより経時的にしだいに低下する．そのように粘着力を失なって，基盤岩石から分離している岩片を浮石とよぶ．つまり，浮石またはそれに近い状態の岩片が上記の誘因により安定性を失って基盤岩石から剪断破壊，引張破壊，転倒で離脱し，落下する．

(c) 落石の移動様式と落下速度

落石の移動様式は主に①自由落下（free fall）と②転落（roll）である．自由落下の高さが大きいと下方斜面に衝突したとき③跳躍（bounce）する．その跳躍高は2m程度であるが，10 m以上のこともある．急斜面では転落・跳躍後に局地的に④滑動（slide）することもある（図15.3.1）．

落石の落下速度（v, m/s）は，自由落下なら落下高（h, m）に対して，$v=\sqrt{2gh}$である（ただし，$g=$重力加速度，9.8 m/s^2）．しかし，斜面の性状（跳躍，転落に関与する微起伏，裸岩盤か崖錐か，植生状態など）に制約されるので，実際の落下速度は自由落下の場合より小さくなる．落石実験の結果によると，たとえば落下高30 mのとき，自由落下なら24 m/sであるが，実際の落下速度は14～22 m/sの範囲になる（落石対策技術マニュアル検討会，1998）．

(d) 落石の到達距離

落石の到達距離（L）は落下高さ（h）と移動域の斜面の性状および定着域の傾斜に制約される．Lとhとの関係は，従来，$L \leqq 3h$程度と考えら

れ，急崖の崖頂線から急崖の比高 (h) の3倍以上も離れた距離 (L) の地点には落石災害の危険性はないといわれてきた．

読図で落石災害の及ぶ範囲を推論するには，落石の堆積で生じた崖錐の規模を調べればよい．そこで，河川侵食などによって除去されていないと解される崖錐（たとえば段丘面上の崖錐）について，L と h の関係を見ると，確かに，L は $3h$ 以下であり，$2h$ を越える例は極めて少なく，また $L \geqq 1$ km の例はない（図 15.3.3）．また，地震によって段丘崖で発生した落石の場合にも L は $1.5h$ 以下で，多くの場合は $1h$ 以下である（図 15.3.3）．落石の発生する急崖の直下に，崖錐が発達していないことがある．それは，急崖下に河川あるいは海があって，落石が容易に除去されるからである．そのような地形場では，落石の到達範囲を急崖の比高 (h) で推定するしかない．

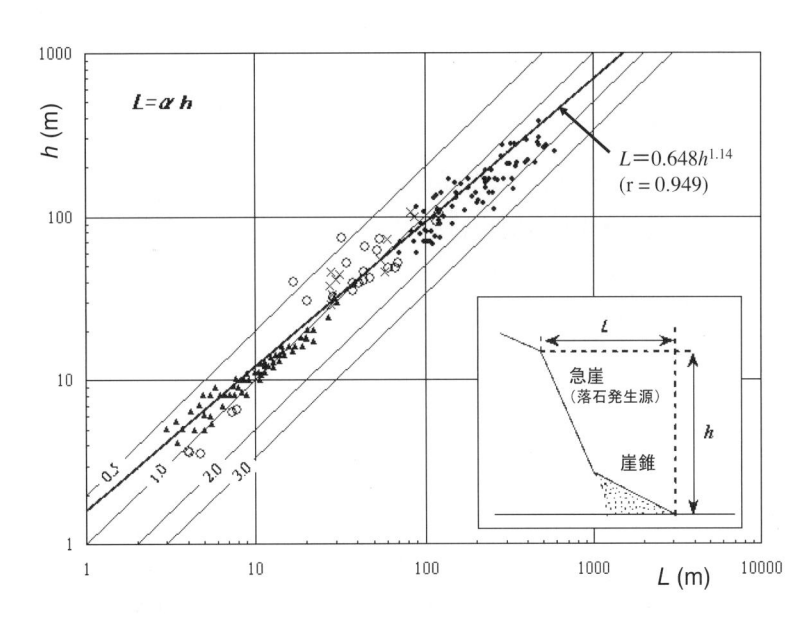

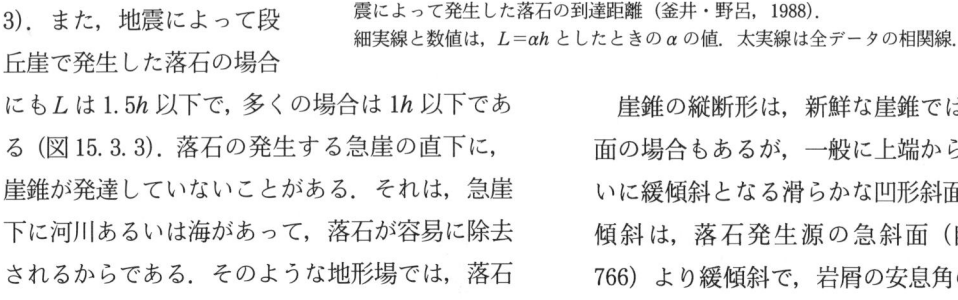

図 15.3.3 急崖（落石発生源）の崖頂線から崖錐末端までの距離 (L) と比高 (h) の関係
(Fujimori, S., Suzuki, K. and Suzuki, T., 2001, を一部修正)
●と◇は崖錐に関する 2.5 万地形図と 2500 地形図の図上計測値で，×は野外実測値．▲は地震によって発生した落石の到達距離（釜井・野呂，1988）．
細実線と数値は，$L = \alpha h$ としたときの α の値．太実線は全データの相関線．

B. 崖錐

(1) 崖錐の形態的特徴

1) 崖錐の一般的形態

崖錐（がいすい）（半円錐形なら talus cone；それ以外は talus slope）は，急斜面または急崖から何回もの落石（一部に崩落を含む）で落下した岩屑が下方の緩傾斜面または平坦地（低地，段丘面など）に定着し，順に積み重なって形成した斜面である（図 15.3.1）．つまり，崖錐は砂時計に類似した地形種であり，初生的には不安定である．

崖錐の縦断形は，新鮮な崖錐では頂部が直線斜面の場合もあるが，一般に上端から末端へとしだいに緩傾斜となる滑らかな凹形斜面である．その傾斜は，落石発生源の急斜面（自由面：☞p. 766）より緩傾斜で，岩屑の安息角の 34 度以下である．自由面との境界は一般に明瞭な遷緩線で境される（図 15.3.4）．

崖錐の表面には岩塊（転石）が集積または散在しており，稀に岩塊帯がみられる．岩塊の岩質は背後の自由面の構成岩石と同じである．落石では，運動エネルギーの大きい巨大な岩塊ほど遠方に移動するので，崖錐の末端部ほど粗粒な転石が集積している．径 10 数 m におよぶものもある．

崖錐と低地や段丘面との間に，崖錐よりもさらに緩傾斜な凹形斜面すなわち麓屑面（☞p. 790）がしばしば（古い崖錐ほど顕著に）発達している（☞図 15.3.1）．崖錐と麓屑面の境界をなす遷緩線は不明瞭な場合もあるが，後述の土地利用で認定できる場合が多い．

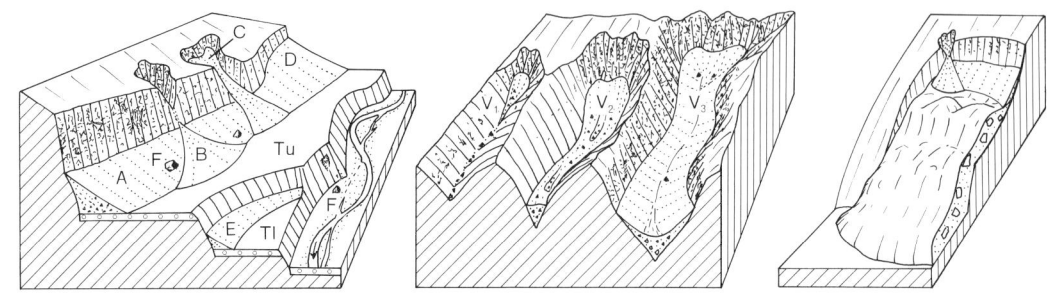

図 15.3.4　崖錐の主な類型
左図（谷壁斜面や段丘崖の基部に発達する崖錐），A：凹形直線型崖錐，B：凹形尾根型（円錐型）崖錐，C：浅い谷底の崖錐，D：急崖上部まで成長した崖錐，E：段丘崖基部の崖錐，F：大きな転石，Tu：上位段丘面，Tl：下位段丘面．
中図（谷頭・谷底部の崖錐であり，V_1〜V_3の順に谷が深くなることに注意．土石流の発生源となる），V_1：ガレ場型崖錐，V_2：埋積型崖錐（V_1より下流まで埋積しているもの），V_3：U字型崖錐（両側谷壁からの崖錐が接触している）．
右図：地すべり滑落崖の基部の崖錐．

2）崖錐の形態的な類型

個々の崖錐の三次元的形態は，落石の発生域・移動域・定着域の地形場ならびに落石の累積総量に制約されて多様である（図15.3.4）．崖錐は，斜面型（☞図14.0.1）でいえば凹形直線斜面が多い．しかし，凹形尾根型斜面や凹形谷型斜面もあり，新鮮な場合には稀に等斉直線斜面もある．自由面に起伏があって（岩盤斜面に多い），落石の経路が自由面の基部の1地点に集中すると，崖錐は円錐形になるので，それを talus cone とよぶ．

図15.3.4に崖錐の主な類型を例示する．それらは，①山腹斜面，谷壁斜面，段丘崖，海蝕崖，断層崖などの急崖（自由面）の崖下に形成される類型と②谷頭，崩落地や地すべり滑落崖などの谷型斜面の崖下つまり谷底に形成されるものに大別される．谷底を埋積する崖錐堆積物が厚くなると，土石流が発生することがある．なお，熔岩円頂丘や火山砕屑丘の成長期にも崖錐が形成される（☞ p.985）．

3）崖錐の風穴

崖錐には，しばしば夏季に地底から冷たい風の吹き出す風穴（wind hole）が発達し，顕著な場合は地形図に注記されている（例：☞図0.0.5）．熔岩トンネルの風穴（☞第18章）とは異なって，崖錐の風穴は，①大小の岩塊の間をつめていた細粒物質が布状洪水や地下水流で除去され，②岩塊間に大小の空隙が生じ，地下に不定形で蜂の巣状の空洞が形成され，③その空洞内の地温が夏季には外気温より低いので，冷気が地表に吹き出す現象である．冷気のため，風穴近傍では特殊植物群落がみられることがある．空洞の深さは，地中温度の恒温層深度から推定すると約15 m以深に及ぶであろう．地表では大小の岩塊が将棋の駒積みのように積み重なっている場合が多い．風穴の存在は崖錐，崩落堆や斜面一般の地盤条件を推論する一つの鍵になる（江川ほか，1980）．

(2) 落石多発地区で崖錐のない地形場

斜面災害の観点での難題は，落石が頻発していても，崖錐の発達していない地区が存在することである．そのような地区は，落石の定着域となるべき急斜面の基部が河川や海による侵蝕域（例：穿入蛇行の攻撃部，波蝕棚のない岩石海岸）である（図15.3.5）．そこでは，転石がすぐに河流や波で除去されるから，崖錐が発達しない．ところが，そのような地区は交通路の'明かり'地区であることが多いため，落石災害が頻発する．

そのような地区には，崖下が活発な侵蝕域であるという地形場のほかに，背後に侵蝕前線を頂部にもつ急崖（とくに裸岩斜面）が発達し，かつ崖基部に河床・海浜堆積物よりも極端に大きな転石（急崖の岩盤と同じ岩質）がしばしば散在するの

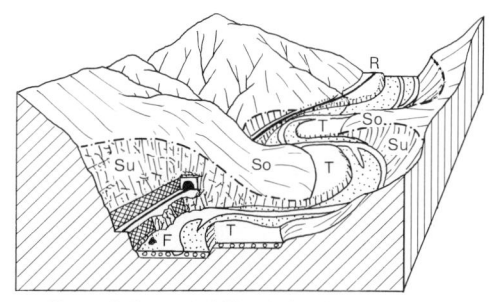

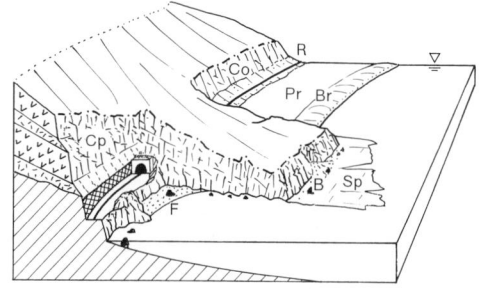

図 15.3.5　落石が多発しても崖錐の発達しない地形場の例　1 点破線は侵蝕前線などの遷急線である．
　左図（穿入蛇行河川の谷壁斜面の場合），Su：攻撃斜面（落石多発），So：滑走斜面（落石は稀），F：落石の転石，T：河成段丘，R：道路や鉄道．
　右図（岩石海岸の場合），Cp：現成海蝕崖（落石が多発するが，崖錐は発達しない），F：海蝕崖からの転石，Sp：波蝕棚，B：波蝕棚背後の海蝕崖からの落石による崖錐（短命），Co：古い海蝕崖（崖錐が発達している），Br：海岸州，Pr：堤列低地・潟湖跡地，R：道路や鉄道．

で，落石発生地区であることがわかる．巨大岩塊の落石が予想される地区（例：熔岩や熔結凝灰岩などの硬岩層の裸岩斜面）での恒久的な落石対策は，ロックフェンスやロックシェドでは無理であって，鉄道や道路は急崖内部にトンネルを振り込んで掘削するか，橋梁で対岸の滑走部に路線変更するのが最善である．

(3) 崖錐の地盤，水文条件と土地利用

1) 崖錐の地盤

崖錐の地盤は無成層または乱雑に成層した角礫質の非固結堆積物すなわち崖錐堆積物である．岩屑の粒径分布は発生源の地質構成によって多様である．熔岩や熔結凝灰岩などの厚い硬岩や花崗岩の風化核に由来する転石は径数 m に及ぶが，段丘堆積物に由来するものは一般に 1 m 以下である．崖錐の頂部よりも末端部に粗大な岩塊が多く定着し，河川堆積物とは逆に，供給源から離れるほど粒径が増大するという逆級化成層（reverse grading）がみられる．

2) 崖錐の水文条件

崖錐では，その内部構造を反映して地盤の透水性が大きいので，地下水面が深く，恒常流をもつ河川は存在しない．ただし，ガリーが発達していることがある．超小型扇状地や沖積錐よりもさらに崖錐のほうが水に乏しい．

3) 崖錐の土地利用

現成の崖錐は植生のない荒地（裸地）である．古い崖錐でも，高透水性の地盤と水文条件に制約されて，大部分は自然林と人工林である．ただし，大規模でかつ古い崖錐の末端部は畑，桑畑，果樹園などに利用されている．崖錐に水田はないが，崖錐からの二次堆積物で構成された麓屑面には乾田がみられる（例：図 15.3.7）．

新しい崖錐では，地下水を得難く，落石災害もあるから，集落は立地しない（例：図 15.3.6）．大規模な古い崖錐の末端部には，崖錐の上方に森林があり，相対的に落石災害が稀であり，地下水を得られるから，散村的な集落が立地する（図 15.3.7）．

日本の山間地では，鉄道や道路は水田地帯（段丘面や谷底低地）を通らずに，地価の安い崖錐の末端部を走っている場合が多い．それが落石災害の多発する根源の一つであろう．よって，落石発生区間の予測では，崖錐の有無の確認ならびに落石が頻発しても崖錐の発達していない地形場であるかどうかの確認が第一歩である．

(4) 落石地形の読図例

落石地形は崖錐だけをみても幅数 m から数百 m と多様な規模をもつ．ここでは，2.5 万地形図でも読図の可能な大規模なものを例示する．

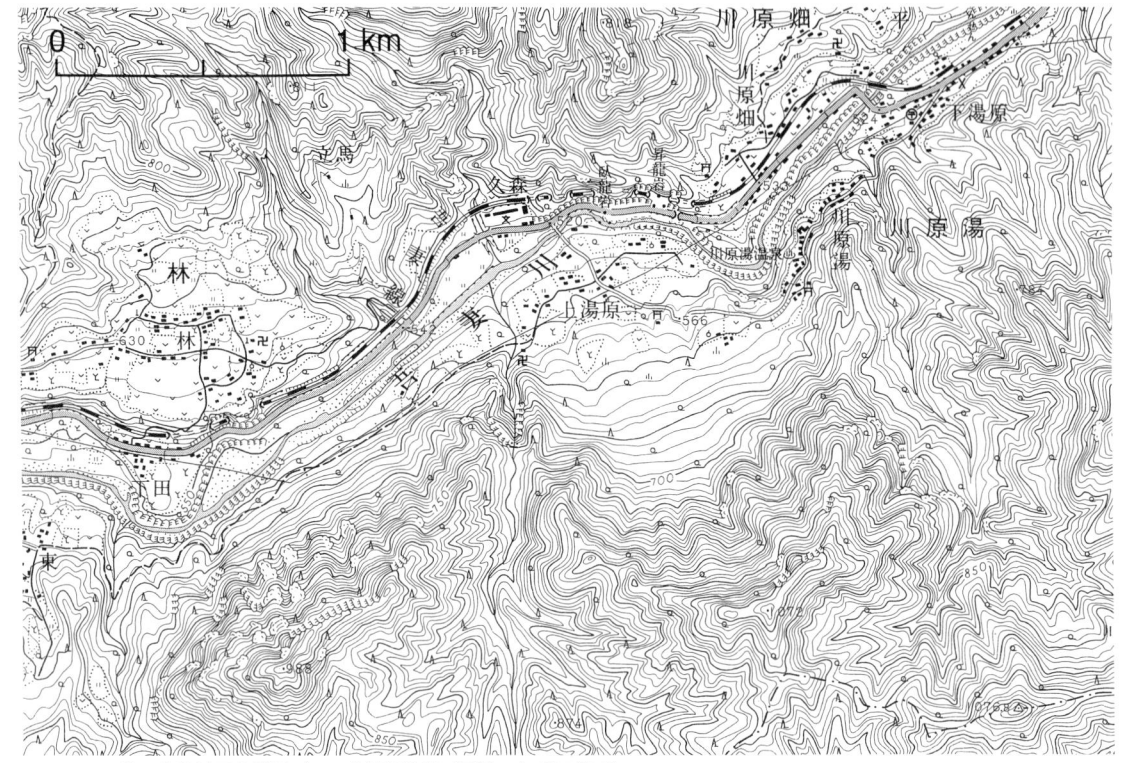

図15.3.6 落石多発地区と崖錐（2.5万「長野原」〈長野5-2〉平8修正）

1) 落石の起こる急崖と崖錐

図15.3.6の吾妻川は岩石段丘を刻んで穿入蛇行している．図南西部の標高点988の北面斜面は露岩記号の多い急崖と急斜面で，その基部の緩傾斜斜面は段丘面を部分的に被覆した崖錐である．上湯原の南には，標高点1072を山脚とする馬蹄形の尾根がある．その背後に一対の腕曲状河系（☞図15.5.3）があり，それらの下流部（西の谷では滝付近から下流，東の谷では川原湯付近）は頂流谷型（☞図13.2.1）を示す．

よって，馬蹄形尾根の北面の急傾斜面は，かつての尾根の先端部が基盤崩落または地すべりで崩壊した古い崩落崖ないし地すべり滑落崖である．その基部に下方ほど緩傾斜な斜面があるが，急崖を刻む1次谷の谷口から扇形に張り出していないので，基本的には滑落崖からの落石で形成された崖錐と解される．この崖錐は，上湯原の寺から神社を経て標高点566の北東に続く古い側刻崖に切断されているが（その北方に2〜3段の段丘面），今後も落石が起こるであろう．鉄道と道路は，段丘面を走る区間を除くと，落石の多発する岩盤斜面を通過しており，落石災害が予想される．

2) 崖錐と麓屑面

図15.3.7の屋島（実際には陸繋島）はメーサ（☞図16.0.20）である．その断面形は遷緩線を境に4区間に大別される（☞挿入図）．①山頂平坦面，②急崖：高度約230mまでの区間で，頂部に「がけ（岩）」が連続し，硬岩で構成されている．③急斜面：高度100〜150mの遷緩線までの区間で，谷がある．④崖錐：緩傾斜で，谷が少なく，果樹園もあるから，少なくともその表層部は非固結の崖錐堆積物（中筋の「がけ（土）」に注意）で構成されていると解される．⑤麓屑面：崖錐末端から下方の緩傾斜面で，谷がなく，水田と集落が分布する．島の北部では，④の崖錐が海蝕崖で切断され，麓屑面が発達していない．

15.3 落石地形　799

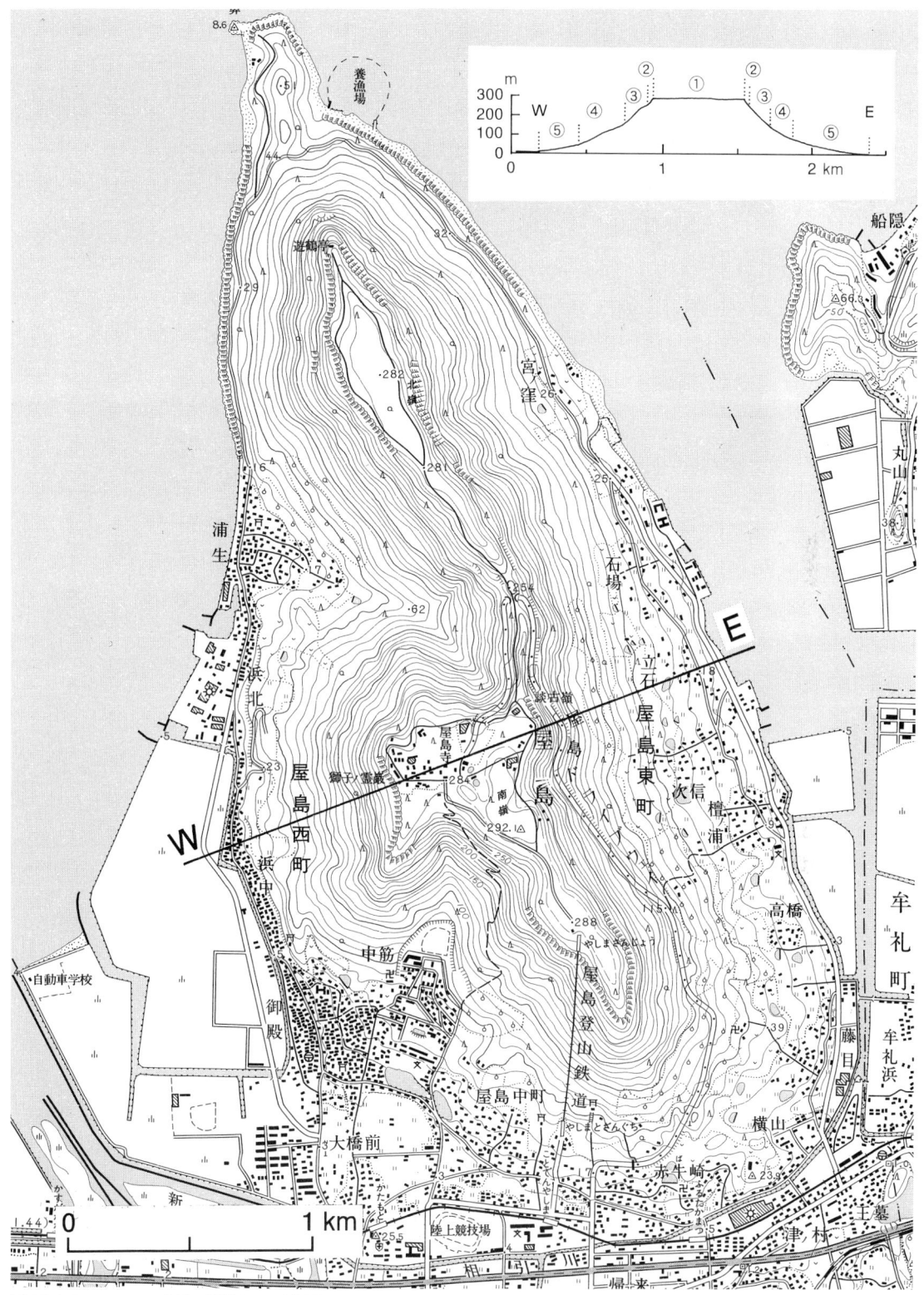

図15.3.7　メーサの山麓の崖錐および麓屑面（2.5万「高松北部」〈徳島14-4〉昭49修正）挿入図（本文参照）と断面線を補記．

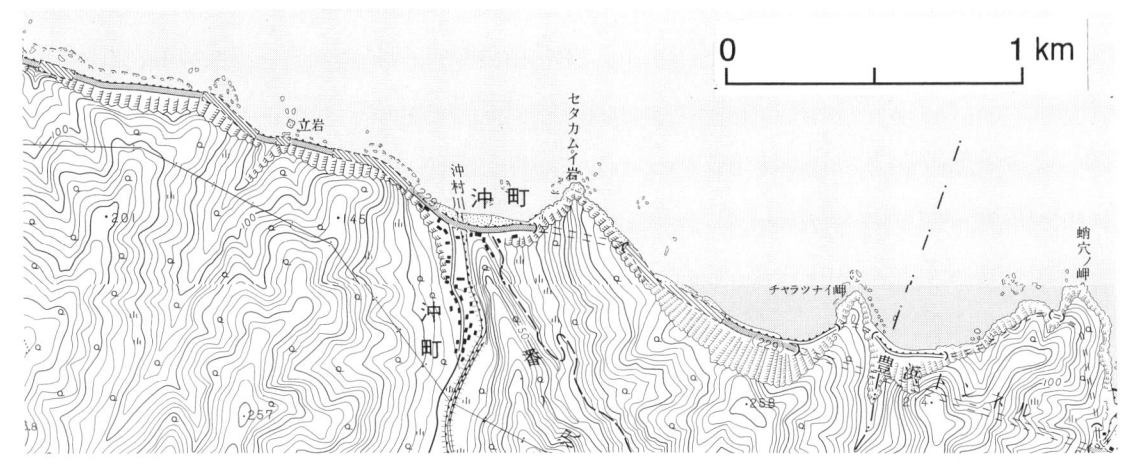

図 15.3.8 落石・岩盤崩落の多い海蝕崖（2.5万「古平」〈岩内5-1〉昭61修正・「豊浜」〈岩内5-2〉昭61修正）

3）落石多発地区でも崖錐の発達しない地形場

図15.3.8の岩石海岸は，幅の狭い波蝕棚をもつタイプBの海岸（☞図7.3.1）であるから，中硬岩で構成されていると推論される．「がけ（岩）」記号で表現された急崖（比高50〜230 m）の海蝕崖がほぼ連続的に発達している．ここでは，海蝕崖の後退（つまり波蝕棚の増幅）に起因して，岩盤斜面からほとんど毎年，落石や小規模な岩盤崩落が発生していると考えられるが，現成の海蝕崖のために崖錐は発達していない．

図15.3.9中央を南流する大河川は穿入蛇行し，その攻撃斜面には「がけ（岩）」記号の急崖（比高50〜100 m）がほぼ連続的に発達している．そこでは毎年のように落石や小規模の岩盤崩落が発生したはずであるが，現成河床に基部を接する急崖下には顕著な崖錐が発達しない．一方，北部の岩本町付近の段丘面や南部の棚下付近の谷底低地には崖錐が形成されている．広域読図によると図東部の高速道路の走る台地は火砕流台地，西部の開析された山地は古い火山であり，節理の多い熔結凝灰岩や熔岩，火砕岩で構成されている．

図15.3.8および図15.3.9の急崖下には国道や鉄道があり，局所的にロックフェンスも設置されているが，今後も落石・崩落災害が生じる可能性が高い．究極的にはトンネルが必要である．

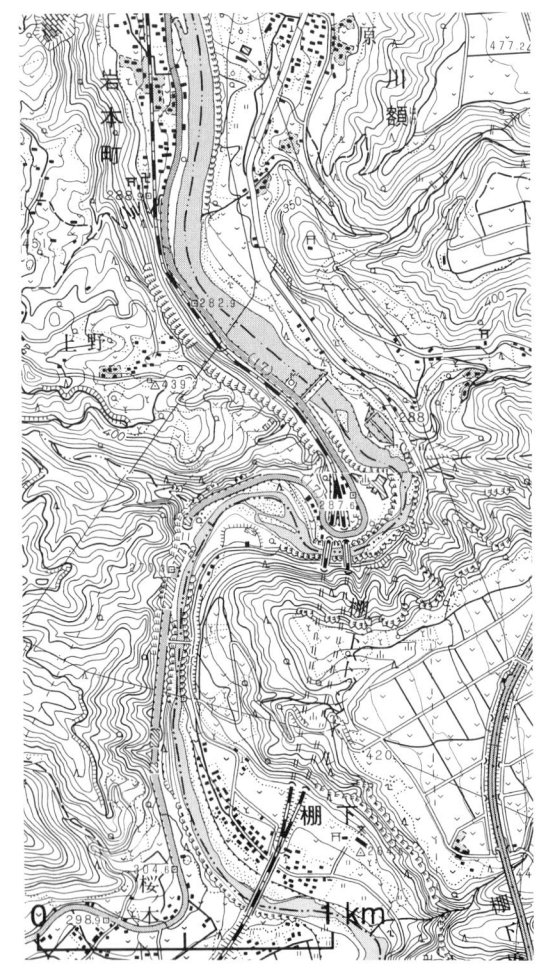

図15.3.9 攻撃斜面の急崖下に，崖錐の発達しない地形場と発達する地形場（2.5万「沼田」〈宇都宮13-3〉平8修正・「鯉沢」〈宇都宮13-4〉平10部修）

15.4 崩落地形

A. 崩落

(1) 崩落と崩落地形の定義

崩落(ほうらく)(landslip, rock slip, slump)は，斜面物質が何らかの誘因によって不安定になり，重力のみによって，剪断面または地質的不連続面を境に一団の土塊・岩塊の状態で集団をなして斜面下方に急激に崩れ落ち，斜面基部の緩傾斜地，河床または平坦地に定着する現象の総称である．山崩れ，崖崩れ，渓岸崩壊，岩盤崩落，法面崩壊，山腹崩壊などともよばれる．突発的で急速な地すべりを含めて，斜面崩壊(しゃめんほうかい)(slope failure)と総称される集団移動の大部分が崩落に含まれる．

崩落の発生域に生じた凹み（崩落物質の抜跡）を崩落地(ほうらくち)(landslip scar, 崩壊地ともいう)とよび，その大規模な急崖を崩落崖(ほうらくがい)(landslip scarp, または崩落斜面)とよぶ．崩落物質の定着地形を崩落堆(ほうらくたい)(landslip lobe)とよぶ．急勾配の河谷に崩落物質が急激に移動すると，土石流のような流動形態に移化し，土石流堆に類似した高まりを形成することがある．崩落で生じたこれらの地形種を一括して崩落地形(ほうらくちけい)(landslip landform)とよぶことにする．

崩落に類似する集団移動の類型として落石および地すべりがあり，漸移的な側面をもつ（☞表15.1.1および表15.1.2）．一回一連の現象として崩落を独立に扱う論拠となる最も顕著な差異は次の諸点である．落石との差異はすでに述べた（☞p.793）．地すべりに比べて崩落は，①経過時間の短い急速な現象であり，②特殊例を除き剪断面に地すべり面粘土に相当する物質を伴わず，③定着域に凹凸を生じても地すべりより小規模で，④大規模な定着地形であっても高透水性のため，一般に池沼がみられない．なお，②の特殊例は，斜面に堆積している降下火砕堆積物（とくに軽石層）が，それを被覆する厚い物質（熔岩，段丘礫層など）の崩落の際に，地すべり面粘土と同様の役割を果たす場合である．

(2) 崩落の誘因と移動様式

(a) 崩落の誘因

崩落の直接的原因は，斜面物質の安全率が低下する（☞式15.1.2の分母・分子の増減）という点では他の類型の集団移動と同じである．その低下をもたらす主要な誘因は，地すべりの場合（☞図15.1.3）とほぼ同様に多種多様であり，落石や土石流などに比べると，それら相互の関係も極めて複雑である．

とくに重要な誘因は，剪断応力の増加に関わる斜面基部の削剝，地震動および火山活動であり，また剪断抵抗力の減少に関わる地下水の変化をもたらす豪雨，融雪や凍結融解である．複数の誘因が複合したと解される場合も多い．

(b) 崩落の分類

崩落は，崩落物質，岩塊離脱様式（初動様式），一回の崩落総量などによって，次の類型に大別される（図15.4.1）．

1) 土砂崩落

急傾斜面を構成する非固結堆積物（とくに泥質層を夾む段丘堆積物），匍行物質，厚い風化帯，斜面に堆積した降下火砕堆積物（とくに軽石層，風化火山灰層）の内部または基底に剪断面が形成され，その上方の物質が一団となって滑り落ちたり(slip)，回転滑り(slump)したりして，急激に落下する現象を土砂崩落(どしゃほうらく)(earth slip, earth

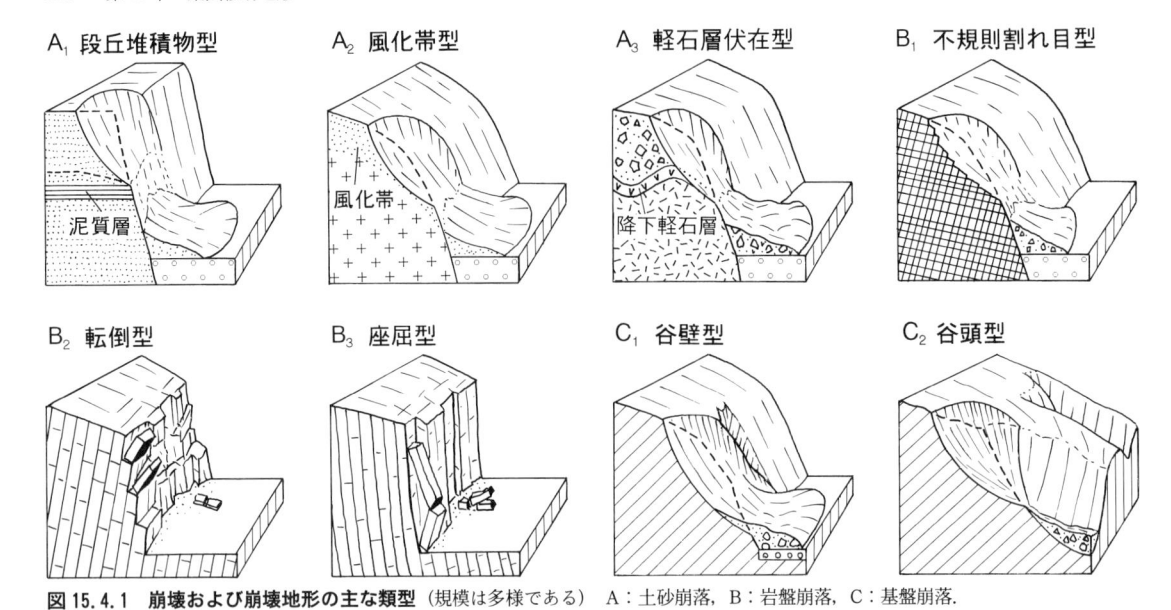

図 15.4.1 崩壊および崩壊地形の主な類型（規模は多様である） A：土砂崩落，B：岩盤崩落，C：基盤崩落．

slump）と総称する．土砂崩れ，崖崩れ，表層崩壊，山崩れなどともいう．０字谷での斜面崩壊ではこの型が多い．豪雨や地震などに伴って広い地域に同時多発することがある．落石や他の型の崩落に比べて，この型の崩落物質は個数を数えられないほどの粒径と数の岩屑（砂礫や泥）である．

２）岩盤崩落

裸岩斜面またはそれに近い植生の疎らな急傾斜面という地形場において，その斜面を構成する固結岩が，一般にその地質的不連続面（地層面，節理面，小断層面など）を離脱面として，一団（径数十 m の大岩塊を含む：☞表 2.3.4）をなして急速に崩落する現象を岩盤崩落（rock-mass slip）と総称する．岩盤崩落は発生機構および規模の点で大規模な剥落型落石と漸移的である．

岩盤崩落は，岩塊の離脱様式と崩落面の形態によって，次のような亜種に細分される．

① 滑落型岩盤崩落（rock slip）：最も一般的な岩盤崩落であり，１面の離脱面にそって滑落する平面型，２〜３面を離脱面とする楔型，複合楔型などに細分される．これらは流れ盤でも受け盤（☞図 14.0.13）でも発生する．

② 転倒（toppling）：急崖またはオーバーハング（反斜面）の地形場で，何らかの誘因によって岩体表層部の岩塊が斜面下方に傾き，その岩体の重心の鉛直線が岩体基底から外れて支持力を失うと，傾倒するように転落（自由落下）する現象であり，前方転倒崩壊ともいう．これは，垂直盤ないしほぼ直立の受け盤をなす急傾斜の地質的不連続面をもつ岩体で生じる．

③ 座屈（buckling）：転倒と同様の地形場と地質構造をもつ岩体の基部や中部が斜面の外側に座屈して，崩落する現象をいう．座屈の起こる部分は，節理面，厚い硬岩層に挟まれた軟岩層あるいは風化による岩盤の強度劣化部などである．

３）基盤崩落

大規模（比高数百 m）で急傾斜の谷壁斜面，谷頭斜面や尾根の一部が，地質的不連続面とはほとんど無関係な剪断面を境に，急激に破壊し，径数百 m の巨大岩塊（☞表 2.3.4）を含む物質が一団をなして急速に滑落する現象を基盤崩落（bedrock slide）とよぶことにする．とくに大規模（崩壊量 10^7 m^3 以上）な基盤崩落は巨大崩壊（large-scale rockslide）とよばれる（町田，1984）．巨大崩壊は，地震，火山活動（水蒸気爆発や火山性地震），豪雨，人為的原因（斜面基部

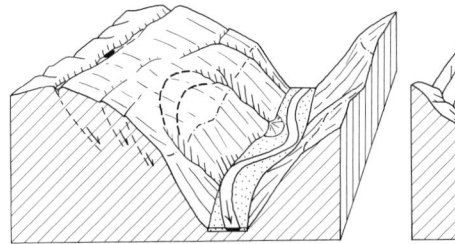

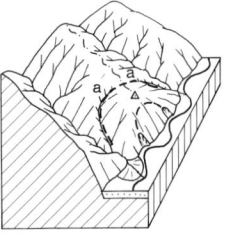

図15.4.2 基盤崩落の発生しやすい地形場と前兆現象
左図：大比高の急峻な谷壁斜面，谷頭斜面または侵蝕前線（1点破線）より上方の前輪廻地形に並流谷が発達し，主尾根に二重山稜が発達する．太破線の部分が崩落する可能性がある．
右図：尾根先端部の山脚（△印）を尾根の先端から抱えるような腕曲状河系（a）が発達する．太破線の部分が崩落する可能性がある．

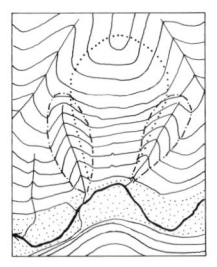

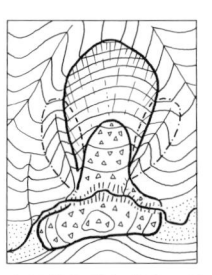

図15.4.3 谷壁斜面での大規模な基盤崩落に伴う河谷の地形変化の例
左図：崩落前の地形（2本の深い必従谷に狭まれた尾根が不安定になる）．
右図：崩落後の地形（崩落堆の天然ダムが下刻されれば谷底幅異常（狭窄部）を生じるが，急激に決壊すると大規模な土石流を生じる）．

の大規模掘削）を誘因とする場合が多い．

基盤崩落は，火山爆発の場合を除くと，数百 m の比高をもつ大規模な谷壁斜面を刻む2本の必従谷の間の河間尾根（支尾根ともいう）で発生することが多い．それは，河間尾根の脚部と側部での削剝に伴う剪断面の長さ（式15.1.2の L）の減少によって剪断抵抗力が減少するからである．谷壁斜面や尾根の頂部に前輪廻の小起伏面や火山斜面が残存している地形場では，基盤崩落の崩落量が著しく大きくなる．そのような地形場では，次のような大規模崩落の前兆現象が生じていた可能性がある（☞第15章口絵）．

大規模な谷壁斜面では（図15.4.2の左図），初生的な剪断面の形成に起因する二重山稜（☞図12.0.3）が主尾根に，また腕曲状河系や並流谷（☞図13.2.1）あるいは水平方向のリニアメント（☞p.879）が谷壁斜面の上部にそれぞれ発達していることがある（例：☞図15.4.10）．大規模な河谷の谷頭部でも同様の前兆現象が起こる可能性がある．また，尾根先端部では（図15.4.2の右図），山脚（☞図3.1.8）を山麓側から両腕で抱えるような腕曲状河系（稀に複数本）が発達している（例：☞図15.3.6，図15.4.8b）．

(c) 崩落物質の移動様式とその移化

崩落物質の離脱後（初動後）の移動様式は，崩落の類型と総量ならびに移動域および定着域の地形場（比高，傾斜，河谷・平坦地の違い）に強く制約される（図15.4.1）．土砂崩落は主として滑動である．岩盤崩落は自由落下，転落あるいは滑動であり，落石に類似している．基盤崩落では急斜面での滑動から流動に移化する場合が多い．

とくに巨大崩壊は，発生域では基岩すべり（rock slide）で始まる場合が多いが，その直後に自由落下に近い落下（rock fall）や岩屑なだれ（debris avalanche）に移化したり，さらに急勾配の河谷に移動した場合には水を含んで土石流（debris flow）に移化する場合が多い（町田，1984）．その場合には等価摩擦係数（☞p.784）が0.1に達するほど，遠方まで流動することがある（例：☞図15.4.7，図15.4.8）．

B. 崩落地形

崩落地形の諸特徴は，崩落の類型と総量ならびに発生域，移動域および定着域の地形場に強く制約され，極めて多種多様となる（図15.4.1）．

(1) 崩落崖と崩落地

崩落地はほぼ半円形の急崖に囲まれ，スプーンでえぐったような凹みになる（図15.4.1）．その急崖を崩落崖とよぶ．崩落崖の平面形は半円形，三日月形，馬蹄形，U字形，シャモジ形，塵取

り状など多様であり，花びら状にいくつかの弧が隣接している場合もある．

崩落地の規模は幅数 m から 2 km 近いものまで広範囲におよぶ．同一地域の崩落は小規模なものほど発生頻度が高い．

崩落地の全体が地形図で「がけ（土）」，「がけ（岩）」または「砂礫地」の記号で表現される程度の小規模な場合は単に崩落地とよび，等高線で表現されるほど大規模な場合には崩落斜面（landslip slope）ともよぶ．崩落崖の直下には，崖錐がごく普通に発達する．崩落崖基部の遷緩線が不明瞭で，崩落崖と崩落地が一連の場合も多い．

(2) 崩落堆

崩落堆の形態は崩落物質の総量と定着域の地形場に制約され多様である．定着域が十分に広い平坦地であれば（例：低地や段丘面），凹形または凸形の尾根型斜面をなす扇状の崩落堆を形成する（例：図 15.4.4）．谷頭や 0 字谷で崩落が生じると，崩落物質は土石流のように谷底を流下して，埋積谷底を形成する（例：図 15.4.7）．

谷壁斜面や支谷から移動した崩落物質は，しばしば本流を堰止めて天然ダムを形成するが，非固結のため，容易に侵蝕される（図 15.4.3，例：図 15.4.6）．天然ダムが越流や浸透流で急激に決壊すると，土石流が生じる．それが大規模でかつ谷口から下流の低地に流下すると，末端を急斜面に縁取られた扇状ないしイチョウの葉状の土石流堆を形成する（例：図 15.4.8）．崩落堆と河川の関係は地すべり堆の場合（☞図 15.5.4）とほぼ同様である．

崩落堆の表面は，小規模な場合には崖錐と同様に平滑であるが，大規模な場合には 2.5 万地形図で読図可能な規模の種々の極微地形がみられる．たとえば，基盤崩落に起因する崩落堆には大岩塊の流れ山（小突起）が群在する（例：図 15.4.8）．大規模な凹地は稀であるが，崩落堆による支流の堰止めによる側部凹地や池沼が生じる（例：☞図

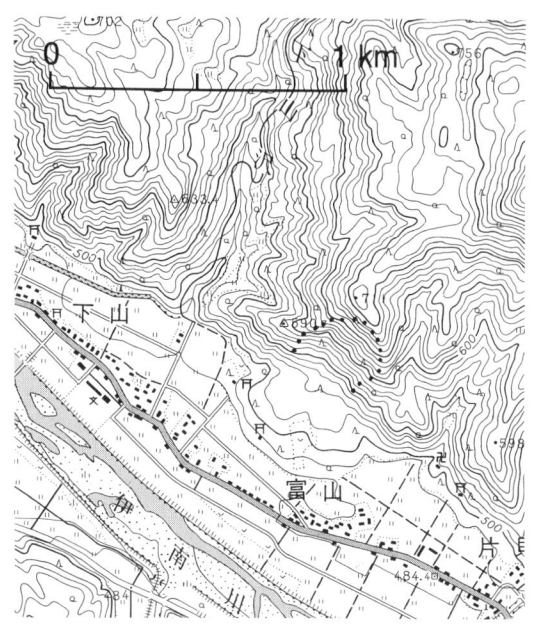

図 15.4.4　谷底侵蝕低地に定着した崩落堆（2.5 万「和泉田」〈日光 5-3〉平 9 部修）　崩落崖を示す太点線を補記．

7.3.10 のウナキベツ川流域）．

崩落の定着物質は非固結であり，大小の岩塊で構成され，透水係数が高い．よって，地下水面は深く，土地利用は森林，畑などに限られ，客土しない限り水田耕作は一般に不可能である．大規模な崩落の再発は稀であるから，広大な崩落堆に新田集落が開けている．一方，小規模な土砂崩落や岩盤崩落は再発する可能性が大きいので，それらの崩落堆には集落がない．

(3) 崩落地形の読図例

読図では，土砂崩落，岩盤崩落，基盤崩落の三大分類の判別は可能であるが，それ以下の細分や崩落の機構の推論は困難である．

1) 単純な崩落地形

図 15.4.4 では，伊南川の谷底侵蝕低地（☞図 6.3.14）に，富山北方の谷壁斜面で発生した岩盤崩落による崩落崖，崩落地および崩落堆が発達する．谷底侵蝕低地に河川による侵蝕や堆積でこの種の凸形尾根型斜面は形成されないから，富山北方の高まりが崩落堆であることは確実である．

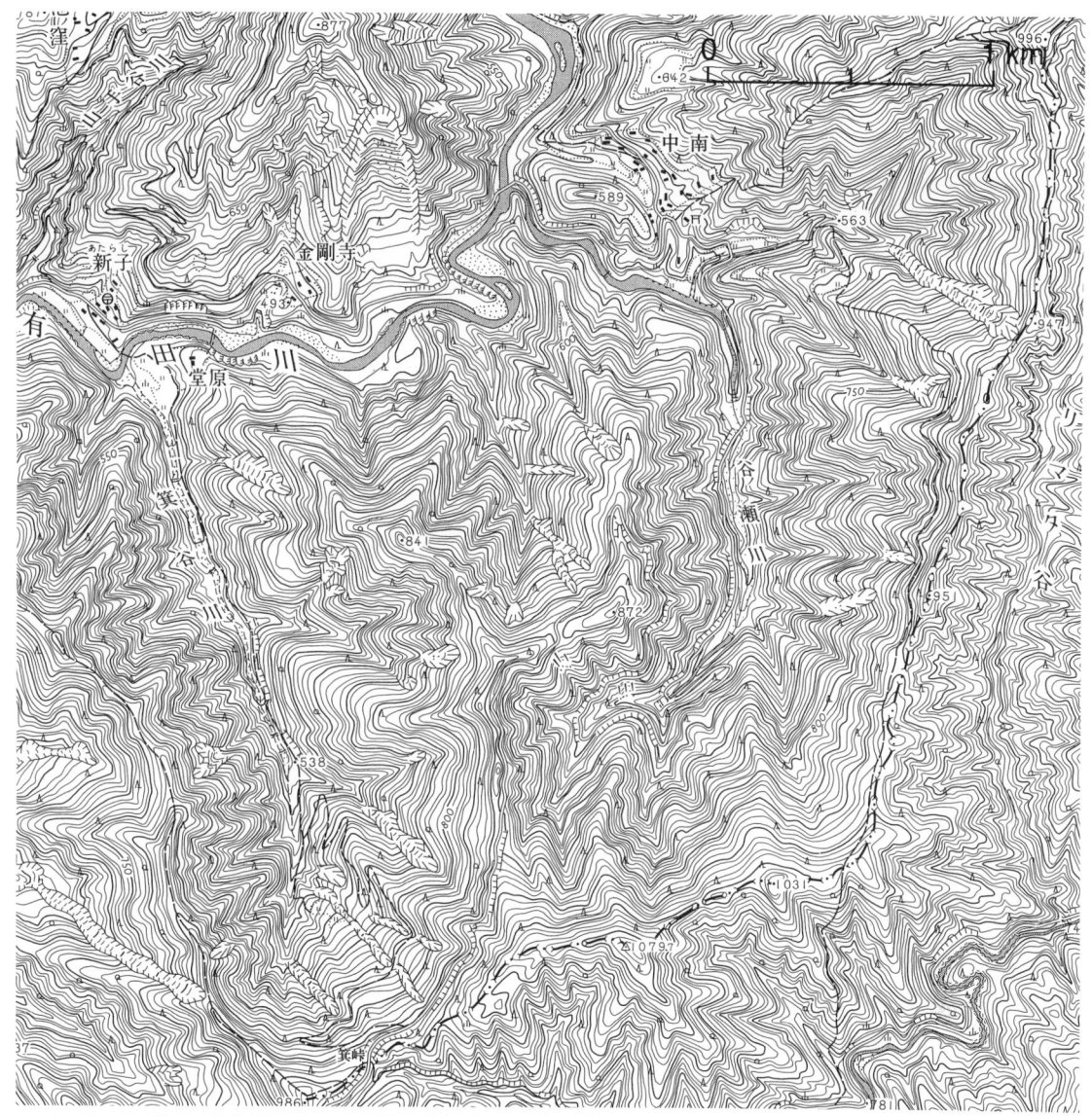

図 15.4.5　土砂崩落と基盤崩落 (2.5万「梁瀬」〈和歌山 8-3〉昭 42 測)

2) 侵蝕階梯によって異なる崩落地の分布

図 15.4.5 で「がけ（土）」の示す崩落地は，県境の主尾根より東南側の流域には皆無なのに，有田川流域には極めて多い．これは主尾根と主要谷との比高つまり起伏量ひいては侵蝕階梯の違いを反映している．崩落地は，緩傾斜な前輪廻地形を縁取る侵蝕前線の直下の 0 字谷に多く，谷底ぞいに細長く伸び，合流するものもあるので，厚い風化物質の崩落が多いと解される．箕谷川，谷ノ瀬川などの南北方向に走る谷は非対称谷（☞ p.714）であり，崩落地と緩傾斜面が右岸に多く，左岸の谷密度が大きく，この地域の地層が西ないし北西に傾斜していることを示唆する．

有田川右岸の金剛寺の東では，高度 800 m の山脚から尾根先端部が基盤崩落し，崩落物質が有田川を堰止めたが（左岸の 450 m 等高線と崖の示す高まりに注意），天然ダムは侵蝕されている．なお，中南の標高点 589 は有田川の蛇行核である．

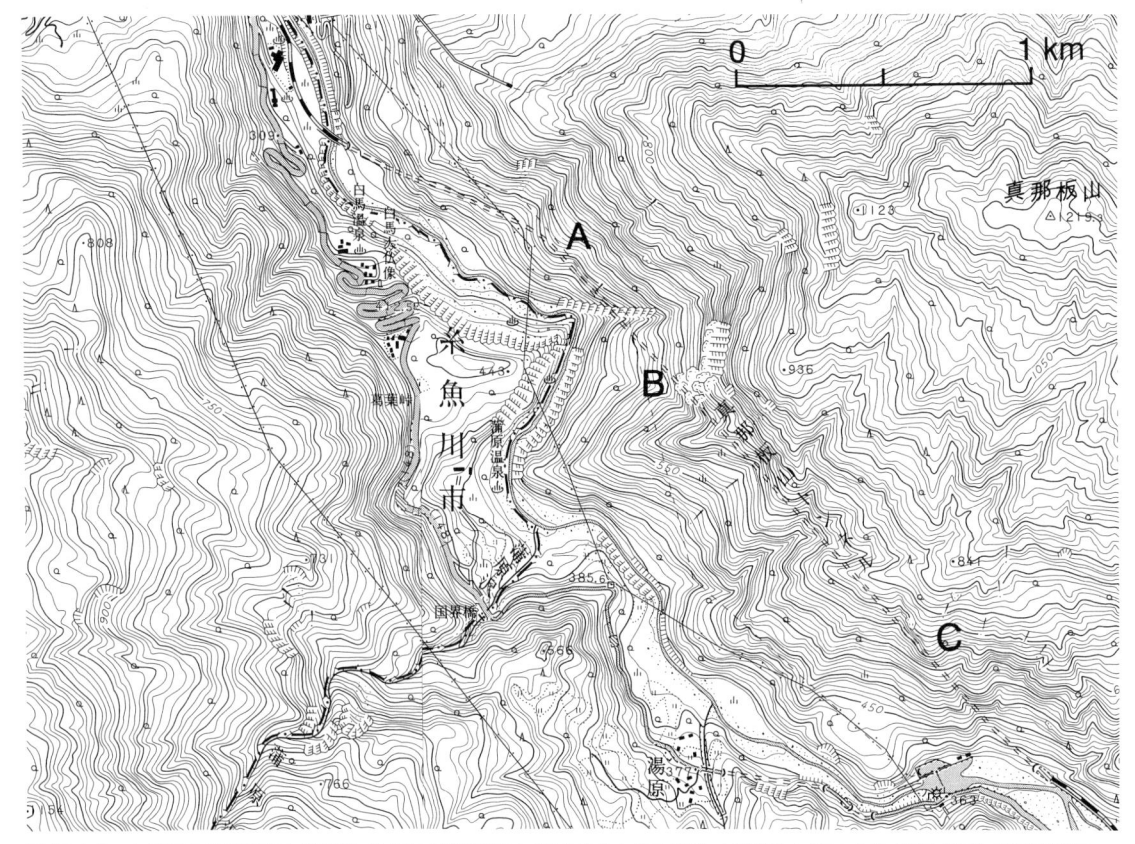

図15.4.6 大規模な基盤崩落と崩落堆 (2.5万「越後平岩」〈富山 3-4〉昭 59 修正・「雨飾山」〈富山 3-2〉昭 59 修正) 英字を補記.

3) 基盤崩落と崩落堆

図 15.4.6 中央の糸魚川市の注記付近には大河川 (姫川) の谷底を堰止めるような高まり (標高点 443) があり, 顕著な谷底幅異常 (☞p. 742) がみられる. 左岸の葛葉峠付近の背後は凸形尾根型斜面である. 穿入蛇行の大局的な攻撃部に相当する右岸には, 標高点 1123 の西に, 深くて幅広い谷があり, その谷頭および谷壁には「がけ (岩)」の 3 段の露岩が水平に伸びている. よって, 上記の高まりは, その深い谷つまり姫川の穿入蛇行の攻撃部で発生した大規模な基盤崩落による崩落堆であり, 天然ダムを形成したと解される. その下流端は鉄道橋付近に達したであろう.

崩落地を刻む谷の左岸には高度 400 m から 500 m の緩傾斜面があるが, これは崩落堆の名残りであろう. ゆえに, ダム天端の最低所は崩落堆の末端 (葛葉峠) ではなく, 標高点 443 の東方にあった (高度 400 m 以下) ので, そこで下刻が進み峡谷が生じた. その峡谷の左岸谷壁が「がけ (岩)」であることは, 崩落物質が硬岩の大岩塊を含み, あまり破砕されていないことを示唆する.

崩落地の両側部の浅い谷 (A と B) は非対称谷であり, 腕曲水系の名残である可能性がある. つまり, 図 15.4.3 に類似した地形場で崩落が起こったのであろう. 同様に, 図東南部の C 谷は, 腕曲水系が崩落で切断されたものと解される.

姫川の谷壁斜面には, 右岸では崩落地形が多いが, 左岸では地すべり地形が多く (例:湯原付近の水田地域), 非対称である. 蒲原沢の谷口 (国界橋) から下流左岸には, 少なくとも 3 段の収斂交叉型 (☞図 11.2.12) の沖積錐が発達し, 蒲原沢では長期的に土石流が多発していることを示す.

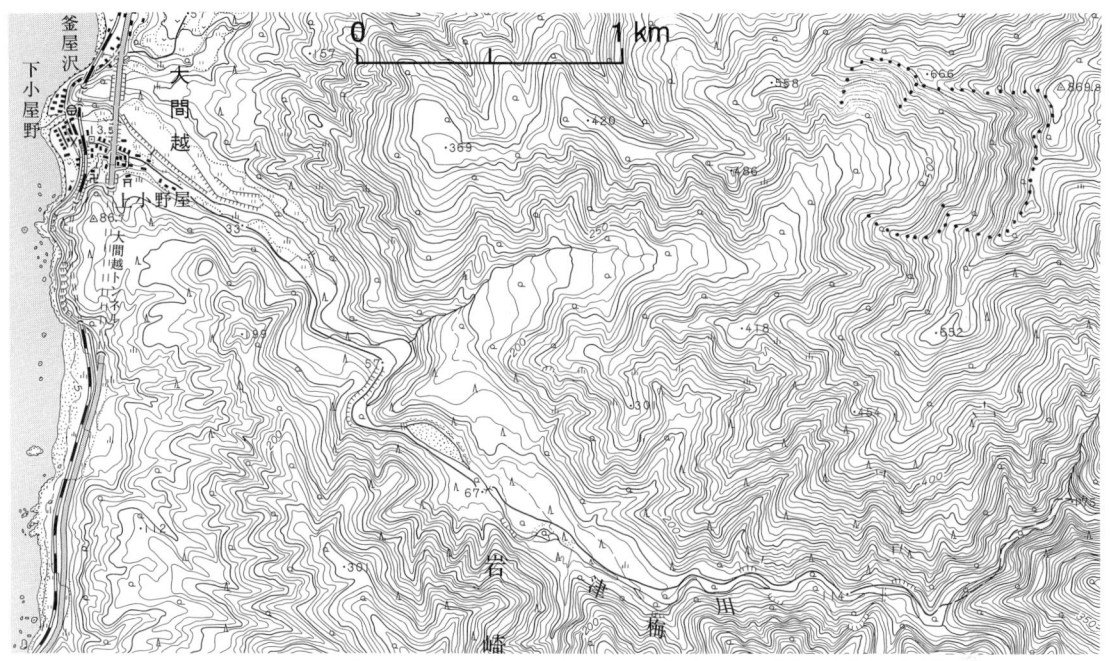

図15.4.7 谷頭の基盤崩落からの土石流（2.5万「大間越」〈深浦2-1〉昭60修正）90%に縮小，崩落崖を太点線で補記．

4) 大規模な土石流を発生した基盤崩落

図15.4.7では，北東部の三角点869.8の西方に崩落斜面があり，そこからの崩落物質が土石流となって流下し，支流の谷口で津梅川を堰止めて天然ダムを形成したと解される．天然ダムの上流に幅広い谷底低地がある．津梅川の注記付近の両岸の高度約110mの細長い段丘は湖成段丘の可能性がある．

5) 天然ダムの決壊による大規模な土石流堆

図15.4.8aには，真名川と越美北線との間に，閉曲線や丸い林地などで認定される小丘の群在する台地（塚原野台地と仮称）がある．その三方を比高15～30mの崖が囲んでいる．中休付近には小丘が少なく水田が広がっているが，耕地整理以前には小丘が群在していた（挿入図参照）．

塚原野台地の台地面は，九頭竜川の谷口に対して同心円的な復旧等高線（図15.4.9）で示され，扇状地起源のようにも見える．しかし，それを囲む崖のうち，A–B間とC–D間の急崖はそれぞれ九頭竜川と真名川の側刻崖であるが，B–C間は円弧状の平面形と滑らかで緩傾斜な斜面形からみて基本的には側刻崖ではない（ただし，B'–C'間の基部は比高約10mの側刻崖）．その西方の低地は九頭竜川と真名川の扇状地である．よって，塚原野台地は九頭竜川にそって流下した大規模な土石流の堆積で生じた土石流堆と解される．

一方，図15.4.8bの九頭竜川左岸には，小荒島岳から三角点1040.3に続く尾根を切断するように，巨大な崩落崖（比高：約600m，底辺：約1km）がある（図15.4.9）．ゆえに，その崩落堆が九頭竜川に天然ダムを形成し，それが急激に崩壊して，大規模な土石流を発生し，谷口から下流にイチョウ葉状の土石流堆として塚原野台地の原形を生じ，小丘群はその流れ山である，という可能性がある．その証明には崩落崖の構成岩石と流れ山の構成岩石の同定を要する．なお，塚原野はその北東方の古い火山から流下した火山岩屑流の堆積地とする見解もある．しかし，それは台地の高度分布，B–C間の急斜面の平面形および九頭竜川の位置と流向の合理的説明に難渋する．

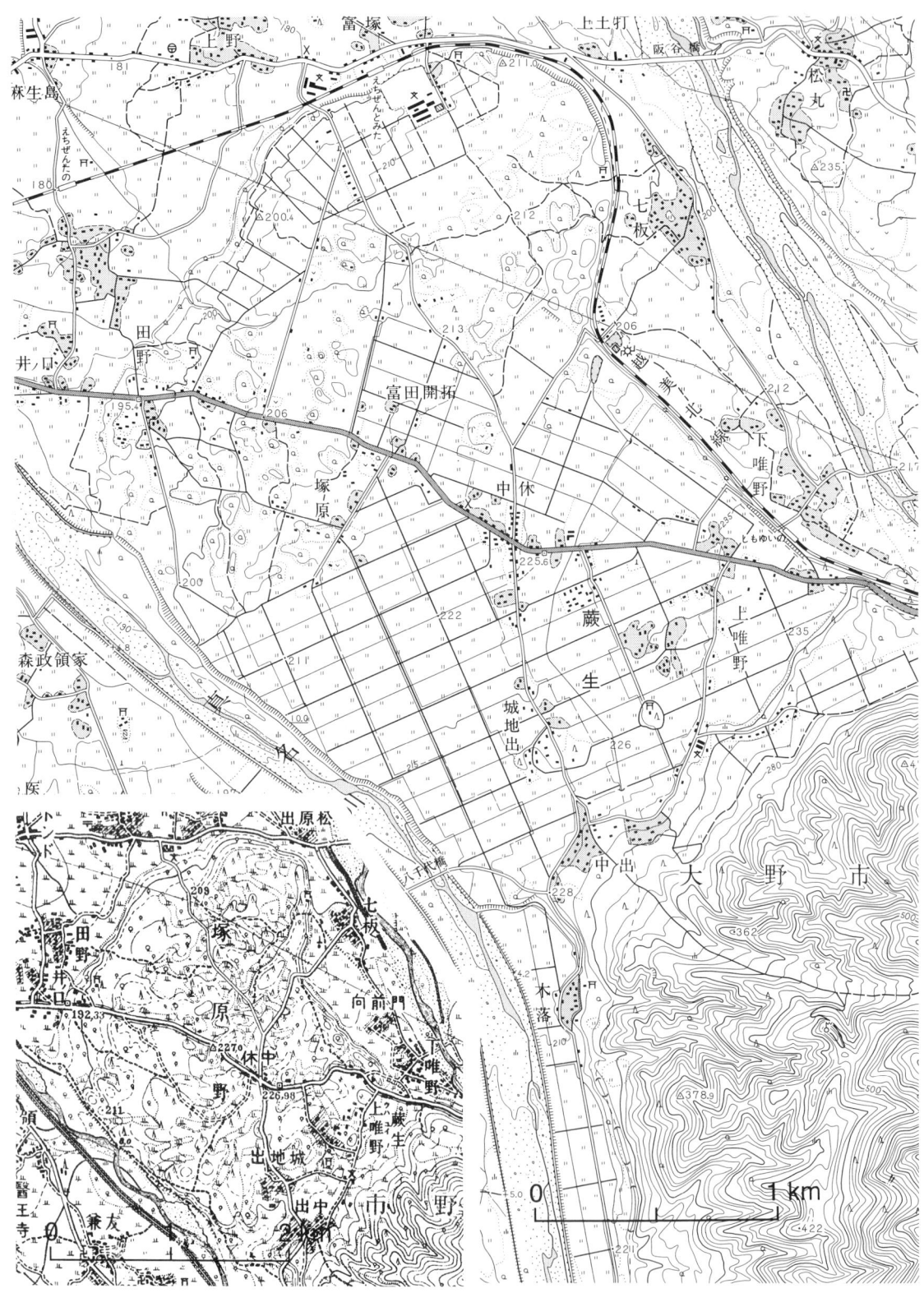

図 15.4.8a　大規模な土石流堆（2.5 万「荒島岳」〈岐阜 5-3〉昭 45 測，挿入図：5 万「荒島岳」〈岐阜 5〉昭 25 応修）

15.4 崩落地形　809

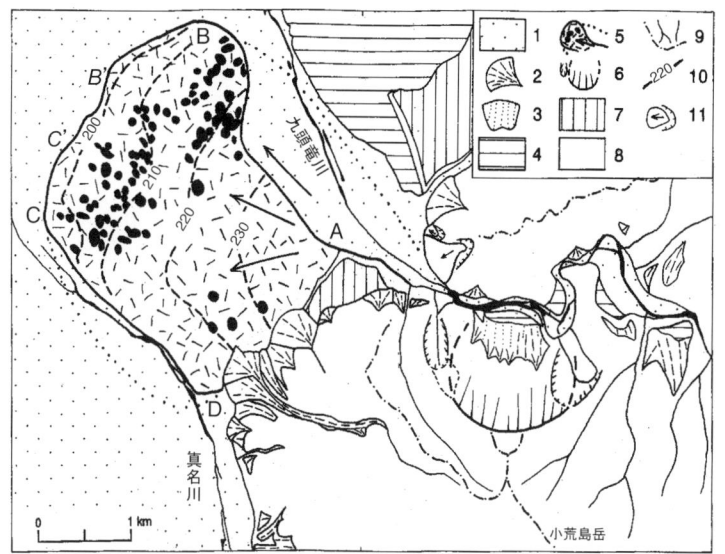

図 15.4.9　図 15.4.8 の読図成果概要図

1. 河成低地, 2. 沖積錐, 3. 古い崖錐, 4. 下位河成段丘面群, 5. 大規模な土石流堆＝塚原野台地（黒色丸形部は流れ山, 矢印は土石流の流下方向, 外側の太点線は当初の土石流堆積範囲）6. 大規模な崩落地形, 7. 上位段丘面群, 8. 山地斜面, 9. 主要尾根（1 点破線）と主要河川, 10. 塚原野台地の, 流れ山を除いた復旧等高線 (m)：挿入図の 10 m ごとの等高線を追跡してもほぼ同様, 11. 地すべり地形.

　A-B 間：九頭竜川の側刻崖, B-C 間：大規模な土石流堆の, ほぼ初生的な形態を残す末端崖, ただし, B'-C' 間の斜面基部は側刻崖. C-D 間：真名川の側刻崖.

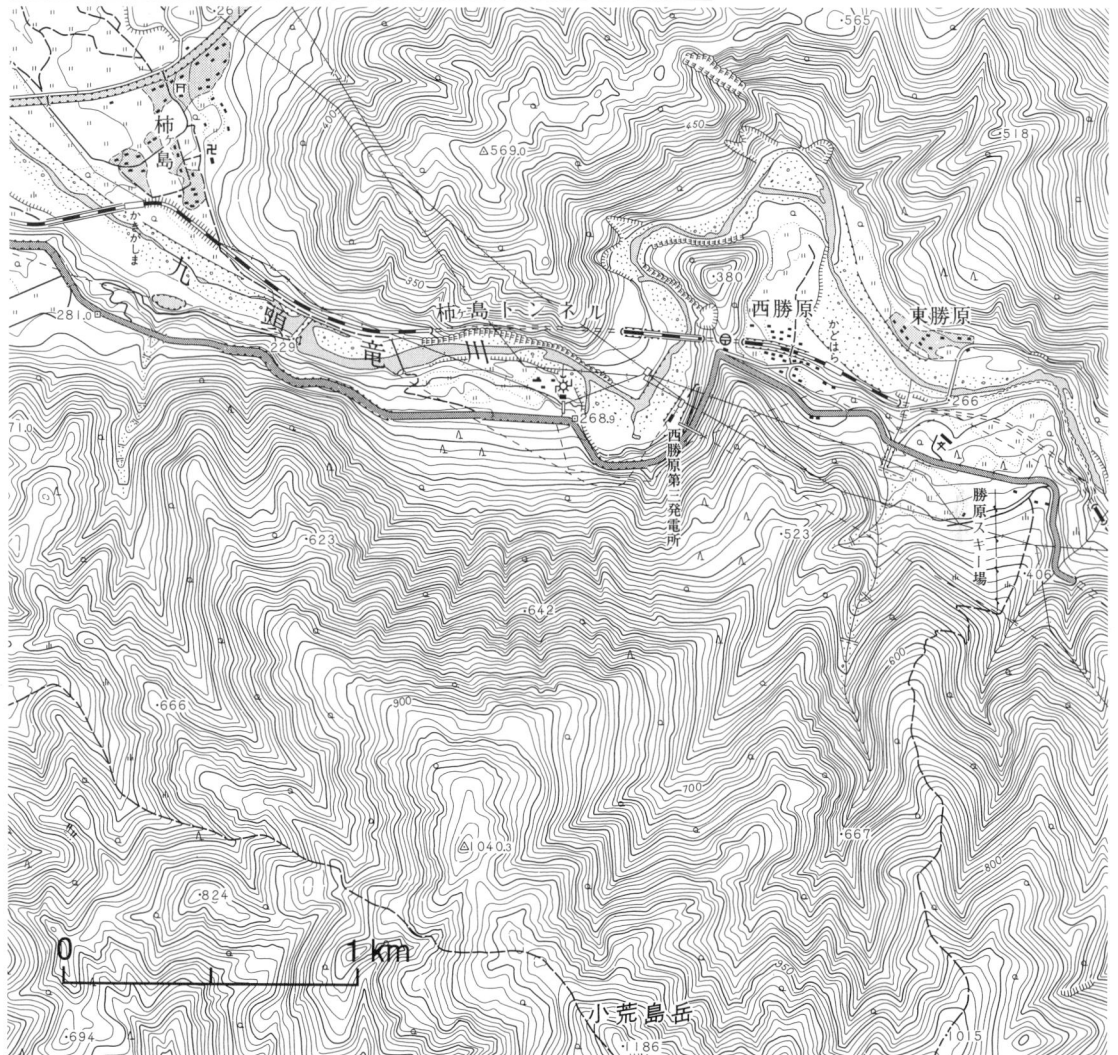

図 15.4.8b　尾根先端部の巨大崩壊地形とその背後の腕曲状河系（2.5 万「荒島岳」〈岐阜 5-3〉昭 45 測）

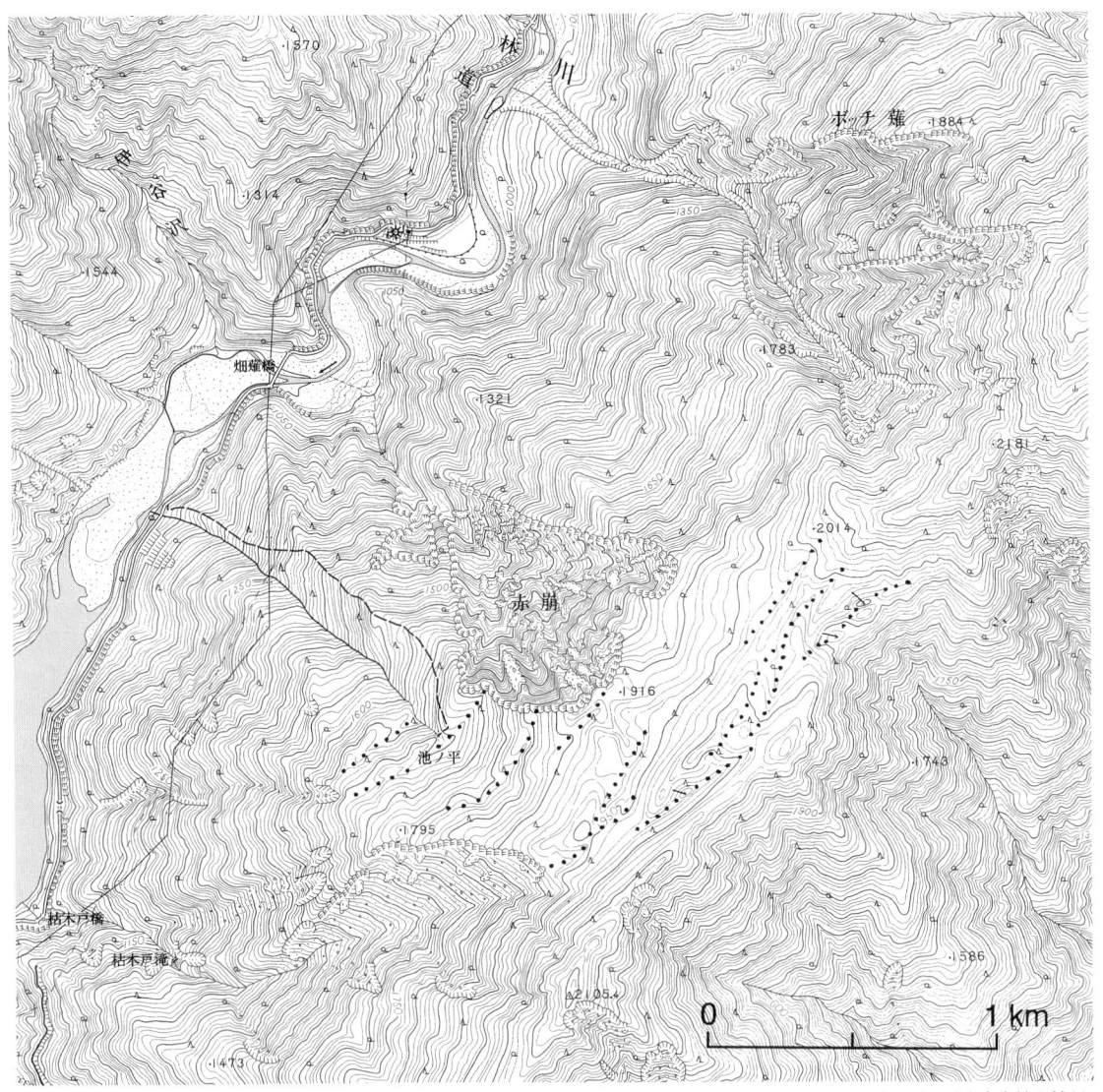

図 15.4.10 巨大崩落地と二重山稜（2.5 万「上河内岳」〈甲府 16-2〉平 10 修正）　二重山稜の谷および並流谷列を示す太点線を補記.

6) 巨大崩落の前兆を示す二重山稜と並流谷

図 15.4.10 では，大河川（大井川）左岸の山腹斜面に赤崩，ボッチ薙および枯木戸滝の上流域に大規模な崩落地がある（☞第 15 章口絵）．そこでは落石や小規模な崩落，それらに由来する土石流が頻発していることが，多数の露岩や谷口の新鮮な沖積錐の発達を論拠に推論される．これらの崩落地の背後の主尾根（標高点 2014 付近から南西に伸びる尾根）には凹地を含む二重山稜が発達している．その西面斜面は池ノ平付近まで小起伏面で，そこに直線的ないし主尾根側に凹んだ形の並流谷や遷緩線が少なくとも 6 列みられる．それらは斜面内部に剪断面があって，それが地表に現れた断裂線である．大井川右岸を無視して左岸斜面だけについて谷埋幅 1 km の埋積接峰面図を描くと，赤崩と枯木戸滝の谷との間が尾根状に突出している．よって，両者またはその間の侵蝕谷の下刻が進むと，この尾根部が大規模に崩落し，大井川を堰止めるばかりでなく，ダム湖に流入して大規模災害を起こすという可能性を否定できない．

15.5 地すべり地形

A. 地すべり

(1) 地すべりと地すべり地形の定義

　斜面物質が明瞭な剪断面を境に，重力に従って下方に低速で滑動（slide）する現象を地すべり（landslide）と総称する（図15.5.1）．その剪断面を地すべり面（slip surface）とよぶ．地すべり面が地表に露出している部分を滑落斜面（slip slope）とよび，とくに急崖をなす部分を滑落崖（slip scarp）とよぶ．地すべり面の末端が旧地表面と交わる部分（普通は地下に埋もれている）を脚部（foot）とよぶ．滑動した物質の全体を地すべり移動体（slide block, landslide mass）とよぶ．その定着地形を地すべり堆（landslide mound, 新称）とよび，その末端を尖端線（toe）とよぶ．地すべりによって形成された地形種を一括して地すべり地形（landslide landform）とよぶことにする．

　地すべりの移動域の内外は次のように地域区分される（図15.5.1）．

　① 不動域（unmoving area）：地すべりによる変形が及んでいない不動の地区であり，地すべり移動域の上方と両側方および地すべり尖端線の下方に存在する．

　② 亜不動域（sub-unmoving area）：不動域と主滑落崖の間の地区であり，不動域との境界は後背亀裂で境され，地すべりに伴って僅かに変形しているが，崩壊せずに残っている不安定な地区である．

　③ 発生域（root area, 削剥域ともいう）：主滑落崖から地すべり面（剪断面）の末端の脚部までの地区であり，その地区の斜面物質が下方に移動し，削剥される地区である．

　④ 定着域（settled area, 押出域, 移動・堆積域ともいう）：脚部から地すべり堆の尖端線までの地区である．

　地すべり移動体はほぼ一団（その内部で若干の差別運動はあるが）となって移動し，脚部より上方の発生域にも定着するので，③と④が移動域（moving area）である．なお，冠頂から地すべり堆を見たときの左右をそれぞれ左側（left）・右側（right）とよび，地すべり堆の両側部を側部（flank）という．

(2) 地すべりの発生機構とその制約要因

　地すべりは地すべり面（剪断面）の上にのる斜面物質の安全率が1以下となって発生する（☞p.782）．安全率の低下の直接的原因およびそれを起こす誘因は図15.1.3に要約したように，極めて複雑である．ここでは重複を避けて，読図の基礎知識という観点から要点のみを述べ，詳細は専門書（☞章末の文献）に委ねる．

1）地すべりの発生しやすい地形場

　河川侵蝕や海岸侵蝕，集団移動などによって，斜面基部が低下あるいは後退すると，斜面の傾斜角が増加し，局所的な位置エネルギーの増大つまり剪断応力の増大を招く．その変化量は地形場によって異なり，たとえば河川の滑走部より攻撃部で著しい．また，侵蝕前線近傍では地すべりや崩落が起こりやすい．なお，人為的な斜面基部の掘削も同様の影響を与える．

2）地すべりの発生しやすい地形物質

　他の条件が同じ場合に，地すべりがとくに発生しやすい地形物質は次のような岩石および地質構造であり，いずれも剪断抵抗力が小さいかまたは低下しやすい（☞表2.3.13）．

① 軟岩：第三系・第四系の泥質岩（とくに黒色泥岩，頁岩），緑色凝灰岩（とくに軽石質凝灰岩）など．

② 膨張性岩：蛇紋岩，泥岩，頁岩，圧砕岩，熱水変質岩（変朽安山岩，温泉余土など）およびあらゆる岩石の強風化岩などであり，吸水膨脹しやすい粘土鉱物を含んでいる場合が多い．

③ 厚い風化帯：軟岩や膨脹性岩のほか，粘板岩，凝灰岩，緑色片岩，黒色片岩などの風化帯．

④ 地質的不連続面（地層面，節理面，破砕面，片理面など）の密な岩石：第三系の泥質岩層を挟む互層，断層破砕帯，結晶片岩（とくに黒色千枚岩，緑色片岩）など．

⑤ 地質的不連続面が流れ盤（広義）とくに柾目盤と平行盤の岩体（☞図 14.0.13）．

⑥ キャップロック（cap rock：帽岩）型構造：厚い硬岩層（熔岩，火山角礫岩，熔結凝灰岩など）が軟岩層の上に不整合に重なって，地層階段やメーサ（☞図 16.0.20）の造崖層を形成している場合であり，新第三紀と第四紀の火山岩の分布地域に多い．

逆に，地すべりがほとんど発生しない地形物質は，強度が大きく，割れ目が少なく，膨張性に乏しい厚い岩体であり，相対傾斜では受け盤である．深成岩（例：花崗岩），熔岩，熔結凝灰岩，岩脈，第三系・先第三系のチャートや砂礫質堆積岩，片理の少ない変成岩（例：片麻岩，ホルンフェルス），高透水性の硬岩（例：石灰岩）などがその例である．これらの岩石でも熱水変質や風化していれば，地すべりを起こすことがある．

3）水文条件の変化

臨界状態の安全率（$F_s=1$）の斜面では，豪雨や融雪を誘因として地すべりが起こる．ただし，豪雨の当日よりも，その浸透水が斜面物質の単位体積重量と間隙水圧を増加させた後，つまり豪雨の数日後や融雪期に地すべりが発生することが多い．ゆえに，地すべり対策工としては地すべり堆への水の流水防止工と水抜工が有効である．

（3）地すべりの移動状態

1）地すべり移動体のブロック化

一回一連の地すべり（以下，単一地すべりとよぶ）の地すべり移動体は，全体が塑性的な性質を保持したまま，氷河のように流動に近い移動状態で滑動したり，単一の塊（ブロック）を保持したまま滑動する場合が多い．しかし，大規模な地すべりでは，滑動中に複数のブロックに分断し，各ブロックが移動の方向・速度の点で差別的に移動して，副次滑落崖や隆起部・沈下部を生じ，地すべり堆の凹凸を生じる．地すべり停止後，数年以上も経過した後に，過去の地すべり移動体の全体または一部（とくに末端部）が再滑動する例は極めて多い．

2）地すべりの移動速度

地すべりの移動速度は数 cm/年以下から数十 cm/分以上と早いものまで広範囲に変動するが，崩落（数十 m/秒）に比べると著しく遅い．

3）地すべり面

単一地すべりの地すべり面の形態は三次元的にはスプーン状，平板状，箱状，椅子状などである．縦断方向（移動方向）の断面形によって，地すべりは円弧すべり型と平面すべり型に大別されるが，緩やかな凹凸をもつ地すべり面もある．横断形では円弧状，箱状などがある．地すべり面が流れ盤の地層面と一致している場合には，一般に平板状であり，「層面すべり」とよばれる．

旧地表からの地すべり面の深さは数 m から数十 m のものが多いが，200 m 以上に達することもある．地すべり面の勾配は数度〜40 度であるが，単一地すべりでは一般に上方が急勾配で下方が緩勾配である．地すべり面の末端部（脚部）で逆傾斜している場合も稀ではない．地すべり面の平均勾配は，旧地表面が約 30 度以上の急傾斜地では地表面傾斜よりやや小さく，それより緩傾斜地ではやや大きい傾向がある．

地すべり面には地すべり面粘土（slip surface

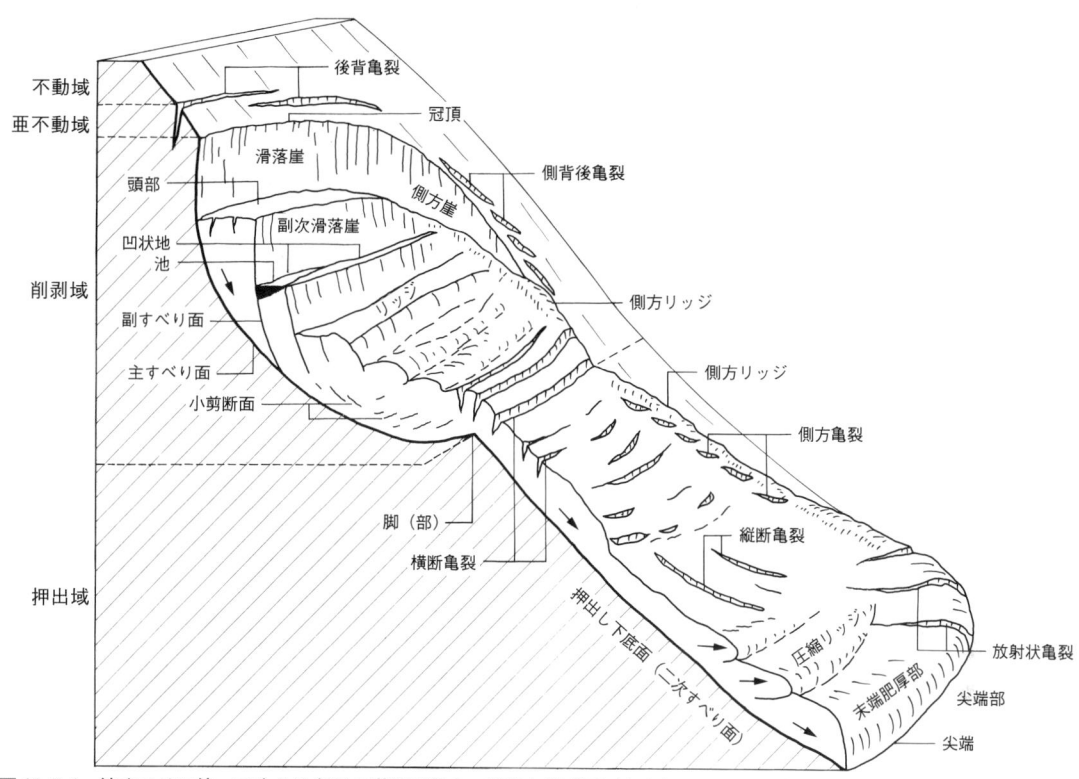

図15.5.1 地すべりに伴って生じる各種の微地形種の一覧的な模式図（大八木，1982，を一部改変）
注意：個々の地すべりで全ての微地形種が揃って生じるわけではない．

clay）とよばれる薄い粘土層が形成される．崩落の剪断面には地すべり面粘土に相当する粘土層が形成されない．地すべり面粘土は，一般に厚さ数mm～数 cm と薄く，剪断破壊で岩石が細粒化したり粘土化して形成される．その粘土鉱物は主としてモンモリロナイトやクロライト，イライト，クリソタイルなどであり，水を含むと膨張する（谷津，1965）．そのため地すべり面粘土は，高含水比状態ではその粘性が潤滑油程度に低下して，地すべりを促進する．

B. 地すべり地形

(1) 地すべり地形の各部の定義

地すべり地形は滑落崖と地すべり堆に二大別される．地すべりは複雑に滑動するため，種々の極微地形種や超微地形種が形成される（図15.5.1）．それらのすべてが単一地すべりで生じるとは限らず，形も規模も個数も多様であるが，地すべり調査ではいずれも重要である．読図で重要な地形種を中心に地すべり各部の特徴を簡単に述べる．

1）小地形種，微地形種および極微地形種

① 原地表面（original ground surface）：地すべり発生前の地表面であり，古い地すべり地形のこともある．地すべり地形を無視して，その両側地域（例：谷壁斜面）の接峰面を描けば，およその原地表面を推定できる（例：☞図 15.5.11）．

② 後背亀裂（lunar cracks）：主滑落崖の背後の原地表面に生じる引張亀裂であり，一般に三日月形の平面形をもち，将来の滑落崖となる（例：☞図 15.5.15）．

③ 冠頂（crown）：滑落崖の最高点をいう．

④ 主滑落崖（main scarp）：地表に露出した地すべり面のつくる急崖をいう．滑落崖の基部には，滑落崖で後に発生した落石・崩落による崖錐

の発達していることが多い．

⑤ 頂部(top)：地すべり堆の最高点（主滑落崖の基部）であるが，崖錐の被覆のために不明瞭なことも多い．

⑥ 頭部(head)：地すべり堆の最上部をいう．

⑦ 副次滑落崖(sub-scarp, secondary s.)：地すべり堆内部に二次的すべり面の露出した急崖で，小滑落崖(minor scarp)ともいう．複数列が存在することもある．

⑧ 側方崖(flank scarp)：地すべり移動体の高度低下によって不動域との境界に生じた急崖であり，脚部に至るほど低くなる．

⑨ 凹地(depression, hollow)，池沼(pond)，凹状地(trench)および初生谷：滑落崖や側方崖の直下，地すべり堆内部に生じる．回転すべり，地すべり移動体の差別運動，地すべり堆による原地形の谷の堰止めなどで生じ，湿地になっていることもある．初生谷は並流谷（☞p.732）の性質をもつ場合が多い．

⑩ 凸地・突起(mound)：原地形の一部が巨大岩塊のまま滑動した流れ山あるいは地すべり移動体の回転運動，差別運動，圧縮運動による盛り上がりで生じ，不定形の小丘である．閉曲線で囲まれたものばかりではなく，地すべり移動方向に直交方向にのびる尾根状の場合もある．

⑪ 圧縮リッジ(transverse ridge)：地すべりの移動方向に直交方向で，かつ末端に向かって凸形の平面形をもつ細長い高まりで，地すべり堆末端部に複数列が発達することがある．

⑫ 側方リッジ(side ridge)：地すべり堆主部の滑動で残された自然堤防のような高まり．

⑬ 末端肥厚部：地すべり末端の滑動停止の後に，後続の地すべり移動体がのし上がって生じた高まりで，末端崖を形成する．末端隆起型地すべり（☞図15.5.5）と混同してはならない．

⑭ 尖端線(toe，末端線ともいう)と尖端(tip)：地すべり堆の末端線で，主滑落崖から最も離れた地点を尖端という．

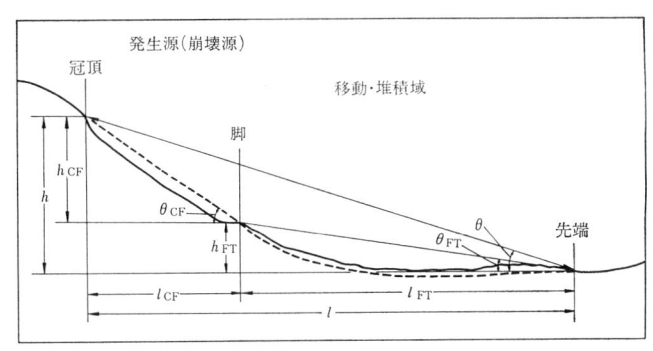

図15.5.2 地すべり地形の縦断方向の地形量（大八木，1979）

2) 超微地形種

2.5万地形図の読図では一般に認定困難な超微地形種として，横断亀裂，縦断亀裂，縦断変位崖，放射状亀裂，側方亀裂，側背後亀裂などがある（図15.5.1）．

3) 地下構造

読図では認定不能であるが，地すべりの移動形態を決定する最も重要な地下構造として，次のものがある（図15.5.1）．主すべり面(main slip surface：主滑落崖はその露出部)，副すべり面(sub-slip surface：副次滑落崖はその露出部)，小剪断面(minor shear plane)，脚部(foot：地すべり面の末端と旧地表面との交わる部分であり，地すべり移動体の下に埋もれている)，押出し下底面(二次すべり面，secondary slip surface)などがある．

(2) 地すべり地形の地形量

地すべり地形の規模および形態的特徴を定量的に表現するために，種々の地形量が計測されている．地すべりの移動様式の理解には，縦断方向の地形が重要であるから，冠頂(C)，脚(F)，尖端(T)の3地点に関する各種の比高，水平距離，勾配が図15.5.2のように定義されている（簡単につき解説省略）．

単一地すべりによる物質の移動距離は多様であ

表 15.5.1 地すべり地形とそれに隣接する不動域の山腹斜面および火山斜面との一般的差異（日本の場合）

地形の形態要素（地形相）		地すべり地形	非地すべり性の山腹斜面[*1]	火山原面[*2]
全般的な形態的特徴	地形全体の縦断形	急崖の下方に緩傾斜地	連続的～不連続的に変化	連続的に下方に減傾斜
	斜面型の組み合わせ	多種多様に組み合う	3種以下	1～2種
	傾斜変換線	明瞭に存在（遷急線と遷緩線）	明瞭～不明瞭	稀に存在（熔岩流の周囲）
急崖の性質	急崖の平面形	上方に凸の半円形，馬蹄形	多様，直線的	下方に凸の半円形
	急崖の成因	剪断滑落崖	差別侵蝕崖，侵蝕前線	熔岩流の定着崖
	急崖上方の地形種	前輪廻地形，引張割れ目	前輪廻地形，小起伏面	火山原面，火口
	急崖直下の地形種	地すべり堆，崖錐	削剝斜面，崖錐	火山原面，非火山地形
上記の急崖の下の遷緩線より下方の地形	地形一般	地すべり堆（下方に凸の末端線）	谷底，平坦面（段丘面，低地）	火山原面，非火山地形
	小突起	多く，大小多様，不定形	尾根線ぞいにのみ存在	稀に存在（熔岩流しわ）
	凹地，池沼，湿地	地すべり堆内部・側部に多い	変動地形以外では存在しない	稀に存在（熔岩流表面）
	低い急崖および割れ目の伸長方向	引張・圧縮・剪断性の急崖と割れ目があり，多様な方向に伸長	ガリーや1次谷の側壁，斜面の傾斜方向に伸長	同左
水文現象	河系模様	不規則～腕曲状	規則的（樹枝状，等間隔）	規則的（並行・放射状）
	水系の連続性	不連続（末無川）	連続	連続
	その地区の小範囲での対接峰面異常	斜流谷，並流谷，逆流谷が多い．外来河川の屈曲	稀（ほとんどが必従谷）	ない（ほとんどが必従谷）
	谷密度（1/2.5万）	大～小（類型で異なる）	中（これを標準とするとき）	小
	地下水，湧水	多い，恒常的	裂か水，パイプ湧水，非恒常的	存在しない
土地利用など	農業的利用	水田（棚田）が多い，林，畑	林地，畑（水田はない）	林地，草原（水田はない）
	溜池	多い	ない	ない
	古い集落	小さな塊村または散村的に存在	稀，山腹小起伏地に散村的	存在しない
	古い道路	不規則に屈曲，分岐	直線的，ジグザグ	直線的，ジグザグ
	特有の地名	多い	ない	ない

[*1]：谷壁斜面，海蝕崖，段丘崖などの急崖のほか，各種の削剝斜面． [*2]：成層火山の場合．

る．垂直方向（落差）は主滑落崖の比高でいえば数m～数百mであり，冠頂から脚部までの比高では数十m～数百mである．水平方向の移動距離は数m～数kmである．単一地すべりによる移動物質の体積は数$10\,m^3$程度の小規模なものから$10^6\,m^3$を越える場合もある．それに対応して地すべりの面積も広範囲におよぶ．

(3) 地すべり地形の一般的特徴

地すべり地形は，その周囲の不動域の地形と比較して，以下に述べる諸特徴をもつので（表15.5.1），読図による地すべり地形の認定は比較的に容易である．諸特徴のすべてが単一の地すべり地形にみられるとは限らない．しかし，数多くの特徴を明瞭に見い出せる地区ほど地すべり地形としての確からしさが増すので，不動域との差異に留意して解説しておこう．

(a) 地形的特徴

1) 全般的特徴

山地や丘陵では，谷と尾根が規則的に（たとえば等間隔性をもって：☞図13.1.9）発達し，あるいは平滑な山腹斜面（谷壁斜面）があって，主分水界から下方におおむね一方的に低下している．

それに対して，地すべり地形は半円形，U字形，馬蹄形，コ字形の平面形をもつ急崖や急斜面に囲まれた相対的低所と，その低所から下方に張り出す緩傾斜の微起伏地（地すべり堆）で構成される（☞図15.5.1）．つまり，地すべり地形では，側方の不動域の山腹斜面よりも，発生域では低く急勾配であり，定着域では高く緩傾斜である．

2) 等高線とがけ記号の配置

地すべり地形における等高線の配置は，滑落崖では凹形谷型斜面を示し比較的に単純である．主滑落崖，側方滑落崖および副次的滑落崖（とくにそれらの頂部）に「がけ（岩）」や「がけ（土）」の記号が連続的に描かれていることも多い．

地すべり堆では等高線が不規則に屈曲し，大小の閉曲線，陥凹曲線，凹地記号のみられることが多い．地すべり堆末端部の等高線は，定着域の地形場によって多様な屈曲を示すが，単純で平滑な地形場では円弧状であり，全体としては凸形尾根型斜面を示す．ただし，地すべり堆末端部が河川や海で侵食されている場合には，末端部は谷壁斜面や海蝕崖になっている．

3) 凸地（小突起），凹地，池沼および湿地

地すべり堆には，等高線の閉曲線で表される凸地（小突起），櫛歯記号の陥凹曲線や矢印（↓）で示される大小の凹地，その凹地底の池沼とその埋積で生じた湿地がしばしば発達する．それらの分布状態，規模，形態および伸長方向は，個々の地すべりによって多様であり，地すべりの発生機構や運動形態を反映していると考えられ，地すべり地形の分類基準の一つになる（表15.5.2）．

凹地（池沼，湿地）は，主滑落崖の直下の頂部凹地，地すべり堆の範囲内の内部凹地，地すべり堆側方の側部凹地（例：☞図15.5.10）および地

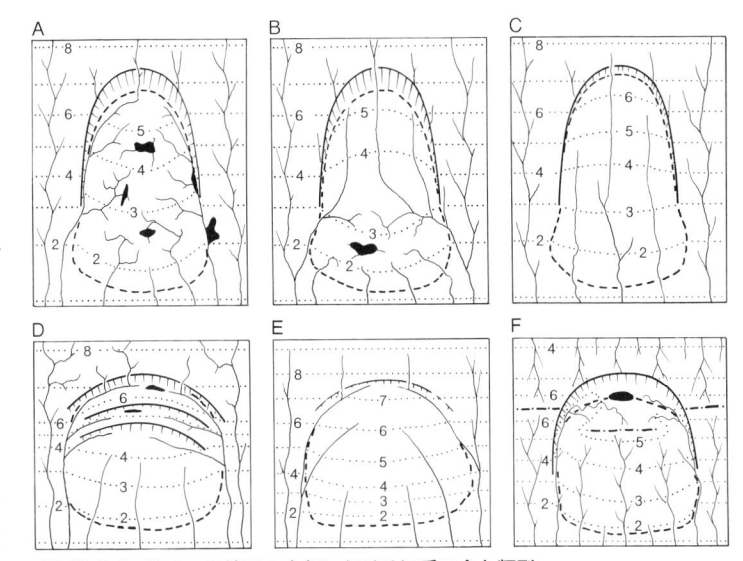

図15.5.3 地すべり地形の内部における河系の主な類型
A：腕曲状河系および多盆状河系，B：地すべり堆上部での平行河系と基部の腕曲状河系および多盆状河系，C：平行状河系，D：並流谷，E：斜流谷，F：旧地形の樹枝状水系の残存．点線は概念的（接峰面的）な復旧等高線で，数字は50mないし100m単位の高度階級．櫛形線は滑落崖，破線は地すべり堆の範囲，黒色部は凹地または池沼，1点破線は主分水界，をそれぞれ示す．

すべり堆による堰止めで河谷に生じた外部凹地（一般に湖沼，例：☞図15.5.27）に大別される．

地すべり地形では，自然的な池沼・湿地を人工的築堤で溜池に拡大したものも少なくない．池沼の存在は地すべり堆の構成物質が低透水性であること，少なくとも凹地底に泥質物質が存在することを示唆する．また，自然的および人工的な池沼からの浸透水が地すべり面の間隙水圧を増大させても，地すべりが再発しないのであるから，安全率を高めている他の原因たとえば地すべり面の傾斜が著しく小さいことを示唆する．地すべり安定工法の一つに水抜工法があるが，それが無意味な場合もあるわけである．

(b) 河系の特徴

地すべり地形の内部では，狭い範囲にもかかわらず，次のような種々の特異な河系模様や河系異常が局所的にみられる（図15.5.3）．

① 谷線の不連続と谷密度：地すべり堆の内部では，各等高線の屈曲点が線的に並ばず，等高線

屈曲を頼りに水系を追跡すると，しばしば水系が途切れてしまい，水系の追跡が困難である．そのため2.5万地形図では，地すべり堆の谷密度は不動域より低い場合が多い．しかし，大縮尺図（例：1/2,500）でみると，不動域より谷密度の高いことがある．ただし，不動域の地形場の違い（例：壮年期的な谷壁斜面，多短谷の小起伏面，平滑な火山斜面，段丘面など）によって，地すべり堆の相対的な谷密度の高低は異なる．

② 特異な河系模様：比高数十m以上の大きい滑落崖には，直線的で，浅い1次谷が平行に発達するが，それらの併合程度（☞p.693）は低い．地すべり堆の水系では，主滑落崖および副次滑落崖の麓ならびに地すべり堆の両側部にそって流れるものが最も顕著である．その主要水系は不動域に比べて屈曲度が小さい．

主要水系の上流部または支流が，アーチ形に地すべり堆を下方から両腕で抱えるように（あるいは千手観音のように数本），しばしば腕曲している（図15.5.3）．この種の水系は，他の地形種でも稀に見られるが（例：熔岩流原），地すべり地形にとくに多いので腕曲状河系（arched river system）と仮称しよう．

凹地や凸地の多い地すべり堆では，多盆状，放射状，環状などの河系模様もみられる．開析されていない地すべり堆には樹枝状河系は発達しないが，例外的に旧地形の樹枝状河系が地すべり堆に残存している場合もある（例：図15.5.26）．

③ 対接峰面異常：山地や丘陵の全体ではなくて，片岸の山腹斜面や谷壁斜面の範囲に関する接峰面に対して，不動域では一般に規則的な（たとえば等間隔的に）樹枝状ないし平行状の必従谷が発達している．それに対して，地すべり地形では斜流谷，並流谷，頂流谷，逆流谷などの対接峰面異常（☞図13.2.1）がしばしばみられる．

④ 外来河川の切断：既存の河谷が地すべりで切断されると，河川争奪に似た谷中分水界（☞p.744）を生じたり，地すべり堆頭部での屈曲で腕

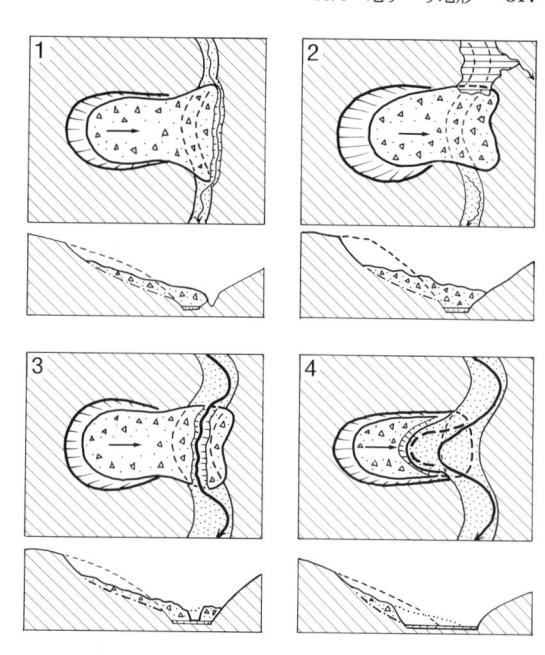

図15.5.4 地すべり堆の定着に伴う河谷の地形変化（谷底幅異常）の類型　1：本流の偏流，2：堰止湖の形成（転流を伴う場合もある），3：地すべり堆の下刻・切断，4：側刻による地すべり堆の消失と谷底幅の拡幅．

曲状河系を示す．

このような諸特徴が組み合わさった河系の全体的特徴は，地すべり地形そのものの特徴を明瞭に反映しており，図15.5.3のように類型化される．実際の地すべり地形では，これらの漸移型ないし亜種と認識される場合が多い．

(c) 地すべり堆による河谷と海岸の変形

谷壁斜面で地すべりが発生すると，地すべり堆が本流の谷底に定着する場合が多い．地すべり堆の規模およびその定着域の地形場と本流との規模（侵蝕力および供給土砂量）の相対的関係によって次のような地形変化が生じる（図15.5.4）．

① 河川の偏流：地すべり堆によって，河川が地すべり堆の尖端を迂回するように偏流し，河系の転向異常および谷底幅異常を生じる（例：☞図15.5.28）．河川規模が相対的に大きいと地すべり堆は側刻されて，谷底幅異常が解消される．地すべり堆の末端と既存斜面の境界部を河川が下刻す

ると，基盤岩石を下刻して谷側積載段丘と同様の峡谷を形成することがある．

② 河川の堰止：谷底幅に比べて相対的に大規模な地すべり堆が形成されると，河川が堰止められ，天然ダムが生じる．河川規模が小さいと天然ダムが永続的に残り，ダムの末端部に滝が形成される．その種の堰止湖は河谷の上流域に多い．地形場によっては，天然ダムの形成によって河川が別の流域に転流する（例：☞図15.5.27）．

③ 地すべり堆の下刻：地すべり定着物質は一般に非固結であるから，天然ダムは河川の越流により容易に侵蝕される．その場合に河川は天然ダムの最低所を流れ，かつ下刻するので，地すべり堆が切断されて峡谷を生じ，河川の対岸に地すべり堆の末端部が残され，末端隆起型の地すべりと混同されることがある．天然ダムの縦断幅が高さに比べて小さく，浸潤線がダムの末端以上の高さになる場合には，ダムが急激に決壊し，下流に大規模な土石流・洪水流が流下する．

④ 側刻による地すべり堆の消失と谷底の拡幅：谷底またはそれ以下の深度にすべり面をもつ地すべり堆が谷壁斜面に形成されると，河川がその地すべり堆を側刻してすべて除去するため，その区間だけ極端に幅の広い谷底幅異常を示すことがある（例：☞図15.5.29）．これはいわば地すべり堆の消失地形である．

⑤ 海蝕崖の地すべり：地すべり堆が半島になる場合もあるが（例：☞図15.5.30），普通には直ぐに侵蝕されて消失する．地すべり面が海面下にあれば，河川の④の場合と同様に，地すべり堆の部分が侵蝕されて湾入する場合もある．

(d) 地すべり堆の地盤と地下水

地すべり堆の地盤は滑動した物質で構成されているので，全体的に破砕している．そのため，地すべり堆頂部の大規模な盛土や重量構造物は地すべりの再発，基部の掘削は地すべりや崩落，地すべり堆内部でのトンネル掘削は落盤・偏圧・地下水湧出，地すべり堆を側部とするダムでは側部の破壊や漏水，といった問題がそれぞれ生じる．

地すべり堆の構成物質は粘性土を含むことが多い．そのため，一般に透水性が低く，含水比が高く，地下水も多く，浅い．しかし，多量の地下水採取はできない．

(e) 人文的特徴

1) 水田と溜池

日本では東北地方以南で，高度約500m以下の地すべり堆には水田が開けている場合が多い．一方，周囲の不動域では，たとえ地すべり堆より緩傾斜であっても，水田がない．山地・丘陵の斜面における水田はそこが地すべり堆であることを示唆する最も重要な特徴である．

複数の地すべり地形が交錯する地すべり地帯では，尾根頂部にまで水田がみられる．地すべり堆の水田は，一枚の水田面積が約$1 m^2$で，5株か10株しか植えられないほどの小さなものを含み，しかも一枚ごとの平面形は極めて不定形である．水田間の比高は数cm～数mと多様である．つまり，大小，様々な形の多数の水田が不整形の階段状に斜面につくられている．そのため，これらの水田は棚田，千枚田，坪田，不整田などとよばれ，「田毎の月」という言葉を生んだ．

地すべり堆に水田が多いのは，一般に地すべり堆は泥質物質を多く含み，難透水性であるから，いわゆる水持ちが良いので，灌漑水路をつくらなくても，湧水や天水を利用するだけで水田化が可能なためである．しかし，低地の水田に比べれば，充分な水が得られるわけではないから，地すべり堆の凹地や谷を利用して溜池が多数つくられている．ただし，近年では休耕田も多い．

2) 地すべりを示唆する地名

地すべり地形の地区には，それを示唆する地名が多い（高野，1960）．しかし，類似の地名でも地すべりと直結していない場合もあるので注意を要する（古谷，1982）．

① 地すべりの発生を表わす地名：崩, 抜, すべり, ずり, ぞうり, 欠, 押, 落, 切, 割, 巻, はね, 飛, 吹, 動, 離, 反, 濁などの語をそのまま地名としたり, それらの語を形容詞として山, 沢, 谷, 原, 平, 田, 畑, 石, 土, あるいは東西南北などの方向を付したものが多い. たとえば, 崩山, 大崩, 崩畑, 抜山, 欠出, 押田, 割山, 飛土, 石動, 離山, 反田, 濁沢などである. 逆に地すべり地帯での長期的な不動域を表す地名に不動山 (例：☞図 15.5.20) がある.

② 地すべり地形を示す地名：成, 平, 窪 (久保), 溝, 段, 谷内, 岩, 石, 土, 砂などを形容詞として, 成田, 梨平, 水窪, 大久保, 溝尾, 段地, 石原田, 石原畑, 泥沢, 郷路沢などの地名がある.

③ 水田・畑の特徴を示す地名：水田の色, 形状, 小面積などを示す地名として, 赤田, 青田, 狭田, 棚田, 千枚田, 障子田, 坪田, 坪野, 四十刈, 一反～五反田, 八斗, 早稲田などがある. 長畑, 立畑, 横畑なども同類である.

④ 植生とくに湿地植物を示す地名：地すべりによって樹木が転倒したり枯れたりするので曲松とか枯木, 滝ノ林などの地名がある. 地すべり凹地には湿生植物が生育するので, 芹, 菖蒲, 菅, 蒲, 蓮, 葭 (吉), 萱, 葦, 荻, 蓬などの地名, さらに芦平, 菖蒲平, 菅久保, 蓮沼, 吉沢, 吉田原, 萱坂, 蓬平などの地名がある.

⑤ その他：地すべりによる土地の変位から所有権の紛争を表わす論田, 論地, 論平などがある. また, 地すべり地は山地内の数少ない水田用地になるので, 古い集落も多く, 平家の落人集落とされる場所も少なくない. そのため, 屋敷, 古屋敷, 寺屋敷という地名もある.

3) 集落・道路・社寺など：

地すべり堆には集村 (塊村・列村) は少なく, 散村が多い. 最近の道路を除くと, 一般に道路は狭く (実線道, 破線道が多い), 屈曲が著しい. 古い社寺は少ないが, あるとすればすでに安定した古い地すべり堆であるか, あるいは多数の地すべり堆の間の小さな不動域に立地している.

なお, 火山地域の地熱発電地域はしばしば地すべり地形を示す (例：松川地熱発電所近傍). これは, 基盤岩石が熱水・温泉変質によって強度劣化を起こしているためであろう. その意味で火山地域の大規模な地すべり地帯は地熱資源の存在を示唆する (☞第 18 章).

(f) その他の特徴

2.5 万地形図では読図できないが, 地すべり地形には以下のような微小な変位・変形地形および被覆物質の変位・変形がみられる. これらは空中写真判読や現地踏査で確認され, 地すべり地形の認定および地すべりの活動性を知る目安になる.

① 地表面の割れ目と微小段差：主・側・副滑落崖の上方の地表面に幅数 cm の割れ目が生じていたり, 比高数 cm～数十 cm の小さな崖があって地表面に段差がある場合には, 近い将来の地すべりまたは崩落の可能性がある. これらは, 主滑落崖が尾根に接している場合には, 反対側の斜面にも生じていることがある.

② 植生：新しい地すべり堆では, 樹木が色々な方向に傾倒や根曲りを示す. 水持ちが一般に良いので前述のように湿地性植物が多い.

③ 構造物の変位：家屋, 石垣, 道路, トンネル, 橋, 鳥居, 墓碑, 電柱などがクリープ (☞図 15.2.1) で傾倒し, 亀裂の入っている場合も多い.

(4) 地すべり地形の類型

地すべりは, その誘因, 素因, 移動様式 (速度, 地すべり面の形態など), 移動物質 (移動前の原岩, 地すべり粘土, 移動体の性質, 地質構造など), 空間構成 (発生域・移動域・定着域の分離状態, 移動体の厚さなど) および地形発達史などを基準として様々に分類されている (詳細：☞武居ほか, 1980；日本応用地質学会, 1999). しかし, 地すべり地形の形態的特徴 (地形相) に着目

した分類は少ないようである．

地形は岩石物質の移動の結果であるから（地形の本質：☞p. 41），地すべり地形は地すべりという集団移動の諸側面（属性）を反映しているはずである．そこで，読図を扱う本書では，地すべり地形の全体を，①それを構成する微地形種の発達状態と配置および②地すべりの発生・移動・定着域の地形場という全体の地形相に基づいて，次の8種に類型化した（図15.5.5 および表15.5.2）．

これらの類型は，一つの地すべり面つまり一つの主滑落崖をもつ一連の地すべりで形成されたと解される単一の地すべり地形に関する分類である．実際の地すべり地形では，これらの亜種，漸移型ならびに複合型も少なくない．しかし，読図で認識できる規模の地形相とその地域的変化状態の記述の便宜のために，本書ではこれらの類型を地すべり地形の基本型として扱う．

1) 全体凹凸型

地すべり堆の頂部から末端部まで全体に大小の小突起や凹地の多い地すべり地形である（例：☞図15.5.10）．比高の大きな山地や火山における大規模な斜面で，落差は大きいが，移動距離の短い，基盤崩落に近い急速な地すべりで形成されると解される．地質的には，軟岩層の上に厚い硬岩層があって，地すべり移動体に巨大岩塊が多く含まれる条件で生じると解される．側方に側部凹地（湖沼）を伴う場合が多い．

2) 頂部凹凸型

小突起や凹地が地すべり脚部（側方崖の末端と仮定）より上方に集中しており，下方は比較的に滑らかな緩傾斜地になっているものである（例：☞図15.5.13）．厚い硬岩層（熔岩，熔結凝灰岩，火砕岩など）の下位に泥質岩層のある斜面で発生する場合（いわゆるキャップロック型地すべり）に多くみられ，水平および垂直方向の移動距離の短い地すべりである．末端部の滑らかな部分は主として泥質物質で構成されていると考えられる．

3) 階段型

これは頂部凹凸型の亜種といってもよいが，主滑落崖に並走する副次滑落崖が数本発達し，各副次滑落崖の背後に旧地表面と解される平坦地または滑落崖側に逆傾斜した平坦面を頂部にもつ高まりが残存し，地すべり堆が階段状になっているものである（例：☞図15.5.15）．副次滑落崖の基部にはそれに並走する細長い凹地や初生谷が並流谷をなして発達している．この型はいわゆる多重スランプ型地すべりに起因すると解され，キャップロック型地すべりに多い．

4) 末端凹凸型

小突起や凹地が地すべり脚部より下方の末端部に集中しており，上方と中部は比較的に滑らかな緩傾斜地になっている（例：☞図15.5.19）．急傾斜で比高の大きな，かつ頂部にキャップロックをなす硬岩層のある谷壁斜面で，移動域の長い，基盤崩落に近い急速な地すべりによると解される．

5) 少凹凸型

主滑落崖および側方滑落崖は明瞭であるが，地すべり堆に小突起や凹地がほとんど発達せず，縦断方向で勾配の緩急はあるが，全体としては滑らかな地すべり堆をもつ（例：☞図15.5.20，図15.5.25）．この型は，地すべり移動中に巨大岩塊が形成されない地質条件たとえば泥質岩層の流れ盤斜面に多く発生し，しばしば多数の地すべりが集中して地すべり地帯を形成している．また，過去の地すべり堆が再滑動した地すべりにも多い．移動速度は緩慢であると考えられる．

6) 膨出型

この型では，主滑落崖が低い三日月形で，その直下の地すべり堆は側方の不動域に比べて僅かに高く膨らむ緩傾斜地であり，下方に至るほど急傾斜になる凸形尾根型の斜面を示す（例：☞図15.5.21）．凹凸はないか，極めて少ない．不動域との境界は，頂部から中部では斜面の最大傾斜方向に斜行する遷緩線あるいは谷線の追跡が困難なほど浅くて不明瞭な斜流谷で限られている．移動

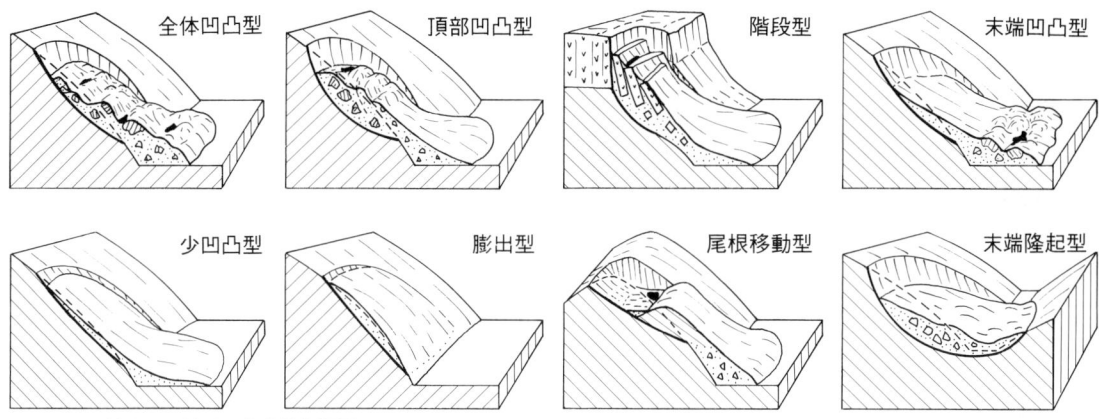

図 15.5.5 地すべり地形の基本的な類型

表 15.5.2 地すべり地形の 8 種の基本的類型[1] の一般的特徴[2]

			全体凹凸型	頂部凹凸型	階段型	末端凹凸型	少凹凸型	膨出型	尾根移動型	末端隆起型
形態的特徴[3]	滑落崖	平面形	半円形, 馬蹄形	馬蹄形, 半円形	半円形, コ字形	U字形, 馬蹄形	U字形, 半円形	三日月形	半円形, U字形	馬蹄形, 半円形
		比高	大	大〜中	中	大	小	極小	小	大
	副次滑落崖とその比高		多く, 高い	多く, 高い	多く, 低い	少なく, 低い	無い	無い	稀	稀
	凸地・凹地		全体に多い	頂部に多い	頂部に多い	末端に多い	無い〜稀	無い	旧地形残存	旧地形残存
	水系の特徴[4]		腕曲状, 多盆状	腕曲状, 多盆状	並流谷, 腕曲状	末端部で腕曲状	平行状	斜流谷, 腕曲状	腕曲状, 並流谷	旧地形の谷が残存
	末端崖		高い	低い	多様	高い	低い	不明瞭	多様	高い
地すべり面の縦断形, 深さ, 末端傾斜[5]			円弧的で, 深く, 緩傾斜	円弧的で, 深く, 緩傾斜	円弧的で, 深く, 緩傾斜	円弧〜平面的で, 浅く, 急傾斜	平面的で, 浅く, 緩傾斜	平面的で, 浅く, 急傾斜	緩い円弧で, 深く, 緩傾斜	円弧的で, 深く, 逆傾斜
滑動様式	継続時間		突発的	突発的	断続的	突発的	慢性的	継続的	慢性的	突発的
	移動速度		大	大	中	大	小	極小	小	大
	移動距離		大〜中	中	小	大	中	極小	大	中
発生しやすい地形場の例			大起伏地, 段丘崖	大起伏地, 段丘崖	メーサ, 熔岩台地, 火砕流台地	段丘崖, 大比高の谷壁	小起伏の丘陵	急傾斜の谷壁斜面, ケスタ背面	丘陵, 山地, 火山の尾根頂部	谷壁斜面から谷底部に至る地区
発生しやすい地質条件の例[5]			上部に厚い硬岩層, 下部に軟岩層	流れ盤, 冠頂部に厚い硬岩層, 下部に軟岩層	上部に厚い硬岩層(帽岩), 下部に軟岩層	上部に硬岩層	流れ盤, 軟岩層, 蛇紋岩, 変質岩	厚い風化帯をもつ硬岩. 層面すべりもある	軟岩の同斜構造で, 流れ盤	軟岩の同斜構造で, 流れ盤

1) 全般的特徴は本文参照. 基本型の順序に意味はない. 漸移型もある. 2) 各類型の諸特徴は, ほぼ同規模の地すべりにおける, 類型間の相対的比較であり, 例外もある. 3) 2.5 万地形図の読図で可能な規模の形態的特徴のみを示す. 4) 地すべり地形を含む山腹斜面や谷壁斜面の範囲の接峰面に対する特徴を示す. 5) 地すべり地形から推論される相対的な特徴である.

距離は短いが，地すべり面は浅く，平面的であり，極めて不安定な地すべり堆であると考えられる．地質的には，厚い風化層をもつ岩石や，急傾斜の流れ盤斜面（稀に受け盤斜面）をもつ泥質の中硬岩ないし硬岩層にみられる．

7) 尾根移動型

主尾根の反対側斜面に地すべり面の冠頂が達して，尾根全体が滑動した地すべり地形である（例：☞図15.5.22）．主滑落崖の冠頂線はその地域（側方の不動域）における一般的な主尾根よりも低く，かつその一般的方向から反対側に円弧状に突出している．しばしば，過去の尾根地形が地すべり堆の頂部に残存する．同斜構造の軟岩層の地域に，流れ盤すべりとして発生することが多い．

8) 末端隆起型

曲率の大きい円弧形の地すべり面が生じ，その末端が逆傾斜して，脚部より内側の旧地表面が隆起した地すべりである．普通の地すべりでは，脚部付近ならびに地すべり末端部において，後続の地すべり体が積み重なって盛り上がり，肥厚部を形成する（☞図15.5.1）．それに対して，末端隆起型は旧地表が隆起して高くなる点で異なる．この型の地すべり面は，その最深部が地すべり発生以前の山麓線または谷底よりも深い位置にあり，山麓線または谷底線を越えた反対側に逆傾斜している．末端隆起型は，地すべり脚部が山麓線または谷底を越えた対岸の斜面に達し，旧地表の構成物質（例：河床堆積物）を隆起させていることで証明される（例：☞図15.5.26）．ただし，単に地すべり堆の末端部が河谷の対岸に残存するからといって，直ちに末端隆起型と認定することはできない．なぜならば，地すべり堆が図15.5.4の3のように河川侵蝕で切断され，新しい河谷の対岸に地すべり堆の末端部が残されたと解すべき場合が多いからである．

(5) 地すべり地形の階層的分類

地すべり地形は図15.5.1のように種々の規模の地形種で構成されている．また，地すべりは限られた地域（とくに地すべりを発生しやすい地形場と地形物質の地域）に集中的に発生し，新旧の地すべり地形が交錯して，地すべり地帯を形成する傾向がある．

よって，低地の場合（例：☞p.132）と同様に，地すべり地形の各部および全体をそれらの形成過程の複合性における階層性にもとづいて区分する（☞表3.2.3）．それぞれの階層区分にしたがって，地すべり地域の地形学図や主題図（☞p.151）を作成すると，個々の地すべり地形の全体および各部の特徴・性状の理解ひいては地すべり地帯の任意地点における土地の性状（再滑動性，建設工事に対する安定性など）の理解に有用であろう．その観点による分類試案を表15.5.3に示す．

(6) 地すべり地形の安定性

建設技術的観点での読図では，既存の地すべり地形の特徴を認識することによって，個々の地すべり地形および各部の安定性を推論し，個々の地区における各種の建設工事に関連する諸問題ならびに防災的観点での地すべりの再滑動性を推論する．読図だけで地すべり地形の安定性を推論する

表15.5.3 形成過程の複合性による地すべり地形の階層区分

階層区分*	定義と特徴
単成地すべり地形	同質物質の一回一連で同式の移動で形成された地形：各種の超極微地形（各種の亀裂），極微地形（滑落崖，凹凸地）**
単式地すべり地形	一回一連の滑動で形成された滑落崖と地すべり堆を一対とする地すべり地形
複式地すべり地形	単式地すべり地形の一部が後の地すべりの再滑動で変形しているもの
複合地すべり地形	複数の単式・複式地すべり地形が隣接または重なっている地すべり地帯
複成地すべり地形	河蝕・海蝕で開析された地すべり地形
重合地すべり地形	地殻変動で変位した地すべり地帯

＊：地形種の階層区分法については表3.2.3を参照．
＊＊：個々の地形種の特徴については図15.5.1を参照．

のは困難であるが，以下の論拠で定性的な見当はつけられる．

1) 安定性の高い地すべり地形

人工的な大規模な地形改変を加えずに自然状態のままなら，当分の間は（数年～数十年）安定していると解される単式地すべり地形は次のような条件をもつと考えられる．

① 地すべり堆の内部凹地，側部凹地または外部凹地に，自然的ならびに人工的な大きな池沼が長期的に存在する．これは間隙水圧の上昇とは無関係に地すべりが安定していることを示唆する．堰止湖の存在は，その湖水からの浸透水の浸潤線が地すべり堆の内部にあり，フィルダムと同様に，地すべり堆が安定していることを示唆する．

② 地すべり堆の末端が大比高の河川侵蝕崖または海蝕崖になっている．末端における侵蝕崖の形成は剪断応力を増大させて地すべり再滑動の原因にもなる（☞図 15.1.3）．しかるに，侵蝕崖が存在することは，地すべり面が緩勾配であることおよび地すべり堆内部の地下水位低下が剪断抵抗力の増大に寄与していることを示唆する．

③ 滑落崖および地すべり堆が深い侵蝕谷で開析され，その谷壁に小規模な二次的地すべり地形が存在しない．これは地すべり地形が削剥され，剪断応力が減少していることを示唆する．

2) 不安定な地すべり地形

比較的近い将来に地すべりが再滑動する可能性のある地すべり地形は上記の諸条件をもたず，かつ後背亀裂や内部亀裂が現存するものである．とくに断続的および慢性的な滑動をする階段型，少凹凸型，膨出型および尾根移動型の地すべりは再滑動の可能性が大きい．水位変化の顕著なダムの湖水に接する地すべり堆（または斜面）では，減水時に地すべりが発生しやすい．これは吸水で重量の増加した地盤に対して減水時には浮力が働かないためであろう．

地すべりが発生する直前にはしばしば斜面に亀裂が生じ，その変位が増大する．その変位がクリープ的であれば，変位速度を観測することにより，斉藤（1968a；1968b）の方法で地すべり発生時間を予知できた例は多い．

突発的な地すべりでは，変位速度の観測は間に合わない．しかし，突発的といえども大規模な場合ほど何らかの前兆はある．たとえば，①亀裂発生，②ガリーの成長，③植生の線状の立ち枯れや不定方向の傾倒，④湧水の濁りや涸渇，⑤斜面末端での落石の増加，⑥岩石破壊による山鳴り，などが知られている．ただし，人の立ち入らないような急斜面での亀裂や微小変位の発見は容易ではない．その意味でも読図で地すべりの起こりやすい地形場を広域的に推論するのは有意義であろう．

(7) 地すべり地形の対比

地すべり地形の安定性を推論するためには，上述のように，個々の地すべり地形の形成年代，隣接する地すべり地形の新旧の判別，つまり地すべり地形の対比が重要である．地すべり地形の対比法は，基本的には地形面の対比法（☞pp. 139～147）と同じであるが，段丘面のような単純な地形面の場合より難しい．それは，地すべり地形は種々の地形場（原地形の高度，傾斜など）で形成され，地すべり堆も初生的な起伏をもつので，地形面の場合のように高度，比高および連続性という形態的特徴による対比法が地すべり地形には適用できないからである．

隣接する単式地すべり地形の新旧の判別ならびに離れた地域に分布する多数の地すべり地形の対比に有用な事象は次のようである．

① 地すべり地形の切断と被覆：古い地すべりの滑落崖や地すべり堆は，新しい地すべりの滑落崖に切断され，あるいは新しい地すべり堆に被覆される（図 15.5.6）．

② 古い地すべりの滑落崖および地すべり堆ほど深いガリーや侵蝕谷で開析されており，また地すべり堆末端が河川側刻崖や海蝕崖で切断されている（図 15.5.6）．地すべり堆の初期面積に対す

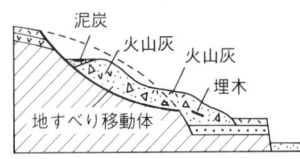

図 15.5.6 地すべり地形の新旧の判別
1（滑落崖も地すべり堆も開析されている）が最も古く，2（滑落崖が切断され，地すべり堆が被覆され，末端が本流で側刻されている），3（本流を偏流させている）の順に新しい地すべり地形である．下図は絶対年代測定試料の存在状態を示す．

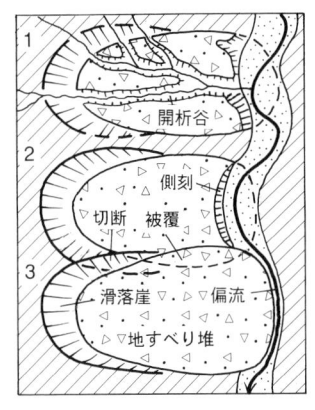

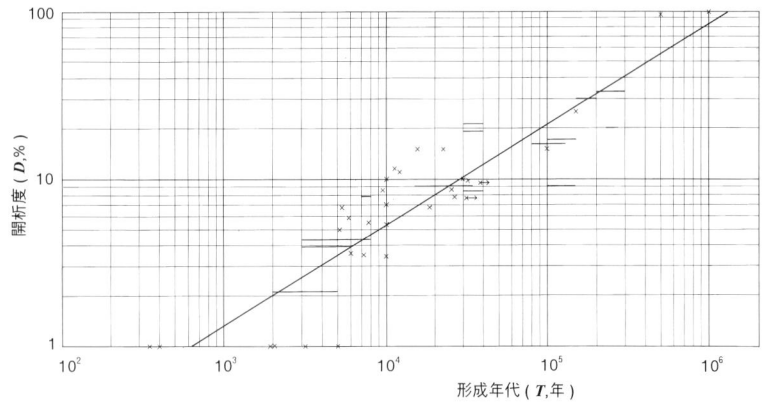

図 15.5.7 地すべり地形の開析度（D）と形成年代（T）との関係（柳田・長谷川，1993）

る侵蝕谷の面積の比を地すべりの開析度（D, %）として，地すべり堆の形成年代（T, 年）との関係を調べた結果（図 15.5.7）によると，

$$D = 0.02T^{0.6} \quad (15.5.1)$$

の関係がある（柳田・長谷川，1993）．つまり，地すべり堆は形成後 1 万年で約 5%，10 万年で約 20%，100 万年で消失する可能性がある．ただし，この資料は，大規模な岩盤すべり（凹凸の多い地すべり地形）に関するものであって，流動性と再滑動頻度の高い地すべり（少凹凸型など）には適用しがたい．

③ 地すべり滑動の絶対年代は，歴史記録（古文書など），地すべり堆に埋もれた樹木や埋没土壌，地すべり凹地内の泥炭層など（図 15.5.6）の ^{14}C 年代測定で決定される．

④ 離れた地域に分布する地すべり地形は，形成年代の判明している段丘面との切断・被覆関係，火山灰層序学的方法などに基づいて対比される（☞図 3.3.1）．

C. 地すべり地形の読図例

(1) 地すべり地形の読図手順

地すべり地形の読図では，まず山地，丘陵，火山，段丘崖などの斜面に存在する円弧状の急崖または急斜面に囲まれた相対的凹所または広義の谷に着目する．次に，その凹所の内部から下方の地形を観察（読図）して，その地形が河川侵蝕地形として説明できるか否か，それとも前述の地すべり堆あるいは崩落堆，さらには後述の土石流堆のいずれの特徴をそなえているかを考える．

その考察に不可欠なことは，その相対的凹所の側方の斜面や河谷，尾根の地形との比較である．つまり，他の地形種の認定でも同じことであるが，問題とする地区の地形をその周囲の地形（地形場）との関係をつねに認識する必要がある．

そこで，本書の序章の問 14 と問 15 で扱った図 0.0.6（図 15.5.8 に再掲）を例に，地すべり地形の読図による認定の手順をまず述べておこう．

【練習 15・5・1】 図 15.5.8 中央部の東海自然歩道ぞいに緩傾斜な谷底をもつ広義の谷がある．その谷頭部に凹地と二つの突起（標高点 728 とその南）があり，それらを囲むように亀山から北に続

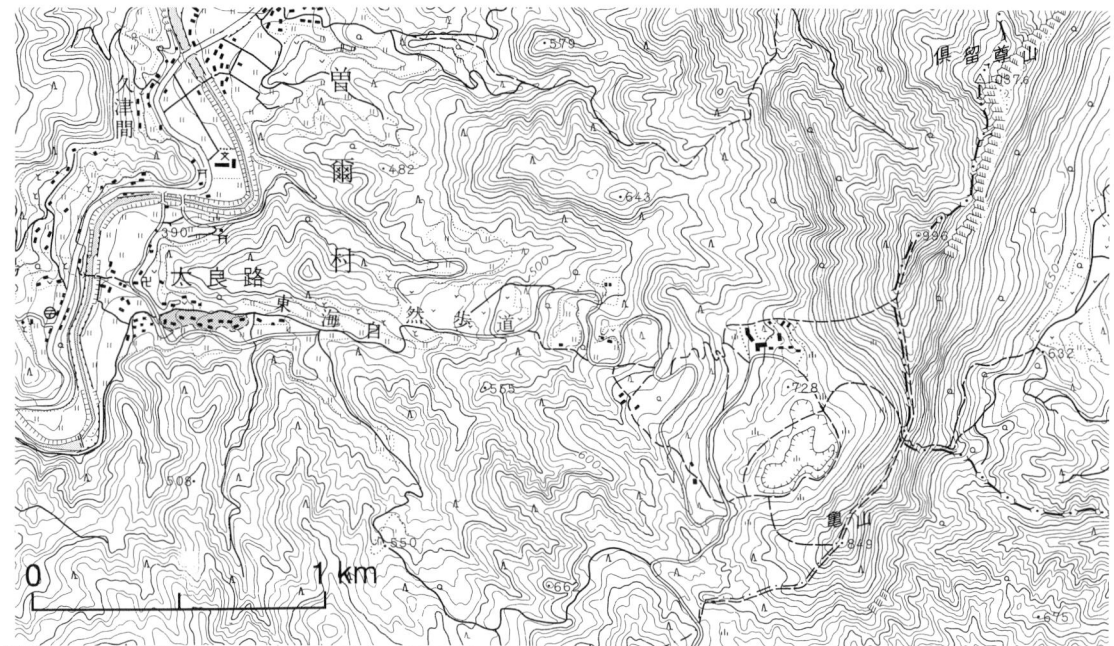

図15.5.8 尾根移動型で頂部凹凸型の地すべり地形 (2.5万「倶留尊山」〈伊勢13-2〉平5修正)

く円弧状の尾根とその西面の急斜面がある．この相対的低所の成因を次の手順で考えよう．

① 接峰面の認識：問題とする地区（急崖に囲まれた相対的低所）の周囲の数十倍の範囲（地形図1枚程度ならなお良い）について，接峰面を描く（読むだけでも可）．

② 地すべり滑落崖の認識：円弧状急斜面の崖頂線と崖麓線を明瞭な地点まで左右に追跡する．

③ 相対的低所の地形の認識：縦断傾斜の変化状態，小突起・凹地・池沼の有無，土地利用（とくに水田），道路の屈曲状態などを読む．

④ 相対的低所末端の認識：河川侵蝕谷の谷底または段丘面，低地と明らかに認定される地区部との境界を読む．不明瞭なら点線にしておく．

⑤ 全体的考察：他の集団移動地形あるいは侵蝕谷としての可能性を，これまでに学んだ知識をすべて活用して考察する．

以上の読図によると（図15.5.9），倶留尊山は非対称な横断形をもつケスタ（☞p.884）である．そのケスタ崖（東面の急崖）を構成する岩層は，

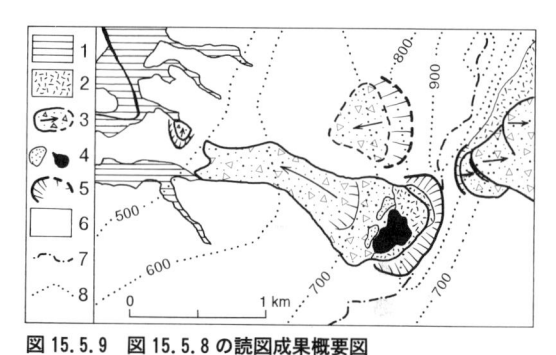

図15.5.9 図15.5.8の読図成果概要図
1：河成低地，2：崖錐，3：地すべり堆（破線は不明瞭部，→は地すべりの方向），4：地すべり堆内部の突起（打点部）と凹地（黒色部），5：地すべり滑落崖（破線は不明瞭部），6：山腹斜面，7：主分水界，8：接峰面等高線（m，谷埋幅：1km）．

崖記号の比高（約100m）からみて，「最初の問題」の問15に答としては凝灰角礫岩であり，西または北西に傾斜しているであろう．問14の地区は頂部凹凸型の地すべり堆である．しかもこの地すべりは，倶留尊山から標高点996に直線的に伸びる高い尾根が亀山との間で東に湾曲し低下しているので，尾根移動型であり，かつ凝灰角礫岩層の下位の軟岩層（流れ盤）にすべり面をもつキャップロック型であると解される．

826　第15章　集団移動地形

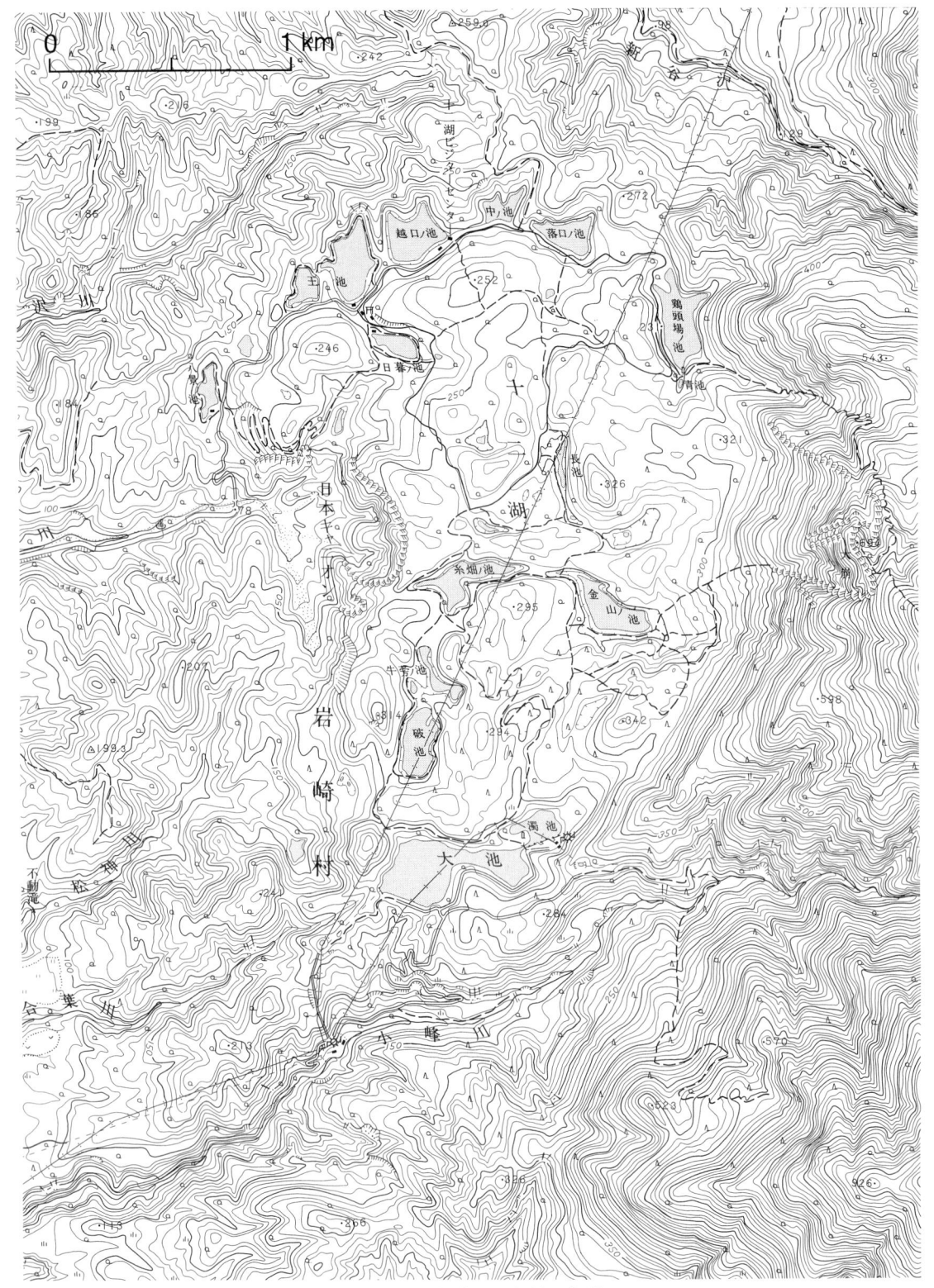

図15.5.10　全体凹凸型の地すべり地形（2.5万「十二湖」〈深浦1-2・4〉昭60修正）

湖沼をもつ．小突起も多い．しかし，湖沼地域は，その周囲の凹地のない丘陵および山地に比べると，全般に緩傾斜で（地形図では白っぽい），深い谷がなく，谷線の追跡が困難である．

湖沼地域の東方には，標高点 694 を中心に西方に円弧状に開いた，比高約 400 m におよぶ急崖があり，その上方には山腹斜面が続いている．したがって，湖沼地域はこの急崖を主滑落崖とする全体凹凸型の地すべり堆であると解される．その地すべり堆の範囲は，①滑落崖基部の遷緩線，②側部湖沼列（北部では鶏頭場ノ池から越口ノ池などを経て八景ノ池まで，南部では濁池，大池とその西方の池で，いずれも湖岸線が支谷に入り込んだ外側で出入りに富む），③日本キャニオン（地すべり堆末端部の小規模な崩落または二次地すべりで生じた急崖の谷頭侵蝕谷）の南北方向の谷ならびに④大池西方の湖沼を結んだ線に囲まれた地区であると考えられる（図 15.5.11）．

地すべり堆の内部湖沼および小突起の配列をみると，①青池から金山ノ池を経て濁池に至る低所帯，②標高点 326 の小突起から南南西へ標高点 295 および 294 へ連なる小突起列，③長池から糸畑ノ池を経て破池に連なる低所帯，④その西方の突起列（北方に標高点 252 から南方の標高点 314），そして⑤日暮ノ池から日本キャニオンに至る低所帯に大別される．これらの低所帯は副次地すべり面にそっている可能性がある．

周囲の丘陵および山地の復旧等高線を描くと（図 15.5.11），高度約 200 m から 300 m の丘陵が広がり，その東方に比高 500 m 以上の山地がある．小峰川や新谷沢などの主な河川は接峰面に対して必従谷を形成している．よって，山地の急斜面で落差 400 m におよぶ地すべりが発生し，地すべり堆が丘陵の上に定着して，多くの湖沼と小突起をもつ全体凹凸型の地すべり地形を生じたと解される．この地すべり体の厚さは，接峰面と現在の地形との高度差からみて（図 15.5.12），最大で 150 m 程度であると推測される．

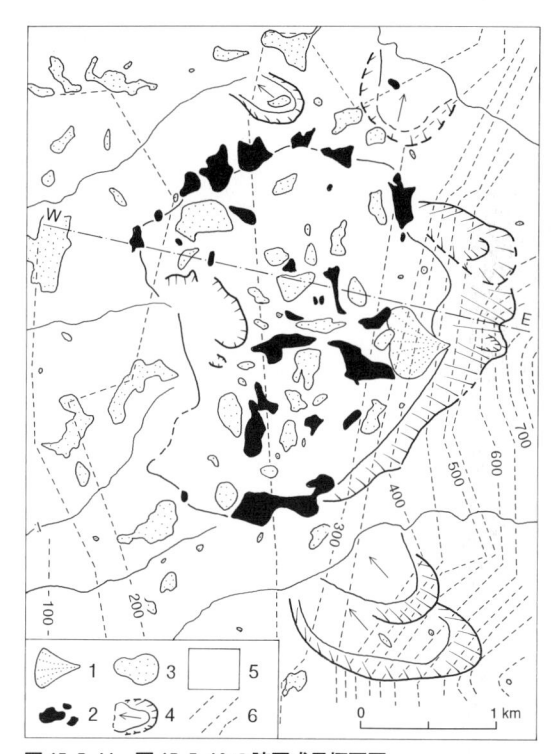

図 15.5.11　図 15.5.10 の読図成果概要図
1：崖錐，2：凹地・湖沼，3：閉曲線に囲まれた小突起，4：地すべり滑落崖と地すべり堆，5：不動域の丘陵・山地，6：復旧等高線（地すべり地形の範囲を無視して，不動域の谷埋幅 1 km の接峰面を示す）．1 点破線は図 15.5.12 の地形断面線．

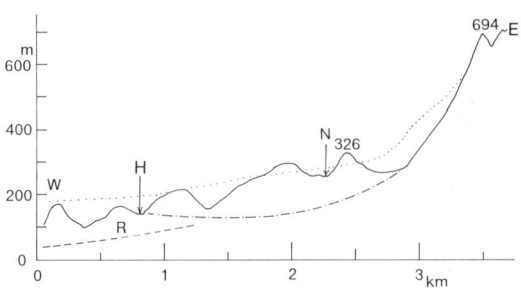

図 15.5.12　十二湖地すべり地形の地形断面図
断面線の位置を図 15.5.11 に示す．実線：地形断面，点線：地形断面線における復旧等高線の断面，破線：日本キャニオンに発源する河川の投影断面，1 点破線：地すべり移動体の基底の大胆な想定断面．H：八景ノ池，N：長池．

(2) 地すべり地形の基本的類型の読図例

1) 全体凹凸型の地すべり地形

図 15.5.10 には十二湖とよばれる湖沼地域がある．実際には 30 数個の凹地があり（北東部の新谷沢左岸の凹地を除く），それらのうち 20 数個が

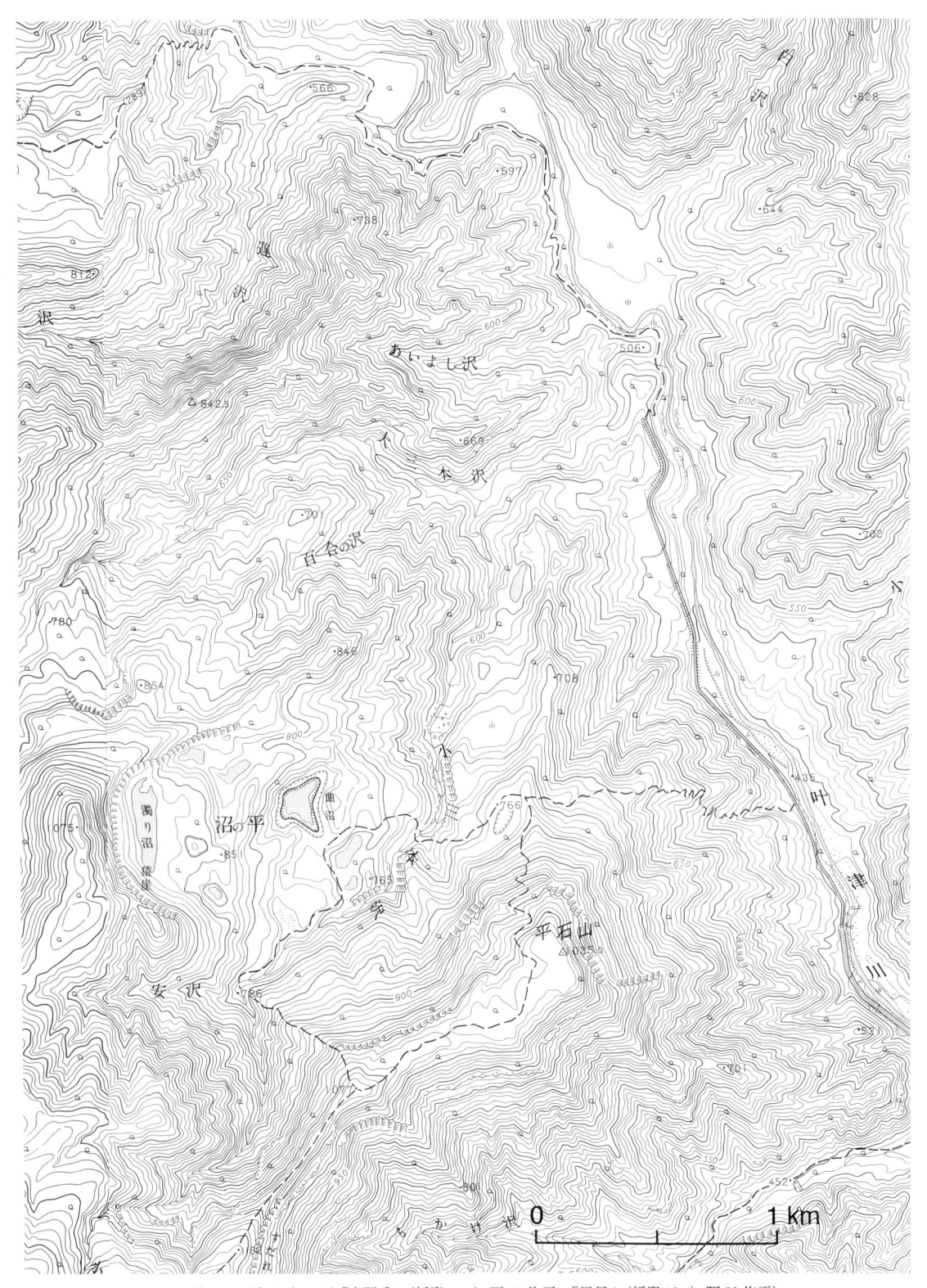

図 15.5.13 頂部凹凸型の地すべり地形 (2.5万「守門岳」〈新潟 16-2〉昭 63 修正・「只見」〈新潟 12-4〉昭 60 修正.)

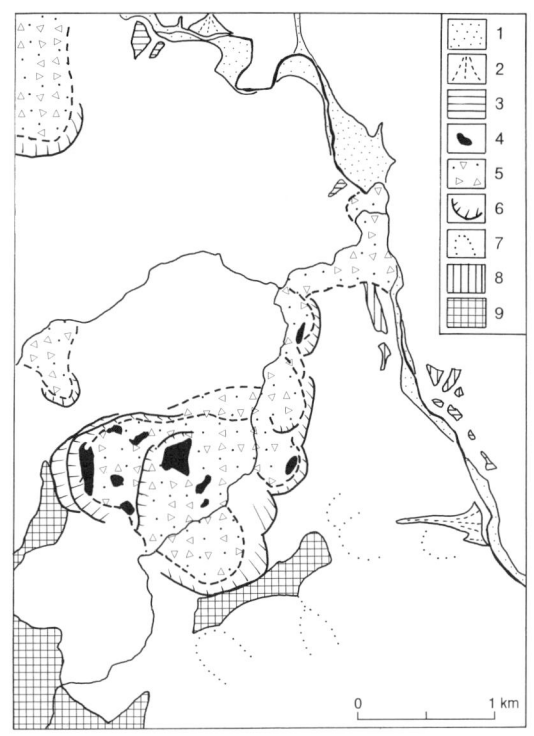

図 15.5.14 図 15.5.13 の読図成果概要図
1：河成低地，2：沖積錐，3：下位段丘面，4：凹地・池沼，5：地すべり堆，6：地すべり滑落崖，7：古い地すべり地形および崩落地形の跡地，8：上位段丘面，9：山頂平坦面．

2）頂部凹凸型の地すべり地形

図 15.5.13 の南西部には，猿崖の馬蹄形の急崖に囲まれた沼の平付近から小三本沢の間に，多数の不定形の池沼，凹地，湿地，小突起，急崖（例：曲沼の背後）が見られる．この部分は全体凹凸型の地すべり地形である（図 15.5.14）．

小三本沢の右岸にも大三本沢合流点までの間に多数の地すべり地形がみられる（図 15.5.14）．たとえば，安沢合流点の標高点 786 から南東に登る歩道ぞいの尾根から平石山に至る尾根の北面斜面では，頂部に「がけ（岩）」の連なる急崖があり，その崖下の高度約 950 m に遷緩線があり，そこから左右に斜流谷がある．その2本の斜流谷に囲まれた部分は緩傾斜で，2本の必従谷に刻まれているが，全体としては凸形尾根型斜面である．この部分は古い膨出型地すべり地形の可能性がある．その北東の標高点 766 付近に，凹地をもつ地すべり地形があり，さら下流には頂部に長い池をもつ地すべり地形が発達している．

大三本沢と小三本沢との合流点付近から叶津川への合流点付近には，叶津川の他の支流の合流点付近（例：あいよし沢合流点から上流の叶津川右岸）には見られないような小起伏地がある．その前面の，標高点 506 付近から約 750 m 下流までの区間は，叶津川の谷底低地における狭窄部である．それより上流の叶津川の谷底低地は異常に幅広く，支谷底にも入り組んでいるので，堆積低地である．一方，下流では，両岸に支流の形成した沖積錐およびそれの段丘が断片的にみられる．

平石山から南西に拡がる山頂平坦面はその周囲を急崖に囲まれ，急崖下に露岩がほぼ水平に分布しており（例：すだれ岩），しかも平石山という地名からみて，水平方向の割れ目の卓越した，ほぼ水平の厚い硬岩層（たとえば板状節理の多い熔岩）で構成されていると推論される．猿崖の背後の山頂平坦面も同様である．しかるに，その下方に地すべり地形が多いということは，それらの硬岩層の下位に地すべりを起こしやすい軟岩層があり，その軟岩中に地すべり面が生じて，キャップロック型地すべりが発生したと解される．

以上のことから，大三本沢の叶津川合流点付近の小起伏地は，沼の平や小三本沢ぞいのキャップロック型の地すべり移動体の末端が小三本沢にそって滑動し，叶津川の谷底に達し，天然ダムとなって叶津川を堰止めたと解される．この天然ダムの侵蝕によって形成された狭窄部は少なくとも非固結物質で構成されているので，ダムの建設地としては不適当である．

このように，地すべり堆の頂部に大小の凹凸があり，地すべり脚部より下方の末端部が河谷ぞいに滑動して，土石流堆のような凹凸の少ない地すべり末端部を形成した，と解されるものが頂部凹凸型地すべり地形である．キャップロックの巨大岩塊が頂部の凹凸を形成し，下位の軟岩の破砕物質が下方に流動的に滑動すると解される．

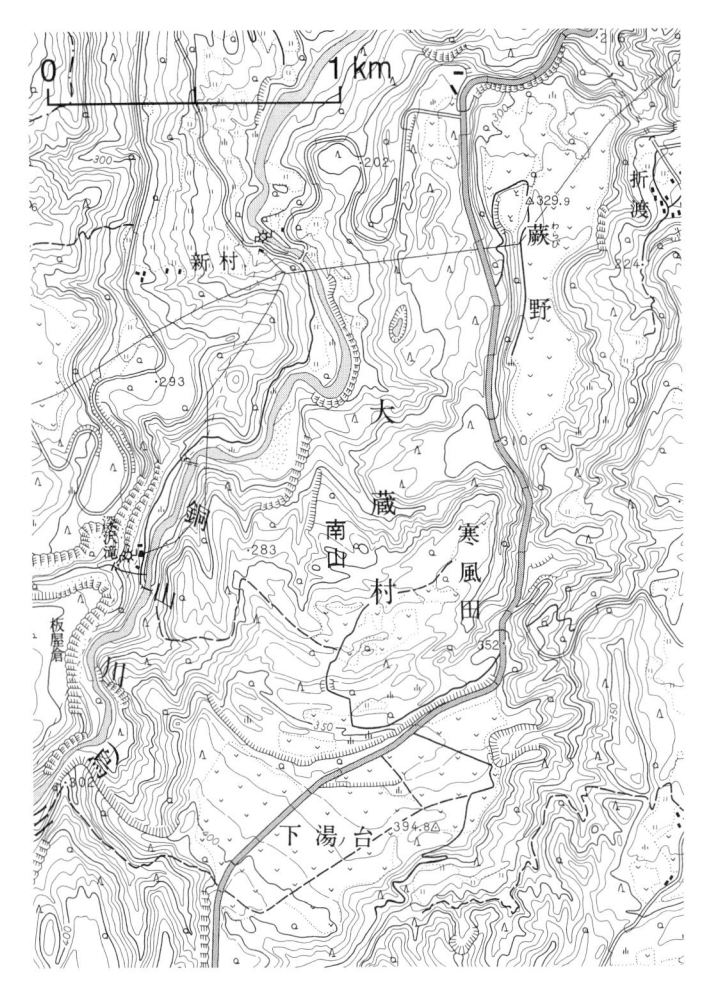

図 15.5.15　階段型の地すべり地形 (2.5万「肘折」〈仙台 13-1〉平9部修)

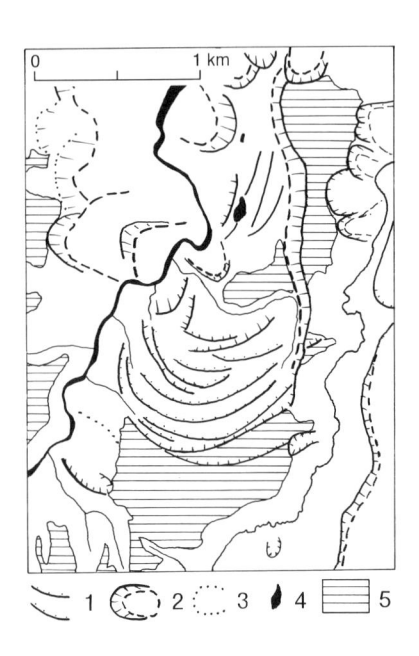

図 15.5.16　図 15.5.15 の読図成果概要図
1：地すべり頭部が極めて接近した低い滑落崖,
2：滑落崖と地すべり堆, 3：古い地すべりの冠頂線, 4：凹地と湖沼, 5：火砕流台地面.

3) 階段型の地すべり地形

図 15.5.15 には肘折カルデラ (☞図 11.4.9) に関連する火砕流台地面 (例：下湯ノ台, 蕨野) がある．この地域は，銅山川の注記付近から上流左岸の谷壁斜面と図東部を北流する河川の谷壁斜面ならびに火砕流台地面を除けば，ほとんど全域が地すべり地形である (図 15.5.16)．

下湯ノ台から北方には，南山の注記を囲むよう円弧状の並流谷が並列している．それらの間には，円弧状の尾根群もあるが，平坦な部分もあり，北方ほど低く，階段状に低下している．これらは，円弧状の回転地すべりが北から南へと順に発生した階段型の地すべり地形である．その地すべり地形の主滑落崖は下湯ノ台の北縁に一致するが，その冠頂の背後 (南) にも台地面を切る円弧状の崖がある．その間の地区が亜不動域 (☞図 15.5.1) であり，地すべり発生域に変わりつつある地区である．

蕨野の西方にも階段型の地すべり地形や 2 個の凹地があり，北方と東方にも小さな地すべり地形群があって，台地面を削剥している．寒風田の北方の標高点 310 の西の台地面は，蕨野から落差約 40 m の地すべりで滑動・低下した火砕流台地の一部であり，その平坦性が変形していない部分である．

以上のことから，火砕流堆積物の下位に，地すべりを発生しやすい泥質岩が広く分布し，銅山川の下刻に伴って，地すべりが発生したのであろう．火砕流堆積物は部分的に熔結している可能性があるので，キャップロック型地すべりで，階段型の地すべり地形になったのであろう．

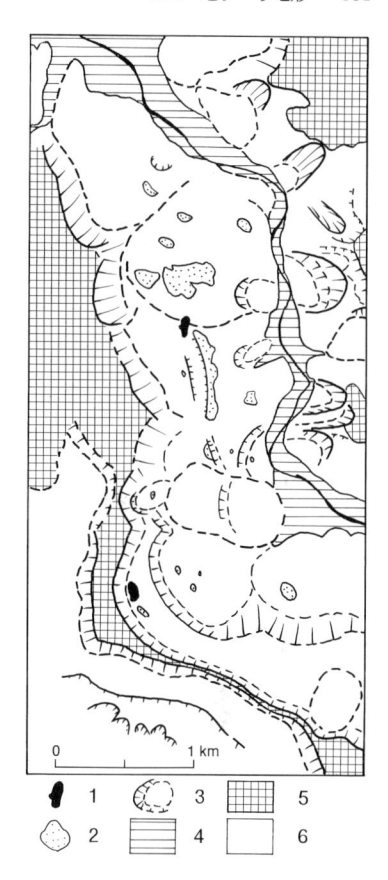

図15.5.18 図15.5.17の読図成果概要図
1：凹地・湖沼，2：閉曲線に囲まれた小突起，3：地すべり滑落崖と地すべり堆，4：河成低地，5：山頂小起伏面，6：山腹斜面．

　図15.5.17の志佐川ぞいの谷底低地は図中央部で幅狭く，谷底幅異常を示す（図15.5.18）．志佐川両岸には高度300〜400 mの山頂小起伏面がある．その小起伏面を縁取る遷急線の下方斜面は，右岸では斜面長の短い急傾斜面で，左岸では斜面長の長い小起伏をもつ緩傾斜面であり，左右両岸で非対称である．
　右岸の山腹斜面には，多数の，小規模な少凹凸型（凹地，池沼，小突起がない）の地すべり地形がみられる（例：下流から赤木，笛

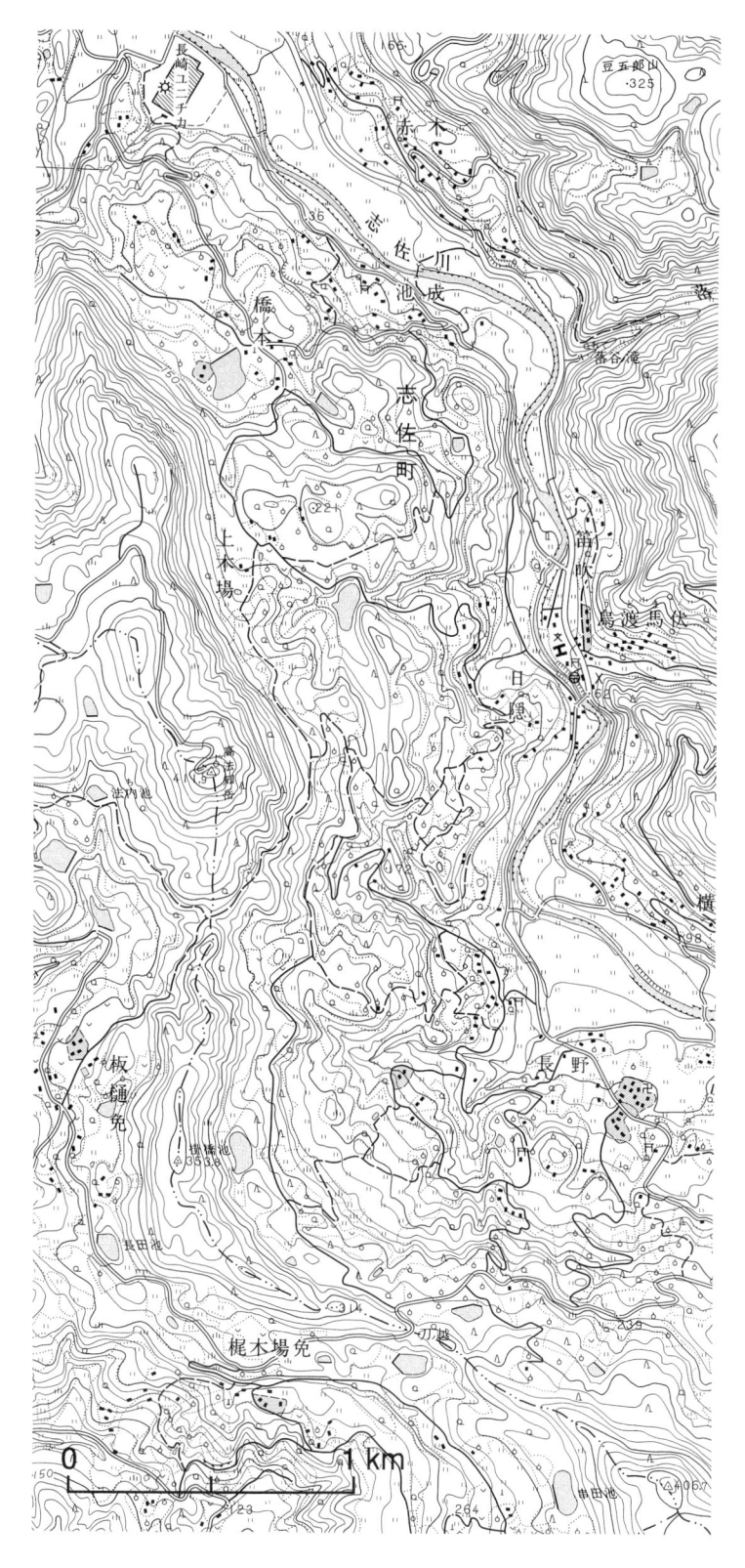

図15.5.17 階段型の地すべり地形（2.5万「江迎」〈長崎5-1〉昭51修正）

吹).左岸では山頂小起伏面に接する比高数十mの急崖がある.その崖下の遷緩線の高度は南部の刀ノ越付近で約350m,高法知岳付近で約250m,北部の橋ノ本で約150mと北へ低下している.その遷緩線と志佐川谷底低地との間は全域が背後の急崖を主滑落崖とする地すべり地帯である.

この地すべり地帯は次のような地すべり堆に区分される(図15.5.18).志佐町の注記付近は比較的に大きな突起が密集しており,水田も少なく,全体凹凸型である.同様に高法知岳の東南方で,長野の北西にも全体凹凸型の地すべり堆がある.一方,南部の掛橋池付近から刀ノ越付近では,主滑落崖の直下にそれと並行して弧状に続く比較的に平坦な部分(水田と果樹園が多い)があり,その前面に比高30m内外の急傾斜帯(森林が多い)があり,その下方に水田,果樹園および集落のある緩傾斜地がある.つまり,上方の平坦地は背後に主滑落崖,前面に副次滑落崖をもつ階段型の地すべり堆である.高法知岳の東方から日隠に至る地すべり堆では南北に伸びる突起の西側が西面(いわば逆向き)の急崖になっており,その基部は南北方向の初生谷(谷中分水界に注意)であるから,階段型地すべりの亜種である.北部の橋ノ本付近も階段型であろう.図南西部の梶木場免や板樋免付近も階段型の地すべり地形である.

この地すべり帯には,凹地や池沼が少なく,掛橋池と上木場東方の池を除けば,ほとんどが人工的溜池である.また,全体凹凸型に比べて,階段型の地すべり堆には突起が少なく,かつ小さく,末端部(例:橋ノ本,長野)が緩傾斜である.

以上のような,志佐川両岸における地すべり地形の発達状態における非対称性からみて,志佐川左岸の主滑落崖基部の遷緩線にほぼ一致する不整合面(北西に3度程度で緩傾斜)があり,その上位に硬岩層があり,その下位に地すべりを起こしやすい軟岩層(東方に緩傾斜?)があって,東面斜面に大規模な流れ盤地すべりで,かつキャップロック型の地すべりが多発したと解される.

4)末端凹凸型の地すべり地形

図15.5.19の北端部(狐峰から反里口の東方)を東西にみると,東西両側の火山原面(ここは熔岩流原で高度700m付近で2段に分かれている:論拠☞第18章)を中津川が約200mも下刻して箱状谷を形成している.谷底右岸に3段の河成段丘面が発達している(☞第14章口絵).

図中央の太田新田付近は笹葉峰を冠頂とするU字形の主滑落崖(北方へは三角点780.1を経て秋成の成の字まで,南方へは見玉の寺の南まで)に囲まれた地すべり堆である.笹葉峰から太田新田を経て中津川までの地形断面を読図すると,上方から主滑落崖(高度約750mまで),崖錐(高度約560mまで:多数の露岩の散在に注意),麓屑面(高度約500mまで:水田に注意),太田新田の平坦地(水田帯),そして大規模な凹凸帯(三角点559.2などの突起,1個の池,2個の凹地)が配列し,その前面は中津川の穿入蛇行の谷壁斜面となっている.つまり,この地区は末端凹凸型の地すべり地形の好例である.

この地区は,かつては反里口付近の右岸と同様に,谷壁斜面が秋成から太田新田・見玉付近を経て黒滝川の谷口まで連続しており,その上方(東方)に火山斜面が広がっていたが,笹葉峰を冠頂とするU字形の滑落崖の内側が北西にすべり落ち,その地すべり堆が中津川を堰止めたと解される.ただし,中津川が左岸の谷壁斜面の基部を流れているので,その天然ダムの満水面は地すべり堆の現在の最低所(高度約525m)より低かったのであろう.地すべり堆末端は少なくとも反里口の学校付近(低位段丘面を被覆する緩斜面)に達している.顕著な凹凸帯が側方滑落崖の末端(津南町の注記付近)つまり地すべり脚部より下方に分布していること,すなわち落下域と定着域が明瞭に分離していることは,この地すべりが短時間にかなり急速に滑動したことを示唆する.末端凹凸部が冠頂付近から滑動したと仮定すると,その滑動距離は約2kmにおよぶ.

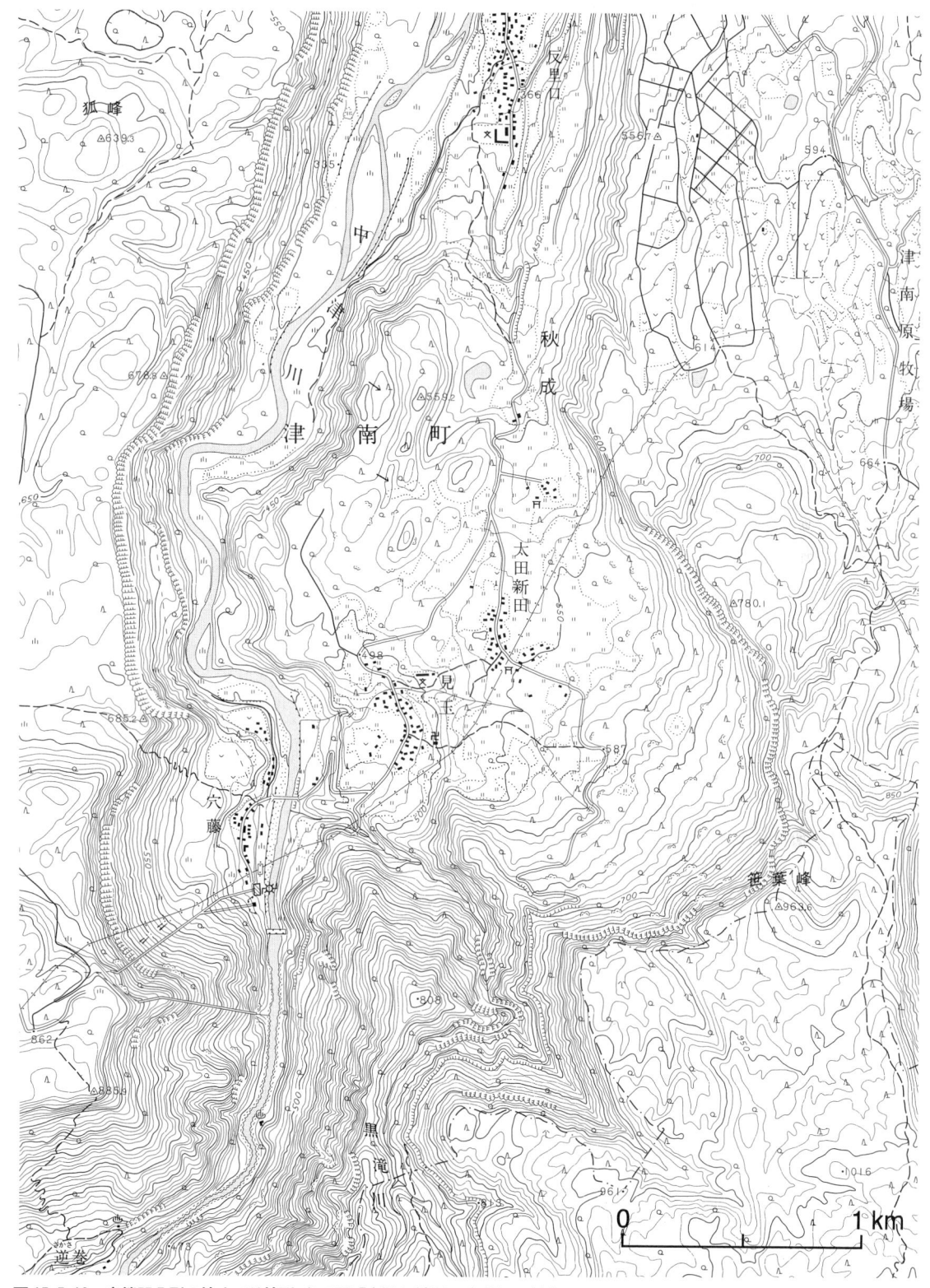

図 15.5.19　末端凹凸型の地すべり地形　(2.5 万「赤沢」〈高田 7-1〉昭 47 改測)

5) 少凹凸型の地すべり地形と不動域

図15.5.20で，水田をすべて着色すると，以下のことがわかる．早川の右岸では，明瞭な遷急線（高度は東部で350 m，不動山で300〜350 m，西部で230で，西方に低下）を境に，その北側は急峻な山地であり，南側は緩傾斜面である．この緩傾斜面では，水田が多く，等高線に微細な屈曲が多いのに谷線を描くのが困難であるが，小突起や凹地がない．つまり，この緩傾斜面は全域が少凹凸型地すべり地形の集合した地すべり地帯である．

不動山は露岩に富み，北部山地から分離し，地すべり地帯から突出しているので，その地名はともかくとしても，不動域であろう．広域の読図が必要であるが，北部の山地は古い火山岩で構成され，不動山はそれに関連した岩頸または古い熔岩円頂丘の差別侵蝕で再露出したものであろう．その火山岩の下位に，上記の傾斜変換線を不整合面として，軟岩層が存在するので，地すべり地帯が形成されたと解される．

早川左岸の谷根川左岸には，高谷根北方の標高点246付近から早川河岸に至る小起伏地がある．これは小突起と凹地および露岩に富むが，水田と池沼は皆無で，比高10〜50 mの急崖に囲まれている．八十八カ所の北方の末端では，旧道の切取法面が崩壊し，新道が早川河床に建設されている．この全体凹凸型の地すべり堆は高谷根東方の弧状の急崖を主滑落崖とする．その滑落崖をもつ丘陵も多数の突起をもち，南方の山地（図外）から滑動した古い地すべり堆と解される．

その丘陵を囲む水田の多い緩傾斜面も少凹凸型地すべり帯である．この図の範囲の少凹凸型地すべり地帯では，低い弧状の「がけ（土）」記号が，各所（図東南隅，高谷根，谷根，図北西隅など）にあるので，小規模な地すべりが頻発していると解される．

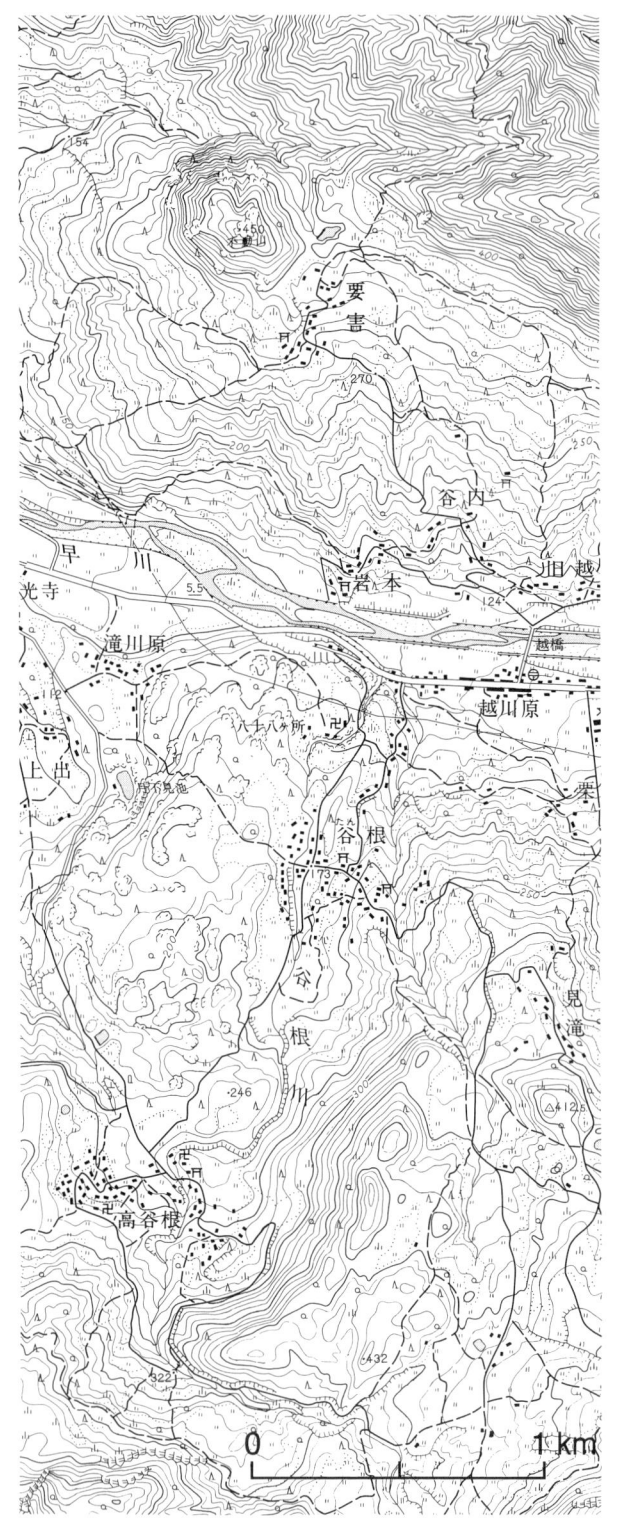

図15.5.20 少凹凸型の地すべり地形と不動域（2.5万「梶屋敷」〈富山2-2〉昭51修正）

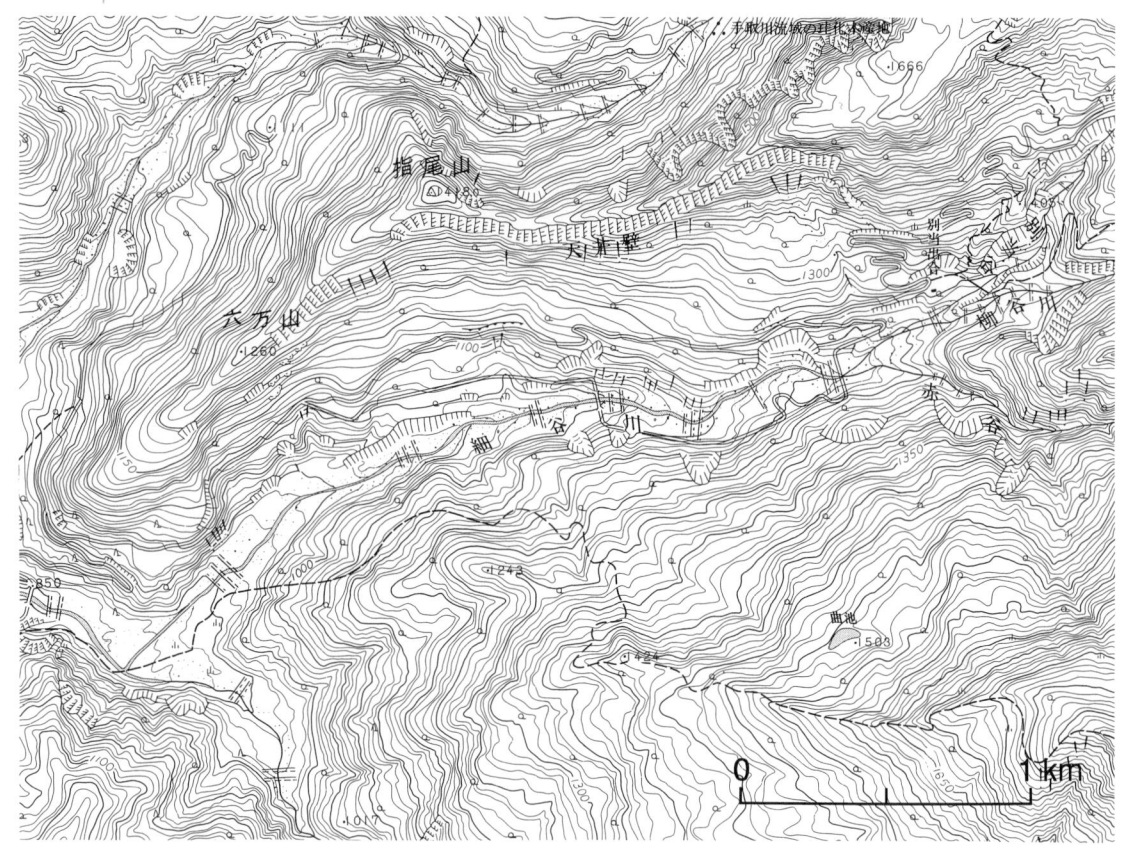

図 15.5.21 膨出型の地すべり地形 (2.5万「加賀市ノ瀬」〈金沢 8-1〉平 2 修正)

6) 膨出型の地すべり地形

図 15.5.21 では，六万山を通る東西方向の尾根頂部を除けば，どの地区の山腹斜面も小さな屈曲に富む等高線で表され，不規則な微小起伏をもつのに，凹地や小突起は存在しない．谷は浅く，しかも谷線の連続性が悪く，その追跡は困難である．たとえば，細谷川左岸の山腹斜面を読むと，標高点 1424 から東方に弧状に伸びる山稜があり，その北面直下には比高数十 m の急崖がある．この急崖に発源する谷は，本地域で唯一の池沼（曲池）を囲むように，腕曲状河系の斜流谷をなしている．つまり，急崖と細谷川の間の山腹斜面は全体として凸形尾根型斜面（☞図 14.0.1）を示す．

以上の特徴から，この斜面は背後の急崖を主滑落崖とする地すべり堆である．この地すべり堆は，急傾斜の山腹斜面にも拘わらず，主滑落崖が低く，斜面表層が僅かに滑動して，膨み出したように停止しており，全体としては極めて不安定な膨出型地すべり地形であると解される．曲池付近を頂部とする二次的な地すべり地形も認められる．細谷川と赤谷に接する地すべり堆末端には 6 カ所の大小の崩壊がある．ゆえに，これらの崩壊の発達や細谷川の側刻あるいは豪雨や大地震が起これば，曲池付近の地すべり堆は急激に滑動して細谷川を堰止めるであろう．

同様の膨出型地すべり地形が全域にみられ，その末端に崩壊地が多いので，いずれは六万山北西方の地すべり地形のように，大規模に滑動するであろう．六万山の尾根頂部（天井壁などの岩壁から上方）は熔岩のような硬岩で構成され，その下位に厚い軟岩層が存在すると解され，後者が本地域の膨出型地すべりの素因をなすのであろう．

836　第15章　集団移動地形

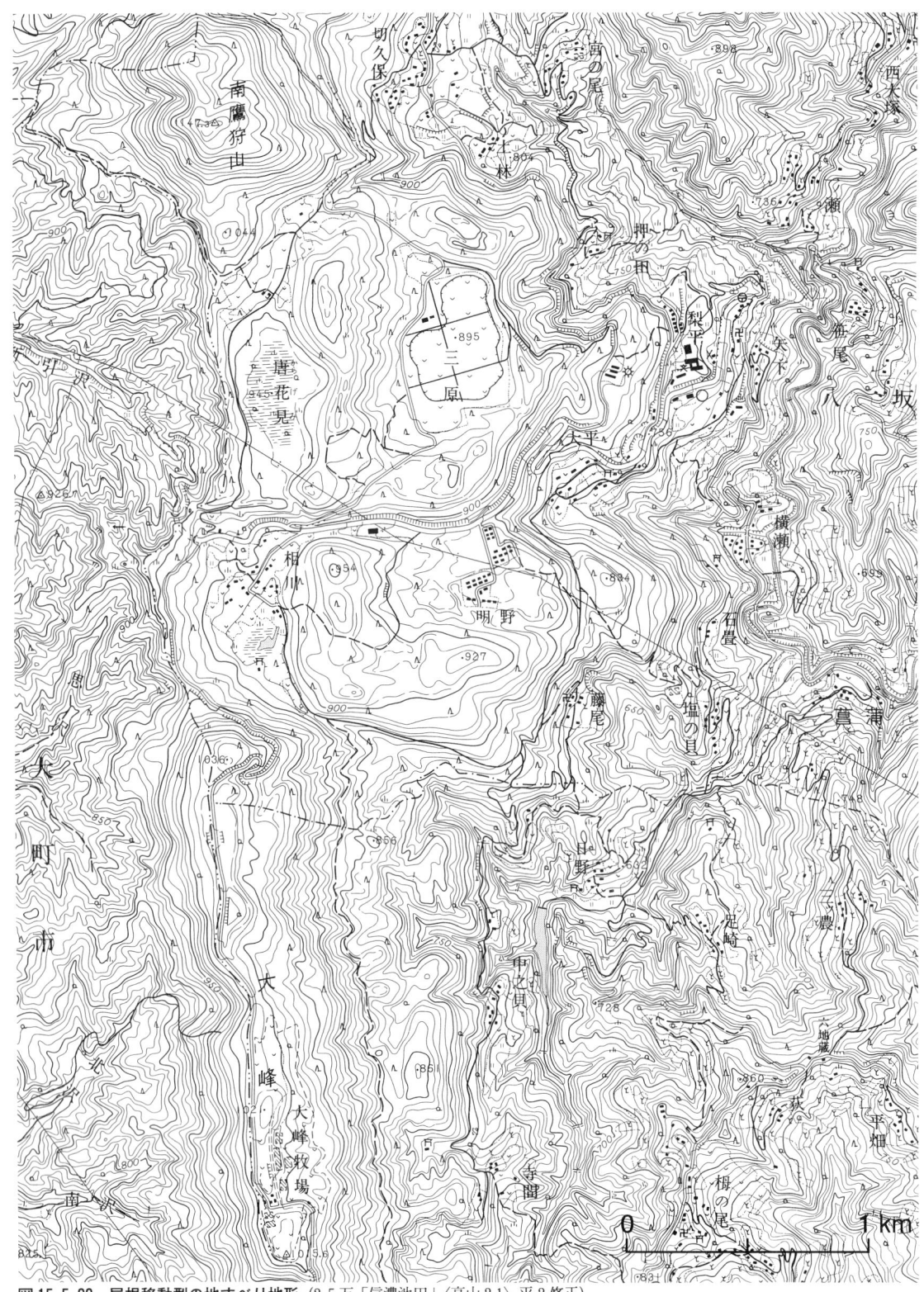

図15.5.22　尾根移動型の地すべり地形（2.5万「信濃池田」〈高山2-1〉平2修正）

7) 尾根移動型の地すべり地形

図 15.5.22 の西部には，南鷹狩山から大峰に続くほぼ直線的な主山稜がある．主山稜のうち，標高点 1044 と標高点 1036 の間の地区（唐花見と相川の西方）の山稜は高度 940～1,000 m で，その南北より一段と低く，その西面は大峰西方の高谷密度地域に類似するが，東面は緩傾斜面である．相川西方では，主山稜の南北方向に直線的な主山稜に対して，低い山稜が西方に円弧状に張り出している（図 15.5.23）．

大峰は山頂小起伏面をもち，東西方向の地形断面（図 15.5.24）をみると，西面山腹には遷緩線（高度は北部で約 950 m，南部で約 850 m）があり，それ以高は低谷密度で，以低は高谷密度である．東面山腹にも高度約 850 の歩道ぞいに遷緩線があり，高度約 800 m までの間に山腹小起伏面がある．南鷹狩山もほぼ同様の横断形をもつ．

唐花見と相川地区の東西方向の地形断面（図 15.5.24）をみると，主山稜から東方へ，①盆地や凹地（唐花見と相川），②南北方向の尾根（唐花見東方の高度 1015 m の山や相川東方の標高点 954 など），③凹地または鞍部（三原の凹地，明野南西の鞍部），④高まり（三原の凹地の東方および明野南方の標高点 927），そして⑤東面の急斜面がある．それらの配置は，②が大峰の尾根部，③がその東面斜面の遷緩線，④が山腹小起伏面にそれぞれ対応するように見える．

以上のことから，唐花見と相川の東方の地区は，かつては現在より西方に存在し，大峰付近と同様の東西断面をもつ地形であったが，主山稜の西側の遷緩線付近に滑り面の冠頂線をもつ尾根移動型地すべり（緩傾斜の回転地すべりであろう）が発生して，東方に滑動し，その滑落崖下に唐花見と相川の盆地が生じたと解される．唐花見の盆地の南端部が相川の地すべり滑落崖で切断されているので（図 15.5.23），相川のほうが新しい地すべりである．押の田，切久保，梨平，菖蒲など地すべりを示す地名もみられる．

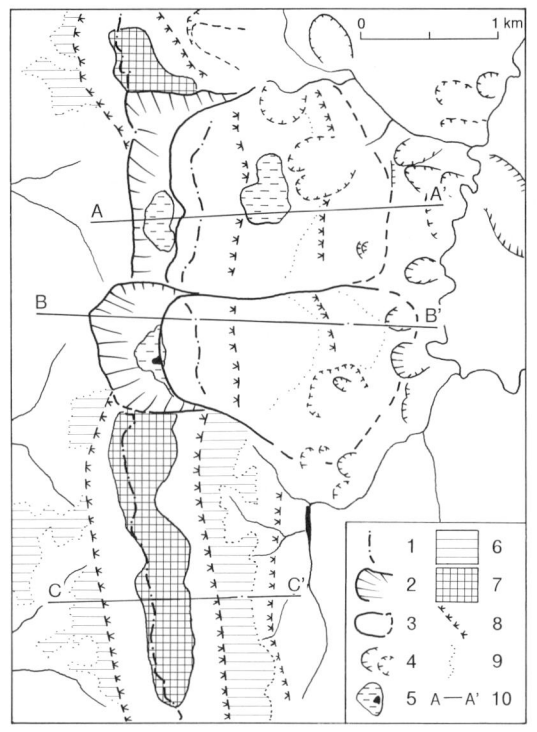

図 15.5.23　図 15.5.22 の読図成果概要図
1：主要な山稜（分水界），2：大規模な地すべり滑落崖，3：大規模な地すべり堆，4：小規模な地すべり地形（破印は古いもの），5：凹地および沼地・湿地，6：山頂小起伏面，7：山腹小起伏面，8：顕著な遷緩線，9：山腹の顕著な遷急線，10：図 15.5.24 の地形断面線．

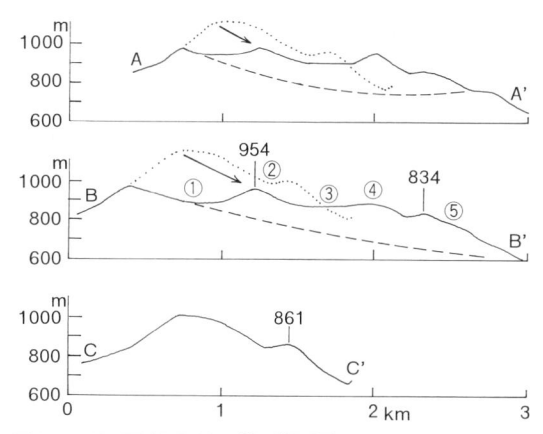

図 15.5.24　図 15.5.23 の地形断面図
断面線の位置を図 15.5.23 に示す．A-A' と B-B' の断面の点線は，C-C' 断面図を西方の遷緩線より下方の傾斜に合わせて，重ねたものである．矢印は地すべり移動ならびに破線は地すべり面のそれぞれ大胆な推定である．

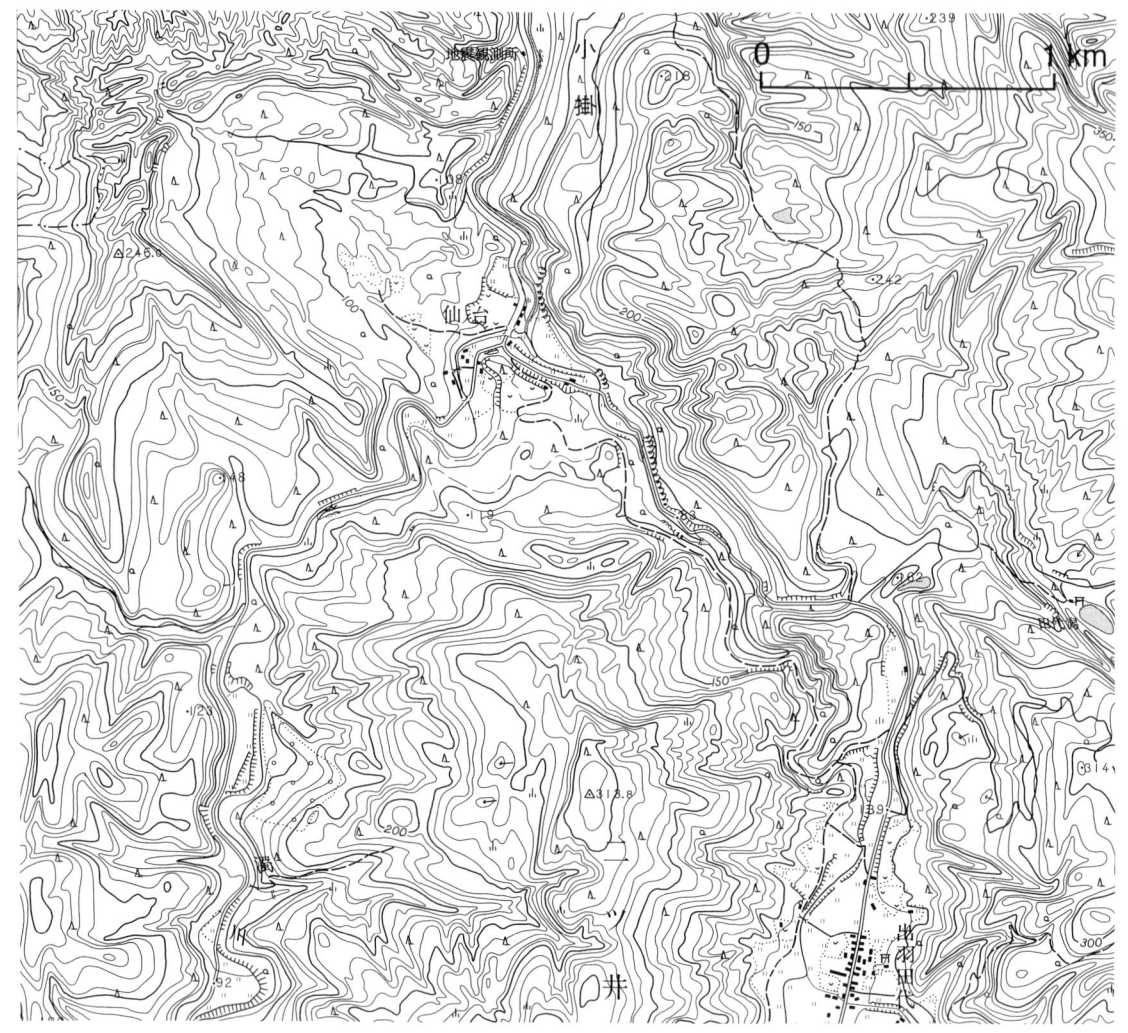

図 15.5.25　尾根移動型の地すべりで尾根全体が削剥されている地すべり地帯　(2.5万「下岩川」〈弘前 16-1〉平 2 修正)

　図 15.5.25 の地域は，北西端部（地震観測所の西方）の谷密度の高い丘陵（不動域）を除くと，ほぼ全域が地すべり地形で構成されている．ほとんどの地すべり地形は小規模であって，主滑落崖が比高 50 m 以下と低く，地すべり堆に凹地や小突起が少なく，少凹凸型の地すべり地形を示す（好例：仙岩の北西）．新旧多数の地すべりが切り合い，主要な尾根でさえ両側からの尾根移動型地すべりで削剥されている（例：図中央部の，三角点 313.8 の北方）．その三角点の尾根頂部も平滑であるから，古い地すべり地形の残骸の可能性があり，永続的な不動域という保証はない．

　これほど広域に地すべりが密集しているのは，北西端部の高い谷密度が示唆するように，この地域の丘陵が透水係数の小さな（多分，10^{-5} cm/s 以下：☞ p.903）泥質岩で構成されているためであろう．そのことは，①古い地すべり堆が局所的に高い谷密度になっている（例：図中央の三角点 313.8 の東北東方や南方，図東部の田代潟の北西方），②少凹凸型地すべりが多い，③緩傾斜な地すべり堆なのに水田がほとんどない（砂が少なく，毛根の侵入困難か：☞ 表 2.3.6)，ことなどで支持されよう．地震観測所では地すべり滑動の振動を記録しているであろう．

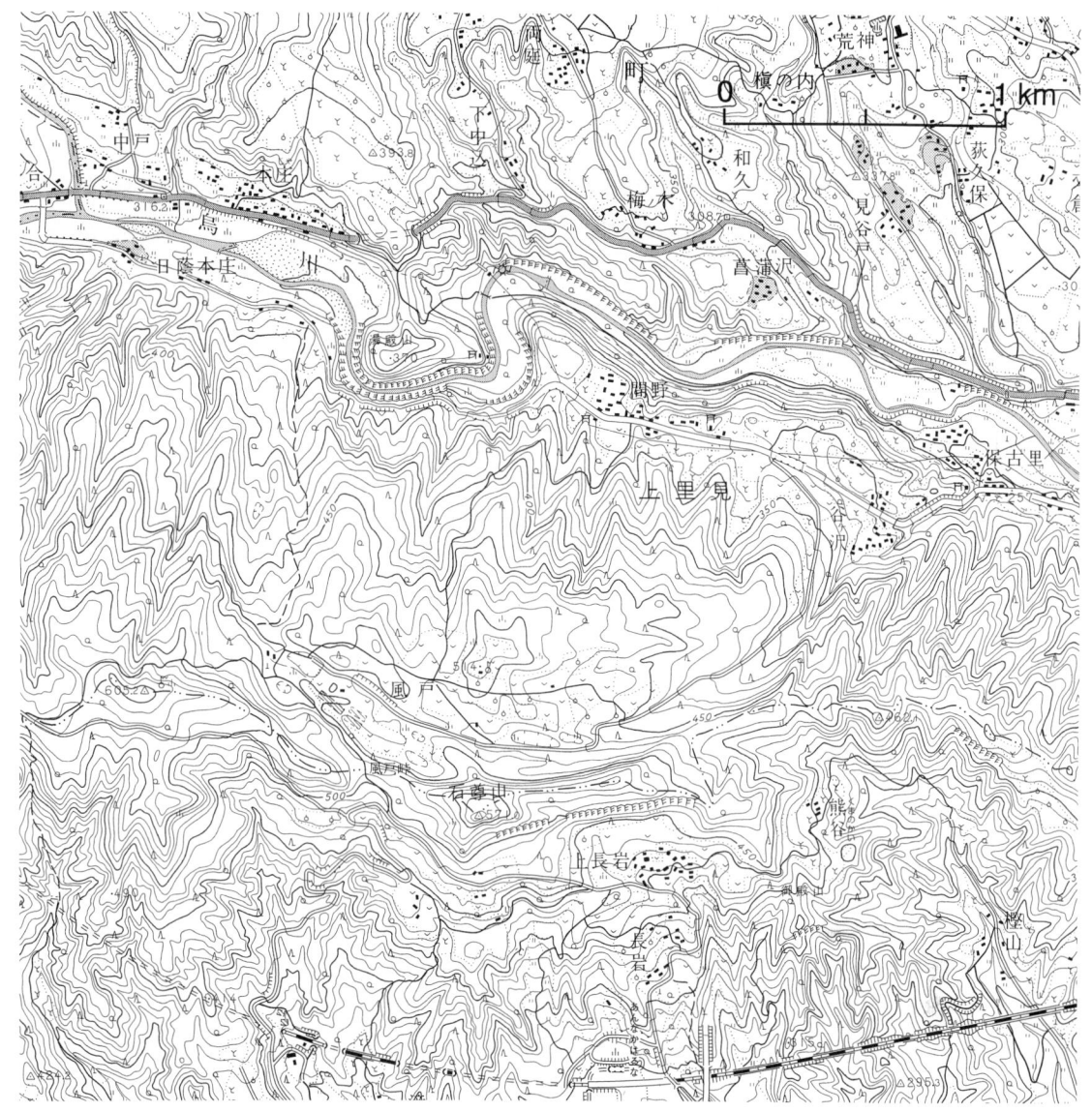

図15.5.26 尾根移動型で，かつ末端隆起型の地すべり地形（2.5万「三ノ倉」〈長野2-4〉平成9部修）

8) 末端隆起型の地すべり地形

図15.5.26の石尊山を通る主山稜は，西方の三角点605.2東方から風戸峠，石尊山を経て三角点462.1西方に至る区間で，南方に滑らかな円弧状に突出し，その北面斜面は急崖である．その急崖の北麓には，風戸付近に凹地（7個：北西の側部凹地に注意）がある．その北方の標高点514を通る東西方向の山稜をもつ丘陵（風戸丘陵と仮称）を北側から両腕で抱えるように，風戸から北東の谷ヶ沢ならびに北西の湯殿山対岸に至る並流谷および斜流谷が2列の腕曲状河系を示す．

それら腕曲状河系の外側の斜面（主山稜の北面斜面）に比べて，風戸丘陵の北面斜面では，斜面長は短いが，それを刻む谷は樹枝状であり，谷密度も大差がない．その北端の間野付近には段丘が発達する．その段丘面は烏川に面する段丘崖の崖頂線から南に風戸丘陵に向かって傾いている．しかし，その上流方（日蔭本庄付近）および下流方

（保古里付近）では，この段丘に対比しうる段丘が発達しておらず，主山稜の北面斜面が比較的に滑らかに（顕著な側刻崖をもたずに）烏川の河床に接している．烏川の谷底低地は風戸丘陵の区間で上流部および下流部より幅狭い．とくに湯殿山付近では，谷底幅が極端に狭く，穿入蛇行の波長が短くて，谷底幅異常と屈曲度異常を示す．烏川の左岸の台地は榛名火山の火山麓扇状地の開析された台地である．

以上のことから，風戸丘陵は石尊山付近の円弧状山稜を冠頂とする尾根移動型地すべりの地すべり堆であり，それの移動に伴う変形が小さいものと解される．しかも，その地すべり面は当時の烏川より低い末端隆起型であったため，その河床を隆起させて間野付近の段丘を形成した可能性がある．この地すべりは緩慢な移動であったから，烏川は地すべり尖端部を下刻して，本来の位置を流れたのであろう．湯殿山も，その付近の烏川の谷底幅異常と屈曲度異常の存在ならびに烏川左岸にこの種の蛇行山脚が存在しないことからみて，末端隆起部であり，ここではその隆起部より内側に低所が生じたので，そこを烏川が下刻して，湯殿山が分離したという可能性が強い．それを証明するには，湯殿山を囲む河床の両岸谷壁が榛名火山起源の岩石であるか，風戸丘陵を構成する岩石と同じであるかを現地踏査で調べれば容易である．

石尊山を通る主山稜の頂部には山頂小起伏面が発達し，その南面には「がけ（岩）」記号が連続している．南面の山腹斜面では北面に比べて尾根と谷の配置が複雑で，小規模な地すべり地形もみられる（例：長岩，熊谷など）．よって，石尊山を通る主山稜は全体としては，頂部に硬岩層（遷緩線からの比高からみて厚さ約50〜100 m）があり，その下位に北に傾斜する堆積岩があって，キャップロック型の地質構造をもつと推論される．風戸丘陵の地すべりは，その地質構造を反映した流れ盤地すべりであり，そのために地すべり堆がほとんど変形していないのであろう．

(3) 地すべり堆と河川との関係

谷壁斜面から滑動した地すべり堆が本流の谷底を閉塞すると，地すべり堆の性質と河川の性質との相対的関係によって，種々の地形が形成される（☞図 15.5.4）．

1) 地すべり堆による堰止湖

図 15.5.27 の青木湖は，中綱湖さらに南へ松本平を経て信濃川に排水される．図北部の佐野を北流する小河川は日本海に注ぐ姫川の最上流部である．つまり，青木湖の北岸の丘陵は姫川水系と信濃川水系の大分水界である．

青木湖北岸の丘陵は5個の凹地および多数の小突起をもつ．佐野坂スキー場の西方の谷（標高点1599の北東）はスプーンでえぐったような浅くて幅広い谷であり，そこには浅い谷しか発達していない（高度約 1,150 m 以低の平滑斜面は沖積錐と崖錐）．一方，その南方（青木湖スキー場付近）および北方（大糸線の注記の西方）の谷は深い支谷と明瞭な支尾根をもつ．

よって，青木湖北岸の丘陵は，佐野坂スキー場の西方（浅い谷の地区）で発生した地すべりの地すべり堆であり，それが天然ダムとなって過去の姫川上流部の谷底を閉塞して青木湖を形成し，湖水は中綱湖の方に転流したと解される．この地すべり発生前には，標高点1207のある非対称尾根とその北側の非対称谷の存在（抜け残り地形：☞図 15.4.3）からみて，山頂小起伏面をもつ大規模な支尾根が発生域にあったと解される．

地すべり堆尖端線は北側ではほぼ国道である．標高点744の凹地は地すべり堆の側部凹地ではなく，その北西方の標高点798付近の沖積錐で閉塞された凹地であろう．東方の尖端線は，三角点891.2の東方の鞍部から，その北東の凹地と鞍部を経て水準点813.7の南西の谷に続く．獅子ヶ鼻北方の閉曲線と白浜北方の三角点870.8の丘は，図北東部の三角点819.1や内山付近の丘陵に類似した山腹斜面と谷をもち，古い地形であろう．

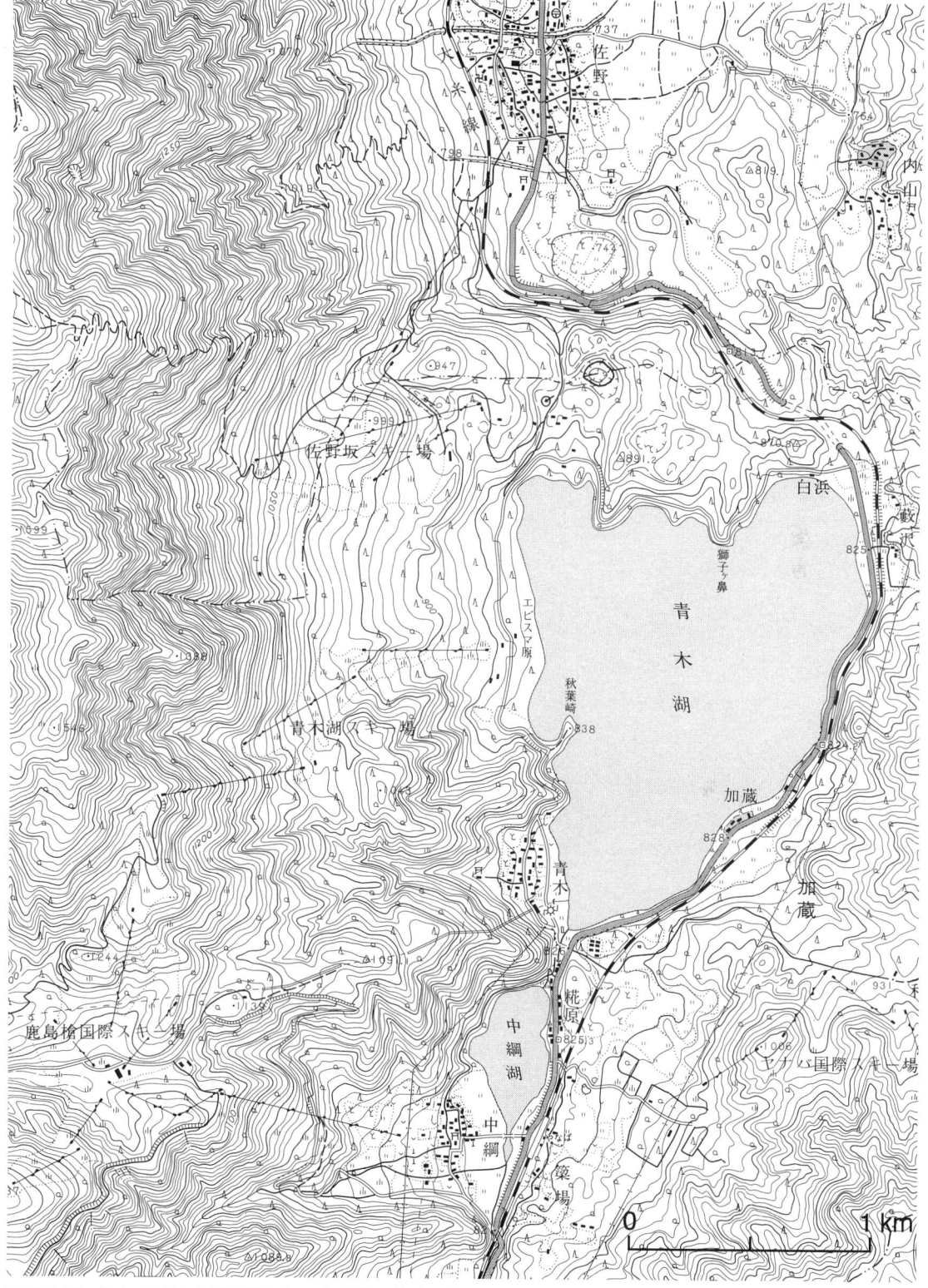

図 15.5.27 地すべり堆による閉塞湖（2.5万「神城」〈高山 1-3〉昭 49 測）

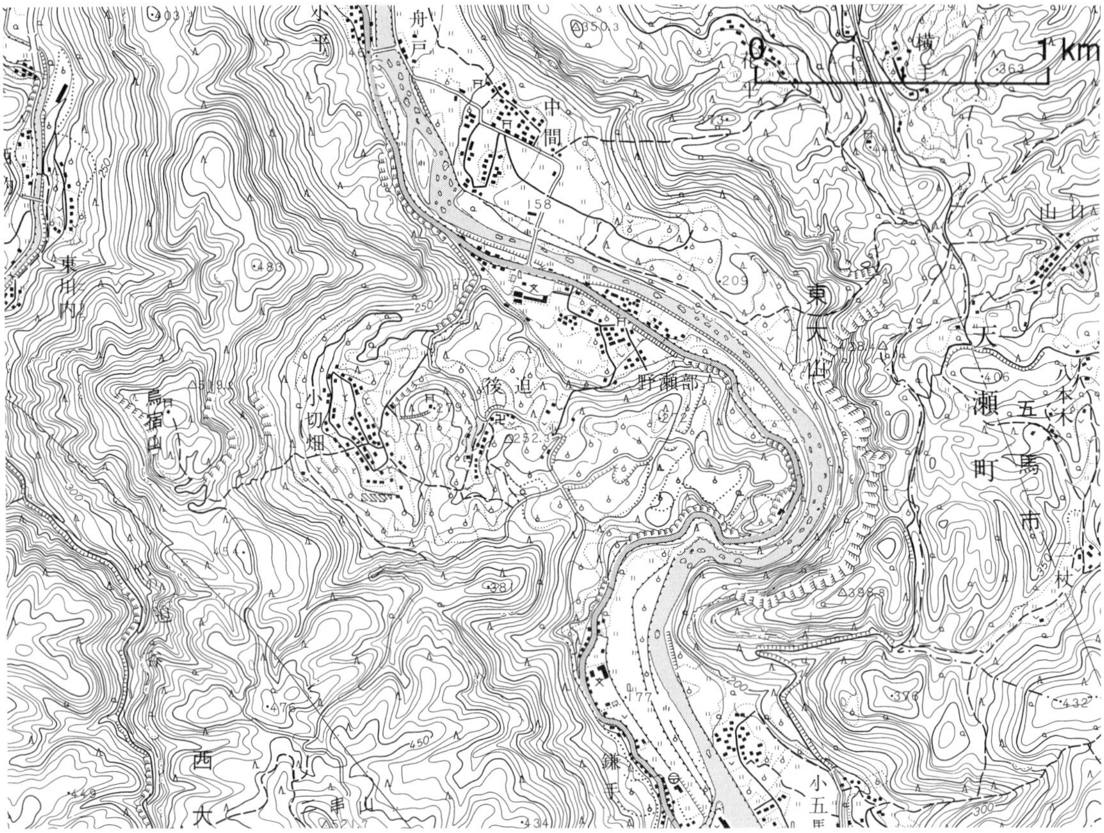

図 15.5.28　地すべり堆の堰止による天然ダムの決壊（2.5万「豊後大野」〈熊本1-2〉昭62修正）

2）地すべり堆の堰止ダムの決壊

図 15.5.28 の大河川（筑後川）左岸には，二串山から鳥宿山を経て北方に標高点 483 と 403 に至る主分水界にそって山頂小起伏面をもつ丘陵が発達し，その筑後川に面する山腹は急傾斜である．しかるに，鳥宿山の東面には馬蹄形に凹んだ急崖があり，その基部の小切畑から後迫，野瀬部へと小丘（標高点 279 や 252 など）をもつ緩傾斜地がある（標高点 272 南方の主曲線の閉曲線は凹地または 250 m 計曲線の誤表示）．この地区で筑後川の谷底幅が狭く，谷底幅異常を示す．よって，この緩傾斜地は馬蹄形急崖を主滑落崖として東方に移動した地すべり堆（全体凹凸型）であると解される．

筑後川右岸の東大山には，標高点 209 のある段丘状の丘がある．その背後には標高点 373 の南に半円形の急崖があるから，この丘はその急崖を主滑落崖とする地すべり堆であると解するのが素直な考え方である．しかし，この丘は，小切畑から野瀬部に至る地すべり堆が筑後川を堰止めて天然ダムを形成し，それが筑後川で侵蝕・切断されて，地すべり堆の末端部が筑後川右岸に取り残されたと解することもできる．そのいずれかの判別はこの丘の構成岩石を筑後川両岸の地質構成と比較すれば容易である．ところが，両岸がほぼ同様の地質であるとすれば（その可能性は丘陵の地形からみて大），判別が困難となる．

筑後川河床には，多数の転石が左岸の地すべり堆による谷底幅異常の部分から下流の舟戸までの間に散在する．この区間の上流と下流にはそのような転石はない．この事実は天然ダムの決壊と地すべり堆の切断という推論を支持するであろう．

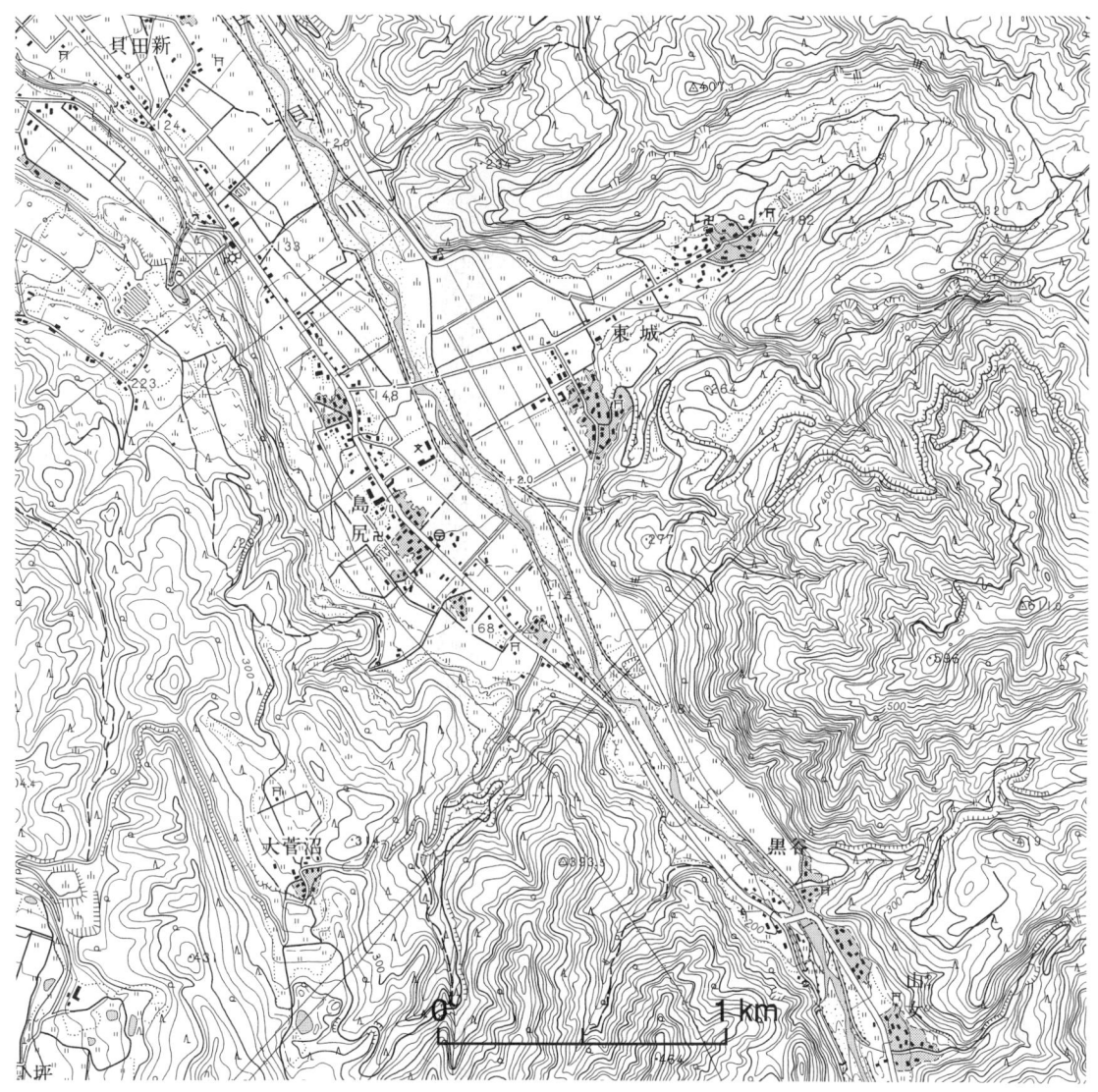

図 15.5.29 河川側刻による地すべり堆の消失と谷底幅異常 (2.5万「魚津」〈富山 12-1〉平 9 修正)

3）地すべり堆の削剝による谷底幅異常

図 15.5.29 の片貝川の谷底低地（図 11.2.13 の南東方）は，島尻と東城付近がその上流（黒谷付近）と下流（片貝川の注記付近）に比べて著しく拡幅しており，谷底幅異常を示す．拡幅部の東方には東城から北東方に，地すべりで形成されたと解される幅広い谷がある．東城の南東にも，標高点 264 付近に古い地すべり地形がある．島尻の南西方と大菅沼にも古い地すべり地形があるが，それらの地すべり堆は明瞭ではない．島尻の東方の片貝川右岸（高圧線の下）にも地すべり跡地があるが，その地すべり堆は消失し，谷底低地がやや拡幅している．よって，片貝川の谷底幅異常の拡幅部は，非固結物質で構成される地すべり堆が片貝川によって側刻・除去されたことに起因すると解される．山女の北東にも，標高点 419 付近を冠頂とする古い地すべり地形があり，その地すべり堆の末端部には 2 個の新しくて，小さな地すべり地形がある．この地すべり堆もいずれ側刻され，谷底低地が拡幅される可能性がある．

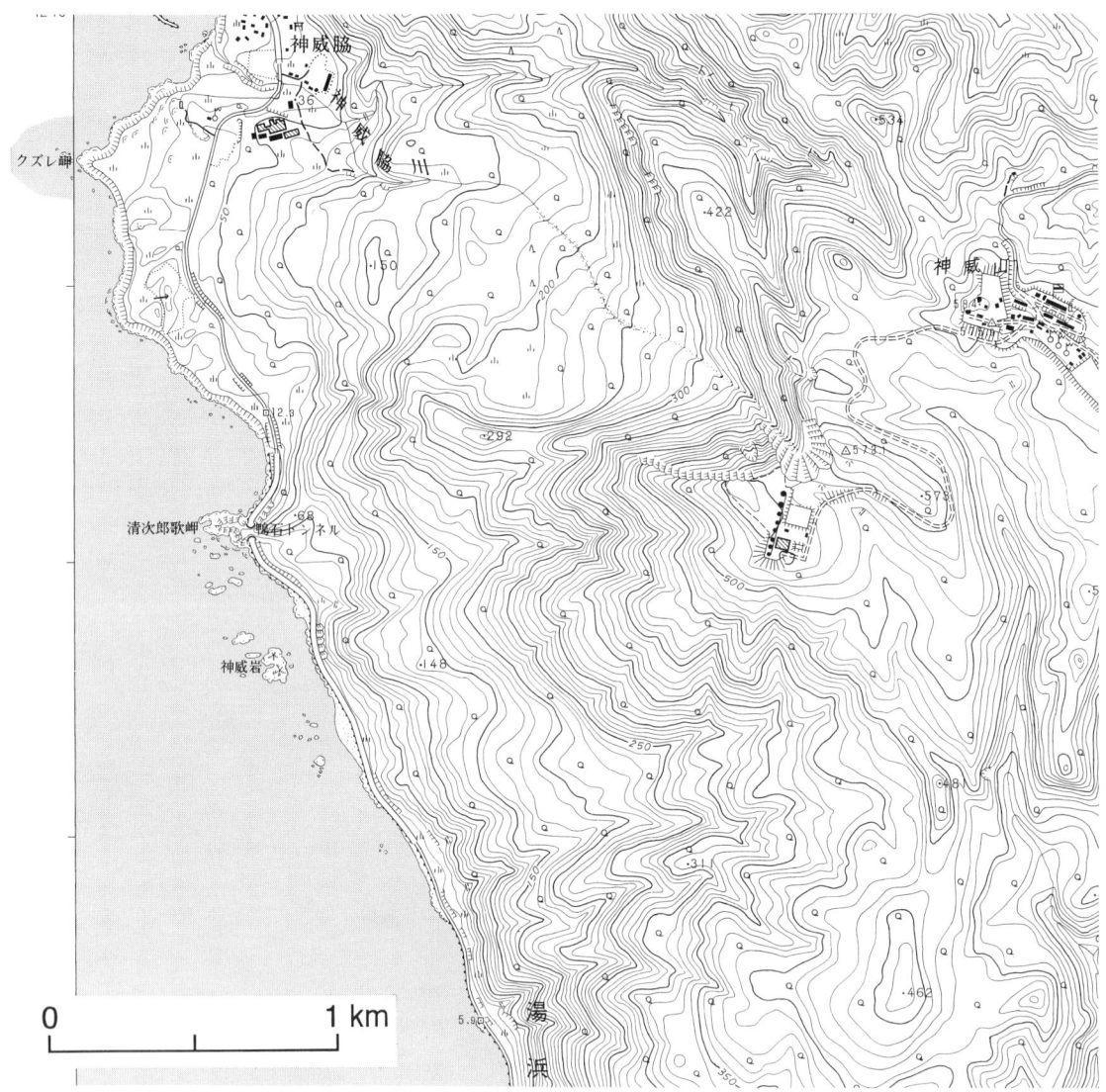

図 15.5.30 岩石海岸の地すべり地形 (2.5 万「赤石」〈久遠 8-3, 12-1〉平 8 修正)

(4) 岩石海岸の地すべり地形

図 15.5.30 では,クズレ岬を尖端とし,神威山南西の三角点 573.1 を冠頂とする全体凹凸型の地すべり堆が半島になって突出している(☞図 7.1.20).この地すべり発生前には,鴨石トンネルとその北方の水準点との間の海岸から東方に標高点 292 を経て冠頂に至るような縦断形をもつ山腹斜面があったのであろう.地すべり堆尖端部は海蝕されているが,波蝕棚は僅かに発達しているに過ぎない.それは地すべり物質が非固結のため,傾斜波蝕面型海岸(☞図 7.3.1)になったためであろう.クズレ岬の地名は,この地すべりが新しいためであろうか,海蝕崖で崩落がしばしば発生するためか,不明である.主滑落崖の直下には高度約 180 m 付近まで崖錐と沖積錐が形成されている.湯浜北東の標高点 481 付近を冠頂とするやや古い地すべり地形があるが,その末端は海蝕され,半島になっていない.鴨石トンネルと清次郎歌碑の岬付近は波蝕棚からみて不動域であろう.

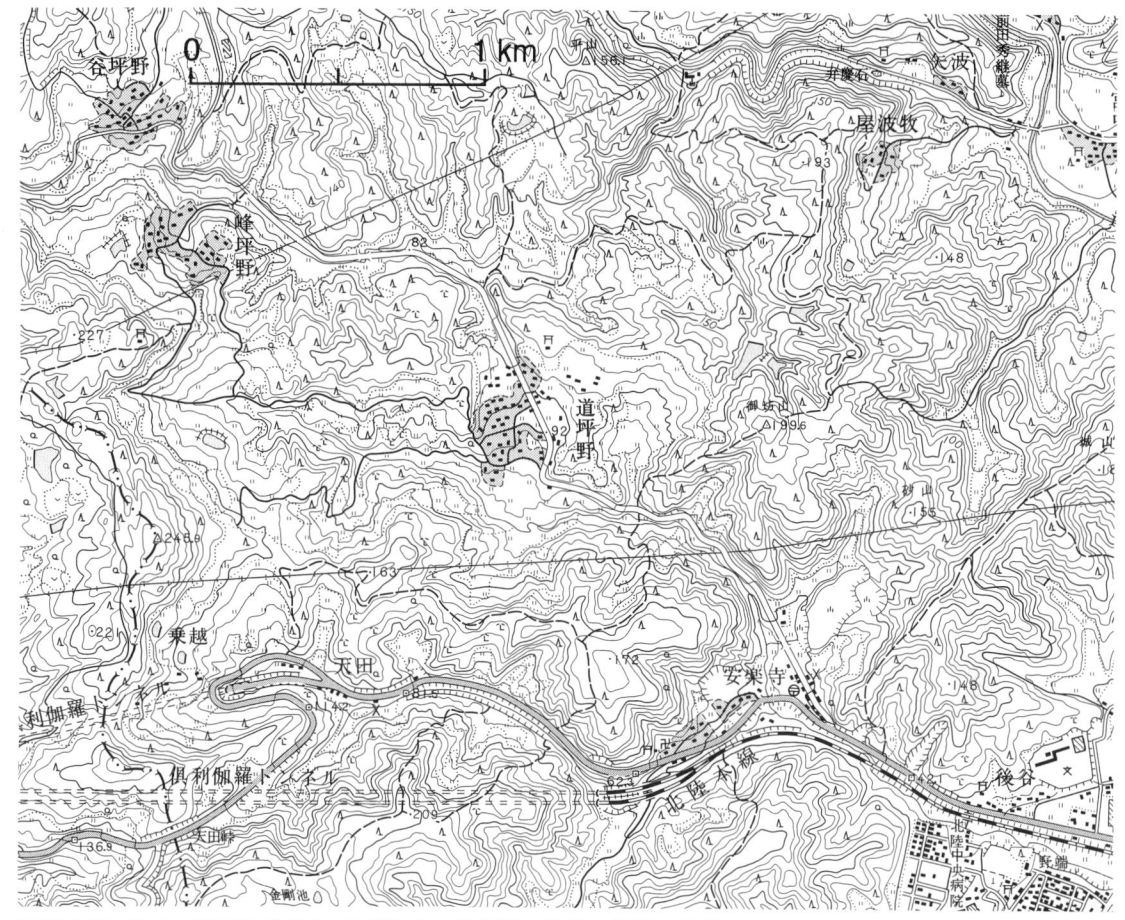

図 15.5.31 地すべり地帯と非地すべり地帯 (2.5万「石動」〈七尾4-4〉昭52修正)

(5) 地すべり地帯と非地すべり地帯

図 15.5.31 で水田を着色すると次のことがわかる。図南西部の天田峠から北東へ天田の水準点 81.5, 御坊山北麓の溜池そして屋波牧の水田地帯南東縁の直線谷へ結んだ直線的な線を境として, それより北西側と南東側で顕著な差異がある。北西側には, 水田が谷底のみならず尾根頂まで広く分布し, 小さな溜池が多い。谷坪野, 峰坪野, 道坪野, 天田のように地すべり地形を示唆する地名が多い。よって, 北西側は全体が地すべり地帯であるが, 少凹凸型の地すべり地形の集合であるから, 個々の地すべり堆の特定は難しい。

南東側には水田は極めて少なく, しかも谷底の谷津田のみである。丘陵頂部に緩斜面があっても, 水田はない。城山から南西に伸びる直線的な尾根は北西側が南東側より急傾斜な非対称尾根（ケスタ）である。この尾根と上述の北西・南東側の境界線の間に, それらと並走するように, ①御坊山から南西に連なる接頭直線谷列, ②砂山北方の鞍部を通る接頭直線谷的な谷列と遷緩線ならびに③砂山南東方の鞍部を通る傾斜変換線が南西—北東方向に直線的に伸びている。

よって, 北西側は泥質岩, 南東側は砂質岩のそれぞれ卓越する堆積岩で構成され, 少なくとも南東側の地層は南東に急傾斜していると解される。ゆえに, 倶利伽羅トンネルの掘削では, 鉄道では東方より相対的に西方が, 道路では全体が, それぞれ盤膨などのために, 難工事であったであろう。

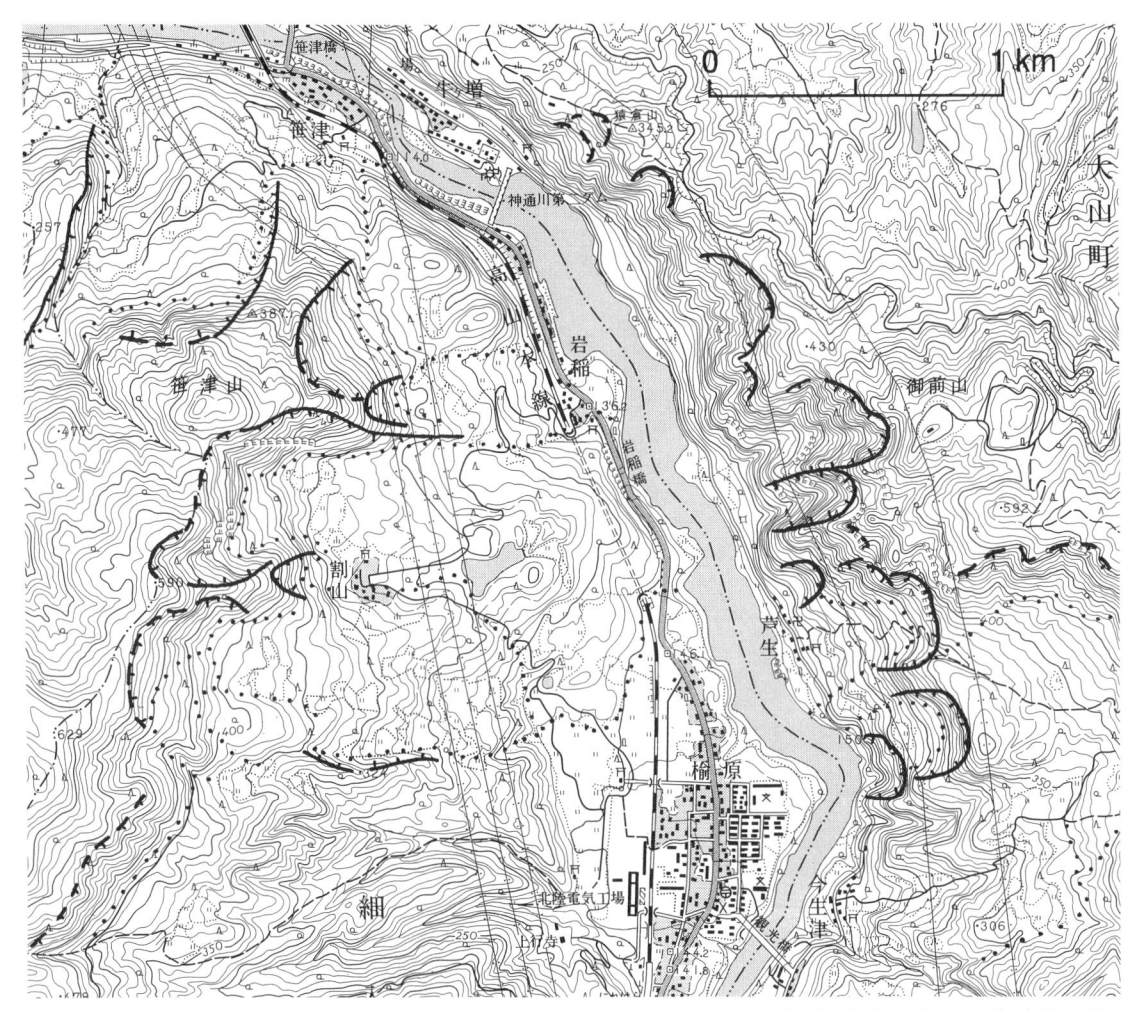

図 15.5.32 地すべり地形と段丘（2.5万「八尾」〈高山 13-2〉昭 51 修正）地すべり滑落崖の崖頂線（櫛線）と地すべり堆（点線）を補記.

(6) 地すべり地形の新旧の判別

図 15.5.32 の神通川両岸の谷壁斜面では，図中に滑落崖と地すべり堆を補記してあるように，ほとんど全域が新旧多数の地すべり地形で構成されている．それらの発生順序は図 15.5.6 の概念と対比法（☞ p.823）を活用して推論される．たとえば，笹津山と割山の間に発生域をもち鉄道トンネル付近を末端部とする末端凹凸型の地すべり堆は，楡原の段丘面を被覆しているので，その段丘面の形成後に発生した．割山南の地すべり地形は，その末端部が楡原段丘面の直線的な後面段丘崖に切断されているので，その段丘面より古く，その残存部が割山北の地すべり堆に類似しているので，初生的にはそれと同様の末端凹凸型であったと解される．その南方の丘陵は，多数の必従谷に刻まれ，東に低下し，その末端を楡原段丘の後面段丘崖に切断されている．この丘陵は，西部の標高点 629 のある主山稜の東面の急斜面を主滑落崖とする古い地すべり地形であろう．

神通川右岸の，芦生や今生津の集落のある地すべりは，その末端が楡原の段丘崖より低いので，かなり新しく，その背後の古い地すべり堆（図東南部）の末端部が二次的に滑動したものである．このような論理で笹津山の東面から北面の地すべり地形の新旧も判別されよう．

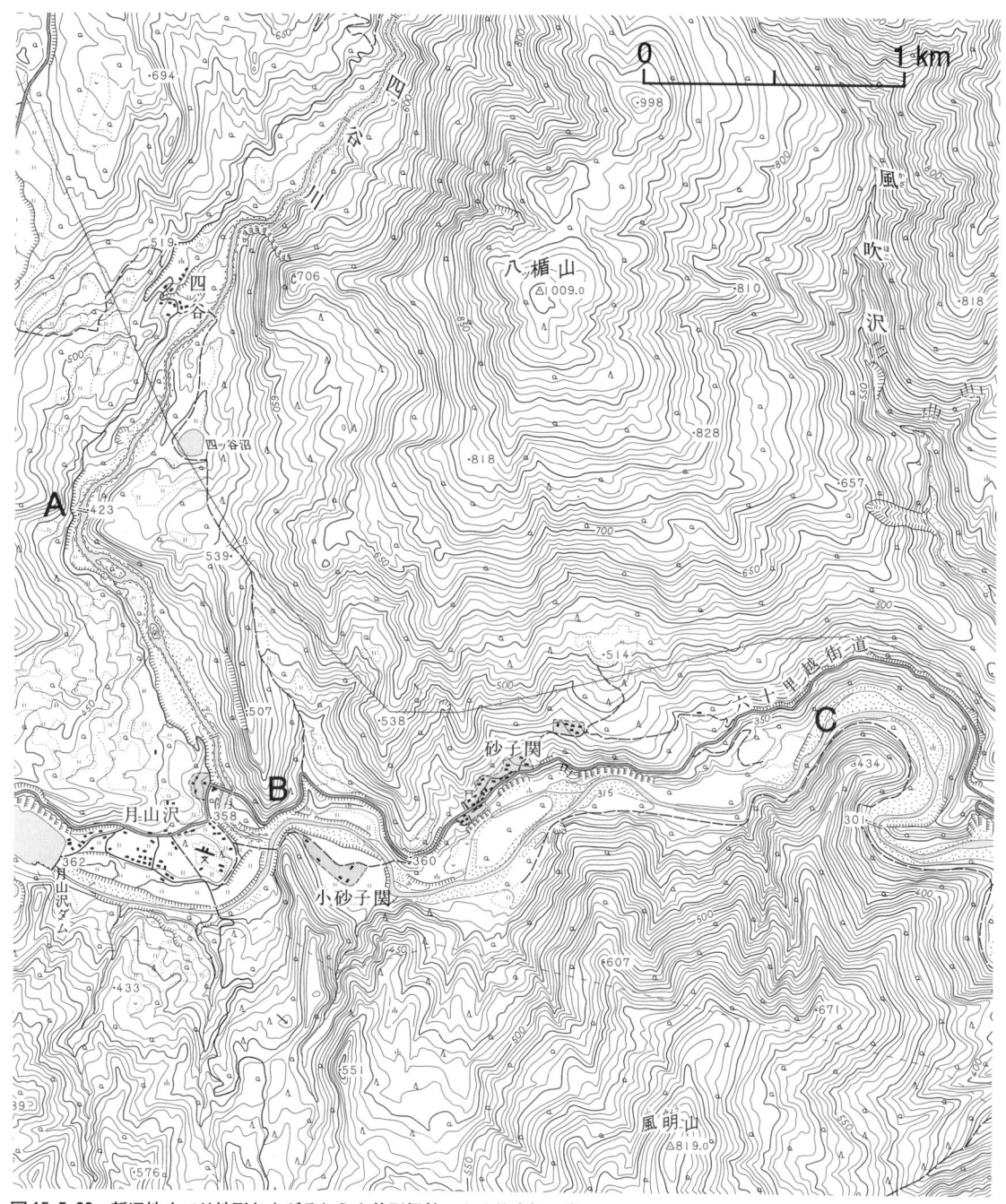

図 15.5.33 新旧地すべり地形およびそれらと差別侵蝕による谷底幅異常 (2.5万「本道寺」〈仙台14-3〉昭45測)　英字を補記.

【練習 15・5・2】 図 15.5.33 を読図して，次の3地点をダムサイト候補地とし，かつ人文・社会的問題は皆無と仮定して，その計画の地形・地質的諸問題を考察しよう（解答例：次頁）

地点 A：図西部の四ッ谷沼の南西，標高点 423 の砂防堰堤の地点に天端高 450 m のダム.

地点 B：四ッ谷川と大河川の合流点の直下流の狭窄部に天端高 400 m のダム.

地点 C：図東部の標高点 434 と六十里越街道の「里」を結ぶ直線上に天端高 400 m のダム.

848　第15章　集団移動地形

【練習 15・5・2】の解答例

　この地域（図15.5.33）の山地には，山腹および谷壁斜面に新旧の地すべり地形がきわめて多い（図15.5.34）．それらの地すべり地形のほとんどは少凹凸型である．月山沢ダムから東流する本地域の最大河川は網状流路をもつ礫床河川である．その河川ぞいには月山沢および小砂子関付近に低い２段の堆積段丘があるが，河成段丘は少ない．四ッ谷川は流路ぞいの露岩記号からみて岩床河川であるが，河川敷に砂礫記号が描かれているので，砂礫の運搬も著しいであろう．以上の全般的な地形からみて，ダムサイトとしての３地点の地形・地質条件は以下のように推論される．

　地点Ａ：河床は岩床で，ダム基礎の岩盤強度は問題がないであろう．しかし，その左岸には，四ッ谷沼を堰止めるように，四ッ谷川の上流に逆傾斜する台地面（水田に注意）があり，その東方の標高点539の北側には比高約20mの円弧状の急崖があるから，この台地はその急崖を主滑落崖とする地すべり地形である．ただし，台地崖は急傾斜であるから，この地すべり地形は一応安定しているであろう．右岸も，もっと広範囲（出題者への文句！）の読図が必要があるが，緩傾斜な地形からみて，古い地すべり地形の末端部であろう．よって，この地点でのダム建設は，アバットの地盤不良および漏水が予想される．

　地点Ｂ：この狭窄部の両岸の，河川に直交方向に直線的に伸長する尾根は東に緩傾斜する顕著な非対称山稜であり，東に20度以上で傾斜する厚い硬岩層で構成されていると解される．この尾根に並走し，その東方の標高点538を通る尾根も同様に東に傾斜する硬岩層で構成されているであろう．両尾根の間は軟岩層であろう．よって，ダム基礎の岩盤強度は良好であろうが，尾根幅が狭いので漏水が問題になるかも知れない．

　地点Ｃ：右岸は穿入蛇行の蛇行山脚で急傾斜面であるから，硬岩で構成され，特段の問題はないであろう．八ッ楯山は大起伏であるのに，山頂部

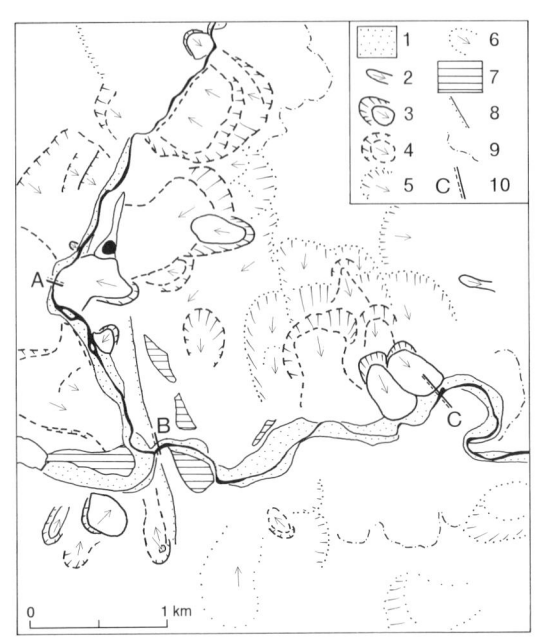

図15.5.34　図15.5.33の読図成果概要図（練習15・5・2の解答用）

1：河成低地，2：崩落地，3：新期の地すべり地形，4：中期の地すべり地形，5：古期の地すべり地形，6：地すべり堆の消失地形，7：新旧の河成段丘面，8：明瞭なケスタ尾根，9：顕著な侵蝕前線，10：設問のダムサイトと地点名．

および山腹斜面が滑らかで，深い侵蝕谷も少なく，地点Ｂ付近のような顕著な非対称山稜もなく，しかも新旧・大小の地すべり地形が多い（図15.5.34）．斜面下方の地すべり地形（例：標高点514付近）ほど新しい．最新の地すべりは「六」の字の南に現在の河床を被覆する地すべり堆を形成している．ただし，砂子関付近の左岸には「がけ（岩）」で示された側刻崖があり，硬岩が露出しているであろう．以上のことから，八ッ楯山は堆積岩のような成層岩（☞p.881）ではなく，高透水性の塊状岩たとえば厚い風化帯をもつ深成岩または半深成岩で構成され，しかもその節理面が流れ盤になっているという可能性がある．よって，地点Ｃでのダム建設は，基礎岩盤は良好であるが，左岸でのアバットの地盤不良および地すべり発生が問題となるであろう．

15.6 土石流地形

A. 土石流

(1) 土石流の定義と概要

　土石流（debris flow，岩屑流ともいう）は，急傾斜（約20度以上）の渓床または斜面に多量に存在していた岩屑の集団が水を含んで，水を潤滑材とする粥状の粘性流体となり，重力に従って下方に高速で移動する現象である．その堆積物を土石流堆積物（debris-flow deposit）とよぶ．土石流は，ほとんど水を含まない乾燥岩屑流（dry debris flow）と多量の水を含む湿潤岩屑流（wet debris flow）に大別される．しかし，後者が大多数であるから，それを普通には土石流とよぶ．
　発生域と移動域では土石流の流下した跡に溝状の土石流谷（debris-flow valley，と仮称）が形成され，定着域では堤防状に高まった土石流堆（debris-flow lobe）と緩傾斜で主に砂で構成される土砂流原（sand-flow field，と仮称）が形成される．多量または多回の土石流が谷口から下流に定着すると，扇状地に似た沖積錐（alluvial cone）が形成される．これらを一括して土石流地形（debris-flow landform）とよぶことにする．

(2) 土石流の発生・流動・定着様式

　土石流の発生・流動・定着の様式は多様であるが，次のような一般的特徴をもつ（詳細：☞武居ほか，1980；池谷，1980；芦田，1985）．

1) 土石流の発生様式と発生しやすい地形場

　土石流は約20度以上（最大で約50度）の急傾斜な渓床または斜面で発生し，約12度以下では発生しない．また，土石流の発生には急傾斜の渓床や急斜面に多量の岩屑が蓄積または生産されている必要がある．よって，土石流の発生しやすい地形場は次のようである．

　① 急傾斜の床谷：流域が急傾斜で，崩落地形や露岩に富み，植被に乏しく，かつ渓床に上流から流水で運搬された岩屑や谷壁斜面からの匍行や落石，崩落で供給された岩屑が一時的に堆積している（例：図15.6.3，図6.2.54）．
　② 沖積錐または超小型扇状地をもつ谷：谷口から下流に沖積錐または超小型扇状地の発達する谷では，土石流が頻発する（例：図13.2.5）．
　③ 前輪廻地形を囲む侵蝕前線の下方斜面：前輪廻地形（とくに花崗岩山地）では風化物質（例：マサ土）が厚いので，侵蝕前線の下方斜面およびそれを刻む低次谷の谷底には風化物質とそれに由来する岩屑が厚く存在する（例：図15.6.11）．
　④ 崖錐：大型の崖錐で，ガリーの発達している場合には，崖錐堆積物が土石流の形で再移動する（例：図15.6.4a）．
　⑤ 火山放射谷：開析の進んだ成層火山の放射谷で，その谷口に火山麓扇状地をもつ谷では，土石流が頻発する（☞pp. 1068～1070）．
　⑥ 活火山の火山原面：新しくて厚い火山砕屑物に被覆されている火山原面では，豪雨時にガリーが形成され，そこから土石流が発生する．
　⑦ 火山，丘陵および砂礫段丘崖では，斜面そのものが非固結の岩屑（火山砕屑物や砂礫層）で構成されていることがある．
　⑧ その他：鉱滓堆積地，大規模な盛土地．

2) 土石流発生の誘因

　渓床や急傾斜面に蓄積している岩屑が土石流として流動し始める誘因は次のようである．
　① 豪雨による渓床堆積物の粘性流動：最大時間雨量約50 mm/h以上の豪雨によって，渓床堆積物が土石流となって流動し始める場合が多い．

② 豪雨による崩落：豪雨に起因して山腹で崩落が起こると，その崩落物質が急勾配の渓流を流下する．この型は広域で同時に多発する．

③ 天然ダムの決壊：河谷には，その側壁での崩落や地すべりあるいは支流からの土石流によって一時的な天然ダムが形成される．それが越流侵蝕や水圧によって急激に決壊すると，天然ダムの堤体を構成する岩屑が水と混合して大規模な土石流を生じる（例：☞図15.4.9）．善光寺地震（1847年）で発生した地すべり堆の堰止めで生じた犀川の天然ダムの決壊は大規模な例である．

④ 地震による崩落：地下水で飽和した山地や火山の斜面が地震で大規模に基盤崩落すると，崩落物質が土石流の形で流下する．関東大地震（1923年）による箱根火山東麓の根府川の山津波や長野県西部地震（1984年）による御岳崩れによる土石流はこの型の大規模な事例である．

⑤ 火山活動：火山爆発による火山体の破壊，高温火山噴出物の被覆による雪氷の急激な融解，噴火に伴う火口湖の溢水などによって，火山体および火山麓で大規模な土石流が発生する．ただし，火山学ではこれを火山泥流または低温火砕流とよんでいる（詳細：☞第18章）．

⑥ 粘性土地盤の地すべり：高含水比の粘性土が土石流（土砂流）として流下する．盛土地盤の豪雨・地震などに起因する土砂崩落では，しばしばこの型の土石流を生じる．

3）土石流の流動状態

最も頻発的な豪雨に起因する場合についてみると，土石流の流動状態は一般に次のような特徴をもつ（図15.6.1）．

① 土石流の分化：土石流は，流動中に岩屑の分級および含水比の再配分が起こるため，先頭流と後続の土砂流および洪水流に分化する．

先頭流（狭義の土石流）は主として粗粒の岩屑（径数十cm～数m）で構成される．その先頭部は大岩塊や流木の集中でオタマジャクシの頭のように盛り上り，段波状の乱流となって，1 m/s～10数 m/s（最大で約40 m/s）の高速で，谷底を流下する．直進性が強いが，緩傾斜地に至ると先頭部が枝分かれすることもある．尖端の岩塊は先を争うように互に転動・衝突・躍動・滑動し，時には岩塊の衝突で火花を散らす．これは，竜が口から火を吐いて谷底を蛇行しながら突進してきたり（八岐大蛇），山から津波が這い下がるようにも見えるから山津波ともよばれる．

後続の土砂流（sand flow，砂流ともいう）は細礫や砂で構成され，後方ほど粒径の小さくなる乱流である．その後方に続く洪水流（flood flow）は主として砂や泥を掃流形式で運搬する流れである．このように最も典型的な土石流では，先頭から後方へ，大岩塊→巨礫→砂礫→砂泥で構成された部分が，あたかも機関車→客車→貨車→トロッコのように，順に連なって流下する．

② 流下時の温度，水の役割および単位体積重量：常温状態で岩屑と水が混合して粥状の粘性体となり，水は潤滑材の役割と細粒物質の運搬に寄与する．流動中の密度は $1.2～2.5 \text{ t/m}^3$ である．

③ 岩屑の粒径分布と円形度：先頭流は径数mの大岩塊を含む大小の岩屑であり，分級が悪く，主として角礫または亜角礫で構成される（☞図15.6.12）．

④ 土石流の体積：発生当初は小規模でも，流動中に河床・渓岸物質を侵蝕し，しだいに流動体の体積を増す．1回の土石流の体積は $10^3～10^6 \text{ m}^3$ であるが，10^4 以下が多い．ただし，天然ダム決壊や基盤崩落，火山活動などに起因する大規模な土石流では 10^6 m^3 に及ぶこともある．

4）土石流の定着様式

約15度以下（普通は約10度以下）の緩傾斜地に土石流が到達すると，先頭の大岩塊がまず定着し，その背後に角礫が定着して，細長い土石流堆を形成する（図15.6.1）．後続の土砂流は土石流堆を乗り越えて，その下流の緩傾斜地（約3度以下）に薄く拡がって定着し，滑らかで緩傾斜な土砂流原をつくる．洪水流は土石流堆と谷壁との境

界部の低所を流れ，そこに扇頂溝（☞ p.299）のような溝を形成することもあり，さらに土砂流原の上を流れ，その下流に布状に広がり，砂泥を堆積させ，平滑な低地を形成する．

このように，先頭流がまず定着し，後続流がその下方に定着し，最後の洪水流がさらに下方に流下する．つまり，流れの順序と定着地の配置が逆になるが，土石流堆の上に，土砂流や洪水流の堆積物が重なることもある．

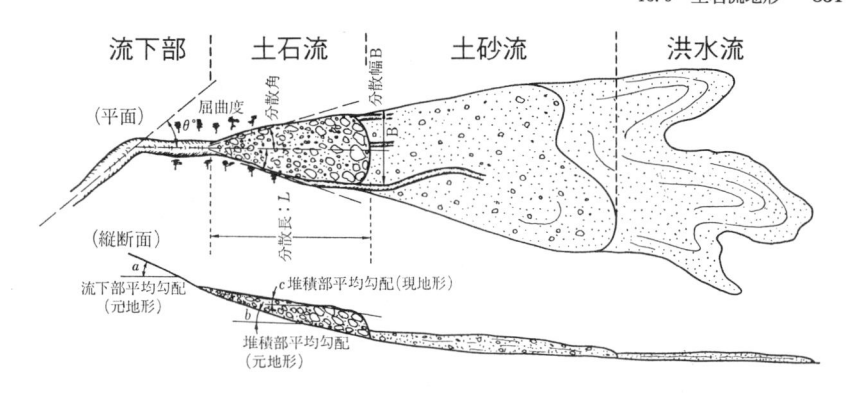

区分	流下部	土石流	砂流	
			土砂流	洪水流
礫径	所々礫が点在するのみで大部分は岩盤露出	max ϕ=1.5m以上 時としては ϕ=3~4m あり，平均 ϕ=2m	max ϕ=1m 平均 ϕ=5cm±	max ϕ=10~20cm 平均 ϕ=0.5cm
堆積厚		最大4m，平均2m	最大1.5m，平均0.5m	最大1m，平均0.3m
表面形状		不規則	地形・構造物に左右され不規則と平滑の両方みられる	ほぼ平滑
断面形状		層理なし	層理（層状）構造あり	明瞭な層理がみられる

図15.6.1 土石流および土石流定着地形の概念図と諸特徴（武居ほか，1980）

B. 土石流地形

(1) 土石流谷

土石流の流れ去った跡には，U字形ないし箱形の断面形をもつ溝状の谷が生じる．それを土石流谷と仮称する．その谷底には基盤岩石が露出することもあるが，土石流として流れなかった岩屑が残存することもあり，恒常流の無い場合が多い．

(2) 土石流堆と土砂流原

土石流堆は，一般にナマズ状で，先端が盛り上り，後方に尾をひいたような細長い堤防状の高まりであり，尖端と側方が急斜面で，上面は3~15度で緩傾斜し，かつ中央の盛り上った横断形をもつ．その高さ（定着物質の厚さ）は普通には数十cm~数mであり，10mを越えることは稀である．土石流堆の長さは数百m以下で，1kmを越えることは稀である．ただし，天然ダム決壊や基盤崩落，火山活動などに起因する大規模な土石流が谷口から下流に流下すると，谷口から数kmに達する大規模な土石流堆が形成される（例：図15.4.9）．

大規模な土石流堆が谷底に定着すると，角礫質の谷底定着低地が形成され，谷壁斜面との間に裾合谷（☞図13.1.29）が形成される．そこでは，水面幅の小さな恒常流をもつ河川があるが，水無川の場合も多い．その低地は旧河床より高いので，気候変化のような特段の原因がなくても必然的に末端から下刻され，段丘化することがある．そのような段丘は土石流段丘（debris-flow terrace）とよばれる（例：図15.6.8）．

土砂流原は土石流堆と一対の地形種で，いわば河成の後背低地と自然堤防の関係に類似する．その認定は困難であるが，沖積錐の末端部に不明瞭

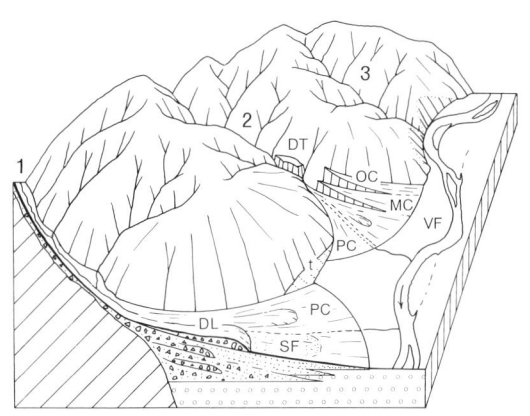

図 15.6.2 沖積錐の諸相
PC・MC・OC：現成・中期・古期の沖積錐，DT：土石流段丘，DL：土石流堆，SF：土砂流原，VF：河成堆積低地，t：崖錐．1：沖積錐を伴う谷，2：沖積錐と土石流段丘を伴う谷，3：土石流は発生するが，本流の側刻のために沖積錐の発達しない谷．

な傾斜変換線を境に，より緩傾斜で平滑な地形と土地利用（しばしば水田あり）から土砂流原を認定できる場合もある（例：図15.6.9）．

土石流堆の構成物質は，先端部ほど粗粒な径数m以下の大小の角礫ないし亜角礫であり，それらが無層理で累重している．土砂流原はおおまかに成層した細礫や砂の薄層で構成されている．洪水流の堆積物は前二者に比べて細粒であり，明瞭な成層構造をもつ．

(3) 沖積錐

谷口から低地に向かって，何回も土石流が流出すると，後続の土石流は古い土石流堆を避けて低所にそって流下し定着する．ゆえに，複数回の土石流の定着によって谷口に同心円的な等高線で示される扇状地状の緩傾斜地すなわち沖積錐が形成される．つまり，土石流堆および土砂流原は土石流のそれぞれ単成地形および単式地形であり，沖積錐はそれらの集合によって形成される複式地形である．沖積錐が成長すると，その頂部（扇頂に相当）は上流に伸びて谷を埋積し，末端は下流に拡大する．ただし，半径1kmを越える沖積錐は極めて稀である．

1本の河谷の谷口には，新旧の沖積錐が，合成扇状地型または収斂交叉型の扇状地起源の段丘群（☞p.308，図11.2.12）と同様に，配列していることが多い（例：図15.6.8）．沖積錐が十分に発達し，つまり河谷の下刻が進んで，河床勾配が約3度以下になると，土石流が流下しなくなり，沖積錐を刻む河川が形成されて，扇状地が発達するようになる．隣接する河谷に由来する沖積錐群が側方に接して沖積錐帯を形成している場合（とくに断層崖の基部）も多い（例：図15.6.9）．

沖積錐は，超小型扇状地（☞表6.2.3）に類似しているので，土石流扇状地（debris-flow fan）とよばれることもある．たしかに沖積錐は，縦断傾斜や等高線の配置において，円錐型崖錐と超小型扇状地に類似し，後二者の中間的な特徴をもっているが，傾斜，極微地形類，堆積物，河川などの諸点で異なっている（☞表15.1.2）．しかし，沖積錐と超小型扇状地は漸移的であり，両者の区別は実際にはしばしば困難である．

沖積錐には一般に水路が見られず，あっても水無川が多く，人工的転流（例：図6.2.8）もある．沖積錐では末端部を除き地下水位は深い．そのため，沖積錐では林地や桑畑，果樹園，畑，荒地の場合が多い．水田は極めて稀で，土砂流原に分布することがある（例：図15.6.9）．新しい沖積錐および土石流起源の谷底低地では数十年に1度は土石流に被覆されるので，古い集落はない．

(4) 土石流定着地形の残存しない地形場

支流から本流に流下した土石流の土石流堆および沖積錐と本流との相対的関係は，崩落堆や地すべり堆の場合（☞図15.5.4）あるいは支流の扇状地の場合（☞図6.2.56）に類似し，本流の偏流や堰止めも生じる．しかし，本流の掃流力が大きい場合には，土石流定着地形は容易に侵蝕され，一般に短命である．そのため，大河川の谷底とくに攻撃部には支流起源の沖積錐が発達しない場合が多い（例：☞図15.4.10）．

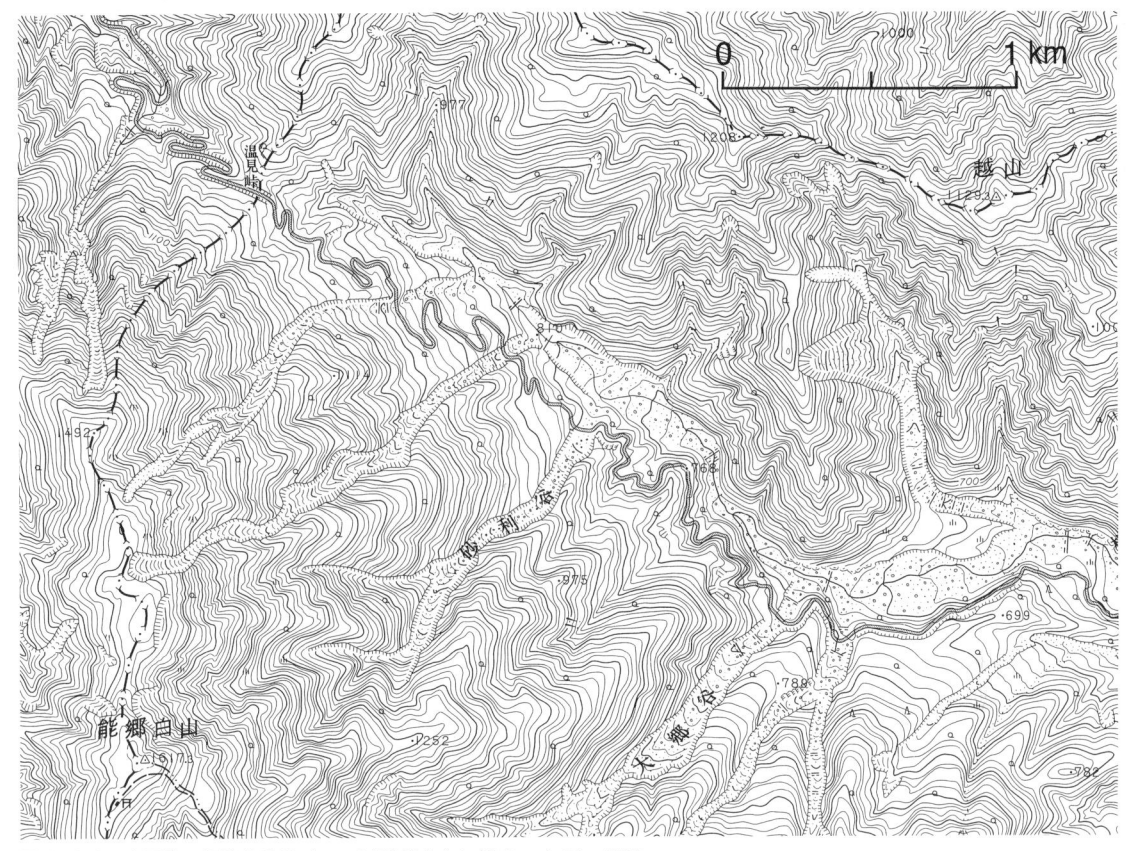

図 15.6.3 土石流の頻発する谷（2.5 万「能郷白山」〈岐阜 6-3〉平 4 部修）

したがって，支流の谷口に沖積錐が発達していなくても，その支流で土石流が発生しないわけではないので（崖錐と同様：☞図 15.3.5），支流の河床勾配（15 度以上）や河床堆積物の形状（角礫〜亜角礫）に注意する．岩石海岸に土石流が流下した場合も同様である（例：☞図 7.3.10）．

(5) 土石流地形の読図例

1）土石流の頻発する渓流

図 15.6.3 の山地は満壮年期的である．「がけ（土）」と砂れき地の記号をすべて色別すると，次のことがわかる．北東部の越山の南西には，山頂小起伏面を囲む遷急線直下に大小の崩落地が分布し，土石流の発生源となっている．能郷白山の北東に面する山腹斜面にも，多数の崩落地がみられ，それぞれ土石流の発生源となっている．砂利谷とその北西方の 2 本の谷や大郷谷がその好例で，谷頭および渓岸に「がけ（土）」記号が連続し，廊下状の横断形をもつ土石流谷である．

これらの谷の谷口から下流両岸には沖積錐群が発達し，それらを各谷が数 m ないし 30 m ほど刻んでいる．沖積錐の大部分は林地となっているが，部分的に現成の転石帯（土石流堆）に覆われている．温見峠から南東に直線的にのびる本流には水線記号が描かれているが，その水線に比べて河原の幅は数百 m と広い．

2）沖積錐の成長

図 15.6.4a の焼岳は火山である．その東面斜面でいえば標高約 2,000 m 以高の露岩の多い山体が熔岩円頂丘であり，それ以低の緩傾斜面は非固結の火山砕屑物で構成される火山原面である（詳細：☞18 章）．その火山原面を刻む峠沢，上堀沢，

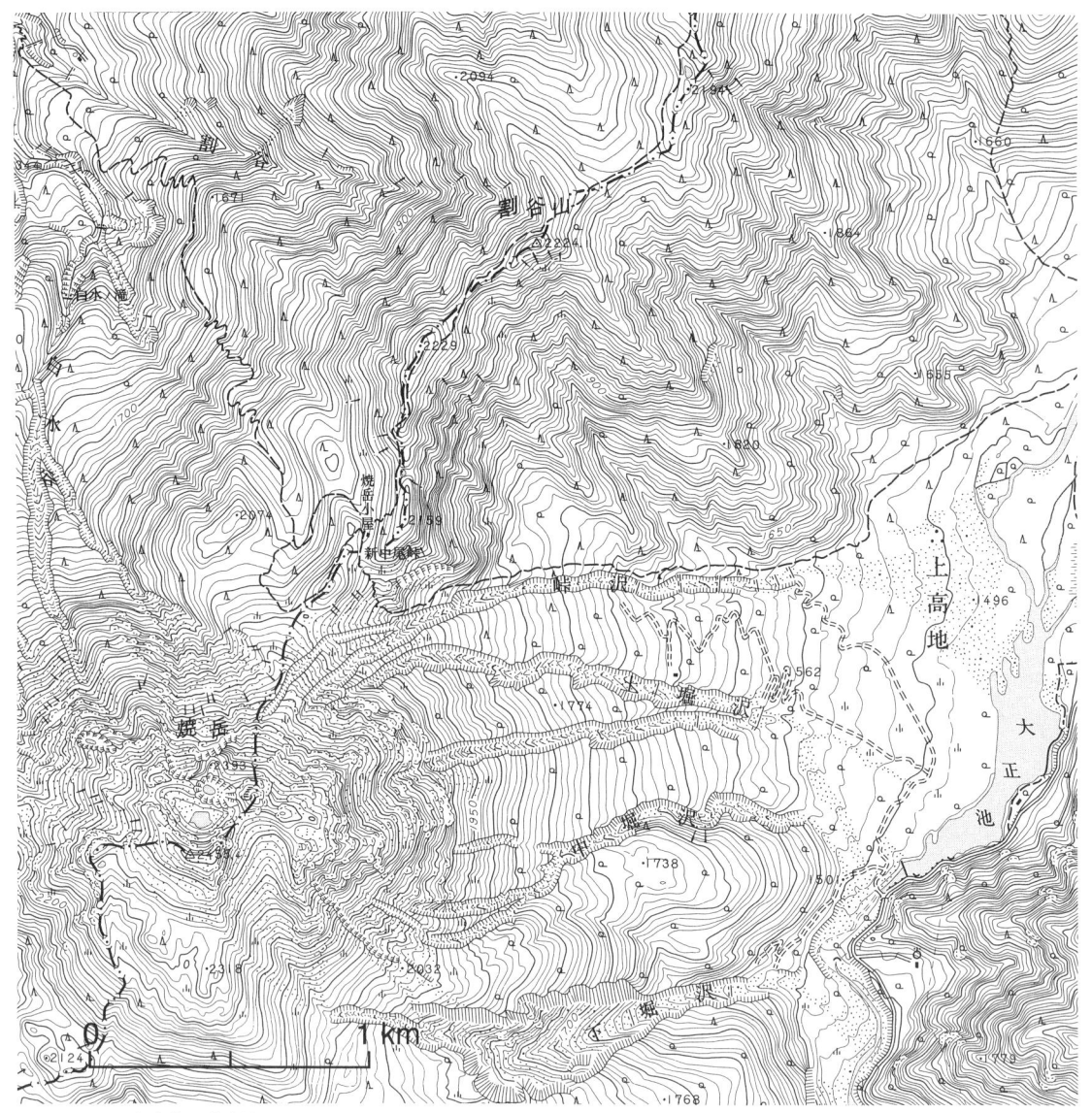

図 15.6.4a　火山麓の沖積錐 (2.5万「焼岳」〈高山 7-4〉昭 50 測)

　中堀沢，下堀沢などの谷口には，現成の沖積錐（同心円的等高線群と砂れき記号に注意）が発達している（図 15.6.5）．大正池は土石流で埋没しつつあるが，下堀沢の沖積錐末端は梓川に侵蝕されている．なお，焼岳小屋から北流する谷およびその西方の標高点 2074 を囲む 2 本の谷は，尾根移動型の地すべり地形（☞図 15.5.5）であろう．
　図 15.6.4b は，急峻な満壮年期的山地とその山麓の沖積錐群を示す．沖積錐の発達状態（面積，傾斜，形状）は，そこに土石流をもたらした流域の特徴と，以下のように，密接な関係をもつようである（図 15.6.5）．
　沖積錐の発達は，ほかの地形・地質条件がほぼ同じならば，一般に，①流域面積が大きいほど，②流域の平均傾斜が大きいほど，③谷床勾配が大きいほど，④流域内に露岩が多いほど，それぞれ著しい傾向がみられる．沖積錐の傾斜は沖積錐の縦断長の大きいものほど小さい．大きい沖積錐

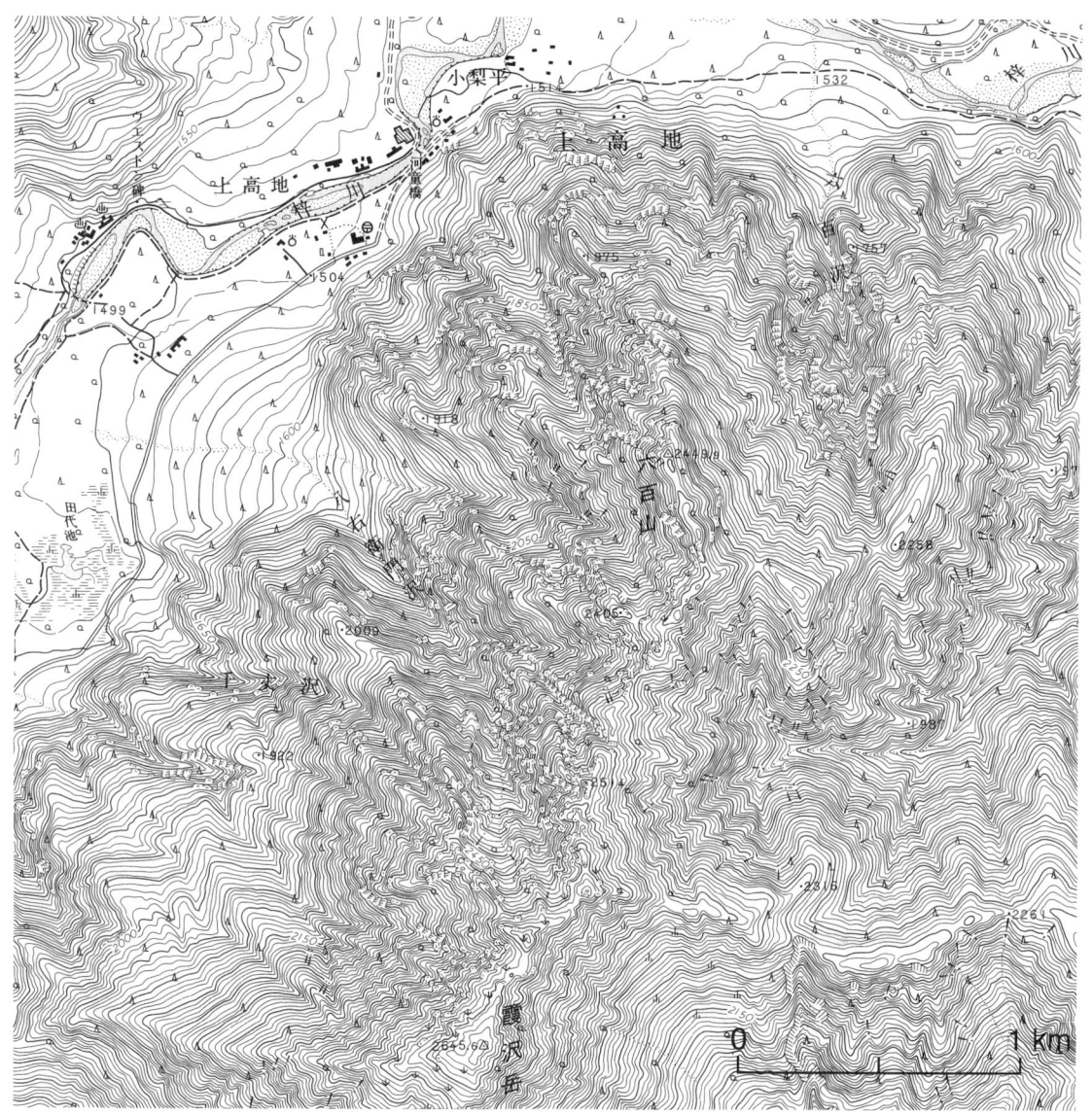

図 15.6.4b 沖積錐と背後の地形 (2.5 万「上高地」〈高山 7-2〉昭 50 測)

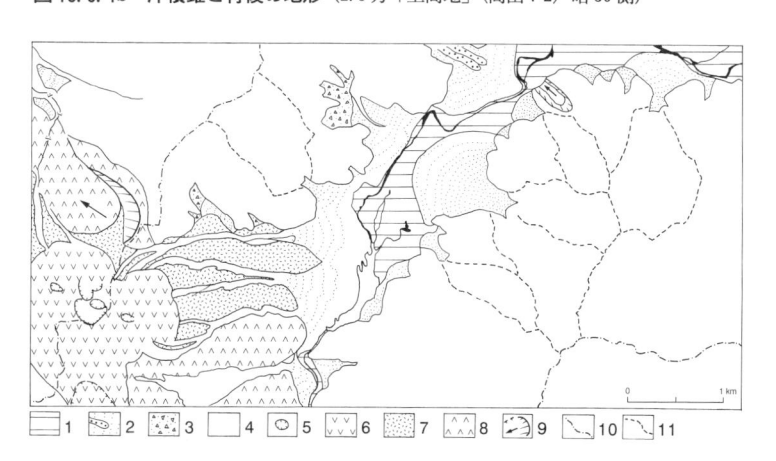

図 15.6.5 図 15.6.4 の読図成果概要図
1：河成・湖成堆積低地，2：新旧の沖積錐とその等高線（太点部は顕著な土石流堆），3：顕著な崖錐，4：山腹・谷壁斜面，5：火口，6：熔岩円頂丘，7：火山砕屑岩斜面（崖錐と火砕流原），8：古い火山体，9：大規模な地すべり滑落崖，10：主要流域界，11：顕著な沖積錐を伴う谷の谷口から上流の流域界．

(例：八右衛門沢)には水無川の記号またはそれを示す線状の転石帯が描かれているが，それらは小さな沖積錐（例：千丈沢）には描かれていない．

水無川は次に発生する土石流の通路とみなして良い．しかし，土石流が大規模であれば，水無川ぞいの空谷は土石流堆の形成によって容易に埋まり，後続流の土砂流や洪水流はその土石流堆を避けて別の方向に流下する．よって，沖積錐はどこでも土石流に被覆される可能性をもつので，次に発生する土石流の規模の予知が可能ならともかく，沖積錐の範囲内に土石流災害に対する危険域と安全域を線引することはあまりにも楽観的である．

河童橋や六百沢合流点では左右両岸からの沖積錐の末端が接して，梓川の谷底幅異常をもたらしている．河童橋右岸の沖積錐には2本の土石流堆がみられる．なお，田代池とその周囲の湿地は梓川の自然堤防と右岸の沖積錐との間の後背低地に生じた後背池沼および後背湿地である．

霞沢岳から六百山東方の標高点2258に続く主山稜の東面斜面は，西面斜面に比べて，露岩が少なく，相対的に従順で，また河谷も大きく，かつ河床勾配も小さい．よって，東面の流域では大規模な土石流の発生は稀であろう．

図15.6.4aの火山地域に由来する沖積錐と図15.6.4bの非火山地域のそれとを比較すると，前者が緩傾斜である．これは，前者では土石流の移動域および定着域の旧地形が緩傾斜であり，かつ土石流の運搬物質が細粒なためであろう．なお，沖積錐と火山斜面は，落水線を上方に追跡すると，前者は谷底に入るのに，後者は火山体の尾根部に連続することで判別される．

3）新旧の沖積錐

図15.6.6および図15.6.7に示すように，図15.6.8には，帰雲山の西方に大規模な崩落地があり，その崩落堆は標高点1002付近のほか，庄川の右岸と左岸（保木脇付近）に残存している．ここでは，谷壁斜面にAとBの谷が発達して，それらの河間尾根が大規模に崩落し，その崩落堆

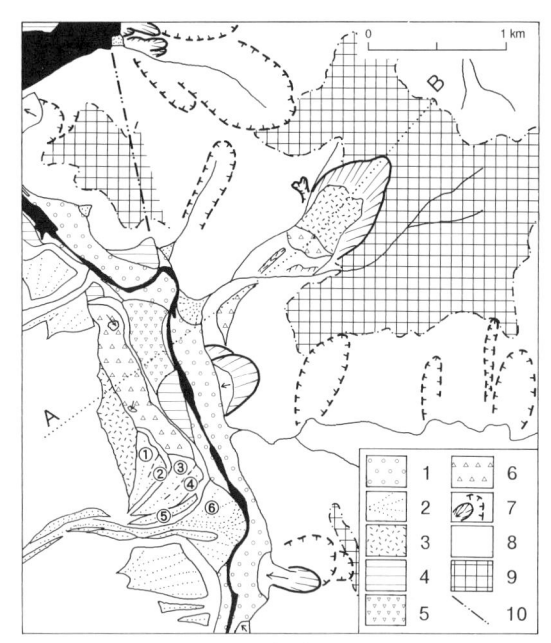

図15.6.6　図15.6.8の読図成果概要図
1：谷底低地，2：沖積錐（①〜⑥は形成順序），3：崖錐，4：河成段丘面，5：新期崩落堆，6：古期崩落堆（矢印は凹地），7：新旧の崩落崖，8：谷壁斜面，9：前輪廻地形，10：リニアメント．A-Bは断面線．

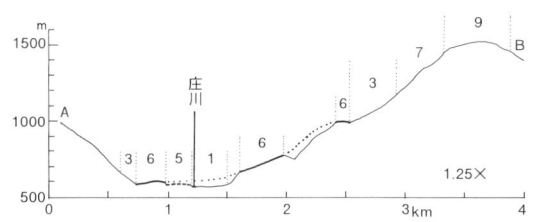

図15.6.7　図15.6.6の地形断面図（地形種の凡例番号と断面線は図15.6.6と同じ）

（古期崩落堆：凹地，小突起に注意）が庄川を閉塞し，それが下刻・切断された（図15.4.6と酷似）．その後，庄川右岸に残存した崩落堆の末端が再崩落して，新期崩落堆（再崩落物質のため，古期より起伏が小さい）が庄川を堰止め，再び下刻・切断されたと解される．

保木脇の南には，弓ヶ洞谷の谷口から下流に，新旧6段（①〜⑥）の沖積錐が発達する．これらはいずれも谷口から下流に発達し，上位のものほど急傾斜であり，収斂交叉型の扇状地段丘（☞図11.2.12）に類似している．弓ヶ洞谷には両岸に土石流段丘が発達している．C谷の谷口にも段丘

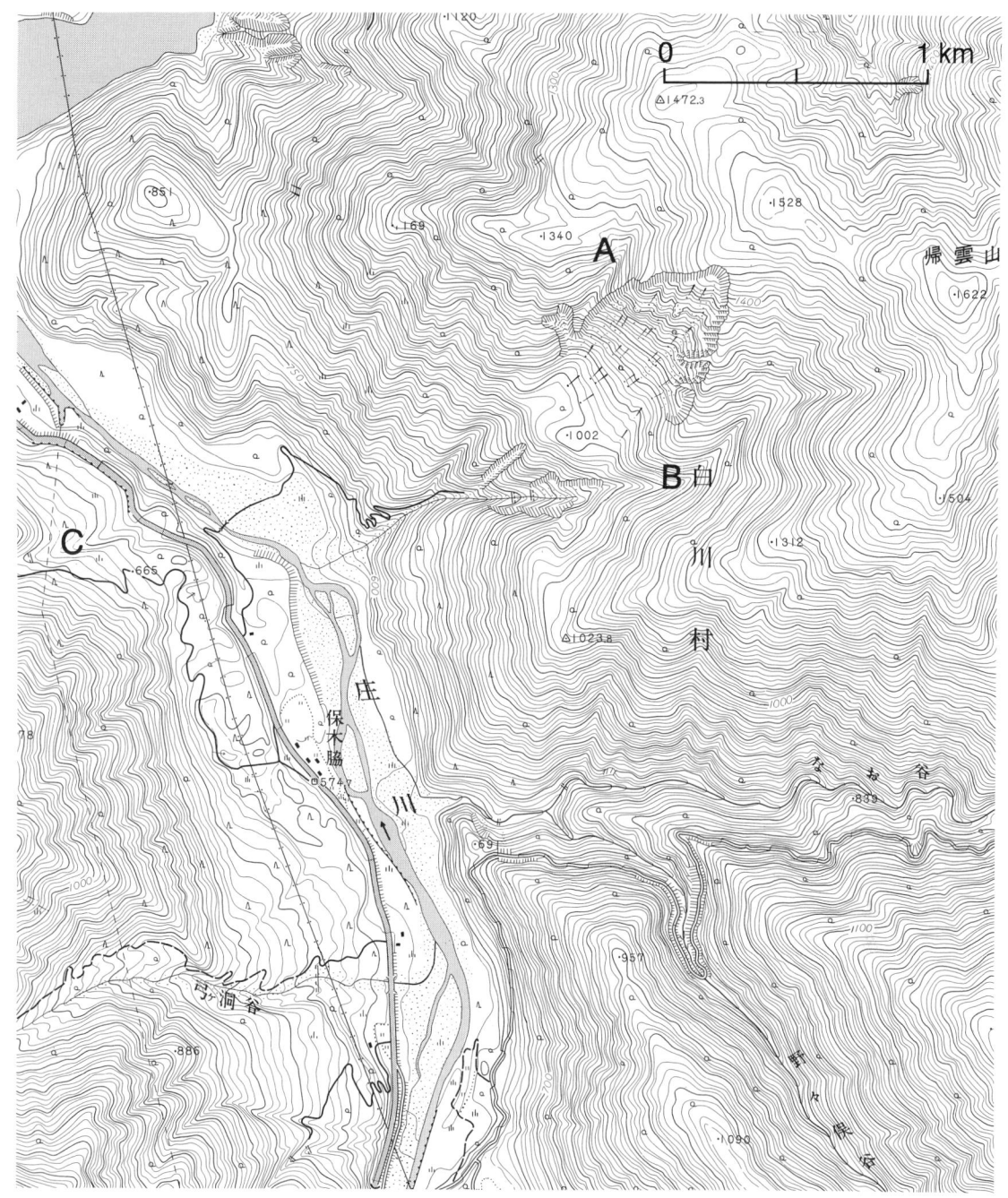

図15.6.8 新旧の沖積錐, 土石流段丘および大規模崩落 (2.5万「平瀬」〈金沢3-2〉昭58修正) A～Cを補記.

化した沖積錐がある．一方，Bの谷でも土石流が頻発しているが，庄川の攻撃部に谷口があるため，小規模な沖積錐しか発達しない．東南部の野々俣谷となお谷では，緩勾配のため，谷口まで土石流は到達していない．

弓ヶ洞谷の新旧の沖積錐のうち，①と②の末端は庄川に側刻されている．帰雲山の古期崩落堆はその側刻崖に接し，③の沖積錐に被覆されているので，②と③の形成期の間に最初の大規模崩落が起こったと解される．

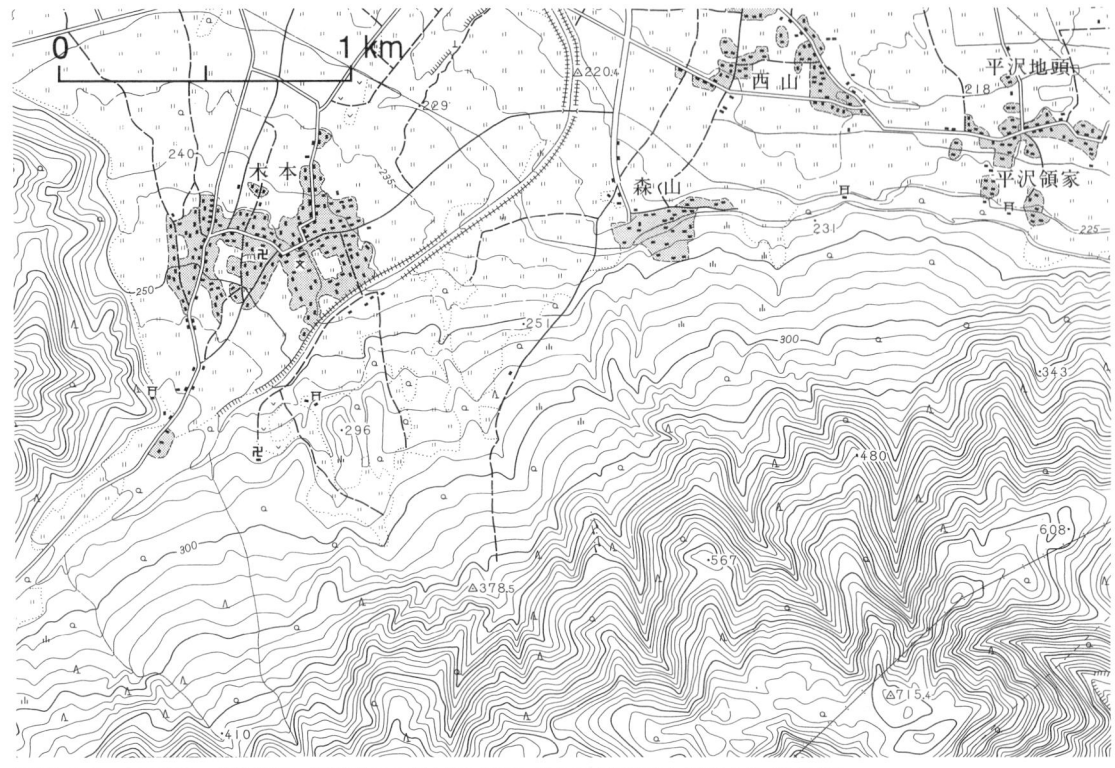

図 15.6.9 土石流堆，土砂流原，沖積錐および小型扇状地 (2.5万「荒島岳」〈岐阜 5-3〉昭 45 測)

4) 土石流堆，土砂流原および沖積錐

図 15.6.9 の北西部には木本付近に，扇頂溝をもつ小型扇状地が発達し，水田に利用されている．南部の前輪廻地形を刻む谷の谷口から下流には，沖積錐帯が発達する．各沖積錐の平均傾斜は 1.7 ～1.9×10^{-2} であり，上記の扇状地（2.4×10^{-3}）より急傾斜である．西部の大規模な沖積錐には水線記号をもつ河川があるが，扇頂溝に相当する溝をもつものは少ない．沖積錐の末端線は森山から東方では 220 m 等高線にほぼ一致し，西方では木本の扇状地との傾斜変換線に一致する．

沖積錐の上で，最大傾斜方向に伸びる堤防状の高まりが数本あるが，それらは土石流堆であろう．沖積錐は大部分が林地と草地である．しかし，森山の南西の標高点 251 付近から標高点 296 付近にかけて水田が発達する．その水田帯は沖積錐の中でも傾斜変換線を境に緩傾斜（6.7×10^{-3}）でかつ平滑であり，さりとて扇状地より急傾斜で，し

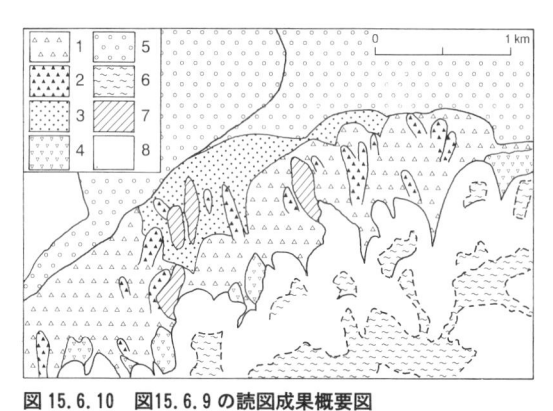

図 15.6.10 図 15.6.9 の読図成果概要図
1：沖積錐一般，2：土石流堆，3：土砂流原，4：古い沖積錐，5：扇状地，6：山頂・山腹の小起伏面，7：埋め残しと思われる島状丘，8：山地斜面

かも沖積錐の末端あるいは土石流堆の間に存在するので，土砂流原と解される（図 15.6.10）．

森山を除き，沖積錐には集落がない．なお，図北東部の平沢地頭と平沢領家付近は緩傾斜な中型扇状地の一部である．

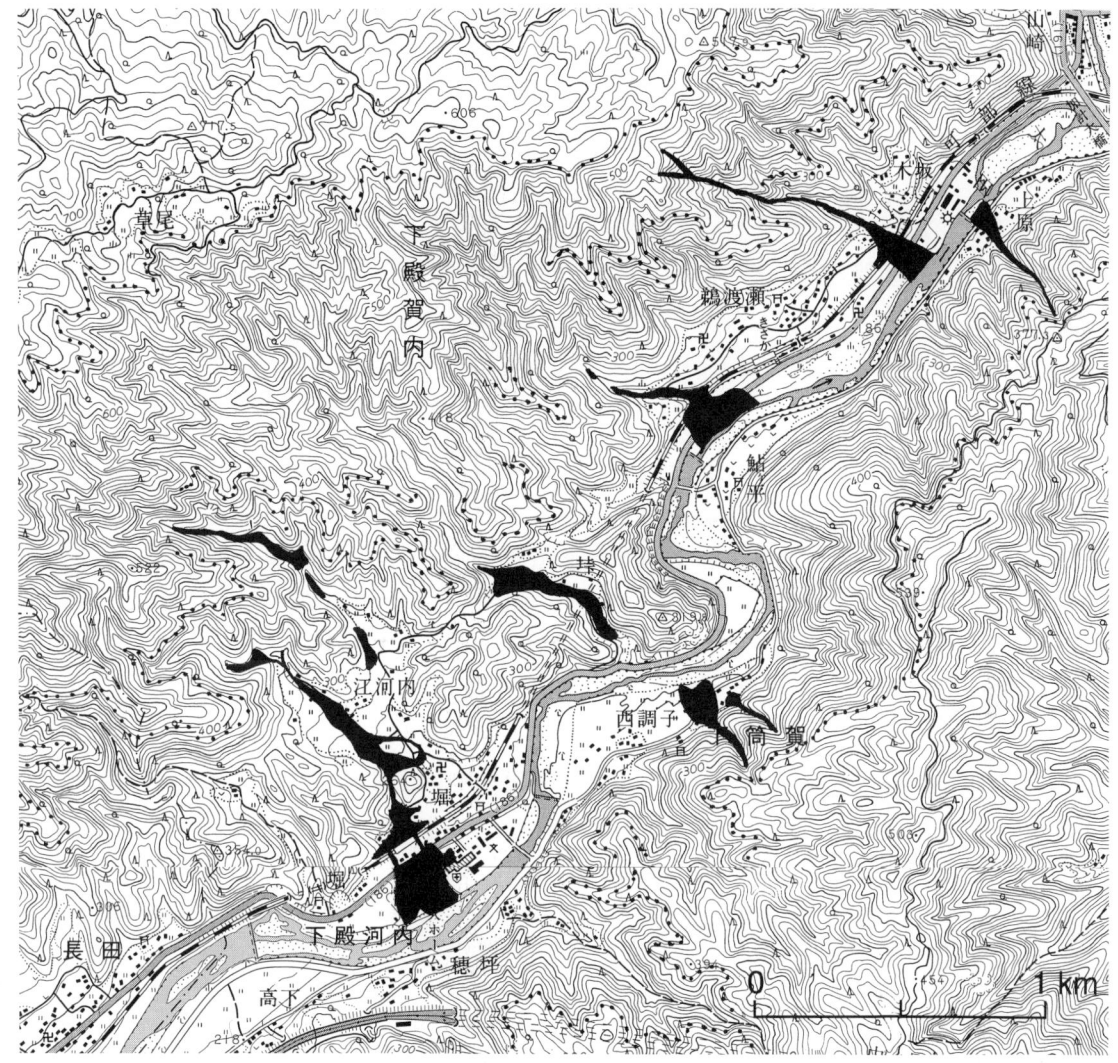

図 15.6.11　土石流による被災地域（2.5万「加計」〈広島 9-3〉平 10 部修・「坪野」〈広島 9-4〉平 7 修正）　黒色部（土石流被災地）と太点線（顕著な遷急線）を補記.

5）土石流災害地域の例

図 15.6.11 では太田川の両岸に遷急線（侵蝕前線：図に補記した太点線）に縁取られて 2 段の前輪廻地形（好例：草尾付近）が発達している．図中に黒色で塗りつぶした部分は，1 回の豪雨に起因して多発した土石流で荒廃した地区（土石流谷，土石流堆，土砂流原）である．どの土石流も上位または下位の侵蝕前線の下方の谷底で発生しており，しかも顕著な崩落を伴っていないから，谷底堆積物が土石流として移動したと解される．

大規模な土石流の定着域には古い沖積錐が発達しており（例：江河内，西調子など），複数回の土石流によって沖積錐がしだいに成長したことを示す．江河内の南方では，分流した土石流が狭い峡谷部を直進して，その下流で左右に広がり，鉄道を乗り越え，さらに太田川の河床に達している．古い沖積錐でも土石流災害の無かった地区もあるが（例：西調子の集落，鵜渡瀬の集落），それは偶然に過ぎない．太田川右岸の谷壁斜面を刻む急勾配の谷では，谷口に沖積錐の存在しない場合でも（侵蝕されて存在しないのであるから），どこでも土石流が発生すると予想される．

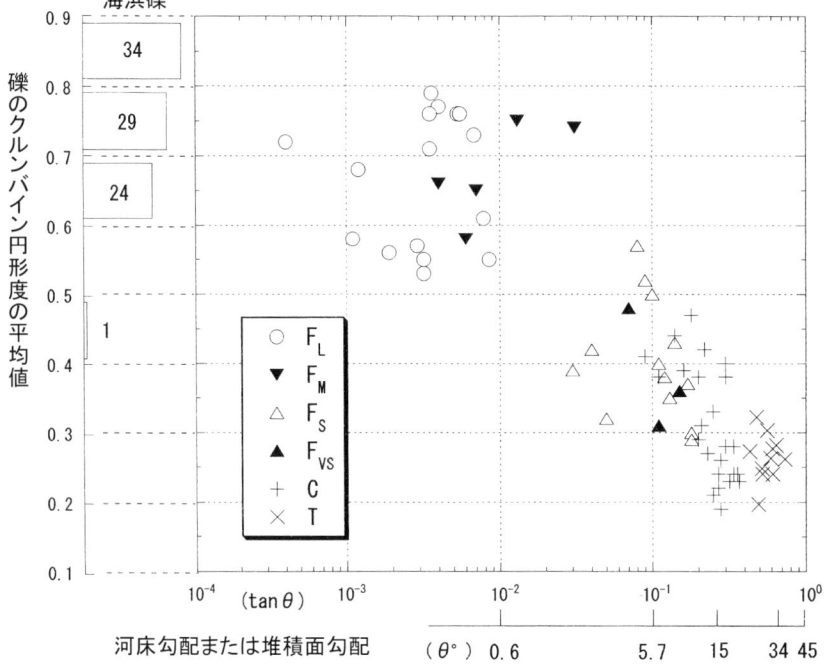

図 15.6.12 礫の円形度と河床勾配または堆積面勾配との関係 (高瀬ほか, 2002)
河床の 1m² 内にある大きな礫の, 上位から 20 個の円形度の平均値を示す. T：崖錐, C：沖積錐, F_{VS}：超小型扇状地, F_S：小型扇状地, F_M：中型扇状地, F_L：大型扇状地. 海浜礫は富士海岸に実験的に投入されたデイサイト岩塊（約 40cm 大）の 364 日後に発見された 88 個の礫の円形度別の個数を示す.

6) 土石流堆積物の円形度

これまでの読図例のように, 谷口に沖積錐を伴う谷では, 土石流の発生する可能性が高い. しかし, 支流の谷で土石流が多発しても, それによって形成される沖積錐が本流によって侵食され, 除去されている場合も多い（図 15.6.2 の 3 の谷）. そのため, 多数の支流の谷口を横断して, 本流沿いに建設された交通路では, しばしば土石流災害を受ける.

谷口に沖積錐の発達していない谷における土石流の発生可能性を予見する手段として, 普通には河床勾配（谷口付近で約 5 度以上, 中流で約 15 度以上）や河床堆積物の有無を調査するが, その他に河床堆積物の円形度が有力な鍵になる.

図 15.6.12 は, 種々の地形種を構成する礫の円形度（☞図 2.3.10）と地形種の勾配との関係を示す. 沖積錐を流れる河川は, 多くの場合, 水無川であり, その河床礫の円形度は 0.5 以下の亜角礫である. したがって, 沖積錐のない谷の河床堆積物の円形度の平均値が 0.5 以下であれば, 土石流の発生する可能性が高いと解される. ただし, 超小型および小型の扇状地と沖積錐とは河床勾配は異なるが, 礫の円形度では重なる場合が多い. これは, 超小型と小型の扇状地では河川運搬堆積物と土石流堆積物が互層している可能性もあるためであろう.

一方, 他の地形種を構成する礫の円形度を見ると, 崖錐堆積物では約 0.3 以下の角礫であり, 中型と大型の扇状地では約 0.5 以上であって, 小型扇状地や沖積錐とは明瞭に異なる.

15.7 陥没地形と沈下地形

A. 陥没地形

(1) 陥没地形の形成過程と特徴

(a) 陥没地形の定義

　地下空洞（地底地形：☞表2.1.1）の天井部分を構成する岩盤が，重力によって急激に破壊して，空洞内に落下する過程のうち，地表に凹地または亀裂を生じる地形過程を陥没（sinking）とよび，その凹地を陥没凹地（sink depression, sink hole）とよぶ．地表に地形変化を生じない過程を落盤（cave-in）とよぶ．陥没および落盤によって地下空洞に岩屑の定着した高まりが生じる．陥没で生じたこれらの地表と地底の地形を一括して陥没地形（sink landform）とよぶことにする．

　陥没凹地は，一般に摺り鉢形または円筒状で，平面形は円形であるが，梅や桜の花びらのように複合していることもある．径数百 m 以下，深さ数十 m 以下である．なお，火山活動によっても種々の陥没凹地が生じる（☞第18章）．

(b) 陥没地形の分類

　陥没地形は地下空洞の形成過程によって，次のように大別される（図15.7.1）．

1) 自然的陥没地形

　① 石灰岩地域の陥没地形：石灰岩の岩体内部には溶蝕によって地下空洞（石灰洞）が生じやすい．その天井部分とくにドリーネやウバーレの底部が陥没すると陥没凹地が生じる（☞p. 906）．

　② 熔岩陥没孔：粘性の低い玄武岩質の熔岩流では，流下中に表層部は急冷・固化するが，内部は熔融状態のままで，その熔融部が流出すると，熔岩トンネルが生じる．その天井部分が陥没する

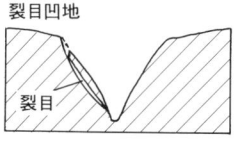

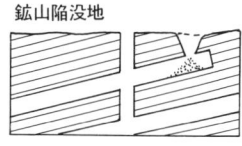

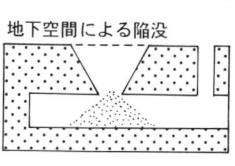

図15.7.1　陥没地形の類型

と，熔岩陥没孔が生じる（☞第18章）．

　③ 変動変位による陥没地形：活断層運動により地下浅所に剪断破壊に起因する裂け目が生じると，その上方で陥没凹地が生じる（☞第19章）．

　④ 集団移動に関連する陥没地形：大規模な崩落や地すべりに伴って，しばしば地下に大規模な裂目空間が生じる．また，谷壁（とくに侵蝕前線の下方の岩盤斜面）において地形性節理が生じると，基盤岩石から分離した岩盤表層部が僅かに座屈または滑動して，地下に裂目空間が生じる．裂目空間は斜面にほぼ並行に伸長しており，その地表部に細長い陥没凹地または小段差をもつ亀裂が生じていることがある．

2) 人為的原因による陥没地形

　① 鉱山・採石場の陥没凹地：採鉱・採石で掘削された坑道や地下空洞の上にしばしば小規模な陥没凹地が生じる．炭田地域や採石地域（例：大

図 15.7.2 陥没地形の生じやすい炭田地域 (2.5 万「木屋瀬（中間）」〈福岡 6-1〉昭 30 資料修正．)

谷石）のような軟岩で構成された鉱山で，比較的に浅い部分の坑道（とくに廃坑）に多い．陥没に至らなくても不等沈下の例は多い．金属鉱山では一般に岩盤が硬岩であるから，陥没は稀である．

特殊例として，広大な武蔵野段丘では江戸時代に，関東ローム層（厚さ約 6 m）の下位にある段丘礫層の礫を建築材料とするために，縦坑と横坑を掘削し，多数の地下空洞が形成された（例：国分寺市）．その上に重量構造物を建築すると，陥没事故が発生する．

② 地下構造物に関連する陥没：第二次世界大戦中の家庭用防空壕や地下軍事施設に起因する陥没も少なくない．それらはほとんど埋め戻されておらず，しかも位置の特定が困難であるから危険である．開削によるトンネル，地下埋設物，大都市の地下空間の建設における余掘部分の埋め戻し不良による陥没もしばしば発生する．

山岳トンネルは一般に地山の被りが大きく，天然アーチが形成され，地質条件や地下水条件に見合った支保工と覆工が建設される．しかるに，トンネルの陥没や落盤はトンネルを掘削しなければ決して起こらない現象であるから，それに起因する災害は明らかに人災である．

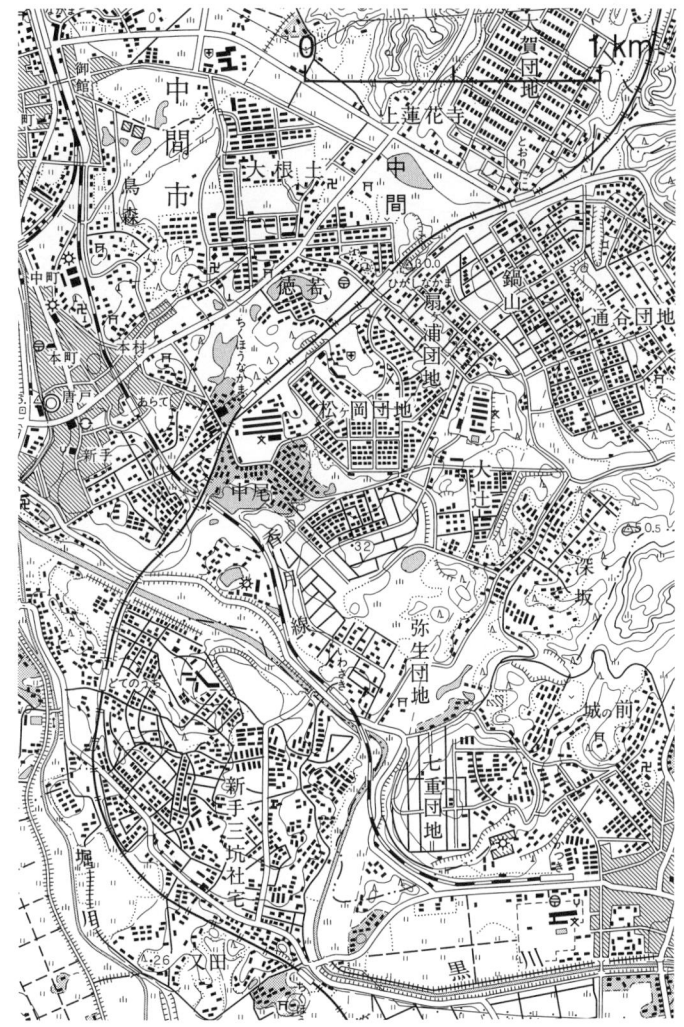

図 15.7.3 図 15.7.2 の主要部の現況 (2.5万「中間」〈福岡 6-1〉昭 50 修正)

(2) 陥没地形の読図例

自然的原因による陥没地形については関連章節で読図例を示す．鉱山など人為的原因による陥没地形は小規模で，2.5 万地形図に表現されるほど大規模なものは稀である．そこで，ここでは炭坑に由来する陥没地形の存在しそうな地域を示す．

図 15.7.2 には，この狭い地域に鉱山記号（せきたん）が 14 個もある．その近傍に比高 50 m に達するボタ山がいくつもある（例：大辻炭坑の西，ケーブル線に注意）．図中央の，新手五坑の西に不定形の池がある．これは堰止堤がなく，地すべりなどに起因する凹地としてはその地形場が不自然であるから，陥没凹地の可能性もあるが，溜池であろう．城前北東の炭坑の背後に 2 個の凹地（→に注意，東側の凹地は 2 本の閉曲線）は，その前面に 2 個のボタ山があるので，それによる閉塞凹地であろう．図南東部の黒川右岸や図北部の古庵西方の湿地と池は後背湿地・湖沼であろうが，地盤沈下の影響があるかもしれない．

炭坑が廃坑となった現在では（図 15.7.3），ボタ山が均平化されて，住宅団地や学校用地などに転用されている（例：七重団地）．丘陵の宅地造成地も多い．過去の炭坑地区に多くの池がある（例：鳥森の北，徳若，弥生団地付近）．それらは，古い溜池が縮小されたものもあるが，地盤の沈下または陥没を示唆する．

炭田地域では，広域的に陥没や地盤沈下の危険性があると考えられる．問題は，廃坑の坑道がどこに存在するか不明な場合が多いことである．旧版地形図における炭坑の分布から，危険地区をおおまかに推定するしかない．

B. 沈下地形

(1) 地盤沈下地形

地盤沈下 (land subsidence) は，水で飽和した非固結堆積物（とくに粘土層や泥炭層）の土粒子間の水が徐々に排水され，堆積物全体の体積（厚さ）が圧密・縮小して地表高度の低下をもたらす現象である．既存地表における地形物質の加除はない．地盤沈下で生じた地形を地盤沈下地形 (subsidence landform) とよぶことにする．

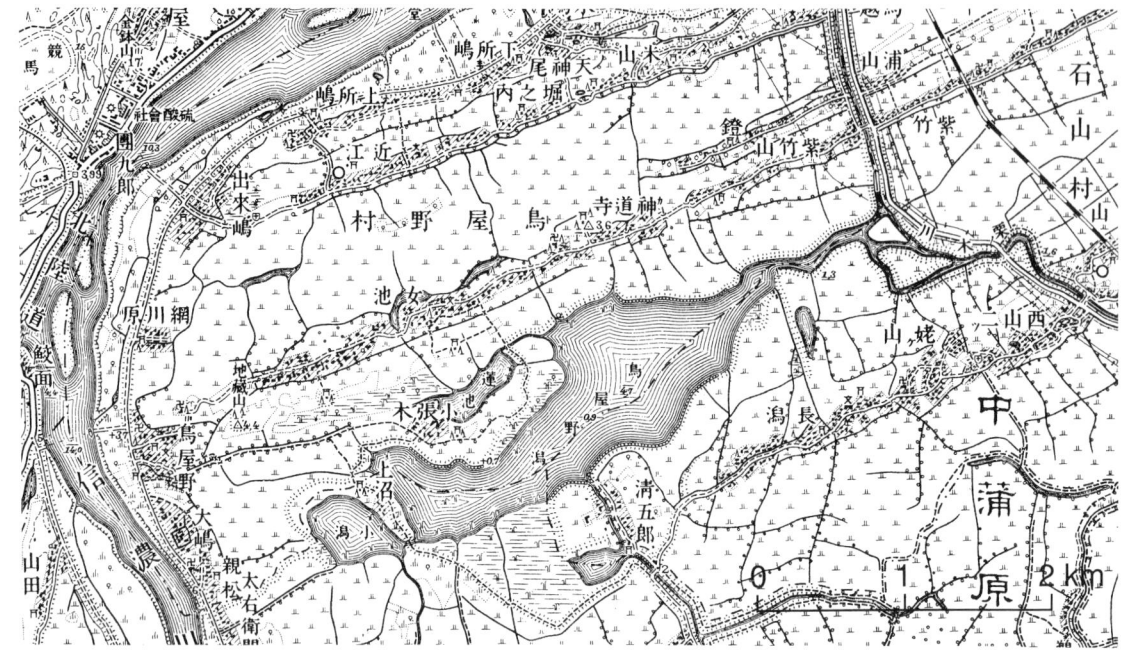

図 15.7.4 堤列低地と堤間湖沼（5万「新潟」〈新潟 13〉明 44 測）

　排水が終了すれば，地盤沈下は一定の沈下量で終息するが，地下水位が回復しても元の高さには戻らない不可逆的現象である．地下水や水溶性天然ガス，石油の多量の汲み上げで地盤沈下が加速され，汲み上げを止めると地盤沈下も停止する．

　構造物や杭，管などの基礎を圧密層より下位の砂礫層や固結岩に求めると，地盤沈下に伴って構造物基礎の浮き上がりを生じる．なお，地盤沈下が止まっている地区でも，巨大な地下構造物（例：地下駅）は，地下水位が上昇すると，地下水の浮力で浮き上がることがある．

　広い臨海低地で地盤沈下が著しいと，広域的な浅い凹地いわゆる'ゼロメートル地帯'が生じる（例：東京下町低地）．そこでは排水施設がないと豪雨時や高潮で広域的な冠水災害が起こる．

　図 15.7.4 の信濃川右岸地域は堤列低地の好例である．ほぼ東西方向に伸びる少なくとも 5 列の浜堤と鳥屋野潟（水面高 0.9 m，水深 4.7 m の注記に注意）などの堤間湖沼・湿地をもつ堤間低地列が発達している．湖沼は信濃川でなく，東部の栗ノ木川に自然排水されている．

　しかるに，図 15.7.5 では，鳥屋野潟をはじめ，堤間低地の大部分が，0 m 等高線を追跡すれば明白なように，ゼロメートル地帯になっている．女池の北には標高点 −1 m，西には水準点 0.0 が新設されている．図北東部の神道寺の三角点高度は 3.2 m で，図 15.7.4 の 3.6 m より 40 cm も低い．この差は，三角点が神社境内にあるから，人為的移設や測量誤差によるものではないと思われる．

　新潟平野では古くから油田・天然ガス田が開発され，多量の地下水が汲み上げられた．その結果として，広域的に地盤沈下が進み，ゼロメートル地帯が拡大した．鳥屋野潟は親松の排水機場で信濃川に人工排水されている．

(2) 荷重沈下地形

　相対的に軟弱な地盤の上に重量構造物を建設すると，その荷重のために地盤が圧縮して，地盤が沈下・破壊し，沈下域の周囲が盛り上がることがある．このような荷重による地表や構造物の沈下を荷重沈下（settlement）とよび，それに起因する地形を荷重沈下地形（settlement landform）

図15.7.5　地盤沈下に起因するゼロメートル地帯（2.5万「新潟南部」〈新潟13-4〉昭48修正）

とよぶことにする．

　泥炭地などの軟弱地盤地帯に建設された道路・鉄道などの盛土の沈下はその例である．よって，軟弱地盤地帯では大規模な盛土の建設は困難であり，重量構造物の建設では軟弱層の下位の礫層や基盤岩石を支持地盤とする基礎杭の打設が不可欠である．荷重沈下では，不可逆的な地盤沈下と異なり，その上載荷重を除去すれば，ある程度まで地盤が隆起し，可逆的変形を示す．その意味で荷重沈下はアイソスタシーに類似している．

　自然界でも荷重沈下が起こる．巨大な火山体の荷重沈下（☞p.1051）をはじめ，湖成堆積物のような軟弱地盤で構成される低地を被覆した熔岩流や大規模な地すべり堆の定着に伴う地盤の変形がその例である．それらの変形に伴う河系異常（天秤谷や先行谷：☞図13.2.7），地形面の逆傾斜，環状凹地と環状隆起帯，環状断層などを論拠に読図でも荷重沈下が認識される．

第 15 章の文献

参考文献（第1章の参考文献を除く）

土質工学会編（1985）「土砂災害の予知と対策」：土質工学会，357 p.
藤田　崇・平野昌繁・岩松　暉・酒井潤一・高浜信行・山内靖喜編（1986）「斜面崩壊」：地質学論集，28，日本地質学会，281 p.
東日本旅客鉄道（2000）「落石検査マニュアル」：鉄道施設協会，179 p.
日本地形学連合編（1984）特集「巨大崩壊と河床変動」：地形，5，pp. 151-255.
日本道路協会（1988）「落石対策便覧（第5版）」：日本道路協会，359 p.
奥園誠之（1983）「切取斜面の設計から維持管理まで」：鹿島出版会，141 p.
Sharpe, C. F. S. (1933) Landslides and Related Phenomena: Pageant Books, Inc. 137 p.
高野秀夫（1983）「斜面と防災」：築地書館，179 p.
武田裕幸・今村遼平（1976）「建設技術者のための空中写真判読」：共立出版，219 p.
Terzaghi, K. (1955) Mechanism of Landslides : Geol. Soc. Amer. Engineering Geology (Berkey) Volume, pp. 88-245.
Varnes, D. J. (1978) Slope Movement Types and Processe: Landslides Anarysis and Control, Transportation Research Board, Special Report, No. 176, pp. 11-33.

引用文献

芦田和男編著（1985）「扇状地の土砂災害―発生機構と防止軽減」：古今書院，224 p.
Bloom, A. L. (1969) The Surface of the Earth : Prentice-Hall（楜根　勇訳，1970，「地形学入門」：共立出版，208 p.）.
Chorley, R. J., Schumm, S. A. and Sugden, D. E. (1984) Geomorphology : Methuen & Co. Ltd., London（大内俊二訳，1995，「現代地形学」：古今書院，692 p.）.
江川良武・堀　伸三郎・坂山利彦（1980）風穴の成因について：地学雑誌，89，pp. 85-96.
Fujimori, S., Suzuki, K. and Suzuki, T. (2001) Critical travel distance of blocks in rockfall : Trans. Japan. Geomorph. Union, 22／4 (Abstracts of 5th ICG), p. C-71.
古谷尊彦（1982）地すべりに由来する地名の解釈について：地すべり，19，2，pp. 25-28.
Heim, A. (1932) Bergsturz und Menschenleben : Fretz und Wasmuth, Zurich, 218 p.
Hsü, K. J. (1975) Catastrophic debris streams (Sturzströms) generated by rockfalls : Geol. Soc. Amer. Bull, 86, pp. 129-140.
池谷　浩（1980）「土石流対策のための土石流災害調査法」：山海堂，196 p.
釜井俊孝・野呂春文（1988）1987年千葉県東方沖地震による上総丘陵の斜面崩壊：応用地質，29，pp. 285-294.
Kojan, E. (1967) Mechanics and rates of natural soil creep : United States Forest Service Experiment Station (Berkeley, California) Report, pp. 233-253.
町田　洋（1984）巨大崩壊，岩屑流と河床変動：地形，5，pp. 155-178.
日本応用地質学会（1999）「斜面地質学―その研究動向と今後の展望」：日本応用地質学会，294 p.
野口達雄（2002）鉄道沿線岩石斜面の安定性評価に関する研究：鉄道総研報告，特別第51号，220 p.
奥田節夫（1986）斜面崩壊にともなう物質の移動過程：藤田　崇ほか編（1986）「斜面崩壊」：地質学論集，28，日本地質学会，pp. 97-106.
大八木規夫（1979）斜面崩壊および地盤災害の研究：「1978年大島近海地震」に関する特別研究，科学技術庁研究調整局，pp. 70-95.
大八木規夫（1982）地すべりの構造：アーバンクボタ，No. 20（特集＝地すべり），pp. 42-46.
砂防・地すべり技術センター（1994）平成5年度土砂災害の実態，64 p.
斎藤迪孝（1968a）第3次クリープによる斜面崩壊時期の予知：地すべり，4，pp. 1-8.
斎藤迪孝（1968b）斜面崩壊発生時期の予知に関する研究：鉄道技術研究報告，626号，53 p.
Schumm, S. A. (1967) Rates of surficial rock creep on hillslopes in western Colorado : Science, 155, pp. 560-561.
Shreve, R. L. (1968) Leakage and fluidization in airlayer lubricated avalanches : Geol. Soc. Amer. Bull, 79, pp. 653-658.
高瀬康生・戸村健太郎・藤森信也・鈴木隆介（2002）崖錐，沖積錐および扇状地の縦断勾配と構成礫の円形度との関係：地形，23，pp. 101-110.
高野秀夫（1960）「地すべりと防止工法」：地球出版，314 p.
武居有恒監修・小橋澄治・中山政一・今村遼平・池谷　浩・平野昌繁・古谷尊彦・奥西一夫（1980）「地すべり・崩壊・土石流，予測と対策」：鹿島出版会，334 p.
Troeh, F. R. (1965) Landform equation fitted to contour maps: Amer. Jour. Sci., 263, pp. 616-627.
柳田　誠・長谷川修一（1993）地すべり地形の開析度と形成年代との関係：地すべりの機構と対策に関するシンポジウム論文集，土質工学会四国支部，pp. 9-16.
谷津栄寿（1965）日本の地辷り粘土について：粘土科学，4，pp. 54-66.
落石対策技術マニュアル検討会（1998）「落石対策技術マニュアル検討会報告書」：鉄道施設協会，146 p.

第 16 章　差別削剝地形

削剝は流体力による侵蝕（河川侵蝕，海蝕，風蝕など）と重力による集団移動（崩落，地すべりなど）の総称である．削剝に対する抵抗力ないし振舞いの異なる岩石が隣接していると，両者の間に削剝様式と削剝速度の差異を生じる．そのことを差別削剝とよび，それが侵蝕による場合をとくに差別侵蝕という．

　差別削剝に起因する地形を差別削剝地形と総称する．差別削剝地形は，岩石間の相対的高度，起伏量，傾斜，谷密度，斜面型，集団移動様式，河系模様，河系異常などの差異として現れる．それは空中写真地質学の論拠となる．

　差別削剝地形に反映する岩石の抵抗力の差異は，本質的には岩質ではなく岩石物性の差異である．よって，岩石物性の差異が著しい岩石が隣接している場合ほど，顕著な差別削剝地形が生じる．同じ岩質の岩石（例：砂岩）であってもその物性および風化特性は岩体ごとに異なり，逆に岩質の異なる岩石でも物性的には類似している場合も少なくない．地質的不連続面（地層面，断層，節理など）の相対傾斜も差別削剝地形に反映する．差別削剝は，削剝過程と岩石物性との相対的関係を反映している．その関係は地形場および削剝時間によって変化する．かくして，差別削剝地形の理解には地形学公式の概念が不可欠である．

　建設技術的に問題となるのは岩質ではなく岩石物性であるが，差別削剝地形はその岩石物性の空間的差異を示唆する．よって，建設技術的利用を目的とした詳細な地質図（いわば土木地質図）が全国的に完備されていない現状では，差別削剝地形の理解は，建設地における岩石物性や削剝過程の地区別の差異を予測できるという点で，建設技術者にとって有意義なはずである．そこで本章では主な差別削剝地形の形成過程を解説し，その読図例を示す．

口絵写真（前頁）の解説

　写真（2000年2月8日，著者撮影）は，三浦半島西岸の荒崎海岸における波蝕棚表面の「鬼の洗濯板状」の微起伏を示す．黒色の岩石（写真左下部など）はスコリア質の凝灰岩層で，白色の岩石は泥岩層である．両者の互層は約70度で南（写真では左方）に傾斜する同斜構造をもち，多数の断層（例：写真下部と中央部で左右に伸びる2本の溝）で切断されている．写真（潮間帯）では凝灰岩層は尾根状の高所を，泥岩層は溝状の低所を構成しているが，両者の比高は海抜高度で変化する．この微起伏を生じた両岩石の差別侵蝕は，単に両岩石の破壊強度の差異に起因するのではなく，泥岩の風化過程を介在として，両岩石の抵抗力／削剝力の比が高度によって変化するために生じた（詳細：☞pp. 870〜871）．

A. 差別削剥の概説

(1) 差別削剥地形の定義と用語法

削剥に対する抵抗性の異なる複数の岩石（単純にいえば硬岩と軟岩）が隣接する地域（広義の山地，段丘および岩石海岸）においては，岩石間に削剥の様式および削剥速度に差異が生じ，それぞれの岩石の分布地区ごとに異なった形態的特徴をもつ削剥地形が生じる．その地形過程を差別削剥（differential denudation）とよび，それに起因する地形を差別削剥地形（differentially denudated landforms）と総称する．差別削剥が侵蝕だけに起因する場合をとくに差別侵蝕（differential erosion），その地形を差別侵蝕地形（differentially eroded landforms）と総称する．

地質構造を強く反映している地形は，古典的地形学では，構造地形（structural landforms）と総称されてきた．これは，①活断層や活褶曲で変動変位（☞表2.2.1）した地形と②差別削剥地形を包含している（Cotton, 1953）．両者は形態的に類似している場合が少なくない（☞第19章）．そこで，両者を区別するために，①を変動地形（tectonic landform）とよび，②に対しては組織地形（structurally controlled landforms）という用語が提案された（貝塚ほか，1963）．変動地形は適語である．しかし，地形の'組織'とは「地表を構成する岩石物質（岩と土），つまり地形物質」を意味するとすれば，すべての地形は'組織'の諸性質（岩質，地質構造，物性など：☞表2.3.2）を何らかの形で反映しており（☞表2.3.10），'組織'に無関係な地形は存在しない．ゆえに，組織地形はすべての地形を指すことになり，気候地形（☞p. 935）と同様に，あまりにも漠然とした用語である．そこで本書では，'組織地形'の命名主旨をより明白に示す用語として差別削剥地形を使用する．

(2) 差別削剥の機構

1) 差別削剥の相対性

差別削剥は，侵蝕や集団移動を生じる地形営力（河流，波，重力など：以下，削剥営力と総称）が同種・均等であっても，それに対する抵抗性が地形物質ごとに異なることに起因する．逆に同種の岩石でも，異なった削剥営力に対しては，それぞれ別の抵抗性（振舞，反応ともいう）を示す．つまり，差別削剥は削剥営力の性質（種類，強さ，発生頻度など）と地形物質の性質（岩質，地質構造，物性など）との組み合わせに制約され，差別削剥の原因となる最も重要な岩石の性質は削剥営力ごとに異なる（☞表2.3.10）．

差別削剥に限らず，あらゆる地形過程は何らかの形で地形物質の諸性質に制約される．このことは岩石制約（rock control）とよばれ，地形過程との相対的関係において定量的に理解すべきことである（Yatsu, 1966）．しかも，その相対的関係は地形場や時間によって変化するので，差別削剥は地形学公式の概念（☞p. 97）を抜きにしては理解されない（鈴木，1994; Suzuki, 2002）．

差別削剥における強抵抗性とか弱抵抗性というのは，抵抗力（例：強度）の絶対値ではなく，隣接する岩石間においてのみ適用される相対的な表現である．その相対的な抵抗性は岩石の成因的分類名称（岩質）とは一義的には関係がない．岩質の異なる岩石間に差別削剥が起こることも起こらないこともある．同種の岩石が強抵抗性岩として，逆に弱抵抗性岩として振舞うことも普通である．そこで本書では，ある地域で相対的に削剥の進んでいない（高い）地区を構成する岩石を強抵抗性岩（resistant rock），その逆を弱抵抗性岩（less-resistant rock）とよび，記述を簡単にする．

2) 岩石の積極的抵抗性と消極的抵抗性

地形営力に対する岩石の抵抗性は積極的抵抗性と消極的抵抗性に二大別される（Suzuki et al., 1985）．積極的抵抗性（positive resistance）は

外力に立ち向かう性質である．破壊強度，硬度，非変形性，岩屑の粒径・重量，化学的安定性などがその例である．硬岩と軟岩の区別やN値で表される地盤の支持力は積極的抵抗性の評価法に含まれる．

消極的抵抗性（negative resistance）は外力を吸収してその影響をいわば'柳に風'と受け流す性質である．水に対する透水性や地殻変動に対する塑性変形性はその例である．高透水性岩の分布地では，雨水がすぐに浸透するので，布状洪水やリル侵蝕が進まず，谷密度が著しく低い（☞図16.0.38）．しかし，透水性は飽和含水状態下で起こる河川側刻や海蝕に対しては無意味である．

積極的抵抗性と消極的抵抗性の両方が関与すると顕著な差別侵蝕地形が生じる．たとえば，石灰岩が周囲より高い石灰岩台地を形成するのは，両者の抵抗性が強いからである（☞p.905）．

3）差別削剝の複雑な機構

差別削剝は，岩石間の抵抗性の単純な差異に起因する場合もあるが，複雑な機構による場合も少なくない．そのことを実例で説明しよう．

図16.0.1は，波蝕棚（☞図7.3.1）の表面において，急傾斜した地層間の差別侵蝕によって生じた洗濯板状の微起伏を示す（☞第16章口絵）．地形学公式の観点から，この起伏を構成する凝灰岩層と泥岩層の頂部の比高を'問題とする地形量'とし，それを制約する地形場，地形営力，地

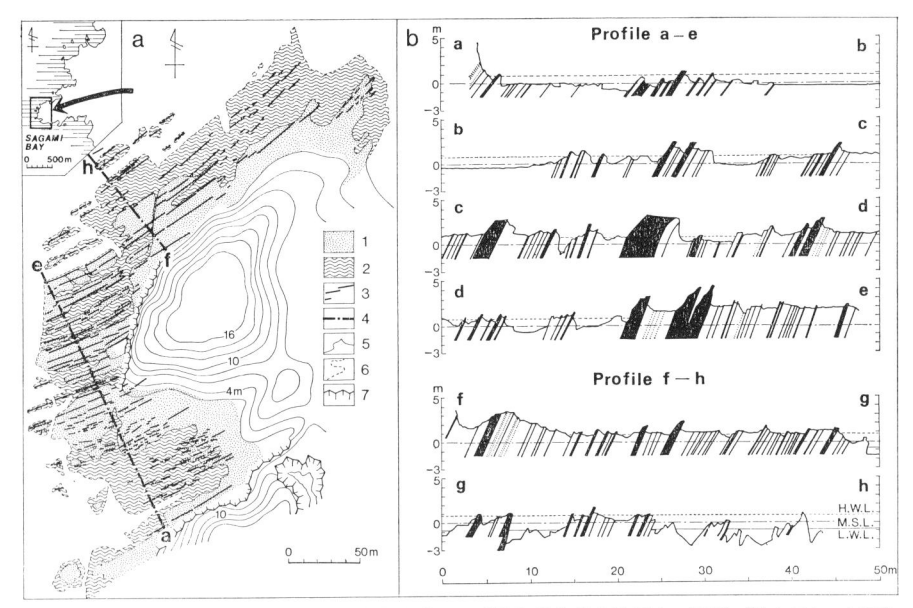

図16.0.1 三浦半島荒崎海岸における波蝕棚表面の洗濯板状起伏と地層との関係（鈴木ほか，1970）
左図（平面図），1：高潮位より高い波蝕棚，2：潮間帯の波蝕棚，3：波蝕棚上の主な尾根部，4：地質断面図（右図）の位置，5：高潮位線，6：低潮位線，7：海蝕崖．
右図（地質断面図），黒色部：スコリア質凝灰岩，白色部：泥岩，打点部：砂岩．

形物質および時間の影響が次のように認識された．

①凝灰岩と泥岩の比高（つまり侵蝕速度の差）は海抜高度によって異なる（図16.0.2）．海底では比高がほぼゼロであるのに，潮間帯に位置する波蝕棚表面では凝灰岩が著しく高く顕著な差別侵蝕地形を示すが，潮間帯より高い海蝕崖では逆に泥岩が高くなっている．②凝灰岩に比べて，泥岩は力学的抵抗性では強いが（表16.0.1），乾湿風化しやすく（図16.0.3），1cm内外の風化節理が形成される（図16.0.4）．一方，凝灰岩には風化節理がほとんど形成されない．③そのため，含水比変化の著しい潮間帯では，乾湿風化で生産された泥岩の岩片が波で容易に除去されるため，乾湿風化がさらに進行し，その繰り返しのために泥岩が凝灰岩よりも急速に侵蝕され，洗濯板の谷部を形成する（図16.0.5）．④潮間帯より高い海蝕崖では，遡上波の到達する機会が少ないため，乾湿風化でモザイク状に割れた泥岩もあまり侵蝕されず（図16.0.4），凝灰岩よりやや高い尾根部を形成する（図16.0.2）．⑤研磨剤としての砂礫に

第16章　差別削剝地形　871

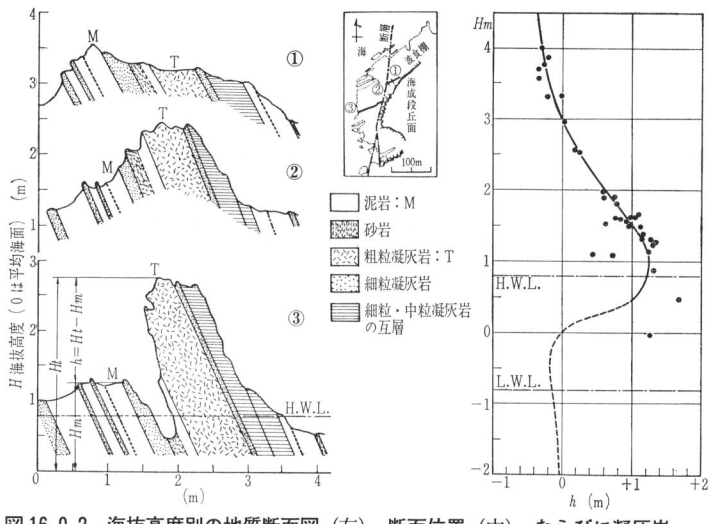

図16.0.2　海抜高度別の地質断面図（左），断面位置（中），ならびに凝灰岩（T）と泥岩（M）の比高（h）の高度（H_m）による変化（右）(Suzuki et al., 1970；ただし，この図は鈴木, 1974)

表16.0.1　荒崎海岸の泥岩と凝灰岩の物性（鈴木ほか, 1970）

新鮮岩の岩石物性		泥岩	凝灰岩
見掛け比重		2.64	2.63
間隙率 (%)		39.3	34.0
熱線膨張係数 (10^{-6})		6.6	4.4
縦波速度 (km/s)		2.0	1.3
圧縮強度 (MPa)	乾燥	23.5	17.0
	湿潤	1.4	0.8
圧裂引張強度 (MPa)	乾燥	4.3	1.5
	湿潤	0.6	0.5
剪断強度 (MPa)	乾燥	7.4	3.0
すりへり減量* (%／100回転)	乾燥	7.2	15.0
	湿潤	12.5	33.0

＊：ロスアンゼルス試験値

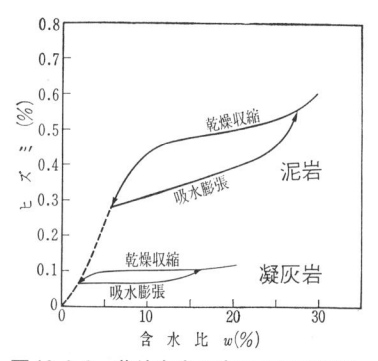

図16.0.3　荒崎海岸の岩石の吸水膨張・乾燥収縮による線ヒズミと含水比の関係（Suzuki et al., 1970；ただし，この図は鈴木, 1974）

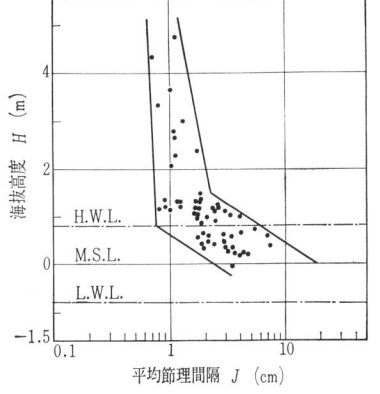

図16.0.4　荒崎海岸の泥岩の平均節理間隔の高度による変化（Suzuki et al., 1970；ただし，この図は鈴木, 1974）

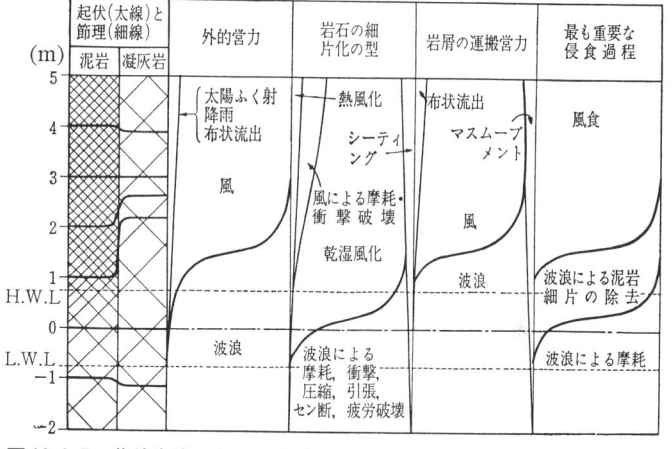

図16.0.5　荒崎海岸における高度別の差別削剝過程の総括図（Suzuki et al., 1970；ただし，この図は鈴木, 1974）

被覆された海底ならびに低潮位の波蝕棚の表面では，泥岩も凝灰岩も均等に侵蝕され，差別侵蝕が起きていない．これは，近傍の海成侵蝕段丘における薄い段丘堆積物の基底が平坦で，地層間の差別侵蝕がないことによって実証された．⑥この波蝕棚は1923年の関東地震のさいに約1.3m隆起した．よって，顕著な洗濯板状起伏の形成はその隆起後の差別侵蝕の結果であると解される．

表 16.0.2 岩体の規模と差別削剥地形の規模

地形の規模	岩体の規模	差別削剥地形の例
超微地形類	葉層,薄層,単層	侵蝕溝,タフォニ
極微地形類	単層〜部層	波蝕棚や河床の洗濯板状の微起伏,滝,傾斜変換線
微地形類	単層〜部層,熔岩,岩脈,火山岩頸	ケスタ,メーサ,直線谷,岩脈尾根,独立丘
小地形類	部層〜累層,断層破砕帯	高度・谷密度の異なる丘陵,断層線谷,接頭直線谷
中地形類	累層〜層群	接峰面の傾斜変換線

削剥速度は削剥営力 (F_d) と地形物質の抵抗力 (F_r) の比で決まる.しかるに,この波蝕棚近傍では外的営力の種類と強さの高度的変化に伴って,二種の岩石の F_r/F_d が,風化過程を介在として,高度によって変化するために,洗濯板状起伏(問題とする地形量)の高度的変化を生じたと解された(図 16.0.5).

この例から,差別削剥は単に岩石の強度の大小に起因するのではなく,岩石物性,風化特性,地形営力,地形場(ここでは高度)の複雑な関与ないし相対的関係によって生じることが理解されるであろう(図 16.0.5).要するに,物性の異なる複数の岩石がベニヤ板のように隣接している場合に,それらをノコギリ,ナタ,カミソリ,ヤスリ,サンドペーパーのどれで切るか,切る方向,含水状態(岩石の破壊強度は完全湿潤時では乾燥時の 1/3〜1/5 になる),岩体の厚さ(寸法),といった削剥過程の諸側面によって差別削剥の現れ方(形態的差異:☞表 16.0.5)が異なるのである.

4) 岩体の規模と差別削剥地形の規模

差別削剥は,上例のような単層間ばかりでなく,地層分類単位(☞表 2.3.4)のいずれの階層間でも生じる(表 16.0.2).ゆえに,大小様々な規模の差別削剥地形が生じ,それを論拠に地質境界線を推論できる.ただし,中地形類や大地形類の境界は,差別削剥ではなくて,地殻変動や火山活動などの内的営力に起因する場合が多い.

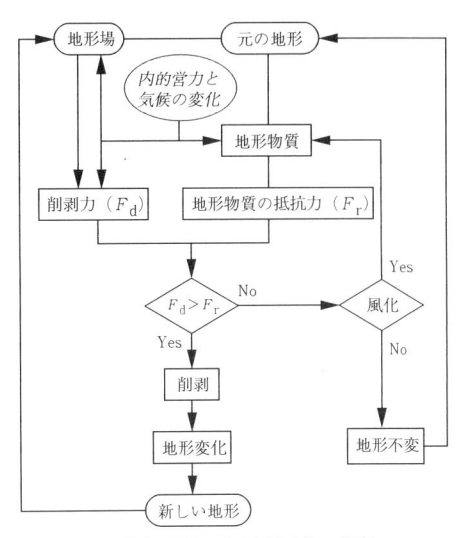

図 16.0.6 削剥過程における風化の役割

(3) 削剥過程における風化の役割

いかに抵抗力の強い岩石でも長期的には削剥される.それは岩石が風化して抵抗力が低下するからである(図 16.0.6).しかし,岩石が風化しても,風化物質が削剥営力によって除去されない限り,地形は変化しない.よって,岩石の風化は削剥に対する岩石の準備過程であると理解される.

風化の諸側面のうち,地形学的にも建設技術的にもとくに重要なことは,①風化による岩石物性の変化(一般に劣化),②自然斜面における岩盤の風化状態すなわち風化帯の強度と厚さの三次元的分布および③岩盤の風化速度である.それらは削剥過程を制約し,建設技術的には構造物の基礎や切取法面の安定性に関与する.そこで,これらの側面について概説しておこう.

1) 風化の定義

岩石の風化(weathering)とは,岩石が地表と地下浅所で,その場所で位置を変えることなく(*in situ*),地表付近から地下に向かって変化する諸地学現象(地温変化,含水比変化,地下水流,応力解放,結晶成長など)の影響により,破砕,分解,変色,粘土化などを伴って劣化する現象である.したがって,砂礫が流水運搬中の相互衝突

で細粒化する磨滅現象（attrition），石灰岩の表面の溶解（solution），地下深部での熱水変質作用（hydrothermal alteration）による岩石の変質などを風化とは言わない．

2）風化過程の種類

風化過程は，その機構によって一般に物理的風化，化学的風化および生物的風化に三大別され（Yatsu, 1988, に詳しい），それぞれ次のように細分される．

物理的風化（physical weathering）は，岩石を破砕（disintegration）して，岩石内部に割れ目（風化節理，weathering joints, と総称）を生じたり，岩石を細粒化して，強度低下をもたらす．物理的風化の原因は次のように大別される．①除荷作用（unloading）：上載荷重の除去に伴う応力解放により，岩盤が膨張し，地表面にほぼ並行な節理（地形性節理，topographic joints）を形成する．②熱風化（thermal weathering）：地温変化による岩盤の膨張・収縮で，割れ目を生じる（日射風化ともいう）．③乾湿風化（slaking）：吸水膨張・乾燥収縮に伴う歪の発生により岩石が破砕する．④凍結破砕（frost shattering）：地中水の凍結融解に伴う膨張・収縮により岩石が破砕する．⑤塩類風化（salt weathering）：地中水に溶存する塩類の結晶成長により岩石が破砕される．

化学的風化（chemical weathering）は，①水和作用（hydration），②加水分解（hydolysis），③溶解（solution），④酸化（oxidation），⑤還元（reduction）などによって，岩石の化学的性質を変質（decomposition）させ，強度劣化や造岩鉱物の粘土鉱物化をもたらす．岩石内部から外部へ溶解物質が溶脱（leaching）すると，削剥が起こる．この場合には，直接的な削剥であるから，溶蝕（corrosion）または化学的削剥（chemical denudation）とよばれる．生物学的風化（biological weathering）はバクテリアの作用により岩石を変質・変色する．

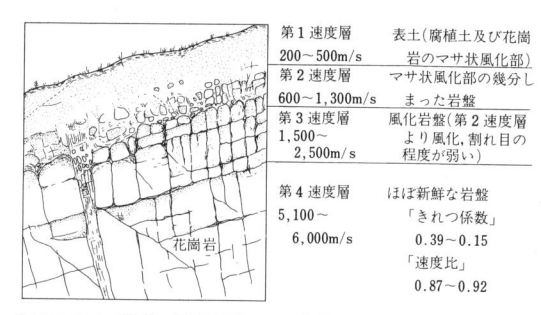

図16.0.7 岩盤（花崗岩）の風化帯の産状と縦波速度層の地質学的解釈の模式的対比図（陶山・羽田, 1978） 一般に縦波速度が約0.5 km/s以下ならブルドーザで，約0.5～約1 km/sならリッパーで，約1 km/s以上なら発破で掘削される．

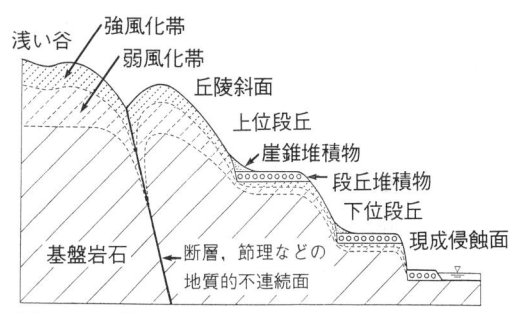

図16.0.8 地形と風化帯の厚さとの模式的関係（Suzuki and Hachinohe, 1995）

実際にはこれらの風化過程のいくつかが連動して風化が進行する．また，風化は，岩石の初生的性質（岩質・地殻変動に伴う変形）に加えて，地形，気候，水文，生物などの地表付近の諸条件（一括して風化環境とよぶ）に制約される．

3）風化帯

風化によって破砕・分解した岩石物質を風化物質（weathered materials）または風化生成物（weathering products）と総称する．それが風化した場所に残存する状態を風化帯（weathered zone）とよび（図16.0.7），その下限を風化フロント（weathering front）とよぶ．

風化帯の厚さは，風化に弱い岩石ほど大きく，また同じ岩石ならば風化時間が長く，風化物質が除去されない地形場ほど大きい．つまり，上位の前輪廻地形や段丘ほど，斜面では緩傾斜部ほど風化帯が厚い（図16.0.8）．

表16.0.3　野外における肉眼観察を主とする花崗岩の風化分帯（木宮，1992）

風化分帯	野外での肉眼的特徴*	平均的厚さ
第Ⅷ帯 しもふりマサ	粘土分がほとんどで，わずかに石英の未風化粒が見られる．地下水による移動が見られ，花崗岩の構造は全く残っていない．牛肉のしもふり肉のような様相を呈する場合が多い．	1〜5m
第Ⅶ帯 赤色マサ	全体が一様に風化し砂状を呈する．長石，黒雲母，角閃石などは粘土化し，赤色化しているため全体としても赤色を呈する．花崗岩の構造は残っており，粘土分はかなり多い．	1m以下
第Ⅵ帯 マサB	全体が一様に風化し砂状を呈する．長石，黒雲母はかなり粘土化しているので，軽く手で握ると塊になる．本帯を欠く場合もある．マサAとの境ははっきりしている．	2m以下
第Ⅴ帯 マサA	全体が一様に風化し砂状を呈する．粘土分はマサBにくらべて少なく，軽く手で握っても塊にならない．節理面の跡は厚さ1cm程度の粘土層になっている．風化花崗岩Bとの境ははっきりしている．	10〜20m 時に 40〜50m
第Ⅳ帯 風化花崗岩B	長石は指頭で粉砕できるほど風化し，岩石全体としてもかなり風化しているが，一様な風化ではなく，節理面は残っている．粘土分はほとんどなく，ハンマーで軽くたたくと砂状となり，岩塊とならない．風化花崗岩Aとは漸移する．	5〜10m
第Ⅲ帯 風化花崗岩A	長石は白濁するが，岩盤としての組織を残しており，節理面もはっきりしている．ハンマーで軽打してもくいこまず，軟らかい部分は砂状になるが，硬い部分は10cm程度の岩塊となる．風化花崗岩Bとは漸移する．	20〜30m
第Ⅱ帯 花崗岩B	黒雲母の周辺に鉄サビ色のくまが生じているが，ハンマーで軽打したぐらいでは割れない．花崗岩Aとは漸移する．	20〜30m
第Ⅰ帯 花崗岩A	新鮮なもので，風化作用の影響を全くまたはほとんど受けていない．	

*：一部省略．

表16.0.4　第三系堆積岩の風化亜帯の肉眼的特徴（Suzuki and Hachinohe, 1995）

風化亜帯	野外における肉眼的特徴
強風化帯 Highly weathered	岩石の全体または半分以上が変色・分解している．不連続面は開口している．風化節理は，地質的不連続面や岩盤表面にほぼ平行に発達し，平均間隔は1cm以下である．
中風化帯 Moderately w.	岩石の半分以下が変色し，分解している．新鮮または変色した岩塊が連続的な枠組または風化核として存在する．平均節理間隔は数cm以下である．
弱風化帯 Slightly w.	変色は主要な不連続面にそって見られるが，岩盤の大部分は変色していない．
微風化帯 Faintly w.	非系統節理が存在するが，不連続面にそう変色はみられない．
新鮮部 Unweathered	風化の肉眼的兆候はみられない．ほとんどの節理は系統節理である．

地表に近いほど風化程度が著しいので，風化帯は風化程度により，地表から下位へと強風化帯，中風化帯，弱風化帯，微風化帯などの風化亜帯（weathered sub-zone）に分帯される．風化亜帯の肉眼的特徴，岩石物性の変化程度などの違いは岩質，風化年数，風化環境などによって異なる．ゆえに，風化亜帯の特徴を全岩石を一括して整理した試みもあるが（例：Geological Society Engineering Group Working Party, 1977），一般化は難しい．ここでは，建設技術的にしばしば問題となる花崗岩（表16.0.3）と第三系堆積岩（表16.0.4）の場合を例示しておく．

4）風化に伴う岩盤物性の一般的な変化

風化によって岩石は脱色・変色し，風化程度が著しいほど褐色，赤褐色あるいは白色になる（例：表16.0.3）．風化に伴う物性変化は一般に，物理的性質（見掛け比重，間隙率，間隙径分布など）の漸移的変化に始まり，力学的性質（強度，硬度など）と鉱物学的性質が続き，その後に化学的性質と色調の変化へと，不連続的に変化する場合が多い（図16.0.9）．そのため，風化による強度低下は，変色帯の基底よりも数十cmないし数十mも深い深度で，変色の始まる前に，始まっていることがある（図16.0.10）．

風化によって，岩盤の積極的抵抗性は一般に強度低下，粒径減少，可溶性増加などの形で低下し（例外：デュリクラスト），逆に消極的抵抗性（例：透水係数，塑性）は増大する．岩盤の強度

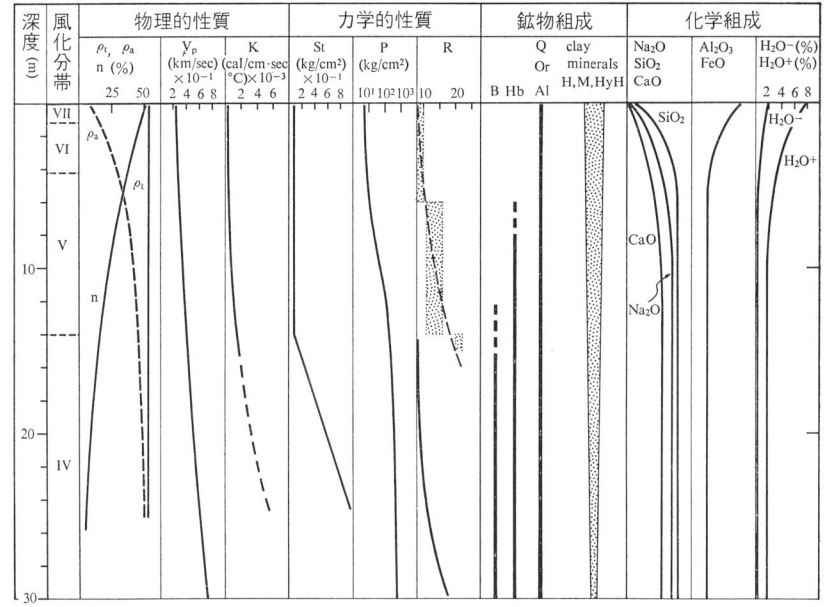

図 16.0.9　風化による六甲花崗岩の物性変化（鈴木ほか，1977）
深度は前輪廻地形の地表面からの深度である．風化分帯の記号は表 16.0.3 に同じである．ρ_t：真比重，ρ_a：見掛け比重，n：間隙率，V_p：縦波速度，K：熱伝導率，S_t：非整形点載荷引張強度，P：山中式貫入硬度，R：シュミットロックハンマー反発度，Q：石英，O_r：正長石，B：黒雲母，Hb：角閃石，Al：曹長石，H：ハロイサイト，M：モンモリロナイト，HyH：加水ハロイサイト．

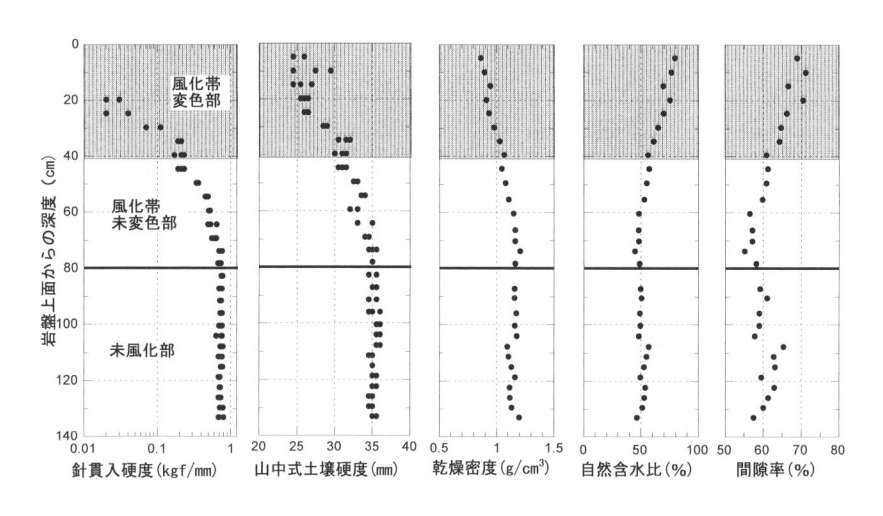

図 16.0.10　侵蝕段丘面下の第三系砂岩の風化による物性変化（Hachinohe et al., 2002）

低下の原因は，①破砕による割れ目（風化節理）の増加，②岩盤の細粒化，③鉱物粒子間の結合力の低下，④鉱物粒子の破砕，⑤間隙径分布の変化とくに大間隙の総容量の増加，⑥造岩鉱物の粘土鉱物化，⑦化学的変質による粘土化などである（田村・鈴木，1984；山下・鈴木，1986；松倉，1994，など）．これらのうち，①〜⑤は透水係数の増加に，⑥と⑦は塑性化にそれぞれ寄与すると考えられる．

5）風化速度

風化速度（rates of weathering）に関して種々の定義があるが，一般的には風化時間を t として，dQ/dt の形で表される（谷津，1981）．Q としては風化帯の厚さ（Z），未風化岩と風化物質の強度比（S），鉱物組成（M）および化学成分（C）の変化比，風化生成物の除去量（L）などが測定されてきた．しかし，建設技術では（地形学でも），dZ/dt および dS/dt という定義の風化速度が重要である．

ところが，風化速度がとくに重要な斜面では，風化物質が雨蝕や集団移動によって容易に除去される．そのため，斜面では風化に要した時間（t）および風化開始後のすべての風化物質の厚さ（Z）の特定が困難であり，風化速度を論理的に正しく算定できない．

この難題を克服するために，離水年代の明らかな侵蝕段丘面を構成する基盤岩石（岩盤）について測定された風化速度（dZ/dt）を図 16.0.11 に

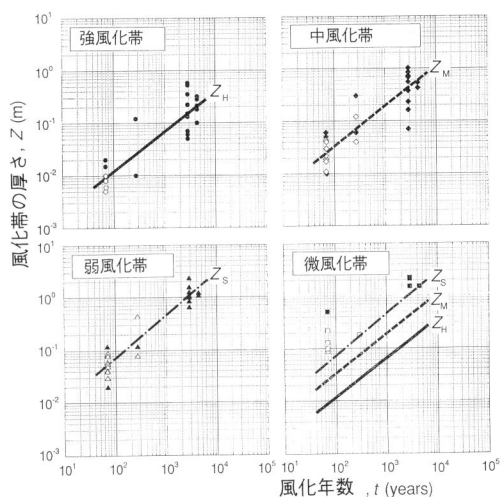

図 16.0.11 海成侵蝕段丘面下の基盤岩石（第三系砂岩泥岩互層）における風化帯の厚さ（Z）と風化年数（t，＝段丘面の離水年代）の関係（Suzuki and Hachinohe, 1995）

$Z_H \cdot Z_M \cdot Z_S$：岩盤表面から強・中・弱の風化亜帯の基底までの累積厚さを示す．白い記号は砂岩と礫岩，黒い記号は泥岩の多い泥岩砂岩互層のデータである．

示す．侵蝕段丘面では，岩盤の風化時間は段丘面の離水年代にほぼ等しいと仮定され，また基盤岩石は薄い段丘堆積物に被覆されているので，その風化物質（溶解物質を除く）は除去されていないと仮定される．風化速度は次式で表される．

$$dZ/dt = \alpha t^{-\beta} \quad (16.0.1)$$

ここに，Z は岩盤表面から 4 つの風化亜帯の基底までの深さ（風化亜帯の累積厚さ），t は風化時間であり，また α と β は定数である．風化速度（風化フロントの深入速度）は強・中・弱・微風化帯の順に大きく，いずれも時間の経過とともに減速する（図 16.0.11）．

このデータは 30 度内外で傾斜する砂岩泥岩互層（単層の厚さ＝5〜40 cm）を一括して分帯された各風化亜帯の風化フロントの深入速度である．そこで，同じ地域で岩質ごとに風化速度を求めると，深度によって岩質ごとに風化開始時間や風化速度が異なる（Hachinohe et al., 1999）．たとえば，未風化岩と風化物質の強度比を残留強度比で表し，それと風化時間との関係をみると（図 16.0.12），岩盤表面部では泥岩が砂岩より早く風化するが，深さ約 3 cm より深い部分では逆に砂岩が泥岩より早く風化し始め，かつ急速に風化して強度が低下する．

風化帯の増厚と強度劣化は数十年単位でみても小さい．しかし，切取法面の崩壊をはじめ，ロックボルトの抗力劣化，さらには放射性廃棄物処理用の地下空洞などの岩盤強度に関連する諸問題を想起すると，岩盤の風化は建設工学的観点からも決して等閑視できない．なお斜面では，段丘面下よりも岩盤含水比の変化や地中水の流動などが大きいから，風化速度も大きいはずである．

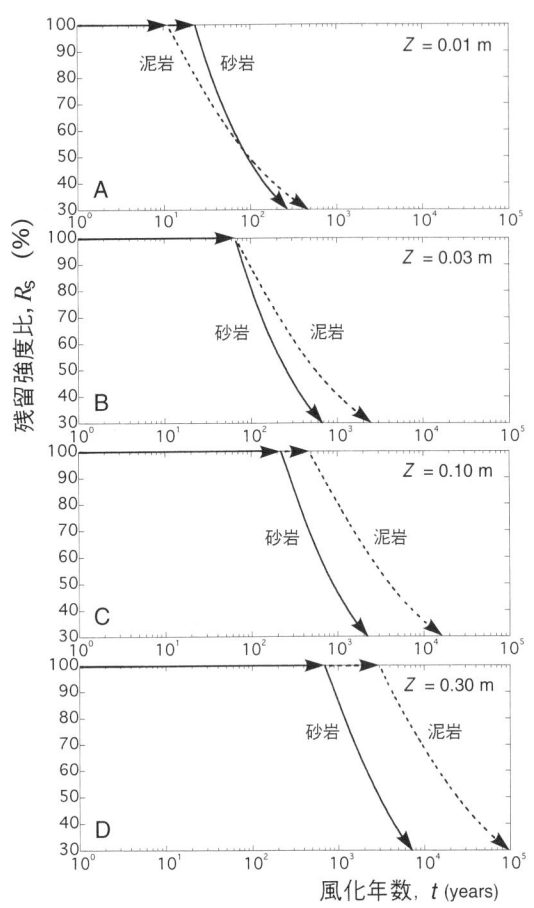

図 16.0.12 未風化岩に対する風化物質の残留強度比（R_s）と風化時間（t）の関係の深度（Z）と岩質による違い（Hachinohe et al., 1999）

(4) 削剥における風化限定と運搬限定

新鮮岩の抵抗力 (F_f) が削剥力 (F_d) より大きい場合には削剥は起こらない．しかし，風化物質の抵抗力 (F_w) は F_f より小さくなる．その場合に，岩盤の風化過程と風化物質の除去過程の相対的関係（削剥条件ないし削剥環境）について，古くから次のような二つの重要な概念（図16.0.13）がある (Gilbert, 1877, p.99)．

① 風化限定 (weathering-limited)：岩盤の風化速度 (rate of weathering, R_w) よりも風化物質の除去可能速度 (potential rate of removal, R_r) のほうが大きい場合である．この条件下では，風化物質はその生成後すぐに除去されるから，斜面は裸岩斜面となり，削剥速度 (R_d) は風化速度 (R_w) に支配される（図16.0.13の左）．ゆえに，風化速度の異なる岩盤が並存する斜面では，風化されやすい岩盤ほど相対的に低い地形（例：谷，ガリー）を生じる．

② 運搬限定 (transport-limited)：風化物質の除去可能速度 (R_r) よりも岩盤の風化速度 (R_w) のほうが大きい場合である．この条件下では，斜面表層部が風化物質で構成されており，植生に覆われた被覆斜面であり，斜面の削剥速度 (R_d) は風化物質の除去可能速度 (R_r) に支配される（図16.0.13の右）．この場合に注意すべきことは，異なった岩石で構成される斜面の形態的差異は，岩石の風化に対する抵抗性の違いに制約されるのではなくて，風化物質の性質（例：粒径，割れ目密度，透水係数など）に制約されることである．つまり，風化速度が早くても，風化物質が粗粒である場合には，たとえば雨蝕に対して $F_w > F_d$ であれば雨蝕では侵蝕されないが，河蝕や海蝕に対して $F_w < F_d$ であれば侵蝕される．

この二つの概念は，前述の波蝕棚表面における差別侵蝕で証明される（☞図16.0.5）．すなわち，潮間帯における泥岩の侵蝕は風化限定であり，低潮位に近い低所ほど波浪の強さも頻度も大きいので，乾湿風化で生じた岩片は大きいものでも低所ほど早く除去される．ゆえに，風化節理の平均間隔は低所ほど大きい．一方，波浪の影響のない高潮位より上方における泥岩と凝灰岩の差別侵蝕は運搬限定である．つまり，泥岩は，平均間隔1cm内外の岩片がモザイク状に組み合っているため，雨蝕や風蝕に対しては $F_w > F_d$ であり，その侵蝕速度が小さい．一方，強度の小さい凝灰岩は雨蝕や風蝕を受けて，泥岩より相対的に低くなっている．海底では両岩石の抵抗力が新鮮岩でも小さいから ($F_f < F_d$)，差別削剥が起こらない．

斜面各部はしばしば上方斜面から供給された岩屑に被覆されており，その岩屑の粒径によってその除去速度が異なるから，風化限定と運搬限定の両条件が錯綜している（☞表14.0.4）．簡単にいえば，頂部凸形部では除去速度が小さいので運搬限定条件下にあり，風化物質が厚い．中部直線部（自由面）は急傾斜で除去可能速度が大きいので，風化限定条件下にあり裸岩斜面である．基部凹形部は崖錐堆積物で構成され，透水係数と岩屑の粒径に制約された運搬限定条件下にある．

以上のように，風化限定と運搬限定は，風化物質の物性と削剥営力との相対的関係で決定される．しかも，その相対的関係は地形場および時間の経過によってその重要性ないし強弱が変化する．よって，差別削剥過程は地形学公式の概念（☞p.97）を抜きにしては理解されない．

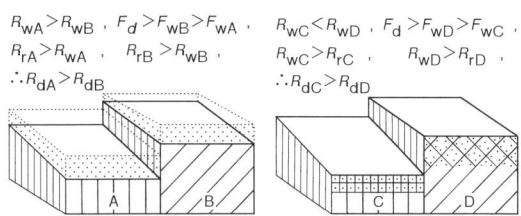

図16.0.13 削剥における風化限定（左）と運搬限定（右）
R_w：風化速度（風化帯の増厚速度），F_w：風化物質の抵抗力，F_d：削剥力，R_r：風化物質の除去可能速度，R_d：削剥速度，漆字（A〜D）は岩石の種類（A〜D）を示す．正面断面（A〜D面）の線の間隔はたとえば節理の間隔を示す．打点部は風化帯を示す（左図では除去される前の風化帯）．

$R_{wA} > R_{wB}$, $F_d > F_{wB} > F_{wA}$, $R_{rA} > R_{wA}$, $R_{rB} > R_{wB}$, ∴ $R_{dA} > R_{dB}$

$R_{wC} < R_{wD}$, $F_d > F_{wD} > F_{wC}$, $R_{wC} > R_{rC}$, $R_{wD} > R_{rD}$, ∴ $R_{dC} > R_{dD}$

表 16.0.5 差別削剥で急変する地形の形態要素とそれに関与する地形物質の主な性質*

地質境界線で急変する形態要素の例		関与する地形物質の主な性質	岩石の組み合わせの例（形態要素の例：大＞小）
高度，起伏量		強度，透水係数，地質構造	起伏量：硬岩＞軟岩，高透水性岩＞低透水性岩
尾根の横断形（円頂状〜尖頂状）		強度，透水係数，地質構造	円頂状：軟岩＞硬岩，高透水性岩＞低透水性岩
尾根と谷の横断形の非対称性		地質構造（岩層の相対傾斜），単層の厚さ，強度，透水係数，割れ目係数	急傾斜面：受け盤＞流れ盤，硬岩＞軟岩
山腹斜面	斜面の傾斜	強度，地質構造，透水係数，風化特性	傾斜角：受け盤＞流れ盤，硬岩＞軟岩
	等高線ぞいの長い露岩の急崖（遷急線，遷緩線）	岩層の相対傾斜，単層の厚さ，強度，割れ目係数	長い急崖：厚い硬岩（例：熔岩，熔結凝灰岩，凝灰角礫岩，礫岩，砂岩）＞軟岩（例：凝灰岩，泥岩）
	「がけ（岩）」，「岩」，「がけ（土）」，「流土」の密度	強度，透水係数，風化特性，節理密度，地質構造	「がけ（岩）」と「岩」：硬岩，受け盤 「がけ（土）」と「流土」：軟岩，風化岩
	凹地・小突起の密度	溶解性，強度，割れ目係数，断層	凹凸の多さ：石灰岩＞非石灰岩
集団移動地形の種類（崩落・地すべり・土石流地形）と分布密度		相対傾斜，岩質，強度，割れ目係数，透水係数，膨潤性，風化特性	地すべり密度：流れ盤＞受け盤，泥質岩＞砂礫質岩
河谷地形	河系模様	地質構造，強度，透水係数	模様の複雑性：軟岩＞硬岩
	屈曲度異常，転向異常	地質構造，強度，断層，節理	組み合わせは多様
	直線谷，接頭直線谷，鞍部列	地質構造，強度，断層，節理	直線性：軟岩・破砕岩＞硬岩
	谷底幅異常，滝，急流部	強度，地質構造，断層，節理	谷底幅：軟岩＞硬岩，滝：硬岩＞軟岩
	谷密度異常，1〜3次谷の規模	透水係数，強度，割れ目係数	谷密度：低透水性岩＞高透水性岩
岩石海岸	海岸線の屈曲度（肢節度）	強度，割れ目係数，相対傾斜	屈曲度：成層岩＞塊状岩
	波蝕棚の発達状態	強度，節理密度，風化特性	波蝕棚の幅：中硬岩＞軟岩＞硬岩
	波蝕棚上の洗濯板状起伏，隠顕岩・離れ岩，海蝕洞	成層岩の傾斜，単層の厚さ，強度，節理密度，風化特性，化学成分	高所：硬岩＞軟岩，風化速度の小さい岩石＞風化速度の大きい岩石
火山地形：熔岩原面と火砕岩原面の開析度，谷壁斜面の階段地形		熔岩，熔結凝灰岩，非固結火山砕屑岩の成層構造	開析度，谷壁傾斜：熔岩・熔結凝灰岩＞非固結火山砕屑岩
変動地形：断層線谷，断層鞍部列		断層破砕帯，軟岩と硬岩の接触	谷の出現：断層破砕帯＞非破砕帯
リニアメント（☞表 16.0.6）		地質構造，強度，断層，節理	低所：弱抵抗性岩＞強抵抗性岩
地形の逆転		強度，透水係数，風化特性	高所：硬岩＞軟岩，高透水性岩＞低透水性岩

*：隣接する岩石分布地区の間に，地形場（侵蝕階梯を含む），地形営力および削剥時間に顕著な差異がないと仮定されている．

(5) 差別削剥地形の特徴

1) 差別削剥地形の形態要素

削剥が起こる地形場は，山地，火山，丘陵，段丘，侵蝕低地および岩石海岸（浅海底を含む）である．ゆえに，差別削剥地形つまり形態的特徴（地形量と地形相）の空間的急変はそれぞれの地形場で多種多様である（表 16.0.5）．

差別削剥地形では，これらの形態要素（例：高度，河系模様，谷密度異常，☞図 16.0.23）の複数が共に急変する場合が多い．その場合でも，個々の形態要素の差異が1本の線で境されるほど顕著なこともあれば，漸移的なこともある．

差別削剥地形のうち，とくに顕著なものには地形種名が与えられている．ケスタ，メーサ，石灰岩台地，岩脈尾根，断層線谷などがその例である．

読図による差別削剥地形の認定では，まず高度分布の急変と谷密度の急変に着目する．ついで，傾斜変換線（遷急線と遷緩線），尾根頂部の横断形（円頂状か尖頂状か），尾根と谷の横断形の非

表 16.0.6 リニアメントと総称される地形線*の成因別の分類例

地形線		地質界線**ぞいの差別侵蝕地形	集団移動地形とその他の外因的地形	変動地形	火山地形
尾根線		ホッグバック，ケスタ，岩脈尾根，ホルンフェルス尾根などの稜線	土石流堆や海岸州の頂部線	活背斜尾根	岩脈尾根，カルデラ縁
谷線		直線谷，接頭直線谷，断層線谷	幅の狭い堤間湿地，扇状地の流路跡地	断層谷，活向斜谷	割目火口，ガリー
遷急線		ケスタ，メーサ，地層階段，段丘崖などの自由面の崖麓線，滝線	地すべりの側方滑落崖・副次滑落崖	断層崖と撓曲崖の崖頂線	熔岩流の側壁岩の崖頂線
遷緩線		ケスタ，メーサ，地層階段，岩脈尾根，ホルンフェルス尾根，段丘崖（とくに海成段丘崖）などの崖麓線	地すべりの側方滑落崖・副次滑落崖，崖錐末端線，軟岩地域の河川側刻崖・海蝕崖の崖麓線，海岸州の外縁線	断層崖と撓曲崖の崖麓線	熔岩流の側壁岩の崖麓線，熔岩堤防の内縁線．（谷線）
地形点の列	山頂	ホッグバックと岩脈尾根の山頂列	地すべり流れ山列，砂丘列		火山列，流れ山列
	山脚	ホッグバックとケスタの頂部列		三角末端面の山脚列	
	鞍部	直線的鞍部列，尾根遷緩点列	砂丘鞍部列	断層鞍部列	火山体の境界
	合流点	格子状・直角状河系模様の合流点列		横ずれ谷の合流点列	
	凹地	溶蝕凹地の直線的配列	地すべり内部凹地列，砂丘凹地列		火口列

*：地形線（☞表 3.1.1），**：地質界線は，地質的不連続面（地層面，断層面，節理面，不整合面，片理面など），火成岩・変成岩・堆積岩の岩体境界線，厚い風化帯ならびに変質帯と地表面との交線の総称である（☞表 2.3.4）．

対称性，山腹斜面（谷壁斜面）の諸特徴（露岩，「がけ（岩）・（土）」，ガリーなど），小凹地・小突起の有無，鞍部の直線的配列などに着目する．直線谷，谷底幅異常，崩落地や地すべり地形の分布は極めて重要である．

岩石海岸の差別削剥は，海岸線や海蝕崖の平面的な屈曲度，波蝕棚の幅，隠顕岩の存否などの形で現れる（Sunamura, 1994，に詳しい）．海蝕崖の背後の段丘，丘陵および山地の差別削剥地形と岩石海岸のそれが対応していることが多い（例：☞図 10.0.26，図 11.3.3）．

差別削剥地形は，火山（例：熔岩と火山砕屑岩の間，火砕流堆積物の熔結部と非熔結部の間）および変動地形（例：各種の断層削剥地形）に関連しても顕著にみられる．それらについては第 18 章と第 19 章で扱う．

2) リニアメント

差別削剥地形の形態要素の一つにリニアメント（lineament）と総称される線状地形がある（表 16.0.6）．これは，地形線（☞表 3.1.1）のうち平面的に数百 m～数 km にわたって直線状または緩い弧状に伸長または配列しているものである．リニアメントは大規模なものであれば読図でも認定できるが，小規模なものや浅い直線谷は空中写真判読で認定される．

リニアメントは形態用語であり，その形成過程（成因）は多種多様である（表 16.0.6）．成因の曖昧な場合も多いので，リニアメントという用語は乱用しないほうが良い．しばしばみられる顕著なリニアメントは次のようである．

① 谷線と鞍部列：軟岩層と硬岩層の境界線，断層や顕著な節理にそう直線谷，接頭直線谷，直線的な鞍部列など．長さ数 km 以下のリニアメントが並走あるいは斜交して伸びることがある．

② 凹地列：溶蝕凹地（ドリーネ，ウバーレ）列，火口列，割目火口などである．溶蝕凹地列は鞍部列と直線谷に連なる場合が多い．

③ 直線的な遷急線と遷緩線：硬岩・軟岩の地質界線ぞいの傾斜変換線，軟岩地域の海蝕崖や海岸段丘崖のように並走する場合が多い．軟岩地域の河川側刻崖も稀に直線的になる．

④ 尾根線と山体列：ホッグバック，ケスタ，

岩脈尾根，火山列（熔岩円頂丘列，砕屑丘列）．

これらのリニアメントの成因の読図による判別は，本書の関連章節で述べた地形過程による地形の形態的特徴を論拠とする．その場合に，リニアメントの存在する地形場（周囲の地形とそれに対する相対位置）との関係を十分に検討する必要がある．その解釈の具体例は多くの読図例（とくに第16章と第19章）で述べる．

3）差別削剝地形を生じる岩石の組み合わせ

差別削剝地形においては，ある特定の岩質の岩石または岩体（例：5万分の1地質図で区分された岩石）がどこでも相対的に，たとえば高所を占めたり，逆に低所を占めるわけではなく，隣接する岩石間との相対的抵抗性によって様々な高低・削剝状態を示す．そのため，同一種の岩石であっても，その削剝地形が地域によって極端に異なる例は少なくない．とはいえ，岩質と差別削剝地形については，次のような一般的傾向を指摘することができる．

相対的高所（尾根部，小半島）または急崖をなす場合の多い岩体としては，堆積岩ではチャート，石灰岩，礫岩および砂岩，火成岩では熔岩，熔結凝灰岩，凝灰角礫岩，火山岩頸，岩脈，岩床および岩株（とくにそれらが泥質堆積岩と隣接している場合），変成岩では石英片岩，ホルンフェルスなどである．また，軟岩であっても高透水性の岩石は一般に低い谷密度の相対的高所を占める（☞p.899）．これらは，いわば相対的な'強抵抗性岩'として振舞うことが多い．

逆に，相対的低所または緩傾斜面をなす場合の多い岩体としては，堆積岩では泥岩，黒色頁岩，火成岩では非熔結の凝灰岩と火砕流堆積物，変成岩では圧砕岩，千枚岩，石墨片岩などである．断層破砕帯はその周囲よりどこでも低所（谷）を占め，高所（尾根）になることはまずない．

積極的抵抗性と消極的抵抗性の両方の性質を兼ね備えた岩石（例：石灰岩，厚い礫層）は一般に周囲の岩石に対して相対的に高所を占めている場合が多い．これら以外の岩石では，相対的に高所になったり，低所になったりする．たとえば蛇紋岩は地すべりを起こしやすく，高透水性であるから，周囲の岩石とは際だって滑らかな低谷密度の山腹斜面を生じている場合が多く，相対的高所あるいは低所を構成している（☞p.918）．

(6) 差別削剝地形の建設技術上の意義

差別削剝地形は，隣接する異なった地形物質（岩と土）に対して地形営力がなした仕事の結果である．ゆえに，差別削剝地形は，地形物質のいわば工学的性質（外力に対する性質）を反映し，過去における削剝過程の地区別の差異を示す．したがって，将来においてもそれぞれの地区では同種の削剝過程が生起すると推論される．たとえば，地すべりの多発地区，落石や崩落の多発地区，軟岩地区，硬岩地区，断層破砕帯の存在する地区などを差別削剝地形を論拠に推論できる．

近年に発行された精密な地質図（例：5万分の1地質図）は建設技術的に有用な多くの岩盤・地盤に関する情報を含んでいる．しかし，現状では，精密な地質図は全国のまだ20％程度しか完成していない．しかも，地質図はそれぞれの目的をもつ思想図であり（☞p.31），建設技術に役立てることを主目的としたもの（例：土木地質図）は少ない．ゆえに，建設技術における基礎技術資料（例：岩盤の工学的性質の大局的理解）としては，差別削剝地形の把握がしばしば有効である．土木計画や自然災害対策において，空中写真判読が常用されているのはそのためである．

しかるに，そもそも山地や丘陵に関する空中写真地質学が成立するのは，まさに差別削剝地形の判読結果を論拠に，その形成に関与した岩石物性，地質構造ならびに削剝過程を推察して，地質境界および地質構成を推論しているのであって，直接に地質を判読できるからではない．建設技術者にとって差別削剝地形の理解が必要な理由は以上の諸点にある．

B. 堆積岩の差別削剥地形

(1) 堆積岩と褶曲構造

1) 堆積岩と成層岩

岩石は成因的（岩質的）に火成岩，堆積岩および変成岩に大別される（☞表2.3.2）．それらのうち，板状の岩体が重なって成層している岩石は，堆積岩，火山砕屑岩（降下火砕堆積物および火砕流堆積物），薄い熔岩，ならびにそれらを原岩とする変成岩（例：結晶片岩類）である．それらは成層岩（stratified rocks）と総称される．成層岩の対語は塊状岩（☞p.910）である．この節では，堆積岩ばかりでなく，成層岩一般の差別削剥地形を扱う．

2) 褶曲構造

成層岩は一般に，サンドイッチのように種々の粒径の地層（礫岩，砂岩，泥岩など）の互層（alternation of strata）や火山砕屑岩と熔岩の互層で構成されている．その成層状態を成層構造とよび，堆積岩のそれをとくに層理（bedding）とよぶ．成層構造は面構造であるから，その傾斜状態は走向と傾斜で記述される（☞p.760）．

成層岩が塑性変形して波状に曲っている状態を褶曲（fold）とよび，褶曲の三次元的な形や配置の仕方を褶曲構造（fold structure）という．褶曲の各部の名称および要素を図16.0.14に示す．褶曲構造のうち，尾根状に高くなっている部分を背斜（anticline），谷状に低い部分を向斜（syncline）とよぶ．それぞれの，いわば尾根線と谷線に相当する線と地層面との交線を背斜軸（axis of anticline）および向斜軸（axis of syncline）とよぶ．地層ごとの，それぞれの軸を連ねた面を背斜軸面および向斜軸面とよぶ．背斜軸面と向斜軸面の間の部分を褶曲の翼（wing）とよぶ．褶曲軸に直交する長さ（L）と地質断面図に示された地層の長さ（F）から褶曲度が（$F-L$）/Fとし

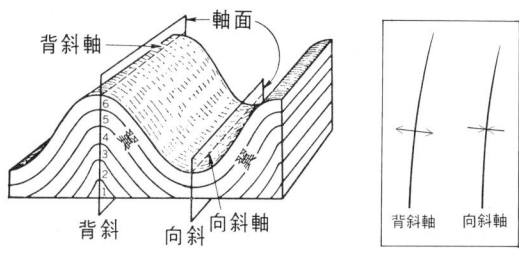

図16.0.14 褶曲の各部の名称（左）および背斜軸と向斜軸の記号（右） 1が最も古く，6が最も新しい地層である．

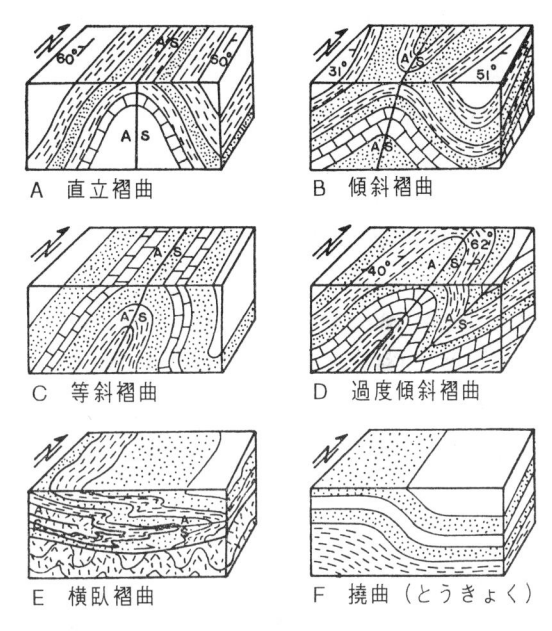

A 直立褶曲　B 傾斜褶曲
C 等斜褶曲　D 過度傾斜褶曲
E 横臥褶曲　F 撓曲（とうきょく）

図16.0.15 褶曲構造の形態的分類

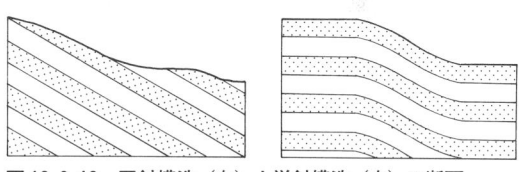

図16.0.16 同斜構造（左）と単斜構造（右）の断面

て求められる．褶曲構造は，記載的には，褶曲軸面および褶曲軸の傾斜ならびに褶曲度によって，図16.0.15のように分類される．

褶曲構造の記載において，日本人だけがとくに注意すべきことは，同斜（homocline）と単斜（monocline, monoclinal flexure）の混同である（図16.0.16）．同斜は地層が一方向に一様な角度で傾斜している地質構造であり，長波長の褶曲の

翼の一部であるが，局地的にみて同斜または同斜構造という．それに対して単斜は，広域的には水平または一様に緩傾斜する地層が局所的に急傾斜になっている部分を指し，撓曲（flexure）とほぼ同義であり，単斜構造ともいう．単斜の下方には断層が潜在し，地表では撓曲崖という急傾斜面が発達することがある（☞p. 1093）．ところが，明治時代の先生が同斜を英語でmonoclineと誤記したので，その弟子（後人も稀に）が同斜のことを日本語で単斜とよび，英語でmonoclineと書いたから，外国人には理解されなかった．

海成堆積岩は，それの堆積した大陸棚の海底が極めて緩傾斜（3度以下）であるから，地質学では地層は水平に堆積したと仮定される（地層初期水平堆積の法則）．それが波状に褶曲しているのは，堆積後に地殻変動によって変位・変形したためである．その褶曲をもたらした地殻変動を褶曲運動（folding）とよぶ．第四紀に変位の進行した褶曲構造を活褶曲（active folding）とよび，段丘面の変位（☞図11.2.31）などからその運動状態が把握される（☞p. 1146）．

3）褶曲山地

褶曲構造をもつ岩石（地層）で構成されている山地を褶曲山地（fold mountains）とよぶ（図16.0.17）．この山地は広義であり，丘陵を含む．岩石は大気圧下では弾性的に破壊するが，地下深部の高圧下では塑性変形するので，地下深部の地殻運動（☞p. 1075）によって褶曲構造が生じる．地下深部で生じた褶曲構造をもつ岩石がアイソスタシーあるいは別の地殻変動によって隆起し，その頂部から順に削剥される．つまり褶曲山地は，①褶曲構造を生じた地殻運動，②その岩石を隆起させた地殻変動，さらに③褶曲山地に尾根や谷という起伏を生じた削剥で順に形成された重合地形（☞表3.2.3）である．

背斜および向斜にほぼ（接峰面で）一致している尾根および谷もあり（16.0.17のA），それぞれ背斜山稜（anticlinal ridge）および向斜谷

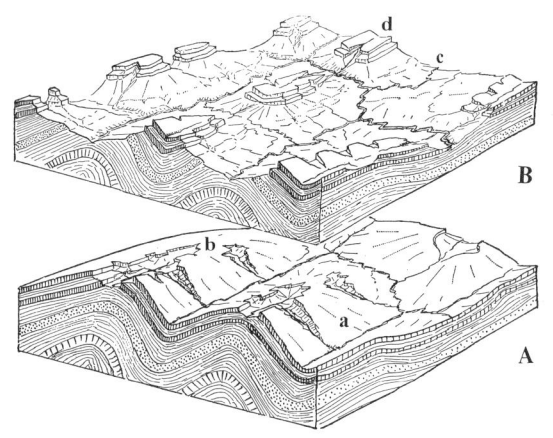

図 16.0.17　褶曲構造の差別削剥地形（de Martonne, 1927, 原図の一部）
下図（A）より上図（B）が侵蝕階梯の進んだ地形である．
a：向斜谷，b：背斜山稜，c：背斜谷，d：向斜山稜．

（synclinal valley）とよぶ．たとえば，波長の長い活褶曲運動が進行している地域では，地形的にも背斜部が高く，向斜部が低くなっている（☞図11.2.33，詳細：☞p. 1146）．しかし，地形の高低と背斜・向斜構造は必ずしも一致しない（16.0.17のB）．それは次のような地層間の差別削剥のためである．

代表的な海成堆積岩では，下位から上位へと，礫岩・砂岩・泥岩が一つのセットになって，そのセットが何十枚も重なって互層していることが多い．ただし，礫岩の無いことや，火山砕屑岩を夾むこともある．礫岩と砂岩に比べて，泥岩は一般に強度が小さく，また乾湿風化されやすい．そのため，同斜構造をもつ海成堆積岩の山地・丘陵では，礫岩と砂岩（そして火山砕屑岩）が高所を，泥岩が低所を占める場合が多い．

差別削剥により褶曲構造と地形が逆になって，背斜が谷，向斜が尾根になっている場合をそれぞれ背斜谷（anticlinal valley）および向斜山稜（synclinal ridge）とよぶ（図16.0.17のB）．向斜山稜の好例は房総半島南西部の鋸山であり（2.5万「保田」：読図例省略），向斜軸ぞいの凝灰質礫岩・砂岩が山稜を構成している．

褶曲山地における河谷地形は，差別侵蝕によっ

表 16.0.7 丘陵斜面および急崖斜面における流れ盤と受け盤の差別削剥地形の一般的差異（地層傾斜が約 45 度以下の場合）

		受け盤	流れ盤
斜面の特徴	斜面長	短い	長い
	斜面傾斜	急傾斜	緩傾斜
	支尾根の尾根頂部	尖頂状	円頂状
	「がけ」と「露岩」の記号	多い	少ない
	水平方向に伸びる露岩の急崖	多い	無い〜稀
	自由面からの落石、崩落	少ない	多い
	地すべりの発生頻度、起こりやすい地すべりの型	少ない 多凹凸型	多い 少凹凸型
河谷の特徴	谷密度・谷次数	高い	低い
	谷の長さ	短い	長い
	谷の深さ	深い	浅い
	水系の屈曲度	大きい	小さい
波蝕棚の幅		やや小さい	やや大きい

て地質構造を反映している場合が多く，地質構造に対する相対位置によって分類されている（☞図13.2.4）．読図では，その相対位置を河系の対接峰面異常（☞p.732）を論拠に推論する．

(2) 成層岩の傾斜を反映した差別削剥地形

(a) 受け盤斜面と流れ盤斜面の差別削剥

褶曲した成層岩で構成される斜面は流れ盤斜面と受け盤斜面に大別される（☞図14.0.13）．両者の削剥地形は諸種の形態的特徴において一般にかなり異なるので（表16.0.7），それらの形態的特徴から地層の走向と傾斜をおよそ推定できる．

受け盤斜面と流れ盤斜面の形態的差異は，地層が約45度以下の場合に顕著であり（表16.0.7），非対称尾根（ケスタ）や非対称谷（☞図13.1.28）ならびに非対称な水系分布を生じる（図16.0.18の左）．一般に，流れ盤斜面より受け盤斜面が急傾斜で，河谷は深く，谷密度も大きい．ケスタが発達している地区では図14.0.10の原理で地層の走向・傾斜を推定できる．地層の傾斜が約45度以上の急傾斜な場合には，このような非

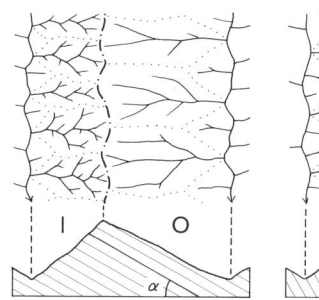

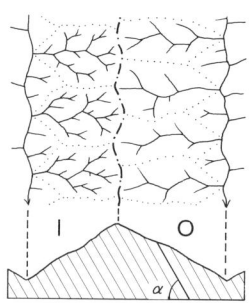

図 16.0.18 流れ盤斜面（O）と受け盤斜面（I）の断面図（下段）と水系図（上段）の模式図．左列：緩傾斜な地層の場合（α < a. 45°），右列：急傾斜な地層の場合（α > a. 45°）．

図 16.0.19 流れ盤斜面（図の下方）と受け盤斜面（上方）における差別削剥地形の形態的差異（Davis, 1912）

対称性が不明瞭になる（図16.0.18の右）．つまり，尾根や谷の非対称性は地層の傾斜，尾根と谷の比高および河間距離によって変化する．

斜面の縦断形においても，流れ盤斜面では地層傾斜が緩傾斜の場合には鞍部と小突起を生じるが（図16.0.19の下方），急傾斜な地層の場合には階段状になることもある．受け盤では，地層傾斜にかかわらず鞍部が生じることは稀であり，地層階段を生じる（図16.0.19の上方）．

建設技術的には，流れ盤斜面は受け盤斜面より一般に不安定である（☞p.1153）．流れ盤斜面のうち，並行盤斜面や逆目盤斜面を切り取ると，最も不安定な柾目盤斜面が形成され，崩壊することがある．受け盤斜面を両切りすると，谷側に流れ盤の切取法面が生じ，その法面が崩壊する．

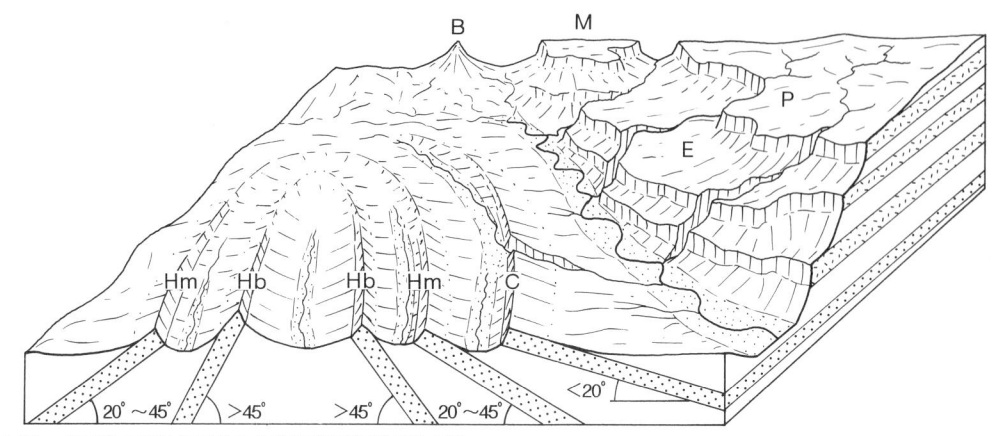

図 16.0.20 成層岩の傾斜を反映した差別削剥地形の基本型
Hb：ホッグバック，Hm：同斜山稜，C：ケスタ，P：削剥高原，E：地層階段，M：メーサ，B：ビュート．地質断面の白色部は弱抵抗性岩，その他は強抵抗性岩を示す．傾斜角は地層の真の傾斜を示す．

(b) 成層岩の傾斜を反映した差別削剥地形

成層岩の差別削剥地形を読図するためには（地質図でも同じだが），地層界線の平面形（地図上での曲がり方）と地形との関係（☞図 14.0.8）を十分に理解しておく必要がある．実際には，地層は褶曲していることが多いから，同一の地層でもその走向と傾斜は場所によって変化する．

強抵抗性岩と弱抵抗性岩の互層で構成される山地や丘陵においては，それらの互層の走向・傾斜と尾根や谷の配列との関係（☞図 14.0.8）によって，種々の差別削剥地形が生じる．それらのうち特に目立ち，認定の容易な地形には地形種名が与えられている（図 16.0.20）．主要な地形種は 7 種で，それぞれ以下の特徴をもつ．

1) ホッグバック

傾斜約 45 度以上の急傾斜な成層岩の差別削剥によって，強抵抗性岩が高い塀または城塁のように板状に突出した直線的な山稜をホッグバック（hogback）とよぶ．なお，岩脈尾根（☞p.915）も類似の差別削剥地形であるが，岩脈は成層岩ではないので，ホッグバックとはいわない．

2) 同斜山稜

傾斜約 45 度〜約 20 度の成層岩の分布地域に生じる非対称山稜を同斜山稜（homoclinal ridge）とよぶ．ケスタより非対称性が顕著ではないが，同斜山稜をケスタに含めることもある．

3) ケスタ

傾斜約 20 度以下の緩傾斜な成層岩の分布地域に生じる顕著な非対称山稜をケスタ（cuesta）とよぶ．その急崖側（受け盤斜面）をケスタ崖（cuesta scarp, front slope, infacing slope），緩傾斜側（流れ盤斜面）をケスタ背面（back-slope, dip slope, outfacing slope）という．

ホッグバック，同斜山稜およびケスタはその非対称度において漸移的である．それらの急崖の頂部ないし中腹部までは強抵抗性岩の切断面で，水平方向に伸長する露岩が多い．急崖の構成岩層を造崖層（cliff maker）とよぶ．ケスタ背面の傾斜は造崖層の傾斜よりも一般にやや緩傾斜である．ケスタ崖の中腹部に低には軟岩の斜面あるいは造崖層から崩落した岩屑による崖錐が発達し，緩傾斜である．丘陵斜面を刻む河谷の間の支尾根では，地層が河谷の上流側に傾斜している場合（大局的に受け盤）よりも下流側に傾斜している場合（流れ盤）に，これらの非対称山稜が顕著に発達する傾向がある（図 16.0.19）．強抵抗性岩と弱抵抗性岩が何枚も互層している地域では，強抵抗性岩に対応した数列の非対称山稜がしばしば並走している（例：☞図 16.0.23）．

4）削剝高原

ほぼ水平の成層岩が削剝されると，強抵抗性岩の分布地では削剝速度が小さいためにその地区だけ準平原に近い状態になる．その後，河川が若返り，その"準平原"が刻まれて台地状になったものを削剝高原(さくはくこうげん)（stripped plateau）とよぶ．アメリカのグランドキャニオンの両側の高原はその好例であるが，日本では顕著なものは見られない．

5）地層階段

強抵抗性岩と弱抵抗性岩の互層が水平ないし約5度以下の緩傾斜で分布している山地において，弱抵抗性岩の削剝に伴って，強抵抗性岩の急崖が平行後退（☞図14.0.19のC）して生じた階段地形を地層階段(ちそうかいだん)（esplanade, structural terrace）とよぶ．地層階段は，河成侵蝕段丘と混同されることもあるが，その前面崖頂線が強抵抗牲岩の表面とほぼ一致し（このような場合に，キャップロックという），その表面（階段面）は小起伏面ないし緩傾斜面であり，かつその上に段丘礫層に相当する河成堆積物が存在しない点で，河成侵蝕段丘と区別される．アメリカのグランドキャニオンには地層階段が最も標式的に発達している．

6）メーサ

削剝高原および地層階段（稀にケスタ，熔岩流原，火砕流原）の一部が支谷の発達によって卓状に分離したものをメーサ（mesa）とよぶ．同様に分離した台地は海成または河成段丘面の開析によっても形成される．しかし，メーサでは，その頂部が強抵抗性岩で構成され，周囲の急崖が侵蝕谷で刻まれている点で段丘とは異なる．

7）ビュート

メーサが縮小し，頂部に平坦地のない円錐形の独立した山をビュート（butte）とよぶ．これはしばしば○○富士（例：讃岐富士，☞図2.1.3A）とよばれる．頂部にほぼ水平の強抵抗性岩があり，中腹以下は弱抵抗性岩およびそれを被覆する崖錐堆積物（強抵抗性岩に由来）が存在する．形態的にビュートに類似した地形として，円錐形の小型火山や火山岩頸がある（☞第18章）．しかし，①ビュートには山頂に火口状の凹地がない，②火山では中腹以高に谷が入り山麓には深い谷がなく，火山麓扇状地が発達するのに対し，ビュートでは頂部は滑らかな急斜面であり，中腹以下に谷がある，③火山岩頸では円頂をもつ急斜面が露岩に囲まれ，その崖下に崖錐が発達する，といった地形的差異によって，これらは判別される．

以上のような成層岩の傾斜を反映した差別削剝地形においては，造崖層をなす強抵抗性岩は一般に強度が大きい岩石であり，砂岩，礫岩，熔岩，熔結凝灰岩，固結した火山砕屑岩，チャート，石灰岩，石英片岩などであることが多い．高透水性岩がケスタやメーサの造崖層をなすこともある．そのような高透水性岩は，石灰岩，節理の多い岩層，厚い非固結堆積物（砂礫層，火山砕屑岩など）である．一方，弱抵抗性岩は一般に強度が小さく，風化しやすく，低透水性岩であり，泥岩，頁岩，夾炭層(きょうたんそう)，非固結の火山砕屑岩（とくに軽石質凝灰岩），黒色片岩などであることが多い．

(c) 成層岩の傾斜を反映した差別削剝地形の読図例

差別削剝地形から褶曲構造（地層の走向・傾斜および褶曲軸の位置）を判別できるのは，一般に①褶曲構造が強抵抗性岩と弱抵抗性岩の互層でできていて，かつ両者の抵抗性の差が著しい場合，②褶曲度（地層の傾斜）が大きい場合，③褶曲軸（地層の走向）を横断する方向に主要河川や海岸線が発達している場合である．その場合には，複数の差別削剝地形が共存している．よって，読図による地質構造の推論では，丘陵・山地における地層の傾斜を反映した差別削剝による地形種をはじめ，河谷地形とくに河系模様と河系異常（☞第13章），斜面形状（☞第14章），集団移動地形（☞第15章），段丘（☞第11章）や低地（☞第2巻）の発達状態など，削剝地形に関連するすべての概念・知識が活用される．

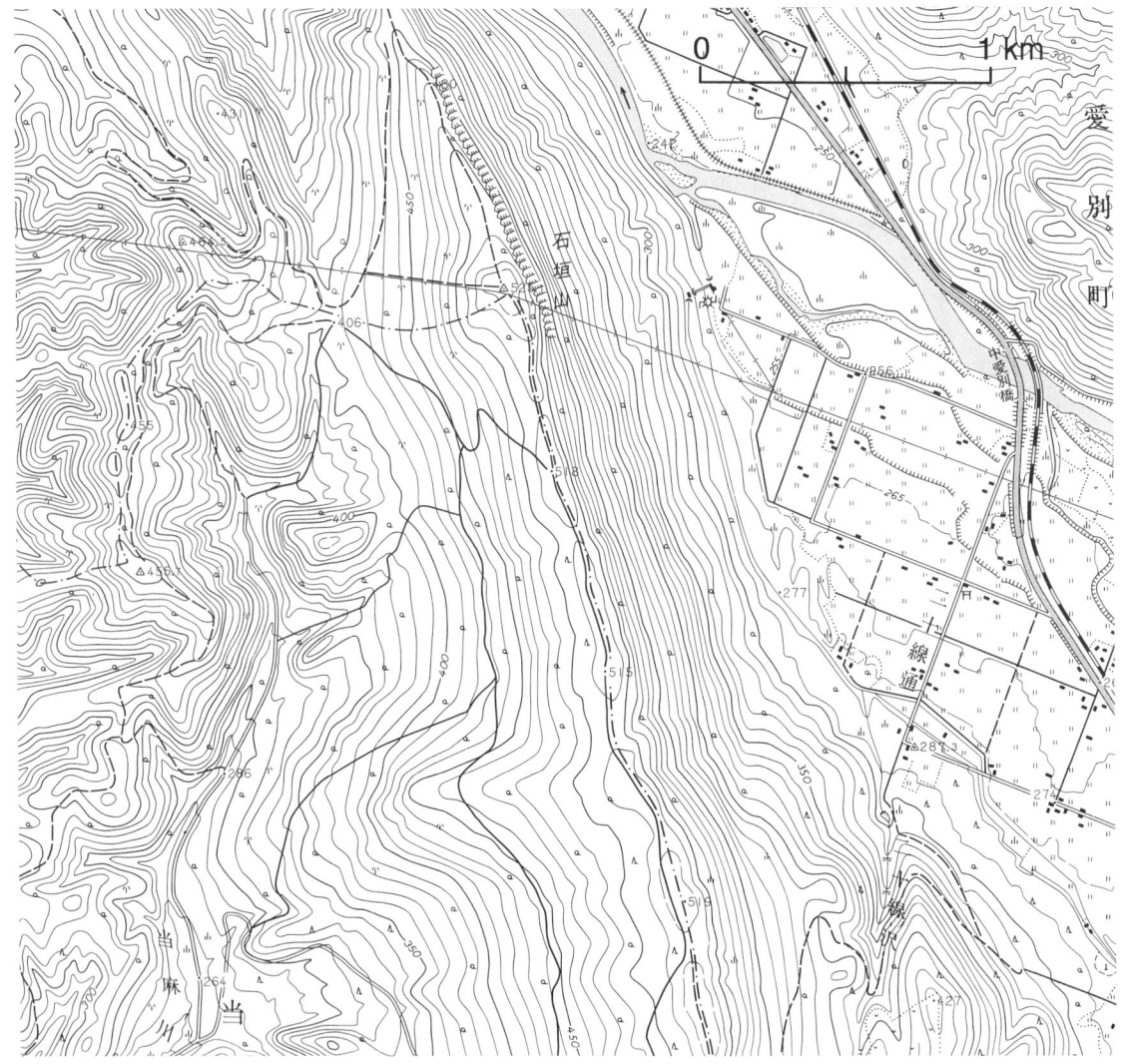

図 16.0.21 高透水性硬岩のケスタ（2.5万「中愛別」〈旭川 5-2〉昭 63 修正）

1) ケスタ

図 16.0.21 の石垣山を通る直線的な主山稜は，高度 500 m 内外の定高性をもち，その東面斜面は急崖で，西面斜面は幅広い緩傾斜面をなす非対称山稜である．石垣山から北方の，東面斜面の頂部には比高約 40 m の露岩の急崖がほぼ同高度で連なっている．この露岩は，石垣のようにみえる比較的に大きな間隔（数十 cm）の節理の発達している硬岩層であろう．西面斜面の傾斜は，石垣山の三角点とその西方鞍部の標高点 406 の間で計測すると，120 m（比高）÷600m（水平距離）＝0.2≒11°である．よって，この非対称山稜は，走向が N15°W 内外，傾斜 11°強 W，厚さ 50 m 程度の強抵抗性岩を造崖層とするケスタである．ケスタの両側斜面では，谷密度は低く，谷は浅くて直線的であるから，その造崖層およびその直下位の地層は高透水性岩であろう．東面斜面の遷緩線より下方の緩傾斜面は凸形斜面であるから，崖錐ではなく，別の高透水性岩で構成されているであろう．一方，当麻川から西方の丘陵は高谷密度で，斜面も急傾斜であるから，強度が大きくかつ低透水性の岩石で構成されていると解される．

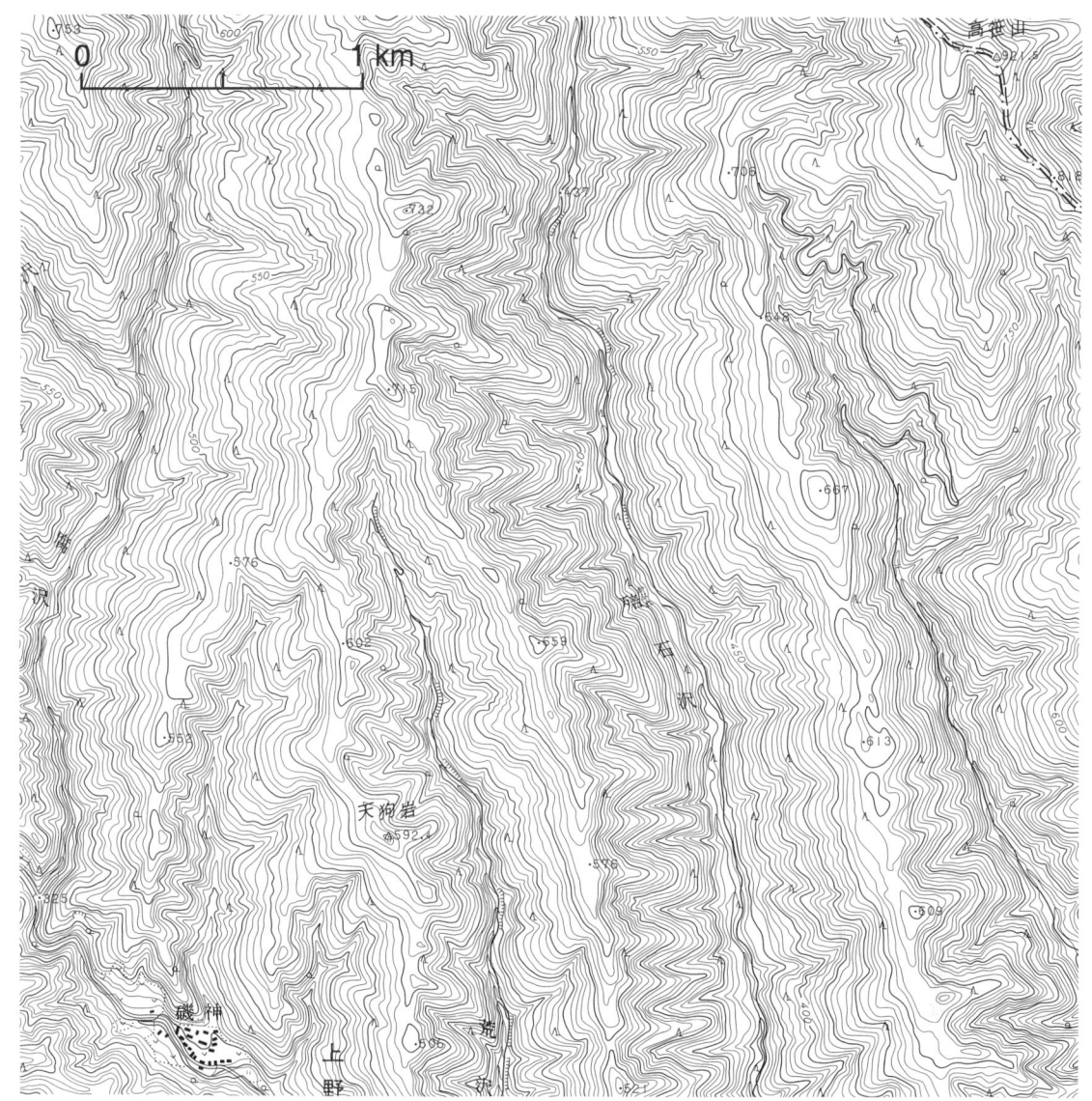

図 16.0.22　低透水性硬岩のケスタ（2.5 万「町付」〈白河 11-4〉昭 58 修正）

　図 16.0.22 の西から腐沢，荒沢，婿石沢などの南流する主要な谷の河間尾根をみると，いずれも西面斜面は緩傾斜で，浅い支谷に刻まれているのに対し，東面斜面は急傾斜で，深い支谷に刻まれている．各谷は，その両側の尾根の高度に大差がないのに，谷線は流域の中央ではなくて，僅かに西に片寄った位置にあり，非対称谷である．支谷は等間隔性を示し，斜面長（流域長）の大きい西面斜面で谷口間隔が大きい（☞図 13.1.9）．

　よって，主要尾根はケスタであり，それを構成する岩石はほぼ南北の走向で，西に傾斜する地層であり，東面斜面が受け盤で，西面斜面が流れ盤であると解される．主要尾根の支尾根はいずれも凸形山稜（☞図 12.0.5）であり，各河川で下刻が盛んであることを示す．図 16.0.21 のケスタに比べて，この地域では谷密度が大きく，斜面も急峻であるから，この地域の岩石は強度が大きく，低透水性であると推論される．

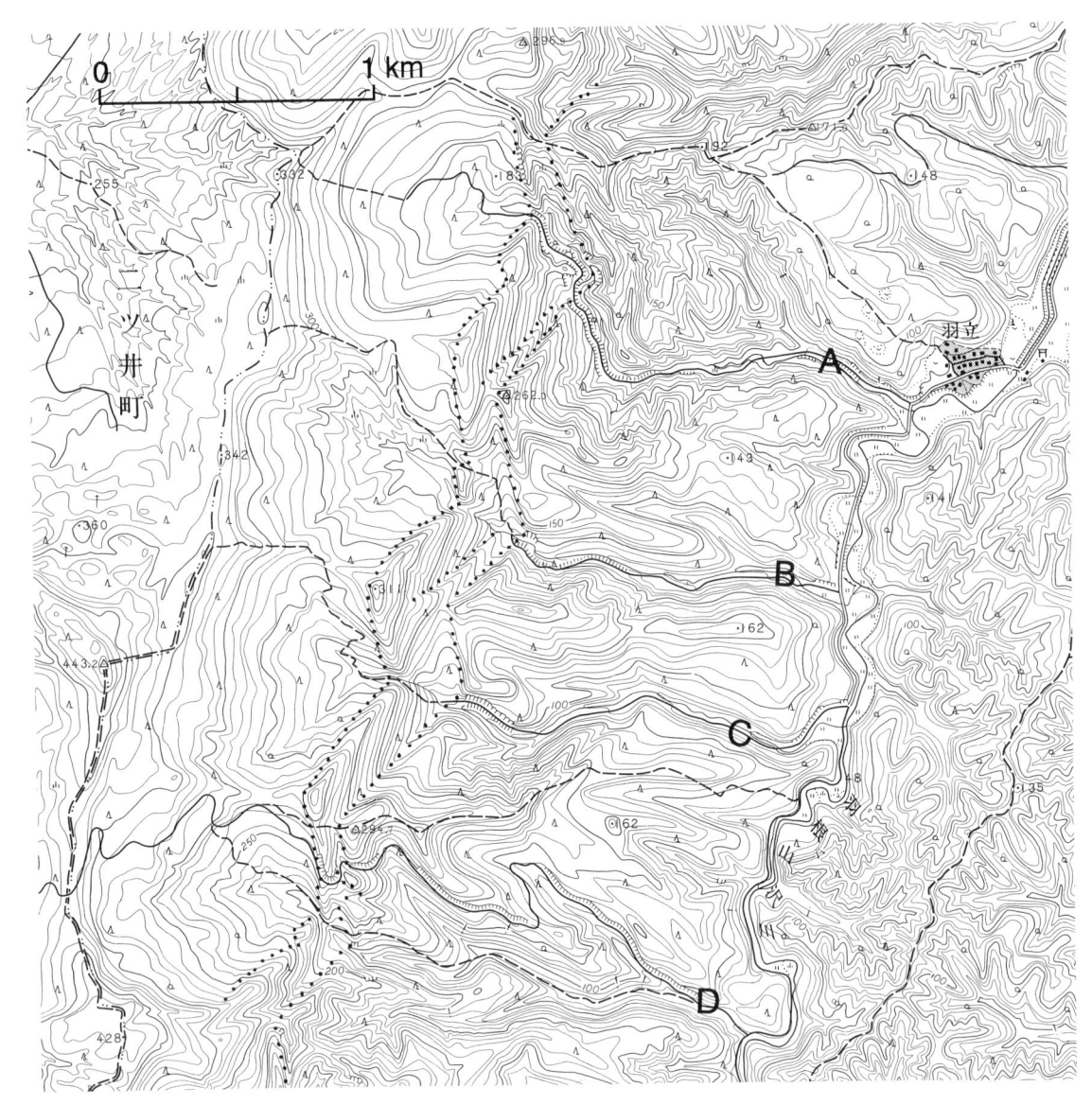

図 16.0.23 薄い硬岩層のケスタ列（2.5万「米内沢」〈弘前12-3〉昭62修正）支流仮名（A〜D）と地層界線（太点線）を補記．

　図16.0.23で，西部の主山稜（町村界）の東面斜面を東流する4本の支流（A〜D）について，その流域界と高度250 mの等高線を追跡してみよう．4本の支流は，ほぼ同様の流域面積，流域形状（外形），流域長，谷口間隔をもち，かつ流域内の地形も次のように類似している．源流部はスプーンでえぐったように浅く，求心状河系で円形の谷である．その円形谷の下流側には標高点311で代表されるように，西へ「く」字のように張り出す平面形をもち，西面に急崖，東面に相対的に緩傾斜で平滑な斜面をそれぞれもつ非対称の支山稜が，流域界を横断するように，2〜3列並走している（例：三角点262.0の北）．これらの非対称山稜は差別侵蝕地形である．

　地形と地層界線の関係（☞図14.0.8〜14.0.10）を論拠に，最も西側の非対称山稜（例：標高点311）について，その西面急崖の崖麓線（傾斜変換線）と250 mおよび200 m等高線の交点を記

し，左右両側の両等高線ごとの交点を結んでみよう．その交線の方位は地層の走向であり，およそ N17°E である．2 本の交線の高度差（50 m）と水平距離から地層面の傾斜を求めると，23～28°E である．よって，これらの非対称山稜はケスタであると認定される．

ケスタを横断する地点で，4 本の支流は急流をなし，河床縦断形異常および谷底幅異常を示すから，ケスタの造崖層は硬岩であろう．4 本の支流の下流域にもケスタが発達するが，下流に至るほど不明瞭となり，地層が緩傾斜になっていることを示す．最下流域では，尾根が円頂状で低谷密度であり，小規模な地すべり地形（例：標高点 162 の東方）もあるから，高透水性の軟岩で構成されているであろう．

4 本の支流の源流部の円形谷は，主山稜の東面に滑落崖をもつ古い地すべり地形の開析された谷であろう．主山稜は円頂状の横断形をもち，その西面斜面は緩傾斜である．三角点 443.2 付近は西向きの緩傾斜な背面をもつケスタであり，その北面（標高点 360 付近）には全体凹凸型の地すべり地形がある．よって主山稜にそう地すべり地帯は泥質の軟岩で構成されているのであろう．

以上のことから，この地域の地質構造は，主山稜にほぼ並走し，そのやや東方（北方の標高点 332 から南方の標高点 428 を結ぶ線）に軸をもつ背斜構造であると解される．その軸部に泥質岩が分布し，地すべりを発生させている．図南東部の羽根山沢右岸は谷密度の大きい丘陵であるから，低透水性の中硬岩（ほぼ水平層）で構成されていると解される．羽根山沢は地質境界を流れる適従河川（☞図 13.2.4）である．

図 16.0.24 は図 16.0.25 の読図結果概要図である．この地域は図 16.0.23 の北方に位置し，ケスタ列の発達状態に基づいて，以下のように褶曲構造が明瞭に読図される．

図 16.0.25 の北部を西流する大河川は米代川であり，米白橋付近と「きみまち坂」付近に狭窄部をもち，顕著な谷底幅異常を示す．これらの狭窄部の両岸には，「きみまち坂」公園の西の山稜ならびに左岸の三角点 159.1 から南へ七座山に至る山稜を好例とする顕著な非対称山稜がある．それらの非対称山稜は，急崖側に露岩記号が連なっているので，その露岩（硬岩）を造崖層とするケスタである．その硬岩がほぼ南北の走向をもち，米代川の横断部で側刻速度（☞図 6.3.12）が小さいために，狭窄部が生じたと解される．

この地域の何列ものケスタ列を追跡して，褶曲軸を推定すると（図 16.0.24），西部の種梅川と内川の谷底低地ぞいに向斜軸があり，両河川の河谷は向斜谷である．一方，北東部の大平山付近には NNE-SSW 方向の背斜軸がある．七座山のケスタと増沢川の間の相対的低所に背斜軸が走り，ケスタの造崖層よりも弱抵抗性の地層がこの背斜軸にそって分布し，図 16.0.23 の主山稜部に続いている．丘陵でこれほど顕著な差別削剥地形を生じる岩石は一般に第三紀堆積岩である．

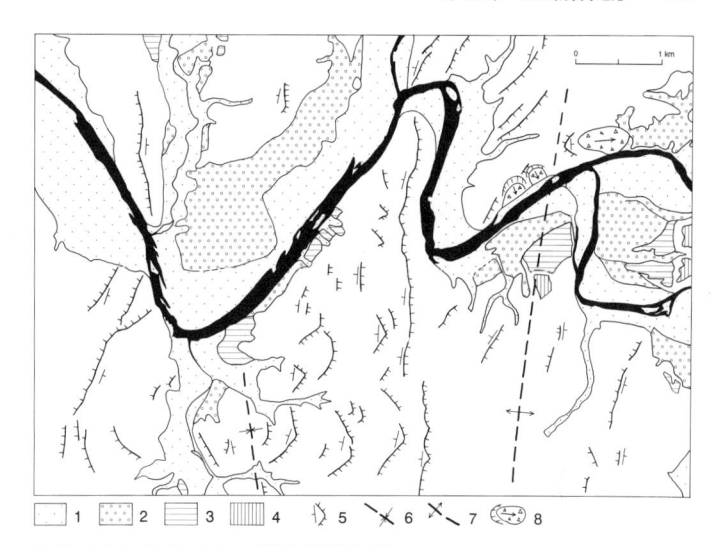

図 16.0.24　図 16.0.25 の読図成果概要図
1：河成低地，2：下位段丘面，3：中位段丘面，4：上位段丘面，5：ケスタ崖とケスタから推論された地層の走向と傾斜方向，6：向斜軸，7：背斜軸，8：顕著な地すべり地形．

890　第 16 章　差別削剝地形

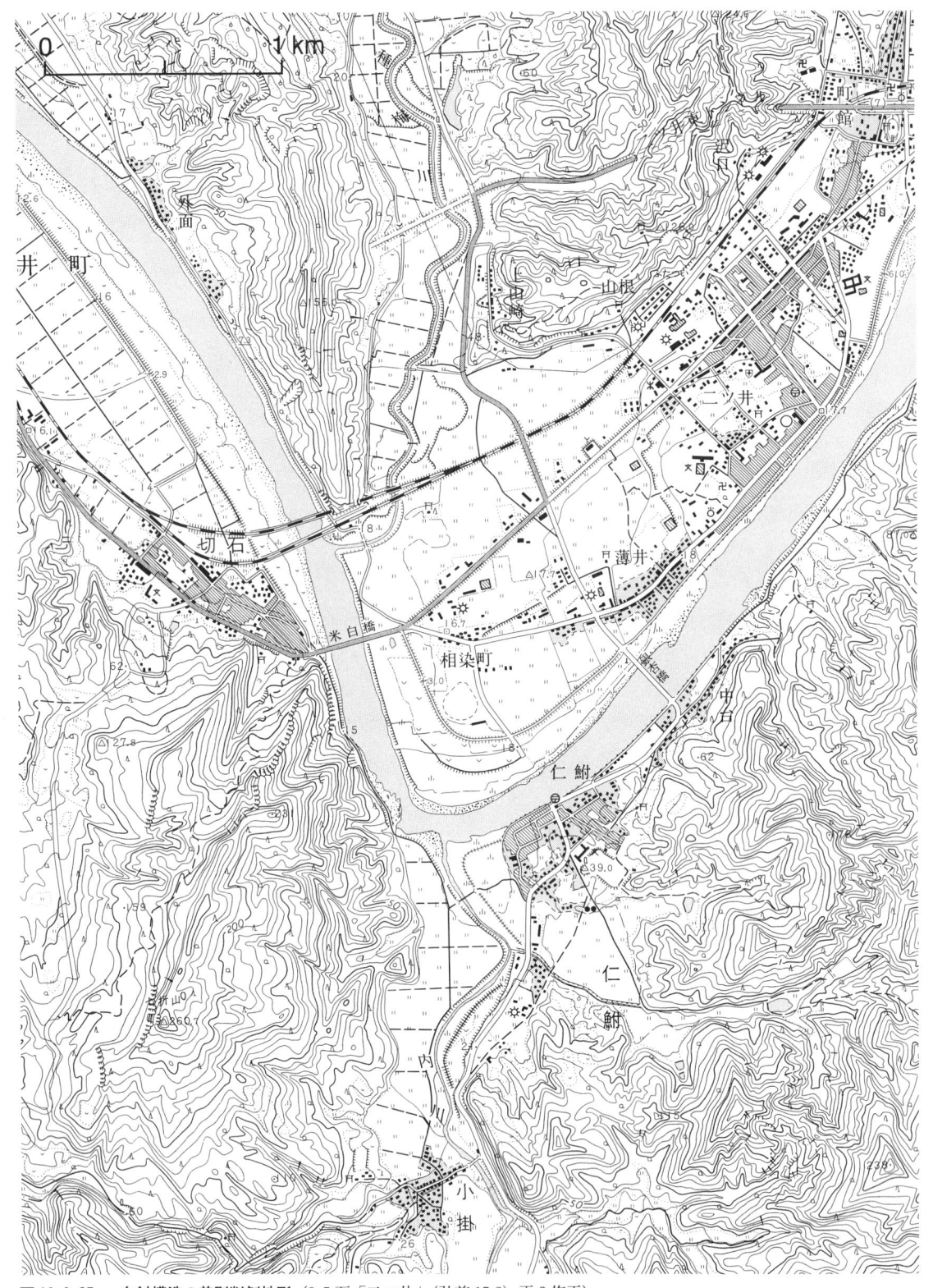

図 16.0.25a　向斜構造の差別削剝地形（2.5 万「二ツ井」〈弘前 15-2〉平 3 修正）

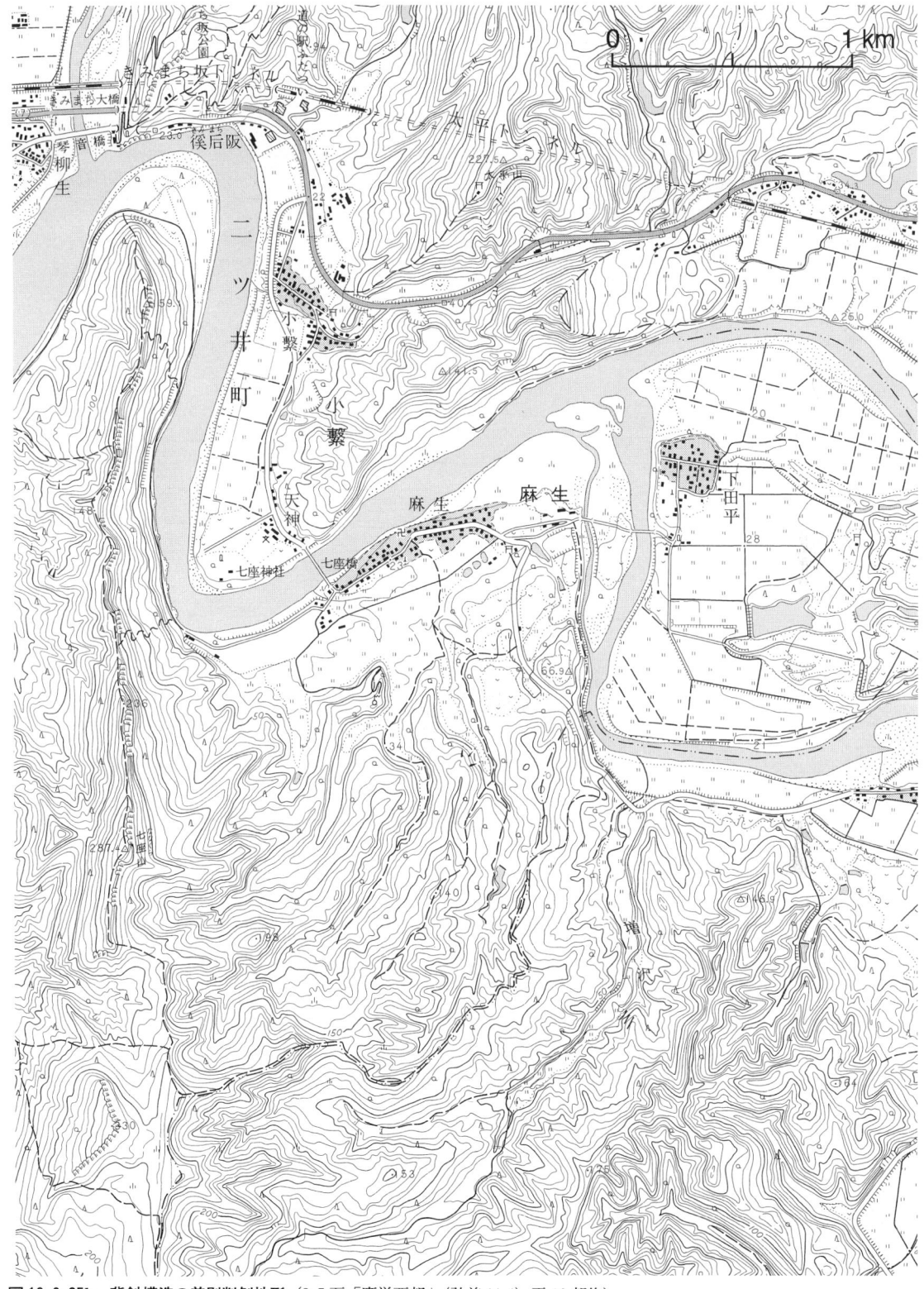

図16.0.25b　背斜構造の差別削剥地形（2.5万「鷹巣西部」〈弘前11-4〉平10部修）

892   第 16 章　差別削剝地形

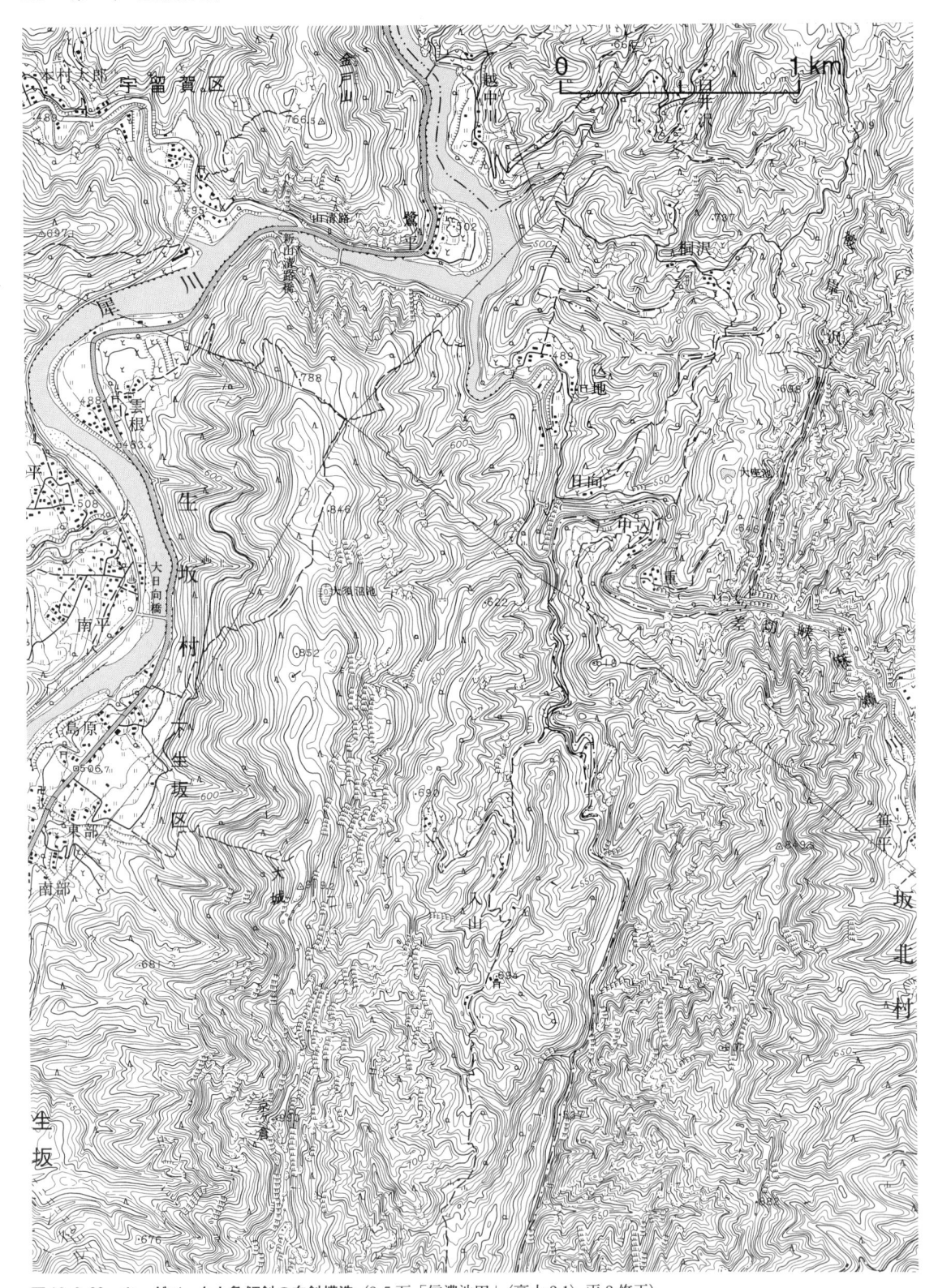

図 16.0.26　ホッグバックと急傾斜の向斜構造（2.5 万「信濃池田」〈高山 2-1〉平 2 修正）

流も西部尾根にほぼ並走する方向をもつ．西部尾根の西面斜面には，馬蹄形の支分水界をもつ深い支谷がほぼ同規模でかつ等間隔に並んでいるが，その種の谷は東面斜面にはない（一般に流れ盤斜面より受け盤斜面で谷は深い：☞表16.0.7）．東部尾根の東面斜面にも大規模な深い谷が発達する．標高点902から882に至る東部尾根の西面斜面を構成する支尾根の，さらにその支尾根群は西に傾むく小規模なケスタであり，地層の西傾斜を示す．

山清路と差切峡の狭窄部では，両岸に南北方向に伸びる細長くて直線的な尾根で，かつ露岩を伴うものが数本みられる．それらの間の谷は直線的で深い．山清路北方の三角点766.5西方の山頂部には，南北方向の低所がある．それらは主要尾根と同じ方向に直線的に伸長しているので，急傾斜（山清路では少なくとも70度以上）な地層の差別削剥地形すなわちホッグバックであると解される．

以上のような種々の地形の非対称的な発達状態からみて，この地域の地質は，西部尾根と東部尾根のほぼ中間に向斜軸があり，急傾斜の翼をもつ向斜構造をもつと推論される．つまり，西部尾根の西面斜面および東部尾根の東面斜面は受け盤斜面であり，前者の東面斜面および後者の西面斜面は流れ盤斜面である．露岩の多い西部尾根と東部尾根は，その背斜構造をもつ地層群のなかでも，とくに強抵抗性の地層（例：砂岩や礫岩）の多い部層で構成されているために，高い尾根を形成しているのであろう．

向斜の翼の傾斜は，主要尾根の横断形における非対称性の程度の違いからみて，西翼（西部尾根付近）が東翼（東部尾根付近）より急傾斜（図16.0.25の地域より急傾斜）であろう．入山沢と彼岸沢の直線谷は，とくに弱抵抗性の地層あるいは断層破砕帯の差別侵蝕谷であろう．大城尾根の北部の大須沼地など3個の凹地は，二重山稜も発達しているので，地すべり凹地であろう．彼岸沢の大座池付近も地すべり地形である．

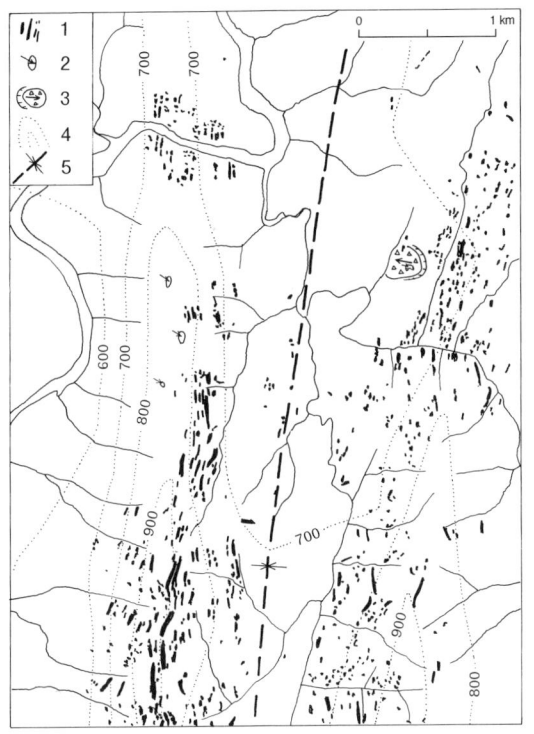

図16.0.27 図16.0.26の読図成果概要図
1：露岩および「がけ（岩）」，2：凹地，3：地すべり地形，4：接峰面（谷埋幅：1km，等高線は100mごと），5：読図で推定された向斜軸．

2) ホッグバック

図16.0.26では，接峰面（図16.0.27）に現れた2本の主要尾根（西部尾根と東部尾根と仮称）は南北方向に伸長する．接峰面では西部尾根は西面斜面より東面斜面が緩傾斜で大局的にはケスタ的な非対称性をもつ．それら主要尾根を犀川と麻積川が横断する横谷に，山清路と差切峡の狭窄部がある．両尾根部には，「がけ（岩）」および露岩が多数みられる．それらの露岩は，谷壁斜面の一般的な傾斜方向とはほとんど無関係に，南北方向に直線的に伸長しているので，急傾斜な地層で構成されていると解される（☞図14.0.8）．

水系をみると，東部尾根の西（入山の東南方）に，東部尾根に並走する直線谷（以下，入山沢と仮称）が縦谷をなし，その北北東延長に彼岸沢の直線的な谷がある．この一連の直線谷は断層線谷（☞p.1126）かも知れない．入山沢左岸の主な支

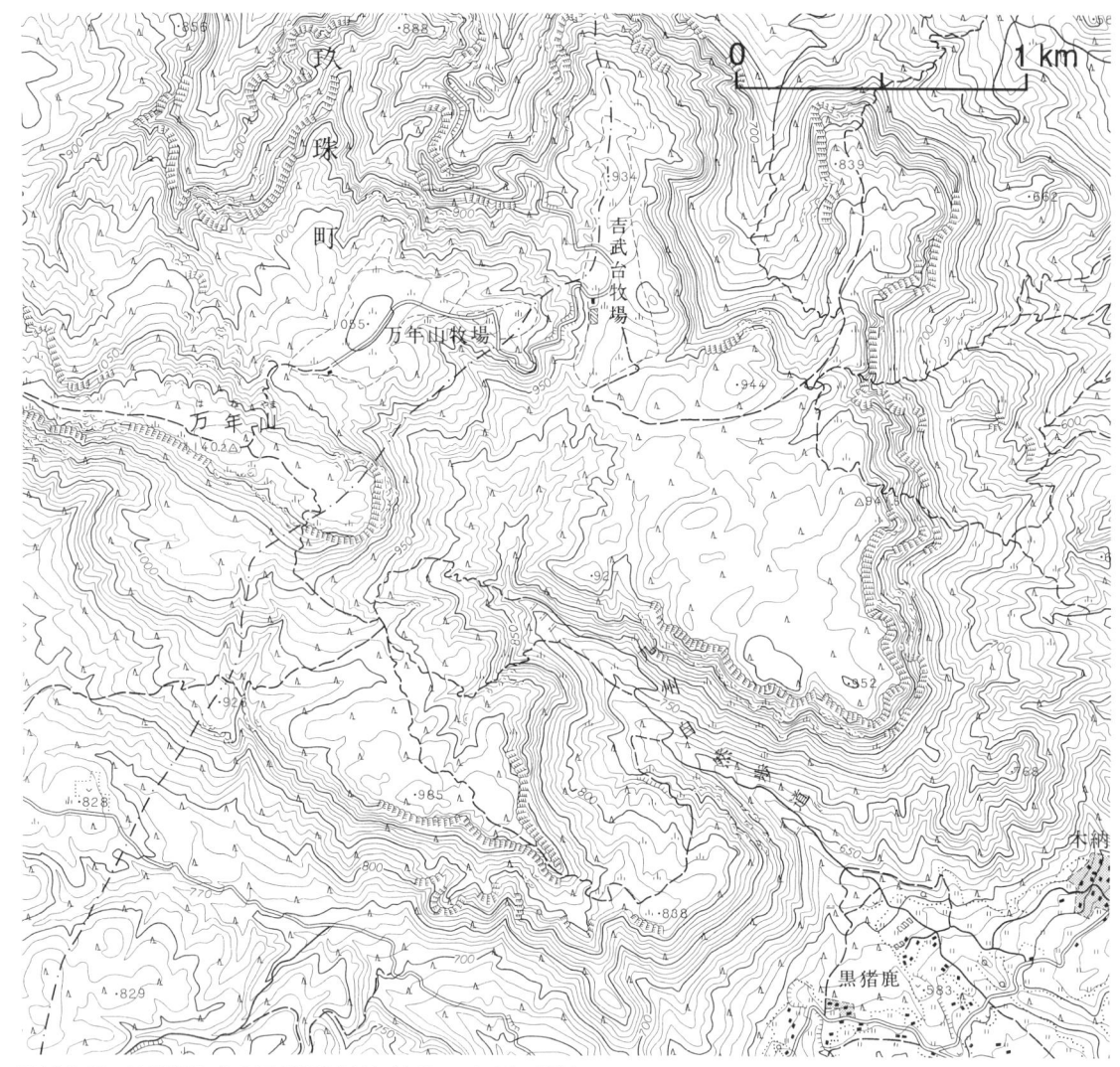

図 16.0.28 地層階段（2.5万「豊後中村」〈大分 13-2〉平 7 部修）

3）地層階段

図 16.0.28 には，大別して 4 段の小起伏面が階段状に発達している．すなわち，上位のものから ①：万年山付近，②：高度 1,000〜1,055 で万年山の南北両方，③：高度 900〜985 で万年山の東方と南東方，④：高度 800〜850 で図の南西隅および南部の標高点 838 付近，である．これらの段丘状の小起伏面を囲む急崖には，ほぼ同高度でほぼ同比高の露岩が数列連なっている．露岩の上下の境が地層界線にほぼ一致すると考えると，この地域はほぼ水平に重なる，少なくとも 6 枚の強抵抗性岩層（造崖層）と弱抵抗性岩層の互層で構成されていると考えられる．その種の互層は，一般に複数枚の火砕流堆積物の熔結凝灰岩（硬岩）と非熔結部の成層構造である．

各段の崖麓線は万年山からみて同心円的に配列し，河川に並走していないので，各段は河成段丘ではない．つまり，①はメーサ，②〜④は地層階段である．それらを刻む大規模な谷（例：九州自然歩道の注記の谷）の谷壁に深い谷がない．これは，谷壁の構成岩石が高透水性であり，非熔結の火砕流堆積物であることを示唆する．

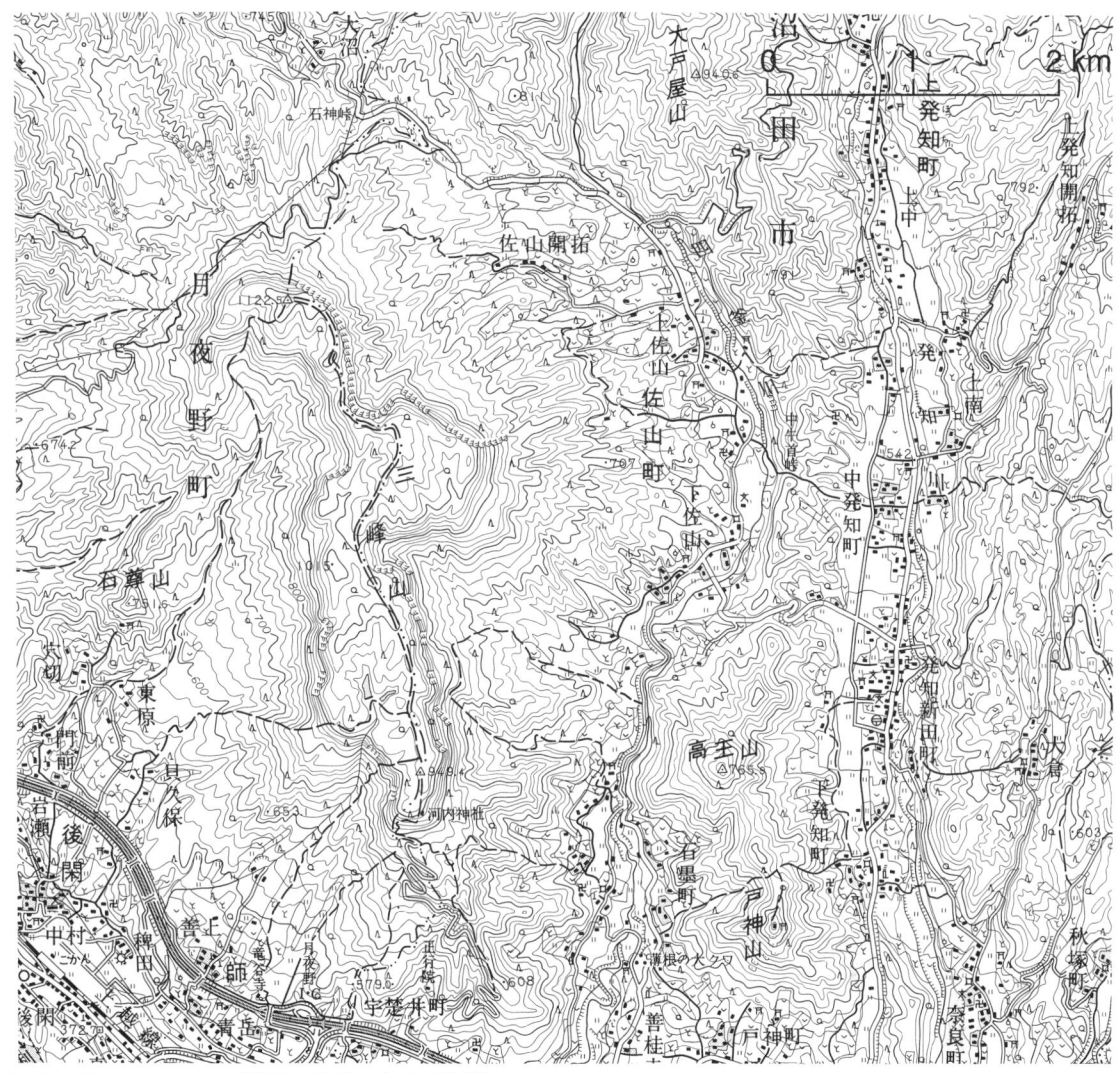

図 16.0.29 メーサ（5万「追貝」〈日光 16〉平元修正）

4) メーサ

図 16.0.29 は 5 万地形図である．図中央部の三峰山は頂部に小起伏面をもつ卓状の山である．その小起伏面は，北部（三角点 1122.5 付近）から南部（三角点 949.4 付近）へ緩傾斜し，周囲を比高約 100 m の急崖に囲まれている．その急崖には高度の異なる 2 列の露岩があり，急崖下の遷緩線と共に南へ緩傾斜している．急崖の下方には，緩傾斜な尾根がプリーツスカートを広げたように放射状に伸びている．その谷底から山麓には土石流堆，沖積錐および超小型扇状地が発達している．

ゆえに，三峰山は，総層厚約 100m で数枚の硬岩層をはさみ南に緩傾斜する岩体（古い火砕流堆積物か熔岩か？）を造崖層とし，その下位に軟岩をもつメーサであると解される．

図東部の発知川と四釜川は大局的には並走して南流している．発知川は直線的な谷底低地（一部段丘化）を形成している．一方，四釜川では，佐山開拓北方から高王山北西に至る区間が東へ弧状に迂回し転向異常（☞ p.737）を示す．これは三峰山のメーサから流出する放射河川とその堆積物によって四釜川が偏流させられたためであろう．

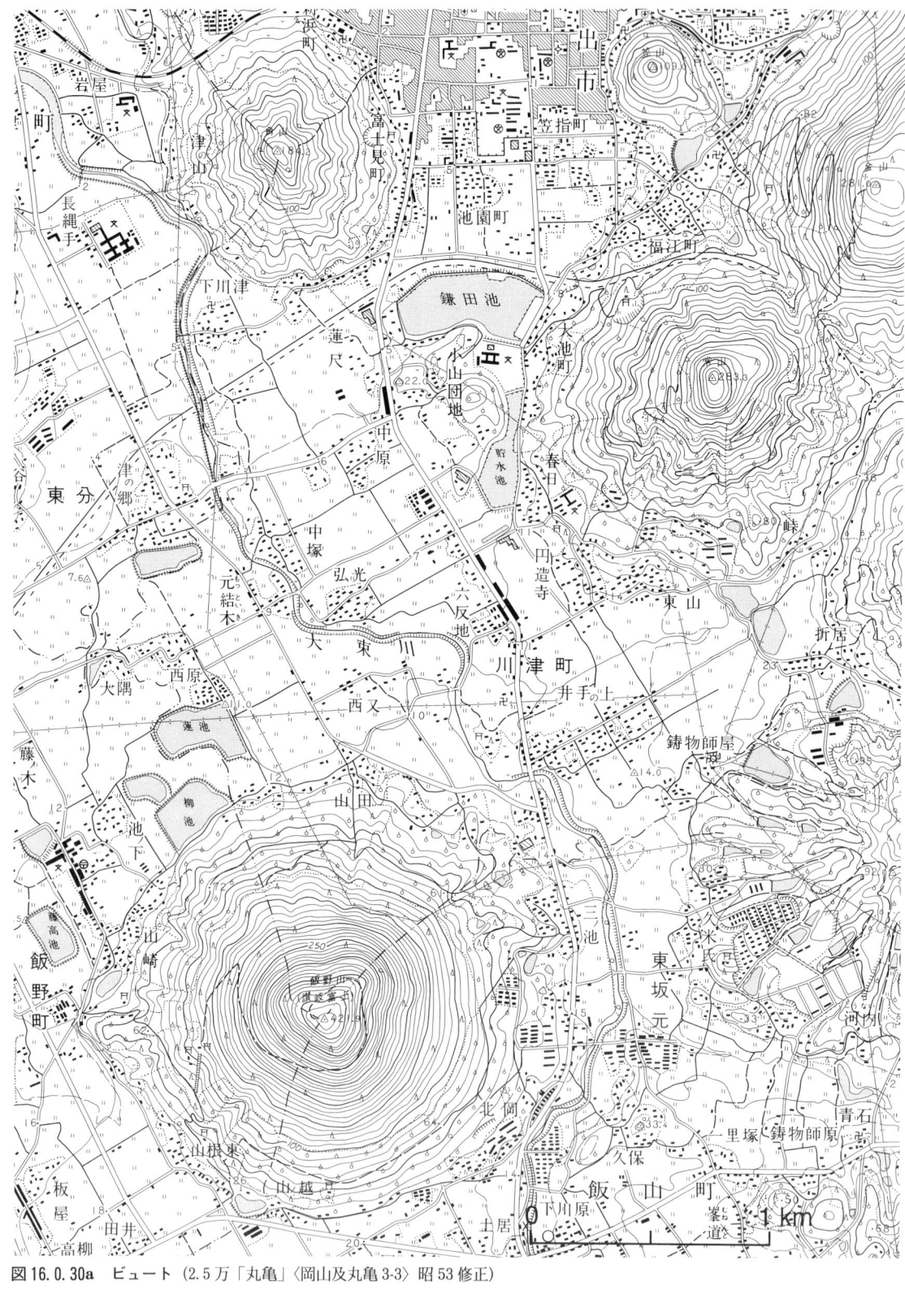

図 16.0.30a　ビュート (2.5万「丸亀」〈岡山及丸亀 3-3〉昭 53 修正)

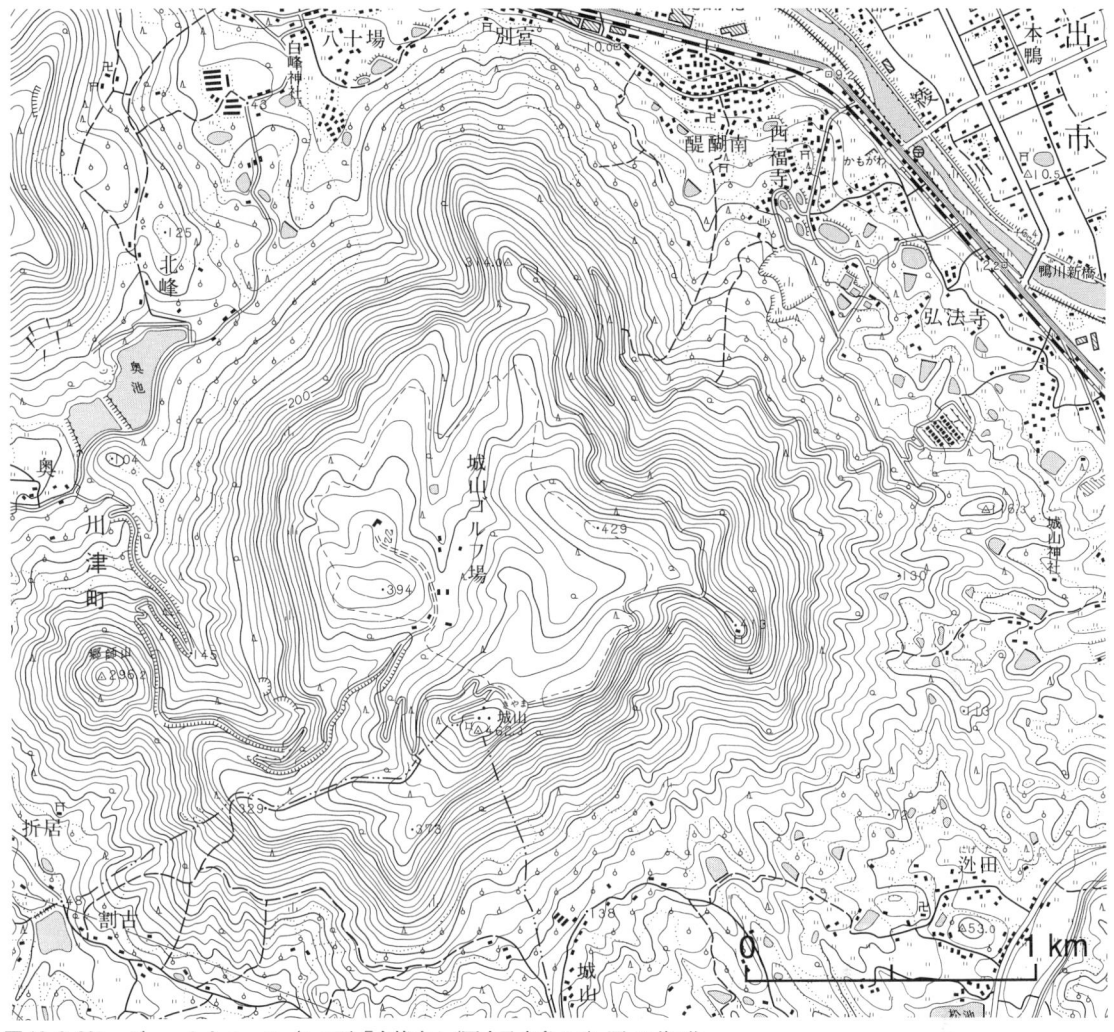

図 16.0.30b　ビュートとメーサ（2.5万「白峰山」〈岡山及丸亀 3-1〉昭 49 修正）

5) ビュート

　図 16.0.30a の飯野山（☞図 2.1.3A），角山，笠山，常山は同心円的等高線で表わされ，小型の成層火山または火山砕屑丘のように見える．しかし，①山頂に火口状の凹地がなく，②山頂部が円頂状で滑らかな急斜面にかこまれ，③その急斜面の下方にほぼ一定高度で，比較的に明瞭な遷緩線（高度：約 150～約 200 m）があり，④各山体の大きさに比べて相対的に深い谷が，その遷緩線より上方にはほとんどなく，下方に発達し，⑤一部の山麓には崖錐が発達する，といった火山の削剥地形（☞第 18 章）とは異なる諸特徴からみて，これらの独立丘はビュートであると解される．

　図 16.0.30b の城山ゴルフ場のある山はメーサであるが，その山腹斜面の形態は上記のビュートと同様である．山腹の遷緩線より上方はキャップロックをなす高透水性の硬岩層（厚さ 200～250 m，数枚の熔岩・火山砕屑岩？），下方は低透水性の軟岩でそれぞれ構成され，両者の境界線は遷緩線に一致すると解される．

　よってこの地域には，かつて高度約 300～470 m の小起伏面をもつメーサが広がっていたが，それが開析・分断され，郷師山，飯野山などの個々のビュートが形成されたと解される．

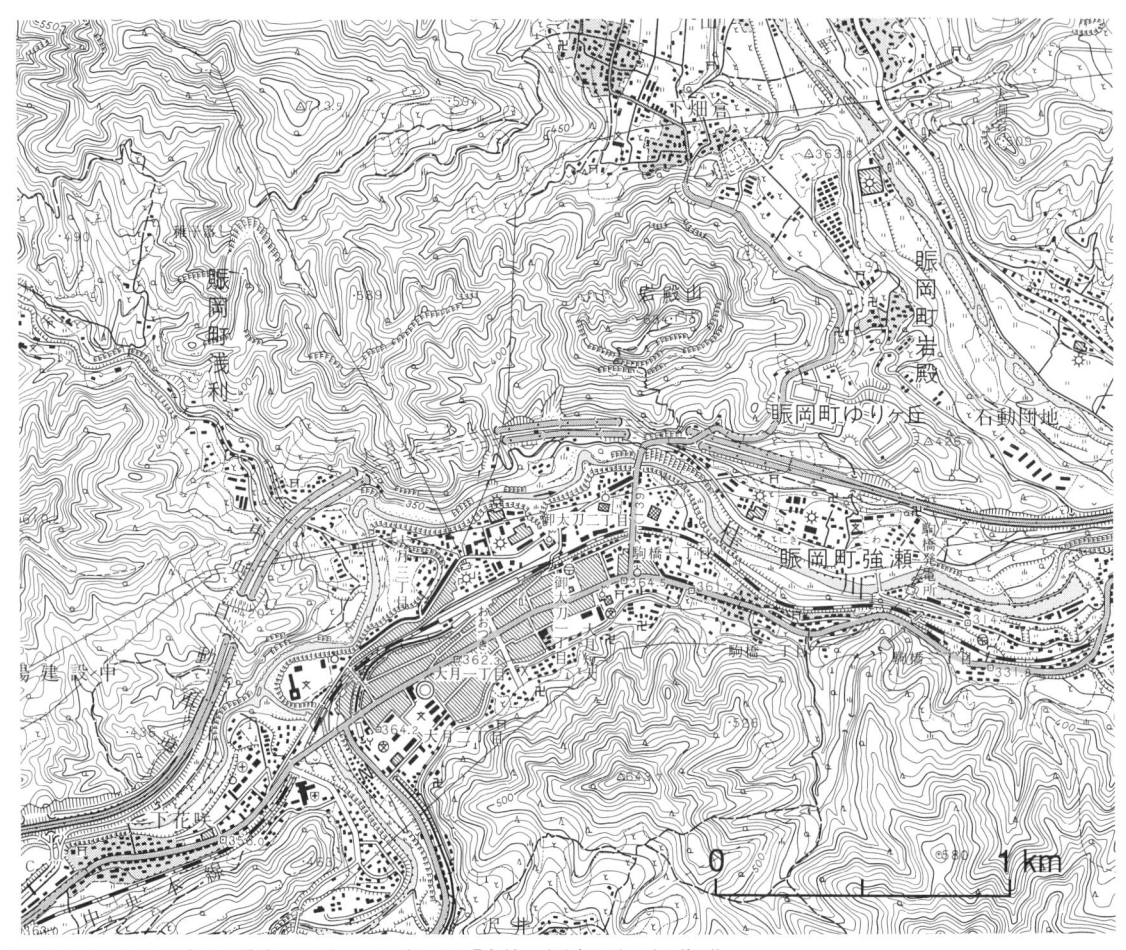

図 16.0.31 厚い礫岩層の構成するビュート（2.5万「大月」〈甲府3-1〉平6修正）

図16.0.31では，桂川の左岸の岩殿山は，ほぼ水平に伸びる2列の「がけ（岩）」に囲まれている．この山は，その主分水界が南に偏在し，ケスタに類似するが，ケスタ背面に相当する斜面に深い谷がある．この程度の非対称的な尾根は普通にはケスタとよばれない．

岩殿山の西方にも「稚子落とし」という恐ろしい地名の付近まで，山地の頂部にほぼ水平に伸びる「がけ（岩）」が断続している．「がけ（岩）」記号の基部の遷緩線の高度は，これらの山地の南面斜面では約500 mであり，岩殿山の北東面斜面では約430 mである．図北東部の大洞岩のほぼ水平の「がけ（岩）」基部の高度は約420 mである．ゆえに，これらの「がけ（岩）」で表現される急崖は少なくとも2枚の厚い（20～30 m），強抵抗性の岩層で構成され，それらは北へ6度内外で緩傾斜しており，その上位（緩傾斜な山頂部）には軟岩層が存在する，と解される．

それら「がけ（岩）」の下方の緩傾斜な山腹には「がけ（土）」（例：岩殿山南西麓の崩落地）があるので，軟岩層が分布するであろう．岩殿山の南面斜面は，その緩傾斜面に数個の露岩があるから，「がけ（岩）」を自由面とする落石で生じた崖錐であろう．よって，岩殿山と大洞岩（標高点503）の独立した山はそれら硬軟の岩石の差別削剥で生じたビュートであると解される．なお，大月市街地のある段丘は，その前面段丘崖に「がけ（岩）」が連続するので，岩石段丘である．

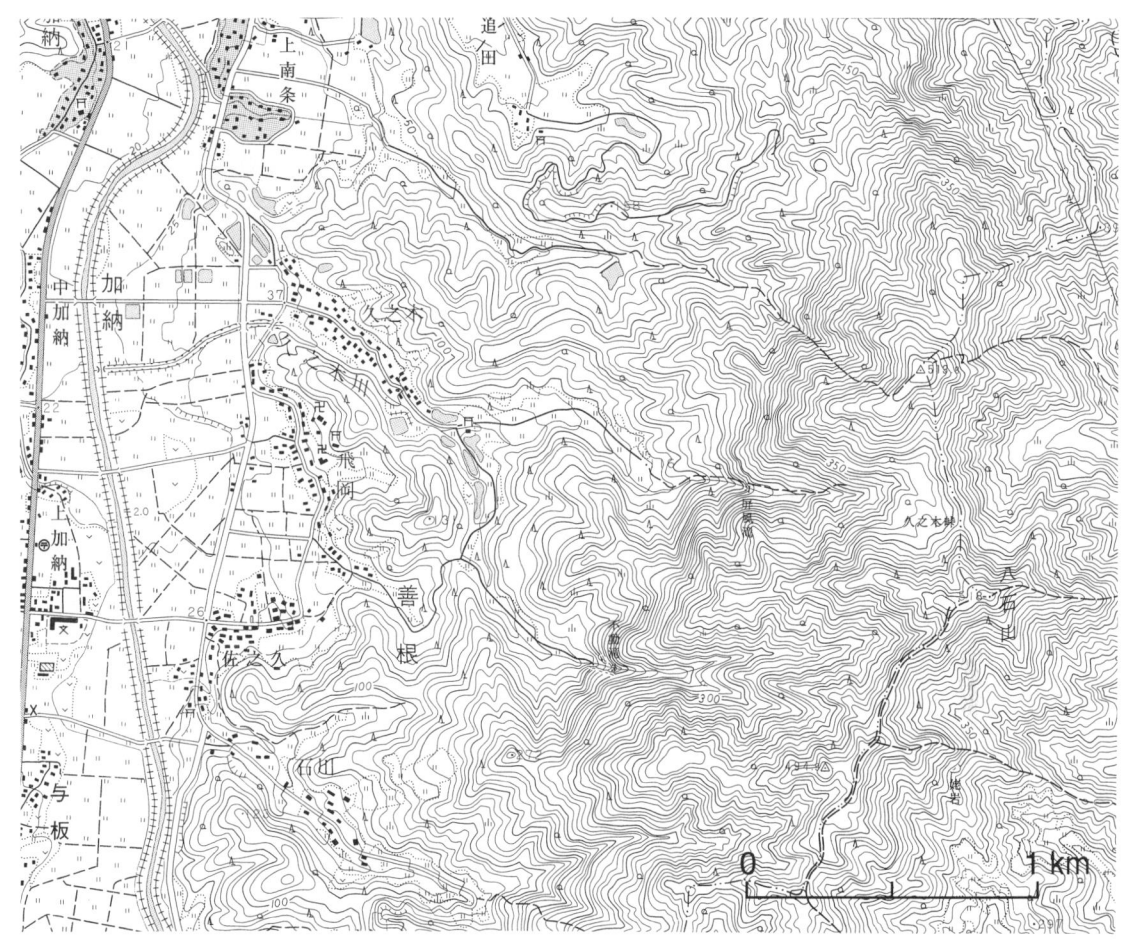

図 16.0.32　同斜構造の差別削剥地形（2.5万「法坂」〈高田 5-1〉平 5 修正）

6）同斜構造の差別削剥地形

堆積岩の傾斜を反映した差別削剥地形の読図法を復習するために，次の易しい練習をしよう．

【練習 16・0・1】 図 16.0.32 の丘陵を読図すると，少なくとも八石山を通る主山稜（行政界に一致）の西面斜面は同斜構造をもつ堆積岩で構成されていると解される．しからば，①その読図の論理（地形的証拠）を述べ，②読図結果の概要図を描き，③その同斜構造の走向と傾斜を数カ所で推定し（±5 度まで許容），④西面斜面を刻む主要谷の谷口から下流に顕著な扇状地や沖積錐の発達しない理由を考察しよう（解答例：☞p.909）．

(3) 堆積岩の強度と透水性を反映した差別削剥地形

比較的に均質な物性をもつ厚い地層または火山砕屑岩で構成される山地や丘陵では，それらの地層ごとに，その地層の物性を反映した固有の差別削剥地形が形成される．したがって，積極的抵抗性（とくに強度）と消極的抵抗性（とくに透水性）の組み合わせの異なる複数の厚い地層が分布する地域では，起伏量，河系模様，谷密度などが地層ごとに異なり，差別削剥地形によって地層の物性を推論することができる．その論理を，野外および室内における岩石物性の実測値と地形計測値を論拠に，以下に説明する．

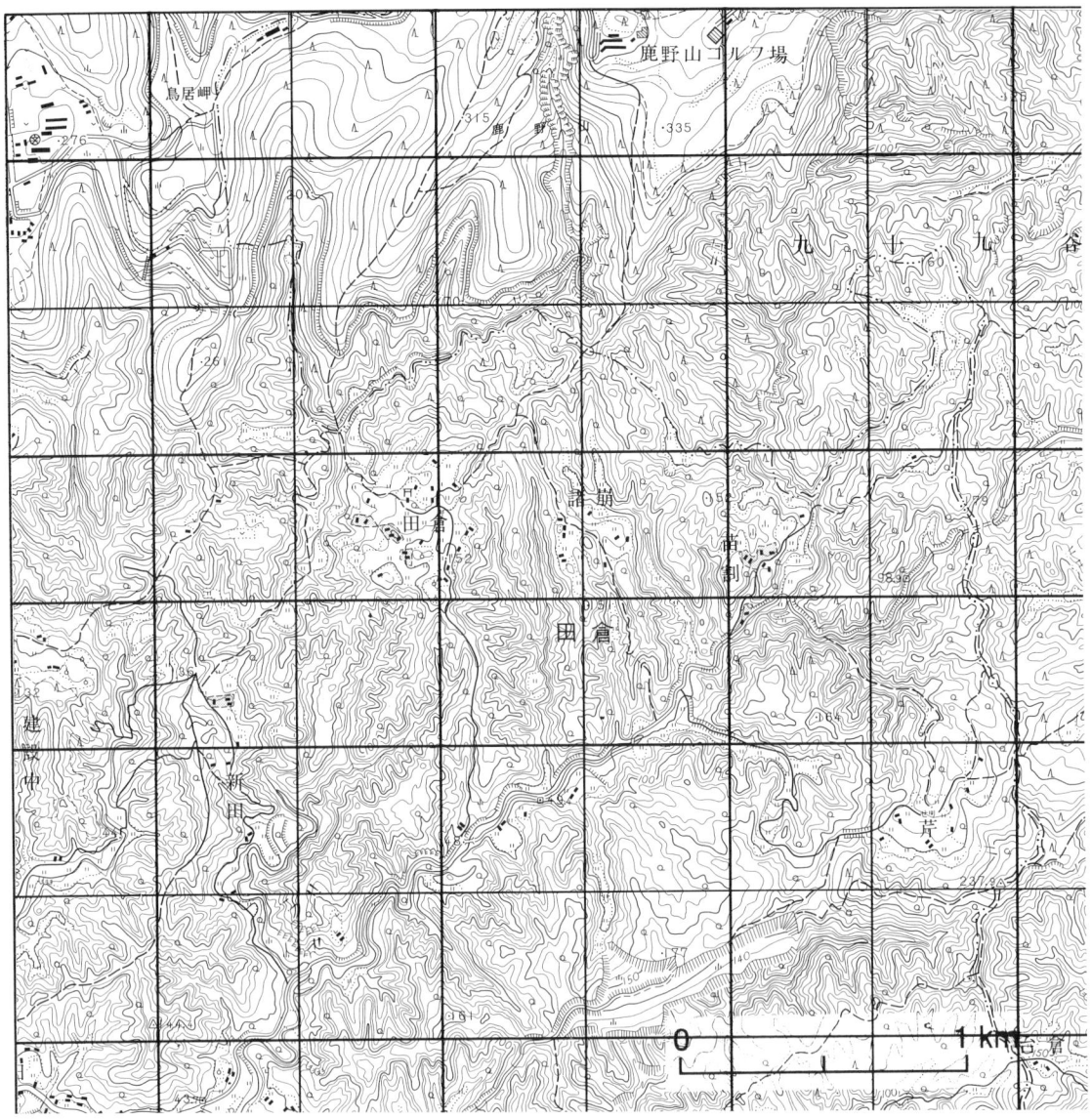

図 16.0.33　岩石の透水性を強く反映した差別削剥による丘陵地形（2.5万「鬼泪山」〈横須賀 1-2〉昭50 修正）　方眼を補記.

　図 16.0.33 の北西部には，鹿野山付近の緩傾斜で谷密度の低い高度 300 m 内外の丘陵がある．図中央部には，北西部とは 200 m 等高線にほぼそう明瞭な遷緩線を境として，九十九谷から諸崩，新田付近に至る急傾斜で谷密度の高い高度 150 m 内外の丘陵がある．図南東部には，水準点のある主要道路をおよその境界として，その南に，中央部の丘陵より谷密度の少し低い，高度 160〜200 m の丘陵がある．芹の西南西方には尾根にそって採石場があり，「がけ（土）」記号で表現されているから非固結岩であろう．図南東隅の台倉付近の丘陵は図の範囲では最も谷密度が高い．

　つまり，図の範囲では東北東から西南西に伸びる境界線によって 4 帯の丘陵に大別される．4 帯のうち，水田は中央帯（苗割，諸崩，田倉，新田付近）に最も多く，南東部の芹や台倉に少しあるが，北西部の鹿野山にはない．ゆえに，4 帯の形態的差異は地層間の差別削剥によると解される．

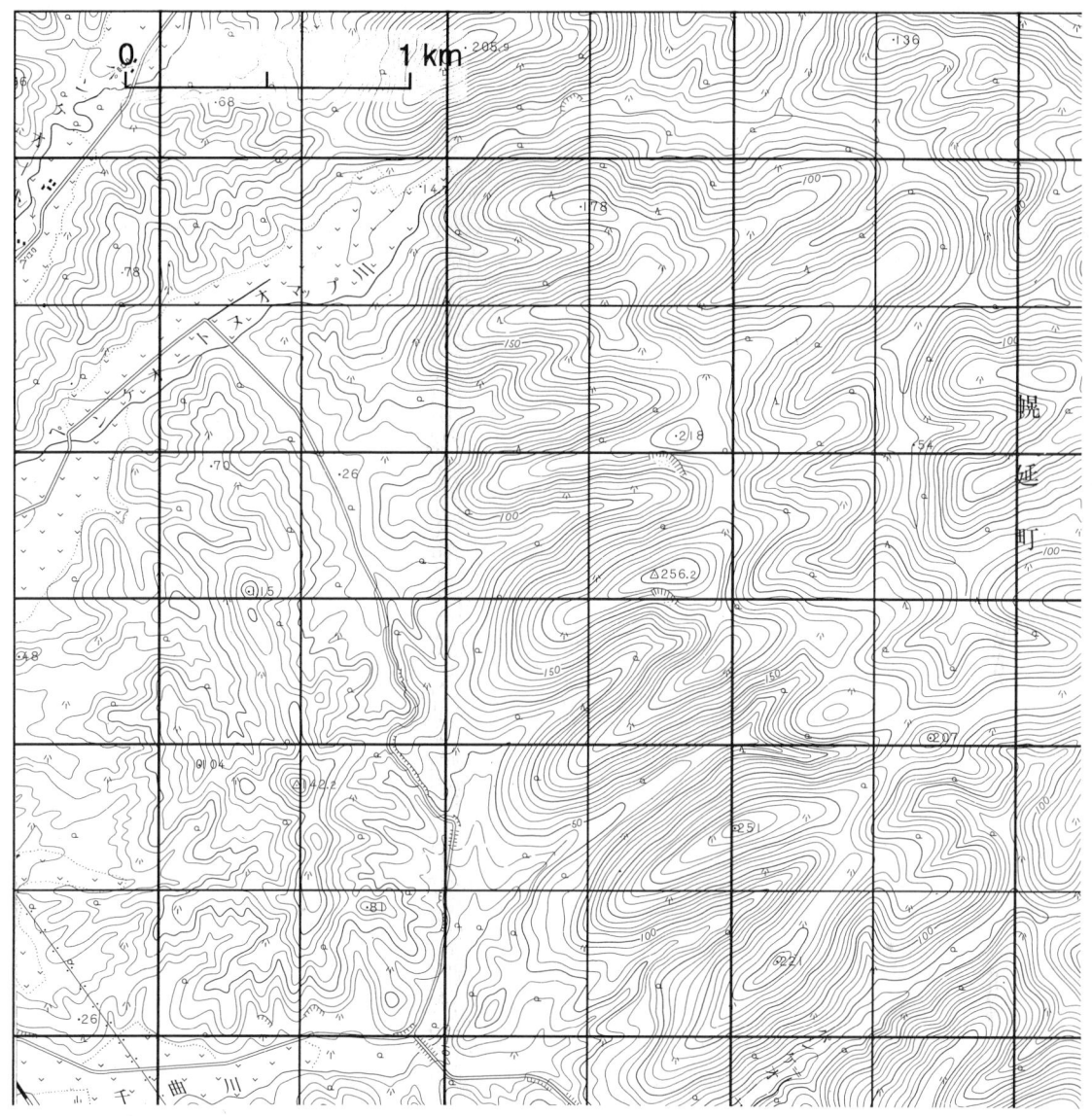

図 16.0.34 岩石の透水性と強度を反映した差別削剥による丘陵地形（2.5万「安牛」〈天塩 3-1〉昭 54 修正）　方眼を補記.

図 16.0.34 の丘陵は，南北方向の境界をもち，削剥状態の著しく異なる次の 3 帯に大別される．①西部帯：中程度の谷密度で高度 60〜140 m の丘陵（三角点 142.2 付近），②中央帯：南北方向の車道とその南北の延長ぞいの低所をなす緩傾斜な丘陵，および③東部帯：低谷密度で，円頂状の尾根をもち高度 200〜250 m の丘陵である．東部帯では三角点 256.2 の南北の谷に代表されるように，深い直線状の谷がほぼ等間隔に並んでいる．

どの丘陵帯にも，顕著な崩落・地すべり地形は存在しない．中央帯は鞍部列をもつが，顕著な接頭直線谷（☞ p. 708）でもないので，断層破砕帯の差別削剥地形（☞ 第 19 章）ではないであろう．

問題は図 16.0.33（以下，房総丘陵とよぶ）と図 16.0.34（宗谷丘陵）における丘陵の各地帯の削剥地形と地層の岩質および物性との対応関係である．その問題を解くために，房総，宗谷および七座（図 16.0.25 と図 16.0.23）の 3 丘陵（読

図範囲を含む広域:図16.0.36)について地形計測および野外・室内での岩石物性測定が次のように行われた(Suzuki et al., 1985).

3丘陵の差別削剥地形は地層と次のように対応している.起伏量,水系および谷密度の分布を房総と宗谷について例示すると(図16.0.35),それらの地形量・地形相の急変線は地層の境界線(図16.0.36)と見事に一致している.

ところが,地層の岩質と削剥地形の特徴とは必ずしも一致せず,逆の場合すらある(図16.0.37).たとえば,房総では砂礫質岩(I)が相対的に高く,丸味のある小起伏で低谷密度の丘陵を構成しているのに対し,宗谷では頁岩(Wk)が同様に高くて低谷密度の円頂状の丘陵を構成している.また,房総の泥質岩(Skなど)と宗谷の砂質岩(Yt)のそれぞれの分布地の地形が類似している.この事実は,地層の岩質と削剥地形の形態的特徴とが1対1で対応しないことを如実に示す.

しからば,丘陵の差別削剥地形の形成にとって最も重要な要因は何であろうか.地形学公式に含まれる変数でみると,地形場はいずれも丘陵であり,それぞれの地域では各地層に加わる地形営力

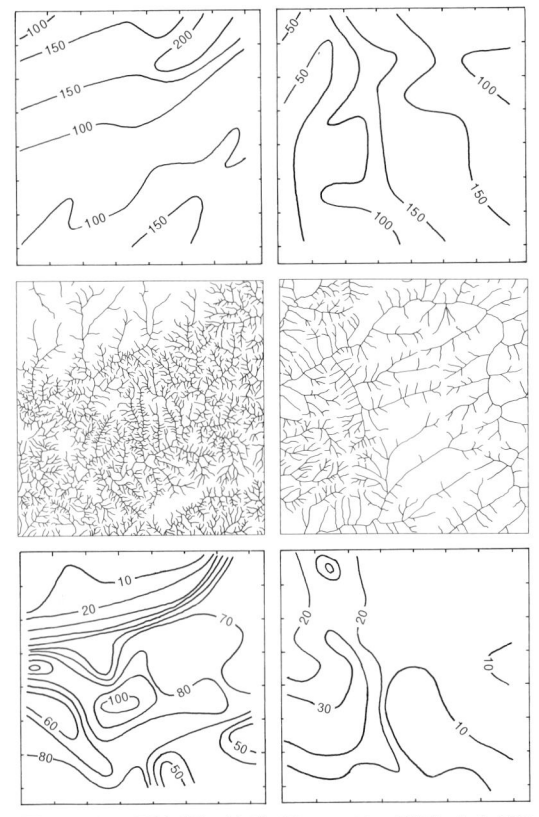

図16.0.35 房総丘陵(左列:図16.0.33の範囲)および宗谷丘陵(右列:図16.0.34の範囲)の起伏量図(上段,単位:m/0.25 km^2),水系図(中段)および谷密度図(下段,D_2,単位:本/0.25 km^2,☞p.726)

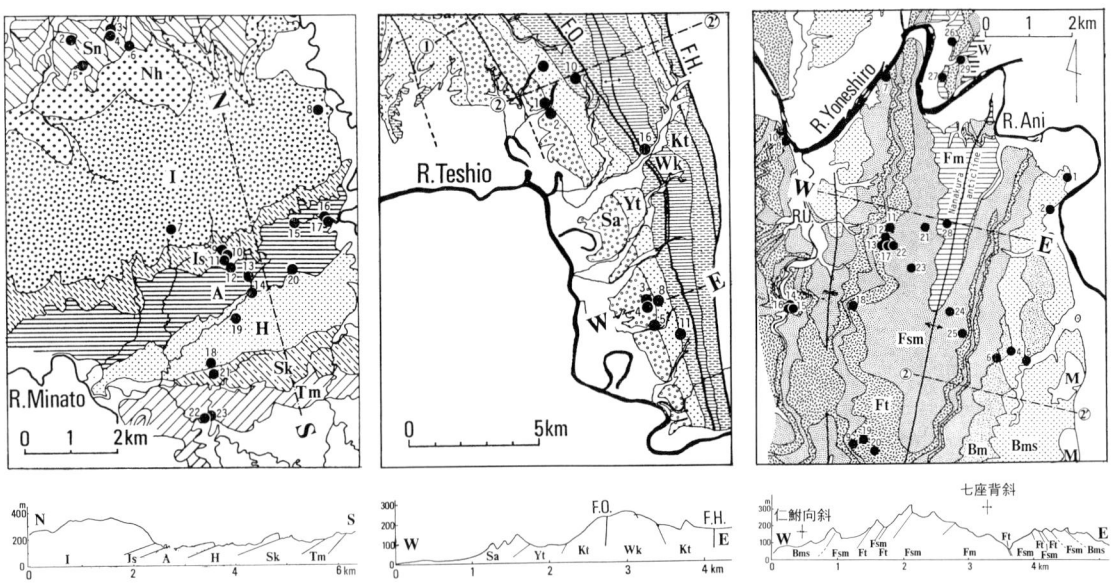

図16.0.36 房総(図16.0.33),宗谷(図16.0.34)および七座(図16.0.25)のカッコ内の地区を含む広範囲の3丘陵の地質図と地質断面図(Suzuki et al., 1985) 英字は地層名の略号で,その岩質を図16.0.37に示す.黒丸は岩石物性測定地点.

(例：雨量，積雪深，凍結融解日数など）および削剥時間に大差はないと考えられる．よって，重要な変数は岩石物性であろう．

3丘陵の地層は軟岩であるから，その強度を統一的尺度で計るために山中式貫入硬度（P_y）で評価した．透水係数（K）は定水位試験法で測定された．両物性は強風化部，弱風化部および未風化部の各露頭（図16.0.36）で測定された．

削剥地形を示す種々の流域地形量（☞表13.1.5および表13.1.6）が，方眼法ではなくて，同じ地層で構成される2次と3次の流域ごとに，2.5万地形図で計測された．それらの地形量のうち，3次流域に関する3種の地形量と各地層の未風化部の強度および透水係数との関係を例示（図16.0.38）すると，次の傾向がある．

本流の流路長（L）とは，強度（P_y）とは無関係であり，透水係数（K）とは約 10^{-3} cm/s に'しきい値'があり，それ以下では無関係であるが，それ以上になると急増する．谷密度（D_d：☞p.726）は強度には無関係であり，透水係数とは約 10^{-3} cm/s の'しきい値'以下では無関係であるが，それ以上になると急減する．一方，最大起伏（h）は強度に比例して漸増し，透水係数の増加と共に漸増するが，約 10^{-3} cm/s の'しきい値'以上になると急増する．これらの事実は次のように説明される．

単位の長さの水路を維持するのに必要な集水域の面積は基盤岩石の透水係数に制約されるが，強度とは無関係であるから，水路に関連する地形量（流路長，流域面積，谷密度など）は透水係数に制約される．一方，起伏は削剥による尾根と谷底の低下速度の差の関数である．尾根の低下は主と

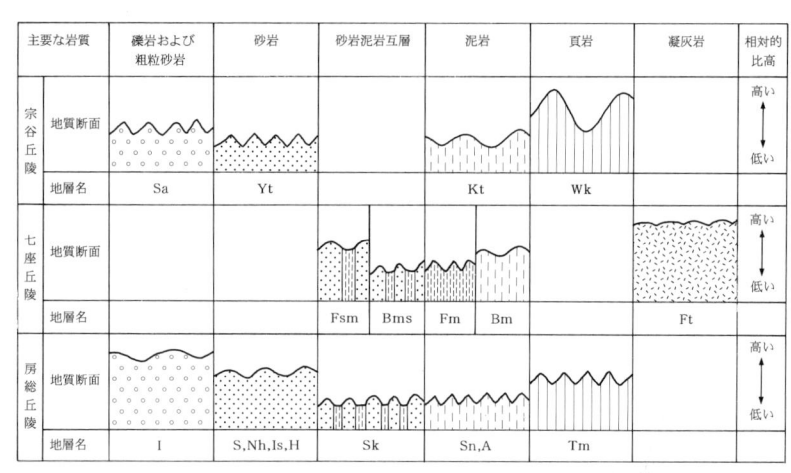

図16.0.37 宗谷・七座・房総丘陵の削剥地形と地層（岩質）との対応関係を示す概念図（Suzuki et al., 1985）地質断面図では谷密度と起伏形態ならびに各丘陵内部での相対的な高度・比高を概念的に示す．地層名は各地域で慣用されている略号で示す．

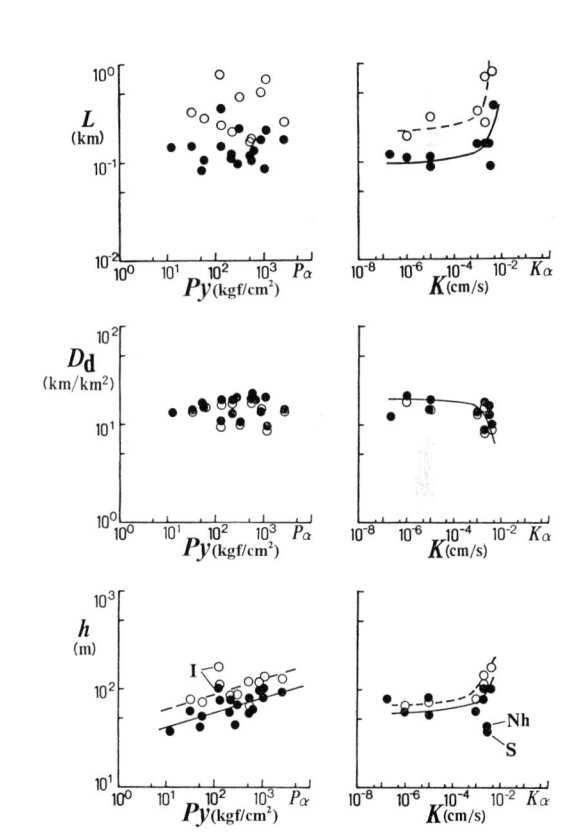

図16.0.38 宗谷・七座・房総丘陵の地層ごとの地形量と地層（未風化部）の山中式貫入硬度（P_y）および透水係数（K）との関係（Suzuki et al., 1985）L：流路長，D_d：谷密度，h：最大起伏．黒丸は2次谷，白丸は3次谷のデータを示す．地形量も岩石物性も地層ごとの平均値である．P_αとK_αの添字αは新鮮岩の値の意味である．

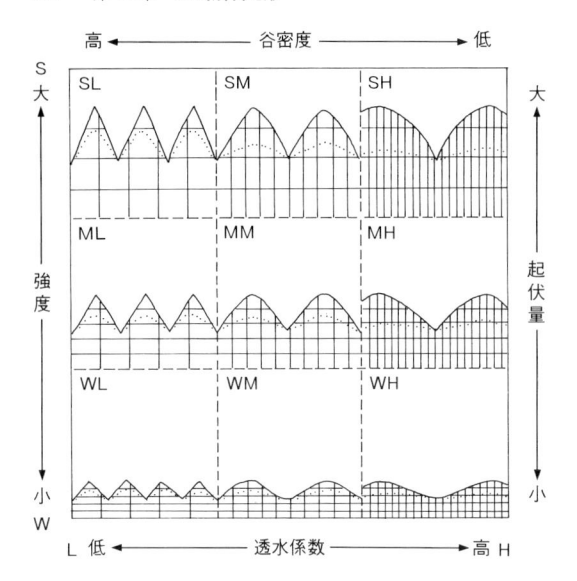

図16.0.39 岩石の強度（積極的抵抗性）と透水係数（消極的抵抗性）の組み合わせからみた丘陵の削剥地形（起伏量と谷密度の組み合わせの区分）の概念図（Suzuki et al., 1985, を改変）

9種は漸移的であるから境界を破線で示す．断面図の横線は強度（大間隔ほど大きい），また縦線は透水係数（大間隔ほど低い）にそれぞれ関与する岩体の性質たとえば節理間隔をイメージして描かれている．点線は地下水位．

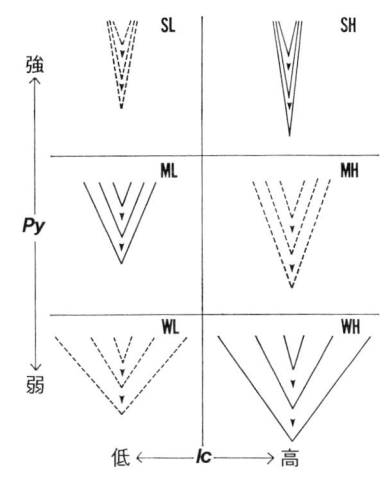

図16.0.40 海成段丘の開析谷の横断形の発達に関与する強度（Py）と浸透能（Ic）の組み合わせ（田中，1990）

Py は山中式貫入硬度で，Ic は変水位法で測定された．実線断面は実測データに基づくが，破線断面は推定である．

して集団移動に起因するから強度と透水係数の両者に制約される．谷底の下刻は基盤岩石の飽和含水状態で起こるが，その状態になる頻度は透水係数，とくにその'しきい値'の影響を受ける．したがって，尾根および谷底の低下量を反映する起伏に関連する地形量（例：流域起伏，流域粗度数など）は強度と透水係数，そして風化特性などすべての岩石物性に制約されると考えられる．なお，風化部では強度が低下し，透水係数が増加しているが，水路に関連する地形量には明瞭な関係がなく，起伏の地形量では未風化部の場合とほぼ同様の傾向がみられた．

かくして，丘陵を構成する地層間の差別削剥地形は，岩質の違いではなくて，各地層の積極的抵抗性（例：強度）と消極的抵抗性（例：透水係数）という岩石物性の組み合わせの違いによって，次のように系統的に説明される．

十分に厚い地層が広く分布している丘陵の削剥地形では，①斜面の傾斜と起伏量したがって相対高度（比高）は岩石の強度に，②水系の発達状態（例：低次谷の長さ・流域面積，谷密度など）は岩石の透水性にそれぞれ強く制約される．その組み合わせは，簡単に言えば，

　大強度・低透水性＝大起伏・高谷密度
　大強度・高透水性＝大起伏・低谷密度
　小強度・低透水性＝小起伏・高谷密度
　小強度・高透水性＝小起伏・低谷密度

である．この概念を模式的に描くと図16.0.39のようである．それぞれの地形量を区分する強度や透水係数の絶対値は，気候条件，地質構造，時間などによって異なるであろうから，概念図には岩石物性と地形量の絶対値が記入されていない．

この概念は，海成侵蝕段丘および丘陵の開析谷の横断形の発達過程に関する実測値で検証された（田中，1990）．たとえば，堆積岩で構成される開析谷の谷壁斜面（図16.0.40）は，岩石の強度が大きいと急傾斜で経時的には増傾斜的に，強度が小さいと緩傾斜で減傾斜的に，それぞれ発達する．また，岩石の強度が同じ場合には，高透水性岩の分布地では低透水性岩の分布地よりも開析谷が急速に深くなる傾向があるという．

(4) 石灰岩の溶蝕地形（カルスト）

(a) 石灰岩の削剝過程（溶蝕）

岩石は多少なりとも化学的に溶解（solution）する．溶解性の顕著な岩石・鉱物は溶解しやすさの順に岩塩（NaCl），石膏（$CaSO_4 \cdot 2H_2O$），硬石膏（$CaSO_4$），石灰岩（$CaCO_3$），ドロマイト（$Ca(Mg, Fe, Mn)(CO_3)_2$）である．日本における溶解性岩の大部分は石灰岩である．

石灰岩（limestone）は炭酸カルシウム（$CaCO_3$）や方解石，あられ石を主成分とする堆積岩である．石灰岩は成因によって，①貝殻や有孔虫，サンゴなどの石灰質の生物遺体の累積で生じた生物石灰岩（例：礁石灰岩，☞p. 473），②海水からの $CaCO_3$ の無機化学的沈殿によるもの，③それらが侵蝕され別の場所に再堆積して生じた非原地性石灰岩などに大別される．1枚の石灰岩の層厚は数 cm～数百 m で，一般に節理に富む．

炭酸ガス（CO_2）は水（H_2O）に容易に溶解し，炭酸（H_2CO_3）を生じる．すなわち，

$$CO_2 + H_2O \rightleftarrows H_2CO_3 \quad (16.0.2)$$

その炭酸と石灰岩（$CaCO_3$）が反応すると，可溶性の重炭酸カルシウム（$CaHCO_3$）と炭酸水素（HCO_3）のイオンを生成する．すなわち，

$$CaCO_3 + H_2CO_3 \rightleftarrows CaHCO_3^+ + HCO_3^- \quad (16.0.3)$$

重炭酸カルシウムは炭酸カルシウムより 30 倍も水に溶解しやすいので，石灰岩が急速に溶解する．これらの反応は可逆的である．水中の CO_2 分圧の増加や水温低下に伴って，$CaCO_3$ が沈殿しやすくなる．かくして，空気中の CO_2 を溶かした雨水や流水，地下水によって石灰岩が溶解される．その削剝過程を溶蝕（corrosion）とよぶ．

石灰岩は引っかき硬度では小さい（クギで傷つく）が，圧縮強度では数 10～200 MPa と軟岩から硬岩に属する．岩体内部には節理や断層ぞいに溶蝕で拡幅した割れ目や地下空洞が多いので，岩体全体は高透水性である．つまり，石灰岩は力学的削剝に対する積極的抵抗性と地表水に対する消極的抵抗性がともに大きい．

石灰岩で構成される山地では，地表水による侵蝕がほとんど起こらないので，侵蝕谷が少なく，低谷密度で，斜面は急峻となり，集団移動もほとんど発生しない．そのため，石灰岩はしばしば相対的に高い山を形成し，河川の横断地点では狭窄部を生じる．地下空洞の分布・形状の地上からの探査は困難であるから，漏水対策が不能であり，石灰岩地域では貯水ダムの建設は不可能である．

(b) カルスト地形

溶蝕および溶解物質の沈殿で形成された地形をカルスト地形（karst landform）または単にカルスト（karst）と総称する（図 16.0.41）．カルストという地形種名は，それの典型的に発達するカルスト地方（スロベニア）の地名に由来する．カルスト地形はその表面形，凹地形，洞穴地形，凸地形によって次のように分類される．

1) カルスト表面形

石灰岩の表面では，$CaCO_3$ の含有量の僅かな差異を反映して岩柱や溶蝕溝などの微起伏をもつ斜面，すなわちラピエ（lapies, カレンともいう）が生じる．石灰岩中の非溶解性物質（石英など）は地表や洞穴底に残留し，水酸化第二鉄で着色された赤色粘土質土壌すなわちテラロッサ（terra rossa）となる．$CaCO_3$ 含有量が高いとテラロッサの薄い植生に乏しい裸出カルスト（bare karst），テラロッサと溶蝕残留物質が多いと植生の多い被覆カルスト（soil-covered karst）になる．両者は植生の読図で判別される．

2) 石灰洞とカルスト凹地形

① 石灰洞：節理や断層ぞいには溶蝕で石灰洞（calcareous cave, limestone cave）が生じる．石灰洞内部やそれからの地下水湧出口付近には，$CaCO_3$ の沈殿によって鐘乳石（stalactite）や石灰華段丘（travertine）などの超極微地形が形成

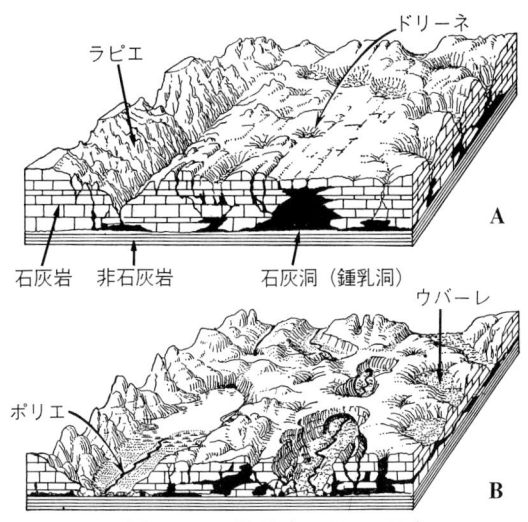

図 16.0.41 主なカルスト地形 (Strahler, 1951)

される．なお，鐘乳洞(しょうにゅうどう)（cave）は，洞穴内部に'つらら石'や石筍(せきじゅん)などの鐘乳石(しょうにゅうせき)のある洞穴の総称であり，石灰洞のほか熔岩トンネル（☞第18章）もある．洞穴記号のあるものを除き，鐘乳洞の存否は読図不能である．

② ドリーネ：表流水が石灰洞に吸い込まれる所には，擂鉢形(すりばち)の凹地すなわちドリーネ（doline）が生じる．ドリーネは直径数mないし数百m，深さ数m～数十mで，地形図では凹地記号や櫛歯の陥凹曲線で示されている．

③ ウバーレ：いくつかのドリーネが連なると，径数kmの凹地すなわちウバーレ（uvala，連合擂鉢穴ともいう）が形成される．ドリーネやウバーレは断層にそって，しばしば直線的に配列する．ウバーレの底にはポノール（ponor）とよばれる流水の吸込穴がある．

④ ポリエ：ウバーレが拡大して長さ数km～数十kmになり，谷底低地のような平坦な底部をもつ凹地をポリエ（polje）とよぶ．ポリエ底は堆積物で被覆されており，周囲の石灰岩斜面との境界は明瞭な遷緩線である．ポリエには石灰洞からの湧水起源の河川や非石灰岩山地からの外来河川が存在する．その河流がポノールでいつも消失する谷を尻無谷(しりなしだに)（tailless valley）とよぶ．

3）カルスト凸地形

石灰岩の山地は，小起伏で低谷密度の高台すなわちカルスト台地（karst plateau，または石灰岩台地という），あるいは同様の形態をもつ尾根すなわち石灰岩尾根（limestone ridge）になっていることが多い．カルスト台地では，ドリーネやウバーレおよび露岩が多い．石灰岩尾根では凹地は少ないが，侵蝕谷が少なく，急斜面に露岩が多くみられ，尾根頂が小起伏の場合が多い．

(c) カルストの読図例

1）石灰岩台地（カルスト台地）

図16.0.42の南部の秋吉台から北東部の猪出台にかけての丘陵は，山頂部が小起伏で，大比高の急斜面（例：烏帽子岳の北西）に囲まれ，高度300～400mの定高性をもつ高台であり，低谷密度で，大小無数の凹地と露岩があり，草地に被覆されているので，裸出カルストに近い石灰岩台地であることは明らかである．小さな凹地はドリーネであり，直径数十m～百m内外，深さ数m～20m内外である．帰水（ポノール）および図西南部の大きな凹地（標高点199付近）はウバーレである．帰水を中心とする北西一南東方向のウバーレ列および東西方向の凹地列は断層の存在を示唆する．

三角田川は外来河川であるが，大正洞の東方の小さな池（ポノール）で地下に伏流し，尻無谷を形成している．佐山の盆地は基本的にはポリエであるが，谷底に三角田川の運搬した非溶解性物質が堆積しているので，水田がある．

図北部の，山領から鐙峠を経て中河内の北東に至る顕著な遷緩線で限られる山地は，高谷密度の必従谷に刻まれているので，低透水性の硬岩（非石灰岩）で構成されている．その遷緩線と石灰岩台地の間の丘陵（河原谷，三角点308.1，杉山，中河内）は緩傾斜で低谷密度であるが，凹地や露岩がないので，中程度の透水性をもつ中硬岩（非石灰岩）で構成されていると解される．

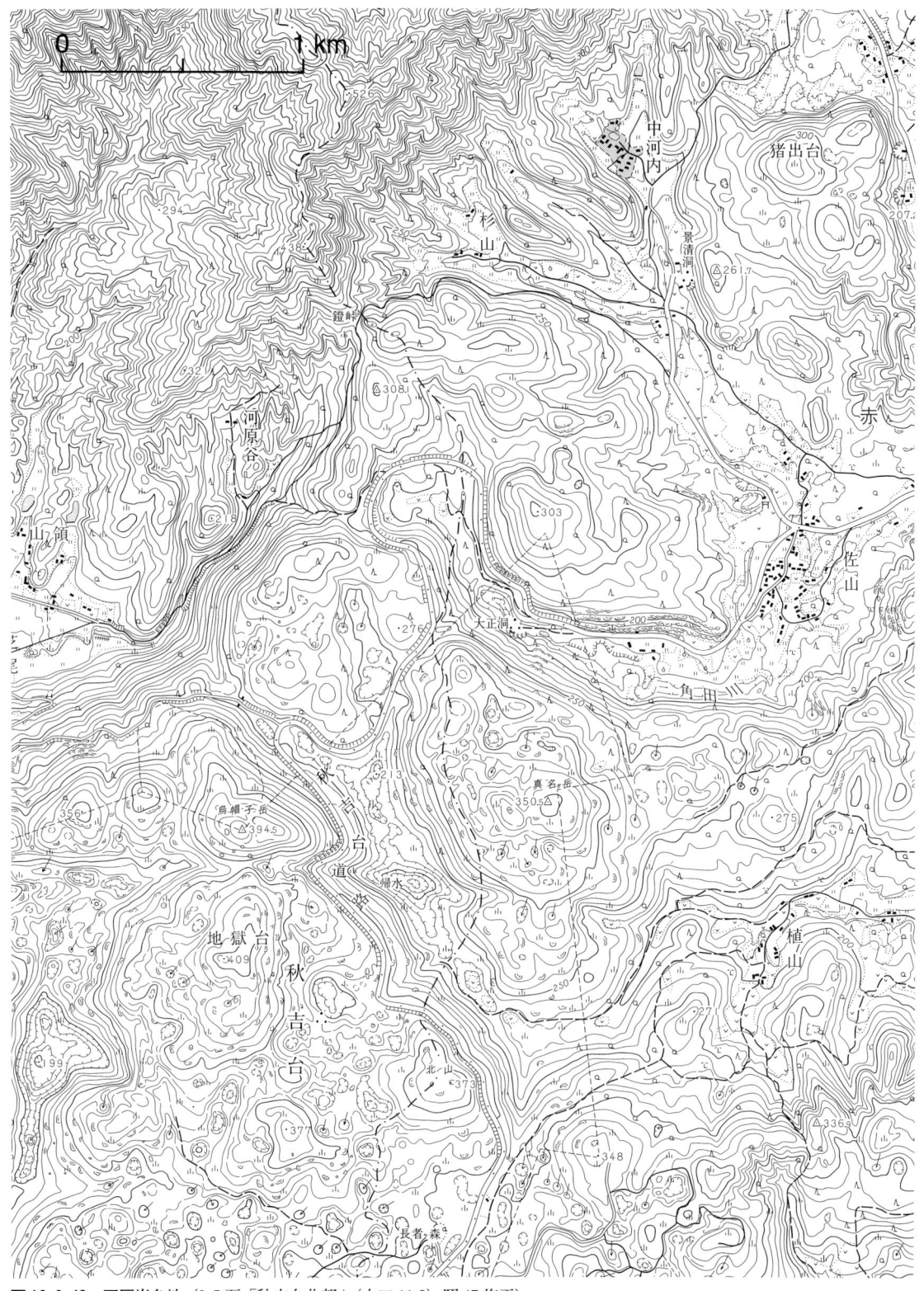

図 16.0.42　石灰岩台地（2.5万「秋吉台北部」〈山口 11-3〉昭 47 修正）

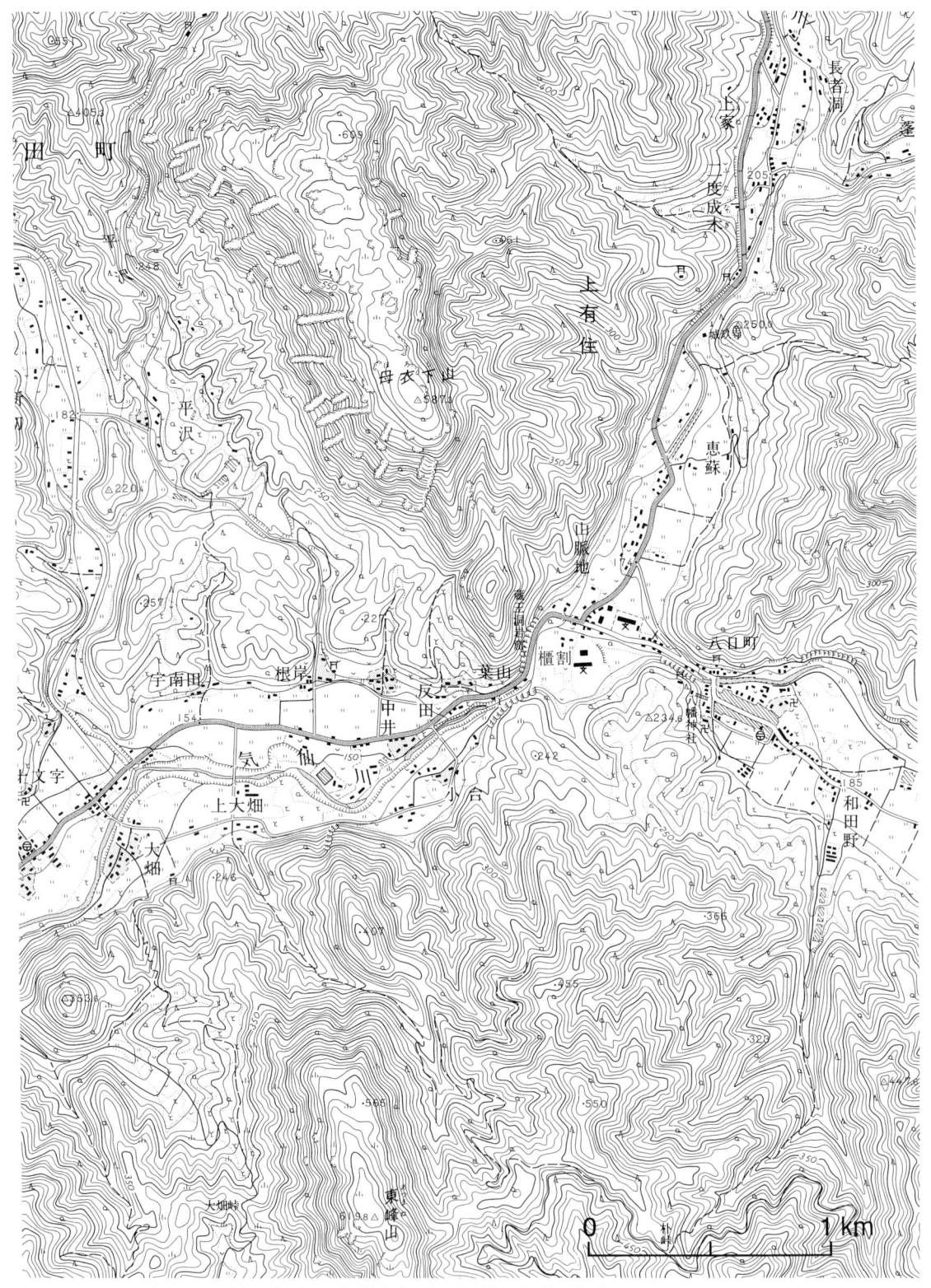

図16.0.43 石灰岩尾根と谷底幅異常（2.5万「陸前八日町」〈一関5-4〉平4修正）

2) 石灰岩尾根

図16.0.43の気仙川とその支流（図北東から流下）では，葉山，八日町および城玖寺に狭窄部があり，谷底幅異常を示す．ただし，谷底低地（とくに葉山から下流）は数mほど下刻され，段丘化している．

母衣下山とその北方の標高点609に続く尾根は明瞭な遷緩線を境に周囲より一段と高い．その山頂小起伏面とそれを囲む急斜面に多くの露岩や岩盤尾根があり，深い谷が発達していない．山頂小起伏面に凹地はないが，露岩は多い．よって，この大きな尾根は高透水性の厚い硬岩で構成されたもの，つまり石灰岩尾根であると解される．その石灰岩は遷急線の方向と高度（尾根中央部の東面斜面で約500m，西面斜面で約350m）からみて，北北西—南南東の走向をもち，西へ12度内外で傾斜しているであろう．

蔵王洞岩窟（石灰洞であろう）の西の高度400mの山および図南端の東峰山も，母衣下山と同様の形態的特徴をもつので，石灰岩尾根であろう．東峰山の北の標高点407と北西の三角点353.6とその南の尾根も石灰岩尾根の可能性がある．

これら以外の山地には樹枝状の谷が発達し，山腹の露岩は八日町の狭窄部から北東にのびる尾根（局部的に石灰岩尾根の可能性がある）にしか見られないので，低透水性の硬岩で構成されているであろう．図西部の平沢付近から根岸付近および葉山から八日町の南方の丘陵は250m内外の定高性をもち，浅い谷，緩傾斜面および滑らかな尾根で特徴づけられているので，少なくともその尾根部は透水性のかなり高い軟岩（たとえば深成岩の風化岩）で構成されているであろう．

気仙川とその支流はこれらの軟岩を側刻して幅広い谷底侵蝕低地を形成したが，それの段丘面に自然堤防が残存しているので，後に多少埋積された可能性がある．葉山，八日町，城玖寺の狭窄部は，硬岩と軟岩の接する部分を河川が下刻して形成した再従型の表成谷（☞図13.2.3）であろう．

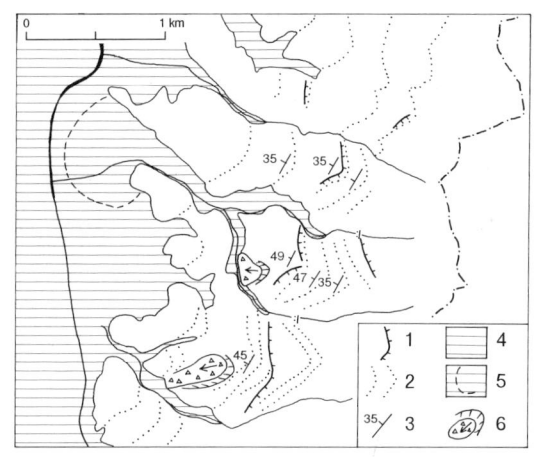

図16.0.44 同斜構造の差別削剥地形（図16.0.32）の読図結果概要図
1：ケスタ崖，2：地層の差別削剥によると推定される地形線（谷線と傾斜変換線），3：地形線の高度差から推定した地層の走向線と傾斜角，4：低地と低い段丘面，5：久之木川の扇状地の扇端線，6：地すべり地形．

【練習16・0・1（p.899）】の解答例

図16.0.32では，多数のケスタが発達しているので，その分布・形態から同斜構造を次のように推論できる（図16.0.44）．ケスタ列の発達は硬軟の地層の互層を示唆する．図14.0.8の概念と図14.0.10に示す方法を参考にして，三角形の平面形をもつ一つのケスタ崖の頂部の遷急線または基部の谷線が同一高度の等高線と交わる2点を結ぶと走向線になる．高度の異なる走向線間の距離を計測して求めた傾斜は地層の傾斜角にほぼ等しいであろう．この方法によると，この地域の地層は走向がN20〜50°Eで，傾斜は30〜50°NWであると推定される（図16.0.44）．

屛風滝と不動滝の下流を通る遷緩線（全体の走向：N28°E）は顕著な差別削剥地形である．それより東側の大起伏・急傾斜の山地は固結度のやや高い堆積岩で構成され，西側の丘陵は相対的に固結度の低い岩石（地すべり地形に注意）で構成されているであろう．主分水界の西面斜面を刻む河川は，この遷緩線より下流で勾配が小さく，谷底低地を伴い，流送物質が細粒のため，久之木川を除けば，顕著な扇状地を形成していない．

C. 深成岩と半深成岩の削剥地形

マグマが冷却・固化して生じた火成岩は，その冷却した深度（≒速度）を反映して産状（岩体の産出状態）や組織が異なるので，それらの違いによって深成岩，半深成岩および火山岩に大別され，さらに化学成分および鉱物組成によって図16.0.45のように分類される．地形学的および建設技術的には，化学成分や鉱物組成に基づく岩石名も重要だが，岩体の産状および岩石の組織や節理のほうがより重要である．

深成岩および半深成岩の岩体の産状は底盤，岩株，岩脈および岩床に大別される（図16.0.46）．これらの岩体は成層構造がなくて，全体がほぼ一様な岩質をもつから塊状岩（massive rocks）とよばれる．火山岩は塊状岩に含められるもの（例：厚い熔岩流，円頂丘熔岩，蛇紋岩）もあるが，火砕岩は成層構造をもつから，火山岩については第18章で述べる．ただし，蛇紋岩は半深成岩に類似した産状をもつので，この節で扱う．

(1) 底盤と岩株の削剥地形

(a) 深成岩と半深成岩の産状と性質

深成岩の岩体は露出面積約100 km²以上の底盤（batholith）とそれ以下の岩株（stock）に便宜的に大別される．いずれも建設技術的観点では，地下に半無限に連続する巨大で均質な岩体であり，'底無し岩体'とみなして大過はない．

底盤は主として花崗岩類で構成され，日本の広範囲に分布する（図16.0.47）．広域的に分布する花崗岩類は，地下の深所で生じた後に，山脈の隆起と数千万年という長期間にわたる削剥によって地表に露出したので，北上，阿武隈，中国山地などのように準平原のような小起伏の山地や丘陵を構成していることが多い．一方，第三紀中新世に生じた深成岩類は比較的に高い山地（例：屋久島，山梨金峰山，丹沢山地など）を構成している．これは第三紀以降の山地の隆起と削剥が現在でも進行中で，深成岩体の頂部しか地表に露出していないことを示唆する．

深成岩は，一般に均質で，鉱物粒子が粗粒であり（顕晶質という），岩石全体が結晶で構成されており（完晶質という），岩石物性的には等方的である．深成岩の新鮮岩は硬岩であり，方状節理（☞図2.3.6）が発達する．

深成岩は，隆起に続く削剥に伴う静岩圧の応力解放により，岩体の頂部（厚さ数十m，稀に百m以上）が緩んで，風化花崗岩になっている．さらに風化が進むと一般に，岩石が脆くなり，方状節理が不明瞭になって，粗粒ないし細粒のマサになり（☞図16.0.7），透水性が増加する．色も白色から黄白色，褐色へと変わる（☞表16.0.3）．深成岩の風化物質の一般的特徴は，①花崗岩のようにSiO₂成分が多く，かつ

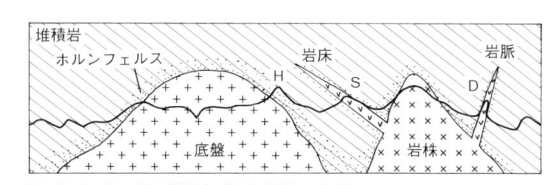

図16.0.46　深成岩と半深成岩の産状
太実線は十分に削剥された場合の差別削剥地形を示す．
H：ホルンフェルス尾根，S：岩床尾根，D：岩脈尾根．

図16.0.45　火成岩の簡単な分類（sio₂はSiO₂の誤記）

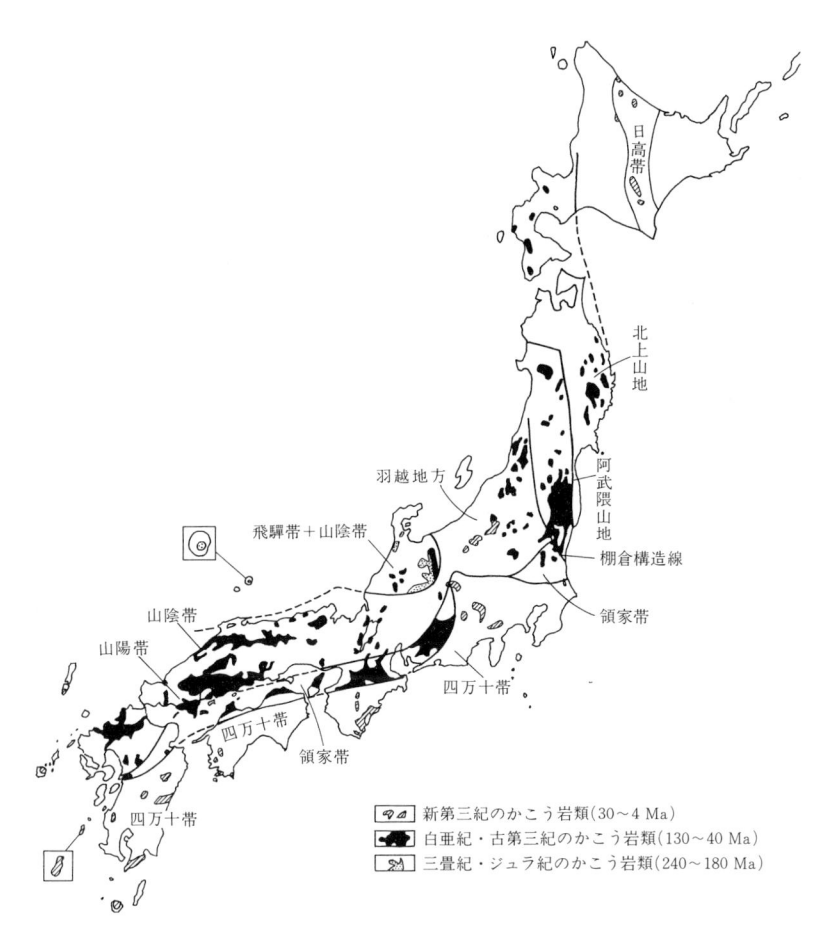

図 16.0.47 日本の花崗岩類の分布（久城ほか，1989）

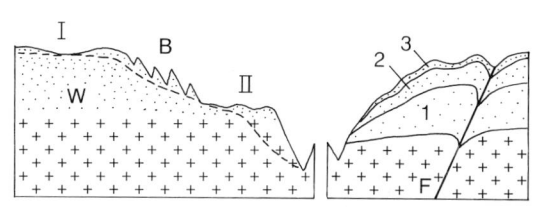

図 16.0.48 花崗岩山地の風化帯の産状と地形との関係
左図：小起伏面をもつ山地を刻む谷の谷壁斜面の断面図．I：山頂小起伏面，II：山腹小起伏面，B：悪地，破線：河床縦断曲線，W：風化帯（打点部），＋：未風化の花崗岩，池田（1998）に詳しい．
右図：風化帯の産状．F：断層または大規模な節理，1, 2および3はそれぞれ弱風化帯，中風化帯，強風化帯を示す．

粗粒の鉱物で構成されるものほど，②節理密度の高いものほど，また顕著な節理にそうほど，③山頂平坦面のように古い地形の地区ほど（図16.0.48），④断層破砕帯のように地下水の出入りが大きい部分ほど，風化程度が著しく，風化帯も厚い．したがって，山地を刻む深い谷の河床部に新鮮岩が露出していても，河間地の尾根頂部や山頂小起伏面では厚い風化物質が存在することが多い．

(b) 深成岩と半深成岩の削剥地形

深成岩の均質性，等方性，方状節理ならびに風化物質のあり方を反映して，深成岩で構成される山地または丘陵の地形は一般に次のような特徴をもつ（図16.0.48）．ただし，満壮年的な山地や地殻運動による変位を受けている地区では，下記とは異なった特徴をもつことがある．

① 山頂小起伏面：深成岩と半深成岩は長期的な削剥を受けているので，それらの分布地域には侵蝕階梯の進んだ地形すなわち老年期的山地ないし準平原の遺物としての山頂小起伏面（☞p.681）がしばしば発達する．

② 円頂状の尾根：小起伏面を伴わない山地であっても，大規模な主尾根は円頂状の横断形をもつ場合が多い．そのような地形場では，深成岩や半深成岩の岩盤全体が緩んでおり，また表層風化でマサ化し，透水性が増加している場合が多いからである．

③ 急峻な谷壁斜面：深成岩と半深成岩の新鮮岩は硬岩であるから，壮年的に開析された山地では，小起伏面を囲む侵蝕前線より下方の谷壁斜面は一般に急傾斜で，節理面にそう平面的な岩壁が発達し，露岩が多い（例：図13.1.34）．

④ 集団移動地形：山腹斜面における集団移動の様式は，強風化帯をもつ斜面での匍行（クリー

プ），急崖での落石と岩盤崩落，急傾斜の渓床からの土石流が多い．大規模な地すべりの発生は断層に関連する場合や顕著な系統節理群が流れ盤をなす場合を除けば稀である．しかし，厚い風化帯の存在する急斜面では小規模な少凹凸型の地すべり地形が群在することがある．

⑤ 小起伏面の周辺の悪地：小起伏面に厚い風化岩が存在する地区に谷頭が接し，河川の頭方侵蝕と下刻が進行している場合には，多数の深いガリーと露岩の痩せ尾根や尖塔が交錯し，凹凸が著しく，植生の少ない悪地（badland）になっていることもある（図16.0.48）．悪地とは，徒歩横断の困難な急傾斜で鋸歯状の地形，落石の多い急崖の発達ならびに一般に植生に乏しいことからその名がつけられた侵蝕地形である．

⑥ 直線的水系：幼年的ないし壮年的な侵蝕階梯にある山地では，1次～4次谷が主要な節理に支配されて直線的であり，格子状の河系模様を示すことが多い（例：図13.1.34）．ただし，小起伏面では，浅い樹枝状の谷が発達している．

⑦ 河床縦断形：小起伏面を囲む侵蝕前線または厚い風化帯と未風化帯の境界部に遷急点が発達している．その遷急点およびそれより下流には，主要な節理に起因する小滝群や巨礫堆積による滝，甌穴がしばしばみられる．

⑧ 深成岩で構成される丘陵とくに島状丘陵の斜面には浅い谷が多い．山麓には，強風化物質が除去されて生じた緩傾斜の斜面あるいは逆に山腹上部からの匍行物質の堆積によって生じた麓屑面が発達していることも多い（例：☞図15.2.5の中腹部から山麓部）．

⑨ ホルンフェルス尾根：深成岩類の分布地はしばしば差別削剥によってホルンフェルス尾根（☞p.924）に囲まれていることがある．

(c) 底盤と岩株の読図例
1）山頂小起伏面をもつ深成岩の山地
図16.0.49の山地には山頂部に小起伏面が広く発達する（例：六甲山牧場，摩耶山〜黒岩尾根，石楠花山，森林植物園，再度公園付近など）．100mごとの等高線について谷埋幅1kmの埋積接峰面を描くと，山頂小起伏面は北東部（約700m）から南西部（約400m）へと低下しており，図の南東部は北東—南西方向にのびる比高400m内外の急崖になっていることがわかる．その急崖下の山麓線は直線的であり，この急崖が初生的には断層崖であることを示唆する．

水系をみると，図の範囲で最大規模の布引谷は，その注記付近から上流の又ヶ谷，黄蓮谷にかけて，接峰面に対し並流谷（☞図13.2.1）をなし，この山地の隆起以前からの古い谷であることを示す．北部の石楠花山の東西両側の谷や瀬東谷，桜谷のように北西—南東方向の直線谷が目立つ．東南部の断層崖を刻む必従谷では土石流がしばしば発生し，山麓に沖積錐を形成している（例：青谷の青谷町付近の等高線と放射状の道路付近）．

「がけ（岩）」，「がけ（土）」および露岩を色分けすると，それらの分布の差異に気づく．「がけ（岩）」と露岩は，山頂小起伏面にも点在するが（例：石楠花山付近，天狗岩，三枚岩など），山頂小起伏面を囲む急傾斜の谷壁斜面に密集し，かつ小規模な露岩が種々の高度に散在している．布引貯水池から下流の布引谷の谷底には，2個の顕著な滝や「がけ（岩）」が連続し，硬岩が露出している．一方，「がけ（土）」は山頂小起伏面に多い（例：黒岩尾根や各所の道路の切取法面）．

以上のことから，この山地は花崗岩のような深成岩で構成され，山頂小起伏面には厚さ20m内外の風化物質（マサ）が分布していると解される．そのため，図北西部にみられるように，小起伏面の土地造成は容易である．しかし，その近傍の2カ所の崩壊地，図南東部の断層崖の崩壊地（神仙寺通の北西）などのように，花崗岩の風化したマサは豪雨や地震などに起因してかなり大規模に崩壊することがある．マサの崩壊地や切取法面では植生回復も遅いので，ガリー侵蝕が進行する．

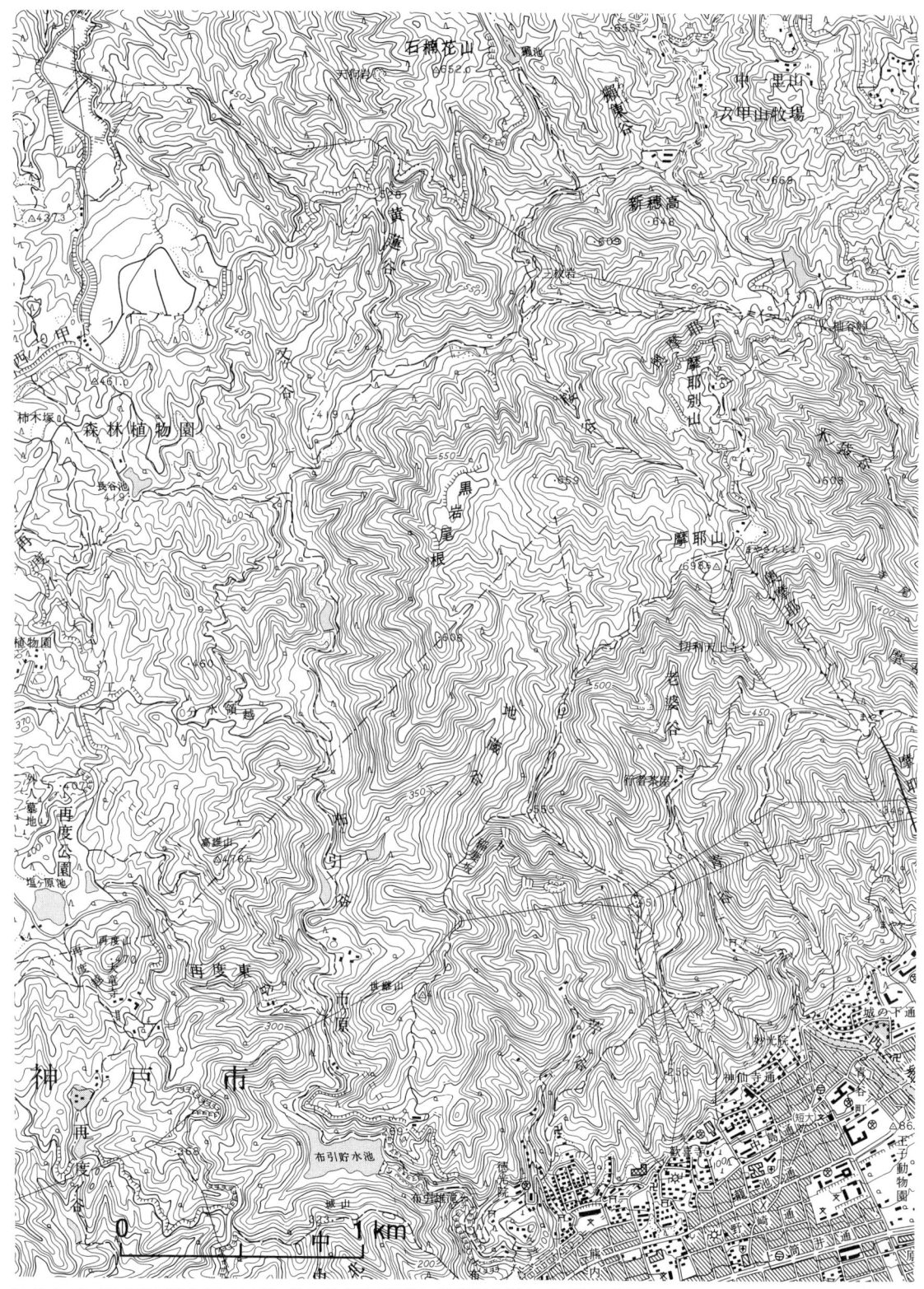

図 16.0.49　深成岩で構成される山地（2.5万「神戸首部」〈京都及大阪 16-2〉昭 55 修正）

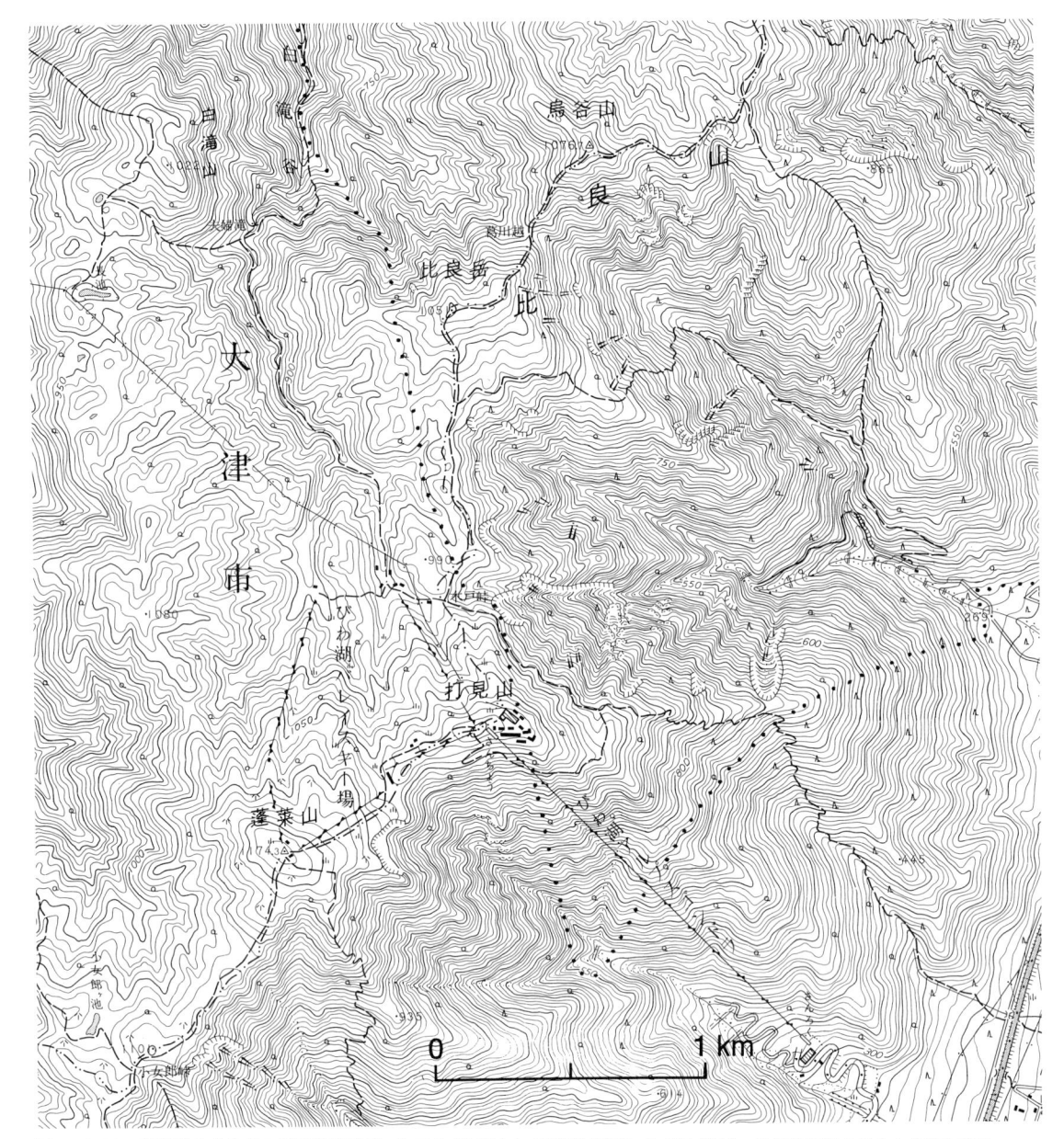

図16.0.50 花崗岩と古生界の差別削剥地形（2.5万「比良山」〈京都及大阪1-2〉平3修正）　地質境界線を示す太点線を補記．

2) 花崗岩と古生界の差別削剥地形

　図16.0.50に補記した太点線を境に，北東部の山地は花崗岩，それ以外の山地は古生界でそれぞれ構成されている．比良岳を通る主山稜の東面斜面は壮年期的に開析され，「がけ（土）」と「がけ（岩）」が花崗岩地域には多いのに，古生界地域には僅少である．一方，老年期的な西面斜面では，両岩石のどちらにも「がけ（土）」と「がけ（岩）」がなく，起伏にも差異がない．老年期的山地の削剥は厚い風化物質のために運搬限定条件下にあるから，差別削剥は顕著ではない．このように差別削剥の生起は地形場によって異なる．

(2) 岩脈の差別削剥地形

(a) 岩脈と岩床の特質

1) 岩脈と岩床の産状

岩脈（dike, dyke）は，マグマが既存の岩石の地層面や片理面などの構造とは無関係に，断層や節理面などの割れ目にそって貫入した板状岩体である（図16.0.46）．岩脈は，厚さ数cm～数百m，長さ数十m～数kmで，分布が有限であり，'底無し岩体' ではない．複数枚が並行する並行岩脈群や一つの地区（火山）からの放射状岩脈群，ロート状，円筒状の環状岩脈などもある．岩質は様々であるが，玄武岩や安山岩，石英斑岩，アプライト（細粒花崗岩）などが多い．岩脈は鉛直に近い急角度で存在することが多い．

岩脈にはその両面に垂直な方向の柱状節理が多く，また両面に並行な板状節理も発達する．岩脈の両面に近い部分は，内部よりも急激に冷却固化するので，結晶が小さくガラス質である．この細粒部を急冷周縁相（chilled margin）とよぶ．岩脈の両側に薄いホルンフェルスが存在する．

岩床（sheet）は，岩脈と同様に板状の貫入岩体であるが，既存岩石の地層面に並走して貫入した岩体や鉛直方向に直立せず，傾斜している場合の総称である（図16.0.46）．その差別侵蝕地形の特徴は岩脈とほぼ同じであるから，以下では岩床の記述を省略する．

2) 岩脈の差別削剥地形

岩脈は周囲の岩石よりも相対的に積極的抵抗性の大きな岩体として振舞うことが多いので，しばしば次のような差別削剥地形を示す．

① 岩脈尾根：ほぼ一定の幅で，直線状または弧状に伸長し，ほぼ直立する岩壁を両側にもつ巨大石塀のような裸岩尾根または露岩の多い尾根すなわち岩脈尾根（dike ridge）が形成されている．岩脈尾根は，周囲の地形（例：尾根，谷，海岸線）の傾斜方向や伸長方向とはほとんど無関係な方向に伸長する場合のある点でホッグバックとは容易に判別される．ただし，逆に，両側の岩石より岩脈の積極的抵抗性が相対的に小さく，岩脈溝（dike furrow，新称）ともいうべき溝状の低所を形成していることもある．岩床は，ケスタや地層階段に似た差別削剥地形をつくるが，日本では大規模な例はない．なお，岩脈の本体よりも，それの急冷周縁相や接触変成岩（ホルンフェルス）が相対的に弱抵抗性岩または強抵抗性岩として振舞うことがある．

② 河川との関係：岩脈を横断する河川は，その地区で狭窄部をなし，また急流や滝になっていることが多く，しばしば表成谷（☞p.733）を形成している．岩脈の両側には短い直線谷が発達することがある．河川が岩脈と並走する場合には，岩脈に接する谷壁が直立に近い岩壁をなす．

③ 削剥過程：岩脈尾根の削剥過程は，節理で境された岩塊の落石であり，その麓に巨大岩塊が散在し，小規模な崖錐を形成していることもある．

3) 岩脈の建設技術上の問題

岩脈に関連する建設工事では，次の諸点に留意する必要がある．

① 地下水位の急変：山地や丘陵においては，岩脈や岩床を境として，地山内の地下水位が急変していることがある．接触変成岩が脆弱で，地下水の通路になっていることもある．ゆえに，トンネル掘削では，岩脈付近の地下水の調査と接触変成岩の落盤に注意する必要がある．

② ダムサイト：河川が岩脈を横断する地点はしばしば狭窄部で，しかも遷急点となっており，その上流には緩勾配で幅の広い谷底低地が存在することが多い．ゆえに，厚い岩脈の形成する狭窄部はダムサイトとして好適である（好例：青森県目屋ダム）．しかし，岩脈が河谷に並走している場合には，接触変成岩の支持力と高透水性（漏水対策）が問題となる．

③ 岩脈の蛇紋岩化：蛇紋岩化した岩脈の切取法面やトンネル内部では，地すべりや盤ぶくれが生じることがある．

図16.0.51　岩脈尾根（2.5万「串本」〈田辺4-3〉平9部修）

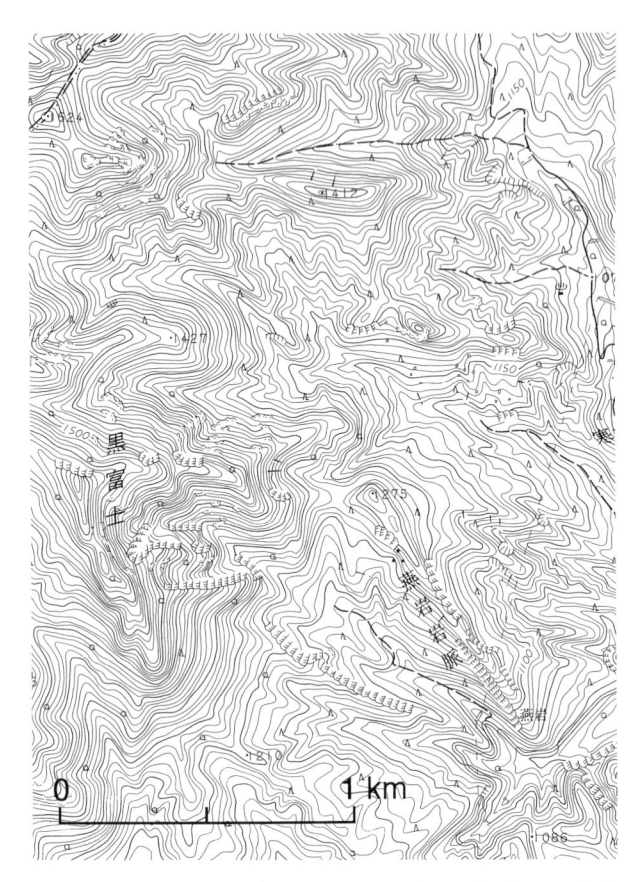

図16.0.52　放射状の岩脈尾根群（2.5万「茅ケ岳」〈甲府6-3〉昭63修正）

(b) 岩脈の差別削剥地形の読図例

1) 岩脈尾根

図16.0.51の丘陵は谷密度が高く，露岩がほとんどない．その岩石海岸には，姫付近や橋杭の西南のように，出入りに富む外縁をもつ波蝕棚（☞図7.3.1と図7.3.5）が発達している．ゆえに，丘陵および波蝕棚は低透水性の中硬岩で構成されていると考えられる．

橋杭岩は北北西—南南東方向に直線的に海中にも伸びる細長い離れ岩（☞図7.3.1）の列であるから，ほぼ鉛直に直立する硬岩で構成されていると解される．その伸長方向は丘陵の尾根や海岸線の方向と調和的でない．よって，橋杭岩は岩脈であり，岩脈の幅（厚さ）は20m程度であろう．橋杭岩が途中で折れ曲っているのは断層変位のためであろう．なお，橋杭岩北方の2列4個の岩礁も岩脈尾根であろう．

2) 放射状の岩脈尾根群

図16.0.52には燕岩岩脈の注記がある．この岩脈は標高点1275から南東に直線的な岩脈尾根を形成し，燕岩南東の谷の対岸の直線的尾根に連るであろう．図北部の標高点1412のある東西方向に直線的尾根およびその南方で並走する東西方向の直線的尾根，さらに図北端部の北東—南西方向の露岩の多い直線的尾根も周囲の地形と不調和であるから，岩脈尾根の可能性がある．これらは標高点1624付近を中心として放射状に分布する．黒富士の山頂から東および南南東に伸びる2本の直線的尾根ならびに燕岩岩脈の南西の直線的な「がけ（岩）」をもつ尾根も岩脈尾根かもしれないが，周囲の尾根や谷の方向と調和的であるから，その可能性は小さく，熔岩流の差別削剥地形かも知れない．

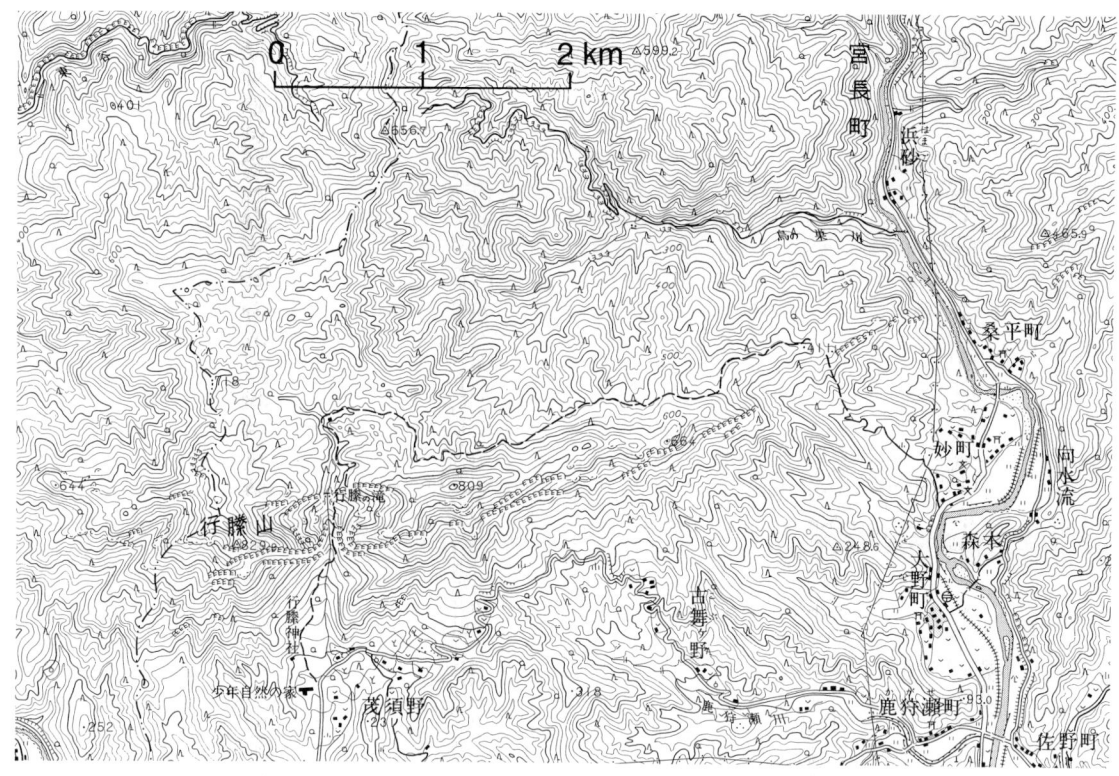

図 16.0.53 環状の岩脈尾根 (5万「延岡」〈延岡 5〉平元修正)

3) 環状の岩脈尾根

図 16.0.53 では，行縢の滝より上流域は前輪廻地形のような小起伏地であり，下流では行縢神社の北東までの間が峡谷で，再従型の表成谷（☞図 13.2.3）をなしている．行縢山とその西方（標高点 644 付近まで）および東方（標高点 809 付近から標高点 664 付近まで）の東西方向にのびる尾根は，その南北両側の山地（とくに南側の山地）に対して明瞭な遷緩線を境に一段と高く，かつ露岩（とくに南面斜面に 2 列）に富む．その南北両側の山地には露岩がほとんどない．ゆえに，この東西方向に伸びる尾根列は，南北両側の山地の構成岩石よりも抵抗性の一段と強い岩石で構成されていると解される．しかも，その強抵抗性岩は，この地域の他の主要な尾根や谷とは非調和的な方向をもつので，鉛直に近い急傾斜な板状岩体（厚さ 200 m 内外）と解される．

周囲の山地が同様に鉛直に近い急傾斜な岩層で構成されていれば，それを反映したケスタなどの差別削剥地形があるはずであるが，それがない．よって，この強抵抗性岩は厚い岩脈であると解される．図東部を南流する河川は，鳥の巣川合流点から桑平町の間に狭窄部をもち，谷底幅異常を示す．その狭窄部の東方の三角点 465.9 の尾根は露岩に富み，行縢山から東方に伸びる岩脈尾根に連なる．ゆえに，これら一連の岩脈尾根は大規模な環状の岩脈で構成されている可能性がある．

行縢の滝は環状岩脈を造瀑層として生じた一時的局地的侵蝕基準面（☞p.665）であるから，滝より上流地区では下刻が進まず小起伏地になっている．行縢の滝から下流の表成谷では，その中央部の両岸に十字合流（☞図 13.1.24）する谷が発達し，岩脈尾根が 2 列の並走尾根になっている．これは，厚い岩脈の中心部と急冷周縁相との差別削剥地形あるいは岩脈ぞいにホルンフェルス尾根が発達しているためか，読図では分からない．

図16.0.54 日本における蛇紋岩の分布 (都城, 1966)

(3) 蛇紋岩の差別削剥地形

(a) 蛇紋岩の性質

1) 蛇紋岩の地質学的性質

蛇紋岩 (serpentinite) は，海底に噴出した超塩基性岩（☞図16.0.45）に含まれるカンラン石や輝石が約600℃以下の温度および還元的条件で海水と反応し変質して蛇紋石 (serpentine) になった岩石であり，成層構造のない塊状の火成岩である．

蛇紋岩は低温高圧型変成帯（☞p.922）や深部断裂帯などで生じ，密度が小さい（約2.55 g/cm^3）ため，塑性変形しながら上昇し，広域変成帯（図16.0.57）の中軸部に帯状に分布することが多いが，小規模が点在することもある（図16.0.54）．

蛇紋石は，$Mg_3Si_2O_5(OH)_4$ という一般式で表される化学組成をもつ粘土鉱物で，繊維状・管状のクリソタイル（石綿の一種），葉片状のアンチゴライトおよび塊状のリザーダイトの3種に分類される．クリソタイトとアンチゴライトは層構造をもち，層格子間に OH 層と H_2O 層（結晶水）が存在するため親水性が大きく，帯電した水分子が層格子間に入ると吸水膨張する．吸水膨張性が著しい点で蛇紋石は緑泥石やモンモリロナイトに類似する．他の変質鉱物の滑石，緑泥石なども蛇紋石に類似した性質をもつ．

蛇紋岩にはその生成時の蛇紋岩化作用と上昇時の構造運動に起因する多くの不規則な破断面があり，かつ強大な残留応力が岩体に潜在している．そのため，削剥，風化，人為的自由面の形成（開削，トンネル掘削など）に伴う残留応力の開放によって，蛇紋岩は著しく膨張する．

新鮮な蛇紋岩は肉眼的には黒色～暗緑色であるが，不均質であり，著しく破砕して割れ目が多く，ヌルヌルした脂肪光沢のある貝殻状の破断面があり，鱗片状に薄く剥げやすい．その破断面にそって方解石 ($CaCO_3$) が白い薄脈をなして不規則な網目模様に充填しているため，蛇紋あるいは鳩糞のように見えることもある．膨張による弾性波速度は新鮮岩の半分程度まで低下する．ただし，工業的には，蛇紋岩は鉄精錬用溶剤や溶成リン肥料の原料として，また新鮮ならば高級な装飾石材として（例：秩父産の鳩糞石），有用な岩石である．

2) 蛇紋岩の工学的性質

建設技術的には，蛇紋岩とくにその風化岩は吸水膨張や応力開放による膨張性が著しいので，地すべりをおこしやすく，トンネルや切取に伴って盤膨れを起こすので，難工事になる場合が多い（梅津, 1995）．吸水に伴う膨張歪は約1%，膨張圧は約 100 g/cm^2 におよぶ．人為的応力開放による膨張圧は 2～14 kgf/cm^2 内外に達する．

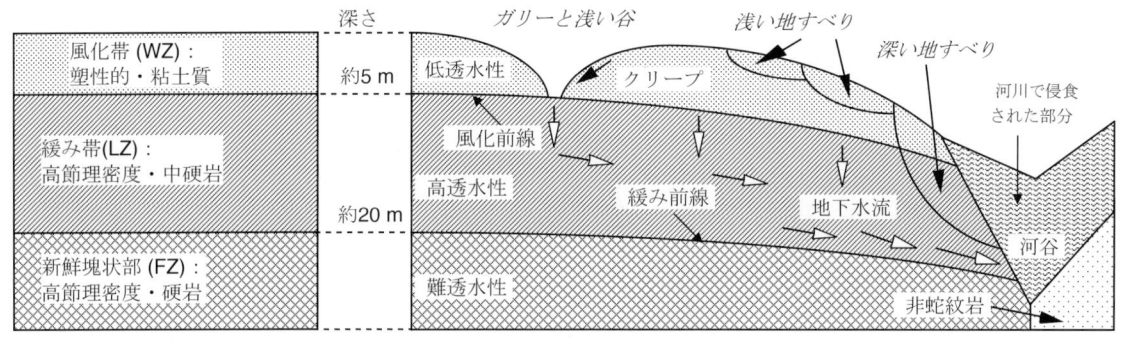

図 16.0.55 蛇紋岩山地の形成過程に関与する岩石物性と削剥過程を示す模式図 (Suzuki, 2006)

蛇紋岩の大規模な岩体は，その物性によって，深部から地表部へと重なる次の3帯に分帯される（図 16.0.55：Suzuki, 2006）. ①新鮮部 (FZ)：深度約 20 m 以深にあり，塊状の岩相をもつ硬岩であるが，節理密度 (J) が 3〜10 本/m，シュミットハンマー反発度 (R) が 40〜70%，非整形点載荷引張強度 (S_t) が 2〜10 MPa，透水係数 (K) が 10^{-7}〜10^{-1} cm/s 程度である. ②緩み帯 (LZ)：深度約 5〜20 m の範囲にあり，割れ目が多く，岩相は角礫状〜葉片状であり，FZ から不連続的に浅部ほど，J (4〜12 本/m, R (10〜70%) および S_t (0〜9 MPa) は減少し，K (10^{-2}〜10^{-1} cm/s) は著しく増加する. ③風化帯 (WZ)：深度約 5 m 以浅にあり，粘土質の塑性的な基質に岩片の散在する岩相を示し，節理はほとんど見られず，浅部になるほど，R (0〜40%) および S_t (0〜4 MPa) は減少し，K (10^{-5}〜10^{-2} cm/s) は LZ における値よりも不連続にかつ顕著に減少する. ただし，3帯のいずれにおいても，どの岩石物性も同一深度での変動幅が大きい. また，風化帯と緩み帯の厚さは場所によって異なることなるが，図 16.0.55 に記した深度は大規模蛇紋岩砕石場 3 箇所でほぼ共通して観察された深度である.

建設工事でしばしば問題となる蛇紋岩の岩盤膨張や地すべりは新鮮部ではなくて，緩み帯および風化帯あるいは断層破砕帯で発生しているようである.

(b) 蛇紋岩の差別削剥地形の特徴

蛇紋岩で構成される山地（以下，蛇紋岩山地と略称）は，その周囲の非蛇紋岩山地に比べて，次のような特徴をもつ (Suzuki, 2006). 大規模な蛇紋岩体（単体の分布面積 > 約 10 km²）の場合には，一般に①高度が高く，②斜面は緩傾斜で滑らかであり，③尾根頂部は丸く，④谷密度は低く，⑤谷とガリーは浅く，⑥クリープや浅い地すべりが多発しているが，⑦露岩，落石，崩落および土石流は少ない，という特徴をもつ.

これらの特徴のうち，②，③および⑥は前述の風化帯の岩石物性（塑性的な粘土質）の影響であり，④と⑤は高透水性の「緩み帯」の存在のためである. ①の周囲より高いという特徴は，緩み帯の存在によって深い谷が発達しないために，山地全体の削剥速度が小さいことに起因すると解される. 一方，小規模な岩体の場合にはこのような特徴は必ずしも見られず，周囲の非蛇紋岩山地より低いことも多い. それは風化帯での浅い地すべりの多発と緩み帯が薄いために，大規模な岩体の場合よりも早く，削剥が進行することに起因するのかも知れない. また，蛇紋岩山地と非蛇紋岩山地の境界部に深い谷が発達している場合には，深い地すべり面をもつ大規模な地すべりが蛇紋岩山地に生じている.

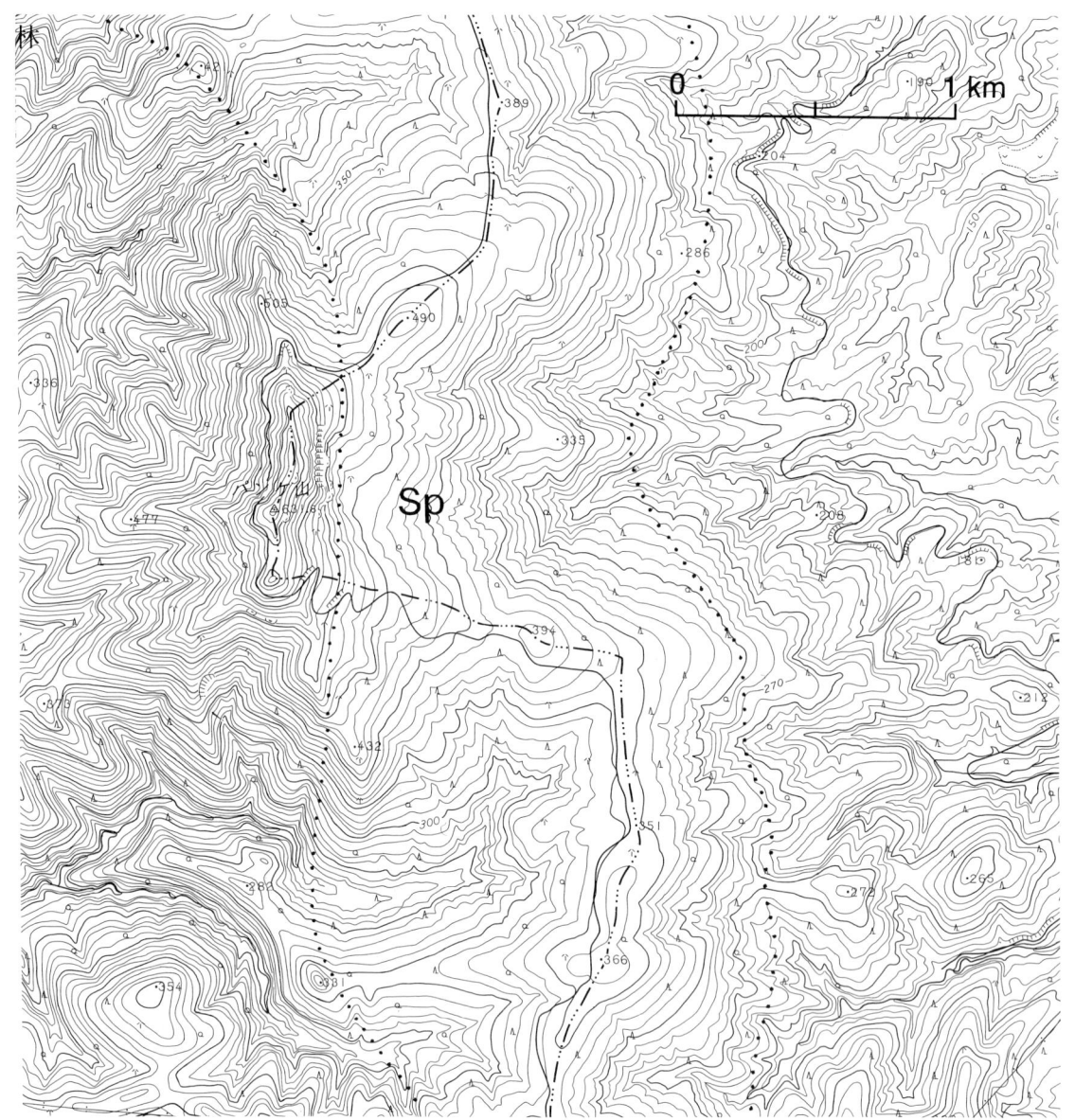

図 16.0.56 相対的高所を占める蛇紋岩分布地 (2.5万「敏音知」〈枝幸 15-2〉平 4 部修) 地質図による蛇紋岩 (Sp) の地質界線 (2 本の太点線) を補記.

2) 相対的高所を占める蛇紋岩

　図 16.0.56 に補記した 2 本の太点線の間の山地は蛇紋岩の分布地で，その西側の山地および東側の丘陵に比べて，大局的な高所を占めている．その地区は小起伏，緩傾斜，低谷密度で，谷は浅くて幅の狭い直線状であり，尾根は円頂状で，全体として滑らかな地形を示す．明瞭な地すべり地形はこの蛇紋岩分布地ではみられない．

　西部山地は大起伏，急傾斜で，谷が深いので，構成岩石は低透水性の硬岩（パンケ山の露岩）であろう．図北西隅の標高点 421 は地質図では蛇紋岩であるが，その東の遷急線が地質境界でないのは興味深い．東部丘陵は円頂状の尾根で，西部山地より小起伏・低谷密度であるから，その構成岩石は蛇紋岩と西部山地のそれとの中間的な透水性をもつ軟岩であろう（☞図 16.0.39）．

表 16.0.8 変成岩の簡単な分類

原岩物質		続成作用（固化作用）→ 堆積岩	(弱)→広域変成作用→(強) 弱変成岩	中変成岩*	強変成岩	接触変成作用 接触変成岩	圧砕変成作用 圧砕変成岩
砕屑性堆積物	泥→（粘土，シルト）	泥岩→頁岩→粘板岩→	千枚岩→石墨千枚岩→	黒雲母片岩→石墨片岩→	片麻岩（高温低圧型変成岩）	黒雲母ホルンフェルス	圧砕岩（ミロナイト）
	砂→	砂岩→	珪質千枚岩→	石英片岩→絹雲母片岩→		ホルンフェルス	
	礫→	礫岩→					
	SiO_2 の沈殿物→	珪質岩→チャート→	珪岩→	石英片岩→			
火山岩	火山灰→火砕流堆積物→熔岩→	凝灰岩→	輝緑凝灰岩→緑泥石緑色片岩→陽起石片岩→	角閃石片岩→角閃岩→緑泥石片岩→	透輝石角閃石片岩	角閃石ホルンフェルス	
	蛇紋岩→			滑石片岩			
$CaCO_3$ の沈殿物→		石灰岩→		方解石片岩		大理石	
埋没深度		約 500m 以下	約 500m～約 5,000m	約 5,000m 以上		色々の深度	約 5,000m 以上
形成時代		第四紀	第三紀	(第三紀)～中生代～古生代		色々の時代	

＊：中程度変成の変成岩で，粗粒の結晶をもつ片岩を結晶片岩（低温高圧型変成岩）と総称する．

D. 変成岩の差別削剥地形

変成岩は，既存の岩石（変成岩の原岩という）が地下深所で高温（1000°C 以下）・高圧（10^2 MPa 以下）の条件下で熔融せずに固体のままで，原岩とは別の組織および鉱物組成になった岩石である．その変化を変成作用とよぶ（詳細：都城，1965）．

変成岩は変成作用によって広域変成岩，接触変成岩および圧砕変成岩の 3 種に大別される（表 16.0.8）．それらは原岩との差異ばかりでなく，相互にも異なった産状，組織（表 16.0.9），鉱物組成，岩石物性をもつ．それを反映して，3 種の変成岩は以下のようにそれぞれ特色のある削剥地形を示し，建設技術的問題もそれぞれ異なる．

(1) 広域変成岩の差別削剥地形

1) 広域変成岩の性質

広域変成岩は，造山運動（後に山脈を形成するような地殻変動，堆積過程，マグマ生成過程および変成作用の総称）で地下深所に埋没した堆積岩

表 16.0.9 変成岩の組織（肉眼的特徴）

組織	肉眼的特徴
片理	柱状（角閃石など）や板状（雲母，緑泥石など）の鉱物が一定方向に平行に配列して面構造を示すことをいう．片理面にそって板状に剥げやすく，その性質を剥理という．片理の顕著な変成岩を片岩とよび，とくに粗粒鉱物を含むものを結晶片岩という．
縞状組織	構成鉱物の量比の異なる薄層またはレンズ状の部分が重なりあって，縞状に見えることをいう．片理と共存することが多い．
片麻状組織	縞状組織は顕著であるが，片理に乏しい組織であり，結晶質等粒状の片麻岩に見られる．
線構造	鉱物の直線状配列，微褶曲，二組の面構造の交線などの線状要素の平行配列をいう．
ホルンフェルス構造	片理や縞状組織を伴わない等粒状組織である．ホルンフェルスや大理石などの接触変成岩の肉眼的特徴の総称である．
マキュローズ構造	変成鉱物（黒雲母，緑泥石など）の点紋状集合をいう．接触変成岩の点紋粘板岩が好例．

が高温・高圧と変形作用を受けて再結晶・変形し，原岩とは異なった鉱物組成および組織をもつ岩石になったものである．その変成作用を広域変成作用とよぶ．広域変成岩は，造山帯（大山脈）の中軸ぞいに幅数 km～数十 km，長さ数百 km の広

域に帯状に生じ，高温低圧型（花崗岩類を伴い，片麻岩を主とする）と低温高圧型（結晶片岩を主とし，花崗岩類を伴わない）の変成帯に二大別される（図16.0.57）．

変成程度によって鉱物組成と組織が連続的に変化する．たとえば，泥層から泥岩，頁岩，粘板岩へと続成作用（固化作用，☞p.79）によって固結岩になるが，地下深部の高圧下で変成作用を受けると鉱物組成と組織が変化し，千枚岩，片岩（結晶片岩）になる（図16.0.58）．続成・変成程度によって岩石物性も変化する（例：☞図2.3.12）．

泥質岩起源の千枚岩，黒色片岩（黒雲母片岩，石墨片岩など）および火山岩起源の緑色片岩（緑泥石片岩，陽起石片岩など）は片理，縞状組織などの異方性が顕著で，薄い岩片に剥離しやすい．砂岩やチャート起源の石英片岩や絹雲母片岩は剥離性がやや低い．高温低圧型の片麻岩は異方性をもつが，剥離性は低い．

2）広域変成岩の差別削剥地形

低温高圧型の変成岩で構成される山地には，リニアメントや非対称尾根，非対称谷が多い．とくに黒色片岩の分布地では，大規模な膨出型や少凹凸型の地すべり地形が多い．ただし，低温高圧型変成岩と堆積岩の削剥地形は類似している点が多い．

高温低圧型の片麻岩の分布地では，リニアメントは多いが，地すべり地形は少なく，大小の崩落地形および風化岩の「がけ（土）」が多く，露岩は急斜面と谷底部に分布する．つまり，片麻岩の削剥地形は花崗岩の削剥地形に類似している．

3）広域変成岩の分布地の読図例

図16.0.59では吉野川が北東に流れ，その支流

図16.0.57　日本における広域変成岩の分布（都城，1965）

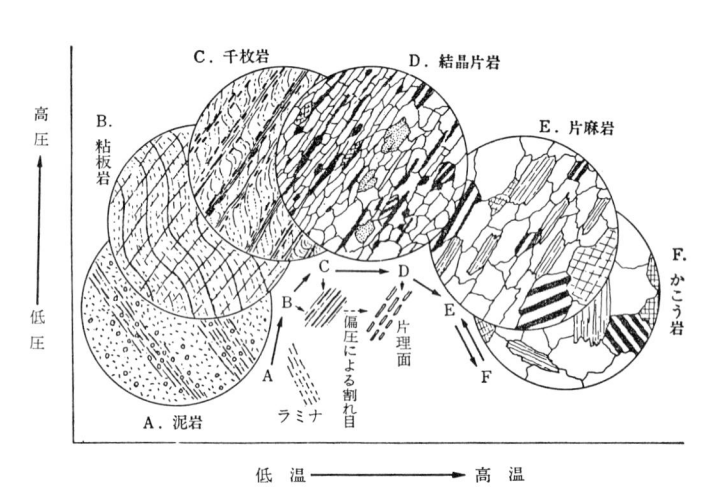

図16.0.58　堆積岩の組織の続成・変成作用による変化（渡部，1982）

の南小川と赤根川は大局的には東北東から西南西に流れ，鈍角合流（☞図13.1.24）の'逆川'の特徴をもつ．それらの河川に並走する東北東-西南西方向に，直線的に伸びるリニアメント（例：赤根から八川に至る鞍部列，多くの直線的な遷緩線）や南面斜面の緩傾斜な非対称谷（例：三谷，八川）および非対称尾根（例：三谷の北西の標高

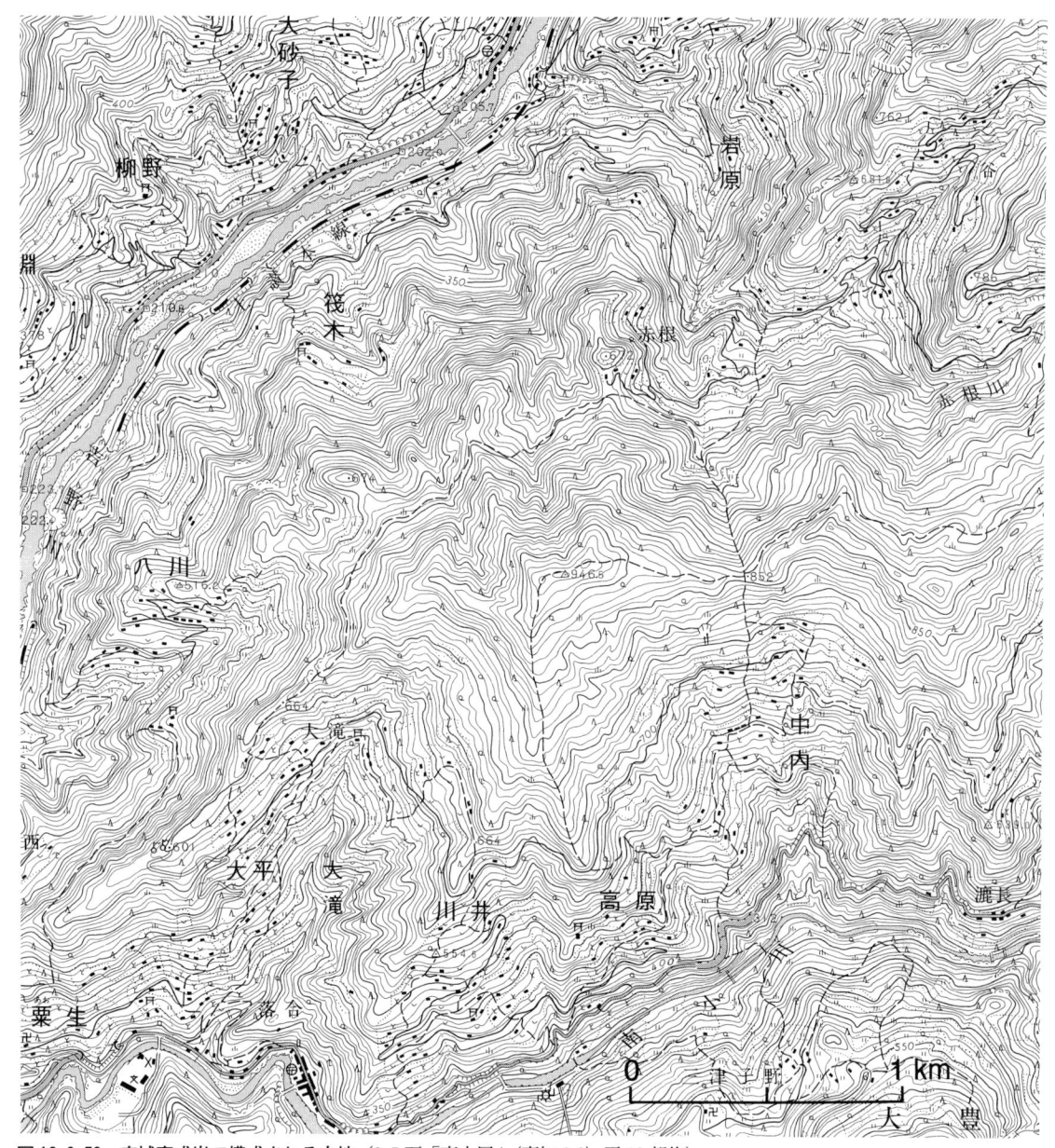

図 16.0.59 広域変成岩で構成される山地 (2.5万「東土居」〈高知 2-3〉平 10 部修)

点 762 付近, 大滝の北西の標高点 664 付近) が多い. 緩傾斜な山腹斜面に散村が多く, 水田が高所まで散在し, 少凹凸型ないし膨出型の地すべり地形が多い. 露岩は非対称尾根の急傾斜面側 (例：赤根の北東) で, かつ遷急線の下方に多いが, 連続的でない.

よって, この地域の地質構造は東北東-西南西方向の走向で, 南に傾斜すると解される. しかも, 地質は, 地すべりを起こしやすい異方性の顕著な岩石と露岩をなす硬岩の互層, すなわち結晶片岩などの広域変成岩で構成されている, と解される. なぜならば, もし堆積岩の硬岩 (例：☞図 16.0.22, 図 16.0.26) であれば, 地すべり地形が少なく, また露岩の連続性は良いはずである.

(2) 接触変成岩の差別削剥地形

1) 接触変成岩の性質

接触変成岩は，既存岩石がマグマの接触によって（ヤケドして）再結晶する接触変成作用で生じる．接触変成岩は底盤，岩株，岩脈，岩床に接してその周囲に分布する．火成岩体が大きいほど，接触変成帯は幅広い（底盤では数百 m〜数 km，岩脈では数 cm〜数 m）．変成度は火成岩体に近いほど高い．接触変成岩の好例はホルンフェルス（hornfels）であるから，以下にはその性状を述べる．なお，石灰岩が接触変成した大理石は石灰岩とほぼ同様の物性と削剥地形を示す．

ホルンフェルスは，一般に原岩よりも細粒，緻密で，異方性のない塊状の硬岩であるが，火成岩体の貫入に伴う造構運動を受けているために節理や貝殻状の破断面をもつ不規則な割れ目（方解石や石英の薄脈を夾む）が多く，風化速度が遅い，という特徴をもつ．つまり，ホルンフェルスは積極的抵抗性も消極的抵抗性も大きい岩石である．

2) 接触変成岩の削剥地形

ホルンフェルスは上述の性質を反映して，原岩とそれを変成させた火成岩体（上部は一般に厚く風化している）よりも，しばしば強抵抗性岩として振舞う．ゆえに，ホルンフェルスは深成岩の分布地を囲んで，それよりも相対的に高く，急傾斜，急峻で谷密度の小さな尾根を形成していることがある（図16.0.60）．その尾根をホルンフェルス尾根（hornfels ridge）とよぶことにする．ただし，原岩の性質によっては必ずしも相対的に高くならない場合もある．

ホルンフェルス尾根は複数列の並走や枝分かれはしない．その尾根と火成岩分布地の間には明瞭な遷緩線があるが，反対側の非変成岩との境界は地形的に漸移的な場合が多い．ホルンフェルス尾根は火成岩および非変成岩の分布地よりも谷密度が小さく，また地すべり地形はほとんどない．大規模な露岩は比較的に少ない．

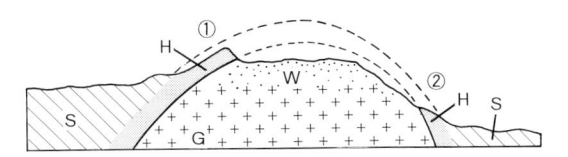

図16.0.60 深成岩（G）とホルンフェルス（H）の差別削剥
①ではHがGより相対的に高く，②ではHがGより低い．
W：深成岩の風化帯，S：非変成の堆積岩．

3) 接触変成岩の差別削剥地形の読図例

図16.0.61 北東部の九州自然歩道の尾根から高隈山を経て横岳に至る尾根は半環状である．その半環状尾根の内側（図の中央部と北西部）には，明瞭な遷緩線（高隈山以北で約900 m，以西で750〜800 m）を境にして，接峰面的には緩傾斜な小起伏地で，浅くて短い谷の多い高谷密度の山地が広がっている．この小起伏地には「がけ（土）」が自動車道の切取法面に連続的にみられるが，「がけ（岩）」は求心状河系の本流の谷底部にのみ存在するに過ぎない．よって，この小起伏地の表層部（厚さ20 m内外？）は低透水性の軟岩で構成されていると解される（☞図16.0.39）．

半環状尾根では，その内側（北西側）斜面は急傾斜で浅い谷に刻まれ低谷密度であるが，外側斜面は相対的に緩傾斜で深い谷に刻まれており，横断形は非対称的である．外側斜面の支尾根には鞍部（御岳の北西，平岳南東の標高点781の北），遷緩点（図北東部の標高点1149の東，標高点1099の南東尾根の高度1110付近）および並流谷的な深い谷（御岳北西の鞍部の両側）が半環状尾根に並走して環状に配列する．

以上の事柄から，半環状尾根の内側の小起伏山地は深成岩で構成され，半環状尾根はその深成岩体を囲むホルンフェルス尾根であり，その外側の環状鞍部列より外側の山地は非変成ないし弱変成の硬岩で構成されている，と解される．深成岩体の上部に存在したはずの厚い（ホルンフェルス尾根との比高からみて200 m以上？）風化帯の大部分が急速に削剥されたために，この顕著なホルンフェルス尾根が形成されたのであろう．

第 16 章 差別削剝地形 925

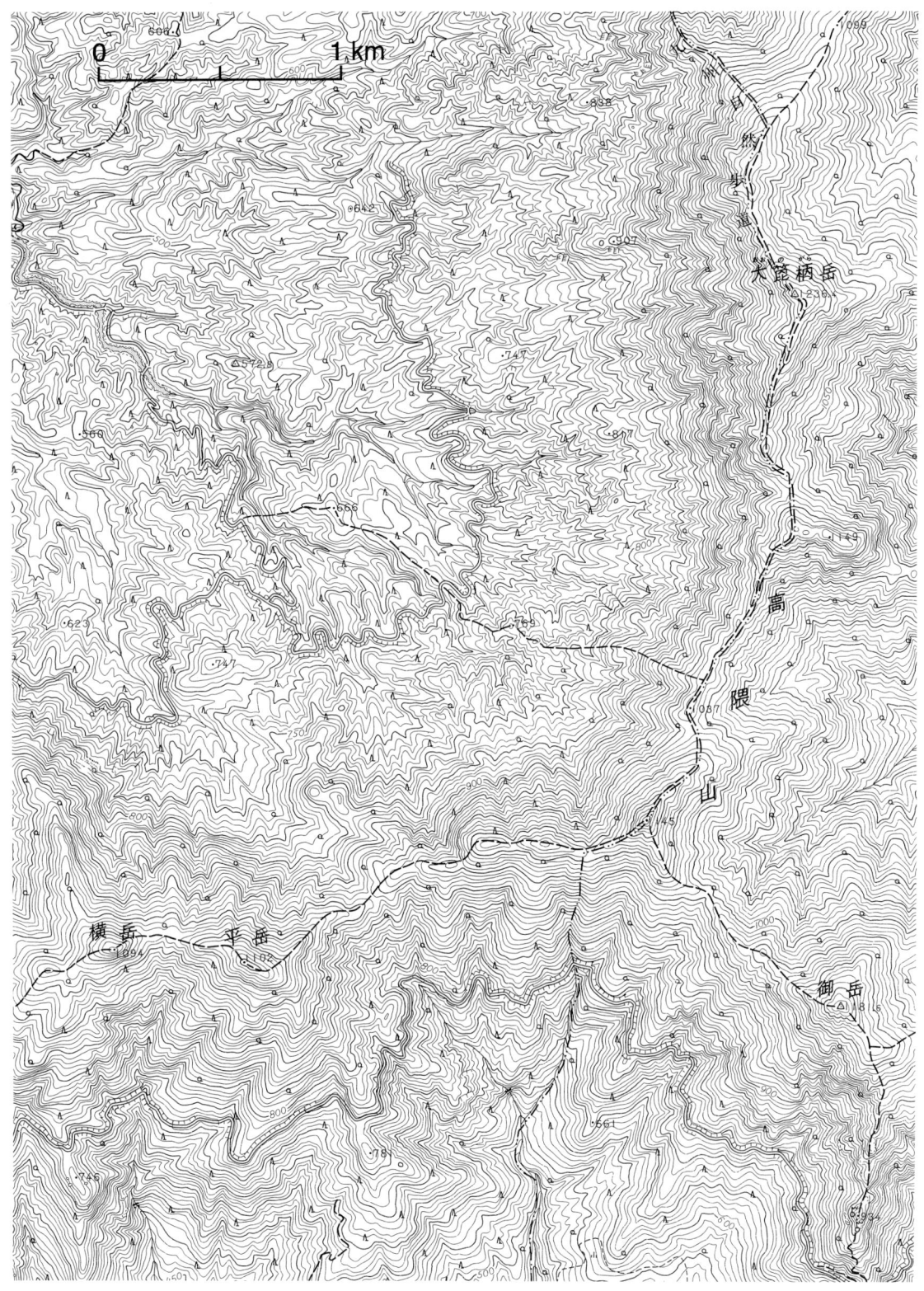

図 16.0.61 深成岩体を囲むホルンフェルス尾根 (2.5 万「上祓川」〈鹿児島 4-3〉平 5 修正)

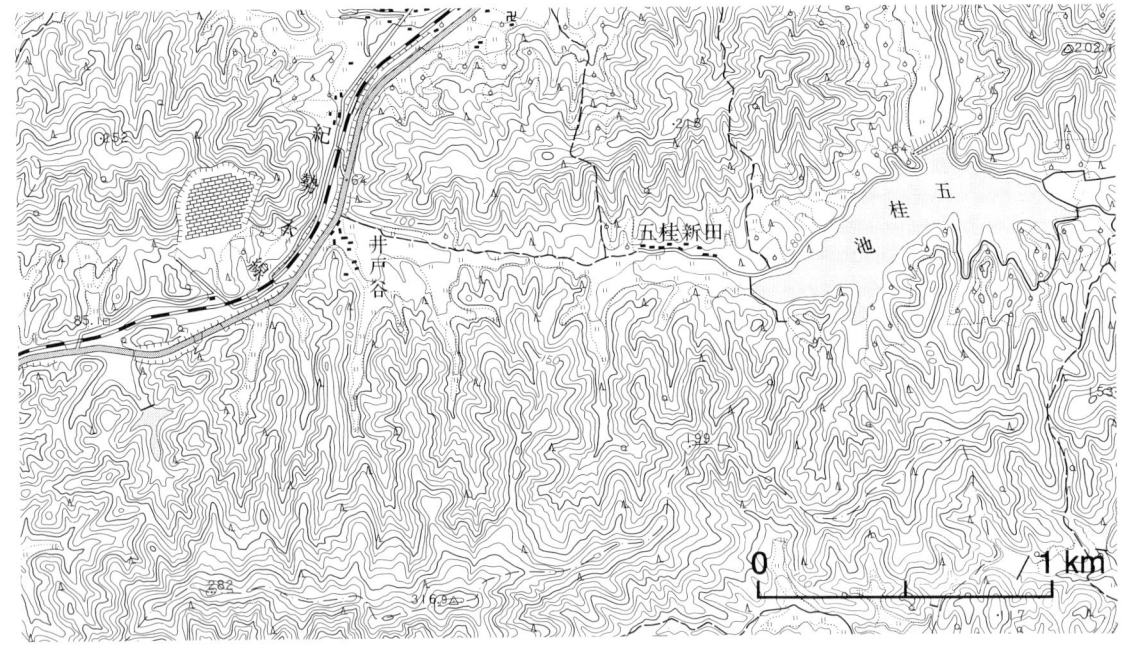

図16.0.62 圧砕岩と断層破砕帯ぞいの直線谷（2.5万「国束山」〈伊勢6-3〉昭47修正）

(3) 圧砕変成岩の差別削剥地形

1) 圧砕岩の性質と差別削剥地形

圧砕変成岩は地下深所で断層運動などの著しい変形作用により破砕・変形したが，高封圧下で変成したため凝集力を失なわず硬く固結している．圧砕岩（mylonite）はその好例で，すべての原鉱物が破砕され，岩石全体が微粒子の集合体に変ったものである．なお，地下浅所における断層運動で生じる断層粘土や断層角礫岩は，低封圧下で生じるので粒子間の凝集力が失われているから，圧砕変成岩には含めない．圧砕岩は，大規模な断層（例：中央構造線）にそって，幅数十m程度で細長く帯状に分布している．圧砕岩は一見すると硬岩ではあるが，脆くて，強度が小さく，吸水膨張が著しい（Yatsu, 1966）．

ゆえに，圧砕岩は河川侵蝕を受けやすく，しばしば大規模な直線谷を形成し，また崩落，地すべりなどの大規模な集団移動を起しやすい．圧砕岩とそれに並走する大規模な断層破砕帯はともに差別削剥によって直線谷を形成するので，読図だけで圧砕岩分布地を特定するのは困難である．

2) 圧砕岩の分布地の読図例

図16.0.62の中央部には東西方向に，西方の石切場の基部から五桂新田の北を経て五桂池の北東の山麓を通る直線的で顕著な遷緩線（山麓線）がある．その遷緩線は，石切場の西方の低い直線的な鞍部列に連なる．

図南部の三角点316.9を通る東西方向の丘陵は非対称的断面をもつが，緩傾斜な北面斜面の支尾根の縦断形は鋸歯状山稜（☞図12.0.5）であり，東西方向の走向をもつ地層間の差別削剥地形と解される．それに対して，同様に非対称断面をもつ図北部の丘陵では，支尾根には鞍部や突起がなく，石切場は急傾斜であるから，塊状の硬岩で構成されていると解される．

よって，東西方向の直線的低所つまり直線谷にそって，大規模な断層破砕帯が存在すると考えられる．これほど顕著な直線谷には，圧砕岩が帯状に存在すると考えられるが，読図だけではその当否は不明である．もし圧砕岩があるとしても西部の鞍部列からみて，幅数十m以下であろう．

E. 地形の逆転

(1) 地形の逆転とその原因

隣接していた高所と低所（例：尾根と谷）が差別削剥を受け，高所が低所に対して相対的に低くなり，高度が逆転した現象を'地形の逆転（inversion of relief）'という．地形の逆転は，過去の高所に弱抵抗性岩が，低所に強抵抗性岩がそれぞれ分布している場合に生じる．それらの組み合わせは4種に類型化される（図16.0.63）．

1) 積極的抵抗性の大きい物質の定着

弱抵抗性岩で構成される山地や丘陵の谷に流下した，積極的抵抗性の大きな熔岩流（例：図16.0.64），熔結凝灰岩をはさむ火砕流，大岩塊を含む土石流の定着物が谷を埋めて裾合谷（☞図13.1.29）を形成し，その裾合谷が深く下刻されると，過去の谷壁斜面の部分が深い谷となり，過去の谷底が尾根になる．この場合には，地殻変動や気候変化がなくても，その埋積谷底の地区だけ必然的に侵蝕が復活し，谷底が局所的に段丘化する．弱抵抗性岩で構成される岩石海岸とくに火山砕屑岩で構成される火山島の谷や湾に，熔岩流が流下・定着した場合にも，熔岩流原が半島となり，海岸および浅海底でも地形の逆転が生じる．

2) 消極的抵抗性の大きい物質の堆積

透水性（消極的抵抗性）の低い軟岩で構成される山地や丘陵の谷を埋めて，透水性の高い砂礫層（扇状地礫層など）が厚く堆積して礫質の谷底堆積低地を形成し，後に地域全体が侵蝕復活すると，丘陵のほうが段丘化した谷底堆積低地より早く開析されるために，過去の谷底が周囲の丘陵より高くなる．新第三系以新の砂泥質の地層に扇状地堆積物が被覆する丘陵にこの種の地形の逆転がしばしばみられる．

3) 強抵抗性岩の暴露

老年期的ないし準平原のように侵蝕階梯の進行

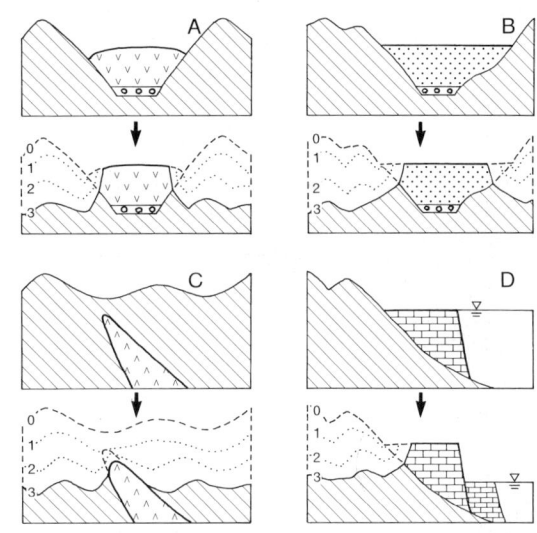

図16.0.63 地形の逆転の4類型
A：積極的抵抗性の大きい物質の定着による逆転，B：消極的抵抗性の大きい物質による逆転，C：暴露地形，D：石灰岩の差別侵蝕．上の断面形が下の断面形に逆転する．0は最初の地形断面であり，1, 2, 3 は経時的な断面の変化を示す．

した地域において，その地形的低所の地下に，岩脈，チャート，石灰岩，ホルンフェルスなどの強抵抗性岩が弱抵抗性岩の間に存在し，地域全体の侵蝕復活に伴って強抵抗性岩が露出すると弱抵抗性岩より高い地形を形成する．これを暴露効果とよび，その地形を暴露地形（exposed landform）と仮称する．岩脈尾根や表成谷（☞p.733）などが暴露効果による地形の逆転の例である．

逆に，強抵抗性岩に囲まれた弱抵抗性岩が暴露すると，その部分が急速に差別削剥されて相対的に低くなり，深い谷や侵蝕盆地（basin of erosion）が形成されることがある（好例：秩父盆地）．侵蝕盆地底の大部分は低地ではなく丘陵であり，盆地底全体を埋めるような堆積物がない．古生界に囲まれた花崗岩や第三系などが差別削剥を受けて侵蝕盆地を生じる．

4) 石灰岩の差別侵蝕

石灰岩は積極的抵抗性と消極的抵抗性の両者が大きいので（☞p.905），その暴露効果やサンゴ礁の離水に伴って，周囲の非石灰岩の分布地より高い石灰岩台地や石灰岩尾根を生じる．

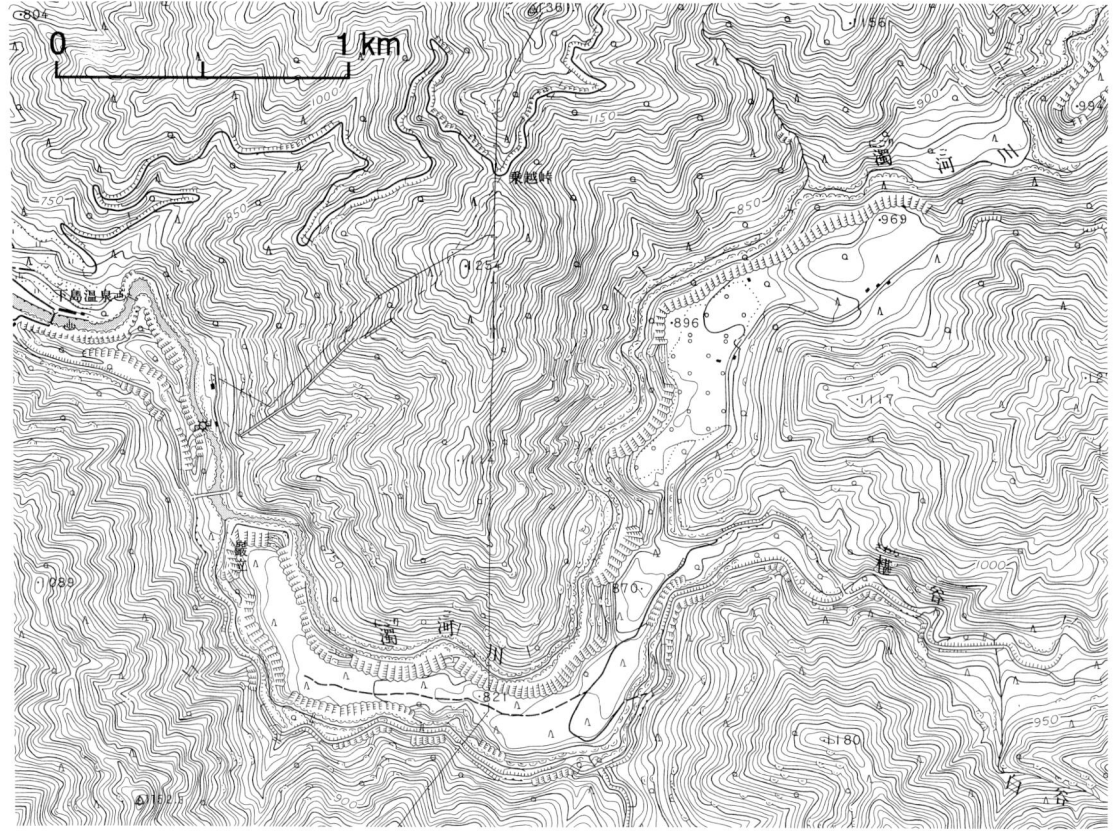

図 16.0.64 熔岩流の定着による地形の逆転（2.5 万「飛騨小坂」〈飯田 9-3〉平 10 部修・「湯屋」〈飯田 9-4〉平 10 部修）

(2) 地形の逆転の読図例

1) 熔岩流による地形の逆転

図 16.0.64 では，急峻な山地を刻む濁河川および椹谷の深い谷底に'河岸段丘'がほぼ連続的に発達する．その'段丘面'は濁河川の上流から下流へ低下しほぼ平滑であるが，標高点 969，870 および 821 付近には閉曲線で示される高まりがあり，しかも横断形の中央部が高い．この段丘は濁河川上流の標高点 994 付近および濁河川と椹谷の河間では，両側を深い谷で限られ，尾根状の台地になっている．これらの諸点で，この段丘は普通の河成段丘と異なっている．この段丘面は局所的に椹谷の上流へ逆傾斜しているが，それに連続する顕著な段丘面は椹谷上流部には発達しない．

'段丘崖'には比高 50〜80 m の露岩がほぼ連続的に発達している．一方，段丘崖の対岸の谷壁斜面は，段丘崖より緩傾斜で，露岩も散在的である．椹谷合流点から下島温泉の南方には，濁河川左岸に，それと並走する谷には夾まれた河間丘陵がある．これは，上流の段丘面と連続する高度をもち，段丘崖と同様に露岩に囲まれており，貫通丘陵（☞図 13.1.14）である．

以上のことから，'段丘面'は濁河川の上流から流下した厚さ約 100 m（論拠：高い岩壁の比高）の熔岩流の定着面であり，その両側の裾合谷（図 13.1.29）を濁河川と椹谷が必従的に下刻して，地形の逆転を生じたと解される．この地域の山地は急傾斜で，多数の露岩が散在するので，非成層の硬岩で構成されている可能性が強い．ゆえに，この熔岩流台地は，濁河川や椹谷に側刻されて消滅し，地形の逆転はいずれ消失するであろう．

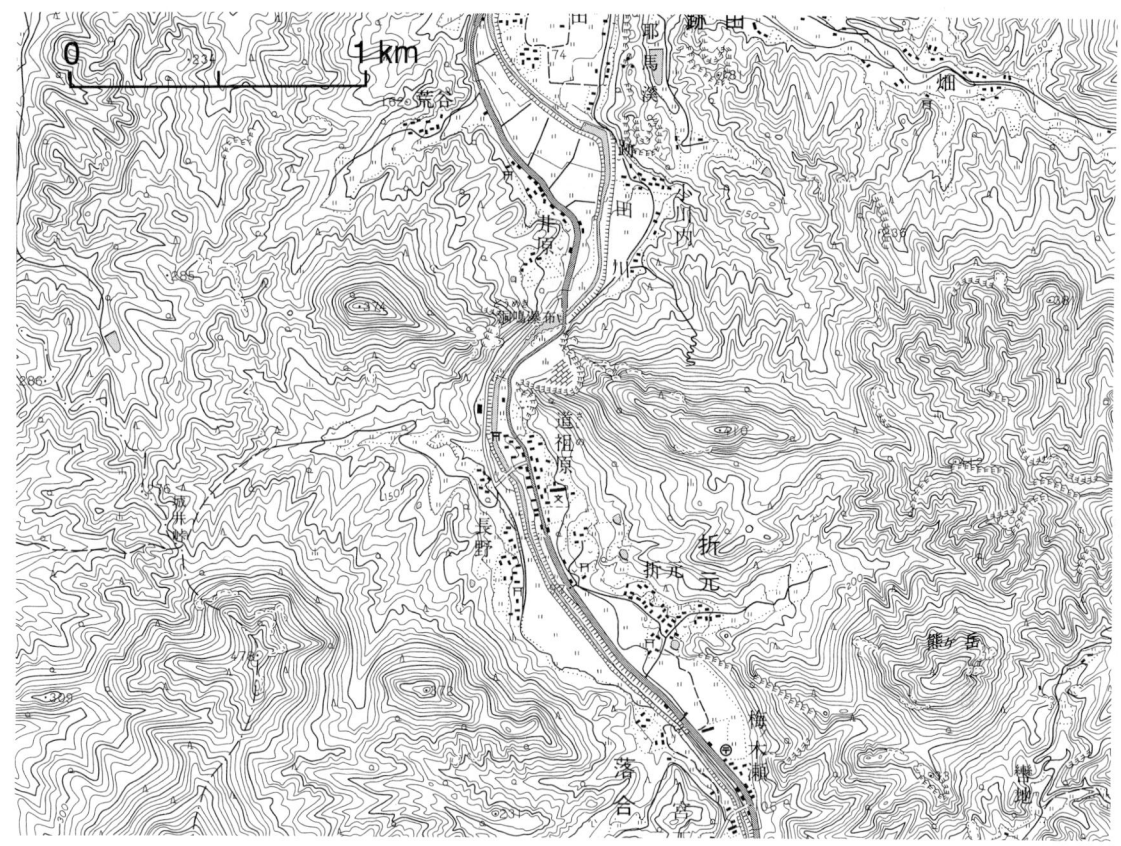

図 16.0.65 岩脈の暴露効果による地形の逆転と谷底幅異常（2.5万「耶馬渓東部」〈中津 16-1〉平 8 部修）

2）岩脈の暴露効果による表成谷

図 16.0.65 の跡田川は洞鳴瀑布から上流の堰堤までの区間に狭窄部をもち谷底幅異常を示す．その狭窄部の両岸には，上流・下流の低い丘陵より一段と高い細長い尾根（標高点 374 および 410 の尾根）が西北西—東南東方向に直線的に伸びている．その尾根には露岩が多く，侵蝕谷は少なく浅い．その尾根の東方には，標高点 412 の東方に山頂のある円形の（接峰面等高線の同心円的な）山がある．この山は放射状河系に開析され，高谷密度であるから極めて古い火山（200 万年以上：☞ p. 1036）であろう．よって，上述の東西方向の細長い尾根はこの火山に関連した岩脈尾根であると解される．この図の周囲には高度 500 m 内外の古い山地が広がっている．ゆえに，跡田川の狭窄部は，地下にあった岩脈がこの地域全体の削剝に伴って暴露され，その差別削剝によって形成された表成谷であると解される．

図西南部の標高点 478 の山は放射状の尾根をもつ古い火山であり，その東方の標高点 372 および西方の標高点 309 の細長い尾根はその古い火山に関連する岩脈尾根であろう．図東南部の熊ヶ岳とその南の標高点 331 から北西に断続する細長い尾根も岩脈尾根であろう．つまり，これらの岩脈は古い時代の火山活動に関連して生じた並行岩脈群であると解される．

これらの岩脈尾根や古い火山より低い丘陵では，谷密度が中程度で，露岩が多く，特別の河系模様やリニアメントがみられない．その丘陵に跡田川は幅広い谷底低地を形成している．よって，丘陵の構成岩石は熔岩や岩脈よりも力学的抵抗性の小さな火山砕屑岩のような岩石であろう．

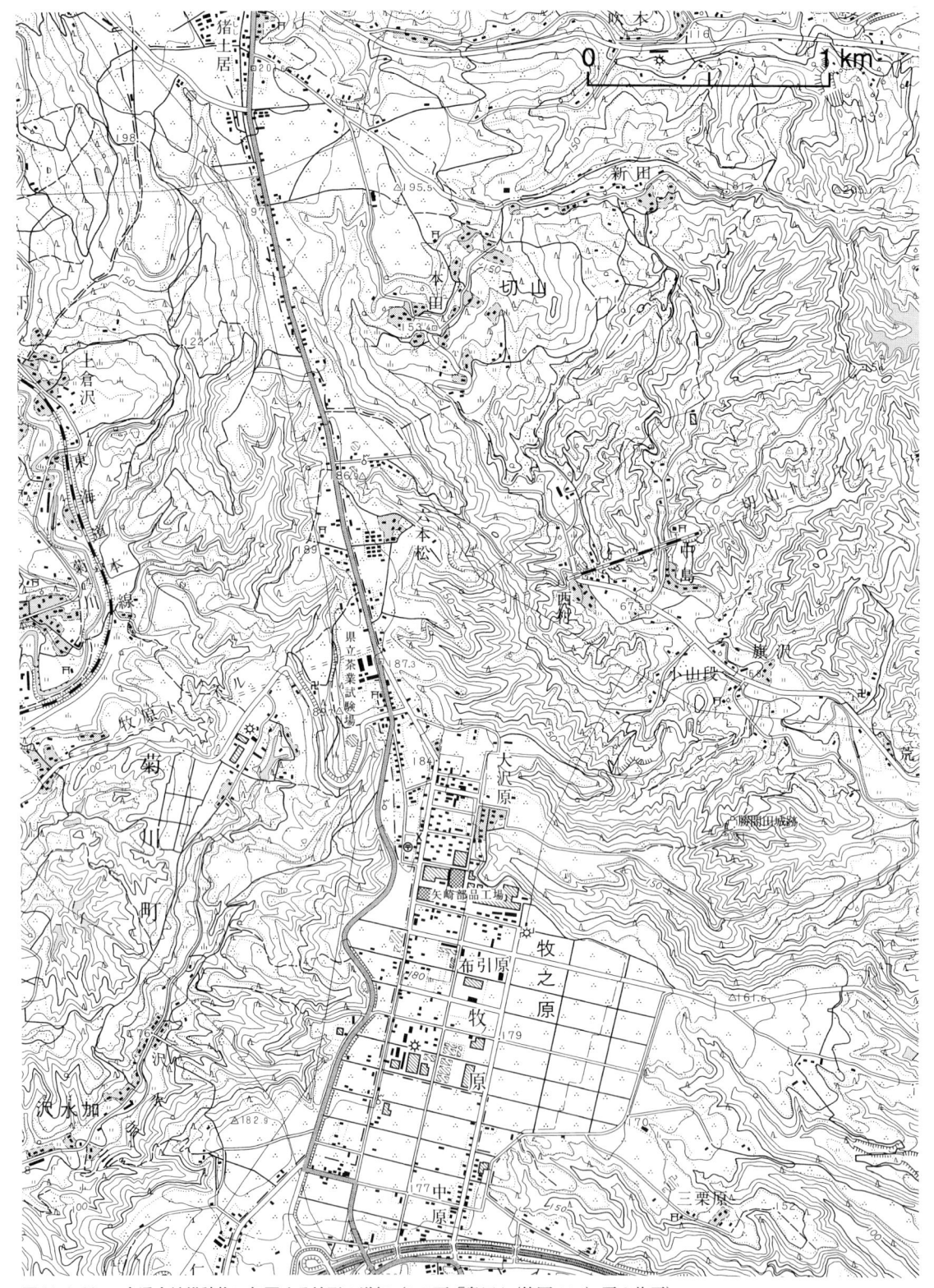

図 16.0.66a　高透水性堆積物に起因する地形の逆転（2.5 万「島田」〈静岡 16-1〉平 8 修正）

図16.0.66b　高透水性堆積物に起因する地形の逆転（2.5万「島田」〈静岡16-1〉平8修正）

3）高透水性堆積物による地形の逆転

図16.0.66の北西隅の猪土居（高度約200 m）から南方に牧之原（高度170〜180 m）の南まで極めて緩傾斜な段丘面（以下，牧之原面と仮称）が連続している．また，猪土居から東方に新田付近まで段丘面が続く．さらに三角点205.1，物見塚（三角点210.1）を経て高尾山東方へとほぼ定高性をもつ尾根（以下，高尾尾根と仮称）が伸びている．つまり，猪土居から放射方向に等距離で比較すると，牧之原面よりも高尾尾根が高い．

牧之原面と高尾尾根の間には旗沢付近を流れる河川（勝間田川という）が深い河谷を形成している．その流域内の丘陵は牧之原面より低いが，残存する段丘面の分布からみて，かつては牧之原面より高かった可能性が大きい．また，図西部では菊川とその支流が牧之原面を開析している．

牧之原面には，ほぼ全域に茶畑が広がり，水田はない．牧之原面を縁取る崖頂線から約50 m下方までの斜面は滑らかで，谷密度が低い．ゆえに，牧之原面は高透水性の礫質の堆積物で構成されていると解される．一方，高尾尾根や牧之原面を刻む河谷の流域では，大部分が高谷密度で，「がけ（岩）」や大規模な地すべり地形やケスタが見られず，谷底低地に水田がある．ゆえに，これらの丘陵は低透水性で砂泥質の軟岩で構成されている可能性がある．一方，図北西部の上倉沢付近と本田および新田付近には，緩傾斜面に水田があり，少凹凸型の地すべり地形があるから，泥質の軟岩が分布していると解される．

以上の読図結果から，この地域の地形発達史は次のように考えられる．①この地域には，過去に高尾尾根より高い丘陵が広がっており，その丘陵に北方からの外来河川が猪土居付近から牧之原南方へと深い谷を開析していた．②その後，その外来河川が厚さ50 m内外の礫層を堆積し，谷底堆積低地ないし扇状地（後の牧之原面）を形成した．③この地域で隆起運動に起因して侵蝕復活が起こったとき，その外来河川は図の範囲外に転流した．④そのため，勝間田川や菊川が必従河川として丘陵と谷底低地ないし扇状地の境界部を下刻しはじめ，牧之原面を段丘化した．このように段丘面と背後の山腹斜面との境界に侵蝕谷が発達するのはごく普通である（☞図11.2.9の吉野の南や石神の北西の谷）．⑤その下刻の際に，牧之原面を構成する高透水性の厚い礫層よりも，その基盤をなし丘陵を構成する低透水性の軟岩のほうが急速に削剥された．⑥その結果として，かつて谷底であった牧之原面が尾根となり，その側方の丘陵の大部分が河谷となって，地形の逆転を生じた．牧之原面より高い高尾尾根は過去の丘陵の残物である．

第 16 章の文献

参考文献（第 1 巻各章の参考文献を除く）

土木学会（1975）「土木技術者のための岩盤力」：土木学会，676 p.

土質工学会（1979）「岩の工学的性質と設計・施工への応用」：土質工学会，838 p.

漆原和子編（1996）「カルスト，その環境と人びととのかかわり」：大明堂，325 p.

引用文献

Cotton, C. A. (1953) Tectonic relief, with illustrations from New Zealand : Geogr. Jour., 119, pp. 213-222.

Davis, W. M. (1912) Die Erklärende Beschreibung der Landformen: Teubner, Leipzig, 565 p.（水山高幸・守田　優訳，1969，「地形の説明的記載」：大明堂，517 p.）．

Geological Society Engineering Group Working Party (1977) The description of rock masses for engineering purposes: Q. J. Engin. Geol., 10, pp. 355-388.

Gilbert, G. K. (1877) Geology of the Henry Mountains : U. S. Geogr. Geol. Survey of the Rocky Mts. Region, U. S. Gov. Printing Office, Washington D. C. 161 p.

Hachinohe, S., Akiyama, T. and Suzuki, T. (2002) Change in rock properties in soft sedimentary rocks due to weathering : Trans. Japan. Geomorph. Union, 23, pp. 287-307.

Hachinohe, S., Hiraki, N. and Suzuki, T. (1999) Rates of weathering and temporal changes in strength of bedrock of marine terraces in Boso peninsula, Japan: Engin. Geol., 55, pp. 29-43.

池田　碩（1998）「花崗岩地形の世界」：古今書院，260 p.

貝塚爽平・町田　貞・太田陽子・坂口　豊・杉村　新・吉川虎雄（1963）「日本地形論（上）」：地学団体研究会，166 p.

木宮一邦（1992）建設工事における風化・変質作用の取扱い方．3. 硬岩の風化作用：土と基礎，40 (7), pp. 67-74.

久城育夫・荒牧重雄・青木謙一郎（1989）「日本の火成岩」：岩波書店，206 p.

Martonne, E. de (1927) A Shorter Physical Geography (English edition) : London, Christophers, 338 p.

松倉公憲（1994）風化過程におけるロックコントロール，従来の研究の動向と今後の課題：地形，15, pp. 203-222.

都城秋穂（1965）「変成岩と変成帯」：岩波書店，458 p.

Sunamura, T. (1994) Rock control in coastal geomorphic processes : Trans. Japan. Geomorph. Union, 15, pp. 253-272.

Strahler, A. N. (1951) Physical Geography : John Wiley, 442 p.

陶山国男・羽田　忍（1978）「現場技術者のためのやさしい地質学」：築地書館，130 p.

鈴木隆介（1974）地形とロックコントロール：土と基礎，22 (6), pp. 77-82.

鈴木隆介（1994）ロックコントロールの研究小史：地形，15, pp. 179-201.

Suzuki, T. (2002) Rock control in geomorphological processes : Research history in Japan and perspective : Trans. Japan. Geomorph. Union, 23, pp. 161-199.

Suzuki, T. (2006) Formative processes of specific features of serpentinite mountains : Trans. Japan. Geomorph. Union, 27, pp. 417-460.

Suzuki, T. and Hachinohe, S. (1995) Weathering rates of bedrock forming marino terraces in Boso peninsula, japan : Trans. Japan. Geomorph. Union, 16, pp. 93-113.

鈴木隆介・平野昌繁・高橋健一・谷津栄寿（1977）六甲山地における花崗岩類の風化過程と地形発達の相互作用（第 1 報）：中央大学理工学部紀要，20, p. 343-389.

Suzuki, T., Kobayashi, Y. and Hachinohe, S. (2002) Pore-size distribution of rock and its geomorphological significance : Trans. Japan. Geomorph. Union, 23, pp. 257-286.

鈴木隆介・高橋健一・砂村継夫・寺田　稔（1970）三浦半島荒崎海岸の波蝕棚にみられる洗濯板状の起伏の形成について：地理学評論，43, pp. 211-222.

Suzuki, T., Takahashi, K. and Sunamura, T. (1970) Rock control in coastal erosion at Arasaki, Miura peninsula, Japan : Int. Geogr. Cong., 1, pp. 66-68.

Suzuki, T., Tokunaga, E., Noda, H. and Arakawa, H. (1985) Effects of rock strength and permeability on hill morphology : Trans. Japan. Geomorph. Union, 6, pp. 101-130.

田村　仁・鈴木隆介（1984）第三紀堆積岩の間隙径分布と他の物理的性質：地形，5, pp. 311-328.

田中幸哉（1990）北海道噴火湾沿岸地域における海成段丘面開析谷の横断形発達過程：地形，11, pp. 97-115.

梅津一晴（1995）蛇紋岩の土木地質的一検討：応用地質，36, pp. 366-375.

渡部景隆（1982）「地球科学概論」：樹村房，241 p.

山下伸太郎・鈴木隆介（1986）風化による堆積岩の間隙径分布の変化とそれに伴う強度の低下：地形，7, pp. 257-273.

Yatsu, E. (1966) Rock Control in Ceomorphology : Sozosha, Tokyo, 134 p.

谷津栄寿（1981）風化速度について：地形，2, pp. 47-52.

Yatsu, E. (1988) The Nature of Weathering : Sozosha, Tokyo, 624 p.

第17章　寒冷地形

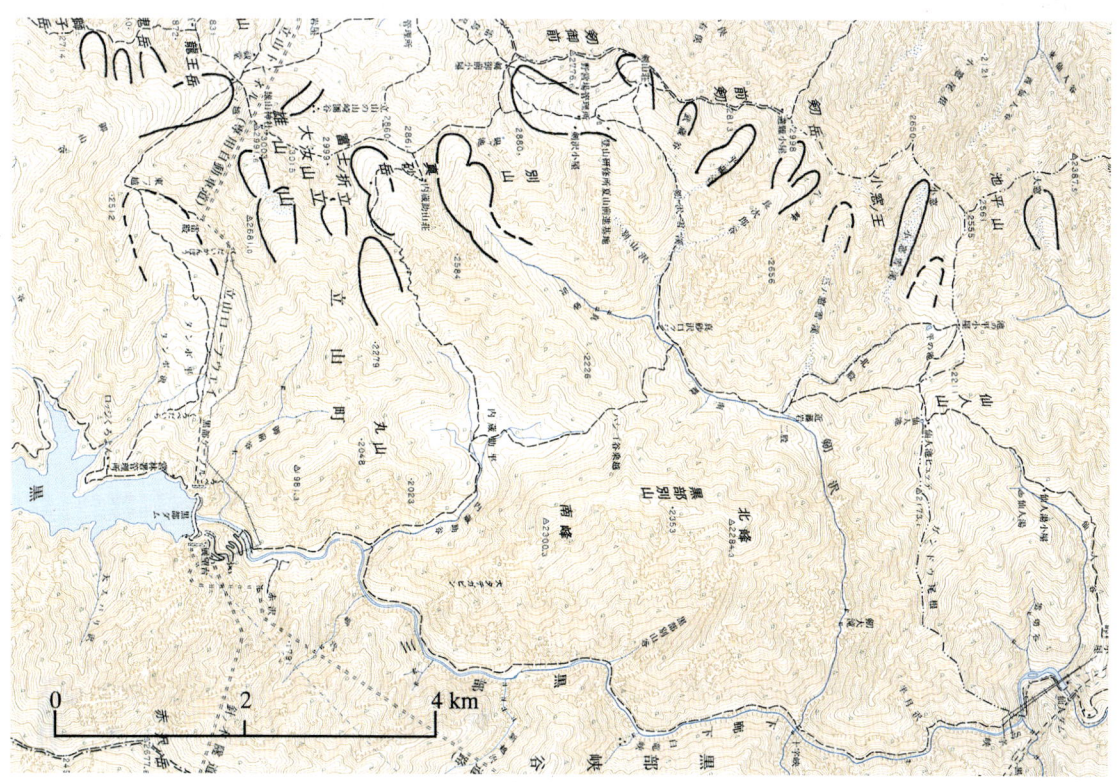

第17章 寒冷地形

　高緯度地方や高山地方の寒冷地域では，氷河侵蝕や地中水の凍結融解によって，温暖地域とは異なった地形種すなわち氷河地形，周氷河地形および雪蝕地形が形成される．日本では，最終氷期（約1.8万年～約5万年前）に小規模な氷河地形が赤石，木曽，飛驒および日高山脈に発達し，周氷河地形は広範囲に発達していた（図17.0.1）．現在では，それらが化石地形として残存し，また小規模な周氷河地形と雪蝕地形が中部地方以北の高山地域および北海道で形成されているに過ぎない（図17.0.2）．しかし，それらは観光資源としてばかりでなく，気候変化の証拠として貴重な地形種であり，その保存が切望される．

　建設技術的観点では，中部地方以北の高山地域と北海道における凍上や岩盤の凍結破壊，雪崩などに起因する自然災害や構造物の破壊が問題となる．そこで本章では，建設技術的に問題となる地形種および地形過程について要約する．

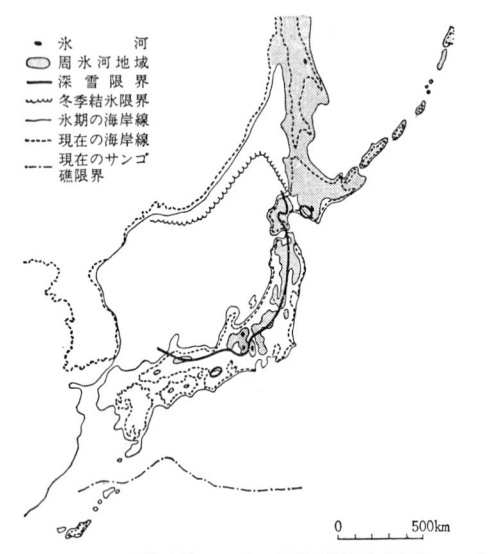

図17.0.1　最終氷期の日本の気候地形図（貝塚，1969）

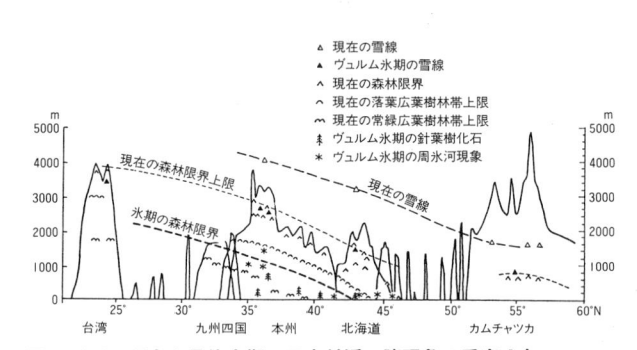

図17.0.2　現在と最終氷期の日本付近の諸現象の垂直分布（貝塚，1969）

口絵写真と地形図（前頁）の解説

　写真（アジア航測株式会社撮影・提供）は，北アルプスの立山連峰を東方から撮影したもので，上方の中央で最も高く見える山頂は剣御前であり，その左右に伸びる立山連峰の東面斜面には多数のカール（写真では積雪の多い滑らかな谷頭部）が発達している．カールの外縁（太線）を地形図（5万「立山」〈高山5〉昭63修正．南北を左右に，64％に縮小印刷）に補記してある．写真中央でほぼ水平に伸びる山稜をもつ山は黒部別山である．写真左方に黒部ダムが見え，そこから黒部川の穿入蛇行谷が右下方に伸びている．

(1) 寒冷地形の概説

氷河地形，周氷河地形および雪蝕地形を寒冷地形 (landforms under cold climate) と総称する．寒冷地形のように，気候を強く反映した地形は気候地形とよばれ，気候地形帯 (☞図 3.2.2) という概念もある．しかし，侵蝕・堆積過程および集団移動は気候条件に必ず影響されるから，すべての陸上地形は気候地形である．よって，気候地形という曖昧な概念を本書では採用しない．

(a) 氷河地形

氷河 (glacier) は陸上に堆積している巨大な氷体であり，高粘性流体として重力に従って流下する (図 17.0.3)．氷河は，積雪が越年して万年雪となる気候・地形条件下で形成され，氷河の蓄積量よりも融解・昇華による消耗量が上回る高度まで流下すると消失する．その蓄積域と消耗域の境界を雪線 (snowline) とよぶ．雪線の高度は森林限界 (厳密にはハイマツ限界) の高度とほぼ一致し，高緯度地方ほど低い (図 17.0.2)．ただし，雪線には種々の定義がある．

氷河は，山地に分布する山岳氷河 (alpine glacier) と陸地を広く覆う氷床 (ice sheet, 大陸氷河ともいう) に大別される．地球全体でも山岳氷河は僅かに1％で，残りは氷床 (南極大陸に約90％) である．氷河の流動による侵蝕を氷蝕 (glacial erosion) とよぶ．氷蝕と氷河の融解に伴う堆積を一括して氷河過程 (glacial process) とよび，それに起因する地形種を氷河地形 (glacial landforms) と総称する (図 17.0.3)．氷河地形は氷河の消失後に大気底に露出する．

日本には谷頭のカール氷河による侵蝕で生じたカール (cirque, 圏谷ともいう) が残存している

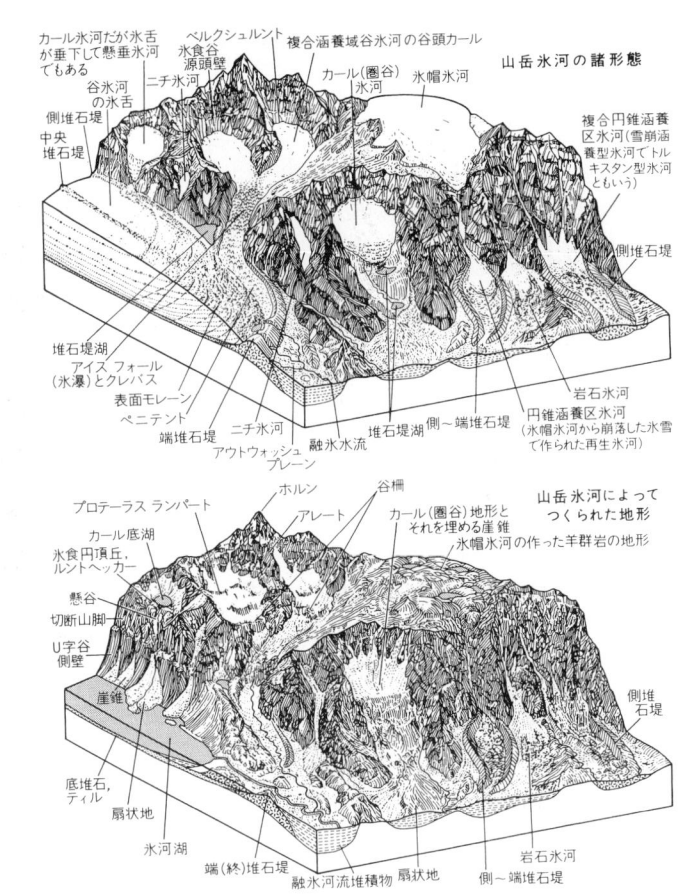

図 17.0.3　山岳氷河の諸形態 (上) と氷河地形 (下) (五百沢, 1979, 一部省略されている)

(☞第 17 章口絵)．カールは，凹形谷型斜面の急崖 (カール壁) に三方を囲まれ，その基部に平坦ないし緩傾斜なカール底をもつ半椀形の低所である．カール底の下端には，氷河で運搬された巨礫を含む角礫や砂が氷河の融解に伴って置き去りになって堆積し，堆石堤 (moraine, モレーン) とよばれる丘を形成する (図 17.0.3)．カール底には池沼や泥炭地が発達することがある．

カールは形態的に末端凹凸型または少凹凸型の地すべり地形 (☞図 15.5.5) に類似している．しかし，日本のカールのほとんどは，①高山の山頂部の東面および北面斜面という限られた地形場に発達し (図 17.0.4)，②カール壁は一般に地すべり滑落崖よりも滑らかであり，③カール壁に露岩が散在し，④その基部には崖錐の発達が著しく，

⑤カール底の凹地や突起も地すべり堆のそれらより小規模，少数で，しかも低い．

カールから大規模な谷氷河が流下すると，U字谷が形成される（図17.0.3）．日本では，北アルプスの槍沢および横尾谷だけがU字谷と認定されているに過ぎない．

(b) 周氷河地形

氷河に覆われていない寒冷地域では，地中水の凍結融解に伴って種々の物質移動が起こり，また植生に乏しいため雨蝕と風蝕を受けやすい．そのような地域では，氷河に覆われた地域および森林に被覆された温暖地域とは異なる多種多様な物質移動が進行する（例：小疇，1983）．そのような地域を周氷河地域とよび，その地域に特有の地形過程を周氷河過程 (periglacial processes)，それに起因する地形種を周氷河地形 (periglacial landforms) とそれぞれ総称する．

地温の鉛直分布には，地球内部からの恒常的な地殻熱流（☞第18章）と季節変化のある太陽熱の地下への流れとが均衡する深度面がある．そこは恒温層とよばれ，地温の季節変化がない．高緯度ほど，また高山地域ほど，恒温層深度 (Z) は浅く，恒温層温度 (T) は低い．たとえば旭川で $Z \fallingdotseq 8.1$ m，$T \fallingdotseq 9.3°C$，松本で $Z \fallingdotseq 13.5$ m，$T \fallingdotseq 12.5°C$，岡山で $Z \fallingdotseq 15.1$ m，$T \fallingdotseq 16.1°C$ である．

恒温層温度は，井戸水の水温でわかるように，地表温度よりも夏季には低く，冬季には高い．地表直下では地温の日変化もある．地温0°Cの深度以浅では凍結融解が日単位および季節単位で起こる．冬季には地温0°Cの深度が，たとえば北海道東部の平野では1mに達することがある．

水は氷になると9%ほど体積膨張する．そのため，地中水の凍結・融解の繰り返し (freeze-thaw cycle) によって岩石が破砕されたり，岩塊や土が動かされたりする．その物質移動を凍結融解作用 (frost action) とよぶ．周氷河過程はこの凍結融解作用を根源とする地形過程である．

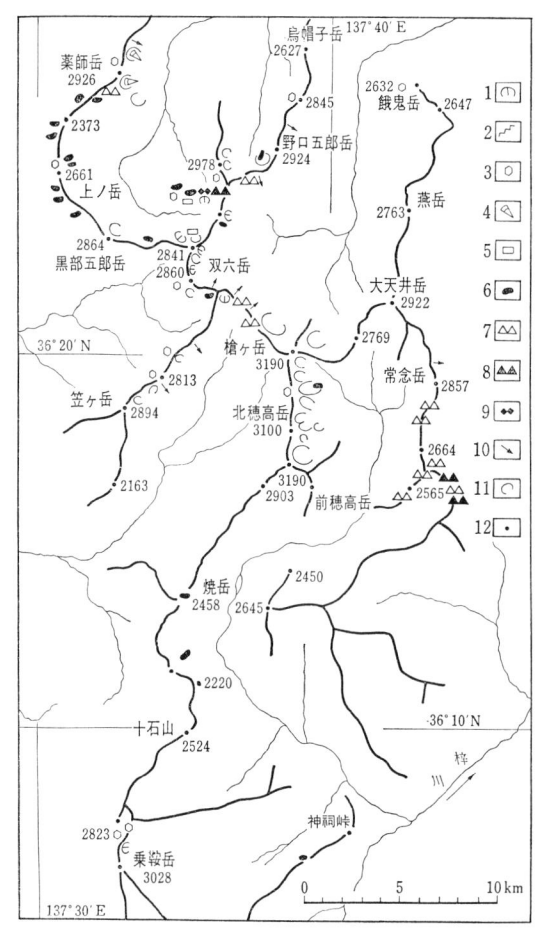

図17.0.4 北アルプス南部の周氷河現象の分布
(Kobayashi, 1956) 1：雪蝕カール，2：植被階段土，3：多角形土と条線砂礫，4：岩塊流，5：石畳，6：種々の成因の池沼，7：二重山稜，8：二重山稜起源の池，9：砂礫地，10：非対称山稜，11：カール，12：山頂（数字は高度，m）．

周氷河過程は複雑な機構を含むため，その諸現象を表す多数の概念（用語）がある．それらの諸現象のうち，現在の日本で，しかも建設技術的に留意すべき重要な現象は次のようである．

1) 凍結に伴う現象

土の凍結に伴って，土壌中の水分が氷晶として析出する氷晶分離 (ice segregation)，地表に析出した氷晶としての霜柱 (needle ice)，霜柱で押し上げられた土の重力による霜柱クリープ (needle ice creep) などが生じる．この凍結の進行の際に，下方の非凍結部分から毛管現象で水

が上昇して氷を析出し，その氷の体積膨張のために，地表面が押し上げられる．その現象を一括して凍上（frost heave）とよぶ．凍上の高さは北海道の低地では数十 cm におよび，構造物を押し上げて，破壊する（木下，1982）．

岩盤内部では，水の凍結による体積膨張ならびに著しい低温下での土および氷の体積収縮によって，岩石が破砕される．この現象を凍結破砕作用（frost shattering）とよぶ．これは物理的風化の一種であり，地表付近での凍結割れ目の形成に寄与する．また，地表付近の凍結による体積増加によって，深部の不凍結水にも大きな圧力が加わるので，凍結の及ばない深部の岩石も破砕される．

2）凍土の融解に伴う現象

地中氷の融解は地温 0°C以上で起こるが，その深度は日変化と季節変化を示す．地温は気温より高くも低くもなる．よって，気温データだけから凍結融解の反復頻度を知ることはできないが，普通には気温が 0°Cを上下する凍結融解交代日数（図 17.0.5）を凍結融解頻度の指標としている．

凍土が融解すると，土が過剰水分で飽和され，粘性体となる．そのような状態の斜面表層物質が重力に従って斜面下方に緩慢に流動する．その移動速度は平均的には 2〜6 cm/y，最大では 50 cm/y 以上である．この現象をソリフラクション（solifluction）とよぶ．これは集団移動（☞第15章）の一種であるが，顕著な滑落崖を伴わず，緩傾斜の斜面を面的に削剥する点で，非周氷河地域の崩落，地すべり，土石流などとは異なる．

3）周氷河現象と周氷河地形

凍結融解の繰り返す表層部では，非固結物質が攪乱される．たとえば，土中の礫は，凍上する土に凍り付いて引き上げられ，凍土が融解しても元の位置に戻れないため，しだいに長軸を立てて地表に向かって押し出されたり，粒径ごとに篩い分けられたりする．この表土の攪乱により諸種の超微地形種（起伏：2〜3 m 以下，面積：10^2 m² 以下）が形成され，周氷河現象（periglacial phenomena）と総称される．構造土（patterned ground）はその好例で，平坦地や緩傾斜面で岩屑が粒径ごとに集積し，大きさ数 cm〜数十 m の六角形，円形，条線状，階段状など種々の幾何学的模様をなす超微地形である．

周氷河地形は周氷河現象より大規模な地形種を指す．その形成には流水や風の影響もある．日本では，断熱材としての積雪の少ない西面斜面に，周氷河地形および周氷河現象が多く発達する（図17.0.4）．ゆえに，高山の主山稜の西面斜面が緩傾斜となり，非対称山稜が生じる（図 17.0.6）．その緩傾斜面は周氷河斜面とよばれ，植生の少ない砂礫地になっている．斜面方位によって積雪量

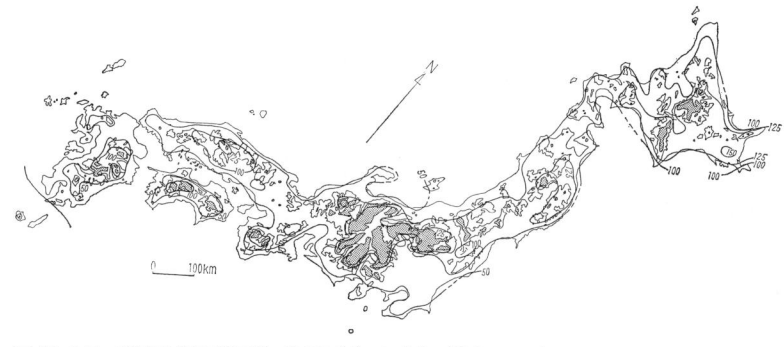

図 17.0.5 凍結融解交代日数（1955 年）の分布（鈴木，1966）

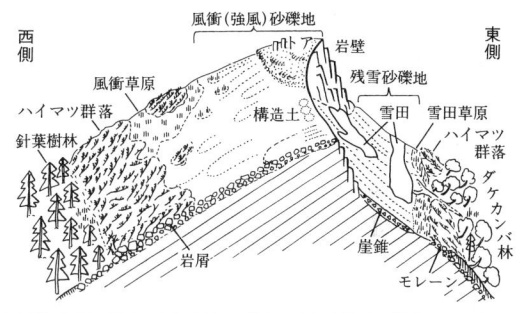

図 17.0.6 高山の主山稜の非対称性（岩田・清水，1992）

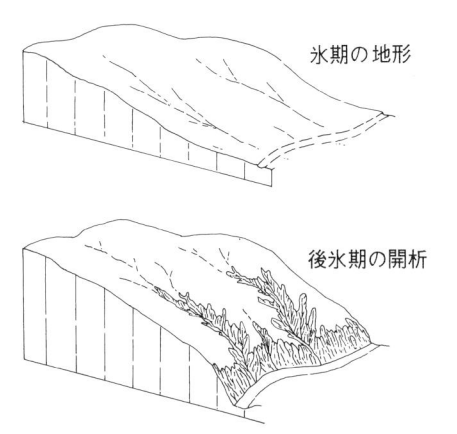

図 17.0.7 後氷期開析地形の発達 (平野, 1993, 一部省略)

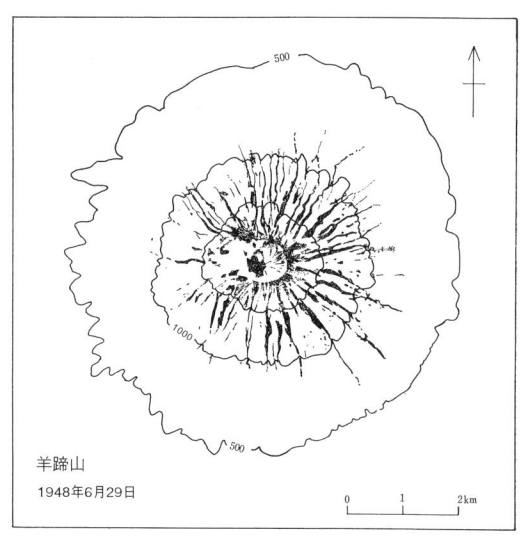

図 17.0.8 羊蹄山における残雪の非対称的分布 (Suzuki, 1969)

や凍結融解頻度が異なることに起因する小規模な非対称谷や二重山稜も生じる．火成岩は凍結破砕作用によって径数十 cm～数 m の岩塊を生じやすいので，周氷河斜面にそれらの岩塊が集積し，岩海 (block field) や岩塊流 (block stream, 岩石氷河ともいう) が発達することがある．

氷期に形成された氷河地形や周氷河地形は，後氷期の多雨のため (☞表 11.1.5)，流水による侵蝕谷で開析される．緩傾斜な周氷河斜面と侵蝕谷の谷壁斜面の間には明瞭な遷急線（後氷期開析前線ともいう）が生じる場合が多い（図 17.0.7）．

(c) 雪蝕地形

日本では偏西風のために，個々の山地や尾根では，その東面斜面に積雪 (snow cover) が多い．一方，融雪は日照のために南面斜面と西面斜面で早い．ゆえに，独立した高山（例：成層火山）では，残雪 (lingering snow) が東面斜面および北面斜面に多く，かつ低所まで残って非対称的に分布する（図 17.0.8）．

平年の気象条件の下で，残雪が夏の融雪期を過ぎても残存し，新雪に被覆されて越年する状態を万年雪 (perennial snow patch) という．日本では，高山地域のカール底や谷底に万年雪がみられる．2.5 万地形図では，年間で最小面積となる 9 月の状態において図上 2 mm×2 mm 以上の面積をもつ万年雪が描かれている（☞図 17.0.10）．

積雪の存在によって生じる種々の地形過程を一括して雪蝕 (nivation) とよぶ．積雪量の多い山頂小起伏面や谷底には，雪田 (snow patch, 雪渓ともいう) とよばれる万年雪や残雪が夏でも点在する．そこでは植生回復が遅く，残雪の周囲で凍結融解が起こり，その裸地から細粒物質が融雪水による侵蝕や雨蝕，風蝕で除去されるので，雪窪 (snow niche) という浅い窪みが形成される．

積雪が重力に従って斜面を急速に滑落する現象が雪崩 (avalanche) である．雪崩は，①2 月の最大積雪深が 50 cm 以上の地域で，②斜面勾配が 30 度以上で発生し，18 度以上の見通し勾配の斜面を滑落し，③遷急線の下方の斜面や谷に多く，④裸地や草地，樹高 2 m 以下の灌木地に多い．雪崩到達距離 (L) は発生点と到達地点との斜面比高 (h) に対して経験的には（高橋喜平の 18 度法則），表層雪崩では $L \leq 3h$（見通し角度 ≥ 18 度），全層雪崩では $L \leq 2.25h$（見通し角度 ≥ 24 度）である（日本建設機械化協会, 1987）．雪崩の頻発する谷は円弧状の谷底横断形をもち，擦り磨かれた岩盤の露出する欠床谷になる．それは雪崩路 (avalanche chute) とよばれる．

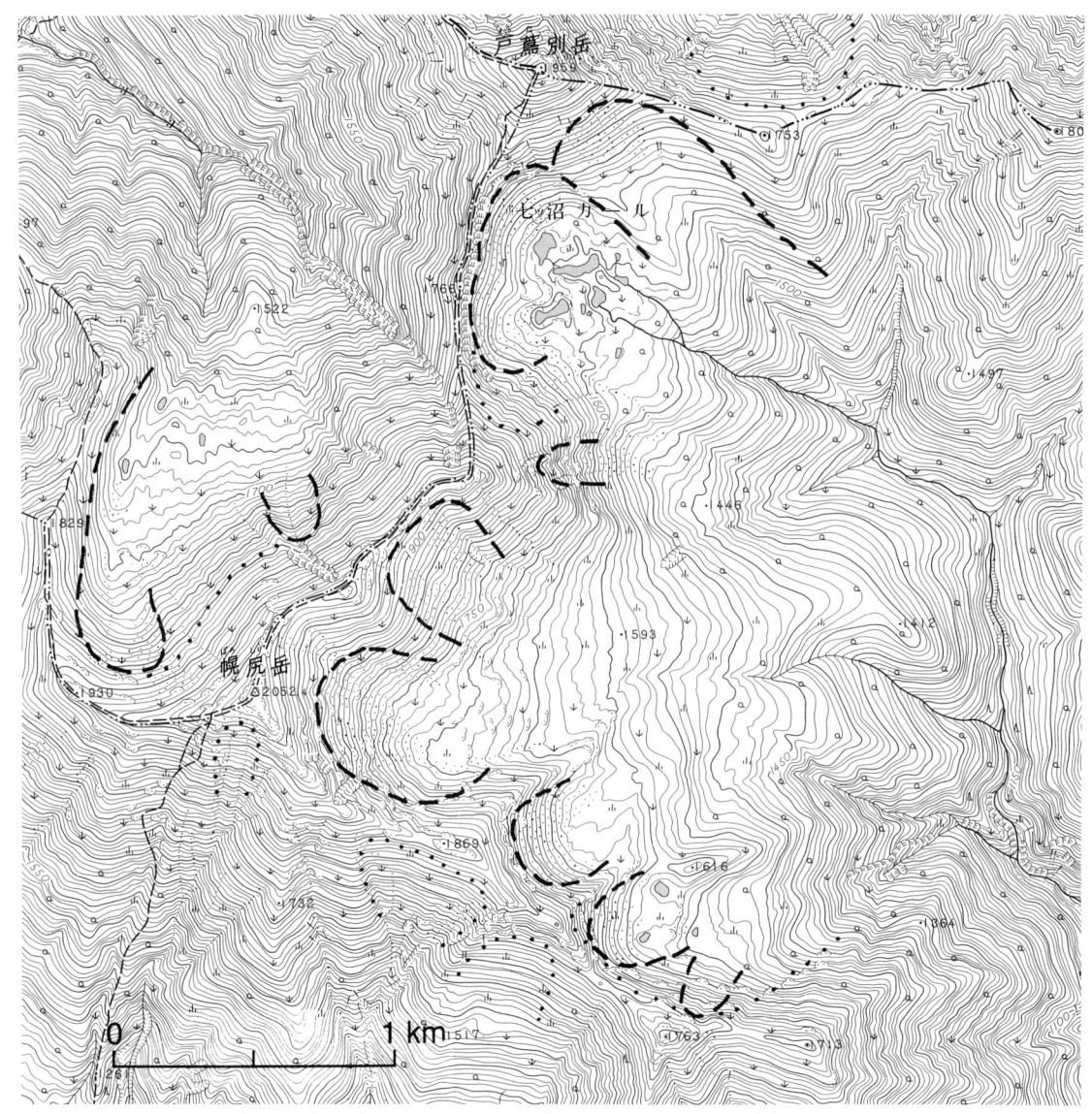

図17.0.9　カール（2.5万「幌尻岳」〈夕張岳8-2〉昭50測）　太破線（明瞭なカール縁）と太点線（不確実な古いカール縁）を補記.

(2) 寒冷地形の読図例

1) カール

図17.0.9には七ッ沼カールの注記がある．その西方にはスプーンでえぐられたような二つのカール壁があり，その基部に崖錐が発達する．カール底はほぼ平坦で，そこに9個の池沼と堆石堤（突起）がある．その他にも図中に補記したように，明瞭なカールが主要な尾根の東面斜面および北面斜面に発達する．これらのカールは，現在では「はいまつ地」であり，過去の氷期に形成されたものである．カールの末端は侵食谷の頭方侵食で開析されつつあるが，明瞭なカール底の末端高度は1400m内外にあったと推定される．

主要尾根の南面斜面の，滑らかな凹形谷型斜面も古いカールの遺物かもしれない．一方，主要な尾根の西面斜面には，カールもそれに似た谷頭斜面も存在せず，必従的な侵食谷が発達する．

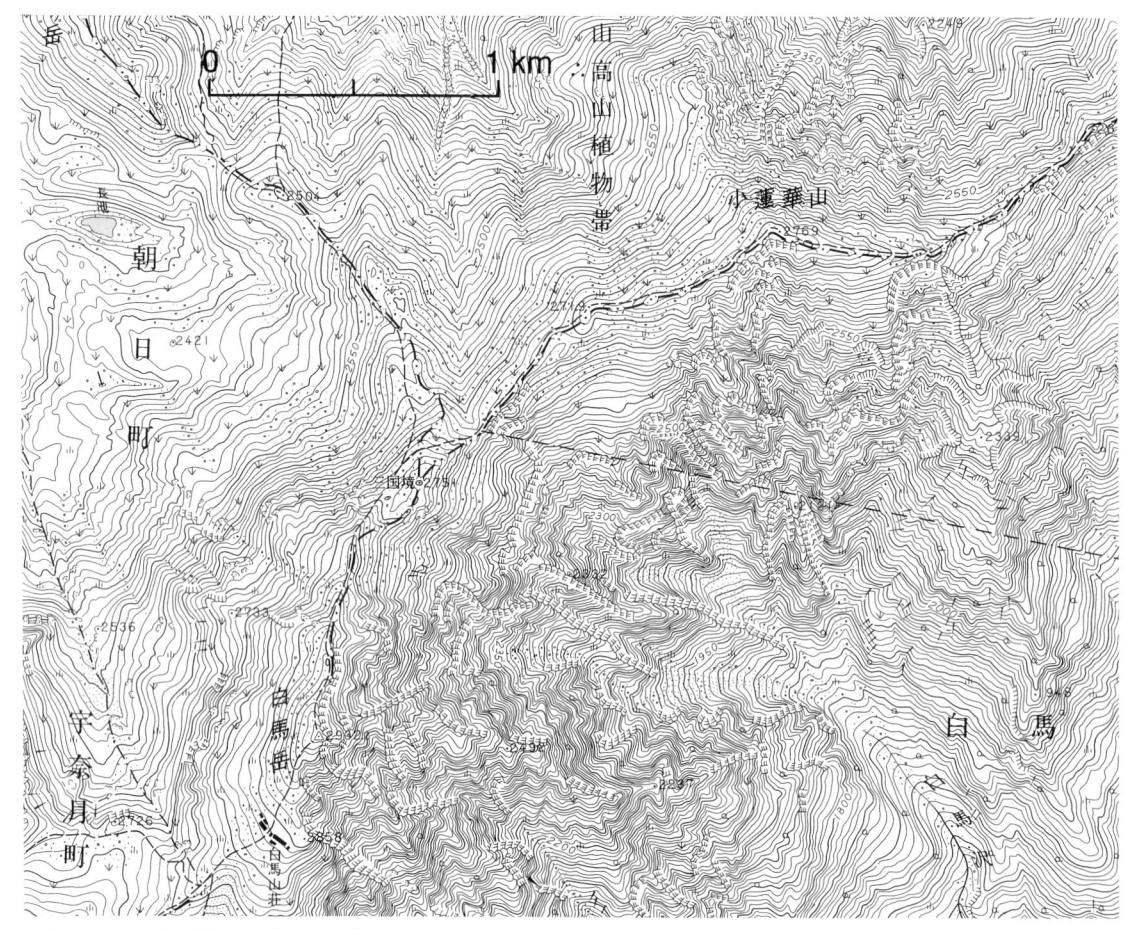

図 17.0.10　周氷河斜面，万年雪と雪崩路（2.5万「白馬岳」〈富山4-3〉昭63修正）

2）周氷河性の非対称山稜と雪崩路

図17.0.10の白馬岳から三国境付近までの南北方向に走る主山稜は，緩傾斜な西面斜面と急傾斜な東面斜面をもつ非対称山稜である．主山稜の西面斜面には浅い谷が発達するに過ぎず，尾根に「はいまつ地」と露岩が多く，浅い谷底および緩傾斜面に「砂れき地」が多い．このような特徴から西面斜面は周氷河過程によって削剥された周氷河斜面であると解される．三国境およびその北方の支尾根には二重山稜がある．三国境の北西の幅広い谷はカールであり，長池はその西のモレーンで閉塞されたカール湖であろう．

東面斜面は白馬沢とその支流に深く刻まれ，その谷壁斜面に多数の「がけ（岩）」がある．谷底には，「砂れき地」と「万年雪」（「砂れき地」よりも小さな点の高密度の打点域；実際の地形図では青点）がみられる（例：白馬山荘の南西の浅い谷や白馬沢の高度1800 mから上流の谷底）．よって，これらの急傾斜な谷壁斜面では雪崩が多く，幅の狭い谷は雪崩路になっているであろう．

一方，小蓮華山付近の東西方向の主山稜では，その山頂部における南北斜面はどちらも緩傾斜であり，主山稜の横断形に顕著な非対称性はない．緩傾斜面は，白馬岳付近のそれと同様の特徴をもち，標高点2719の南には小規模な二重山稜がみられる．このような南北方向と東西方向の尾根における非対称性の差異は強い偏西風の影響下にある中緯度の日本という気候的位置に起因する．

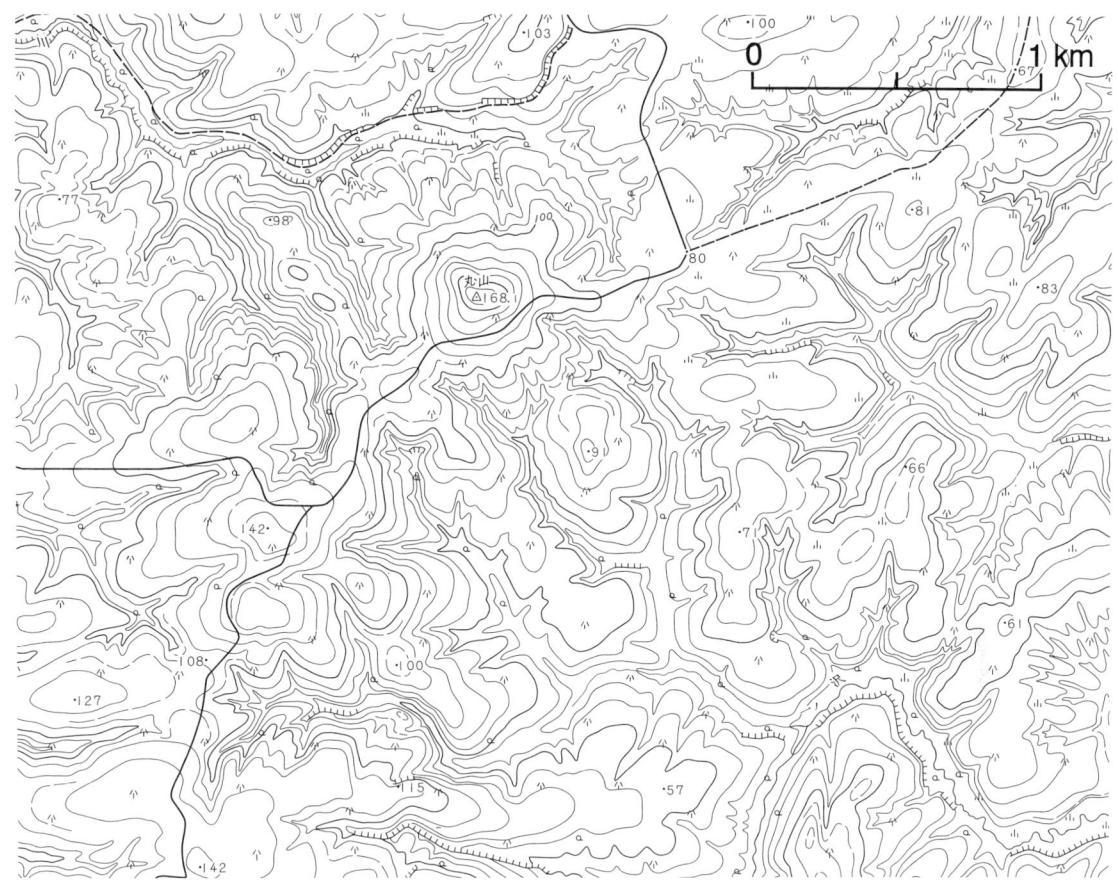

図 17.0.11　周氷河斜面と後氷期の開析谷（2.5万「宗谷」〈稚内 4-1〉昭 44 修正）

3）周氷河斜面と後氷期の開析谷

　図 17.0.11 の丘陵では，尾根頂部の横断形が円頂状で，丘陵斜面が緩傾斜であり，全体として緩い波状の形態をもつ．その緩傾斜な丘陵斜面では谷密度が低い．このように滑らかで波状の丘陵は周氷河過程で削剥されたと解され，周氷河性波状地ともよばれる．しかし，この種の低谷密度で滑らかな丘陵は高透水性の岩石で構成されている場合にも生じることがあるので（☞図 16.0.34），形態的特徴だけを論拠に周氷河地形であると即断するのは危険である．なお，丘陵の植生はほとんど笹であり，広葉樹や針葉樹はないから，この地域は寒冷地であろうが，植生だけから気候を推論するのは無理である．

　この地域の丘陵は樹枝状の河系模様をもつ侵蝕谷で開析されている．このように，周氷河地形を開析する侵蝕谷は，周氷河斜面の形成後の，気候が温暖化した後氷期に発達したと考えられている．この地域の侵蝕谷は非対称谷（☞p.714）であり，東西方向の谷では北面斜面が，南北方向の谷では東面斜面がそれぞれ急傾斜である．しかも「がけ（土）」が北面の谷壁に多く分布している．これは，残雪分布（図 17.0.8）の原因と同様に，西面と南面の斜面では凍結融解回数が東面と北面の斜面より多いので，ソリフラクションによる削剥が進むために緩傾斜になり，またその移動物質が河川を南に偏流させたためと解される．ただし，この地域では，緩傾斜な部分の丘陵斜面と谷壁斜面は漸移的（遷急線が不明瞭）で，いわゆる後氷期侵蝕前線の不明瞭な地区が多い．

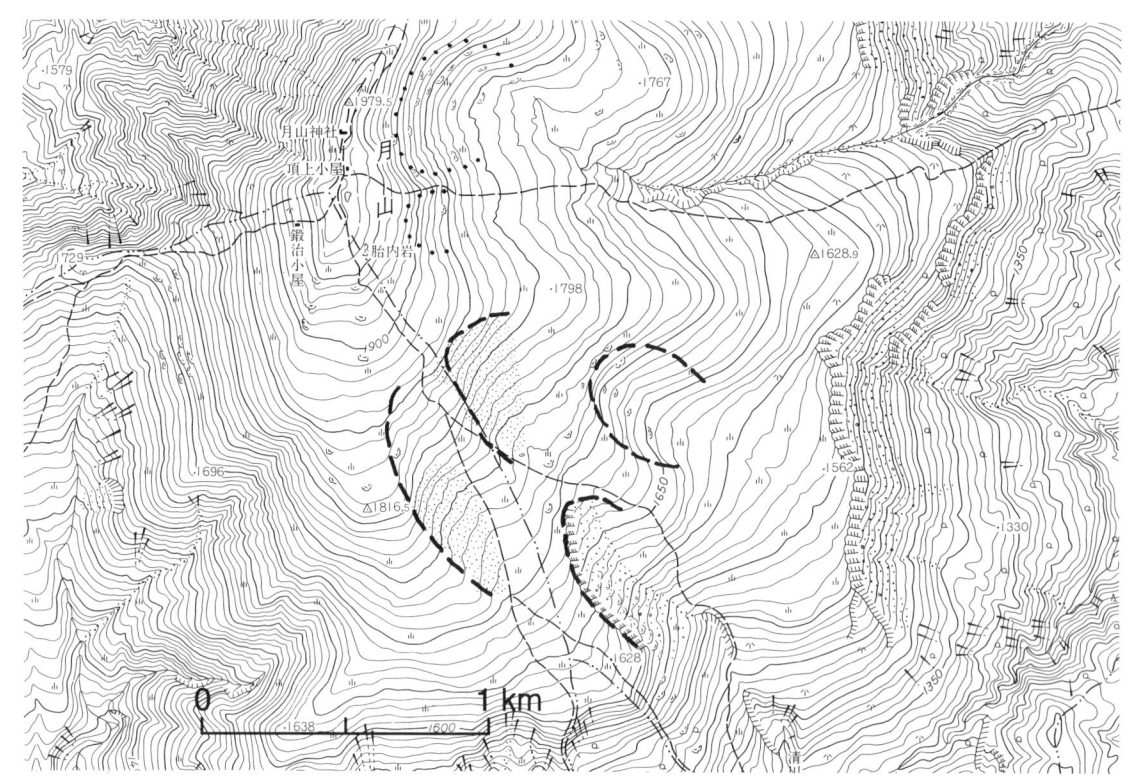

図17.0.12 万年雪と雪窪（2.5万「月山」〈仙台13-4〉昭45測）雪窪の外縁を太破線（確実）と太点線（不確実）で補記．

4）万年雪と雪窪

図17.0.12の月山は広い緩傾斜な山頂部をもつ盾状火山（☞第18章）である．月山から東南に下る歩道の両側に万年雪が二カ所にある．その万年雪の部分は，相対的な低所ないし浅い谷であり，それらの西側の斜面はやや急傾斜であるから，雪窪と解される．一方，月山の西面斜面に雪窪と解される低所がないのは，残雪が少ないからであろう．山頂緩傾斜面の東縁を限る遷急線に「がけ（岩）」が続き，硬岩層（熔岩）の存在を示す．

第17章の文献

参考文献（第1巻第1章の参考文献を除く）

Büdel, J. (1977) *Klima Geomorphologie* : Gevrüder Borntraeger, Berlin（平川一臣訳 (1985)「気候地形学」：古今書院，392 p.

福田正己・小疇 尚・野上道男 (1984)「寒冷地域の自然環境」：北海道大学図書刊行会，274 p.

French, H. M. (1976) *The Periglacial Environment* : Longman, London, 309 p.（小野有五訳 (1984)「周氷河環境」：古今書院，411 p.）．

引用文献

平野昌繁 (1993) 地形発達史と土砂移動：小橋澄治編「山地保全学」，文永堂，pp. 7〜46.

貝塚爽平 (1969) 変化する地形：科学, 39, pp. 11-19.

木下誠一編 (1982)「凍土の物理学」：森北出版, 227 p.

五百沢智也 (1979)「鳥瞰図譜・日本アルプス」：講談社, 190 p.

小疇 尚 (1983) 周氷河地域における物質移動：地形, 4, pp. 189-203.

Kobayashi, K. (1956) Periglacial morphology in Japan : Biuletyn Peryglacalny, 4, pp. 15-36.

岩田修二・清水長正 (1992) 周氷河斜面：小泉武栄・清水長生編，「山の自然学入門」，古今書院, 228 p.

日本建設機械化協会 (1987)「新編防雪工学ハンドブック」：森北出版, 513 p.

鈴木秀夫 (1966) 日本における凍結融解交代日数の分布：地理学評論, 39, pp. 267-270.

Suzuki, T. (1969) Preliminary report on the distribution of the lingering snows on some stratovolcanic cones in Japan：中央大学理工学部紀要, 12, pp. 160-173.

著者略歴

鈴木隆介（すずき　たかすけ）

中央大学名誉教授

1937年神奈川県生まれ．東京教育大学大学院理学研究科博士課程修了．理学博士．専門は地形学，火山学，地質工学．1979年，日本地形学連合（JGU）創設に参画し，編集主幹として10年間にわたり学会誌「地形」を国際誌に育てた．2008年，日本応用地質学会・名誉会員，2009年，国際地形学会（IAG）・名誉会員．

書　名	建設技術者のための地形図読図入門　第3巻　段丘・丘陵・山地
コード	ISBN978-4-7722-5015-3　C3351
発行日	2000年 5 月23日初版第1刷発行 2008年 5 月23日第2刷発行 2014年12月10日第3刷発行
著　者	鈴木隆介 Copyright ©2000 Takasuke Suzuki
発行者	株式会社古今書院　橋本寿資
印刷所	株式会社理想社
製本所	渡辺製本株式会社
発行所	古今書院 〒101-0062　東京都千代田区神田駿河台2-10
ＷＥＢ	http://www.kokon.co.jp/
電　話	03-3291-2757
ＦＡＸ	03-3233-0303
振　替	00100-8-35340
	検印省略・Printed in Japan